FUSED PYRIMIDINES

Part Four

This is a part of the twenty-fourth volume in the series
THE CHEMISTRY OF HETEROCYCLIC COMPOUNDS

THE CHEMISTRY OF HETEROCYCLIC COMPOUNDS

A SERIES OF MONOGRAPHS

EDWARD C. TAYLOR, *Editor*

ARNOLD WEISSBERGER, *Founding Editor*

FUSED PYRIMIDINES

Part Four

Miscellaneous Fused Pyrimidines

Thomas J. Delia

Department of Chemistry
Central Michigan University
Mt. Pleasant, Michigan

With Contribution by

John C. Warner

*Polaroid Corporation
Cambridge, Massachusetts*

AN INTERSCIENCE® PUBLICATION

JOHN WILEY & SONS, INC.

NEW YORK · CHICHESTER · BRISBANE · TORONTO · SINGAPORE

In recognition of the importance of preserving what has been
written, it is a policy of John Wiley & Sons, Inc., to have books
of enduring value published in the United States printed on
acid-free paper, and we exert our best efforts to that end.

An Interscience® Publication

Copyright © 1992 by John Wiley & Sons, Inc.

All rights reserved. Published simultaneously in Canada.

Reproduction or translation of any part of this work
beyond that permitted by Section 107 or 108 of the
1976 United States Copyright Act without the permission
of the copyright owner is unlawful. Requests for
permission or further information should be addressed to
the Permissions Department, John Wiley & Sons, Inc.

Library of Congress Cataloging in Publication Data:
Fused pyrimidines.

   (The Chemistry of heterocyclic compounds;
24th v.–   )
   Vols.   : published by J. Wiley.
   Vols. 3–4: "An Interscience publication."
   Includes bibliographies and indexes.
   Contents: pt. 1. Quinazolines/W.L.F. Armarego–
pt. 2. Purines/J.H. Lister–[etc.]–pt. 4. Miscellaneous
fused pyrimidines/Thomas J. Delia.
   1. Pyrimidines. I. Brown, D. J., ed.   II. Armarego,
W. L. F.   III. Series: Chemistry of heterocyclic
compounds; v. 24 etc.

QD401.F96   547′.593   68-4274

ISBN 0-471-80462-2 (pt. 4)

Printed in the United States of America

10 9 8 7 6 5 4 3 2 1

Printed and bound by Quinn - Woodbine, Inc..

The Chemistry of Heterocyclic Compounds
Introduction to the Series

The chemistry of heterocyclic compounds constitutes one of the broadest and most complex branches of chemistry. The diversity of synthetic methods utilized in this field, coupled with the immense physiological and industrial significance of heterocycles, combine to make the general heterocyclic arena of central importance to organic chemistry.

The Chemistry of Heterocyclic Compounds, published since 1950 under the initial editorship of Arnold Weissberger, and later, until Dr. Weissberger's death in 1984, under our joint editorship, has attempted to make the extraordinarily complex and diverse field of heterocyclic chemistry as organized and readily accessible as possible. Each volume has dealt with syntheses, reactions, properties, structure, physical chemistry and utility of compounds belonging to a specific ring system or class (e.g., pyridines, thiophenes, pyrimidines, three-membered ring systems). This series has become the basic reference collection for information on heterocyclic compounds.

Many broader aspects of heterocyclic chemistry are recognized as disciplines of general significance which impinge on almost all aspects of modern organic and medicinal chemistry, and for this reason we initiated several years ago a parallel series entitled *General Heterocyclic Chemistry* which treated such topics as nuclear magnetic resonance, mass spectra, and photochemistry of heterocyclic compounds, the utility of heterocyclic compounds in organic synthesis, and the synthesis of heterocyclic compounds by means of 1,3-dipolar cycloaddition reactions. These volumes are of interest to all organic and medicinal chemists, as well as to those whose particular concern is heterocyclic chemistry.

It has become increasingly clear that this arbitrary distinction created as many problems as it solves, and we have therefore elected to discontinue the more recently initiated series *General Heterocyclic Chemistry*, and to publish all forthcoming volumes in the general area of heterocyclic chemistry in *The Chemistry of Heterocyclic Compounds* series.

EDWARD C. TAYLOR

Department of Chemistry
Princeton University
Princeton, New Jersey

Preface

Three major works on the subject of fused pyrimidines including quinazolines, purines, and pteridines have been made available to the science community. There remain a variety of less well known fused pyrimidines that, nevertheless, deserve coverage. Part IV of Volume 24 completes the review of fused pyrimidines in which the second ring is six-membered and contains one or more of the elements of nitrogen, oxygen, or sulfur. Although other heteroatoms are found in the second ring of fused pyrimidines, as well as certain combinations of the three atoms mentioned above, the amount of literature available on these systems does not warrant a review at this time. No bridged heteroatoms are included in this volume.

Even though the subject of the pyridopyrimidines has been reviewed several times since the beginning of *Chemical Abstracts* it has been included here in the interest of completeness, although only from 1967. As can be seen from the 400 references since 1967, this subject and, to a lesser extent, the pyrimidotriazines have been popular ring systems for chemical investigation. This is not surprising because they are readily regarded as deaza- or azapteridines. The remaining topics, on the other hand, may be regarded as "orphan fused pyrimidines."

In keeping with the tradition established by the three previous parts of Volume 24, the text attempts to provide a critical survey of synthetic methods and reactions of each class of compound. This is followed by tables of individual compounds containing practical information such as melting points and spectral data.

Every attempt was made to provide coverage of each chapter at least through the end of the 1988 *Chemical Abstracts* volumes. However, not all of the literature may have been included either through oversight or because of the limited additional contributions to already described chemistry.

Any effort of this magnitude depends on many more people than the author. At the outset my appreciation goes to Dr. Des Brown for suggesting that I undertake this project and for his encouragement during the period of gestation. Professor E. C. Taylor also provided encouragement throughout the period of writing but, even more importantly, allowed me to spend time in his laboratory at Princeton University in order to facilitate completion of the manuscript.

My gratitude goes also to David Ginsburg, science librarian at Central Michigan University, for his cheerful, enthusiastic, and essential assistance in acquiring the necessary information through his skills with CAS ONLINE.

During the final phase of this effort, John Warner, who was a graduate student at Princeton University, enthusiastically volunteered to collaborate with me on a subject that he knew very well, the pyridopyrimidines. I extend my appreciation to him for his contribution and he, in turn, acknowledges the assistance provided to him by Lloyd D. Taylor (of Polaroid Corporation) and by Natalie Warner.

Finally, my children Sarah, Cathy, Frank, and Alice, and especially my wife Sarah, are owed a debt of gratitude for their patience and encouragement as they suffered with me the torments of composing, editing, and proofing the manuscript.

THOMAS J. DELIA

Mt. Pleasant, MI
September 1991

Note to Reader

Although an effort has been made to have this monograph conform in style to the previous parts of Fused Pyrimidines, the nature of the subject makes this difficult, if not impossible. Whereas each of the first three parts dealt with a single ring system this book covers six distinct ring systems. Hence, each chapter is presented as a complete entity, including separate tables and references. The indexes will, however, be collected from all of the chapters.

Because each chapter deals with separate chemical ring systems one is at the mercy of the type of literature that is available. For this reason there are differences even within the way different fused pyrimidines are presented. This is seen by the variety of approaches illustrated in the tables of contents for the six chapters.

Each chapter begins with a brief section dealing primarily with nomenclature. Examples are illustrated and the naming of the specific rings are in accord with IUPAC rules, especially as they apply to fused heterocycles. After this brief introduction each chapter follows the format of synthetic methods first and then reactions. Where it has been considered helpful, or the volume of material too large, isomers have been treated separately within the discussion. A section on patents is included at the end of the discussion. No attempt has been made to be comprehensive here. Rather, the aim is to indicate how much patent interest there has been in the heterocycle as well as to show the types of compound available exclusively through the patent literature. It is assumed that the reader will conduct a more thorough search of the patent literature where there is sufficient interest.

This is followed by lengthy tables, which require further comment. It was felt desirable to provide the reader with tables containing simple headings so that compounds with certain features would be more accessible. Since the majority of compounds were collected through CAS ONLINE, the preferred *Chemical Abstracts* nomenclature was available for each of the compounds. In many cases this would have created awkward listings, which would not have been grouped by either functional group or other distinguishing features. Therefore, the names of the compounds have been altered slightly from those preferred by *Chemical Abstracts* and placed in alphabetical order within each table or section of a table. Any errors in naming or in alphabetizing are due to the author and apologies are extended to the reader for any inconvenience this may cause. Again, no attempt was made to include every compound in the tables. Only compounds that have been reasonably well characterized were selected for inclusion. The reader will undoubtedly perform an independent literature search for specific needs. Compounds that are found only in the patent literature are not included.

Contents

CHAPTER I. PYRIDOPYRIMIDINES		1
1.	**Introduction**	1
2.	**Methods of Synthesis of the Ring System**	2
	A. Synthesis of Pyrido[3,2-*d*]pyrimidines	3
	(1) From Pyrimidines	3
	(2) From Pyridines	6
	B. Synthesis of Pyrido[4,3-*d*]pyrimidines	8
	(1) From Pyrimidines	8
	(2) From Pyridines	9
	C. Synthesis of Pyrido[3,4-*d*]pyrimidines	13
	(1) From Pyrimidines	13
	(2) From Pyridines	14
	D. Synthesis of Pyrido[2,3-*d*]pyrimidines	17
	(1) From Pyrimidines	17
	(a) Formation of Bond 4a–5	17
	(b) Formation of Bond 5–6	27
	(c) Formation of Bond 7–8	30
	(d) Formation of Bond 8–8a	33
	(2) From Pyridines	34
	(a) Formation of Bond 8a–1	35
	(b) Formation of Bond 1–2	37
	(c) Formation of Bond 2–3	40
	(d) Formation of Bond 3–4	42
	(e) Formation of Bond 4–4a	44
3.	**Reactions**	45
	A. Of Pyrido[3,2-*d*]pyrimidines	45
	B. Of Pyrido[4,3-*d*]pyrimidines	50
	C. Of Pyrido[3,4-*d*]pyrimidines	51
	D. Of Pyrido[2,3-*d*]pyrimidines	53
	(1) With Nucleophiles	54
	(2) With Electrophiles	58
	(3) Reductions	61
	(4) Oxidations	63
4.	**Patent Literature**	64

5. Tables 66

    Table 1. Derivatives of Pyrido[3,2-*d*]pyrimidine   66
    Table 2. Derivatives of Pyrido[4,3-*d*]pyrimidines   71
    Table 3. Derivatives of Pyrido[3,4-*d*]pyrimidines   74
    Table 4. Derivatives of 2,4-Diaminopyrido[2,3-*d*]pyrimidines   77
    Table 5. Derivatives of 2-Amino-4-hydroxypyrido[2,3-*d*]pyrimidines   80
    Table 6. Derivatives of 2-Aminopyrido[2,3-*d*]pyrimidines   82
    Table 7. Derivatives of 4-Aminopyrido[2,3-*d*]pyrimidines   82
    Table 8. Derivatives of 2,4-Dihydroxypyrido[2,3-*d*]pyrimidines   84
    Table 9. Derivatives of 2-Hydroxypyrido[2,3-*d*]pyrimidines   92
    Table 10. Derivatives of 4-Hydroxypyrido[2,3-*d*]pyrimidines   92
    Table 11. Derivatives of 4-Amino-2-mercaptopyrido[2,3-*d*]pyrimidines   94
    Table 12. Derivatives of 4-Hydroxy-2-mercaptopyrido[2,3-*d*]pyrimidines   96
    Table 13. Derivatives of 2-Mercapto- and 4-Mercaptopyrido[2,3-*d*]pyrimidines   100
    Table 14. Derivatives of Pyrido[2,3-*d*]pyrimidines   101

6. References 106

CHAPTER II. PYRANO- AND THIOPYRANOPYRIMIDINES 119

1. Nomenclature 119

2. Methods of Synthesis of the Ring System 120

    A. Synthesis of Pyrano[2,3-*d*]pyrimidines   120
        (1) From Pyrimidines   120
        (2) From Pyrans   127
        (3) From Nonheteroaromatic Precursors   128
    B. Synthesis of Pyrano[4,3-*d*]pyrimidines   128
        (1) From Pyrimidines   128
        (2) From Pyrans   130
    C. Synthesis of Pyrano[3,2-*d*]pyrimidines   130
        (1) From Pyrimidines   130
        (2) From Pyrans   130
    D. Synthesis of Thiopyrano[2,3-*d*]pyrimidines   131
        (1) From Pyrimidines   131
        (2) From Thiopyrans   133
    E. Synthesis of Thiopyrano[3,4-*d*]pyrimidines   133
    F. Synthesis of Thiopyrano[4,3-*d*]pyrimidines   134

3. Reactions	**134**
A. With Nucleophilic Reagents	134
B. Other Reactions	135
4. Patent Literature	**135**
5. Tables	**136**
Table 1. The Pyrano[2,3-*d*]pyrimidines	136
Table 2. The Pyrano[4,3-*d*]pyrimidines	143
Table 3. Miscellaneous Pyranopyrimidines	144
Table 4. The Thiopyrano[2,3-*d*]pyrimidines	144
Table 5. The Thiopyrano[3,4-*d*]pyrimidines	146
6. References	**146**

CHAPTER III. PYRIMIDOPYRIMIDINES   149

1. Nomenclature	**149**
2. Methods of Synthesis of the Ring System	**149**
A. Synthesis of Pyrimido[4,5-*d*]pyrimidines	149
(1) From Pyrimidines with Amino Groups Adjacent to Hydrogen	149
(2) From Pyrimidines with Amino Groups Adjacent to Nitriles	154
(3) From Pyrimidines with Amino Groups Adjacent to Amides	156
(4) From Pyrimidines with Amino Groups Adjacent to Esters	157
(5) From Pyrimidines with Amino Groups Adjacent to Aldehyde or Ketone Groups (or Their Derivatives)	158
(6) From Pyrimidines with Amino Groups Adjacent to Substituted Methyl Groups	160
(7) From Pyrimidines with Miscellaneous Groups Adjacent to Each Other	161
(8) From Pyrimidines Fused to Other Rings	162
(9) From Nonheteroaromatic Precursors	163
B. Synthesis of Pyrimido[5,4-*d*]pyrimidines	163
(1) From Pyrimidines with Amino Groups Adjacent to Carboxylic Acids	163
(2) From Pyrimidines with Amino Groups Adjacent to Carboxylic Acid Derivatives	165

	(3) From Pyrimidines with Miscellaneous Groups Adjacent to Each Other		166
	(4) By Rearrangement of Other Heterocyclic Systems		167
	(5) From Nonheteroaromatic Precursors		168
3.	**Reactions**		**168**
	A. Of Pyrimido[4,5-*d*]pyrimidines with Nucleophiles		168
	B. Other Reactions of Pyrimido[4,5-*d*]pyrimidines		169
	C. Of Pyrimido[5,4-*d*]pyrimidines with Nucleophiles		169
	D. Other Reactions of Pyrimido[5,4-*d*]pyrimidines		170
4.	**Patent Literature**		**170**
5.	**Tables**		**171**
	Table 1. The Pyrimido[4,5-*d*]pyrimidines That Have No Oxo or Thioxo Groups		171
	Table 2. The Pyrimido[4,5-*d*]pyrimidines with One Oxo or Thioxo Group		174
	Table 3. The Pyrimido[4,5-*d*]pyrimidines with Two Oxo and/or Thioxo Groups		175
	Table 4. The Pyrimido[4,5-*d*]pyrimidines with Three or Four Oxo and/or Thioxo Groups		177
	Table 5. Miscellaneous Pyrimido[4,5-*d*]pyrimidines		179
	Table 6. The Pyrimido[5,4-*d*]pyrimidines with No Oxo, Thioxo, or Halogen Groups		180
	Table 7. The Pyrimido[5,4-*d*]pyrimidines with No Oxo or Thioxo Groups But with Halogen Groups		183
	Table 8. The Pyrimido[5,4-*d*]pyrimidines with Oxo and/or Thioxo Groups		184
	Table 9. Miscellaneous Pyrimido[5,4-*d*]pyrimidines		186
6.	**References**		**188**

CHAPTER IV. PYRIMIDOPYRIDAZINES — 193

1. Nomenclature — **193**

2. Methods of Synthesis of the Ring System — **193**

    A. Synthesis of Pyrimido[4,5-*c*]pyridazines — 194
        (1) From Pyrimidines — 194
        (2) From Pyridazines — 198

B. Synthesis of Pyrimido[4,5-*d*]pyridazines		199
(1) From Pyrimidines		199
(2) From Pyridazines		201
C. Synthesis of Pyrimido[5,4-*c*]pyridazines		201
(1) From Pyrimidines		201
(2) From Pyridazines		202

3. Reactions — 202

- A. Of Pyrimido[4,5-*c*]pyridazines — 203
- B. Of Pyrimido[4,5-*d*]pyridazines — 204
- C. Of Pyrimido[5,4-*c*]pyridazines — 205

4. Patent Literature — 206

5. Tables — 206

- Table 1. The Pyrimido[4,5-*c*]pyridazines — 206
- Table 2. The Pyrimido[4,5-*d*]pyridazines — 212
- Table 3. The Pyrimido[5,4-*c*]pyridazines — 219
- Table 4. Miscellaneous Pyrimidopyridazines — 220

6. References — 220

CHAPTER V. PYRIMIDOOXAZINES AND PYRIMIDOTHIAZINES — 223

1. Nomenclature — 223

2. Methods of Synthesis of the Ring System — 224

- A. Synthesis of Pyrimido[4,5-*b*][1,4]oxazines — 224
  - (1) From Pyrimidines — 224
- B. Synthesis of Pyrimido[5,4-*b*][1,4]oxazines — 227
  - (1) From Pyrimidines — 227
- C. Synthesis of Pyrimido[4,5-*e*][1,3]oxazines — 229
  - (1) From Pyrimidines — 229
- D. Synthesis of Pyrimido[4,5-*d*][1,3]oxazines — 229
  - (1) From Pyrimidines — 229
  - (2) From Other Rings — 230
- E. Synthesis of Pyrimido[5,4-*d*][1,3]oxazines — 230
  - (1) From Pyrimidines — 230
- F. Synthesis of Pyrimido[4,5-*b*][1,4]thiazines — 231
  - (1) From Pyrimidines — 231
  - (2) From Other Rings — 235

G. Synthesis of Pyrimido[5,4-b][1,4]thiazines — 235
  (1) From Pyrimidines — 235
  (2) From Thiazines — 236
H. Synthesis of Pyrimido[4,5-d][1,4]thiazines — 237
  (1) From Pyrimidines — 237
I. Synthesis of Pyrimido[5,4-e][1,3]thiazines — 238
  (1) From Pyrimidines — 238

3. **Reactions** — **238**

   A. With Nucleophilic Reagents — 238
   B. Ring-Opening Reactions — 240
   C. Other Reactions — 242

4. **Patent Literature** — **243**

5. **Tables** — **244**

   Table 1. The Pyrimido[4,5-b][1,4]oxazines — 244
   Table 2. The Pyrimido[5,4-b][1,4]oxazines — 246
   Table 3. The 2H-Pyrimido[4,5-e][1,3]oxazines — 248
   Table 4. The Pyrimido[4,5-d][1,3]oxazines — 248
   Table 5. The 4H-Pyrimido[5,4-d][1,3]oxazines — 248
   Table 6. Miscellaneous Pyrimidooxazines — 249
   Table 7. The Pyrimido[4,5-b][1,4]thiazines — 249
   Table 8. The Pyrimido[5,4-b][1,4]thiazines — 256
   Table 9. Miscellaneous Pyrimidothiazines — 256

6. **References** — **257**

CHAPTER VI. PYRIMIDOTRIAZINES — 261

1. **Nomenclature** — **261**

2. **Methods of Synthesis of the Ring System** — **262**

   A. Synthesis of Pyrimido[5,4-e]-1,2,4-triazines — 262
     (1) From Pyrimidines with Adjacent Amino and Hydrazino Groups — 262
     (2) From Pyrimidines with Adjacent Amino and Chloro Groups — 264
     (3) From Pyrimidines with 5-Nitroso or 5-Nitro Groups — 265
     (4) From Pyrimidines with Adjacent Hydrazino Groups — 269
     (5) From Pyrimidines with a 6-Azido Group — 269
     (6) From Pyrimidines with Adjacent Amino Groups — 270

	(7) From Triazines	270
	(8) From Other Heterocyclic Rings	271
B.	Synthesis of Pyrimido[4,5-*e*]-1,2,4-triazines	272
	(1) From Pyrimidines	272
	(2) From Triazines	274
	(3) From Purines	275
C.	Synthesis of Pyrimido[5,4-*d*]-1,2,3-triazines	276
D.	Synthesis of Pyrimido[4,5-*d*]-1,2,3-triazines	277

3. **Reactions** — 277

   A. Of Pyrimido[5,4-*e*]-1,2,4-triazines — 277
      (1) Simple Group Transformations — 277
         (a) Oxidation Reactions — 277
         (b) Functional Group Interconversions — 278
         (c) Covalent Addition — 279
      (2) Ring-Opening Reactions — 279
         (a) With Retention of One of The Heteroaromatic Rings — 279
         (b) With Formation of New Heteroaromatic Rings — 280
   B. Of Pyrimido[4,5-*e*]-1,2,4-triazines — 282
      (1) Simple Group Transformations — 282
      (2) Ring-Opening Reactions — 282
   C. Of Pyrimido[5,4-*d*]-1,2,3-triazines — 283

4. **Patent Literature** — 283

5. **Tables** — 284

   Table 1. The Pyrimido[5,4-*e*]-1,2,4-triazines That Have No Oxo or Thioxo Groups — 284
   Table 2. The Pyrimido[5,4-*e*]-1,2,4-triazines with One Oxo or Thioxo Group — 287
   Table 3. The Pyrimido[5,4-*e*]-1,2,4-triazines with Two Oxo or Thioxo Groups — 289
   Table 4. The Pyrimido[5,4-*e*]-1,2,4-triazines with Three Oxo Groups — 294
   Table 5. Miscellaneous Pyrimido[5,4-*e*]-1,2,4-triazines — 295
   Table 6. The Pyrimido[4,5-*e*]-1,2,4-triazines with No Oxo or Thioxo Groups — 296
   Table 7. The Pyrimido[4,5-*e*]-1,2,4-triazines with One Oxo Group — 296
   Table 8. The Pyrimido[4,5-*e*]-1,2,4-triazines with Two Oxo or Thioxo Groups — 296
   Table 9. The Pyrimido[4,5-*e*]-1,2,4-triazines with Three Oxo or Thioxo Groups — 298
   Table 10. Miscellaneous Pyrimido[4,5-*e*]-1,2,4-triazines — 299

	Table 11. The Pyrimido[5,4-*d*]-1,2,3-triazines	299
	Table 12. Miscellaneous Pyrimido[5,4-*d*]-1,2,3-triazines	300
6.	**References**	**301**

INDEX   **305**

CHAPTER I

Pyridopyrimidines*

1. INTRODUCTION

This chapter deals with four possible isomeric structures for pyridopyrimidines. The method of naming and numbering the ring systems is illustrated for structure 1, the pyrido[3,2-d]pyrimidines. The numbers on the outside of the ring indicate how substituents are defined. The numbers and letters on the inside of the ring depict how the ring system itself is described. The same designations apply to the other three isomers, 2–4. These systems have also been named as triazanaphthalenes.

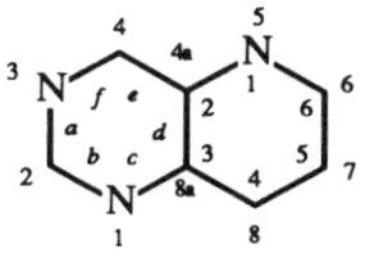

PYRIDO[3,2-d]PYRIMIDINE
1

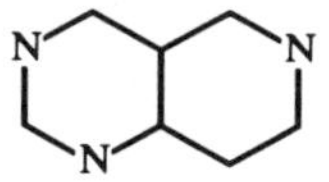

PYRIDO[4,3-d]PYRIMIDINE
2

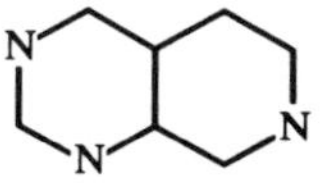

PYRIDO[3,4-d]PYRIMIDINE
3

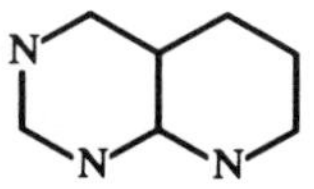

PYRIDO[2,3-d]PYRIMIDINE
4

The literature up to the end of 1967 has been reviewed by Irwin and Wibberley[1] and since that time other reviews[2,3] have dealt with aspects of pyridopyrimidines. This chapter deals with the literature after 1967 concerning pyridopyrimidines with no additional ring fusions. The reader is advised to consult the other material in addition to this report for a complete overview of the chemistry and properties of these ring systems.

* By John C. Warner, Polaroid Corporation, Cambridge, Massachusetts.

A great deal of chemistry has been investigated because of the similarity of pyridopyrimidines with pyrimido[2,3-d]pyrazines, which have been given the trivial name pteridines, **5**. Two trivial names for derivatives of pteridines are lumazine for pteridin-2,4-dione, **6**, and pterin for 2-aminopteridin-4-one, **7**. Various pyridopyrimidines have been referred to as some combination of deazapteridines, lumazines, or pterins.

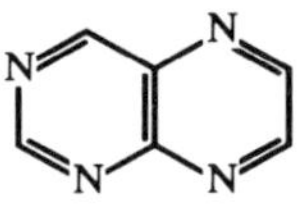

PTERIDINE
5

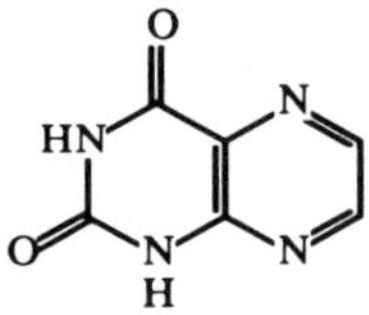

LUMAZINE
6

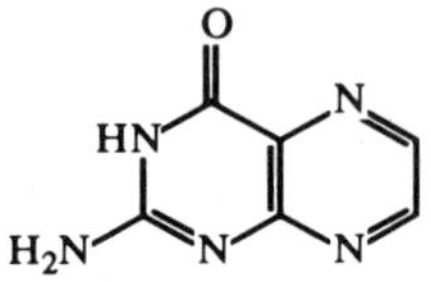

PTERIN
7

The synthesis and biological applications of derivatives of folic acid, **8**, have received a great deal of attention. The chemistry of these compounds has been the topic of a recent review[4] and thus has not been included in this chapter except to illustrate a specific synthetic approach or reactivity.

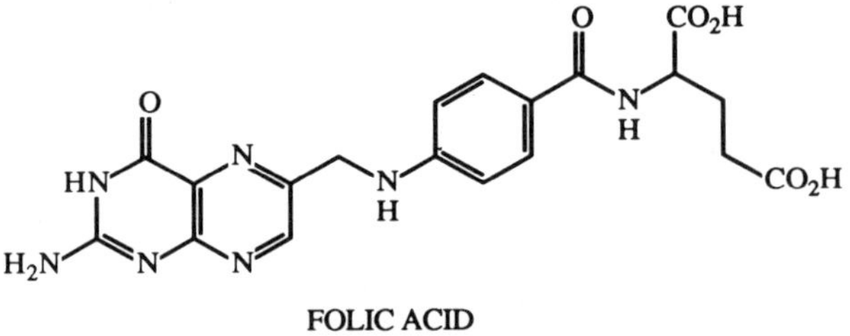

FOLIC ACID
8

2. METHODS OF SYNTHESIS OF THE RING SYSTEM

Syntheses of pyridopyrimidines fall into two categories. Syntheses may involve fusion of the pyridine ring onto the preformed pyrimidine ring, or they may involve fusing of the pyrimidine ring onto an already existent pyridine. Examples of both of these classes have been used for the synthesis of all four isomers. Because the position of the nitrogen in the pyridine ring alters the chemistry of these compounds and their precursors, the synthesis of each ring system has been dealt with independently.

2. Methods of Synthesis of the Ring System

A. Synthesis of Pyrido[3,2-d]pyrimidines

(1) *From Pyrimidines*

The nitrogen atom at position 5 of pyrido[3,2-d]pyrimidines has served as the site of reaction in most of the syntheses starting with pyrimidines. Pyrimidines containing the amino group or other nitrogen function at position 5 serve as substrates for elaboration of the pyridine ring. This approach is especially useful for the introduction of substituents at position 6 of the pyrido[3,2-d]pyrimidine.

The condensation of 2-(acetylamino)-6-formyl-4-hydroxypyrimidine, **9**, with ketophosphonates, **10**, has given **11**, which was hydrogenated with platinum oxide as catalyst. Diazonium coupling of the 2-amino-(3-oxopropyl)pyrimidin-6-ones, **12**, to give **13**, followed by reductive ring closure has led to 2-aminopyrido[3,2-d]pyrimidin-4(3H)-ones, **14**.[5,6]

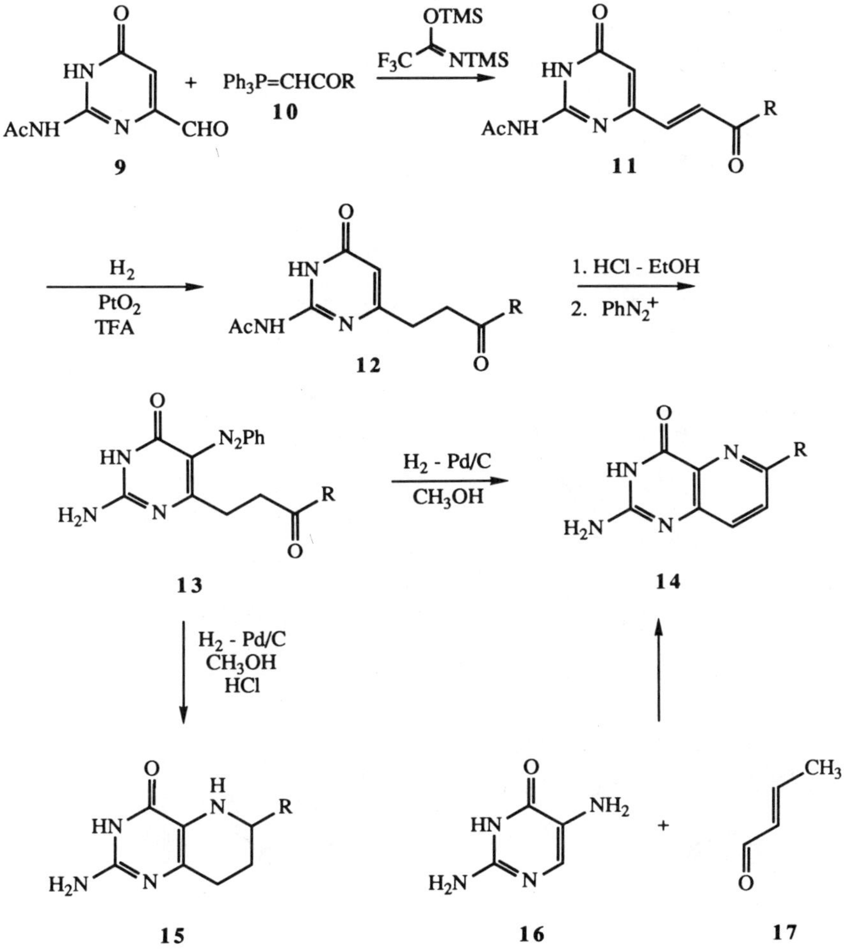

This reductive ring closure of **13**, when performed in the presence of acid, affords the 5,6,7,8-tetrahydropyrido[3,2-*d*]pyrimidine, **15**.[6]

It is not necessary to have a substituent at position 6 of the pyrimidine ring since 5-aminopyrimidines have been cyclized with various 1,3-bis-electrophiles to fuse the pyridine ring. The acid-catalyzed condensation of 2,5-diamino-4-pyrimidinone, **16**, with crotonaldehyde, **17**, for example, has been reported to give 2-amino-6-methylpyrido[3,2-*d*]pyrimidin-4(3*H*)one, **14** (R = Me).[9,10] When cinnamaldehyde was used in place of crotonaldehyde only uncyclized anil products were formed.

Another example of the cyclization of a functionalized side chain at position 6 of a 5-aminopyrimidine is found in the uracil series. 5-Amino-1,3-dimethyl-6-(substituted-allyl)-uracils, **18** (R = Me), prepared by Claisen rearrangement of 5-allylamino-1,3-dimethyluracils, are thermally cyclized to pyrido[3,2-*d*]pyrimidines, **19** (R = Me).[7]

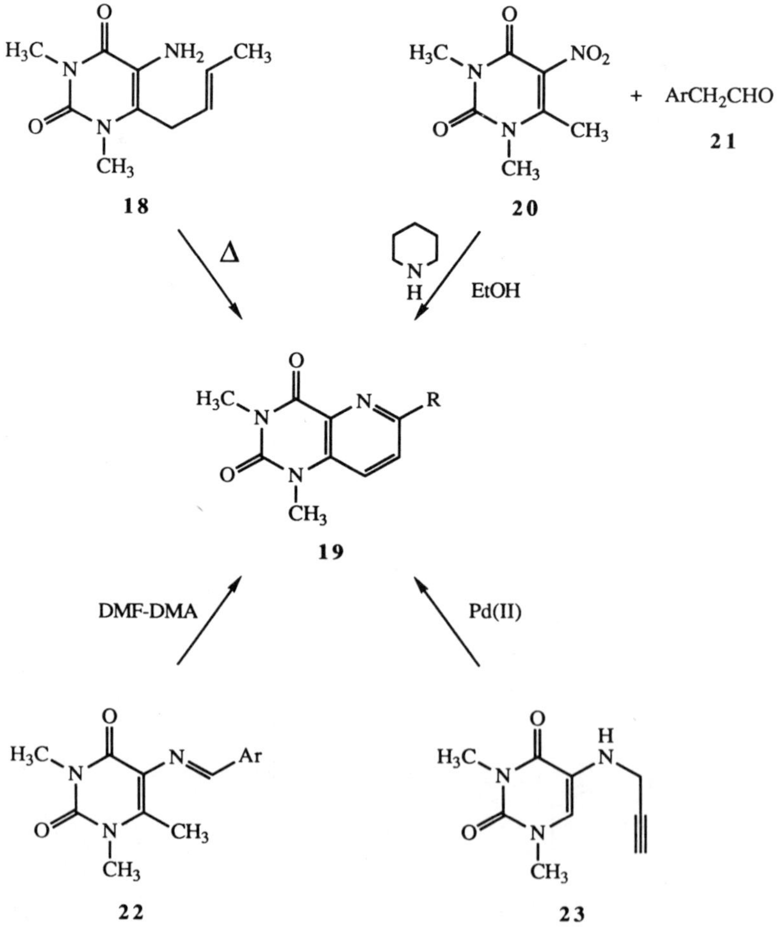

2. Methods of Synthesis of the Ring System

In a similar reaction, 6-aryl-1,3-dimethylpyrido[3,2-d]pyrimidin-2,4(1H,3H)-diones, **19** (R = Ar), have been synthesized via the condensation of 1,3,6-trimethyl-5-nitrouracil, **20**, with aryl acetaldehydes.[8] It is likely that the methodology is limited to 6-aryl derivatives because arylidine intermediates are formed.

A parallel reaction involves the cyclization of 5-arylideneamino-1,3,6-trimethyluracils, **22**, with N,N-dimethylformamide–dimethylacetal (DMF–DMA) to give the same 6-aryl-1,3-dimethylpyrido[3,2-d]pyrimidin-2,4(1H,3H)-diones, **19**, via 5-arylideneamino-1,3-dimethyl-6-(2-dimethylaminovinyl)-uracils.[8,12]

Finally, it is possible to synthesize this ring system in which there is no substituent at position 6. Palladium catalyzed cyclization of 1,3-dimethyl-5-(propargylamino)uracil, **23**, has led to **19** (R = H).[7]

Several interesting reactions have been described in which oxygen has been introduced into the pyridine ring. Michael addition of 5-aminouracil, **24**, to dimethyl acetylenedicarboxylate (DMAD) followed by thermal cyclization of the intermediate enamine, **25**, gives 6-(methoxycarbonyl)pyrido[3,2-d]pyrimidin-2,4,8(1H,3H,6H)-trione, **26**.[11] However, the scope of this reaction is limited by poor yields of most of the products obtained.

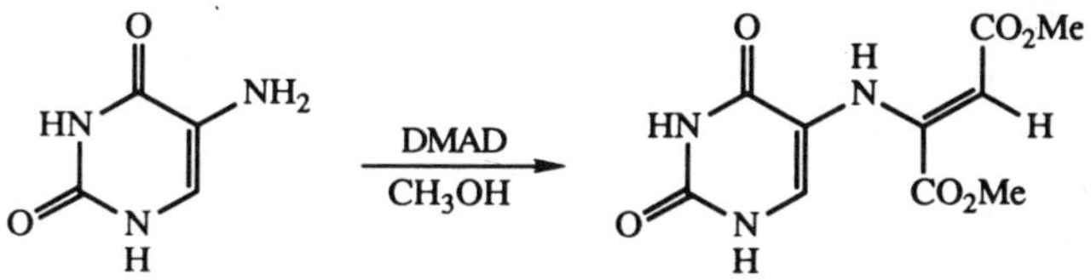

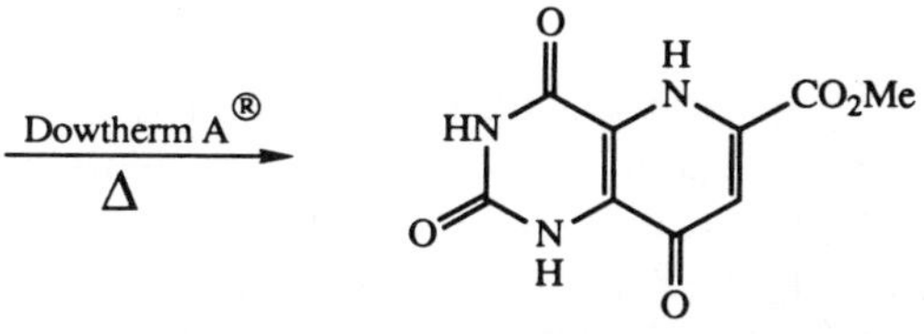

Somewhat better results have been obtained by the condensation of other 2,4-disubstituted-5-aminopyrimidines, **27**, with diethyl ethoxymethylene-malonate, **28**, as the 1,3-bis-electrophile. This reaction has been reported to give the isomeric 7-(ethoxycarbonyl)pyrido[3,2-d]pyrimidin-8(5H)-ones, **29**, although aryl derivatives are not possible in this case.[10]

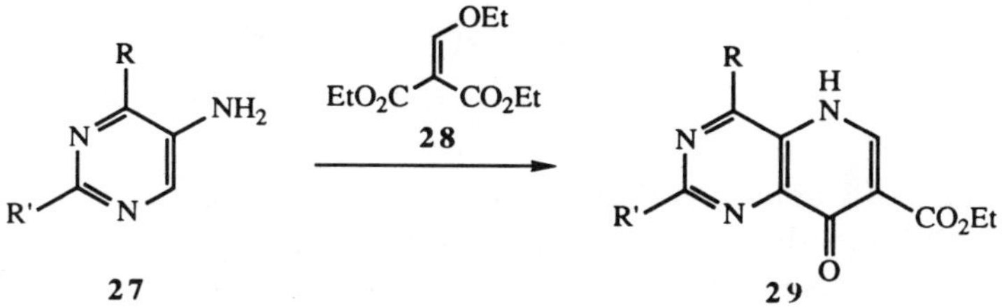

The reaction of 5-amino-1,3-dimethyluracil, **30**, with diethyl malonate, **31**, gave the dioxygenated pyrido[3,2-*d*]pyrimidine **32** at high reaction temperatures.[10] 5-Aminouracil and 5-amino-2,4-dimethoxypyridine failed to give pyrido[3,2-*d*]pyrimidines with this bis-electrophile.

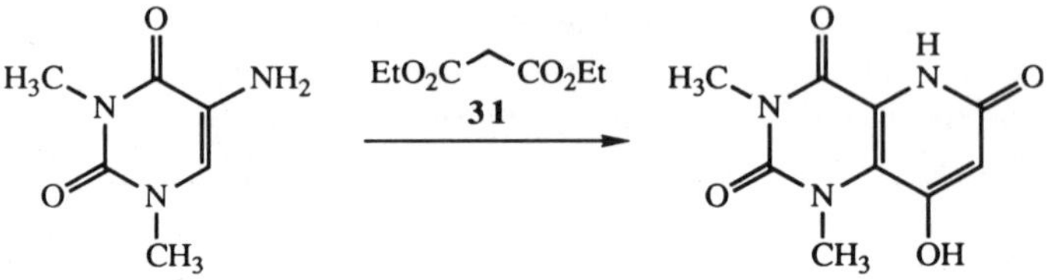

The photolysis of *N*-(5-pyrimidyl)methacrylamide, **33**, in benzene with a catalytic amount of acetic acid has been reported to give 7,8-dihydro-7-methylpyrido[3,2-*d*]pyrimidin-6(5*H*)-one, **34**, in low yield.[13]

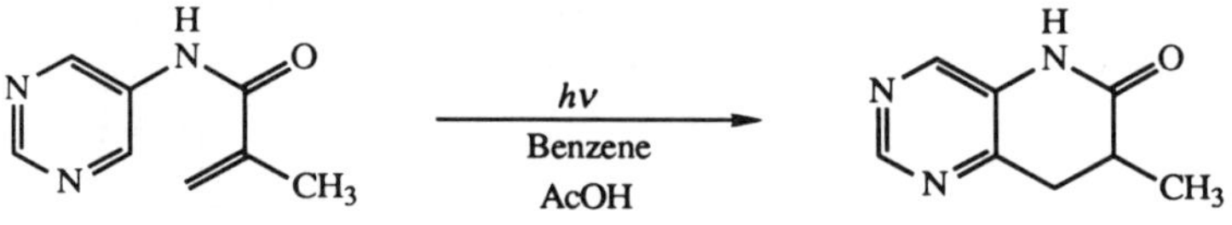

(2) From Pyridines

Most syntheses of pyrido[3,2-*d*]pyrimidines that involve fusion of a pyrimidine ring onto a pyridine ring begin with a 3-aminopyridine derivative. Treatment of 3-aminopyridine-2-carboxamide, **35**, with DMF–DMA, for example, gives the pyrido[3,2-*d*]pyrimidin-4(3*H*)-one, **36**.[14] Presumably, the use of appropriately substituted pyridines would lead to the formation of pyrido[3,2-*d*]pyrimidines with substituents in the pyridine ring, although this does not appear to have been explored.

Cyclizations of 3-aminopyridines having other substituents at the 2 position have been occasionally reported. Condensation of 3-amino-2-cyanopyridines, **37**, with chloroformamidine hydrochloride gives 2,4-diaminopyrido[3,2-*d*]py-

2. Methods of Synthesis of the Ring System

rimidines, **38**, by which a variety of substituents at position 6 can be introduced either directly or through subsequent nucleophilic displacement reactions.[15,16]

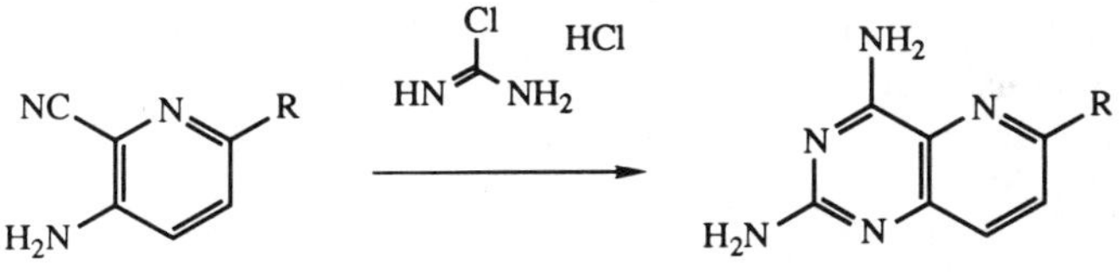

37 → **38**

One of the more versatile precursors in this approach to pyrido[3,2-d]pyrimidines is 3-aminopicolinic acid, **39** (R = H). The condensation of **39** (R = H) with a variety of thiocyanates leads to the general structure **40**. Thus, ammonium thiocyanate leads to **40** (R' = H; X = S) via thermolysis of a thiourea intermediate[18] and allylisothiocyanate in refluxing alcoholic solution gives **40** (R' = allyl; X = S).[18]

The corresponding ester, **39** (R = Et), has also proven to be extremely useful. Condensation of this pyridine with heteroaroylazides has been shown to give 3-arylpyrido[3,2-d]pyrimidin-2,4(1H,3H)-diones, **40** (R' = Ar; X = O), through uncyclized urea intermediates.[17] This method represents a unique way of introducing a hetero ring as a substituent onto the pyridopyrimidine ring.

Treatment of **39** (R = Et) with (ethoxycarbonyl)isothiocyanate gives a thiourea intermediate which, upon cyclization with sodium ethoxide, leads to the thio compound, **40** (R' = H; X = S).[19] Other isocyanates or isothiocyanates behave similarly.[20,21]

39 → **40**

A synthesis that does not follow this general strategy of starting with a 3-aminopyridine is the reaction of tetrachloro-2-pyridyl lithium, **41**, with an excess of benzonitrile. This procedure has been reported to give 6,7,8-trichloro-2,4-diphenylpyrido[3,2-d]pyrimidine, **42**, through an N-lithio-imine intermediate.[22]

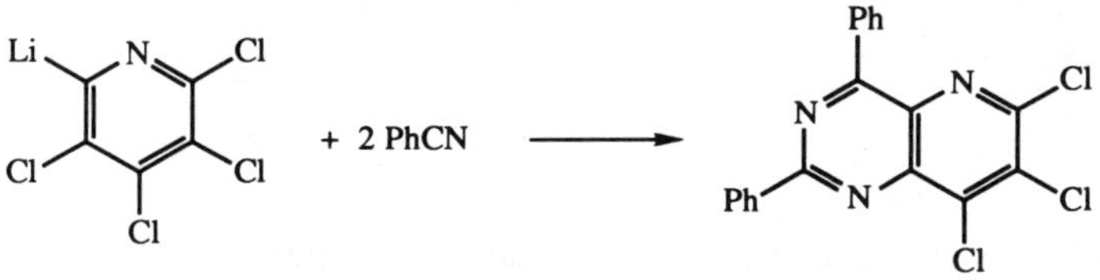

41 + 2 PhCN → **42**

Finally, *N*-(phenylsulfonyloxy)quinolinimide, **43**, has been demonstrated to react with amine nucleophiles to give pyrido[3,2-*d*]pyrimidines, **45**, by fusion of the ring open intermediate, **44**.[23] Nucleophilic attack occurs at the more electrophilic carbonyl group followed by a Lossen-type rearrangement[24] to give only one regioisomer.

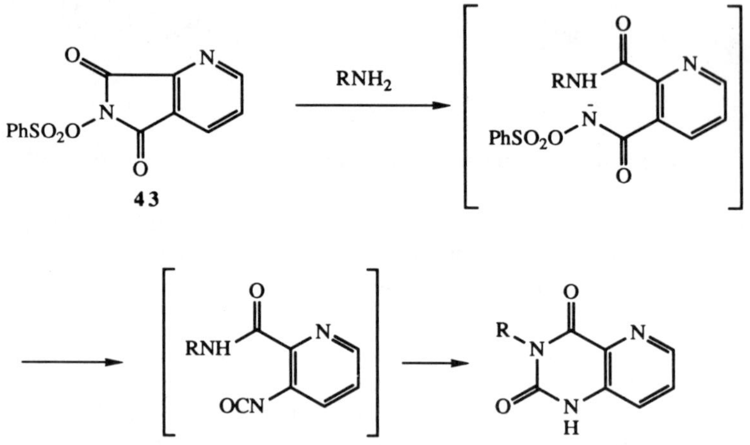

R = H, NH$_2$, OH, Ph

B. Synthesis of Pyrido[4,3-*d*]pyrimidines

(1) *From Pyrimidines*

There are three general syntheses of pyrido[4,3-*d*]pyrimidines reported that begin with preformed pyrimidines. The cyclization of dihydropyrimidin-2-thiones, **46**, with primary amines and formaldehyde in a Mannich-type reaction gives 8a-alkoxy-3,4,4a,5,6,7,8,8a-octahydropyrido[4,3-*d*]pyrimidin-2(1*H*)-thiones, **47**.[25] This undoubtedly takes advantage of the labile hydrogens of the methyl group on the pyrimidine. The 8a-alkoxy group derives from covalent addition to the double bond between 4a and 8a.

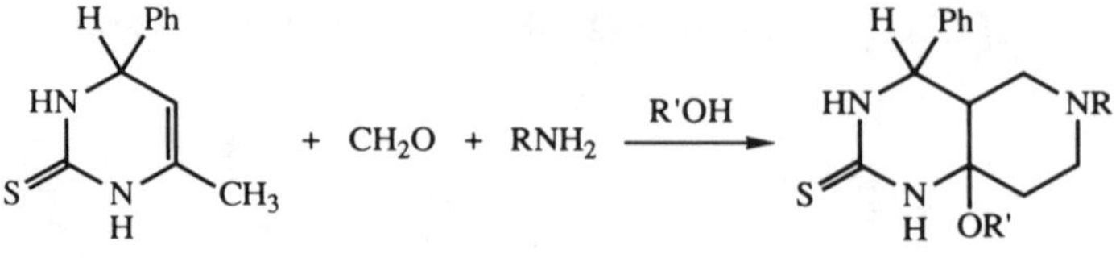

Another general approach involves an unsaturated carbon at position 6. Wibberley and his co-worker[26] reported a novel method in which pyrano[4,3-

d]pyrimidin-5-ones, **49**, are formed by the bromination of 4-styrylpyrimidine-5-carboxylic acids, **48**. These lactones give pyrido[4,3-d]-pyrimidin-5-ones, **50** (R = Ph; R' = H, OH, or NH$_2$), on treatment with ammonia, hydroxylamine, or hydrazine.

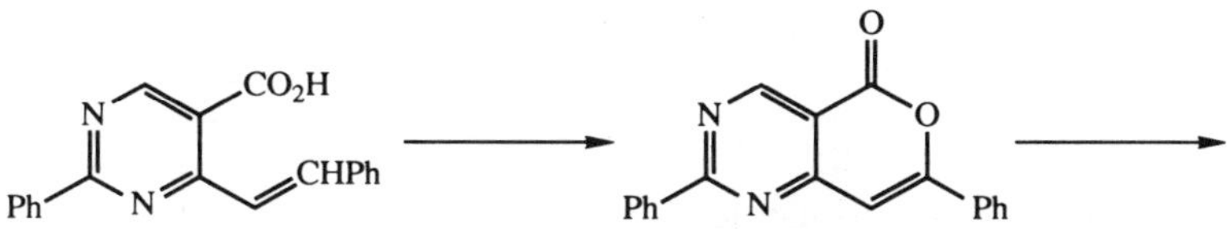

An alternate route is available through the palladium-catalyzed cross-coupling of phenylacetylene with 4-chloro-5-(ethoxycarbonyl)-3-methylpyrimidine to produce the alkyne, **51**. Subsequent cyclization with ethanolic ammonia gives the pyrido[4,3-d]pyrimidine ring system, **50** (R = Me; R' = H).[28] Although not explored further, it seems reasonable other substituents on either the pyridine ring or on the pendant phenyl ring would lead to a larger array of derivatives.

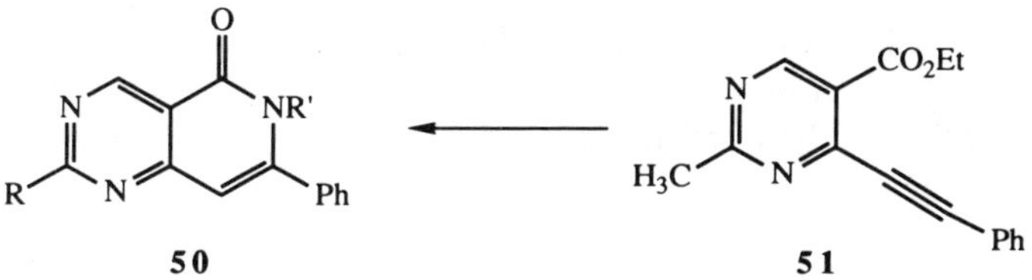

The remaining example was discovered as part of an overall study of the chemistry of o-aminonitriles and has not been explored further. Thus, treatment of 4-amino-2-trichloromethyl-5-cyano-6-cyanomethylpyrimidine, **52**, with sulfuric acid leads to the cyclized pyrido[4,3-d]pyrimidine, **53**, in excellent yield.[29]

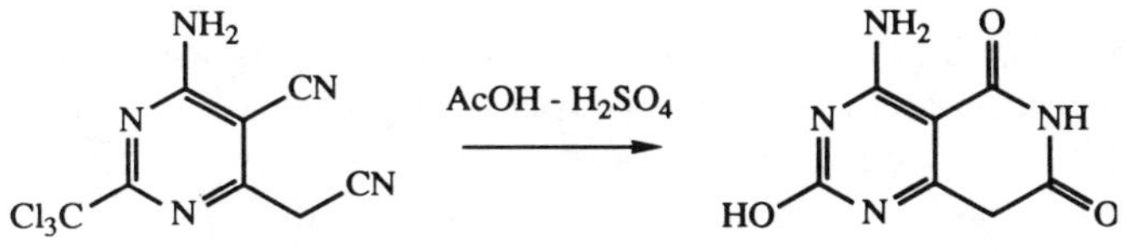

(2) *From Pyridines*

Pyrido[4,3-d]pyrimidines, in various oxidation states, have been obtained by cyclization of the pyrimidine ring onto an already existent pyridine nucleus. Cyclic α,β-unsaturated ketones, for example, have served as substrates for this type of fusion. The synthesis of 2-oxo, 2-thioxo, and 2-imino pyrido[4,3-d]pyrimidines, **55**, from 3,5-diarylidene-1-alkyl-4-piperidones, **54**, by condensation with ureas and thioureas[30] or guanidine[31] is illustrative of this method.

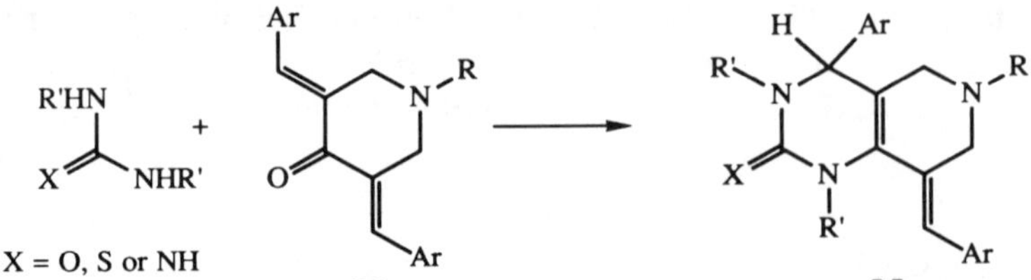

The use of simpler piperidones leads also to less substituted products. Bennett et al.[32] described a synthesis of several fused pyrimidines. By this method, treatment of 1-methyl-4-piperidone, **56**, with Bredereck's reagent, **57**,[33] gave the enamine **58**, which, following cyclization with an amidine equivalent, gave the reduced pyrido[4,3-*d*]pyrimidines, **59**. This amidine cyclization was found to be most successful when one equivalent of sodium ethoxide was used rather than under neutral or acidic conditions.

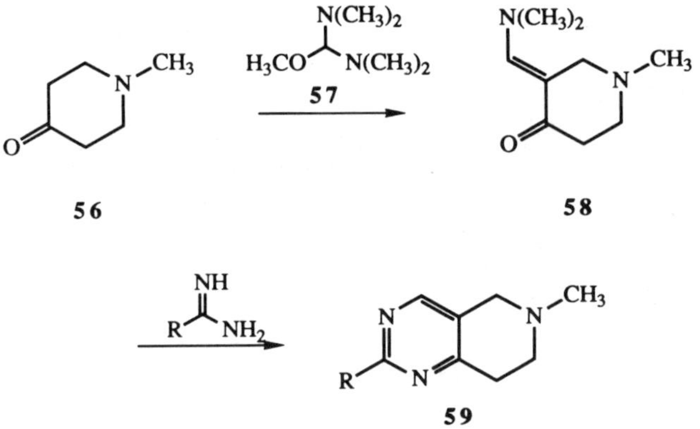

In a similar fashion, the condensation of arylamidines with the cyclic β-keto ester, 3-(ethoxycarbonyl)-1-methyl-4-piperidone, **60**, leads to the 5,6,7,8-tetrahydropyrido[4,3-*d*]pyrimidine ring system, **61**.[37] Elslager et al.[38] reported the synthesis of several 2,4-diaminopyrido[4,3-*d*]pyrimidines, analogous to **59**, via condensation of cyclic enaminonitriles with guanidine.

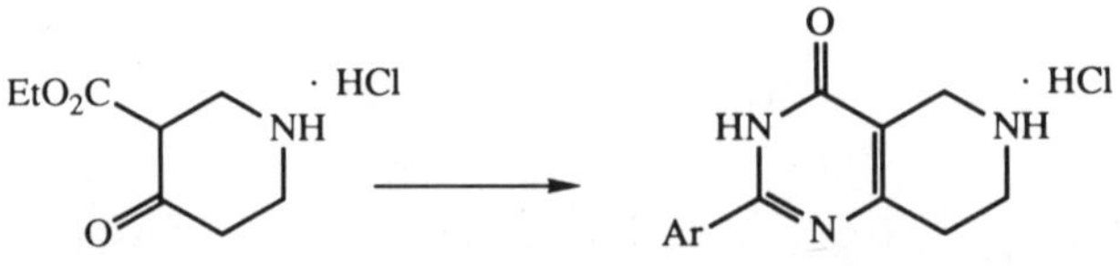

4-Aminopiperidines also serve as suitable precursors to this fused pyrimidine ring. Kretzschmar and Dietz[34] reported a synthesis of decahydropyrido[4,3-*d*]pyrimidines, **65** and **66**, by the reaction of 1-benzyl-4-amino-3-aminomethyl

2. Methods of Synthesis of the Ring System

piperidine, **62**, with 4-methoxybenzaldehyde, **63**, or 4-(chlorophenyl)-dichloro-isocyanide, **64**.

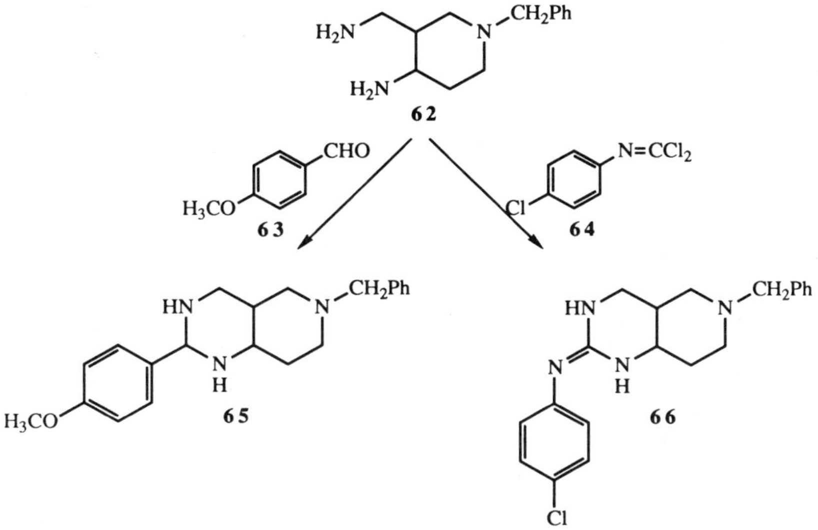

The following example illustrates the extension of the prolific chemistry of o-aminonitriles. Conversion of the cyclic o-aminonitrile, **67**, to the ethoxymethyleneamino derivative, **68**, with ethyl orthoformate, followed by treatment with alcoholic sodium hydrosulfide, was demonstrated by Taylor et al.[35] to be an efficient synthesis of 5,6,7,8-tetrahydropyrido[4,3-d]pyrimidine-4(3H)-thione, **69**.

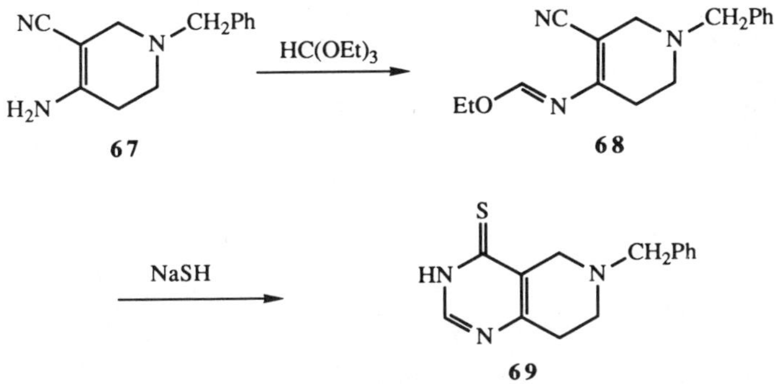

Starting with pyridines in place of piperidines allows similar chemistry to produce fully aromatic derivatives. Thus, Tisler and his co-workers[36] described the cyclocondensation of 3-cyanopyridine amidines, **70**, with hydroxylamine to give the corresponding pyrido[4,3-d]pyrimidine 3-oxides, **71**. The attempted crystallization of crude **71** from DMF gave **72** via a Dimroth-type rearrangement. If the crude **71** is first suspended in water and then crystallized from DMF, no rearrangement was observed.

70 71

72

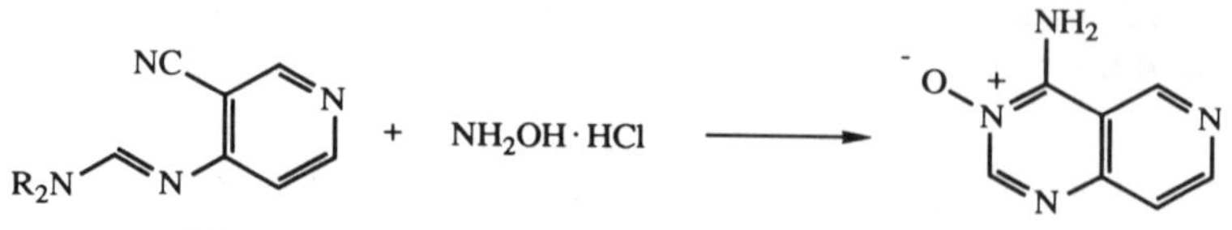

Although many methods are available, which lead to the formation of hydrogenated pyrido[4,3-*d*]pyrimidines, very few general approaches to aromatic compounds exist. The thermal cyclization of structure **73**, which may be 4-amidonicotinamides, 4-amidonicotinic hydroxamic acids, or 4-amidonicotinic acid hydrazides, leads to more than 20 pyrido[4,3-*d*]pyrimidin-4(3*H*)-ones, **74**.[27]

73 74

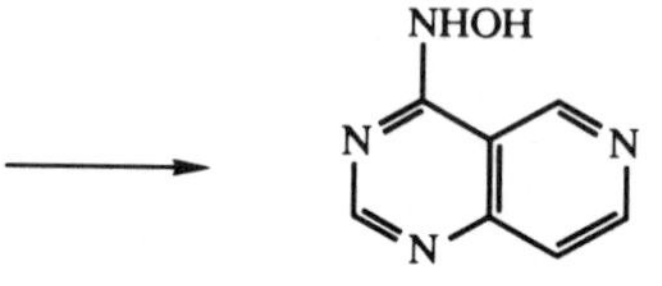

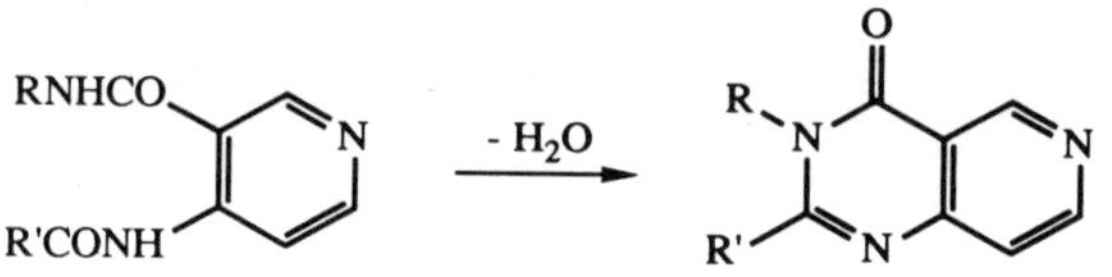

The last two examples of pyrimidine cyclizations onto a pyridine nucleus, while not synthetically useful, are sufficiently novel to warrant discussion. The reaction of 2,4-dibromo-1,6-naphthyridine, **75**, with potassium amide in liquid ammonia[39] gave ring aminated products along with small amounts of rearranged pyrido[4,3-*d*]pyrimidines, **76** and **77**.

75 76 77

+ ring amination products

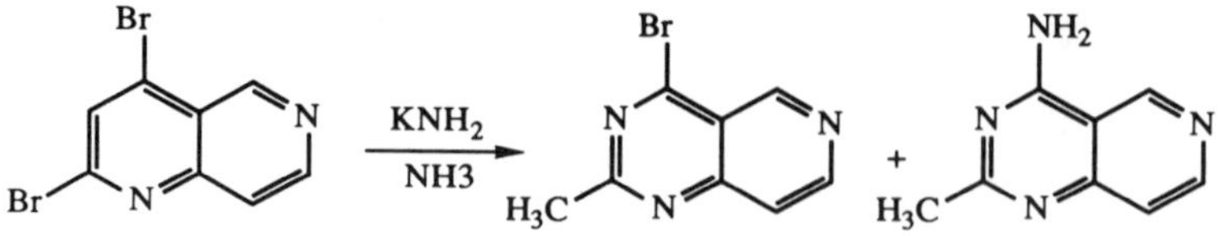

Hermecz and his co-workers[40] reported the low yielding production of 5-oxopyrido[4,3-*d*]pyrimidine, **79**, from the reaction of 1,3,5-triazine, **78**, with ethyl acetoacetate.

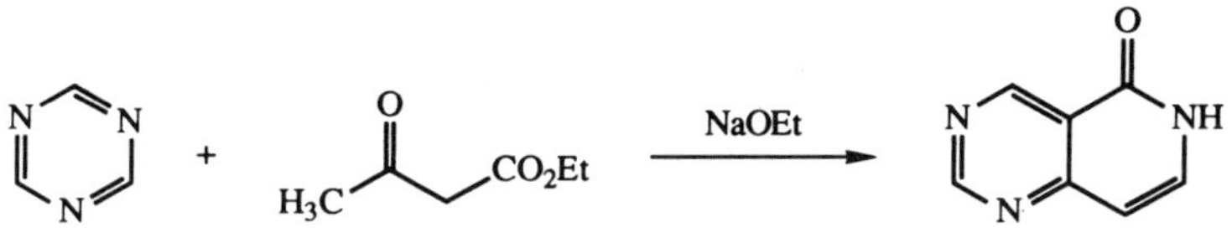

2. Methods of Synthesis of the Ring System

[Scheme: compound **78** (triazine) + H₃C-CO-CH₂-CO₂Et → (NaOEt) → compound **79**]

C. Synthesis of Pyrido[3,4-d]pyrimidines

(1) *From Pyrimidines*

There are only two examples described where pyrido[3,4-d]pyrimidines are obtained by the fusion of the pyridine ring onto a pyrimidine. One example begins with the cross-coupling of phenylacetylene and 5-bromo-4-(ethoxycarbonyl)-2-methylpyrimidine in the presence of bis(triphenylphosphine)palladium(II)chloride and cuprous iodide to give the pyrimidine **80**. Cyclization of **80** with ethanolic ammonia gives 2-methylpyrido[3,4-d]pyrimidine-8(7H)-one, **81**.[28] One could envision this reaction as a more general approach if other substituents were introduced into the molecule, either at position 2 (and/or 4) of the pyrimidine ring or at the phenyl ring attached to position 5.

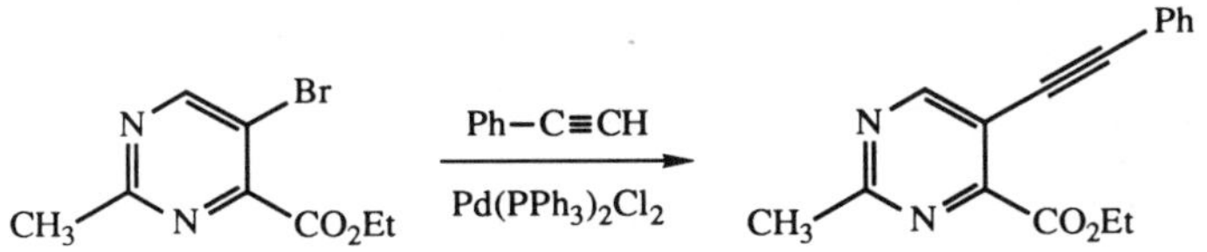

[Scheme showing 5-bromo-4-(ethoxycarbonyl)-2-methylpyrimidine + Ph-C≡CH with Pd(PPh₃)₂Cl₂ → **80**; then NH₃/EtOH → **81**]

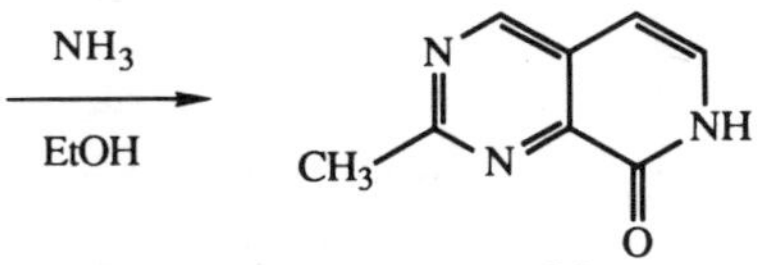

The other example is more roundabout and less generally useful. α-(Hydantoin-5-ylidene)-γ-butyrolactone, **83a**, and its thio analog, **83b**, obtained from α-ethoxalyl-γ-butyrolactone, **82a**, or its thio analog, **82b**, was converted to the lactone derivative of 5-(β-hydroxyethyl)orotic acid, **84a**, or the thio lactone derivative of 5-(β-mercaptoethyl)orotic acid, **84b**, by refluxing with aqueous base.[50] The 5,6-dihydropyrido[3,4-d]pyrimidin-2,4,8(1H,3H,7H)-trione, **85**, was obtained by aminolysis of the lactone or thiolactone.

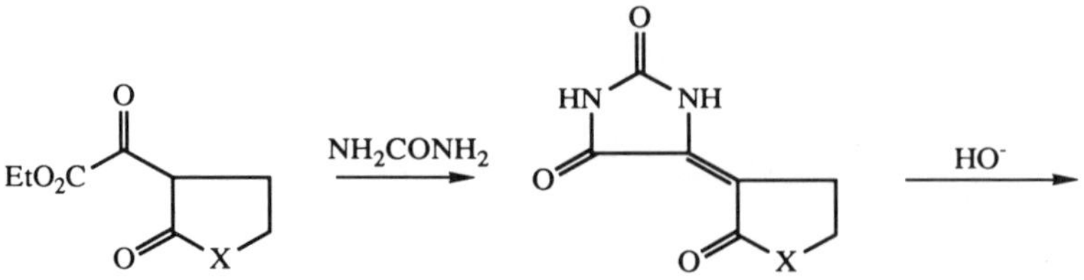

82 **83**

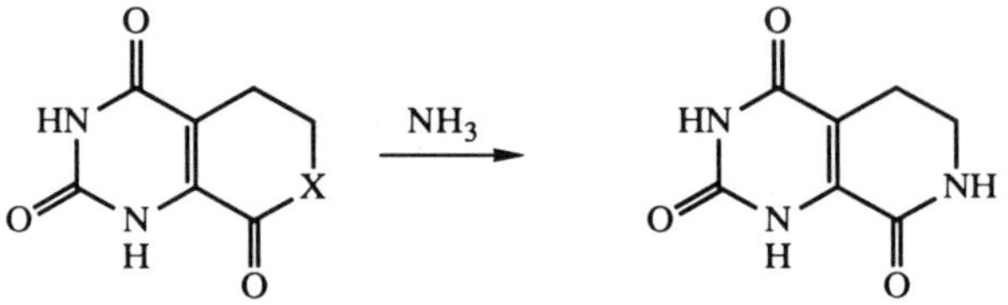

84 **85**

a: X = O

b: X = S

(2) *From Pyridines*

Many of the syntheses of pyrido[3,4-*d*]pyrimidines from pyridines are similar to those of the pyrido[4,3-*d*]pyrimidines and differ primarily by using isomeric precursors. For example, cyclization of *N*-benzyl-4-carbethoxy-3-piperidone, **86**, a derivative of the isomer **60**, with amidines, urea, thiourea, and guanidine give pyrido[3,4-*d*]pyrimidin-4(3*H*)-ones, **87**.[42]

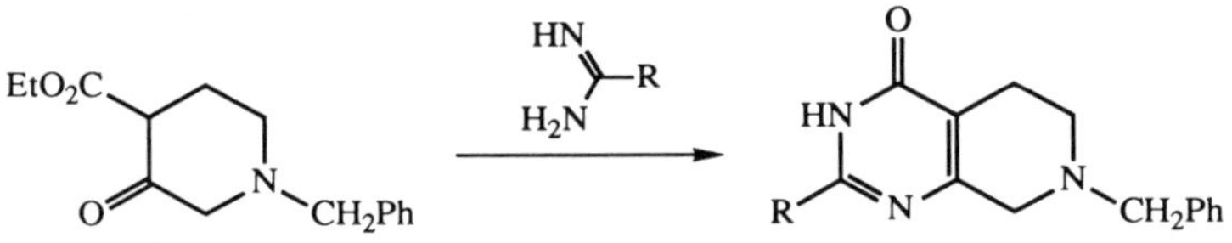

86 **87**

R = alkyl, aryl, H, SH, NH_2, OH, SH

In a variation of the conversion of **58** → **59**, the cyclization of **88** with thiourea, guanidine, and acetamidine gives the pyrido[3,4-*d*]pyrimidin-8(7*H*)-ones, **89**.[43]

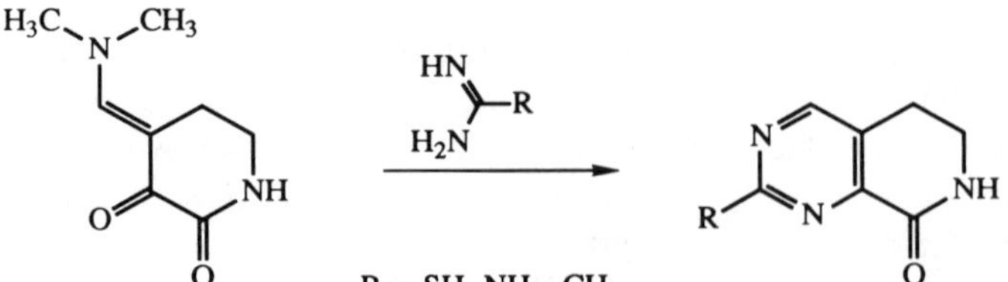

R = SH, NH_2, CH_3

88 **89**

2. Methods of Synthesis of the Ring System

Dioxygenated derivatives are obtained through the Hofmann rearrangement of pyridine-3,4-dicarboxamides, **90**. The pyrido[3,4-d]pyrimidin-2,4(1H,3H)-diones, **91**,[44-46] were produced on treatment with potassium hypobromite. It is important to note that the isomeric pyrido[4,3-d]pyrimidin-2,4(1H,3H)-dione products were not formed.

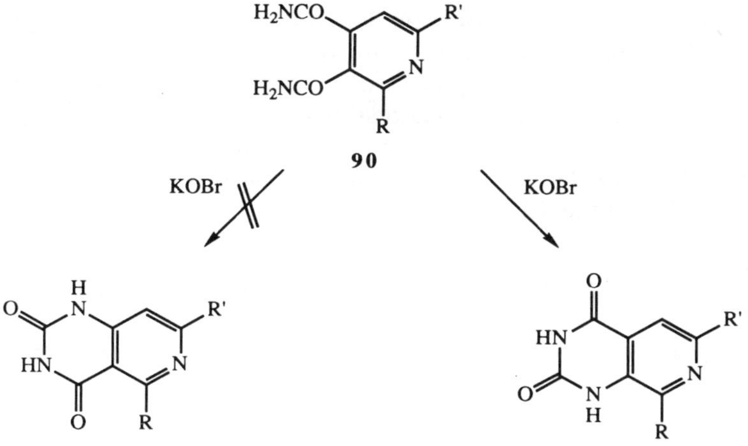

The remaining syntheses all start from an aromatic pyridine derivative. Hence, the reaction of tetrachloro-4-pyridyl lithium, **92**, with an excess of benzonitrile gave 5,6,8-trichloro-2,4-diphenylpyrido[3,4-d]pyrimidine, **93**.[47,48]

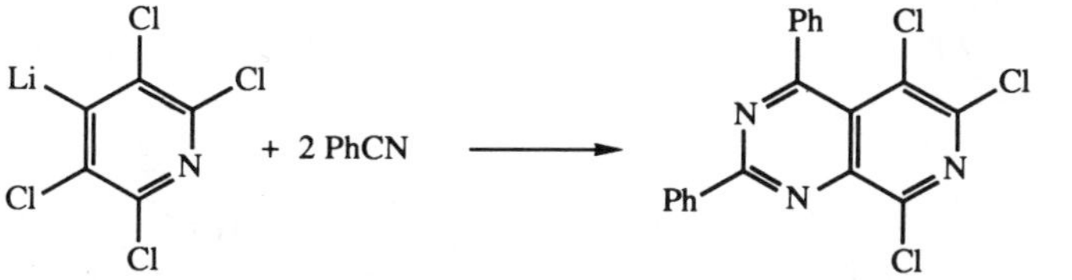

Pyrido[3,4-d]pyrimidin-4-one 7-oxides, **96**, have been synthesized by the reaction of 3-amino-4-carbamoylpyridine N-oxide, **94**, with triethyl orthoformate, or by the cyclization of 3-amino-4-cyanopyridine N-oxide, **95**, with formic acid.[49]

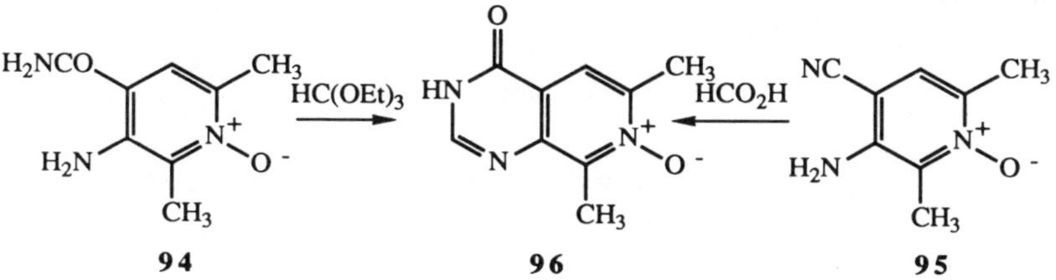

A number of syntheses originate with *o*-aminopyrimidine carboxylates, either as the ethyl ester or as the free acid. The cyclization of ethyl 3-aminopyridine-4-carboxylate, **97** (R = H), with allyl isothiocyanate gives 3-allyl-2(1*H*)-thioxopyrido[3,4-*d*]pyrimidin-4-one, **98** (R = H).[50] Although only this example is cited it appears to be a more general reaction.

Difficulty in converting ethyl 5-amino-2-methylpyridine-4-carboxylate, **97** (R = Me), into the fused pyridopyrimidine by direct cyclization with guanidine necessitated the exploration of alternate routes. Cyclization of the benzoylthiourea derivative **98** in base produced the 2-mercaptopyridopyrimidine, **99**. Replacement of the 2-mercapto functionality with amines was unsuccessful. The synthesis was finally achieved by condensation of the carboxylate, **97** (R = Me), with benzoylcyanamide to give the 3-benzoylpyridopyrimidine, **100**, which on hydrolysis afforded the desired compound, **101**.[51,52]

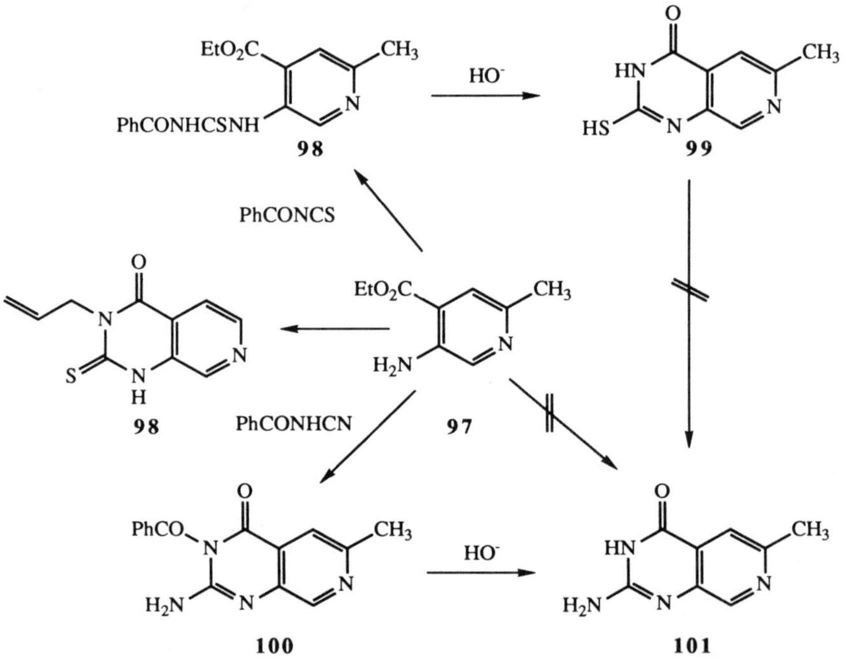

Using analogous methodology, *o*-aminopyridine carboxylic acids lead to the same structural types. Standard reactions of 3-aminopyridine-4-carboxylic acids, **102**, with urea,[45] formamide,[45] or imidate esters[53] yields pyrido[3,4-*d*]pyrimidines, **103**.

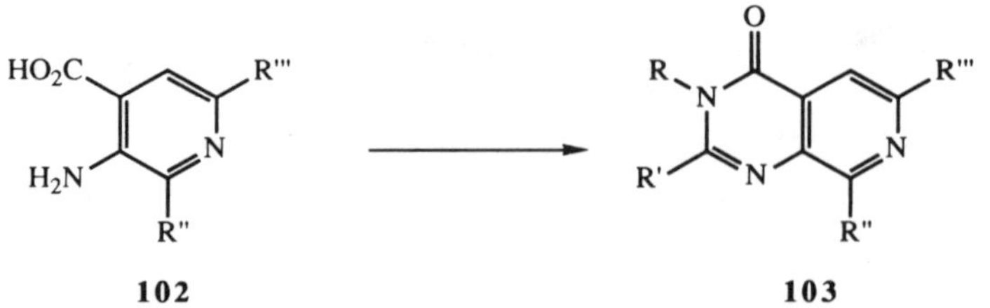

2. Methods of Synthesis of the Ring System

The same general structure arises from reaction with acetic anhydride or benzoyl chloride. In this case the pyrido[3,4-d] [1,3]oxazin-4-ones are formed initially and subsequent reaction produces **103**, where R is derived from the amine.[45]

In an isolated example, the synthesis of 8-chloropyrido[3,4-d]pyrimidin-4(3H)-one, **106**, was achieved in modest yield by thermal cyclization of 3-amino-2-chloropyridine, **104**, with ethoxymethylene-urethane, **105**.[54] No further exploration of this interesting pathway has been described.

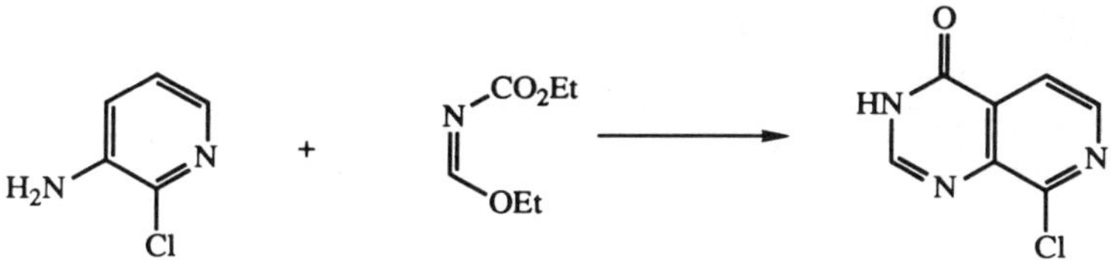

A ring transformation of 2-halopyrido[2,3-c]pyridine, **107**, effected by potassium amide with concurrent *tele*-amination has been reported by van der Plas[55] to give small amounts of 4-amino-2-methylpyrido[3,4-d]pyrimidine, **108**, along with several other byproducts.

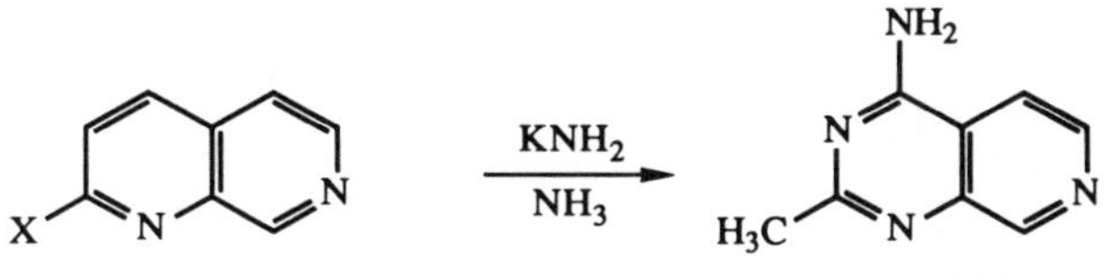

D. Synthesis of Pyrido[2,3-d]pyrimidines

The pyrido[2,3-d]pyrimidines are the most thoroughly investigated of the four ring systems in this chapter. Because of the amount of material covered, this section has been further divided. The synthetic methods, after separation by fused ring, pyridine or pyrimidine, have been classified by which bond is being formed in the synthesis. In cases where more than one bond is formed an arbitrary decision was made to place them in the most suitable category.

(1) *From Pyrimidines*

(a) Formation of Bond 4a–5

The most common pyrimidine structure is epitomized by 6-amino-1,3-dimethyluracil, **109**. Simple derivatives of this pyrimidine and subtle variations also play a role as precursors to pyrido[2,3-d]pyrimidines.

The cyclization of 4-aminopyrimidines with unsymmetrical α,β-unsaturated carbonyl compounds can occur in two regiochemical fashions. This ambiguity has led to misidentification of products in the past. Reaction conditions play a key role in determining the outcome of these syntheses. It is not unlikely that some of the structural assignments to the products of the syntheses presented here may one day be found to be erroneous. Typical of this situation is the reaction of diethyl ethoxymethylenemalonate, **110**. With 6-amino-1,3-dimethyluracil, **109**, under acidic conditions, **110** is reported to give exclusively 1,3-dimethyl-6-(ethoxycarbonyl)pyrido[2,3-d]pyrimidin-2,4,7-(1H,3H,8H)-trione, **111**,[56,57] while the same reaction under basic conditions gives, following thermal cyclization of the intermediate adduct, **112**, 1,3-dimethyl-6-(ethoxycarbonyl)pyrido[2,3-d]pyrimidin-2,4,5-(1H,3H,8H)trione, **113**.[56,57] No evidence for the formation of **111** could be found.

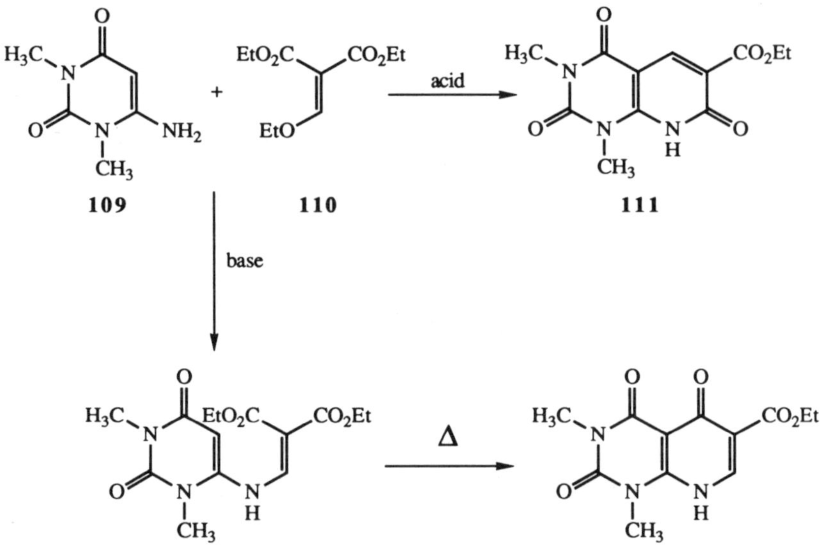

The cyclization of 6-aminouracils,[87-90] and other 6-aminopyrimidines[91] with dimethyl acetylenedicarboxylate has been shown to give 5-(methoxycarbonyl) derivatives of **111**, as well as related compounds. Extensive studies were conducted to confirm the structure proposed for the product.[87] Solvent also played an important role in the course of the reaction.

A number of other α,β-unsaturated carbonyl compounds have been shown to react with **109**, resulting in either new aromatic or partially reduced ring systems. The cyclization of **109** with 1-dimethylaminomethylene-3,3-dimethyl-2-butanone in 10% acetic acid has resulted in a reversal of regiospecificity to produce 7-(t-butyl)-1,3-dimethylpyrido[2,3-d]pyrimidin-2,4(1H,3H)-dione, **114**

($R = H$; $R' = t$-Bu),[60] and the anion of **109** undergoes cyclization with N-t-butylacetylketenimine to give **114** ($R = Me$; $R' = NH$-tBu).[60]

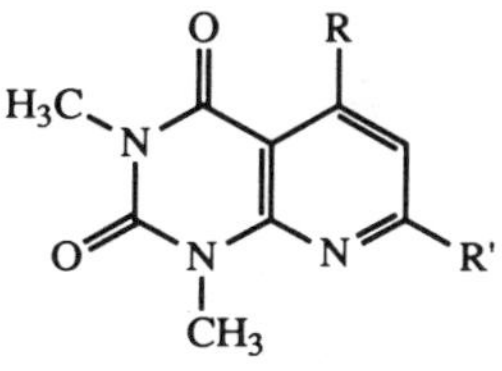

114

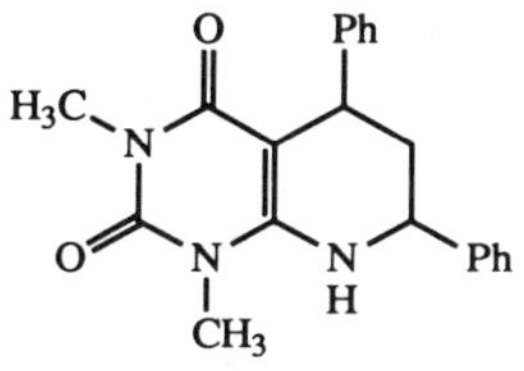

115

The condensation of **109** with benzalacetophenone gives a mixture of the aromatic derivative **114** ($R = R' = Ph$) as well as the reduced compound **115** presumably via a combination of air oxidation and disproportionation of the dihydro intermediate.[64] A variety of other α,β-unsaturated ketones under either acid or base conditions leads to similar products.

The reaction of the symmetrical and highly conjugated diacylethylenes, **116**, with **109** under various conditions has been reported.[61-63] Pyrrolo[2,3-d]pyrimidin-2,4(1H,3H)-diones, **117**, are believed to be formed when the reaction is carried out in ethanol or acetic acid. When oxidants such as oxygen, iodine, or DDQ, are added the pyrido[2,3-d]pyrimidin-2,4(1H,3H)-diones, **114** ($R = COPh$ or $COMe$; $R' = Ph$ or Me), predominate.[61] Yields range from poor to moderate in most cases.

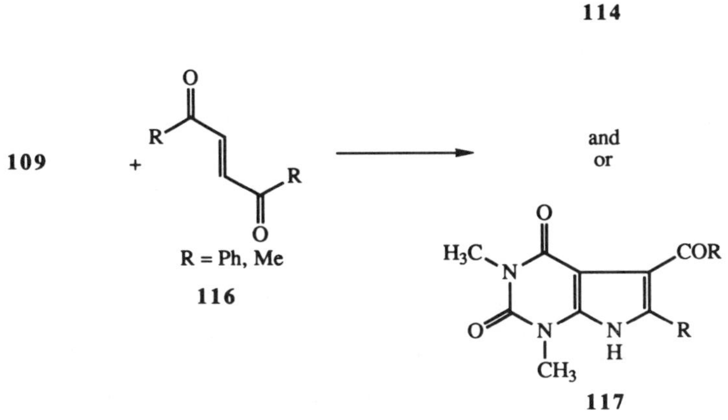

109 + [**116**, $R = Ph, Me$] → **114** and or **117**

Other products derived from the reaction of **109** with α,β-unsaturated compounds include the dihydropyrido[2,3-d]pyrimidines, **118**, from phenyl vinyl ketones, and **114** ($R = SMe$; $R' = Ar$) from mono substituted aroyl ketenethioacetals.[68]

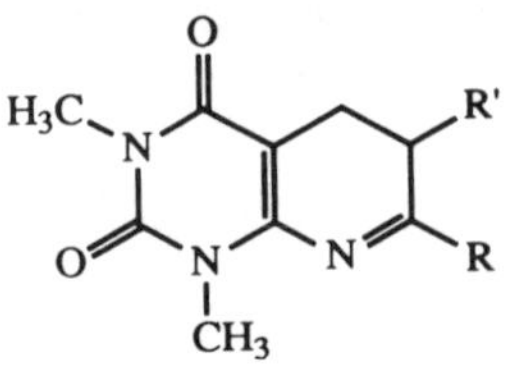

118

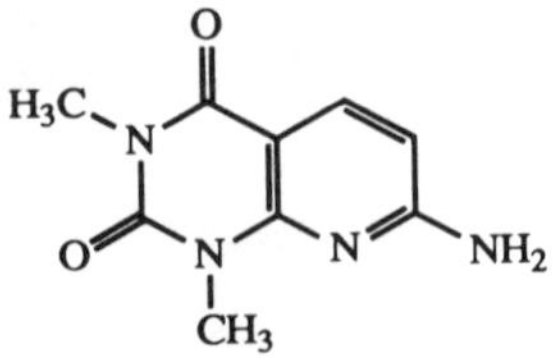

119

A variety of unsaturated molecules with suitable functional groups react with aminopyrimidines in similar fashion. Thus 7-aminopyrido[2,3-d]pyrimidine **119**, is formed from β-dimethylaminoacrylonitrile and **109**.[66]

The condensation of β-aminoacrylonitriles in the presence of aldehydes, on the other hand, leads to incorporation of the aldehyde at position C-5 of **120** and produces a 5,8-dihydropyrido[2,3-d]pyrimidine, **121**, with a nitrile substituent at position C-7.[67]

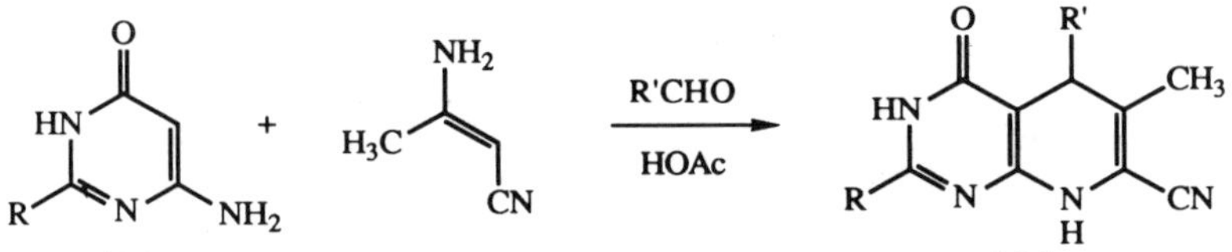

120

121

R = NH$_2$, OH

R' = CH$_3$, Ph

The presence of an amino moiety on the nonheterocyclic reagent is not required. Chloro groups have served well in this type of synthesis as illustrated by the reaction of 3-chloro-2-formyl-2-enoates, **122**, and 6-amino-3-methyl-uracils, **123**, in DMF to form **124**.[58]

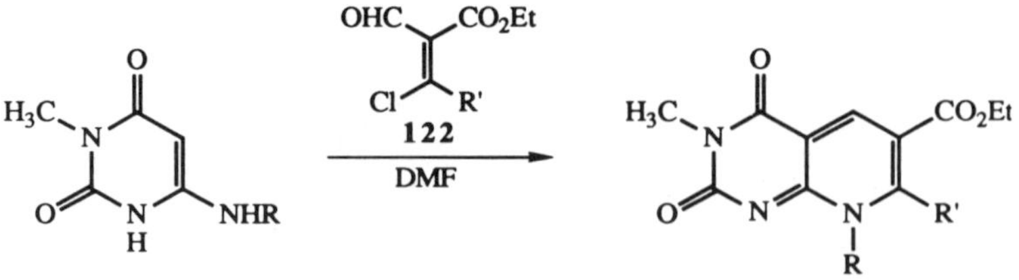

123

122

124

Furthermore, reaction of 3-aryl-3-chloro-2-propeniminium salts, **125**, with **109** results in the formation of a mixture of 5- and 7-aryl-1,3-dimethyl-pyrido[2,3-d]-pyrimidin-2,4(1H,3H)-diones, **126** and **127**.[69]

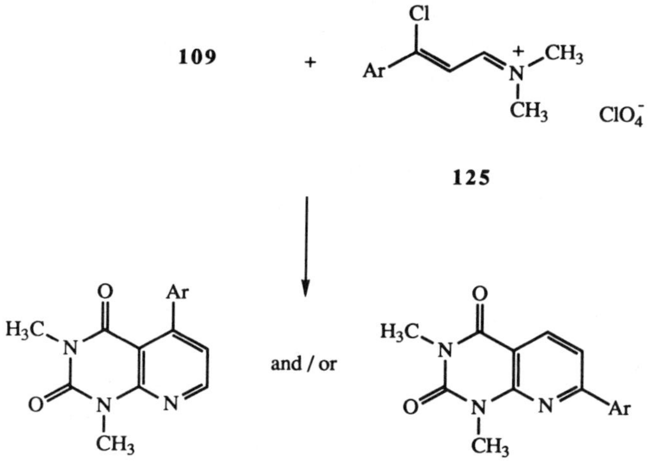

2. Methods of Synthesis of the Ring System

[Structures **109** + **125** → **126** and/or **127**]

The versatile reagent, ethoxymethylene malononitrile leads directly to the o-aminonitrile product, **128**, upon cyclization with **109**.[75]

[Structure: **109** → **128**]

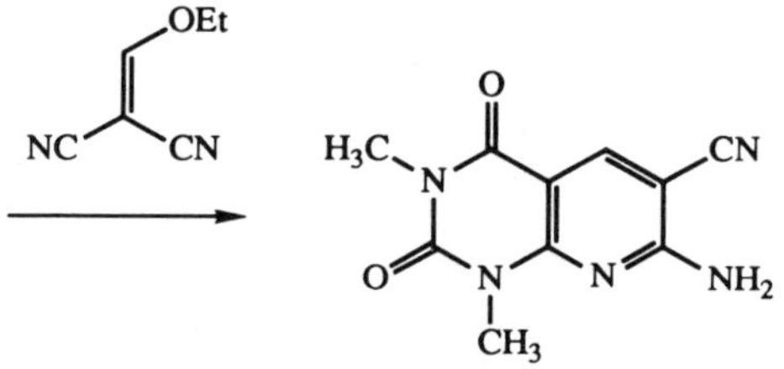

We turn our attention now to reactions involving pyrimidines similar to **109**. Basically, the chemistry is analogous to that already described. Thus, ketenethioacetals, **130**, disubstituted with electron-withdrawing groups have been shown to react with 6-aminouracils, **129**, to form 1,3-dimethyl-7-(methylthio)pyrido[2,3-d]pyrimidin-2,4(1H,3H)-diones, **131**.[68]

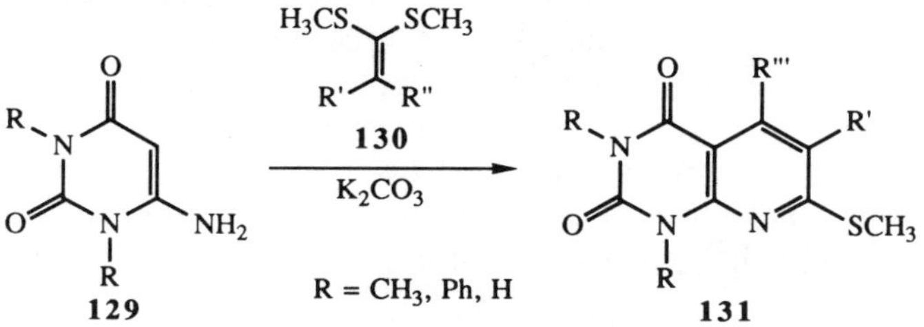

[Structure: **129** + **130** (K$_2$CO$_3$) → **131**]

R = CH$_3$, Ph, H

R' = CO$_2$Me, R'' = CN, R''' = NH$_2$
R' = CN, R'' = CN, R''' = NH$_2$
R' = SO$_2$Ph, R'' = CN, R''' = NH$_2$
R' = CO$_2$Me, R'' = CO$_2$Me, R''' = OH

Arylidenemalonitriles react with 6-amino- and 6-hydroxylaminouracils to give pyrido[2,3-d]pyrimidines. In the case of 6-aminouracils, **132** (R' = H), the 5,8-dihydropyrido[2,3-d]pyrimidine, **133**, which is formed initially, is believed to undergo spontaneous aromatization via loss of hydrogen to give the pyrido[2,3-d]pyrimidines, **134**. The 6-hydroxylaminouracils, **132** (R' = OH) presumably form a dihydropyrido[2,3-d]-pyrimidine, **133** (R' = OH), that aromatizes through loss of water.[74]

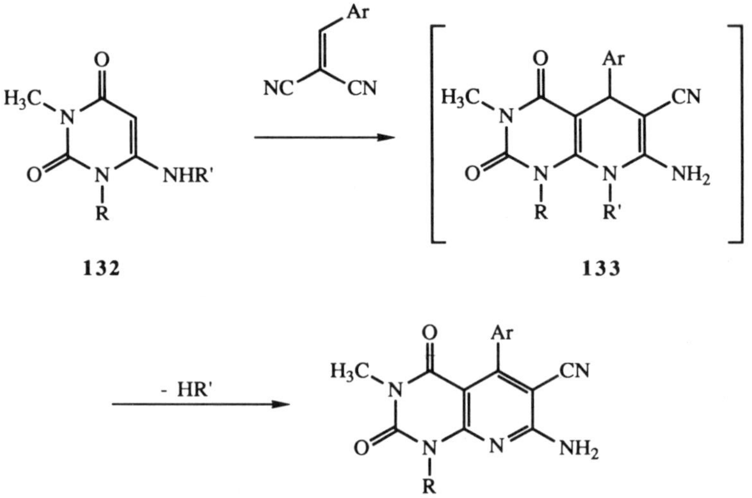

Two reactions that demonstrate ring closure from intermediates that were derived from 6-aminouracil are illustrated below. The versatile 6-aminouracil, **135**, reacts with chromene derivatives to form the more complex product, **137**.[59] The intermediate in this case can be viewed as an intramolecular reaction between a 6-aminouracil and an α,β-unsaturated carbonyl compound.

The growing involvement of palladium in organic reactions is illustrated by the palladium-catalyzed cyclization of **138** to form **139**.[80] Deazapurines were the expected products in this reaction. Although the reaction appears to be general, the yield did not exceed 50% for any example.

Nitromalonaldehyde reacts with 6-aminouracils to give 6-nitropyrido[2,3-d]pyrimidines. For example, 6-amino-1-hydroxyuracil, **140**, was condensed with sodium nitromalonaldehyde to give 1-hydroxy-6-nitropyrido[2,3-d]pyrimidin-2,4(1H,3H)-dione, **141**.[79] The hydroxy group was not lost under these reaction conditions.

Cyclization of 3-methyl-6-(benzylamino)uracil, **142** (R = CH$_2$Ph), with 2,4-pentanedione gave 3,5,7-trimethylpyrido[2,3-d]pyrimidin-2,4(1H,3H)-dione, **143**, with loss of the benzyl group, whereas 3-methyl-6-(phenylamino)uracil, **142** (R = Ph), gave 8-phenyl-3,5,7-trimethylpyrido[2,3-d]pyrimidin-2,4(3H,8H)-dione, **144**.[85]

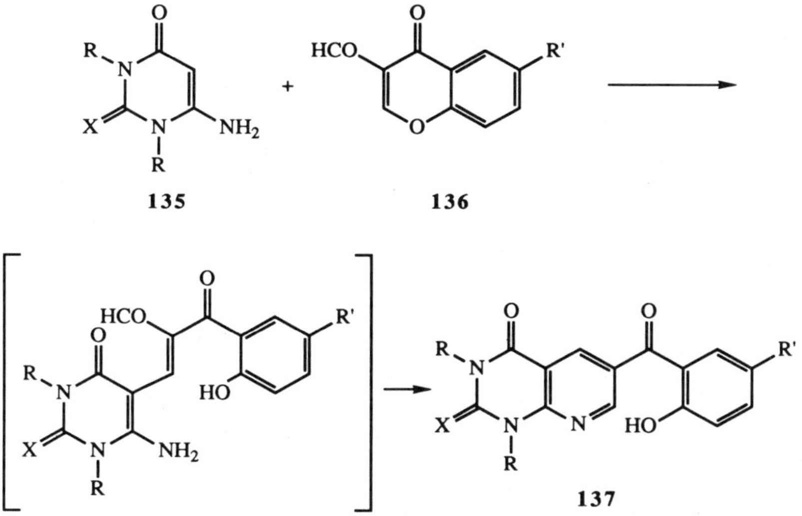

2. Methods of Synthesis of the Ring System

R = H, CH$_3$

R' = H, Cl, NO$_2$

X = O, S

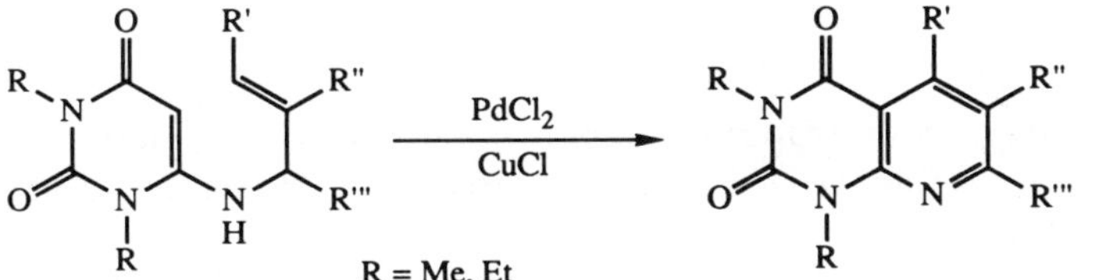

R = Me, Et

R' = Me, R" = H, R"' = H

R' = H, R" = Me, R"' = H

R' = H, R" = H, R"' = Me

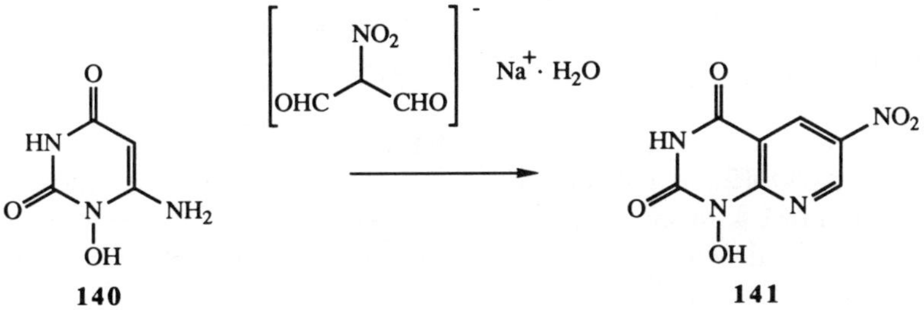

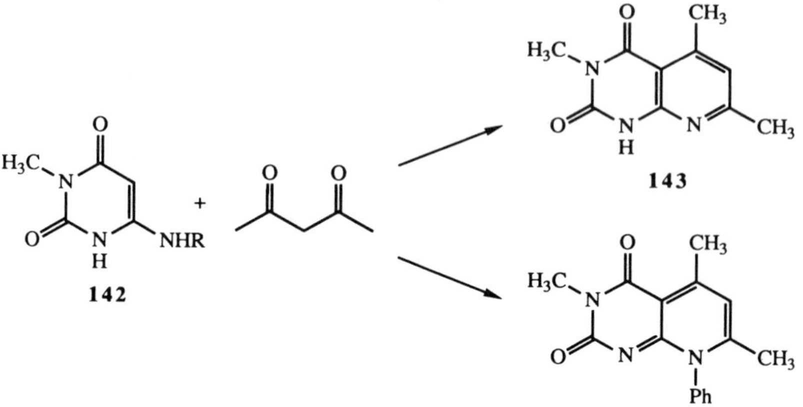

6-Amino-1,3-dimethyluracils, **132** (R = Me; R' = H, Me, Ph, or CH$_2$Ph), have been reported to undergo reaction with diketene to produce 1,3,7-trimethyl-pyrido[2,3-*d*]pyrimidin-2,4,5(1*H*,3*H*,8*H*)-triones, **145**.[86]

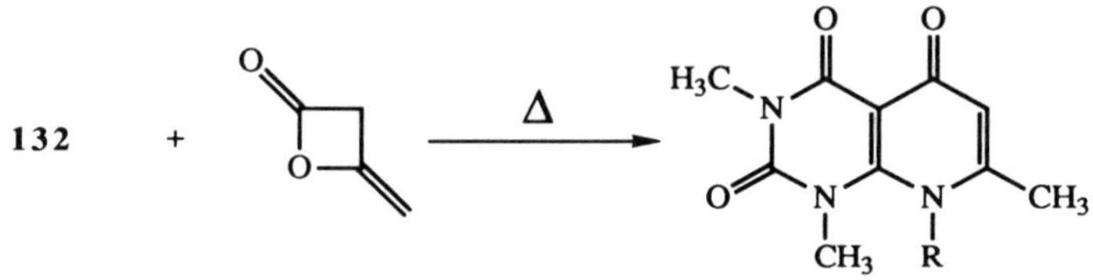

Despite the predominance of uracil derivatives as precursors to pyrido[2,3-*d*]pyrimidines, other pyrimidines are capable of the requisite chemistry to produce analogous products.

In a reaction that could easily be extended to other pyrimidines, 2,4-diamino-6-pyrimidone, **146**, has been condensed with trisformyl methane[76-78] to give 2-amino-6-formylpyrido[2,3-*d*]pyrimidin-4(3*H*)-one, **147**.

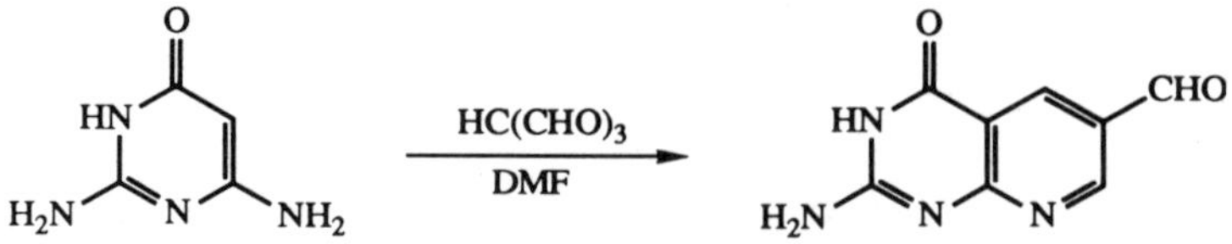

Furthermore, a large number of malondialdehyde derivatives produce 6-substituted pyrido[2,3-*d*]pyrimidines.[70-73] One example of this chemistry is the condensation of 2,4,6-triaminopyrimidine, **148**, with 3-amino-2-methylacrolein, **149**, in acetic acid, which gives 2,4-diamino-5-methylpyrido[2,3-*d*]pyrimidine, **150**.[72]

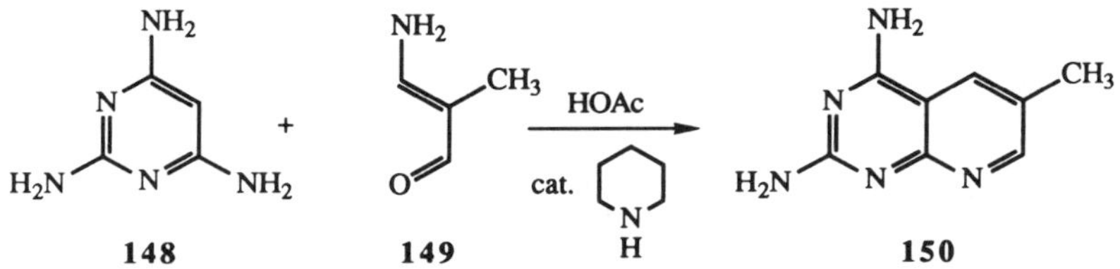

2. Methods of Synthesis of the Ring System

The condensation of **148** with β-ketoesters, **151**, leads to the 2,4-diaminopyrido[2,3-d]pyrimidin-7(8H)-ones, **152**.[83,84]

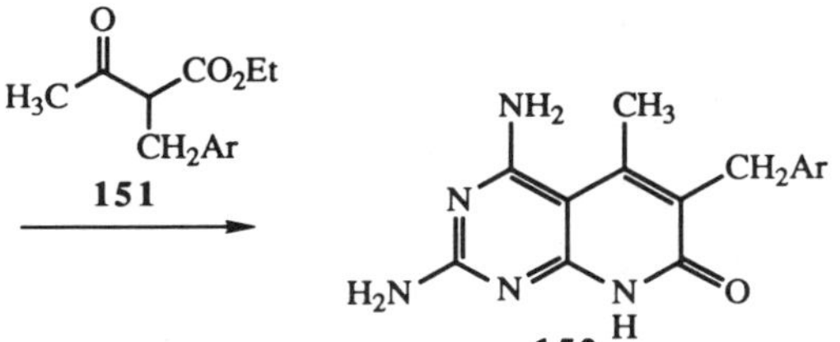

Pyrimidines with iodine substituted at position 5 have been found to be suitable precursors, especially in palladium catalyzed reactions. Palladium-catalyzed coupling of 4-amino-5-iodopyrimidines, **153**, with ethyl acrylates have produced pyrido[2,3-d]pyrimidin-7(8H)-ones, **154**.[28,81]

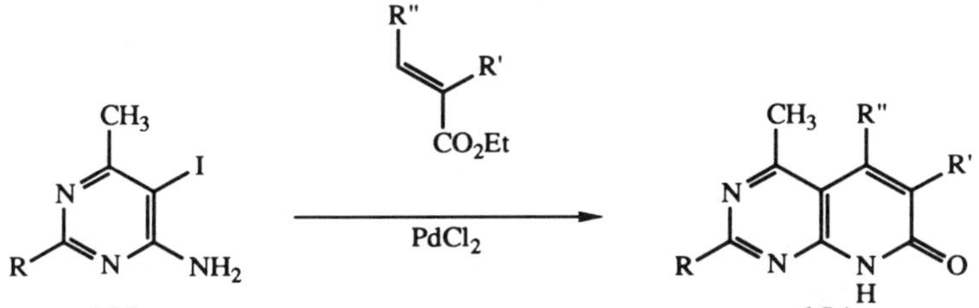

Application of this palladium coupling has also been reported with 4-chloro-5-iodopyrimidines, **156**, and 5-iodo-4-pyrimidones, **155**, from which **156** could be obtained. The common coupled intermediate **158** is further cyclized to the corresponding pyrido[2,3-d]pyrimidin-7(8H)-ones, **159**.[28,81]

One limited example of a photochemical process has been reported. Photocyclization of N-(4-pyrimidyl)methacrylamide, **160**, yields 5,6-dihydro-6-methylpyrido[2,3-d]pyrimidin-7(8H)-one, **161**.[13,82]

The use of 1,2,4-triazine derivatives has found an interesting and extensive application in heterocyclic syntheses. The following example illustrates the principles by which such reactions proceed. A synthesis of pyrido[2,3-d]pyrimidines, **163** and **165**, via inverse electron demand 2π + 4π cycloaddition of enamines with pyrimido[4,5-e]-1,2,4-triazines, **162** and **164**, is described.[92,93] It is proposed that the Diels–Alder adduct, **166**, formed by cycloaddition of the enamine across atoms 4a and 7 of the pyrimidotriazine, collapses by loss of nitrogen and aromatizes via elimination of the secondary amine.

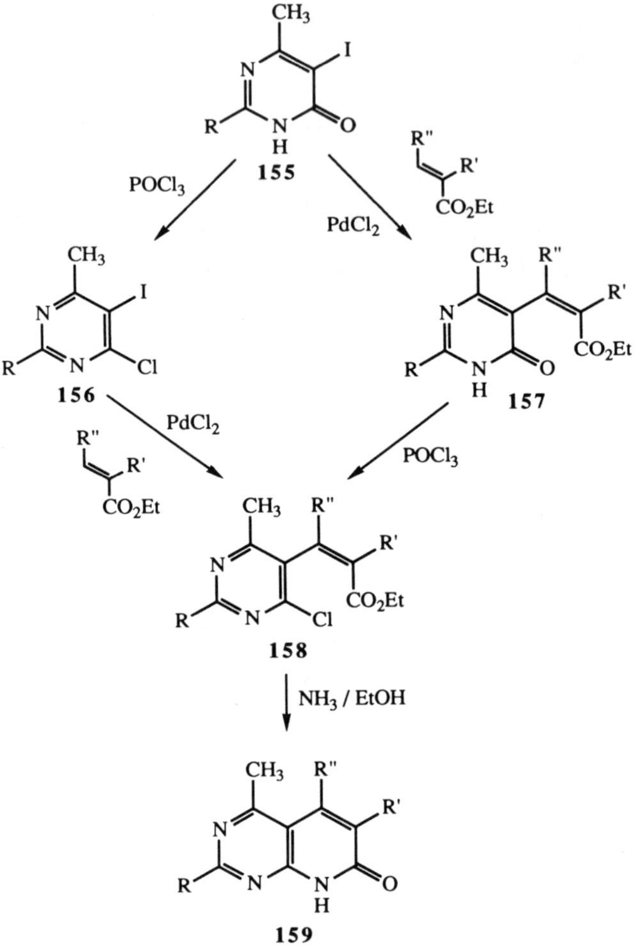

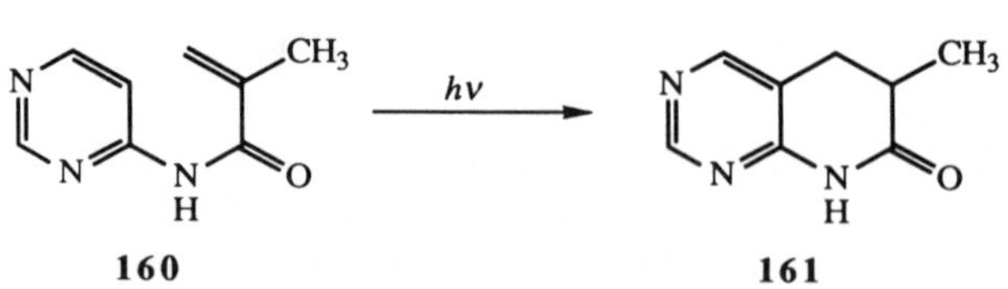

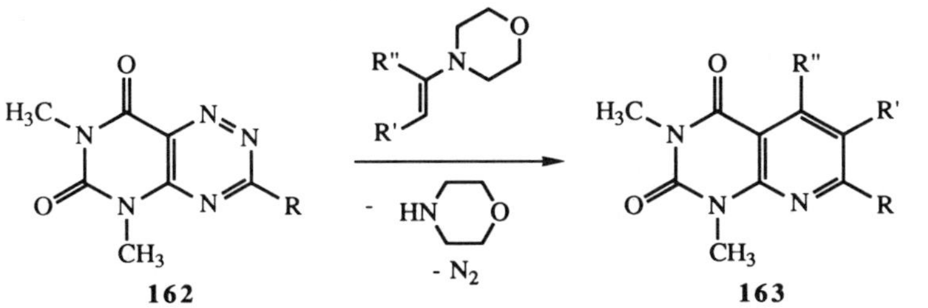

2. Methods of Synthesis of the Ring System

162 → **163**

R = H, p-tolyl, SCH3
R' = Et; R" = H
R', R" = –CH2CH2CH2–
R', R" = –CH2CH2CH2CH2–

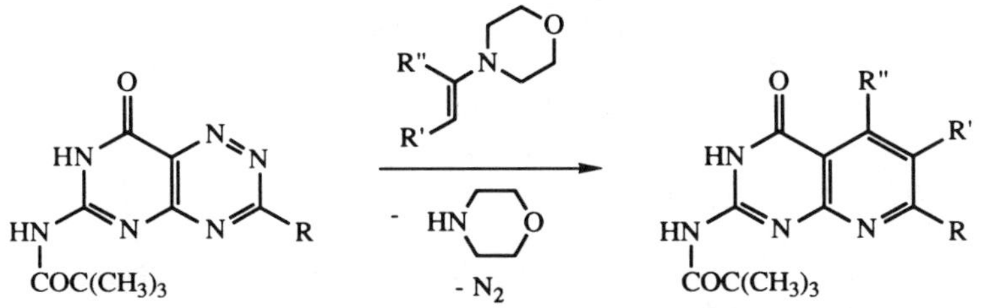

164 → **165**

R = p-tolyl, SCH3
R' = Et; R" = H
R', R" = –CH2CH2CH2–
R', R" = –CH2CH2CH2CH2–

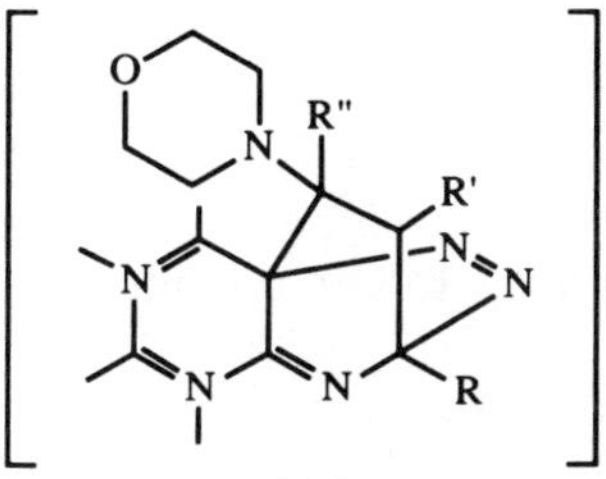

166

(b) Formation of Bond 5–6

The preparation of pyrido[2,3-d]pyrimidines, which occur through the formation of the bond at position 5–6, involves an o-aminoaldehyde or an aldehyde equivalent. Many examples reported for this proces utilize a 1,3-disubstituted uracil derivative. Very little about this chemistry, however, should preclude other pyrimidine derivatives from serving as precursors to this fused pyrimidine.

A typical application of this type of reaction is the preparation of the pyrido[2,3-d]pyrimidine **168** (X = S; R = Et; R' = H; R" = CO_2Et; R''' = NH_2), by the reaction of ethyl cyanoacetate with 1,3-diethyl-5-(methyliminomethylenyl)uracil, **167** (Y = NMe).[94]

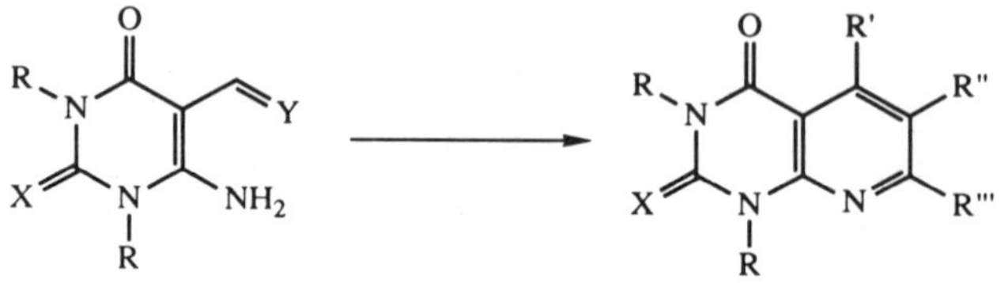

167 → **168**

The reactivity of a number of pyrimidinecarboxaldehydes, including the formyl derivative, **167** (X = Y = O; R = Me), towards active methylene compounds has been investigated.[97-102] Reactions with malononitrile, cyanoacetamide, ethyl cyanoacetate, acetylacetone, and diethyl malonate have given the corresponding products, **168**. The Vilsmeier intermediate, **167** (Y = NMe$_2$), undergoes a similar reaction under mild conditions.[96]

In a modification of this strategy, 5,7-dimethylisoxazolo[3,2-*d*]pyrimidin-4,6(1*H*,3*H*)-dione, **169**, reacts with active methylene compounds to give the 8-oxides of the 1,3-dimethylpyrido[2,3-*d*]pyrimidin-2,4(1*H*,3*H*)-diones, **168**.[103] The isoxazolo ring can be viewed as a protected form of an *o*-aminoaldehyde.

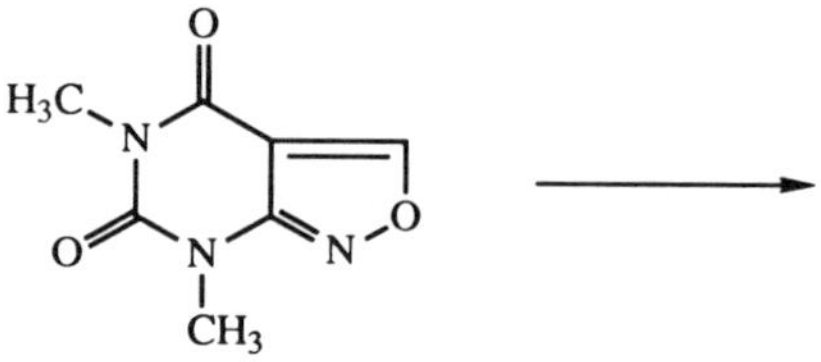

169 → **168** - 8-oxides

Cyclization of 6-amino-5-(1-chloro-*N*,*N*-dimethyliminium)uracil salt, **170**, with malononitrile also leads to compounds of type **168**.[105]

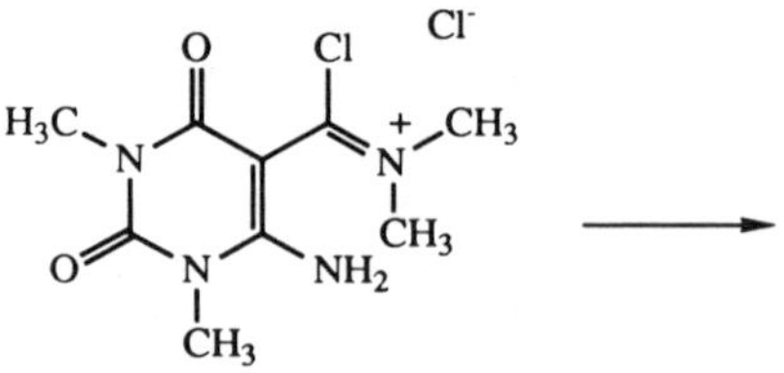

170 → **168**

Other pyrimidines with double bonds located at position 5 have been used successfully in preparing pyrido[2,3-*d*]pyrimidines. Thus, 5-arylidene derivatives, such as **171**, which are derived from 1,3-diphenylthiobarbituric acid, can serve as precursors as well. In this case **171** was subsequently condensed with

2. Methods of Synthesis of the Ring System

N-phenacylpyridinium bromide, **172**, and ammonium acetate to give 5-aryl-1,2-dihydro-1,3,7-triphenyl-2-thioxopyrido[2,3-d]pyrimidin-4(3H)-ones, **173**.[95]

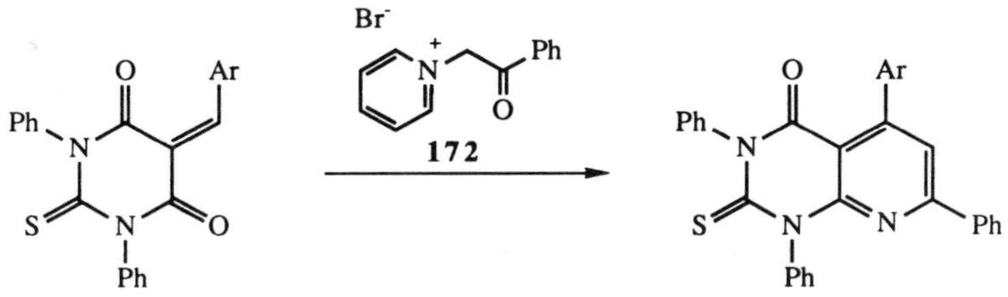

Pyrido[2,3-d]pyrimidines have been synthesized via Wittig reactions. 3-(5-Uracilyl)acrylic acid derivatives, **174**, (obtained from 6-chloro-1,3-dimethyl-5-formyluracil, first by reaction with the Wittig reagent and then by treatment with primary aliphatic amines or ammonia to replace the chlorine) were cyclized in triethylamine in the presence of 1,5-diazabicyclo[4.3.0]non-5-ene (DBN) to give 1,3-dimethylpyrido[2,3-d]pyrimidin-2,4,7(1H,3H,8H)-triones, **175**.[106]

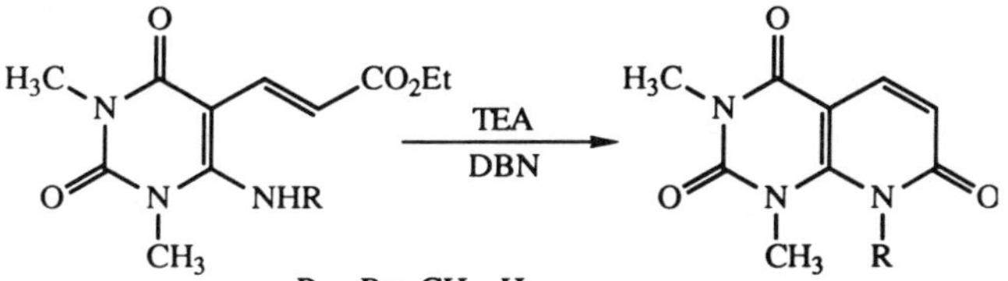

The use of o-amino esters works well as precursors. The preparation of **168** (X = O; R = Me; R′ = SMe; R″ = CN; R‴ = NH_2), has been accomplished by the reaction of methyl 6-amino-1,3-dimethyluracil-5-dithiocarboxylate, **176**, with dimethyl sulfate followed by reaction with malononitrile in the presence of potassium carbonate in dimethyl sulfoxide (DMSO).[68]

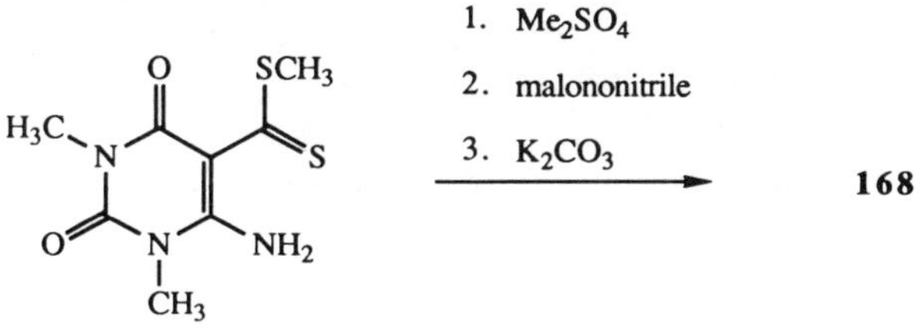

One approach to the preparation of pyrido[2,3-d]pyrimidines in which the pyrimidine ring is unsubstituted involves heating 4-amino-5-(ethoxycarbonyl)pyrimidine, **177**, with dimethylacetamide diethylacetal to give 7-(dimethylamino)pyrido[2,3-d]pyrimidin-5(8H)-one, **178**.[107]

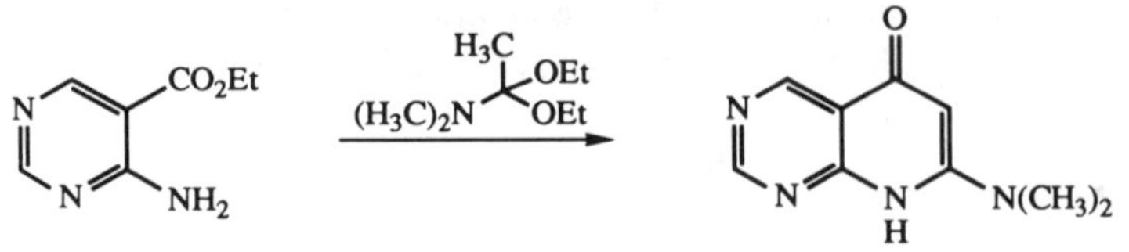

The susceptibility of the pyrimidine ring to covalent addition provides an approach through the pyrimido[4,5-d]pyrimidine ring system. In a solitary example, 4-aminopyrimido[4,5-d]pyrimidine, **179**, gave 6-cyano-4,7-diaminopyrido[2,3-d]pyrimidine, **180**, when condensed with malononitrile in acetic acid.[104] Addition of the active methylene compound across the 5–6 bond, followed by ring opening and recyclization is the mechanism proposed.

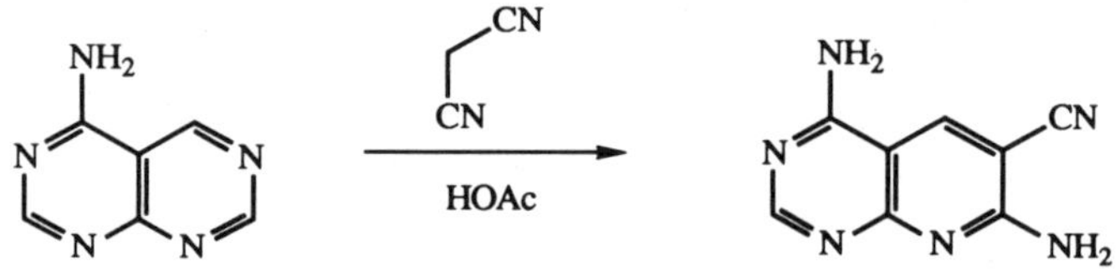

(c) Formation of Bond 7–8

The application of pyrimidine–pyrimidine rearrangements has provided a novel approach to pyrido[2,3-d]pyrimidine synthesis. Replacement of the urea portion of uracil derivatives by treatment with a suitable 1,3-ambident nucleophile serves as the starting point in their syntheses. For instance, 5-cyanouracils have been reported to undergo cyclization with carbon nucleophiles to give pyrido[2,3-d]pyrimidines.[108–111] The reaction of 1,3-bis(methoxymethyl)-5-cyanouracil, **181** (R = H) with malononitrile and base gives 7-amino-1,3-bis(methoxymethyl)-6-cyanopyrido[2,3-d]pyrimidine, **182** (R = H), presumably via ring opening of the pyrimidine ring, followed by recyclization.[111] In this process, the 5-CN group becomes part of the new pyrimidine ring (as the 6-NH$_2$ group) and one of the CN groups from malononitrile becomes the 7-NH$_2$ group of the final product.

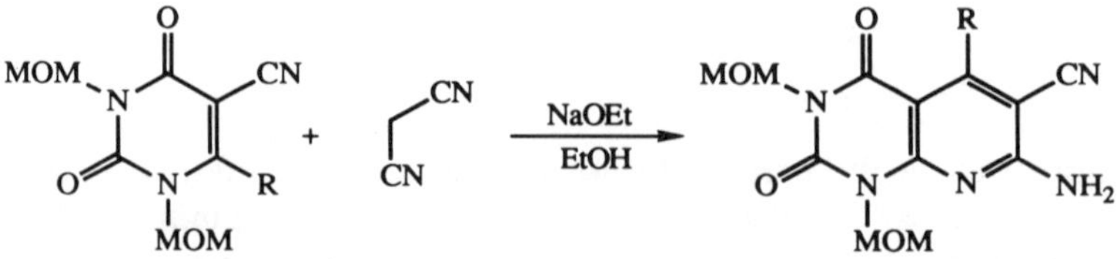

2. Methods of Synthesis of the Ring System

A similar strategy is observed for the synthesis of pyrido[2,3-d]pyrimidine nucleosides, **184**, from 3-benzyloxymethyl-2′,3′-O-isopropylene-5′-O-trityl-5-cyanouridine, **183**, and malononitrile, cyanoacetamide, or ethyl cyanoacetate in base.[109,112]

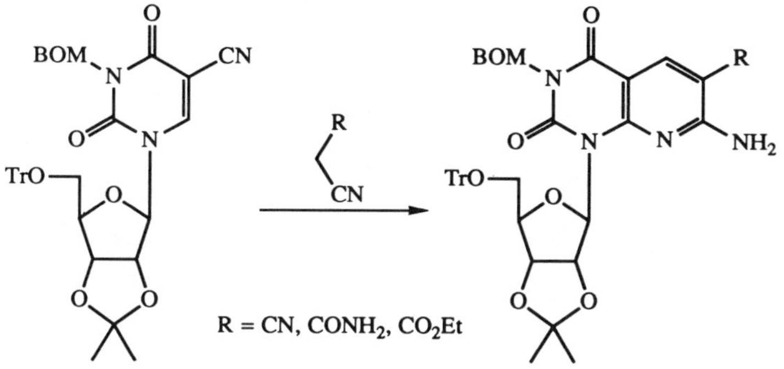

An interesting example of this type of reaction involving two pyrimidines, **185** and **186**, has been described for the synthesis of pyrido[2,3-d]pyrimidin-2,4,7(1H,3H,8H)-triones, **187**.[109,113] This reaction demonstrates the use of C—C—N ambident nucleophiles arising specifically from a cyclic structure, namely, another pyrimidine, **186**. The net result in this case is a pyrimidine–pyridine conversion.

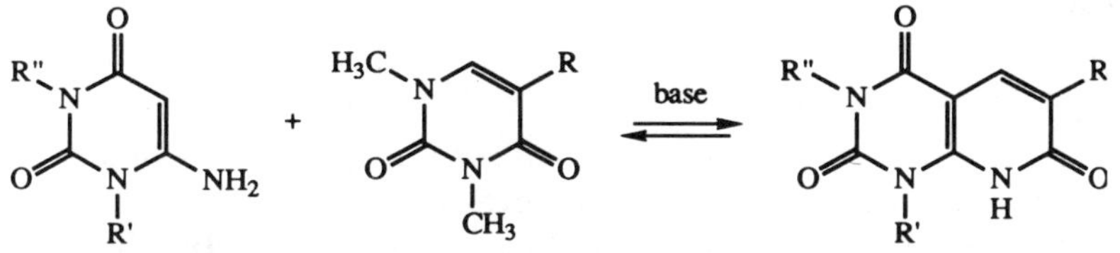

R = H, NO$_2$, CN, COCH$_3$, CONH$_2$
R′ = CH$_3$, C$_2$H$_5$, C$_3$H$_7$, C$_4$H$_5$
R″ = CH$_3$, C$_2$H$_5$, C$_3$H$_7$, C$_4$H$_5$

A synthesis of 5,6-dihydropyrido[2,3-d]pyrimidines, **190**, has been achieved from 3-(1,3,5-triaminopyridyl)propionaldehyde, **188**, (protected as its 1,3-dioxolane). Treatment with acid to remove the protecting group is followed by cyclization to a mixture of the reduced pyrido[2,3-d]pyrimidine, **189**, and its oxidized counterpart, **190**.[76] Although the product **190** (R = Me) could not be elaborated to folic acid analogs, the method should be useful for the preparation of other pyrido[2,3-d]pyrimidines.

188

189 190

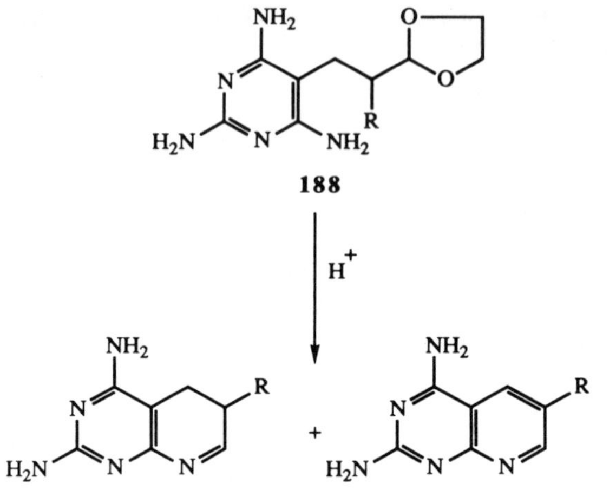

A very similar type of reaction, involving a protected carbonyl intermediate is provided by a synthesis leading directly to the fully oxidized pyrido[2,3-*d*]pyrimidine ring, **193**. Condensation of 2-benzyl-3,3-ethylenedioxybutanal, **192**, and 6-aminouracils, **191**,[88] undoubtedly forms an intermediate similar to **188**.

191 192 193

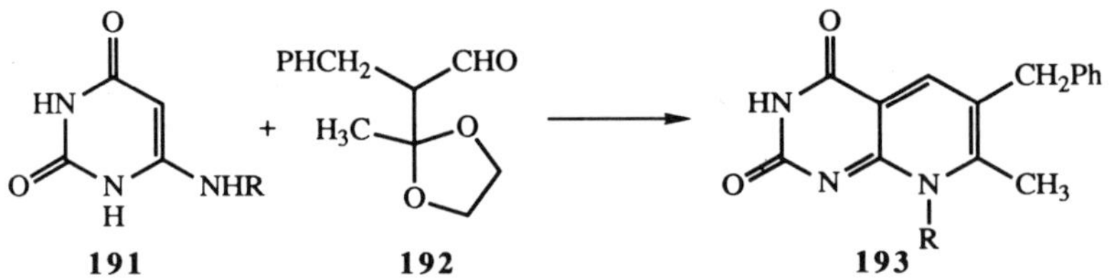

The reaction of 2-dimethoxymethyl-2-methoxymethyl-4-(methoxymethylene)glutaronitrile with acetamidine has been shown to give 4-amino-5(2-cyano-2-dimethoxymethyl-3-methoxy)propyl-2-methylpyrimidine, **194**. Treatment of this pyrimidine with base, followed by acetic acid and hydrochloric acid, produced 5,6-dihydro-6-methoxymethyl-2-methylpyrido[2,3-*d*]pyrimidin-7(8*H*)-one, **195**.[114,115]

194

195

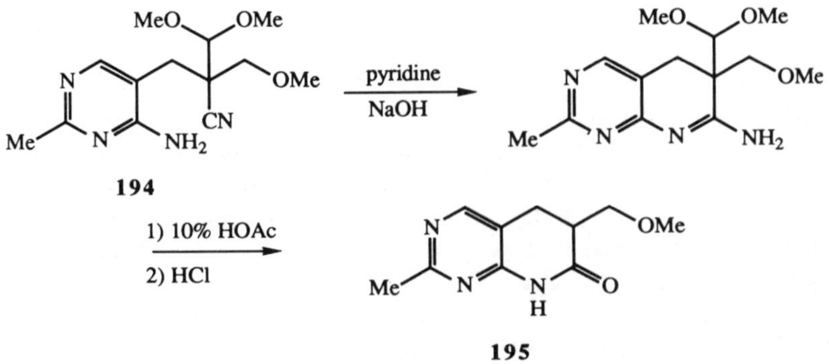

All of the previous syntheses have proceeded from a preformed pyrimidine. One approach begins with acyclic precursors and passes, presumably, through a pyrimidine intermediate. Thus, diethyl 2-cyanoglutarate and diethyl 2-cyano-4-methylglutarate, **196**, have been cyclized with benzamidine and guanidine to give 5,6-dihydropyrido[2,3-*d*]pyrimidin-7(8*H*)-ones, **197**.[116]

196 197

R = NH_2, Ph

R' = H, CH_3

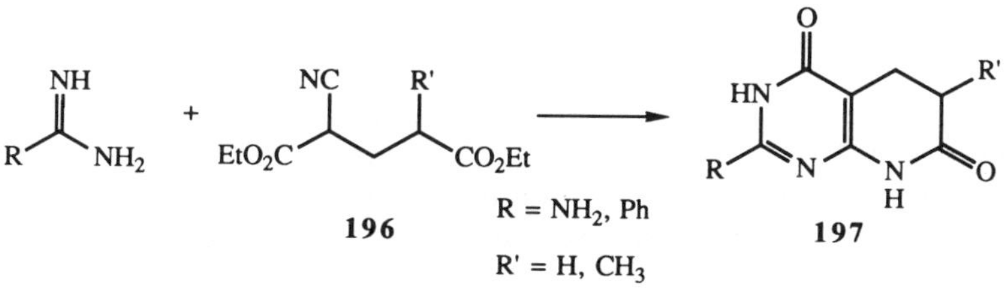

(d) Formation of Bond 8–8a

Using a pre-formed fused pyrimidine is an infrequently used approach to synthesis of other fused pyrimidines. However, in certain cases such a method is very helpful. For example, pyrylium[2,3-*d*]pyrimidine salts, **198**, have been converted to pyrido[2,3-*d*]pyridines, **199**, with ammonia and to 8-phenyl-pyrido[2,3-*d*]pyridinium salts, **200**, with aniline.[117]

198 199 200

R = OH, SH, NH_2, SCH_3

R' = CH_3, Ph

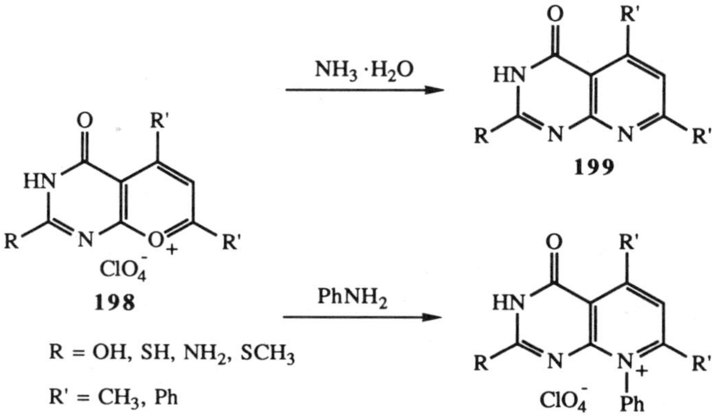

Even pyrans have served as precursors in similar ring interconversions. The bromo compound **201** (R = H; R′ = Br) reacts with ammonia under vigorous conditions to give a mixture of 6-amino-7-phenylpyrido[2,3-*d*]pyrimidin-2,4(1*H*,3*H*)-dione, **202** (R = H; R′ = NH_2), and its deaminated derivative, **202** (R = H; R′ = H). The 1,3-dimethyl derivative of **201** (R = Me; R′ = Br), under the same reaction conditions gave **202** (R = H; R′ = NH_2), and the 6-OH compound **202** (R = H; R′ = OH).[122] The unmethylated compound, **202** (R = H; R′ = NH_2) was not characterized but was converted to the dimethyl product, **202** (R = Me; R′ = NH_2) by reaction with diazomethane.

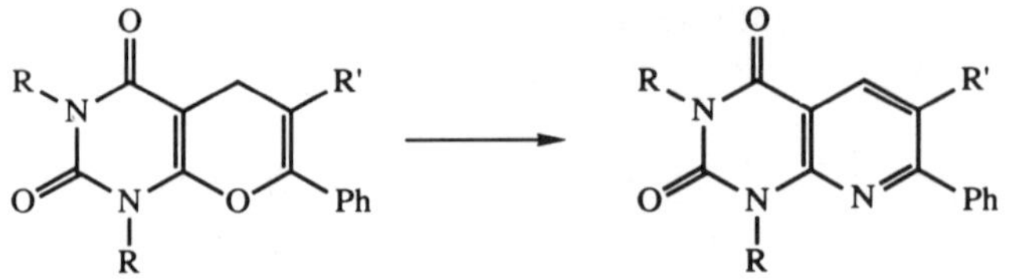

Dieckmann ring closure reactions have been utilized in the synthesis of reduced pyrido[2,3-*d*]pyrimidines.[118-121] Treatment of 4-chloro-5-(ethoxycarbonyl)-2-phenylpyrimidine with 3-aminopropionitriles or ethyl 3-aminopropionates leads to **203**, which cyclized in base to yield 6,7-dihydro-2-phenylpyrido[2,3-*d*]pyrimidin-5(8*H*)-ones, **204**.[118]

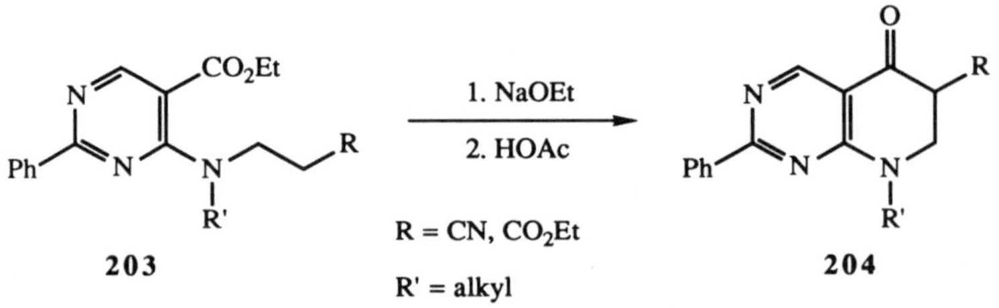

The 3-(4-chloro-5-pyrimidyl)propionates, **205**, by treatment with ammonia have been converted into 5,6-dihydropyrido[2,3-*d*]pyrimidin-7(8*H*)-ones, **206**.[123] It is likely, although not completely demonstrated, that the chloro amide is the immediate precursor to the pyridopyrimidine.

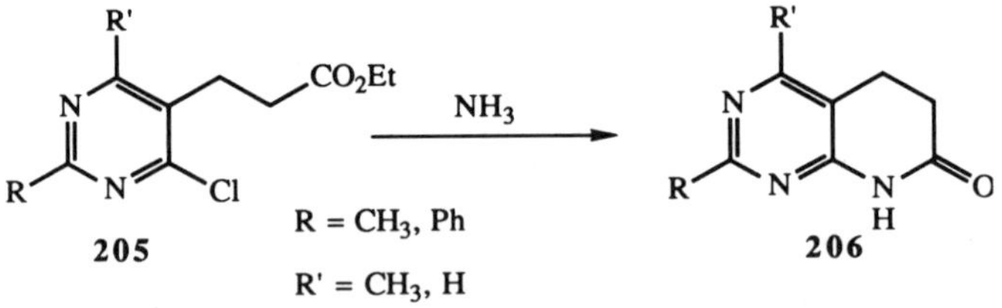

(2) *From Pyridines*

The wealth of the chemistry of pyridines makes this ring an attractive starting point for elaborating the fused pyrimidine ring. The following examples demonstrate the versatility of pyridine derivatives in the approaches to pyrido[2,3-*d*]pyrimidines. Most of the syntheses reported begin with an aromatic pyridine ring, although some important examples utilize tetrahydropyridine derivatives. A few conversions begin with other heterocyclic rings that may be viewed as pyridines with masked functionality.

2. Methods of Synthesis of the Ring System

(a) Formation of Bond 8a–1

Popular precursors for annelating the pyrimidine ring include molecules possessing o-amino and cyano functional groups, or molecules that can lead to such derivatives. Consequently, 2,4-diaminopyrido[2,3-d]pyrimidines, **208**, have been obtained via cyclization of 2-amino-3-cyanopyridines or 2-halo-3-cyanopyridines, **207**, with guanidine,[124–130] and 1,3-dimethyl compounds, **209**, result from condensation of 2-chloro-3-cyanopyridines with N,N'-dimethylthiourea.[136]

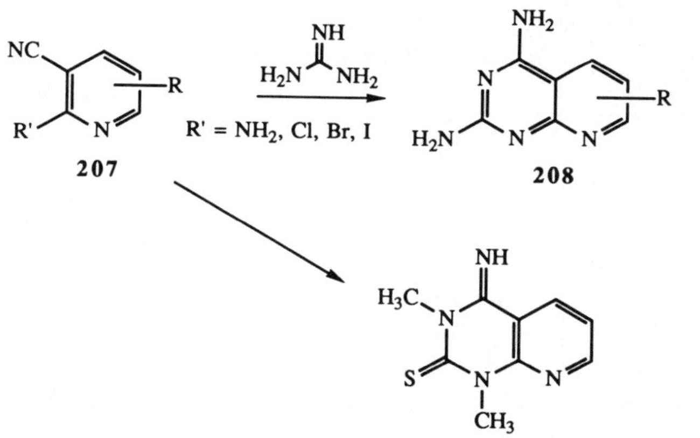

Carbonyl-containing functional groups can be used in place of the cyano group. Treatment of 3-acyl-2-pyrimidones (portrayed here in the enolic form), **210** (R = OH; R" = Ph; R"' = 4-ClPh), with urea or thiourea produced the corresponding pyrido[2,3-d]pyrimidines, **211**.[135]

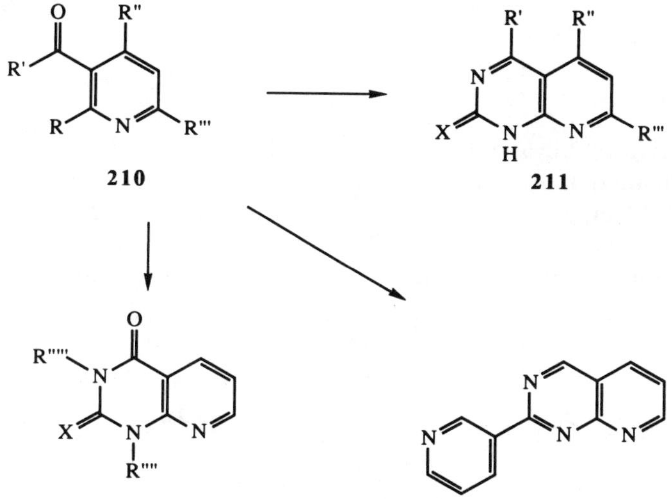

The thiourea derivative, **210** (R = Cl; R' = substituted NHCSNH; R'' = R''' = H), is prepared by the reaction of 2-chloronicotinoyl isothiocyanate with primary amines. Subsequent base cyclization of the thiourea intermediate leads to 2-thioxopyrido[2,3-d]pyrimidin-4(3H)-ones, **212** (X = S).[136]

Pyridine-1,2-bishydroxamic acid, **210** (R = HONHCO; R' = HONH), has been claimed to undergo a conversion to 3-hydroxypyrido[2,3-d]pyrimidin-2,4(1H,3H)-dione, **212** (R'''' = H; R''''' = OH), by means of an "amide modification"[24,137] of the Lossen rearrangement. This product was not easily obtained and the 2-isocyanatopyridine-3-hydroxamic acid intermediate is presumed to form initially and then cyclizes.

The corresponding diamide, **210** (R = H_2NCO; R' = H_2N) gives the analogous product, **212** (R'''' = R''''' = H; X = O), upon treatment with lead tetraacetate in DMF.[46,140] It is noteworthy that an excellent yield of this product is obtained despite the possibility of cyclization to give an isomeric product.

An interesting "dimerization" occurs when nicotinamide, **210** (R = H; R' = H_2N), is converted to the (2-pyridyl)pyrido[2,3-d]pyrimidine, **213**, upon treatment with ammonium sulfamate.[141]

Two examples, involving thiocarbonyl moieties and a tetrahydropyridine ring, extend the versatility of this pyrimidine annelation process. The reaction of 1-methyl-2-(methylthio)-1,4,5,6-tetrahydropyridine 3-(N-phenylcarbothioamide), **214**, with guanidine or amidines yields 2-substituted 8-methyl-4-phenylamino-5,6,7,8-tetrahydropyrido[2,3-d]pyrimidines, **215** (R' = Me),[131] and the methylthio derivative, **216**, gives the analogous compounds, **215** (R' = H), in poor yield, upon treatment with benzamidine.[132]

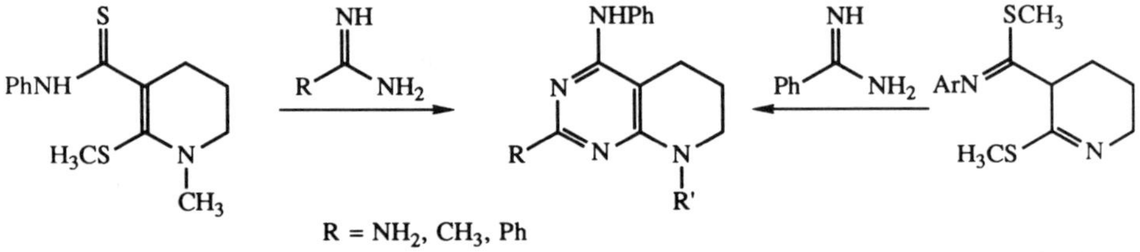

Cyclization of 3-cyano-4,5-dihydro-2-methoxypyridin-6(5H)-ones, **217**, with either formamidine or guanidine forms 4-amino-5,6-dihydropyrido[2,3-d]pyrimidin-7(8H)-ones or 2,4-diamino-5,6-dihydropyrido[2,3-d]pyrimidin-7(8H)-ones, **218**, in very good yields.[133,134] This synthetic scheme is versatile in that many pyridine derivatives could be employed as starting materials.

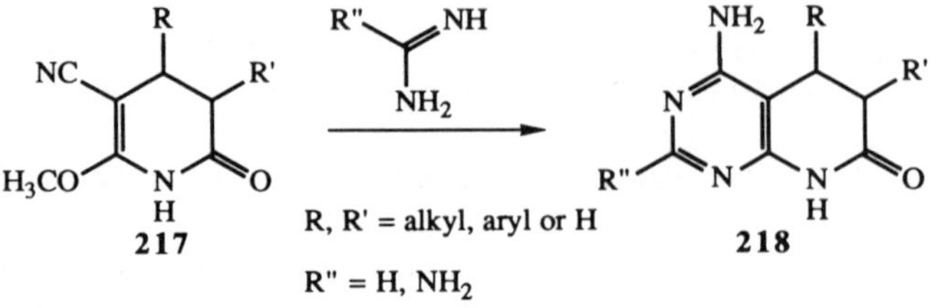

2. Methods of Synthesis of the Ring System

In an unusual, but obviously very limited, reaction the benzopyrano[2,3-b]pyridine derivative, **219**, serves as precursor to the dihydropyrido[2,3-d]pyrimidine, **220**. The dianion of **219** is first formed with lithium diisopropylamide (LDA) then followed by alkylation with methyl iodide to produce the intermediate which, upon warming to room temperature, gave the base-induced ring rearranged 3,4-dihydro-4-(2-hydroxyphenyl)-1,3,4-trimethylpyrido[2,3-d]pyrimidin-2(1H)-one, **220**.[139] This rearrangement will also take place without the addition of methyl iodide to give a 3,4-dihydro-1,3-dimethylpyrido[2,3-d]pyrimidine.

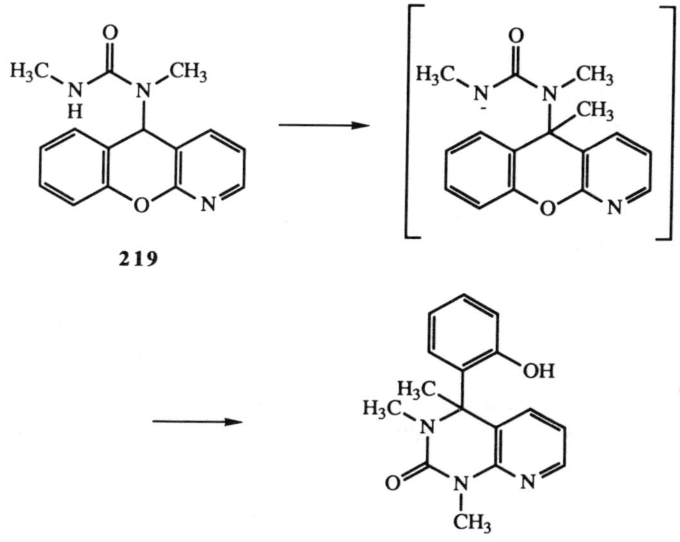

(b) Formation of Bond 1–2

ortho-Aminonitriles prove to be very useful structures in the synthesis of pyrido[2,3-d]pyrimidines where the final reaction is the formation of bond 1–2. In a very simple reaction, 3-arylpyrido[2,3-d]pyrimidines, **222**, have been obtained from cyclization of 2-amino-3-cyanopyridines, **221**, with arylisothiocyanates.[142] The initially formed urea intermediate is not isolated.

Similarly, 2-amino-3-cyanopyridines have been cyclized with formamide to give 4-aminopyrido[2,3-d]pyrimidines.[147,148] The reaction of 2-amino-3-cyano-6-(1-methyl-3-indolyl)pyridine, **221** (R = R' = H; R'' = 1-methyl-3-indolyl), to give the corresponding pyrido[2,3-d]pyrimidine, **223**, is an example of this type of synthesis.[147]

Treatment of **221** (R = Ph; R' = SCN; R'' = OH or OEt) with polyfunctional nitriles also leads to pyrido[2,3-d]pyrimidines, **223**. Specifically, reaction with trichloroacetonitrile generates the 2-(trichloromethyl)pyrido[2,3-d]pyrimidine, **223** (R''' = Cl$_3$C), which, depending on the recrystallization solvent, leads to the replacement of the 2-trichloromethyl substituent by hydroxide or ethoxide.[151] Although this study focused primarily on reaction with trichloroacetonitrile, the implications are that other suitable nitriles could be successfully employed.

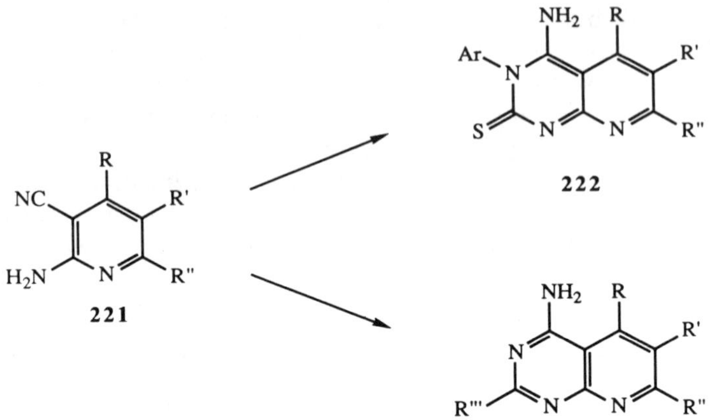

The nitrile moiety can easily be replaced by carboxylic acid derivatives and serve as convenient precursors to pyrido[2,3-d]pyrimidines. Thus, isothiocyanates have also been used to cyclize 2-amino-3-(carboxyl)pyridines, **224**.[18-20,143-146] A series of 1,2-dihydro-2-thioxo-pyrido[2,3-d]pyrimidin-4(3H)-ones, **225**, was synthesized by this method.[144] Methyl N-aryldithiocarbamates lead to the formation of similar products,[153] albeit in modest yields.

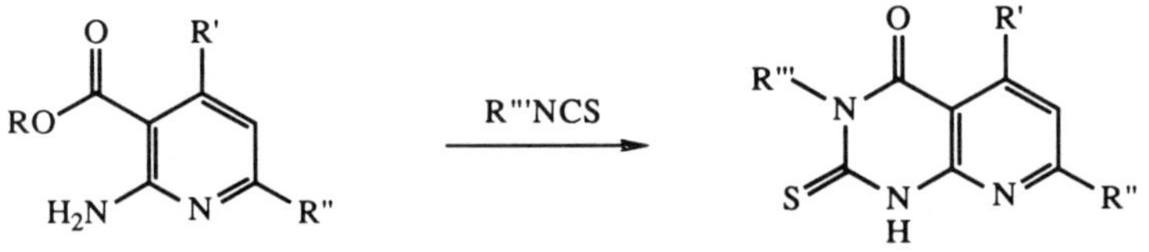

If potassium 2-aminopyridine-3-carboxylate is used instead of the ester, **224** (R = K), in the presence of mercury(II) oxide, the desulfurized 3-arylpyrido[2,3-d]pyrimidin-2,4(1H,3H)-diones are prepared.[153] The synthesis of these same diones has been accomplished by the reaction of **224** with isocyanates.[20,21,146,156,157]

The high-temperature condensation of 2-aminonicotinic acid, **224** (R = R' = R'' = H), with N-methylformamide gives 3-methylpyrido[2,3-d]pyrimidin-4(3H)-one.[156]

Tetrahydropyridines, bearing appropriate functionality, have been used in the preparation of partially reduced pyrido[2,3-d]pyrimidines. For example, imidate esters have been allowed to react with 2-amino-3-(ethoxycarbonyl)-1,4,5,6-tetrahydropyridine, **226**. The products obtained are 2-substituted 5,6,7,8-tetrahydropyrido[2,3-d]pyrimidin-4(3H)-ones, **227**.[155]

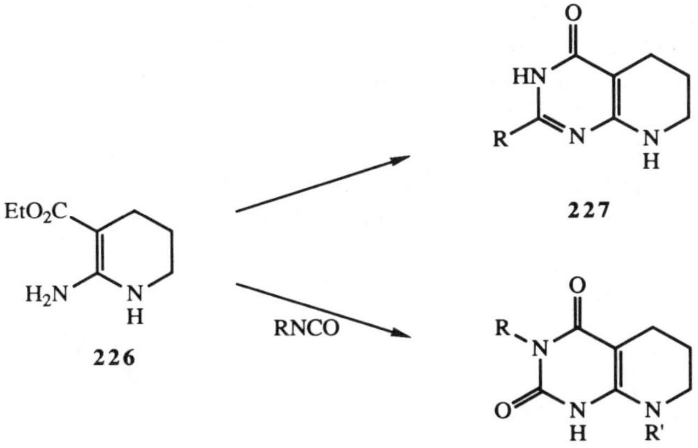

2. Methods of Synthesis of the Ring System

The same pyridine derivative, **226**, with isocyanates leads to the formation of intermediate ureas at both the tetrahydropyridine ring N–H and the amino substituent. Cyclization in aqueous alkali gives pyrido[2,3-d]pyrimidin-2,4(1H,3H)-diones, **228** (R′ = H). When pyridine is used as the base, the pyridine ring urea substituent is retained to give **228** (R = CONHR$_2$).[155]

The use of o-amino ketones allows for pyrido[2,3-d]pyrimidines with no oxo groups in the pyrimidine portion of the molecule. Although this chemistry has not been thoroughly explored, the following example illustrates the utility of this method. In this case 2-amino-3-benzoylpyridines, **229**, have been cyclized with formamide to give 4-phenylpyrido[2,3-d]pyrimidines, **230**.[154]

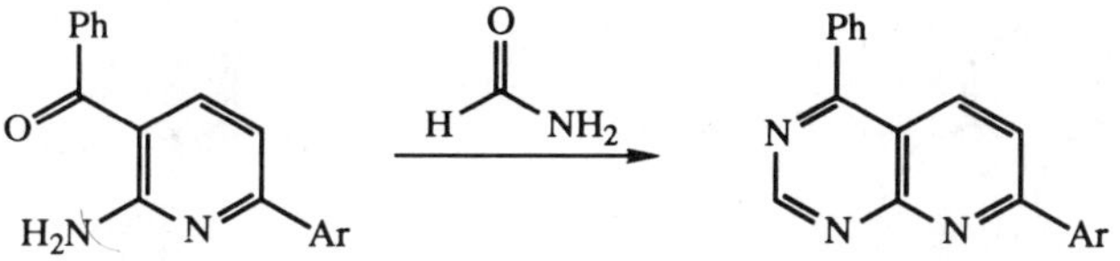

A number of heterocyclic rings have served as precursors to the pyrimidine portion of pyrido[2,3-d]pyrimidines. The oxadiazole ring can be viewed as a masked nitrile. In this sense, catalytic hydrogenation of 3-(2-aminopyridyl)-1,2,4-oxadiazoles, **231**, followed by dehydration leads to 4-aminopyrido[2,3-d]-pyrimidines, **232**.[152]

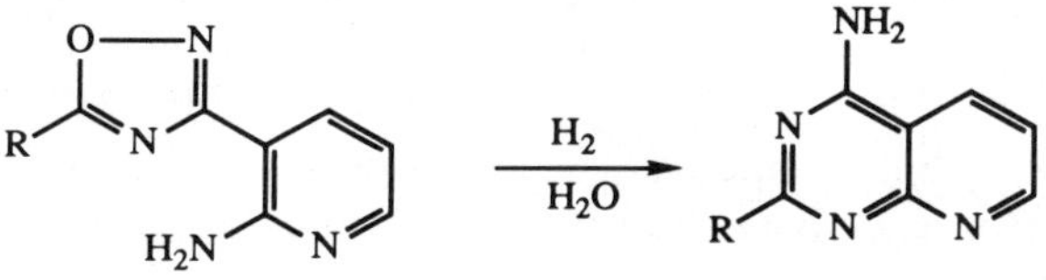

Pyridopyrimidines

Reduced pyrido[2,3-*d*]pyrimidines have been prepared indirectly through the 2,3a,6a-triazaphenalene ring system.[149] In one example the imbedded pyrido[2,3-*d*]pyrimidine nucleus, **233**, was prepared initially by the reaction of 9-[(dimethylamino)chloromethylene]pyrido[1,2-*a*]pyrimidine and potassium isothiocyanate. Alkylation of **233** with methyl iodide followed by treatment with ethylamine afforded the ring-cleaved 4-dimethylamino-2-ethylamino-7-methyl-5,6,7,8-tetrahydropyrido[2,3-*d*]pyrimidine, **234**.

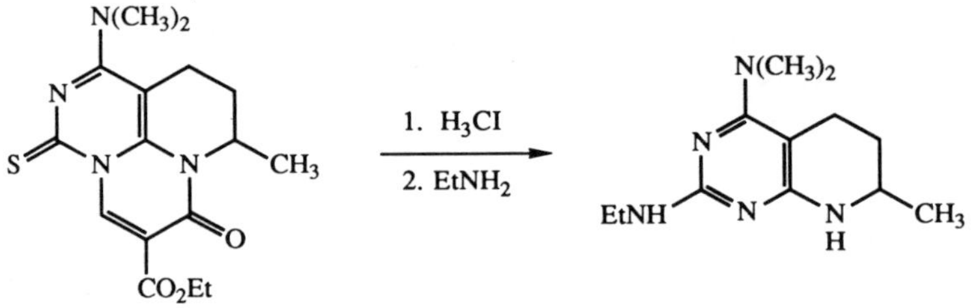

Finally, the extensive chemistry associated with isatoic anhydrides has now been applied to azaisatoic anhydrides. In this report, 1-benzyl-3-azaisatoic anhydrides, **235**, have been shown to undergo ring opening followed by a ring closing reaction with alkylthiopseudoureas to give 2-alkylamino-1-benzyl-pyrido[2,3-*d*]pyrimidines, **236**.[150]

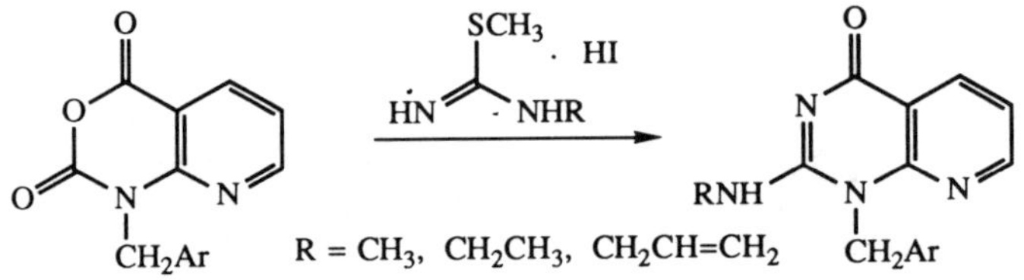

(c) Formation of Bond 2–3

Occasionally the conditions of a reaction can have a profound effect on the course of that reaction. One good example illustrating this effect is shown in the case of 2-benzoylaminopyridine-3-carboxamide oxime (X = NOH). This compound was transformed in the presence of sulfuric or polyphosphoric acid into 4-amino-2-phenylpyrido[2,3-*d*]-pyrimidine 3-oxide, **237**.[158] Clearly the oxime portion of the molecule has been incorporated into the new pyrimidine ring. In the presence of base, however, this same oxime was converted into 4-hydroxylamino-2-phenylpyrido[2,3-*d*]pyrimidine, involving the amino moiety in ring formation.[158]

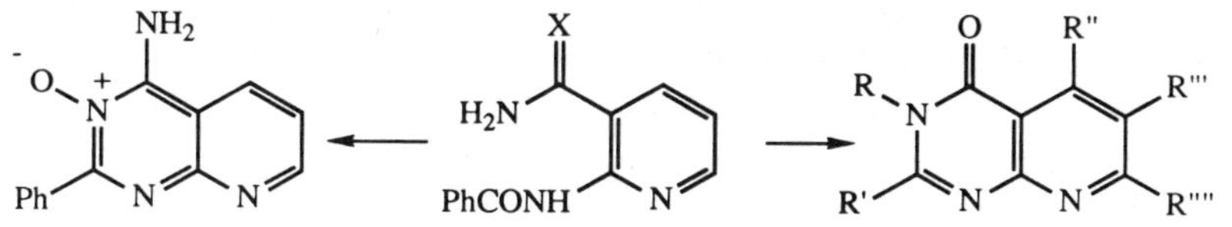

2. Methods of Synthesis of the Ring System

237 **238**

The amide (X = O), follows the same pathway and is cyclized thermally or in the presence of alkali to 2-phenylpyrido[2,3-d]pyrimidin-4(3H)-one, **238** (R = H; R' = Ph).[158]

Other routes to 4-oxo products have been described. Two generally useful processes include the cyclization of 2-acetylaminopyridine-3-carboxylic acid, **239**, with aryl amines[159] and treatment of substituted 2-amino-3-carbamoylpyridines, **240**, with DMF–DMA[14,161] or with orthoformates.[160]

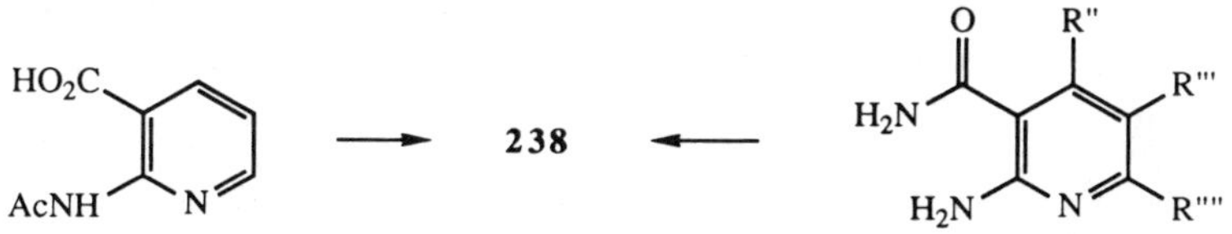

239 → **238** ← **240**

The use of an isomeric ring system can provide an entry to a similar cyclization process. 5-Amino-1-benzylpyrido[4,3-d]pyrimidin-4(1H)-one is hydrolyzed to pyridine of the type **240**, which then recyclizes to 5-benzylaminopyrido[2,3-d]pyrimidin-4(3H)-one, **238** (R = R' = R''' = R'''' = H; R'' = NHCH$_2$Ph).[162]

If the amine bears a substituent, however, the reaction is forced to give a 1-substituted product. Hence, 3-carbamoyl-4,6-dimethyl-2-(phenylamino)pyridine, **241** (R = H; R' = Ph), has been cyclized with acetic anhydride to 1-phenyl-2,5,7-triaminopyrido[2,3-d]pyrimidin-4(1H)-one, **242**.[163]

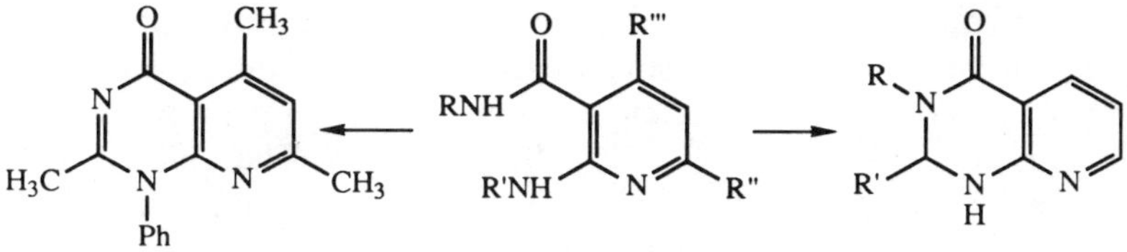

242 ← **241** → **243**

2-Aminonicotinamides, **241**, have been treated with heteroarylaldehydes to give 1,2-dihydro-2-substituted pyrido[2,3-d]pyrimidin-4(3H)-ones, **243**.[164] In this case, the "gem diamine" product is obtained, rather than a true condensation between aldehyde and amine.

Several 2-amino-3-benzoylpyridine imines, **244**, have been cyclized with phosgene to give pyrido[2,3-d]pyrimidin-2(1H)-ones, **245**.[165] This reaction is the last step in a circuitous route and the yields are quite varied. It is hard to envision this process as a generally applicable one.

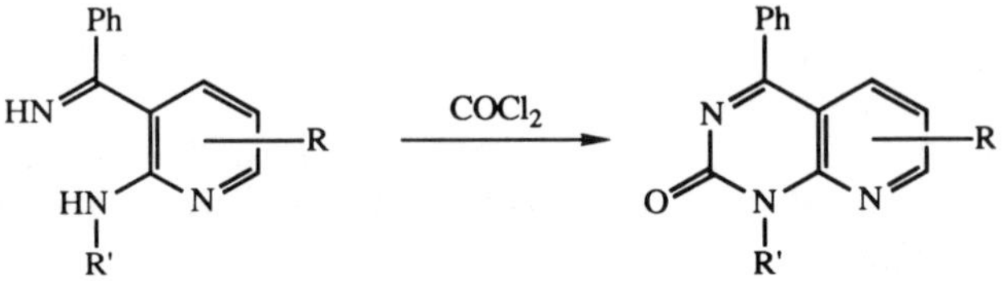

In a modified Lossen rearrangement, 2,3-pyridinedicarbohydroxamate, **246**, reacts with benzenesulfonyl chloride to produce a mixture of 3-benzenesulfonyloxypyrido[2,3-d]pyrimidin-2,4(1H,3H)-dione, **247**, and the isomeric 3-benzenesulfonyloxypyrido[3,2-d]pyrimidin-2,4(1H,3H)-dione in a ratio of 5:1.[24] No other derivative of this pyridine precursor appears to have been investigated.

(d) Formation of Bond 3–4

The cyclization reactions of α,ω-dinitriles under the influence of anhydrous hydrogen halides have been employed in the synthesis of pyrido[2,3-d]-pyrimidines. In a systematic study HBr, HCl, and HI have been studied under various conditions. Thus, the reaction of 3-cyano-2-cyanoamino-4-5-dihydro-4-methyl-6-pyridone, **248**, with hydrogen bromide at high temperature forms 4-amino-2-bromo-5,6-dihydro-5-methylpyrido[2,3-d]pyrimidin-7(8H)-one, **249** (R = Br; R' = NH_2), while the same reaction at low temperature leads to the isomeric product, **249** (R = NH_2; R' = Br).[133,167,168] The different products were rationalized by a consideration of the migration of the double bond from the six-membered ring to the exocyclic nitrogen atom at position 2. At the temperature extremes the products were obtained exclusively, while at intermediate temperatures mixtures of the two products were produced.

By contrast, the reaction of **248** with hydrogen chloride does not display this temperature dependence and invariably produces the 2-chloro isomer, **249** (R = Cl; R' = NH_2).[168] In general, hydrogen iodide behaves in a manner similar to hydrogen bromide. So, with hydrogen iodide as the acid at low temperature

2. Methods of Synthesis of the Ring System

249 (R = NH$_2$; R' = I) is the only isomer produced,[168] but at higher temperatures only the deiodinated product **249** (R = H; R' = NH$_2$) is observed. Obviously, this must have been produced from the corresponding 2-iodo compound.[168]

A more traditional approach to pyrido[2,3-*d*]pyrimidines has been shown in the conversion of 2-amino-4-benzoylpyridines, **250** (R = aryl or H), to 4-phenyl-pyrido[2,3-*d*]pyrimidin-2(1*H*)-ones, **251**, by reaction with either urea[154] or ethyl carbamate.[165]

In a reaction reminiscent of the chemistry of α,ω-dinitriles cited above, the treatment of 2-(ethoxymethyleneamino)-3-cyanopyridine, **252**, with methylamine gave imino product, **253**, which undergoes a Dimroth rearrangement in base to produce 4-(methylamino)-pyrido[2,3-*d*]pyrimidine, **254**.[170]

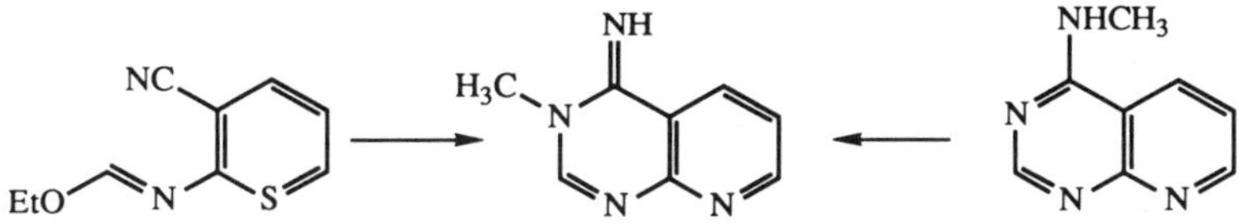

Finally, dioxo pyrido[2,3-*d*]pyrimidines can be prepared from either simple or complex precursors. *ortho*-Aminopyridine carboxylic acids, **255**, form the corresponding diones, **256** (X = O), when condensed with urea.[169]

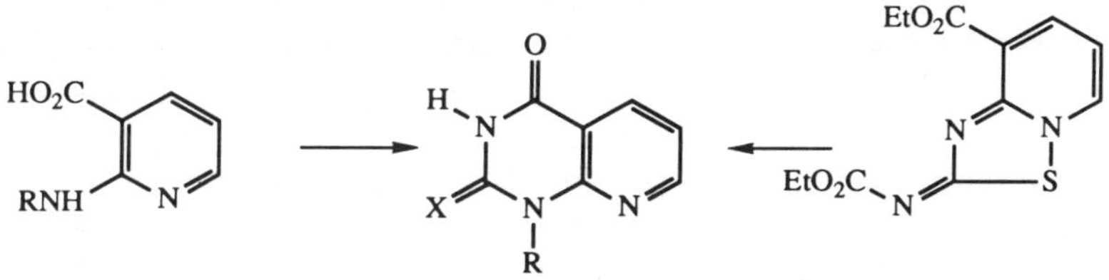

A more complex precursor is the thiadiazole, **257**. Alkaline hydrolysis of this unstable substance opens the thiadiazole ring to give an ethoxycarbonylurea intermediate, which cyclizes immediately to **256** (X = S).[166] Independent synthesis and cyclization of the proposed intermediate supports the proposed pathway.

(e) Formation of Bond 4–4a

Formation of the 4–4a bond requires some form of a pyridine molecule in which chemical reactivity at position 3 is possible. The simplest example of such a molecule is a partially or completely reduced ring. The reaction of cyclic N-(ethoxycarbonyl)amidines, **258** (X = EtO$_2$CN; R = Me), with DMF–DMA or bis(dimethylamino)ethoxymethane has been achieved to give the dimethylaminomethylene adduct, **259**, which has been cyclized with ammonia to give 8-methyl-5,6,7,8-tetrahydropyrido[2,3-d]-pyrimidin-2(1H)-one, **260**.[173]

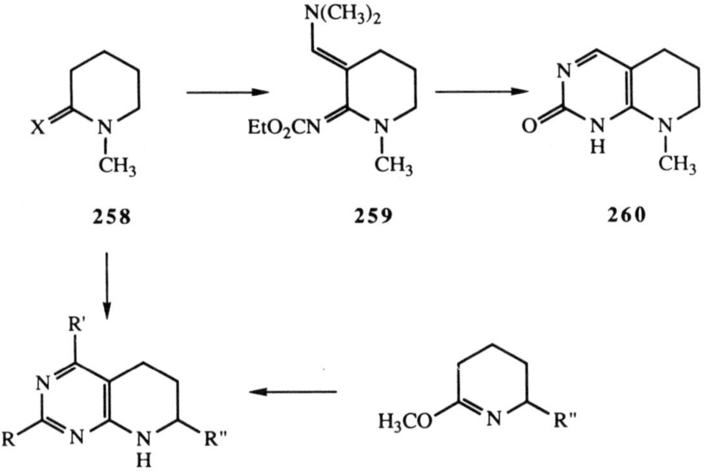

Treatment of δ-valerolactam, **258** (X = O; R = H), with two equivalents of formamide in phosphorus oxychloride yields the unsubstituted product **261** (R = R′ = R″ = H).[174]

In a related study, anions formed from O-methyl-δ-valerolactim and O-methyl-δ-caprolactim, **262**, with LDA undergo cyclization with arylnitriles to give 5,6,7,8-tetrahydropyrido[2,3-d]pyrimidines, **261** (R = R′ = aryl; R″ = H or Me).[175]

2,4-Diamino-5-cyanopyridin-6(3H)-thione, **263**, has been condensed with benzoylisothiocyanate or ethoxycarbonyl isothiocyanate to form the pyrido[2,3-d]pyrimidin-2,7-dithiones, **264** and **265**.[171,172]

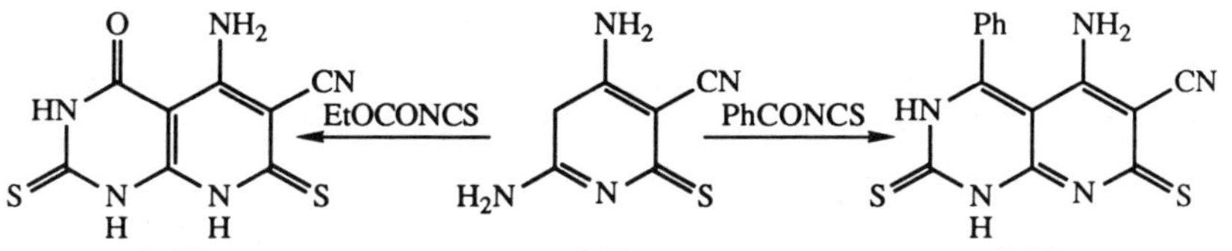

3. REACTIONS

The reactions of pyridopyrimidines are many and diverse. In most cases the chemistry of one ring system is considerably different from that of another. The reactions of each system therefore are presented separately. It is not surprising that the pyrido[3,2-*d*]pyrimidines and the pyrido[2,3-*d*]pyrimidines command the most attention since both are simple deaza analogs of the pteridine ring.

A. Of Pyrido[3,2-*d*]pyrimidines

Nucleophilic substitution reactions are the most convenient methods for introducing a variety of desired substituents. Thus, if suitable leaving groups are present on the heterocycle this process is the method of choice. Broom and his co-workers[11] proposed that the order of nucleophilic substitution of 2,4,8-trichloropyrido[3,2-*d*]pyrimidines, **266** (R = CO_2Et; R' = R'' = R''' = Cl), first with ammonia, followed by sodium benzylate and sodium methyl mercaptide is 4 > 2 > 8, respectively. The reaction of the same nucleophile under varying conditions was not studied.

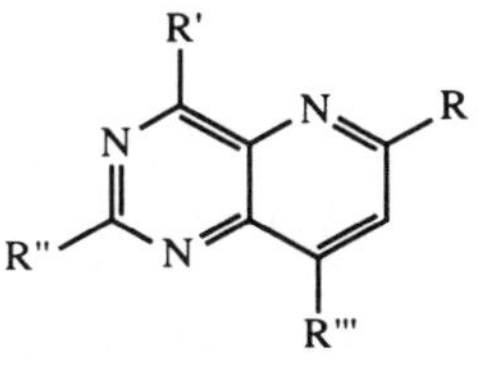

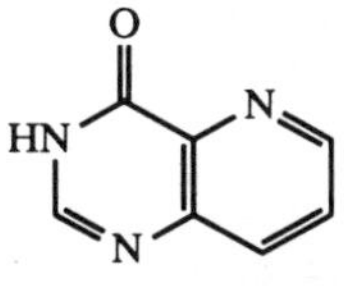

The location of the amino group was confirmed through the synthesis of pyrido[3,2-*d*]pyrimidin-4(3*H*)-one, **267**.[11] Treatment of the trichloro compound, **266**, with ammonia at room temperature followed by displacement of the 2- and 8-chlorines with sodium methylmercaptide gave 4-amino-2,8-di(methylthio)pyrido[3,2-*d*]pyrimidin-6-carboxamide. This was desulfurized with Raney nickel, hydrolyzed in base, and decarboxylated to give **267**. The product from this sequence was confirmed by comparison with a sample of **267** obtained through an unambiguous synthetic procedure. It should be noted that formation of the 2-isomer in minor proportions cannot be ruled out.

The conversion of 6-(methoxycarbonyl)pyrido[3,2-d]pyrimidin-2,4,8(1H,3H,5H)-trione to the 2,4,8-trichloro derivative, **266**, was effected readily with phosphorus oxychloride.[11]

Although replacement of chloro groups is more often employed, other leaving groups have been investigated. A study of the reactivity of substituted pyrido[3,2-d]pyrimidines with hydrazine has demonstrated that a methoxy substituent at the 4-position as well as a methyl ester at the 6-position are most susceptible to an addition–elimination reaction.[177] In fact, yields are nearly quantitative, which rules out the formation of the 2 isomer even in minor amounts.

The foregoing illustrates the nature of substitution reactions, especially at positions 2 and 9. However, there is considerable interest in the chemistry at position 6 because of the similarity to folic acid analogs. Displacement of the chloro substituent in 6-chloro-2,4-diaminopyrido[3,2-d]-pyrimidine, **266** (R = Cl; R' = R'' = NH_2; R''' = H), with several nitrogen nucleophiles[16] and with aryl thiols[15] has been achieved. For example, piperidine has been used to effect such displacements. The corresponding 5-oxide of the 6-N-piperidinyl derivative has been obtained through oxidation with peroxytrifluoroacetic acid, either before or after substitution of the chloro group.

A further illustration of this chemistry is seen in the synthesis of 8-deazafolates by Broom and his co-workers.[176] The reaction of 6-(carbomethoxy)-2,4,8-trichloropyrido[3,2-d]pyrimidine, **266** (R = CO_2Me; R' = R'' = R''' = Cl), with methoxide at room temperature leads to **266** (R = CO_2Me; R' = R'' = OMe; R''' = Cl). Because of the more reactive nature of alkoxides no distinction between positions 2 and 4 was observed. Hydrogenolysis of the 8-chloro substituent with hydrogen and palladium on carbon, followed by reduction of the 6-methyl ester to the 6-hydroxymethyl compound with lithium borohydride produced 2,4-dimethoxy-6-hydroxymethylpyrido[3,2-d]pyrimidine, **266** (R = CH_2OH; R' = R'' = OMe; R''' = H). Amination of this dimethoxy derivative gave 2,4-diamino-6-hydroxymethylpyrido[3,2-d]pyrimidine.

Not surprisingly, 2,4-dichloropyrido[3,2-d]pyrimidines behave in a similar manner. Hence, several 4-dialkylamino-2-chloropyrido[3,2-d]pyrimidines, **266** (R = R''' = H; R' = R'' = Cl), have been synthesized from dichloro compounds and secondary amines.[180,181] Under forced conditions it is possible to replace the 2-chloro moiety.[181] Even the monochloro derivative **266** (R = R'' = R''' = H; R' = Cl), can be replaced by amines.[184]

In a more unusual reaction, this same dichloro compound has been converted to 2-chloro-4-(dimethylphosphono)pyrido[3,2-d]pyrimidine, **266** (R = R''' = H; R' = $PO(OCH_3)_2$; R'' = Cl), via an Arbuzov reaction with trimethyl phosphite.[179]

Finally, dehalogenation can be effected under catalytic conditions. Hydrogenation of 8-chloropyrido[3,2-d]pyrimidines, **266** (R''' = Cl), using palladium-on-charcoal as the catalyst in DMF gives the dechlorinated products.[11,176]

3. Reactions

Although most common, the nucleophilic displacement reaction is not the only means of obtaining functional group interconversions. Hydrolysis of amino groups allows for introduction of oxygen moieties. 2,4-Diamino-6-methylpyrido[3,2-d]pyrimidine, **266** (R = Me; R' = R'' = NH_2; R''' = H), has been hydrolyzed under basic conditions to give 2-amino-6-methylpyrido[3,2-d]pyrimidin-4(3H)-one in excellent yield.[9]

Facile replacement of a number of groups at position 4 has created opportunities for some interesting chemistry. The hydrazino group displays some discrimination in its reactions with two types of carbonyl-containing compounds.

Treatment of 4-hydrazinopyrido[3,2-d]pyrimidine, **268**, with formic acid or trimethyl orthoformate gave the triazolo fused product, **269**,[182,184] while condensation with acetylacetones produced 4-(1-pyrazolyl)pyrido[3,2-d]pyrimidines, **270**.[182]

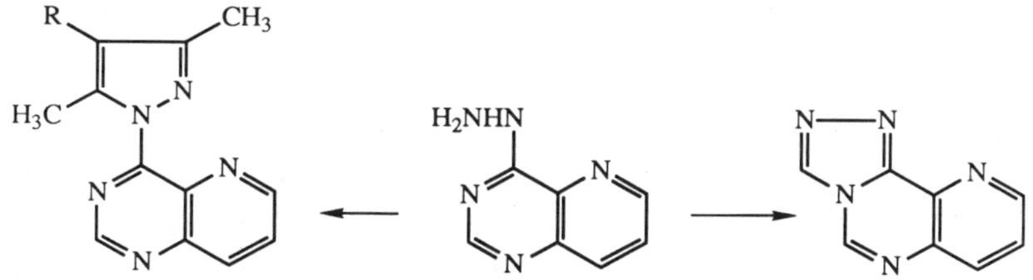

269   **268**   **270**

As part of a wider study of certain heterocyclic rings with active methylene reagents, the reaction of pyrido[3,2-d]pyrimidine, **271**, with dimedone produced the compound 3,4-dihydro-4-(4,4-dimethyl-2-hydroxy-6-oxocyclohex-1-enyl)-pyrido[3,2-d]pyrimidine, **272**, which, upon treatment with aqueous alkali, gave 7,8-dihydro-7,7-dimethylbenzo[b][1,5]-naphthyridin-9(6H)-one.[104,183] The net reaction is a covalent addition although opening of the pyrimidine ring and reclosure is postulated.

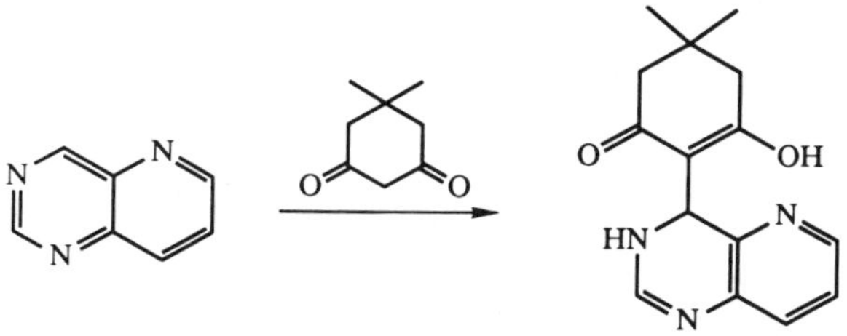

271   **272**

The ease of synthesis of 2,4-dioxopyrimidine rings provides a wealth of experimental effort in many fused pyrimidine rings. The following examples portray the diversity of this chemistry.

Under certain conditions, the dioxygenated ring can be cleaved and Bauer and his co-worker[178] described the opening of 3-benzenesulfonyloxypyrido[3,2-d]pyrimidine-2,4-(1H,3H)-dione, **273** (R = PhSO$_2$O; R' = H; X = O), to give methyl 3-[2-(methoxycarbonyl)hydrazino]pyridin-1-carboxylate, **274**.

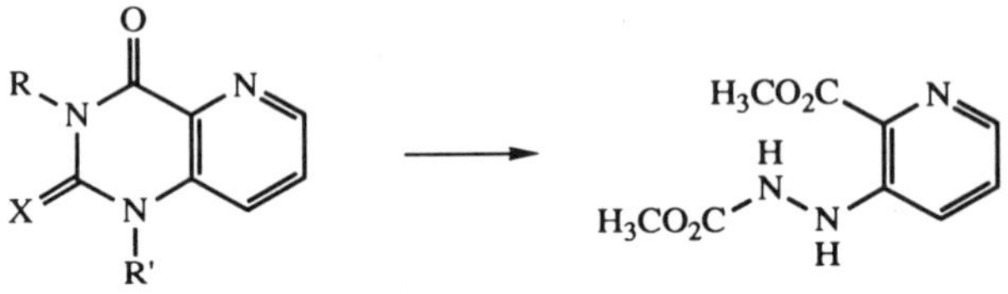

273

274

Simple transformations of existing substituents have also been described. Methylation of **273** (R = Me; R' = H; X = S) with diazomethane occurs on nitrogen to produce **273** (R = R' = Me; X = S)[20] while treatment of the same sulfur compound with Raney nickel causes desulfurization.[20]

In a series of transformations, 6-methylpyrido[3,2-d]pyrimidine-2,4(1H,3H)-dione, **275**, is converted to the antifolate precursor, **277** (R = CH$_2$OH).[187] the initial oxidation with m-chloroperoxybenzoic acid to give the 5-oxide, **276**, is the key step. Subsequent rearrangement of **276** with acetic anhydride to give the 6-acetoxymethyl group, followed by chlorination of the two oxo groups, replacement of the chloro moieties with ammonia, and hydrolysis of the 4-amino group and the acetoxy group afforded the target molecule.

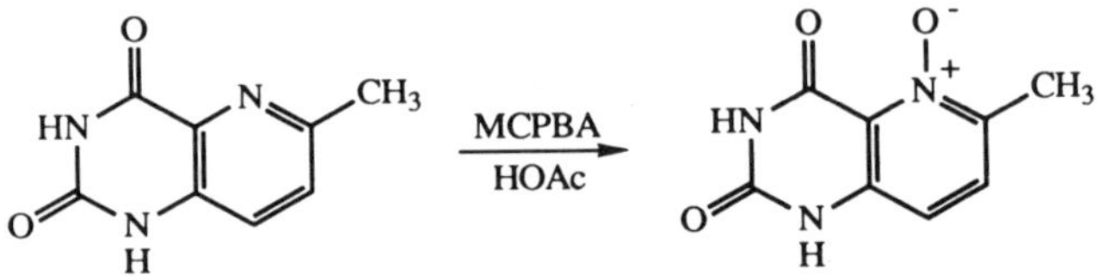

275   **276**

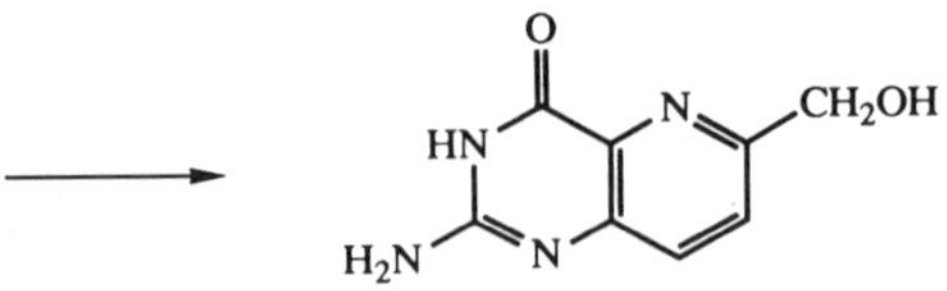

277

In a separate report these same workers described further reactivity of **277** (R = Me). After reduction of the pyridine ring, alkylation on N-5 with 3',5'-di-O-acetyl-5-bromomethyl-2'-deoxyuridine, **278**, gave the diacetyl-protected deazanucleoside, **279**.[185] It should be noted that catalytic hydrogenations of **277** (R = Me or CH$_2$OH) have been performed with hydrogen and platinum oxide in acetic acid/methoxyethanol,[9] and with hydrogen and platinum oxide in trifluoroacetic acid.[186]

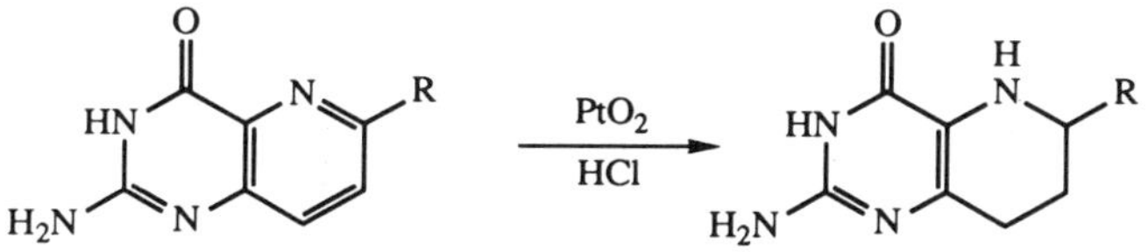

DeGraw et al.[5] also prepared 5,6,7,8-tetrahydro-8-deazahomofolic acid, **280**, by hydrogenation of 8-deazahomofolic acid with hydrogen and platinum oxide catalyst in trifluoroacetic acid (TFA).

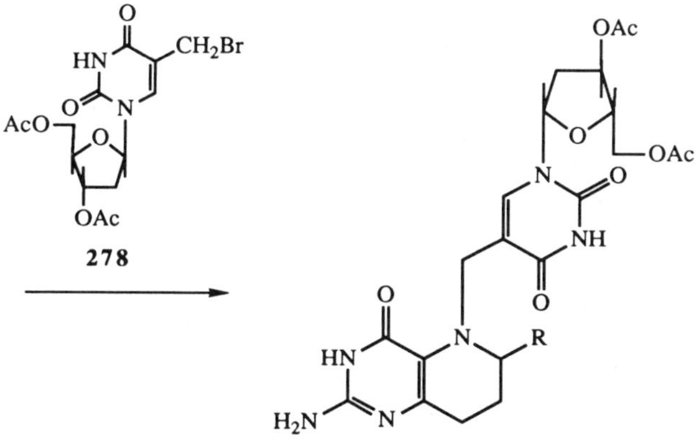

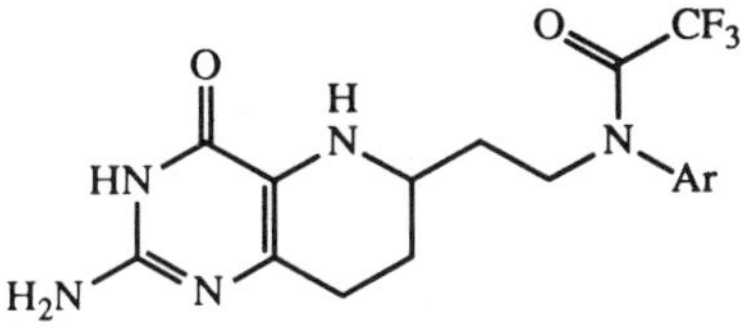

A variety of oxidizing agents have been employed to produce oxidation reactions at both side chain and on ring nitrogens in the same molecule. Oxidation of 6-(arylthio)-2,4-diaminopyrido[3,2-*d*]pyrimidines, **281**, with the bromine complex of 1,4-diazabicyclo[2.2.2]octane gave 6-(arylsulfinyl)-2,4-diaminopyrido[3,2-*d*]pyrimidines, **282**.[15] Hydrogen peroxide in acetic acid oxidation of the same 6-arylthio derivatives gave the corresponding 6-(arylsulfonyl)-2,4-diaminopyrido[3,2-*d*]pyrimidines, **283**. Further oxidation of **283** (Ar = *p*-ClC$_6$H$_4$) with peroxytrifluoroacetic acid gave a compound that is presumed to be the 1,5-dioxide, **284**.

281 282 283 284

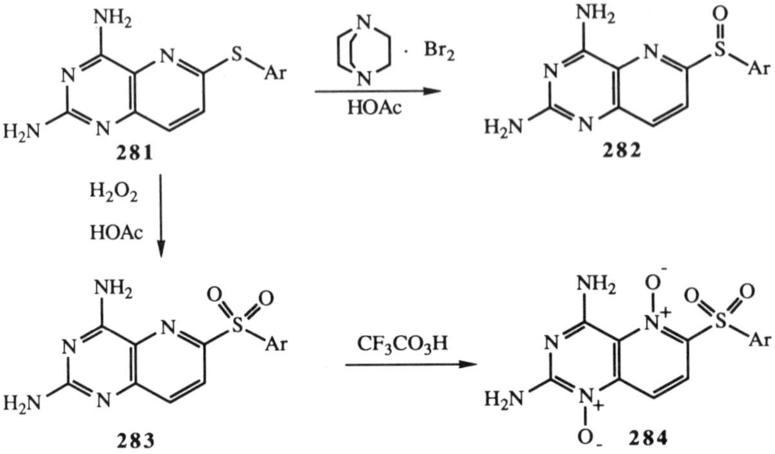

The susceptibility of the pyrido[3,2-*d*]pyrimidine to strong oxidizing agents is seen in the attempted nitration of 1,3-dimethyl-8-hydroxypyrido[3,2-*d*]pyrimidin-2,4,6(1*H*,3*H*,5*H*)-trione, **285**, which resulted in 1,3-dimethylparabanic acid, **286**.[10]

285 286

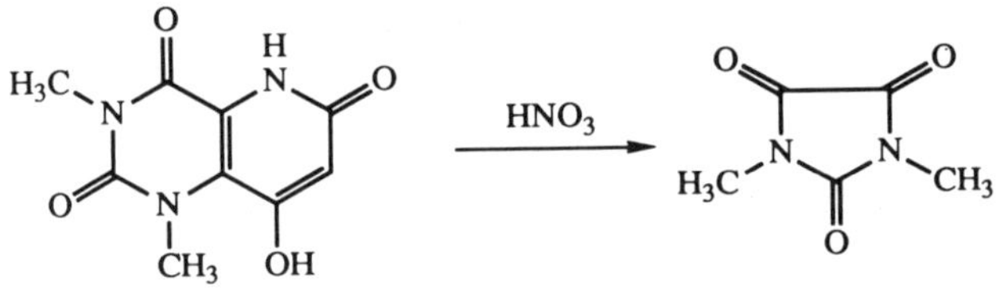

B. Of Pyrido[4,3-*d*]pyrimidines

A very limited number of reactions involving this ring system have been reported and most of them do not have general applicability. The only nucleophilic substitution reaction involves the displacement of the bromo substituent in 4-bromopyrido[4,3-*d*]pyrimidine, **287**, with amide ion via a S_N(AE) mechanism.[39]

287

288

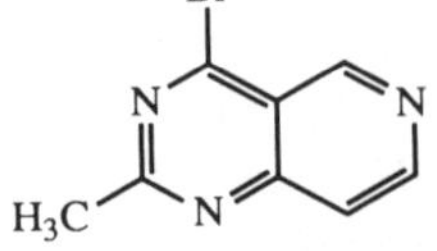

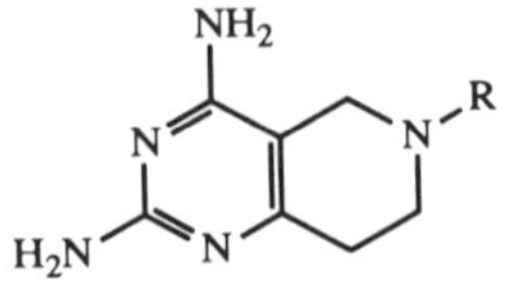

3. Reactions

Reduced pyridines served as precursors to the pyrido[4,3-*d*]pyrimidine derivatives. These reduced pyridopyrimidines have been shown[38] to undergo alkylation at N-6 of the pyridine ring. For example, 2,4-diamino-5,6,7,8-tetrahydropyrido[4,3-*d*]pyrimidine, **288** (R = H), when treated with benzyl chlorides give **288** (R = alkyl) in poor yield.

The ring-opening reaction described earlier (**273** → **274**) occurs with the isomeric pyrido[4,3-*d*]pyrimidine compound.[24,178]

An oxidation reaction of an unusual structure and of limited utility is reported for 3,4,5,6,7,8-hexahydropyrido[4,3-*d*]pyrimidines, **289**. These compounds can be oxidized[30,31] to their 5,6,7,8-tetrahydro derivative, **290** by use of potassium ferricyanide.

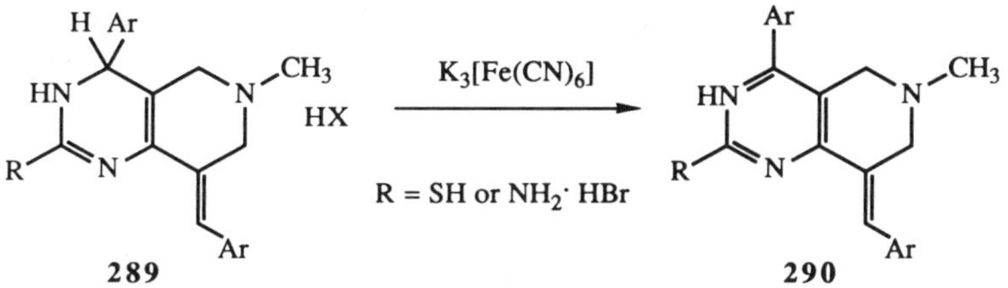

Compound **291**, related to **289**, takes a different pathway and undergoes dehydration at the 4a–8a bond under acidic conditions.[25]

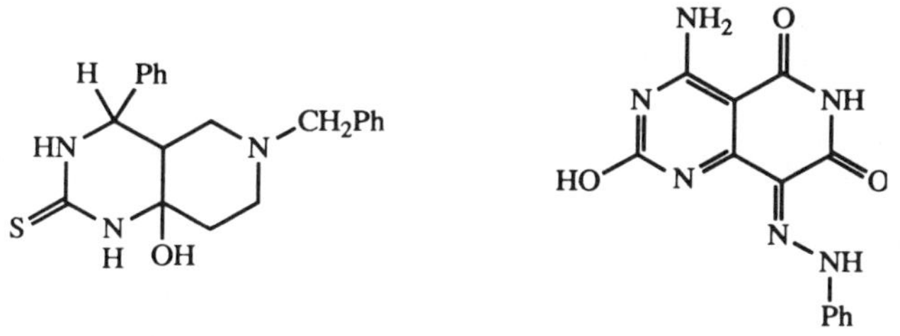

The presence of two oxo groups at the 5 and 7 positions activates position 8. Such an active methylene group undergoes typical condensation reactions. 4-Amino-2-hydroxypyrido[4,3-*d*]pyrimidin-5,7(6*H*,8*H*)-dione has been coupled[29] with benzenediazonium chloride to yield the hydrazone, **292**.

C. Of Pyrido[3,4-*d*]pyrimidines

A series of 2,4-diamino-6-phenylpyrido[3,4-*d*]pyrimidines, **294** (R''' = R'''' = NH₂), has been made by displacing the chlorines of **294** (R''' = R'''' = Cl), with various amines.[44] The dichloro compound is readily prepared by treating the dioxo derivative, **293** (R = H), with phosphorus oxychloride in the presence of

N,N-dimethylaniline. Base hydrolysis of **293** (R = H) occurs to give isonicotinic acids, **295** (R''''' = R'''''' = H).[44]

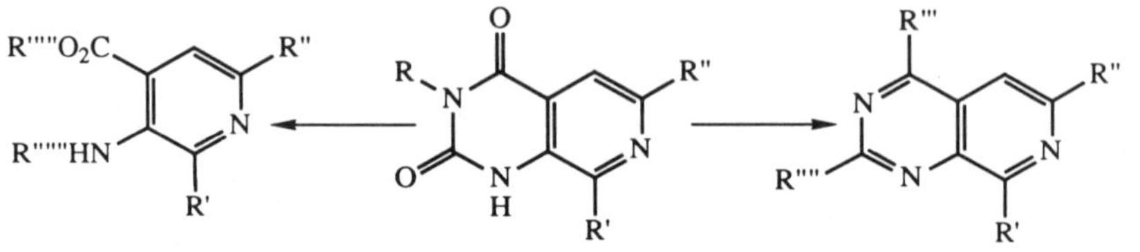

295   **293**   **294**

The ring opening of the 3-benzenesulfonyloxy derivative, **293** (R = PhSO$_2$O), to give the corresponding isonicotinate, **295** (R''''' = CH$_3$; R'''''' = CH$_3$O$_2$CNH), has been described for the previous pyridopyrimidine isomers.[24,178]

While not common, reductive ring cleavage of pyrimidines and fused pyrimidines has been shown to occur with strong reducing agents such as lithium aluminum hydride. For example, treatment of 2,6,8-trimethyl-3-phenylpyrido[3,4-d]pyrimidin-4(3H)-one, **296** (R = Ph; R' = R'' = R''' = CH$_3$), with lithium aluminum hydride gave 4-anilinomethyl-3-ethylamino-2,6-dimethylpyridine, **297**, in high yield.[189] Replacement of the 3-phenyl substituent of **296** (R = Ph) with a nonaromatic alkyl group gave a similar reaction although much longer periods of time were required and various byproducts were produced.

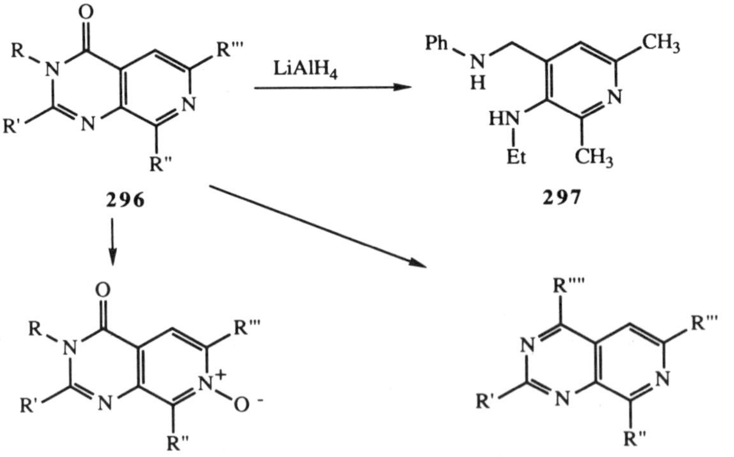

296   **297**
299   **298**

Replacement of the 4-oxo substituent of pyrido[3,4-d]pyrimidin-4-ones, **296** (R = H), with alkyl amines proceeds either via the chloro derivative, **298** (R'''' = Cl), or directly using hexamethyldisilazane (HMDS) to generate the trimethylsilyloxy intermediate, **298** (R'''' = OSi(CH$_3$)$_3$).[190]

Peracid oxidation of **296** (R = H) leads to the 7-oxide, **299** (R = H), which can then be methylated with diazomethane to give **299** (R = CH$_3$).[49]

Carbanion addition to pyrido[3,4-*d*]pyrimidine, **300** (R = H), to give 4-substituted dihydropyrido[3,4-*d*]pyrimidines has been explored.[188] Addition of the anion of acetophenone, followed by oxidation with potassium permanganate gives the intramolecular hydrogen bond stabilized 4-(benzoylmethyl)pyrido[3,4-*d*]pyrimidine, **301**, which can also be obtained directly from 4-chloropyrido[3,4-*d*]pyrimidine, **300** (R = Cl). Base hydrolysis of **301** affords the 4-methyl derivative, **302**. Direct addition of methyllithium to **300** (R = H) followed by permanganate oxidation leads to the same 4-methylpyrido[3,4-*d*]pyrimidine, **302**.

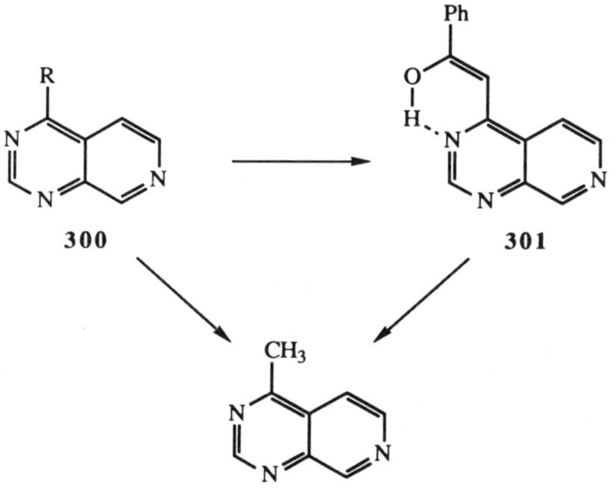

In reactions analogous to those seen in the pyrido[3,2-*d*]pyrimidine, series, cyclization of 4-hydrazinopyrido[3,4-*d*]pyrimidine, **300** (R = H$_2$NNH), (from 4-chloropyrido[3,4-*d*]pyrimidine, **300** (R = Cl), and hydrazine) with triethyl orthoformate or triethyl orthoacetate gives the tricyclic pyrido[3,4-*d*]*s*-triazolo-[3,4-*f*]pyrimidine,[191] while condensation with acetylacetone gives rise to two isomeric 4-(1-pyrazolyl)pyrido[3,4-*d*]pyrimidines.[191]

In a reaction that seems to complete the cycle, the parent molecule, **300** (R = H) has been synthesized via the mercury(II) oxide oxidation of the hydrazine derivative, **300** (R = H$_2$NNH).[188]

D. Of Pyrido[2,3-*d*]pyrimidines

Due to the large number of reactions of pyrido[2,3-*d*]pyrimidines that have been reported, this section has been broken down into four categories; reactions with nucleophiles, reactions with electrophiles, reductions, and oxidations.

(1) With Nucleophiles

The reactivity of chloro groups in the pyrido[3,2-d]pyrimidine ring system has already been discussed in detail. The same methodology has been used by Broom and his co-workers[91] to establish the order of reactivity of 2,4,7-trichloropyrido[2,3-d]pyrimidines with electron-withdrawing substituents at position C-5, **303**, towards nucleophiles.[91]

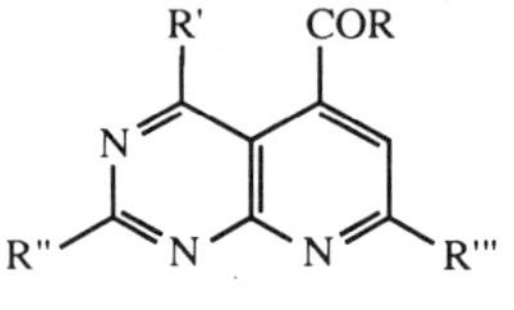

303

This ordering is based on the observation that **303** (R = CH$_3$; R' = R'' = R''' = Cl), reacts with ammonia, then sodium benzylate, and finally sodium methylmercaptide to give 4-amino-7-benzyloxy-5-carbamoyl-2-(methylthio)pyrido-[2,3-d]pyrimidine, **303** (R = R' = NH$_2$; R'' = SCH$_3$; R''' = OCH$_2$Ph).[91] Using hydroxide ion as the nucleophile a different pattern of displacement occurred, where both the 2- and the 4-chloro groups were affected at once.[91]

There is more chemical interest in the N-oxides of pyrido[2,3-d]pyrimidines than in any of the other isomeric ring systems. Furthermore, nearly all of the N-oxides have led to ring-opening reactions. For example, the pyrimidine ring of pyrido[2,3-d]pyrimidine 3-oxide, **304** (R = R' = H), is hydrolyzed in acid to give 2-amino-3-formylpyridine oxime.[192,193]

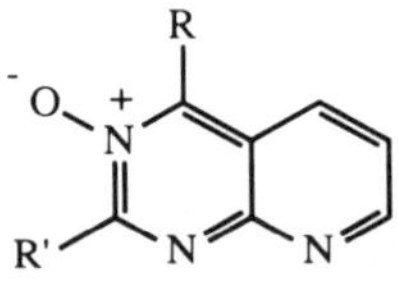

304 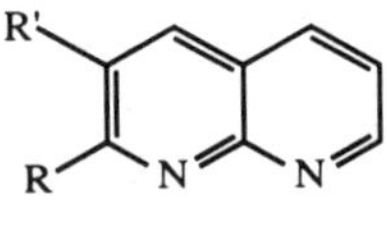   **305**

Treatment of the same N-oxide with carbon nucleophiles, derived primarily from ketones containing α-methylene groups, results in a ring opening, followed by ring closure to give pyrido[2,3-b]pyridines, **305**.[192,193]

The presence of an amino group allows for additional reactions to occur. Heating the 4-amino compound, **304** (R = NH$_2$; R' = H), in water leads to the formation of 4-hydroxylaminopyrido[2,3-d]pyrimidine as the main product (∼ 50%) along with small amounts of 2-amino-3-cyanopyridine.[194] However, it is likely the hydroxylamino product results also from ring opening followed by ring closure involving the former 4-amino group.

The likelihood of this suggestion is supported by the reaction of 4-hydroxylamino-2-phenylpyrido[2,3-d]pyrimidine with base. This compound has been shown to give a ring-opened intermediate that then either undergoes ring closure to an oxadiazoyl ring, **306**, or rearrangement to the pyrido[2,3-d]pyrimidine, **307**.[158,194]

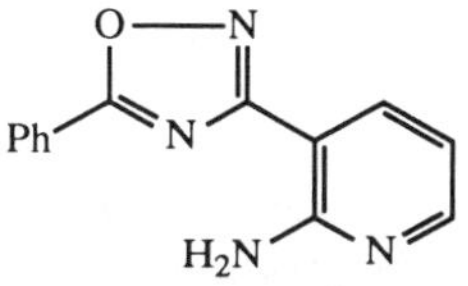

306

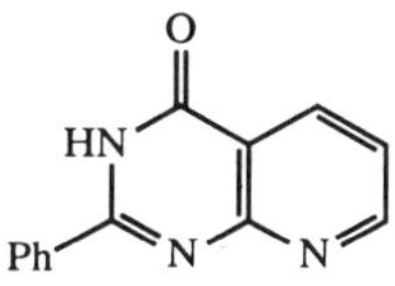

307

Furthermore, treatment of the N-oxide, **304** (R = NH$_2$; R' = Ph), with hot aqueous base gave in addition to the oxadiazolyl compound, **306**, and rearranged pyrido[2,3-d]pyrimidine, **307**, the 3-OH derivative of **307**, in small amounts.[158]

The dimethylaminomethyleneamino derivative, **304** [R = N=CHN(CH$_3$)$_2$; R' = Ph], has proven to be a useful compound as a precursor to interesting pyrimidines. It reacts with methanolic hydroxylamine hydrochloride at room temperature to give the ring-opened oxadiazolyl oxime derivative, **308**,[158] and with active methylene compounds such as diethyl malonate, ethyl cyanoacetate, malononitrile, 2,3-pentanedione, and 5,5-dimethyl-1,3-cyclohexanedione to give the ring opened pyridyloxadiazoles, **309**.[195]

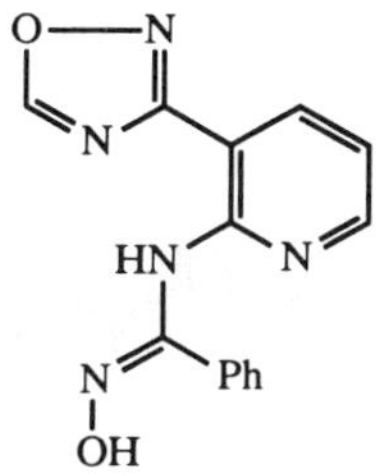

308

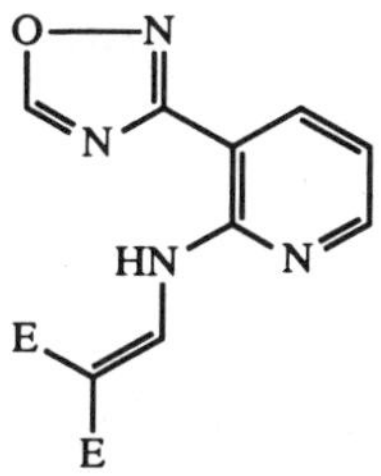

309

The 2-phenyl analog, **304** [R = N=CHN(CH$_3$)$_2$; R' = Ph], when treated with acid leads to a benzoylamino pyridyloxadiazole.[158]

An interesting but impractical reaction occurs when the dioxo compound, **310** (R = R'' = H; R' = OH), is treated with a mixture of phosphorus oxychloride and phosphorus pentachloride. An elimination–substitution process occurs resulting in the formation of 6-chloropyrido[2,3-d]pyrimidin-2,4(1H,3H)-dione, **310** (R = R' = H; R'' = Cl).[79]

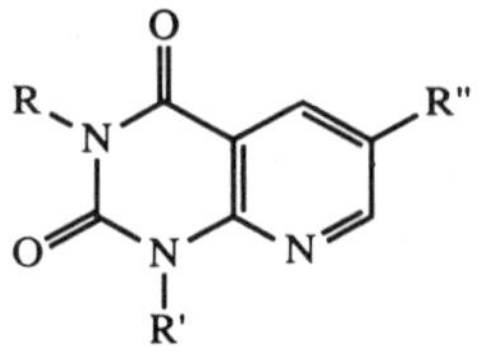

310

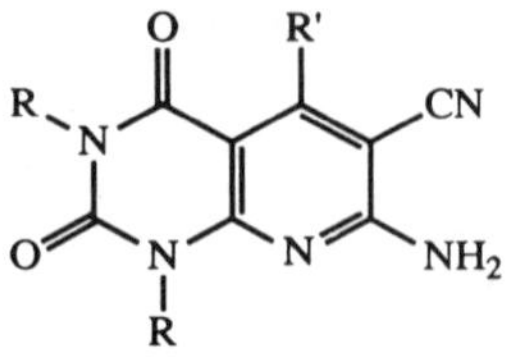

311

Amino groups located at position 7 have been transformed into other functional groups. Treatment of derivatives of **311** with sodium nitrite and hydrochloric acid give the 7-chloro derivatives,[111] but the reaction with sodium nitrite and acetic acid, on the other hand, leads to the pyrido[2,3-*d*]pyrimidin-2,4,7(1*H*,3*H*,8*H*)-trione.[96] A similar method for the hydrolysis of a 7-amino group has been documented whereby 7-amino-6-aryl-2-methylpyrido[2,3-*d*]pyrimidines have been treated with nitrosylsulfuric acid in sulfuric acid.[196]

Another simple transformation involves the displacement of an alkoxy group. The 7-butyloxy substituent of 7-butyloxy-1,3-dimethylpyrido[2,3-*d*]pyrimidin-2,4(1*H*,3*H*)-dione has been displaced by hydrazine to form 1,3-dimethyl-7-hydrazinopyrido[2,3-*d*]pyrimidin-2,4(1*H*,3*H*)-dione.[197]

Hydrolysis of the ester functionality in 6-(ethoxycarbonyl)-3-methylpyrido[2,3-*d*]pyrimidin-2,4(3*H*,8*H*)-diones, **312**, with base results in rearrangement of the substituent at the 7 position to the 6 position giving the corresponding 3-methylpyrido[2,3-*d*]pyrimidin-2,4,7(1*H*,3*H*,8*H*)-triones, **313**. This rearrangement is proposed to take place via initial attack of hydroxide anion at position 7 on the ring to give a ring-opened pyrimidine, which recycles to give the new compound.[58] This rearrangement has also been carried out with primary amines giving, instead, ketimines.[58]

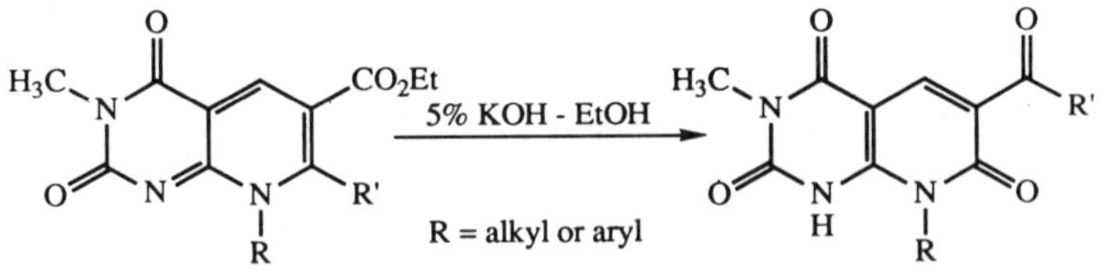

312 → 5% KOH - EtOH → **313**

R = alkyl or aryl
R' = CH$_3$, Ph

Pyrido[2,3-*d*]pyrimidin-2(1*H*)-ones such as **314** have been converted to their 2-chloro derivatives **315** (R = Cl), with phosphorus oxychloride and phosphorus pentachloride,[154] and then to amino derivatives, **315** (R = substituted amines) upon treatment with secondary amines. Displacement of 2-(methylsulfonyl) substituents on pyrido[2,3-*d*]pyrimidines with ammonia has also been observed.[200]

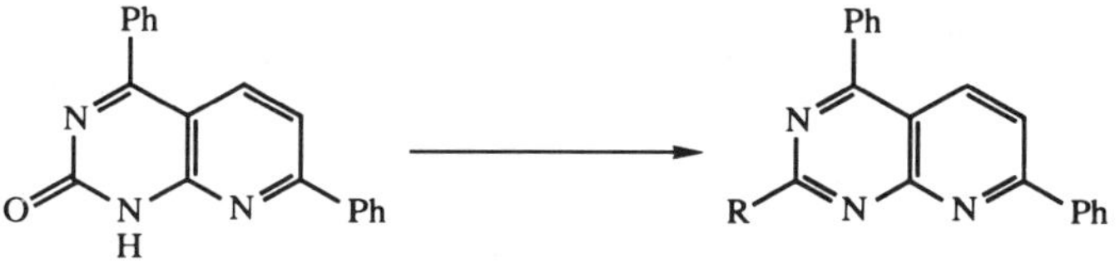

314 → **315**

Similar chemistry is observed for 4-oxo compounds. Pyrido[2,3-*d*]pyrimidin-4(3*H*)-ones, **316**, have been converted to their 4-chloro derivatives, **317** (R = Cl), which in turn have been displaced with nucleophiles such as methoxide ion.[198]

316 → **317**

A novel ring-opening reaction is seen in the conversion of **318** to **319**. In the presence of nucleophilic amines at pH 4.6 the pyrimidine portion of the molecule is cleaved and immediately recyclizes to give the spiro compound.[199]

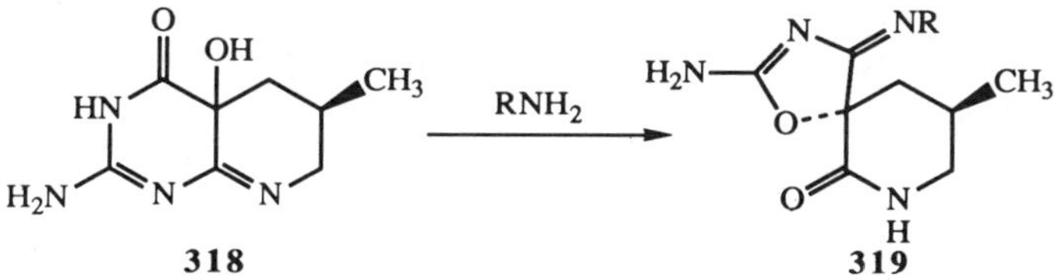

318 → **319**

In what is undoubtedly an example of covalent hydration, the acid hydrolysis of 7-arylpyrido[2,3-*d*]pyrimidines give 2-amino-6-aryl-3-formylpyridine.[100,101] The process is somewhat analogous to the ring-opening reactions of *N*-oxides described earlier.

In contrast to the lability of compounds containing the *N*-oxide functionality in the pyrimidine portion of the pyrido[2,3-*d*]pyrimidines, the corresponding 8-oxide is considerably more stable. The reaction of 1,3-dimethylpyrido[2,3-*d*]pyrimidin-2,4(1*H*,3*H*)-dione 8-oxide, **320**, with trifluoroacetic acid caused loss of the *N*-oxide and introduction of a hydroxy group at position 6, to give **321**, whereas treatment with a combination of trifluoroacetic acid and trifluoroacetic anhydride gave a mixture of the 6-OH isomer, **321**, and the trione, **322**.[201]

In this series 3-benzenesulfonyloxypyrido[2,3-*d*]pyrimidin-2,4(1*H*,3*H*)-dione, **310** (R = PhSO$_2$O; R' = H), when treated with sodium methoxide gives the ring-opened 2-(isocyanatoamino)-3-(methoxycarbonyl)pyridine, which then spontaneously cyclizes to give 8-(methoxycarbonyl)-*s*-triazolo[4,3-*a*]pyrazin-3(2*H*)-one.[178]

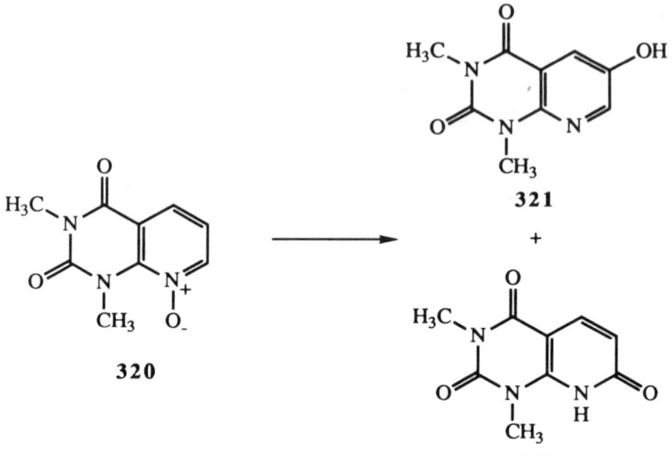

320 → **321** + **322**

When 4-chloropyrido[2,3-d]pyrimidine is treated with ketones with α-hydrogen atoms in the presence of sodium amide, displacement of the chlorine atom is observed to give, depending on the substituents, the 4-acylmethyl derivative or 4-alkyl derivative.[203]

The introduction of other groups into position 4 can be effected by simple chemistry on the parent molecule. Pyrido[2,3-d]pyrimidine undergoes nucleophilic addition at the 4 position with carbon nucleophiles such as Grignard reagents and hydrogen cyanide to give 3,4-dihydropyrido[2,3-d]pyrimidines, **323** (R = alkyl, aryl, or CN).[203]

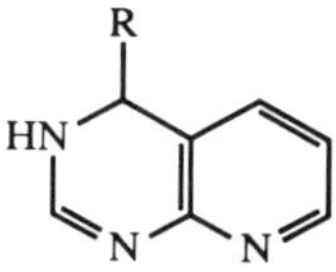

323

(2) With Electrophiles

As expected, alkylations dominate this type of reaction. Furthermore, sulfur is a prime target for alkylation reactions. Thus, 6-methyl-1,2-dihydro-2-thioxopyrido[2,3-d]pyrimidin-4(3H)-one, **324** (R = Me), has been alkylated on sulfur with alkyl halides to give **325**,[198] and **324** (R = H) undergoes a similar

324 → (MeI) → **325**

3. Reactions

reaction with phenacyl bromide.[166] In the latter example the product is cyclized to a tricyclic compound on treatment with polyphosphoric acid.

Once the sulfur has been alkylated, the next most susceptible position for alkylation is the nitrogen at position 8. For example, treatment of 6-methyl-2-(methylthio)pyrido[2,3-d]pyrimidin-4(3H)-one, **325** (R = R' = Me), with alkyl halides leads to trialkylated compounds **326**, with substitution at N-8 of the ring.[198]

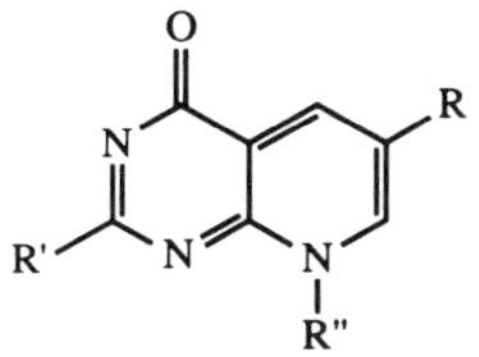

326 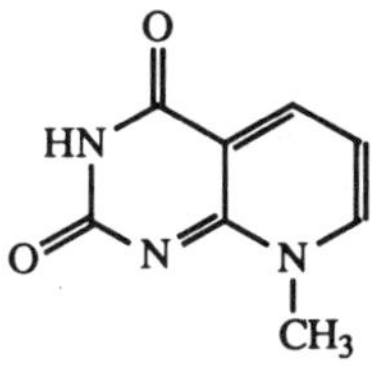 **327** 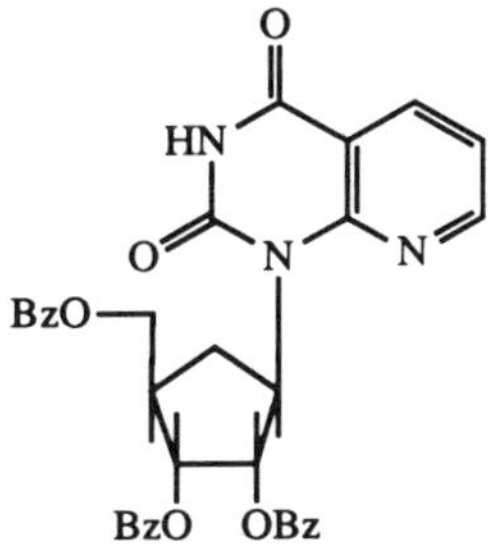 **328**

When 5-(chloromethyl)uracil is used as the alkylating agent the 8-substituted adduct is initially formed but subsequently rearranges to the N-3 derivative upon recrystallization.[198]

Alkylation at N-8 has also been observed with pyrido[2,3-d]pyrimidin-4(3H)-one and pyrido[2,3-d]pyrimidin-2,4(1H,3H)-dione giving **326** (R = R' = H) and **327**,[156] employing dimethyl sulfate and methyl iodide, respectively.

Treatment of 1,3-bis(trimethylsilyloxy)pyrido[2,3-d]pyrimidine, obtained from the dioxo compound, with 2,3,5-tri-O-benzoyl-D-ribofuranosyl bromide is reported to have given a mixture from which 1-(2,3,5-tri-O-benzoyl-β-D-ribofuranosyl)pyrido[2,3-d]pyrimidin-2,4(1H,3H)-dione, **328**, was isolated.[156]

N-Alkylation occurs with DMF–DMA or sodium hydroxide and methyl iodide,[196] at position 8 in **329** but DMF–DMA leads to a mixture of products, one of which derives from methylation of the ring N-8 atom, and the other from methylation of the exocyclic 7-amido substituent of **330**.[196]

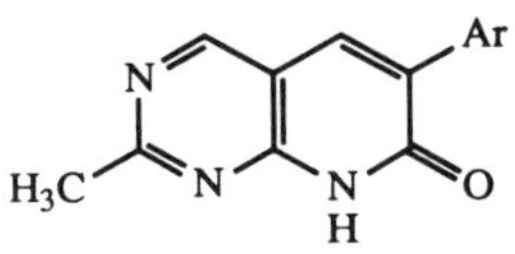

329 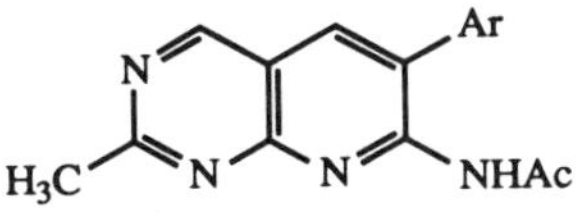 **330** 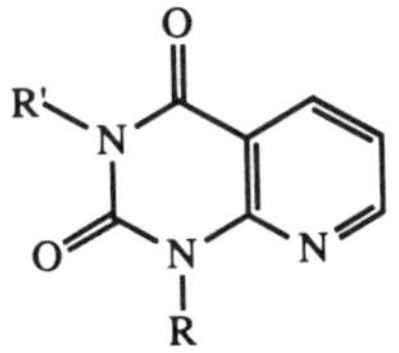 **331**

Under more vigorous conditions, alkylation will occur in the pyrimidine ring if a position is available. Alkylation of 1-substituted pyrido[2,3-d]pyrimidin-2,4(1H,3H)-diones, **331** (R' = H), at position N-3 to give **331** (R = R' = alkyl), with alkyl halides in DMF using sodium hydride as base has been described.[169]

Alkylation of the 2,4,7(1H,3H,8H)-trione, **332**, with butyl bromide and triethylamine (TEA) affords the 7-butoxy derivative, **333** (R = OBu).[106]

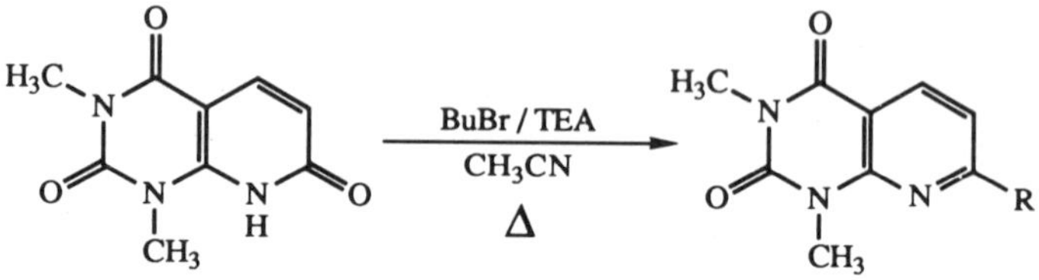

Treatment of the 7-hydrazino compound, **333** (R = NHNH$_2$), with triethyl orthoformate leads to **334**. Subsequent reaction with polyphosphoric acid leads to cyclization on N-8 to give the s-triazolo[4′,3′:1,6]pyrido[2,3-d]pyrimidine.[197]

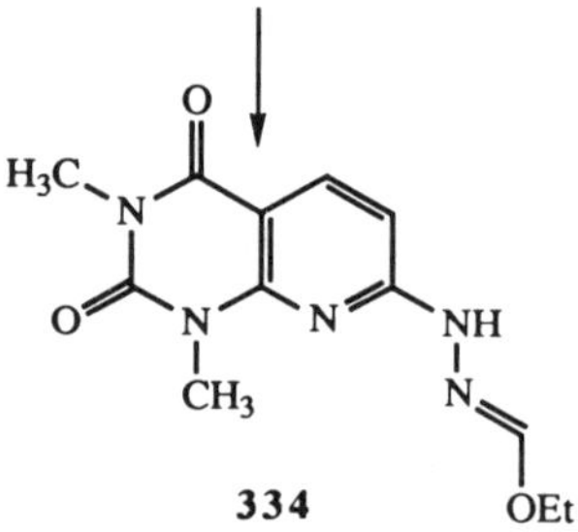

A similar cyclization to tricyclic products occurs when 4-hydrazino-pyrido[2,3-d]pyrimidine reacts with diethoxymethyl acetate[204] or triethyl orthoformate.[182,205] Ring opening of the pyrimidine portion of the molecule is proposed in one instance.[204] Likewise, treatment of the 4-chloro compound with sodium azide leads to a tetrazole substituted pyridine which, with dimethoxymethyl acetate, forms analogous tricyclic ring systems.[184,206] Other tricyclic compounds have been derived from reactions initiated at the 4-chloro group.[184,206]

Removal of groups attached to the pyridine ring are not common but can be effected. The carboxylic ester group in **335** undergoes hydrolysis and decarboxylation with hydrobromic acid or polyphosphoric acid,[68] while deamination of the 6-amino moiety in **336** has been accomplished via diazotization followed by thermolysis.[79]

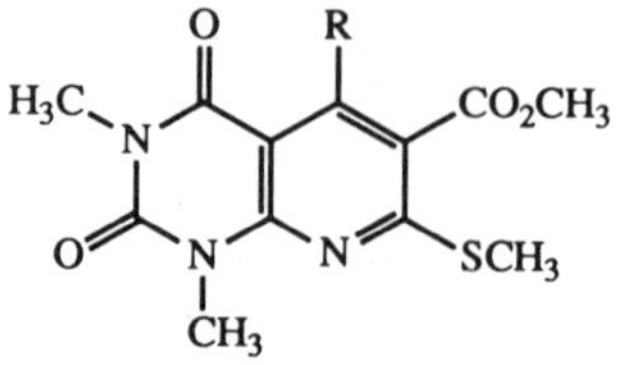

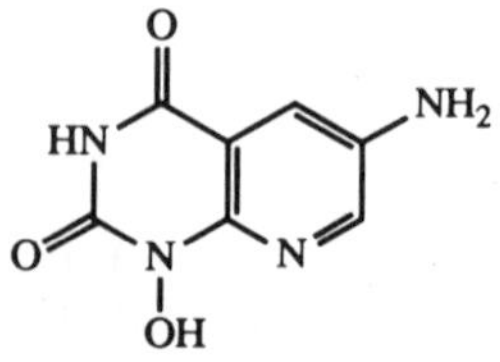

Several reactions involving partially reduced pyrido[2,3-d]pyrimidines have been described. Compound **337** has been converted into the 4a adducts **338** upon treatment with electrophilic reagents,[199,207] including halogenating agents and oxidizing agents.

Finally, compounds with the structure **339** that possess electron-withdrawing groups at position C-6 (R = CN or CO_2Et) have been alkylated with alkyl halides at position C-6,[118] while reaction of **339** (R = CN; R' = Me) with tosyl chloride in pyridine leads to the O-tosylated 7,8-dihydropyrido[2,3-d]pyrimidine.[118]

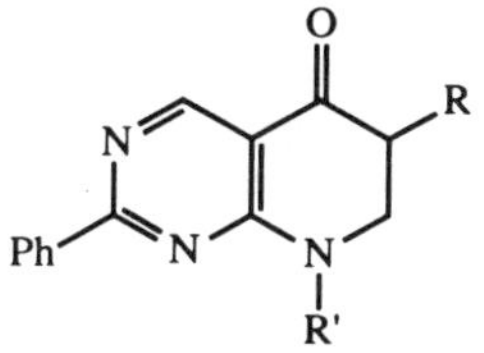

(3) Reductions

Considerable interest in reductions of pyrido[2,3-d]pyrimidines exist owing to the obvious connection of the ring system to the pteridine system. One of the more useful reduction reactions is the removal of halogen atoms. Reductive debromination of 4-amino-2-bromo-5,6-dihydro-5-methylpyrido[2,3-d]pyrimidin-7(8H)-one, **340** (R = NH_2; R' = Br), has been achieved with zinc and acid,[133] as well as the isomeric compound, **340** (R = Br; R' = NH_2). Lithium aluminum hydride, on the other hand, reduces and removes the 7-oxo group in **340** (R = NH_2; R' = Br) without affecting the bromide.[167]

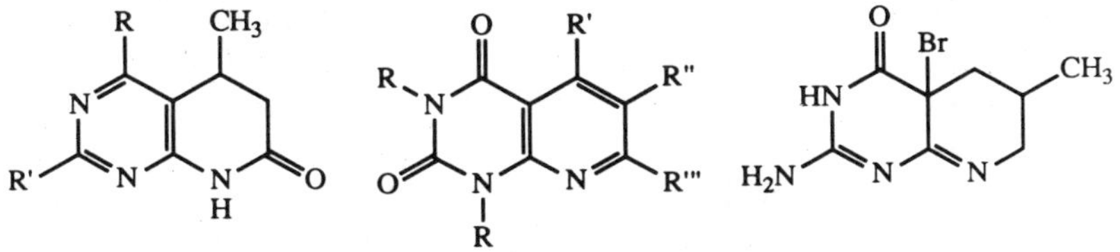

The parent pyrido[2,3-*d*]pyrimidine was obtained by catalytic hydrogenation of 4-chloropyrido[2,3-*d*]pyrimidine using palladium on carbon in the presence of magnesium oxide.[203]

Removal of chlorine in the pyridine ring via hydrogenation has also been reported.[91,111] For example, 7-chloro-6-cyano-1,3-bis(methoxymethyl)pyrido[2,3-*d*]pyrimidin-2,4(1*H*,3*H*)-diones, **341** (R‴ = Cl), in dioxane with palladium on charcoal and magnesium oxide has produced dechlorinated pyrido[2,3-*d*]pyrimidines.[111]

Much milder reagents can be used to remove halogen atoms located at the bridgehead position. Treatment of the compound **342** with reducing agents such as NADH or sodium borohydride generates 2-amino-6-methyl-5,6,7,8-tetrahydropyrido[2,3-*d*]pyrimidin-4(3*H*)-one.[199]

In classical chemistry associated with the development of antifolates, catalytic hydrogenation of 2,4-diamino-6-styrylpyrido[2,3-*d*]pyrimidines, **343**, with palladium on carbon in trifluoroacetic acid gives rise initially to the 2,4-diamino-6-(2-arylethyl)pyrido[2,3-*d*]pyrimidine which, upon additional hydrogenation, is converted to the 5,6,7,8-tetrahydro derivative, **344**.[124,128]

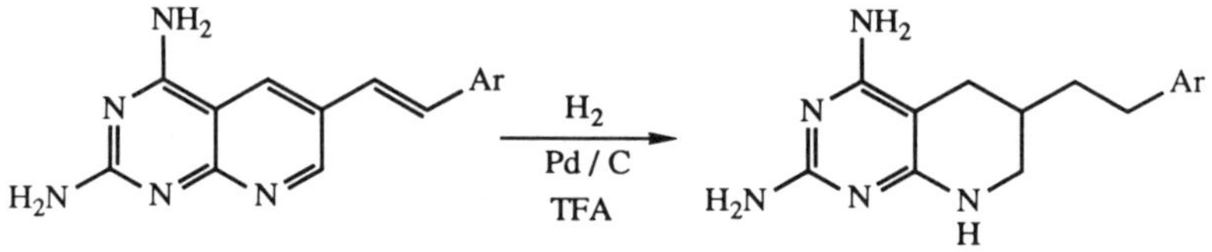

Reduction of the 5-, 6-, and 7-methyl-8-(2-hydroxyethyl)pyrido[2,3-*d*]pyrimidin-2,4(3*H*,8*H*)-diones, **345**, with hydrogen in the presence of platinum oxide in hydrochloric acid also leads to 5,6,7,8-tetrahydro derivatives.[208]

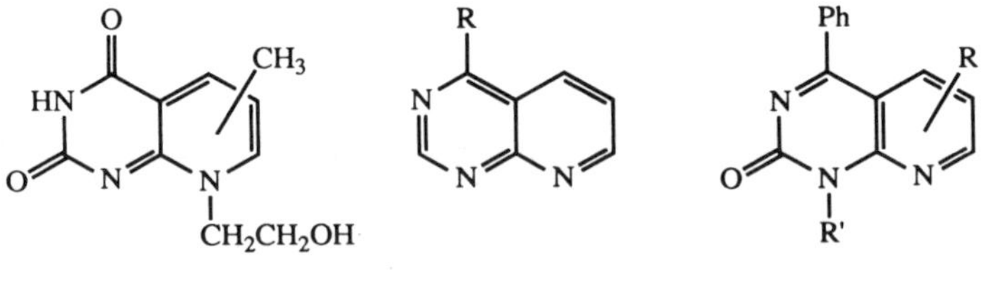

Not unexpectedly, other types of groups have been the targets for removal from such molecules. 5-(Methylthio)- (R = SMe), 7-(methylthio)- (R‴ = SMe), and 6-cyano (R″ = CN) substituents have been removed from 1,3-dimethylpyrido[2,3-*d*]-pyrimidin-2,4(1*H*,3*H*)-diones, **341** with Raney nickel,[68] as well as 2-(methylthio) substituents.[198]

Hydrogenation of either 4-aminopyrido[2,3-*d*]pyrimidine, **346** (R = NH₂), 4-aminopyrido[2,3-*d*]pyrimidine 3-oxide or 4-hydroxylaminopyrido[2,3-*d*]pyrimidine, **346** (R = NHOH) using palladium-on-carbon as catalyst produced

4-amino-5,6,7,8-tetrahydropyrido[2,3-d]pyrimidine.[194] Titanium trichloride also causes loss of the oxygen in the same 3-oxide cited above.[194]

4-Phenylpyrido[2,3-d]pyrimidin-2(1H)-ones, **347**, are transformed into 3,4-dihydro-4-phenylpyrido[2,3-d]pyrimidin-2(1H)-ones upon borohydride reduction.[120]

(4) Oxidations

2,4-Diamino-5,6-dihydropyrido[2,3-d]pyrimidines, **348**, have been oxidized to their fully aromatic derivatives with triphenyl carbinol in trifluoroacetic acid.[76]

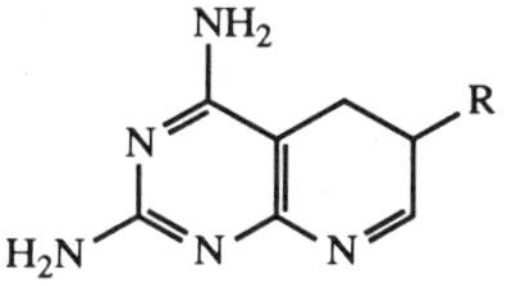

348

Peracids can attack a number of available sites, depending on availability. If nitrogen sites are either masked or deactivated, oxidation of alkylthio substituents on pyrido[2,3-d]pyrimidines can occur. Treatment of 4-acetylamino-8-alkyl-6-(ethoxycarbonyl)-2-(methylthio)-pyrido[2,3-d]pyrimidin-5(8H)-ones, **349**, with m-chloroperbenzoic acid (mcpba) gives initially the 2-methylsulfinyl derivative and upon further reaction produces the 2-methylsulfonylpyrido[2,3-d]pyrimidine, **350**.[200]

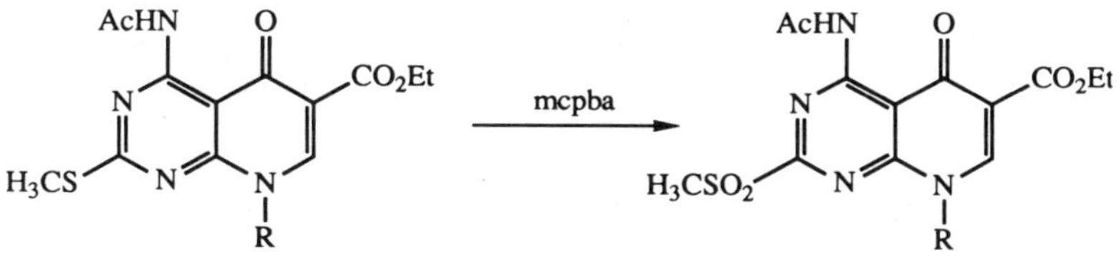

349 → mcpba → **350**

The oxidation of pyrido[2,3-d]pyrimidin-2,4(1H,3H)-dione, **351**, with mcpba in acetic acid gave pyrido[2,3-d]pyrimidin-2,4(1H,3H)-dione 8-oxide, which could be methylated to **352** with diazomethane.[201] However, 1,3-dimethyl-pyrido[2,3-d]pyrimidin-2,4(1H,3H)-dione failed to undergo oxidation to give the same product.

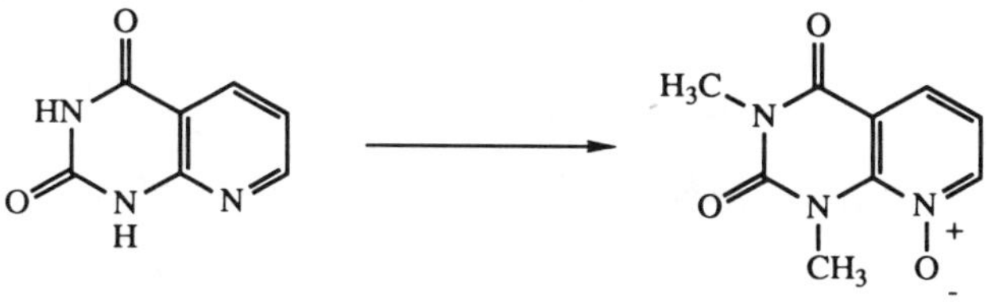

351   **352**

Enzymic oxidation of 6-methylpyrido[2,3-d]pyrimidin-4(3H)-ones with milk xanthine oxidase introduces oxygen at position 7 to give pyrido[2,3-d]pyrimidin-4,7(3H,8H)-diones, **353** (R = OH, SH, or NH_2).[209]

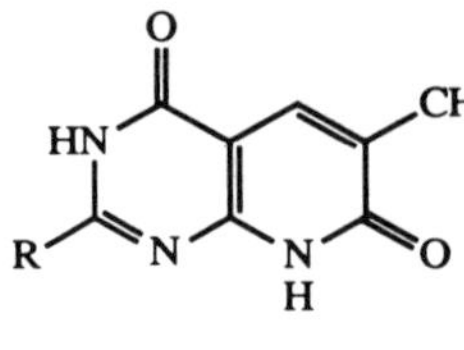

353 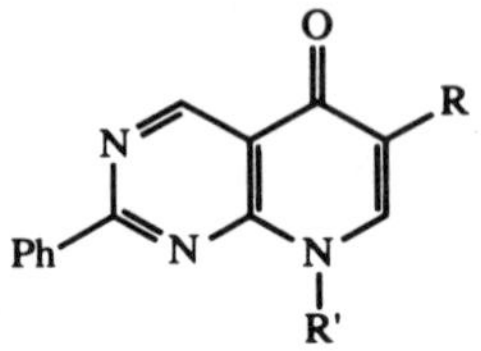   **354** 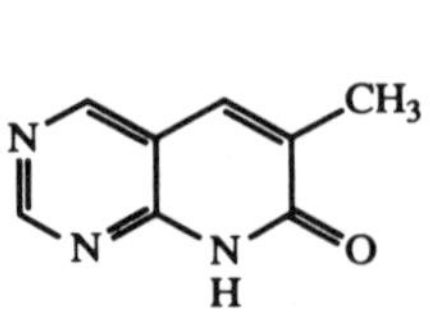   **355**

The reaction of 6-cyano-, or 6-(ethoxycarbonyl) derivatives of **339** (R = CN or CO_2Et) with thionyl chloride affords the oxidized pyrido[2,3-d]pyrimidin-5(8H)-ones, **354**.[118] This type of oxidation has also been performed with bromine and triethylamine.[119,120]

A similar dehydrogenation of 5,6-dihydro-6-methylpyrido[2,3-d]pyrimidin-7(8H)-one with selenium dioxide in acetic acid leads to 6-methylpyrido[2,3-d]pyrimidin-7(8H)-one, **355**.[13,82]

4-Substituted 3,4-dihydropyrido[2,3-d]pyrimidines have been oxidized to their fully aromatic derivatives, **346** (R = CH_3, CH_2Ph, Ph, or CN), with potassium ferricyanide in alkali.[203]

4. PATENT LITERATURE

There are several dozen patents disclosing syntheses and uses of various pyridopyrimidines. Rather than attempting a comprehensive survey of these documents, a few representative examples have been selected to give a sampling of what has been reported.

The Sumitomo Chemical Company holds patents on various pyrido[3,2-d]pyrimidine derivatives of cephalosporins, **356**,[388] and penicillins, **357**.[389]

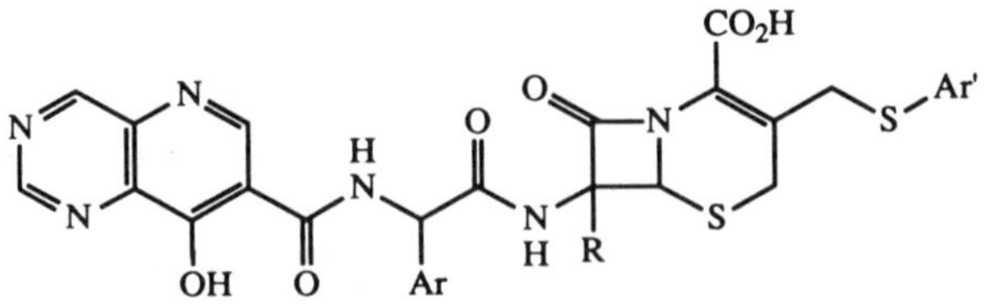

356

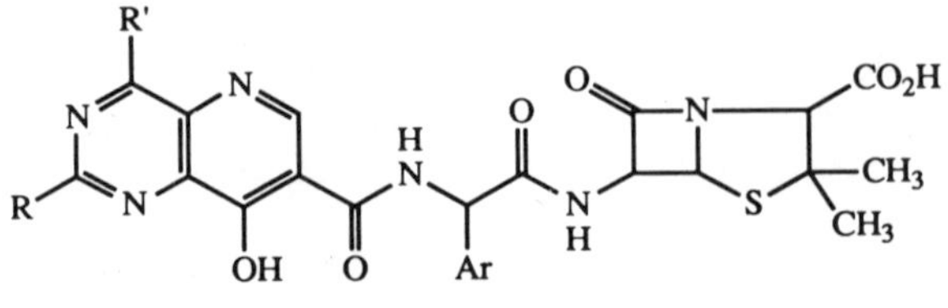

357

4. Patent Literature

Similar derivatives containing the pyrido[2,3-d]pyrimidine ring system have also been reported.[390].

Several 3-substituted pyrido[3,2-d]pyrimidin-2,4(1H,3H)-diones, **358**, have been disclosed to have herbicidal activity.[391]

Several compounds with the general structure **359**, have been described as blood platelet aggregation inhibitors and thrombolytics.[392,393]

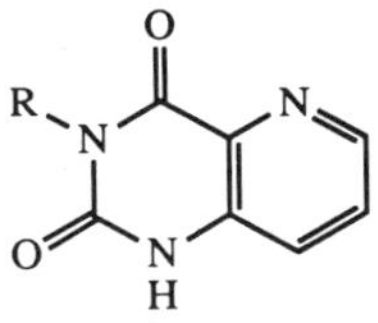

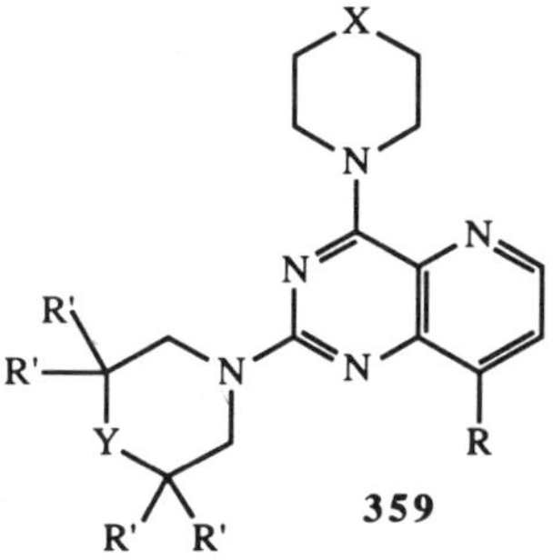

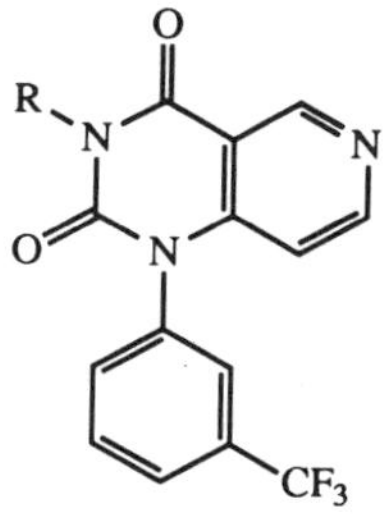

1-[3-(Trifluoromethyl)phenyl]pyrido[4,3-d]pyrimidin-2,4(1H,3H)-diones, **360**, have been reported by the Hisamitsu Pharmaceutical Co. as having central nervous system depressing, analgesic, and antiinflammatory activities.[394]

2-(1-Piperazinyl)pyrido[4,3-d]pyrimidines, **361** have been claimed as herbicidal agents;[395] when R = 2-(4-amino-6,7-dimethoxyquinazoline), they are useful as antihypertensives.[396]

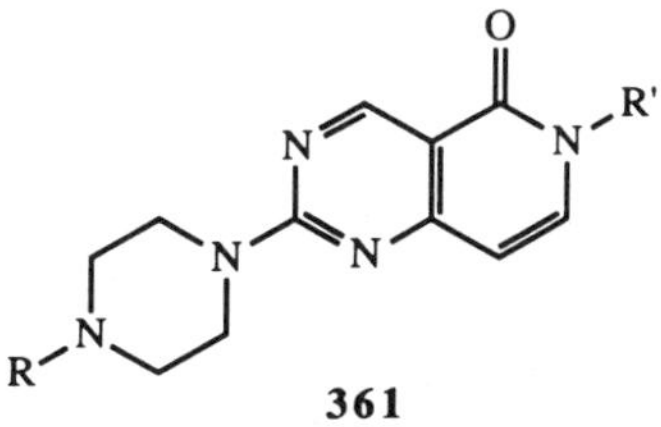

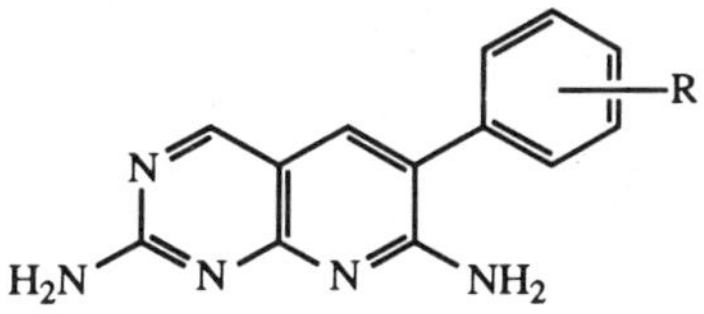

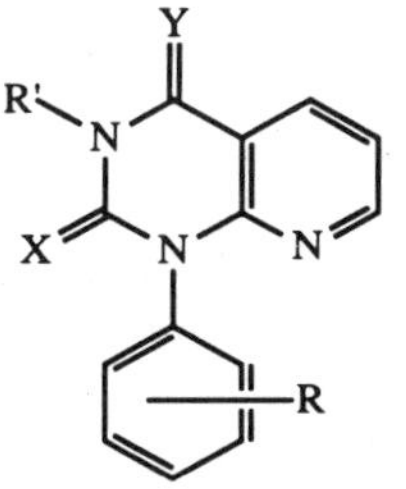

X = O, S
Y = O, H_2

Several 1-aryl substituted pyrido[2,3-d]pyrimidin-2,4-diones,[397] 3-alkyl-2,4-diones,[398] 2(1H)-thioxo-4(3H)-oxo,[399] and 3,4-dihydro-2-ones, **362**,[400] have been described as having central nervous system depressing, analgesic, and antiinflammatory activities.

2,7-Diamino-6-arylpyrido[2,3-d]pyrimidines, **363**, which have diuretic properties have been described.[401]

5. TABLES

TABLE 1. DERIVATIVES OF PYRIDO[3,2-d]PYRIMIDINES

Substituents	mp	Other Data	References
None			104, 183, 210–217
2-Acetylamino-6-bromomethyl-4(3H)-oxo-			186
6-[(Acetyloxy)methyl]-4-amino-2-chloro-	199–200	NMR, UV	187
6-[(Acetyloxy)methyl]-2,4-dichloro-	104–105	NMR, UV	187
6-[(Acetyloxy)methyl]-2,4(1H,3H)-dioxo-	288–289	NMR, UV	187
4-Amino-2-benzyloxy-6-carboxamido-8-chloro-	267–269	NMR, UV	11
4-Amino-2-benzyloxy-6-carboxamido-8-(methylthio)-	285–286	NMR, UV	11
2-Amino-6-bromomethyl-4(3H)-oxo-			187, 218
4-Amino-6-carboxamido-	>330	NMR, UV	11
4-Amino-6-carboxamido-8-chloro-2-[(4-methylphenyl)thio]-	292–293	NMR, UV	11
4-Amino-6-carboxamido-2,8-dichloro-	>300	NMR, UV	11
4-Amino-6-carboxamido-2,8-di-(methylthio)-	317–318.5	NMR, UV	11
4-Amino-6-carboxamido-8-(methylthio)-2(1H)-oxo-	>300	NMR, UV	11
4-Amino-6-carboxamido-2(1H)-oxo-	>300	NMR, UV	11
2-Amino-6-carboxy-4(3H)-oxo-	264	UV	186
2-Amino-6-carboxy-4(3H)-oxo- (hydrochloride)			186
4-amino-8-chloro-2-methoxy-6-(methoxycarbonyl)-	257–258	NMR, UV	11
4-Amino-2-chloro-6-methyl-		IR, UV	181
4-Amino-2,8-dichloro-6-(methoxycarbonyl)-	>300	NMR, UV	11
3-Amino-2,4(1H,3H)-dioxo-	320–325	IR, MS	23
2-Amino-6-formyl-4(3H)-oxo- (hydrochloride)	>300	NMR	9
2-Amino-6-hydroxymethyl-4(3H)-oxo-	>320	NMR, UV	9, 187
2-Amino-6-hydroxymethyl-4(3H)-oxo-5,6,7,8-tetrahydro-	>300	NMR	9
4-Amino-2-methoxy-6-(methoxycarbonyl)-	254–255	NMR, UV	11
6-Amino-2-methyl-			219
4-Amino-2-methyl-			220, 221
2-Amino-6-methyl-4(3H)-oxo-	>300	NMR, UV	185, 186, 222, 223
2-Amino-6-methyl-4(3H)-oxo- (hydrochloride)	>300	UV	9
2-Amino-6-methyl-4(3H)-oxo-5,6,7,8-tetrahydro-	>300	NMR, UV	185, 186, 222, 223
2-Amino-6-methyl-4(3H)-oxo-5,6,7,8-tetrahydro-(hydrochloride)	>250	UV	9
2-Amino-6-methyl-4(3H)-oxo-5,6,7,8-tetrahydro-(trifluoroacetate)	222		186
2-Amino-4(3H)-oxo-			210
2-Amino-4(3H)-oxo-6-pentyl-	284–289	NMR, UV	6
2-Amino-4(3H)-oxo-6-pentyl-5,6,7,8-tetrahydro-(hydrochloride)	179–182	NMR, UV	6
2-Amino-4(3H)-oxo-6-tribromomethyl-			186
4-Azido-6-(azidocarbonyl)-8-chloro-2-methoxy-	>290		224
4-Azido-6-(azidocarbonyl)-2-methoxy-	>290	MS	224
4-(1-Aziridinyl)-2-chloro-	138		180
6-(1,3-Benzodioxol-5-yl)-1,3-dimethyl-2,4(1H,3H)-dioxo-	285		8, 9
3-Benzoyl-4(3H)-oxo-2(1H)-thioxo-	196–197		18

TABLE 1. (Continued)

Substituents	mp	Other Data	References
4-Benzyl-	80	NMR	225
2-Benzyl-4(3H)-oxo-			226
2-Benzyl-4(3H)-oxo- (picrate)			226
8-Benzyloxy-4-carboxamido-2,4-diamino-	271–272.5	NMR, UV	11
6-Bromo-2-methyl-			219
6-Bromomethyl-2,4-diamino-			187, 218, 227, 228
6-Bromomethyl-2,4-diamino- (hydrobromide)		MS, NMR, UV	229
6-(4-Bromophenyl)-1,3-dimethyl-2,4(1H,3H)- dioxo-	215.6		8, 9
6-Carboxamido-8-chloro-2,4-diamino-	>300	NMR, UV	11
6-Carboxamido-2,4-diamino-	>300	NMR, UV	11
7-Carboxy-2,4(1H,3H)-dioxo-8-hydroxy-		IR	10
6-Carboxy-4(3H)-oxo-	>300	NMR, UV	11
4-Chloro-	136–139 (148–150)		184, 225, 230, 231
8-Chloro-4-{[(4-chlorophenyl)-methylene]-hydrazinyl}-6-{[(4-chlorophenyl)-methylene]hydrazino}carbonyl-2-methoxy-	274–276		224
2-Chloro-4-(di-(4-methoxyphenyl)methyl)-	109–110		232
6-Chloro-2,4-diamino-	248–251.5		15, 16
6-Chloro-2,4-diamino- (5-oxide)	283		16
2-Chloro-4-(dibenzylamino)-	133–134		232
2-Chloro-4-(diethylamino)-	116		232
2-Chloro-4-{[4-(diethylamino)-1-methylbutyl]amino}-6-methyl- (hydrochloride)	161–163	IR, UV	181
2-Chloro-4-{[3-(diethylamino)propyl]amino}-6-methyl- (hydrochloride)	174–175	IR, UV	181
8-Chloro-2,4-dimethoxy-6-(methoxycarbonyl)-	214–215	NMR, UV	176, 224
2-Chloro-4-dimethylamino-	115–116		232, 233
2-Chloro-4-dimethylphosphonato-	125–126	IR, NMR, UV	179
8-Chloro-6-hydrazinocarbonyl-4-hydrazinyl-2-methoxy-	>290		224
8-Chloro-4-{[(2-hydroxyphenyl)-methylene]-hydrazinyl}-6-{[(2-hydroxyphenyl)-methylene]hydrazino}carbonyl-2-methoxy-	>290	MS	224
8-Chloro-2-methoxy-4-{[(4-methoxyphenyl)-methylene]hydrazinyl}-6-{[(4-methoxyphenyl)-methylene]hydrazino}carbonyl-	>290		224
8-Chloro-2-methoxy-4-{[(2-nitrophenyl)-methylene]hydrazinyl}-6-{[(2-nitrophenyl)-methylene]hydrazino}carbonyl-	278–280	NMR	224
8-Chloro-2-methoxy-4-[(3-phenyl-2-propenylidene)hydrazinyl]-6-[(3-phenyl-2-propenylidene)hydrazino]carbonyl-	>205	NMR	224
4-Chloro-2-methyl-			220
2-Chloro-6-methyl-4(3H)-oxo-	232	NMR, UV	186
2-Chloro-4-(4-morpholinyl)-	168–170		180
2-Chloro-4-[(N-phenyl)methylamino]-	180–182		180
2-Chloro-4-(1-piperidinyl)-	116		180
2-Chloro-4-(1-pyrrolidinyl)-	169–170		232

TABLE 1. (Continued)

Substituents	mp	Other Data	References
6-(4-Chlorophenyl)-1,3-dimethyl-2,4(1H,3H)-dioxo-	198.3		8, 9
2-{[2-(4-Chlorophenyl)-(2-oxo)-ethyl]thio}-4(3H)-oxo-	285		18
6-[2-(4-Chlorophenyl)methyl]-1-piperidinyl]-2,4-diamino-	120–124		16
4-{[2-Chlorophenyl)methylene]hydrazinyl}-6-{[(2-chlorophenyl)methylene]hydrazino}-carbonyl-2-methoxy-	>290		224
6-[(4-Chlorophenyl)sulfonyl]-2,4-diamino-	270–272		15
6-[(4-Chlorophenyl)sulfonyl]-2,4-diamino-(1,5-dioxide)	276		15
6-[(4-Chlorophenyl)thio]-2,4-diamino-	243–244.5		15
7-Cyano-2,4-dimethoxy-8-hydroxy-	260		10
7-Cyano-1,3-dimethyl-2,4(1H,3H)-dioxo-8-hydroxy-	298–300	IR	10
7-Cyano-2,4(1H,3H)-dioxo-8-hydroxy-	>350		10
3-Deutero-4(3D)-oxo-			234
2,4-Di-{[4-(diethylamino)-1-methylbutyl]-amino}-6-methyl- (trihydrochloride)		IR, UV	181
2,4-Diamino-6-butyl-			235
2,4-Diamino-6-[(3,4-dichlorophenyl)sulfinyl]-	260–263		15
2,4-Diamino-6-[(3,4-dichlorophenyl)sulfonyl]-	313–315		15
2,4-Diamino-6[(3,4-dichlorophenyl)thio]-	279–281		15
2,4-Diamino-6-{[4-(dimethylamino)phenyl]thio}-	227–231		15
2,4-Diamino-6-[(4-fluorophenyl)sulfinyl]-	213–215		15
2,4-Diamino-6-[(4-fluorophenyl)sulfonyl]-	265–266		15
2,4-Diamino-6-[(4-fluorophenyl)thio]-	247–248		15
2,4-Diamino-4-formyl-			228
2,4-Diamino-6-hydroxymethyl-	290–291	NMR, UV	176, 187, 228
2,4-Diamino-6-methyl-			9, 235
2,8-Diamino-6-methyl-4(3H)-oxo-			222
2,4-Diamino-6-[N-(3,4-dichlorophenyl)-methyl]-	198–221		16
2,4-Diamino-6-[N-(3,4-dichlorophenyl)-methyl]formylamino-	218–221		16
2,4-Diamino-6-{N-[1-(3,4-dichlorophenyl)-methyl]}-methylamino-	216–218		16
2,4-Diamino-6-{N-[4-(trifluoromethyl)phenyl]-methyl}-methylamino-	212–214		16
2,4-Diamino-6-(2-naphthalenylsulfonyl)-	258–260		15
2,4-Diamino-6-(1-naphthalenylthio)-	229–232		15
2,4-Diamino-6-(2-naphthalenylthio)-	240–242		15
2,4-Diamino-6-[2-(phenylmethyl)-1-piperidinyl]-	183–186		16
2,4-Diamino-6-(1-piperidinyl)- (5-oxide)	267		16
2,4-Diamino-6-(1-pipridinyl)-	235–237		16
2,4-Diamino-6-(2,4,5-trichlorophenyl)thio-	308–310		15
2,4-Diamino-6-{[3-(trifluoromethyl)phenyl]-sulfonyl}-	236–240		15
2-4-Diamino-6-{[3-(trifluoromethyl)phenyl]thio}-	210.5–212		15
2,4-Diamino-6-{[3-(trifluoromethyl)phenyl]-sulfinyl}-	234–237		15

TABLE 1. (Continued)

Substituents	mp	Other Data	References
2,4-Diamino-6-(triphenylphosphonium)methyl- (bromide)			228, 229
2,4-Diamino-6-[(triphenylphosphoranylidene)- methyl]-			229
2,4-Dichloro-			179
2,4-Dichloro-6-methyl-	150–152	IR, UV	181, 186
6-(3,4-Dichlorophenyl)-1,3-dimethyl-2,4(1H,3H)- dioxo-	239.9		8, 9
3,4-Dihydro-4-(4,4-dimethyl-2-hydroxy-6- oxo)cyclohexyl-	228	NMR	104, 183
7,8-Dihydro-7-methyl-6(5H)-oxo-	245–246	NMR	13, 236
1,4-Dihydro-2-{[(5-methyl-1H-imidazol-4- yl)methyl]thio}- (dihydrochloride)			237
2,4-Dimethoxy-7-(ethoxycarbonyl)-8-hydroxy-	190–191	IR	10
2,4-Dimethoxy-6-hydroxymethyl-	152–153	NMR, UV	176
2,4-Dimethoxy-6-(methoxycarbonyl)-	193–194	NMR, UV	176, 224
2,4-Dimethoxy-6-methyl-		IR	10
4-(2,2-Dimethoxyethyl)amino-			184
6-(3,4-Dimethoxyphenyl)-1,3-dimethyl-2,4(1H,3H)- dioxo-	220.3		8, 9
1,3-Dimethyl-2,4(1H,3H)-dioxo-	240–241	IR, NMR	7, 234
1,3-Dimethyl-2,4(1H,3H)-dioxo-7-(ethoxycarbonyl)- 8-hydroxy-	273–274	IR	10
1,3-Dimethyl-2,4(1H,3H)-dioxo-6- (4-methoxyphenyl)-	182.2		8, 9
1,3-Dimethyl-2,4(1H,3H)-dioxo-6-(4-methylphenyl)-	210.3		8, 9
1,3-Dimethyl-2,4(1H,3H)-dioxo-6-phenyl-	247.4	IR, NMR, UV	8, 12
1,3-Dimethyl-2,4(1H,3H)-dioxo-6-phenyl (5-oxide)	256–258		12
1,3-Dimethyl-8-hydroxy-2,4,6(1H,3H,5H)-trioxo-	139–140	IR	10
1,3-Dimethyl-4(3H)-oxo-2(1H)-thioxo-	289		20
4-(3,5-Dimethyl-4-propyl-1H-pyrazol-1-yl)-	84	NMR	182
4-(3,5-Dimethyl-1H-pyrazol-1-yl)-	112	NMR	182
2,4-Di-(4-morpholinyl)-6-phenyl-			238
2,4(1H,3H)-Dioxo-	340–345	IR, MS	23, 222, 239, 240
2,4(1H,3H)-Dioxo-5-{[2,4(1H,3H)-dioxo-5- pyrimidinyl]methyl}-6-methyl-5,6,7,8-tetrahydro-	>280	NMR, UV	222
2,4(1H,3H)-Dioxo-7-(ethoxycarbonyl)-8-hydroxy-	314–316	IR	10
2,4(1H,3H)-Dioxo-3-hydroxy-	300–305	IR, MS	24, 241
2,4(1H,3H)-Dioxo-3-(4-methoxyphenyl)-	325–330	IR	23
2,4(1H,3H)-Dioxo-6-methyl-	>350		10, 78, 187, 242
2,4(1H,3H)-Dioxo-6-methyl- (5-oxide)	>300	NMR, UV	187
2,4(1H,3H)-Dioxo-3-phenyl-	>340	IR	17, 20, 21, 23
2,4(1H,3H)-Dioxo-6-phenyl-			243
2,4(1H,3H)-Dioxo-3-[(phenylsulfonyl)oxy]-	290	MS	24, 178, 241
2,4(1H,3H)-Dioxo-3-(3-pyridinyl)-	>300	NMR	17
2,4(1H,3H)-Dioxo-3(2-pyridinyl)-	168–170	NMR	17
2,4(1H,3H)-Dioxo-5,6,7,8-tetrahydro-	>280	NMR, UV	222
2,4(1H,3H)-Dioxo-3-(4-tolyl)-	338–342	IR	23
2,4(1H,3H)-Dioxo-1,3,6-trimethyl-	249–251	NMR	7, 10, 234

TABLE 1. (Continued)

Substituents	mp	Other Data	References
2,4-Diphenyl-6,7,8-trichloro-	186–187	NMR	22
4-Ethoxy-	90	NMR	225
4-Ethyl-		NMR	225
4-Hydrazino-	194–197		182, 184, 225, 230
4-Hydrazino- (acetophenone hydrazone)	165		225
4-Hydrazino- (benzaldehyde hydrazone)	160		225
4-Hydrazino-2- (butanone hydrazone)	118		225
4-Hydrazino-2- (pentanone hydrazone)	133		225
4-Hydrazino-3- (pentanone hydrazone)	183		225
4-Hydrazino- [(1-phenyl-2-propanone)hydrazone]	124		225
4-Hydrazino- [(1-phenyl-1-propanone)hydrazone]	175		225
4-Hydrazino- (2-propanone hydrazone)	199		225
6-Hydrazinocarbonyl-4-hydrazino-2-methoxy-	>290		224
4-(2-Hydroxy-1-cyclopentenyl)-	201–202	NMR	225
4-(2-Hydroxy-1-pentenyl)-		NMR	225
4-(2-Hydroxy-1-phenyl-1-propenyl)-	182	NMR	225
4-[(2-Hydroxy)-(2-phenyl)ethenyl]-	198	NMR	225
4-(2-Hydroxy-1-propenyl)-	163–164	NMR	225
4{[(2-Hydroxyphenyl)-methylene]-hydrazinyl}-6-[(2-hydroxyphenyl)-methylene]hydrazino}carbonyl-2-methoxy-	>290		224
2-Methoxy-4-{[(4-methoxyphenyl)-methylene]hydrazinyl}-6-{[(4-methoxyphenyl)-methylene]hydrazino}carbonyl-	>290		224
2-Methoxy-4-{[(3-nitrophenyl)-methylene]hydrazinyl}-6-{[(3-nitrophenyl)-methylene]hydrazino}carbonyl-	>290		224
4-Methyl-	80	NMR	225
2-Methyl-4(3H)-oxo-		MS	220, 234
6-Methyl-4(3H)-oxo-	303–304	NMR, UV	186
6-Methyl-2,4(1H,3H)-oxo-5,6,7,8-tetrahydro-	273–274	NMR, UV	222
3-Methyl-4(3H)-oxo-2(1H)-thioxo-	340–342		20
4-(4-Morpholinyl)-2-(1-piperazinyl)- (sulfate)			244
4-((N-Benzyl)methylamino)-2-chloro-	121–122		180
6-(N-Benzyl)ethylamino-2,4-diamino-	201–203		16
6-[N-(3-Bromophenyl)methyl]-methylamino-2,4-diamino-	242–244		16
6-[N-(4-Chlorophenyl)methyl]-ethylamino-2,4-diamino-	198–202		16
6-[N-(3-Chlorophenyl)methyl]-methylamino-2,4-diamino-	254–257		16
6-[N-(4-Chlorophenyl)methyl]-methylamino-2,4-diamino-	218–220		16
6-[N-(4-Chlorophenyl)methyl]-propylamino-2,4-diamino-	204–207		16
6-[N-(4-Chlorophenyl)methyl]-(2-propyl)amino-2,4-diamino-	206–207		16
6-[N-(3,4-Dichlorophenyl)methyl]-methylamino-2,4-diamino-	248.5–251.5		16

TABLE 1. (Continued)

Substituents	mp	Other Data	References
4(3H)-Oxo-	>300		11, 14, 184, 230, 240
4(3H)-Oxo-2-phenyl-		MS	245
4(3H)-Oxo-3-phenyl-2(1H)-thioxo-	320		20
4(3H)-Oxo-3-(2-propenyl)-2(1H)-thioxo-	270–271	IR	18, 246
4(3H)-Oxo-2(1H)-thioxo-	300		18, 19
4-(2-Oxo-1-cyclohexy)-	201–202	NMR	225
4-(2-Oxopentyl)-		NMR	225
4-(2-Oxopropyl)-	163–164	NMR	225
2-(1-Piperazinyl)-4-(4-thiomorpholinyl)- (sulfate)			247–254
2,4,8-Trichloro-6-(methoxycarbonyl)-	195–196	MS, NMR, UV	11, 176

TABLE 2. DERIVATIVES OF PYRIDO[4,3-d]PYRIMIDINES

Substituents	mp	Other Data	References
None			211–215
3-Acetyl-6-methyl-1,2,3,4,5,6,7,8-octahydro-2(1H)-oxo-4-phenyl-8-(phenylmethylene)-	175–180		30
3-Acetyl-6-methyl-1,2,3,4,5,6,7,8-octahydro-4-phenyl-8-(phenylmethylene)-2(1H)-thioxo-	180–183		30
2-Amino-4-(4-chlorophenyl)-8-[(4-chlorophenyl)methylene]- 3,4,5,6,7,8-hexahydro-6-methyl- (dihydrobromide)	226–228		31
2-Amino-4-(4-chlorophenyl)-8-[(4-chlorophenyl)methylene]-3,4,5,6,7,8-hexahydro-6-methyl- (hydrobromide)			31
2-Amino-4-(4-chlorophenyl)-8-[(4-chlorophenyl)methylene]-6-methyl-5,6,7,8-tetrahydro-	204–206		31
4-Amino-7,8-dihydro-8-phenylhydrazone-2,5,7,8(1H,6H)-tetraoxo-			29
2-Amino-4-(2-furanyl)-8-[(2-furanyl)methylene]-6-methyl-5,6,7,8-tetrahydro-	185–186		31
2-Amino-3,4,5,6,7,8,-hexahydro-6-methyl-4-(4-methoxyphenyl)-8-[(4-methoxyphenyl)methylene]- (hydrobromide)	240–242		31
2-Amino-3,4,5,6,7,8-hexahydro-6-methyl-4-(2-methoxyphenyl)-8-[(2-methoxyphenyl)methylene]- (hydrobromide)	229–232		31
2-Amino-3,4,5,6,7,8-hexahydro-6-methyl-4-(4-methylphenyl)-8-[(4-methylphenyl)methylene]- (dihydrobromide)	213–215		31
2-Amino-3,4,5,6,7,8-hexahydro-6-methyl-4-(4-methylphenyl)-8-[(4-methylphenyl)methylene]- (hydrobromide)	269–271		31

TABLE 2. (Continued)

Substituents	mp	Other Data	References
2-Amino-3,4,5,6,7,8-hexahydro-6-methyl-4-(2-thienyl)-8-[(2-thienyl)methylene]- (dihydrobromide)	208–210		31
2-Amino-3,4,5,6,7,8-hexahydro-6-methyl-4-(2-thienyl)-8-[(2-thienyl)methylene]- (hydrobromide)			31
2-Amino-4-(2-furanyl)-8-[(2-furanyl)methylene]-3,4,5,6,7,8-hexahydro-6-methyl- (hydrobromide)	216–218		31
2-Amino-3,4,5,6,7,8-hexahydro-6-methyl-4-phenyl-8-(phenylmethylene)- (dihydrobromide)	239–241		31
2-Amino-3,4,5,6,7,8-hexahydro-6-methyl-4-phenyl-8-(phenylmethylene)- (hydrobromide)			31
4-Amino-2-methyl-	305–308	IR, NMR	39
2-Amino-6-methyl-4-(4-methoxyphenyl)-8-[(4-methoxyphenyl)methylene]- 5,6,7,8-tetrahydro-	210–214		31
2-Amino-6-methyl-4-(4-methylphenyl)-8-[(4-methylphenyl)methylene]- 5,6,7,8-tetrahydro-	210–212		31
2-Amino-6-methyl-4-phenyl-8-(phenylmethylene)-5,6,7,8-tetrahydro-	158–161		31
2-Amino-6-methyl-5,6,7,8-tetrahydro-	211–213		32
4-Amino- (3-oxide)	271–273	NMR	230
3-Benzoyl-6-methyl-1,2,3,4,5,6,7,8-octahydro-2(1H)-oxo-4-phenyl-8-(phenylmethylene]-	250–253		30
6-Benzyl-2-[(4-chlorophenyl)amino]-3,4,4′,5,6,7,8,8′-octahydro- (dihydrochloride)	302–310		34
6-Benzyl-2,4-diamino-5,6,7,8-tetrahydro-			255
6-Benzyl-2,4-diamino-5,6,7,8-tetrahydro- (dihydrochloride trihydrate)	255–258		38
6-Benzyl-2,4-di(benzylthio)-5,6,7,8-tetrahydro-	103–104		256
6-Benzyl-2,4-(1H,3H)-dithioxo-5,6,7,8-tetrahydro-	248–249		256
6-Benzyl-5,6,7,8-hexahydro-4(3H)-thioxo-	220–225		35
6-Benzyl-8′-hydroxy-3,4,4′,5,6,7,8,8′-octahydro-4-phenyl-2(1H)-thioxo-	208–210	NMR	25
6-Benzyl-1,2,3,4,4′,5,6,7,8,8′-decahydro-2-[(4-methoxyphenyl)amino]- (dihydrochloride)	206–210		34
6-Benzyl-1,2,3,4,5,6,7,8-octahydro-2(1H)-oxo-4-phenyl-8-(phenylmethylene)-	210–213		30
6-Benzyl-1,2,3,4,5,6,7,8-octahydro-4-phenyl-8-(phenylmethylene)-2(1H)-thioxo-	128–130		30
4-Bromo-2-methyl-	227–229	IR, NMR	39
6-Butyl-2-dimethylamino-4(3H)-oxo-5,6,7,8-tetrahydro-			257
6-Butyl-2-(2-furanyl)-4(3H)-oxo-5,6,7,8-tetrahydro-	151		37
6-Butyl-2-[2-(5-nitrofuranyl)]-4(3H)-oxo-5,6,7,8-tetrahydro-	180–190		37
5-Chloro-2,7-diphenyl-	186–188	NMR	26
6-(2-Chlorobenzyl)-2,4-diamino-5,6,7,8-tetrahydro-	207–210		38, 255
6-(4-Chlorobenzyl)-2,4-diamino-5,6,7,8-tetrahydro-	212–215		38, 255
6-(3-Chlorobenzyl)-2,4-diamino-5,6,7,8-tetrahydro-	217–220		38
4-(4-Chlorophenyl)-8-[(4-chlorophenyl)methylene]-6-methyl-1,2,3,4,5,6,7,8-octahydro-2(1H)-oxo-	212–213		30

TABLE 2. (Continued)

Substituents	mp	Other Data	References
4-(4-Chlorophenyl)-8-[(4-chlorophenyl)methylene]-6-methyl-1,2,3,4,5,6,7,8-octahydro-2(1H)-oxo-	228–230		30
5-(1,2-Diacetylhydrazino)-2,7-diphenyl-	269–271	IR	26
2,4-Diamino-6-(2,4-dichlorobenzyl)-5,6,7,8-tetrahydro-	241–245		38, 255
2,4-Diamino-6-(3,4-dichlorobenzyl)-5,6,7,8-tetrahydro-	206–210		38, 255
2,4-Diamino-6-(2,6-dichlorobenzyl)-5,6,7,8-tetrahydro- (dihydrate)	214–217		38, 255
2,4-Diamino-6-(3,4-dichlorobenzyl)-5,6,7,8-tetrahydro- (dihydrochloride monohydrate)	261–263		38, 258
2,4-Diamino-6-(4-pyridinylmethyl)-5,6,7,8-tetrahydro-	296–298		38, 255
2,4-Diamino-6-(3-pyridinylmethyl)-5,6,7,8-tetrahydro- (monohydrate)	288–290		38, 255
2,4-Diamino-5,6,7,8-tetrahydro- (dihydrochloride monohydrate)	272–275		38
2,4-Dichloro-7-phenyl-			259
1,3-Dimethyl-3,4-diphenyl-1,2,3,4,5,6,7,8-octahydro-2(1H)-oxo-8-(phenylmethylene)-	150–152		30
6,6-Dimethyl-3,4-diphenyl-1,2,3,4,5,6,7,8-octahydro-2(1H)-oxo-8-(phenylmethylene)- (iodide)	239		30
6,6-Dimethyl-2-methylthio-4-phenyl-8-(phenylmethylene)-5,6,7,8-tetrahydro- (iodide)	247–250	NMR	30
6,6-Dimethyl-1,2,3,4,5,6,7,8-octahydro-2(1H)-oxo-4-phenyl-8-(phenylmethylene)- (iodide)	217–223		30
3,6-Dimethyl-1,2,3,4,5,6,7,8-octahydro-4-phenyl-8-(phenylmethylene)-2(1H)-thioxo-	197–200		30
2,6-Dimethyl-5,6,7,8-tetrahydro-	72–74		32
2,4-Di(4-morpholino)-7-phenyl-	180–181		238, 259
2,4(1H,3H)-Dioxo-	360	IR, NMR	27
2,4(1H,3H)-Dioxo-3-hydroxy-	340	IR, MS, NMR	24
2,4(1H,3H)-Dioxo-7-phenyl-	>300		259
2,4(1H,3H)-Dioxo-3-[(phenylsulfonyl)oxy]-	238	IR, MS, NMR	24, 178
2,7-Diphenyl-5-ethoxy-	128–129	NMR	26
2,7-Diphenyl-5-hydrazino-	245–247	IR	26
3,4-Diphenyl-6-methyl-1,2,3,4,5,6,7,8-octahydro-2(1H)-oxo-8-(phenylmethylene)-	212–214		30
3,4-Diphenyl-6-methyl-1,2,3,4,5,6,7,8-octahydro-8-(phenylmethylene)-2(1H)-thioxo-	199–204		30
2,7-Diphenyl-5(6H)-oxo-	346–348	IR, NMR	26
2,7-Diphenyl-5(6H)-thioxo-	296–298	NMR	26
2,4-Di(trifluoromethyl)-6-methyl-5,6,7,8-tetrahydro-	52	IR, NMR	260, 261
8'-Ethoxy-6-methyl-3,4,4',5,6,7,8,8'-octahydro-4-phenyl-2(1H)-thioxo-	172		25
3-Ethyl-6-methyl-1,2,3,4,5,6,7,8-octahydro-2(1H)-oxo-4-phenyl-8-(phenylmethylene)-	215–217		30
3-Ethyl-6-methyl-1,2,3,4,5,6,7,8-octahydro-4-phenyl-8-(phenylmethylene)-2(1H)-thioxo-	188–191		30
2-(2-Furyl)-4(3H)-oxo-	335–337	IR	27

TABLE 2. (Continued)

Substituents	mp	Other Data	References
8'-Hydroxy-6-methyl-3,4,4',5,6,7,8,8'-octahydro-4-phenyl-2(1H)-thioxo-	182		25
6-Methyl-2-methylthio-4-phenyl-8-(phenylmethylene)-5,6,7,8-tetrahydro-	125–126	NMR	30
6-Methyl-1,2,3,4,5,6,7,8-octahydro-2(1H)-oxo-4-phenyl-8-(phenylmethylene)-	217–223		30
6-Methyl-1,2,3,4,5,6,7,8-octahydro-4-phenyl-8-(phenylmethylene)-2(1H)-thioxo-	209–213		30
2-Methyl-4(3H)-oxo-	309–310	IR, NMR	27
2-Methyl-5(6H)-oxo-7-phenyl-	279–283	IR, NMR	28
6-Methyl-5,6,7,8-tetrahydro-	bp 75–80 (0.1)		32
N,N-[(Dimethylamino)methylene]aminyl- (3-oxide)	182	NMR	230
2-(1-Naphthyl)-4(3H)-oxo-	326–327	IR	27
2-[2-(5-Nitrofuranyl)]-4(3H)-oxo-5,6,7,8-tetrahydro- (hydrochloride)	>320		37
2-(2-Nitrophenyl)-4(3H)-oxo-	275–277	IR, NMR	27
5(6H)-Oxo-	298	IR, MS, NMR, UV	40
4(3H)-Oxo-	289–290	IR, MS, NMR	27, 234
4(3H)-Oxo- (oxime)	274–277	NMR	230
4(3H)-Oxo-2-phenyl-	284–286	IR, NMR	27
4(3H)-Oxo-2-(3-pyridyl)-	304–306	IR	27
2-(p-Tolyl)-4(3H)-oxo-	296–299	IR, NMR	27

TABLE 3. DERIVATIVES OF PYRIDO[3,4-d]PYRIMIDINES

Substituents	mp	Other Data	References
None			188, 211–215, 217, 262, 263
2-Amino-3-benzoyl-6-(bromomethyl)-4(3H)-oxo-	>300	NMR	51
2-Amino-3-benzoyl-6-(chloromethyl)-4(3H)-oxo-	>300	NMR	51
2-Amino-3-benzoyl-6-methyl-4(3H)-oxo-	269–270.5	IR, NMR	51, 52
2-Amino-7-benzyl-4(3H)-oxo-5,6,7,8-tetrahydro-	256		42
2-Amino-7-benzyl-4(3H)-oxo-5,6,7,8-tetrahydro- (dihydrochloride)	264	NMR	42
2-Amino-6-(4-carboxyphenylamino)methyl-4(3H)-oxo-	>300	IR, UV	51
2-Amino-5,6-dihydro-8(7H)-oxo-	>300		43
3-Amino-6,8-dimethyl-2,4(1H,3H)-dioxo-	>300	IR, NMR	45
3-Amino-2,4(1H,3H)-dioxo-	278–279	IR	45
4-Amino-2-methyl-	319–321		55
2-Amino-5-methyl-4(3H)-oxo-	>300	IR, NMR, UV	51

TABLE 3. (Continued)

Substituents	mp	Other Data	References
7-Benzyl-2-[2-(dimethylamino)ethyl]-amino-4(3H)-oxo-5,6,7,8-tetrahydro-	177		42
7-Benzyl-2-[2-(dimethylamino)ethyl]-amino-4(3H)-oxo-5,6,7,8-tetrahydro-(dihydrochloride)	284		42
7-Benzyl-2,4(1H,3H)-dioxo-5,6,7,8-tetrahydro-	232		42
7-Benzyl-2-methyl-4(3H)-oxo-5,6,7,8-tetrahydro-	204		42, 264
7-Benzyl-2-methyl-4(3H)-oxo-5,6,7,8-tetrahydro- (dihydrochloride)	280		42
7-Benzyl-4(3H)-oxo-5,6,7,8-tetrahydro-	198		42
7-Benzyl-4(3H)-oxo-2-phenyl-5,6,7,8-tetrahydro-	238		42, 264
7-Benzyl-4(3H)-oxo-2-phenyl-5,6,7,8-tetrahydro- (dihydrochloride)	260		42
2-Benzyl-4(3H)-oxo-5,6,7,8-tetrahydro-(dihydrochloride)	248		264
7-Benzyl-4(3H)-oxo-5,6,7,8-tetrahydro-2(1H)-thioxo-	235		42
7-Benzyl-5,6,7,8-tetrahydro-4(3H)-oxo-(dihydrochloride)	258		42
4-(Benzylamino)-	156	IR, NMR	190
4-(Benzylamino)-2-methyl-	160–165	IR, NMR, UV	190, 265
4-(Benzylidenehydrazino)-	222	NMR	188
4-Chloro-	108–110	NMR	184, 188, 190, 191
4-Chloro-2-methyl-	90–91	IR, NMR	190, 265
8-Chloro-4(3H)-oxo-	259–260	IR	54
1,2,4′,5,6,7,8,8′-Decahydro-7-[4,4-di-(4-fluorophenyl)butyl]-4(3H)-oxo-1-phenyl-		NMR	266
2,7-Dibenzyl-4(3H)-oxo-5,6,7,8-tetrahydro-	175		42, 264
2,7-Dibenzyl-4(3H)-oxo-5,6,7,8-tetrahydro- (dihydrochloride)	218		42
2,4-Di(cyclohexylamino)-8-methyl-6-phenyl-			238
6,8-Diethyl-2-methyl-4(3H)-oxo- (7-oxide)	78–80	IR, MS	49
7-[4-Di-(4-fluorophenyl)butyl]-2-methyl-4(3H)-oxo-5,6,7,8-tetrahydro-	145	NMR	264
3,4-Dihydro-4-methyl-		IR	188
5,6-Dihydro-2-methyl-8(7H)-oxo-	212–213		43
5,6-Dihydro-8(7H)-oxo-2(1H)-thioxo-	121–122		43
3,4-Dihydro-4-phenacyl-	97	IR, NMR	188
3,4-Dihydro-2,6,8-trimethyl-	144–146	IR, MS, NMR, UV	189
5,6-Dihydro-2,4,8(1H,3H,7H)-trioxo-	>350		41
2,4-Di-[(2-hydroxyethyl)methylamino)-8-methyl-6-phenyl-			238
2,4-Di-[(2-hydroxyethyl)methylamino]-6-phenyl-			238

TABLE 3. (Continued)

Substituents	mp	Other Data	References
1,3-Dimethyl-2,4(1H,3H)-dioxo-	158–159	IR, MS, NMR	45, 234
6,8-Dimethyl-2,4(1H,3H)-dioxo-		MS, NMR	45, 234
6,8-Dimethyl-4(3H)-oxo-	289–291	IR, MS, NMR	45, 234
6,8-Dimethyl-4(3H)-oxo- (7-oxide)	276–278	IR, MS, NMR, UV	49
6,8-Dimethyl-4(3H)-oxo-2-phenyl-	270–271	IR, NMR	45
4-[1-(3,5-Dimethylpyrazolyl)]-	141	NMR	191
2,4-Di-(4-morpholinyl)-8-methyl-6-phenyl-			238
2,6-Di-(4-morpholinyl)-4-[N-methyl-N-(2-hydroxyethyl)amino]-			267
2,4-Di-(4-morpholinyl)-6-phenyl-	137–139	IR	238, 44
2,4(1H,3H)-Dioxo-	365	IR, MS	45, 46, 234
2,4(1H,3H)-Dioxo-3-hydroxy-	330	IR, MS, NMR	24
2,4(1H,3H)-Dioxo-8-methyl-6-phenyl-	300	IR	44
2,4(1H,3H)-Dioxo-6-phenyl-	300	IR, NMR	44
2,4(1H,3H)-Dioxo-3-[(phenylsulfonyl)oxy]-	228–229	IR, MS, NMR	24, 178
2,4(1H,3H)-Dioxo-3,6,8-trimethyl-	350–353	IR, NMR	45, 234
1,2,3,4-Tetrahydro-1,3,6,8-tetramethyl-2,4(1H,3H)-dioxo-	167–168	IR, MS, NMR	45, 234
2,4-Diphenyl-5,6,8-tichloro-	186–187	MS, NMR	47, 48
2,4-Di-(1-piperidinyl)-8-methyl-6-phenyl-			238
2,4-Di-(1-piperidinyl)-6-phenyl-			238
1-Ethyl-3,4-dihydro-6,8-dimethyl-2(1H)-oxo-3-phenyl-	166–167	IR, NMR	189
1-Ethyl-2(1H)-oxo-1,2,3,4-tetrahydro-3,6,8-trimethyl-	105–106	IR, MS, NMR	189
7-[4-(4-Fluorophenyl)-4-oxobutyl)]-2-methyl-4(3H)-oxo-5,6,7,8-tetrahydro-	170	NMR	264
7-[4-(4-Fluorophenyl)-4-oxobutyl]-4(3H)-oxo-2-phenyl-5,6,7,8-tetrahydro-	157		264
4-Hydrazino-	209	IR, NMR	184, 188, 191
4-Methyl-	120	NMR	188
7-Methyl- (iodide)		NMR	188
2-Methyl-4-[(3-methylbutyl)amino]-	126–128	IR, NMR	190
2-Methyl-4(3H)-oxo-		NMR	45
2-Methyl-8(7H)-oxo-6-phenyl-	190–191	IR, NMR	28
2-Methyl-4(3H)-oxo-5,6,7,8-tetrahydro-	246	NMR	264
2-Methyl-4(3H)-oxo-5,6,7,8-tetrahydro- (dihydrochloride)	335	NMR	264
2-Methyl-4-(phenylamino)-	232–233	IR, NMR, UV	265
2-Methyl-4-[(2-phenyl)ethylamino]-	118–119	IR, NMR, UV	265
2-Methyl-4-[(3-phenyl)propylamino]-	113–114	IR, NMR, UV	265
4-[(3-Methylbutyl)amino]-	119–121	IR, NMR	190
4(3H)-Oxo-	258	IR, MS, NMR	45, 184, 188, 234, 268
4(3H)-Oxo-2-phenyl-	266–267	IR	45, 53
4(3H)-Oxo-2-phenyl-5,6,7,8-tetrahydro-	240		264
4(3H)-Oxo-2-phenyl-5,6,7,8-tetrahydro- (hydrochloride)	321		264

TABLE 3. (Continued)

Substituents	mp	Other Data	References
4(3H)-Oxo-3-(2-Propenyl)-2(1H)-thioxo-	218–220	NMR	50
4(3H)-Oxo-2,6,8-trimethyl-	287–289	IR, MS, NMR	45, 234
4-Phenacyl-	208	IR, NMR	188
1,2,3,4-Tetrahydro-3,6,8-trimethyl-			189
2(1H)-Thioxo-4(3H)-oxo-6-methyl-	>300	IR, MS, NMR, UV	51
2,4,6-Tri-(4-morpholinyl)-			267

TABLE 4. DERIVATIVES OF 2,4-DIAMINOPYRIDO[2,3-d]PYRIMIDINES

Substituents	mp	Other Data	References
2-Amino-4-(benzylamino)-8-methyl-5,6,7,8-tetrahydro-	153–155	IR, NMR	131
2-Amino-6-(bromomethyl)-4-{[(dimethylamino)methylene]amino}-		NMR	125
6-Benzyl-7-chloro-2,4-diamino-5-methyl-	326		84
6-Benzyl-2,4-diamino-	324		70, 289, 293, 323
6-Benzyl-2,4-diamino-5-ethyl-			289
6-Benzyl-2,4-diamino-5-ethyl-7(1H)-oxo-	>320		84
6-Benzyl-2,4-diamino-5-methyl-	282		84, 289, 291, 293, 334
6-Benzyl-2,4-diamino-5-methyl- (hydrobromide)			345
6-Benzyl-2,4-diamino-5-methyl-7(1H)-thioxo-			84
6-Benzyl-2,4-diamino-7(1H)-oxo-5-phenyl-	>300		84
6-Benzyl-2,4-diamino-5-phenyl-	>320		84, 289
6-Benzyl-2,4-diamino-5-propyl-	>300		84, 289
6-Benzyl-2,4-diamino- (hydrochloride)			320
6-(Benzylamino)-2,4-diamino-	299–300	UV	130, 271, 272
4(3H)-(Benzylimino)-1,3-dibenzyl-2(1H)-imino- (hydrobromide)			325
6-Bromo-2,4-di-(4-morpholinyl)-7-phenyl-			238
6-(Bromomethyl)-2,4-diamino-			111
6-(Bromomethyl)-2,4-diamino-5-methyl-		NMR	111, 126
6-(Bromomethyl)-2,4-diamino-5-methyl- (hydrobromide)			127
7-(4-Bromophenyl)-2,4-diamino-			289
6-[(4-Bromophenyl)thio]-5-methyl-2,4,7-triamino-			269
7-(i-Butyl)-2,4-diamino-			289
6-(i-Butyl)-2,4-diamino-			289
6-Butyl-2,4-diamino-	278		70, 289, 292, 293, 323, 382–387
6-Butyl-2,4-diamino- (hydrochloride)			290, 318
6-Butyl-2,4-diamino- (hydrochloride)	278	UV	70, 73
7-Butyl-2,4-diamino-6-methyl-			289
6-Butyl-2,4-diamino-6-methyl-			84, 289, 292, 293, 322, 323
6-Butyl-2,4-diamino-7-phenyl-			289

TABLE 4. (Continued)

Substituents	mp	Other Data	References
7-Butyl-2,4-diamino-6-propyl-			289
7-(*i*-Butyl)-2,4-diamino-6-(*i*-propyl)-			289
5-Butyl-6-(methylthio)-2,4,7-triamino-			269
7-Chloro-2,4-diamino-6-[(2,5-dimethoxyphenyl)methyl]-5-methyl-	193–196		83
5-[4-Chloro-5-methyl-2-(1-methylethyl)-phenoxy]-2,4-diamino-			293
7-(4-Chlorophenyl)-2,4-diamino-			289
7-(4-Chlorophenyl)-2,4-diamino-6-ethyl-			289
5-(4-Chlorophenyl)-6-(methylthio)-2,4,7-triamino-			269
6-(4-Chlorophenyl)methyl-2,4-diamino-			289
6-(2-Chlorophenyl)methyl-2,4-diamino-			289
6-[(3-Chlorophenyl)methyl]-2,4-diamino-5-methyl-			322
6-(2-Chlorophenyl)methyl-2,4-diamino-5-methyl-			286–289
6-(4-Chlorophenyl)methyl-2,4-diamino-5-methyl-	275–277		84, 289, 322, 367
6-(2-Chlorophenyl)methyl-2,4-diamino-5-methyl [mono(2-hydroxyethanesulfonate)]	208		84
6-(4-Chlorophenyl)methyl-2,4-diamino-5-methyl-7(1*H*)-oxo-	392–394		84
6-Cyano-2,4-diamino-		NMR	126, 127
6-Cyano-2,4-diamino-5-ethyl-			126
6-Cyano-2,4-diamino-5-methyl-		NMR	126, 127
6-Cyano-2,4-diamino-7(1*H*)-oxo-5-phenyl-			359
2,4-Diamino-			289, 334
2,4-Diamino-6-butyl-5-methyl-7(1*H*)-oxo-			84
2,4-Diamino-6-{[(3,4-dichlorophenyl)methyl]amino}-	321	UV	130, 271, 272
2,4-Diamino-6-{*N*-[(3,4-dichlorophenyl)methyl]-*N*-nitrosamino}-	326–328		130, 255, 272, 333
2,4-Diamino-5,6-dihydro-5-(dimethoxymethyl)-7(1*H*)-one	290		134, 295
2,4-Diamino-5,6-dihydro-5,6-diphenyl-7(1*H*)-oxo-	313–314		124, 326
2,4-Diamino-5,6-dihydro-5-(2-furanyl)-7(8*H*)-oxo-	302–303	IR	134
2,4-Diamino-5,6-dihydro-5-methyl-7(8*H*)-oxo-	287–288	IR	134
2,4-Diamino-5,6-dihydro-6-methyl-7(8*H*)-oxo-	>300	IR	134
2,4-Diamino-5,6-dihydro-7(1*H*)-oxo-	373–375	NMR, UV	116
2,4-Diamino-5,6-dihydro-7(8*H*)-oxo-5-phenyl-	303–304	IR	134
2,4-Diamino-5,6-dihydro-7(8*H*)-oxo-5-(2-thienyl)-	>300	IR	134
2,4-Diamino-6-(dimethoxymethyl)-	>350	IR, NMR	76, 77, 270
2,4-Diamino-7-(dimethoxymethyl)-	223–224	IR, NMR	129
2,4-Diamino-6-[(2,5-dimethoxyphenyl)methyl]-5-methyl-	252–254		83, 372–381
2,4-Diamino-6-[(2,5-dimethoxyphenyl)methyl]-5-methyl- (hydrochloride)	183–186		83
2,4-Diamino-6-[(2,5-dimethoxyphenyl)methyl]-5-methyl-7(1*H*)-oxo-	325–326		83
2,4-Diamino-6,7-dimethyl-			289
2,4-Diamino-5,7-dimethyl-			289
2,4-Diamino-5,6-dimethyl-	310		84, 289
2,4-Diamino-5,7-diphenyl-			289

TABLE 4. (Continued)

Substituents	mp	Other Data	References
2,4-Diamino-7-ethyl-6-methyl-			289
2,4-Diamino-6-ethyl-7(1H)-oxo-5-propyl-	350		84
2,4-Diamino-6-ethyl-7-phenyl-			289
2,4-Diamino-6-ethyl-5-propyl-			289, 322
2,4-Diamino-6-ethyl-5-propyl-	200		84, 289
2,4-Diamino-6-ethyl-5-propyl- (hydrochloride)	200		84
2,4-Diamino-6-formyl-	>350	IR, NMR	76–78, 125, 128, 270
2,4-Diamino-6-formyl- (hydrochloride)	>360	NMR, UV	78
2,4-Diamino-6-formyl-5-methyl-		NMR	126, 127
2,4-Diamino-6-heptyl-5-methyl-	282		84, 289
2,4-Diamino-6-heptyl-5-methyl-7(1H)-oxo-			84
2,4-Diamino-6-hexyl-			289, 293
2,4-Diamino-6-hexyl-5-methyl-	264		84, 289, 322
2,4-Diamino-6-(hydroxymethyl)-		NMR, UV	125, 111
2,4-Diamino-6-hydroxymethyl-5-methyl-		NMR	111, 126, 127
2,4-Diamino-6-[(methoxymethoxy)methyl]-5-methyl-	273-274	NMR, UV	111
2,4-Diamino-6-(4-methoxyphenyl)methyl-			289
2,4-Diamino-6-(4-methoxyphenyl)methyl-5-methyl-			286–289
2,4-Diamino-6-(2-methoxyphenyl)methyl-5-methyl-			289
2,4-Diamino-6-(2-methoxyphenyl)methyl-5-methyl-7(1H)-oxo-	>300		84
2,4-Diamino-6-(4-methoxyphenyl)methyl-[mono(2-hydroxyethanesulfonate)]	288		70
2,4-Diamino-6-{[(4-methoxyphenyl)methyl]thio}methyl-		NMR	76, 270
2,4-Diamino-6-methyl-	289–290	IR, NMR	76, 270, 283, 284
2,4-Diamino-7-methyl-			289
2,4-Diamino-5-methyl-	320		84, 289
2,4-Diamino-5-methyl-6-(1-methylbutyl)-	216–218		84, 289
2,4-Diamino-5-methyl-6-(3-methylbutyl)-7(1H)-oxo-			343
2,4-Diamino-5-methyl-6-(4-methylphenyl)methyl-			289
2,4-Diamino-5-methyl-6-(1-methylpropyl)-	248–249		84, 286–294
2,4-Diamino-5-methyl-7(1H)-oxo- (monoacetate)	>360		84
2,4-Diamino-5-methyl-7(1H)-oxo-6-pentyl-	335		84
2,4-Diamino-5-methyl-6-(2-pentyl)-			290
2,4-Diamino-5-methyl-6-pentyl-			322
2,4-Diamino-5-methyl-6-(i-pentyl)-	216–218		84, 289
2,4-Diamino-5-methyl-6-pentyl- (hydrochloride)	251–254		84
2,4-Diamino-6-methyl-7-phenyl-			289
2,4-Diamino-5-methyl-6-propyl-	290		84, 289
2,4-Diamino-6-(4-methylphenyl)methyl-			289
2,4-Diamino-6-(4-methylphenyl)methyl-[mono(2-hydroxyethanesulfonate)]	286		70
2,4-Diamino-6-[1-(2-methylpropyl)]- (hydrochloride)	286		70
2,4-Diamino-6-nitro-	>395		130
2,4-Diamino-6-(4-nitrophenyl)methyl-			289

TABLE 4. (Continued)

Substituents	mp	Other Data	References
2,4-Diamino-6-(4-nitrophenyl)methyl-	276		70
2,4-Diamino-6-nonyl-			289
2,4-Diamino-6-pentyl-			289
2,4-Diamino-6-pentyl- [mono(2-hydroxyethanesulfonate)]	252		70
2,4-Diamino-5-phenyl-	360		84, 289
2,4-Diamino-7-phenyl-			84, 289
2,4-Diamino-6-phenyl-	385		70, 289
2,4-Diamino-7-phenyl-6-propyl-			289
2,4-Diamino-6-(2-phenylethyl)-			289
2,4-Diamino-6-(2-phenylethyl)- (hydrochloride)	199		70
2,4-Diamino-5-propyl-	292		84, 289
2,4-Diamino-6-propyl-			289
2,4-Diamino-6-propyl- (hydrochloride)	275		70
2,4-Diamino-5,6,7-trimethyl-			289
2,4-Di-(cyclohexylamino)-7-phenyl-			238
2,4-Di-[N-(2-hydroxyethyl)-N-methylamino]-7-phenyl-			238
4-(Dimethylamino)-2-ethylamino-7-methyl-5,6,7,8-tetrahydro-	172–174	NMR	149
2,4-Di-(4-morpholinyl)-5-methyl-7-phenyl-			238
2,4-(Di-4-morpholinyl)-7-phenyl-			238, 327
2,4-Di-(1-piperidinyl)-7-phenyl-			238
6-(Ethylthio)-2,4,7-triamino-			269
5-(4-Methoxyphenyl)-6-(methylthio)-2,4,7-triamino-			269
5-Methyl-6-(methylthio)-2,4,7-triamino-			269
6-(Methylthio)-5-phenyl-2,4,7-triamino-			269
2-(1-Piperazinyl)-4-(4-thiomorpholinyl)- (sulfate)			335

TABLE 5. DERIVATIVES OF 2-AMINO-4-HYDROXYPYRIDO[2,3-d]PYRIMIDINES

Substituents	mp	Other Data	References
2-(Acetylamino)-7-(diacetyloxymethyl)-4(3H)-oxo-	246–248		129
2-(Acetylamino)-6-formyl-4(3H)-oxo-	>300	NMR	76, 77, 270
2-(Acetylamino)-7-formyl-4(3H)-oxo-	>290	IR, NMR	129
2-Amino-4'-bromo-6-methyl-4(3H)-oxo-4',5,6,7-tetrahydro-			207, 303, 304
2-Amino-6-bromomethyl-5-methyl-4(3H)-oxo-			111
2-Amino-6-butyl-4(3H)-oxo-	>300	NMR	86
2-Amino-6-carboxy-4(3H)-oxo-	264	NMR, UV	78
cis-2-Amino-4'-chloro-6-methyl-4(3H)-oxo-4',5,6,7-tetrahydro- (trifluoroacetate)	>350	NMR, UV	199
2-Amino-4'-chloro-6-methyl-4(3H)-oxo-4',5,6,7-tetrahydro-			199, 207, 303, 304
2-Amino-5-(4-chlorophenyl)-4(3H)-oxo-	>300		329, 346
2-Amino-6-cyano-5,7-dimethyl-4(3H)-oxo-	>360	IR, UV	67
2-Amino-6-cyano-7-methyl-4(3H)-oxo-	>360	IR, UV	67

TABLE 5. (Continued)

Substituents	mp	Other Data	References
2-Amino-6-cyano-7-methyl-4(3H)-oxo-5-phenyl-	>360	IR, UV	67
2-Amino-5,6-dihydro-4,7(3H,8H)-dioxo-	>400	NMR, UV	116
2-Amino-5,6-dihydro-4,7(3H,8H)-dioxo-6-methyl-	>400	UV	116
2-Amino-5-(dimethoxymethyl)-5,6-dihydro-4-methoxy-7(8H)-oxo-			295
2-Amino-6-(dimethoxymethyl)-4(3H)-oxo-	>350	IR	76, 77, 270
2-Amino-7-(dimethoxymethyl)-4(3H)-oxo-	>300	IR	129
2-Amino-5,7-dimethyl-4(3H)-oxo-	>360		117, 329
2-Amino-8-ethyl-4(3H)-oxo-5,6,7,8-tetrahydro-			354
2-Amino-4'-ethyl-4(3H)-oxo-4',5,6,7-tetrahydro-			356
2-Amino-4-formyl-4(3H)-oxo-	>300		76–78, 270
2-Amino-7-formyl-4(3H)-oxo-	>300	IR, NMR	129
2-Amino-6-formyl-4(3H)-oxo-{6-[(2,4-dinitrophenyl)hydrazone]}			78
2-Amino-4'-hydroperoxy-6-methyl-4(3H)-oxo-4',5,6,7-tetrahydro-			199, 281
2-Amino-4'-hydroxy-6-methyl-4(3H)-oxo-4',5,6,7-tetrahydro-			363
cis-2-Amino-4'-hydroxy-6-methyl-4(3H)-oxo-4',5,6,7-tetrahydro- (formate)	242–244	NMR, UV	199
trans-2-Amino-4'-hydroxy-6-methyl-4(3H)-oxo-4',5,6,7-tetrahydro-			199, 281
2-Amino-4'-hydroxy-6-methyl-4(3H)-oxo-4',5,6,7-tetrahydro-			207, 303
2-Amino-6-hydroxymethyl-5-methyl-4(3H)-oxo-	>340	NMR, UV	111
2-Amino-6-methyl-4(3H)-oxo-	>300	NMR	78, 209
2-Amino-6-methyl-4(3H)-oxo-5,6,7,8-tetrahydro-			199, 207, 303, 314, 360–362
2-Amino-8-methyl-4(3H)-oxo-5,6,7,8-tetrahydro-			355
2-Amino-6-methyl-4(3H)-oxo-5,6,7,8-tetrahydro- (trifluoroacetate)	>360	NMR, UV	199
2-Amino-5-(4-methylphenyl)-4(3H)-oxo-	>300		329, 346
2-Amino-6-nitro-4(3H)-oxo-			274
2-Amino-4(3H)-oxo-			79, 273, 274
2-Amino-4(3H)-oxo-6-pentyl-	>300	NMR	86
2-Amino-4(3H)-oxo-5-phenyl-	>300		329, 346
2-Amino-4(3H)-oxo-6-propyl-	>300	NMR	86
2-Amino-4(3H)-oxo-5,6,7,8-tetrahydro-			356
2-(Benzoylamino)-5,6-dihydro-4,7(3H,8H)-dioxo-	376–378		116
2-(Cyanoamino)-4(3H)-oxo-5,6,7,8-tetrahydro-			356
6-Ethyl-7-(methylthio)-4(3H)-oxo-2-pivaloylamino-			92
6-Ethyl-4(3H)-oxo-2-(pivaloylamino)-7-(p-tolyl)-			92
2-(Ethylamino)-1-[(4-fluorophenyl)methyl]-4(3H)-oxo-	249–253	IR, NMR	150
1-[(4-Fluorophenyl)methyl]-3-methyl-2(1H)-(methylimino)-4(3H)-oxo-	112–114	IR, NMR, UV	150
1-[(4-Fluorophenyl)methyl]-2-(methylamino)-4(3H)-oxo-	242–246	IR, NMR	150
1-[(4-Fluorophenyl)methyl]-4(3H)-oxo-2-(2-propenylamino)-	192–195	IR, NMR	150

TABLE 6. DERIVATIVES OF 2-AMINOPYRIDO[2,3-d]PYRIMIDINES

Substituents	mp	Other Data	References
2-Amino-4-bromo-4,5-dihydro-5-methyl-7(8H)-oxo-	300	IR, NMR	133, 168
2-Amino-5,6-dihydro-4-iodo-5-methyl-7(8H)-oxo-	293–294	IR, NMR	168
2-Amino-5,6-dihydro-5-methyl-7(8H)-oxo-			133
2-Amino-5,6,7,8-tetrahydro-			358
6-Carboxy-6,7-dihydro-8-ethyl-2-(4-methyl-1-piperazinyl)-5(8H)-oxo-			338
6-Cyano-6,7-dihydro-8-ethyl-2-(4-methyl-1-piperazinyl)-5(8H)-oxo-	170		119
6-Cyano-6,7-dihydro-8-ethyl-2-(4-morpholinyl)-5(8H)-oxo-	189		119
6-Cyano-6,7-dihydro-8-ethyl-5(8H)-oxo-2-(1-piperidinyl)-	180		119
6-Cyano-6,7-dihydro-8-ethyl-5(8H)-oxo-2-(1-pyrrolidinyl)-	170		119
2,7-Di(acetylamino)-6-(2,6-dichlorophenyl)-	223–225		196
2,7-Diamino-6-(2,6-dichlorophenyl)-	338–341		99
2-(Diethylamino)-4,7-diphenyl-	105–107		154
2-[Di-(2-hydroxyethyl)amino]-4,7-diphenyl-	187–188		154
4,7-Diphenyl-2-hydrazino-	187–189	NMR	154
4,7-Diphenyl-2-(4-methyl-1-piperazinyl)-	193–195	NMR	154
4,7-Diphenyl-2-(4-morpholinyl)-	200–202	NMR	154
4,7-Diphenyl-2-(phenylamino)-	209–210		154
4,7-Diphenyl-2-(1-piperidinyl)-	190–191		154
4,7-Diphenyl-2-(1-pyrrolidinyl)-	209–211		154
2-[(2-Hydroxyethyl)amino]-4,7-diphenyl-	190–191		154

TABLE 7. DERIVATIVES OF 4-AMINOPYRIDO[2,3-d]PYRIMIDINES

Substituents	mp	Other Data	References
4-Amino-	305–310	NMR	194, 273, 324
4-Amino-2-bromo-5,6-dihydro-5-methyl-7(8H)-oxo-	273–275	IR, NMR	133, 167, 168
4-Amino-2-bromo-6-methyl-5,6,7,8-tetrahydro-			167
4-Amino-5-carboxamido-2-chloro-	>210	NMR, UV	91
4-Amino-5-carboxamido-2-chloro-7-(phenylmethoxy)-	225	NMR, UV	91
4-Amino-5-carboxamido-2-chloro-7(1H)-thioxo-	>220	NMR, UV	91
4-Amino-5-carboxamido-2,7-dichloro-	>310	NMR, UV	91
4-Amino-2-chloro-5,6-dihydro-5-methyl-7(8H)-oxo-	293–294	IR, NMR	168
4-Amino-5-(2-chlorophenyl)-7-phenyl-			324
4-Amino-5-(4-chlorophenyl)-7-phenyl-			324
4-Amino-5,6-dihydro-5,6-diphenyl-7(1H)-oxo-			326
4-Amino-5,6-dihydro-2-iodo-5-methyl-7(8H)-oxo-	247–248	IR, NMR	168
4-Amino-5,6-dihydro-5-methyl-7(1H)-oxo-			133, 168
4-Amino-5,7-diphenyl-			324

TABLE 7. (Continued)

Substituents	mp	Other Data	References
4-Amino-7-ethoxy-5-phenyl-6-(thiocyanato)-2-(trichloromethyl)-			151
4-Amino-7-(1H-indol-3-yl)-	376–377	IR, NMR	147
4-Amino-6-[N-(2-methoxyethyl)carboxamido]-7(1H)-oxo-2-phenyl-	>360		102
4-Amino-5-(4-methoxyphenyl)-7-phenyl-			324
4-Amino-2-methyl-	271–273	IR, NMR	152
4-Amino-7-(1-methyl-1H-indol-3-yl)-	320–321	IR, NMR	147
4-Amino-2-methyl- (3-oxide)	>310		194
4-Amino-5-(naphthalenyl)-7-phenyl-			324
4-Amino- (3-oxide)	270–275	NMR	194, 282
4-Amino-7(8H)-oxo-5-phenyl-6-(thiocyanato)-2-(trichloromethyl)-			151
4-Amino-2-phenyl-	249–251	IR, NMR	152, 300
4-Amino-2-phenyl- (3-oxide)	214–215	NMR	158
4-Amino-5,6,7,8-tetrahydro-	233–236	NMR	194
4-(Benzylamino)-2,8-dimethyl-5,6,7,8-tetrahydro-		IR, NMR	131
4-(Benzylamino)-8-methyl-2-phenyl-5,6,7,8-tetrahydro-	134–136	IR, NMR	131
4-{[2,6-Bis(1-pyrrolidinylmethyl)-4-hydroxy]phenylamino}-			279
6-Carboxy-5-hydroxy-2-methyl-4-{[(5-nitro-2-furanyl)methylene]hydrazino}-	>320		348
4-[(4-Chlorophenyl)amino]-2-phenyl-5,6,7,8-tetrahydro-	160–165		132
6-Cyano-4,7-diamino-	>200		104
4,7-Di(acetylamino)-2-methyl-6-(2,6-dichlorophenyl)-	308		196
4,7-Diamino-6-(2,6-dichlorophenyl)-2-methyl-	389–391		99
4,7-Diamino-6-[N-(2-methoxyethyl)carboxamido]-2-phenyl-	258–261		102
4,7-Diamino-6-{N-[2-(4-morpholinyl)ethyl]carboxamido}-2-phenyl-	299–300		102
4-(Diethylamino)-2-phenyl-			300
4-(Diethylamino)-2-(3-pyridinyl)-			300
4-[(2,2-Dimethoxyethyl)amino]-	173–176	NMR	184, 206
3,7-Dimethyl-4-(dimethylamino)-2,3,5,6,7,8-hexahydro-2-phenyl-	153	NMR	149
4-(Dimethylamino)-2-phenyl-			300
4-(Dimethylamino)-2-(3-pyridinyl)-			300
4-{[(Dimethylamino)methylene]amino}-			194
4-[(Dimethylamino)methylenyl]amino- (3-oxide)	205–210	NMR	194, 195, 282
4-[(Dimethylamino)methylenyl]amino-2-phenyl- (3-oxide)	165–167	NMR	158
4-(Dipropylamino)-2-phenyl-			300
6-(Ethoxycarbonyl)-4-(2-formylhydrazino)-5-hydroxy-2-[2-(5-nitro-2-furanyl)ethenyl]-	>320		348
6-(Ethoxycarbonyl)-5-hydroxy-2-methyl-4{[(5-nitro-2-furanyl)methylene]hydrazino}-	255		348

TABLE 7. (Continued)

Substituents	mp	Other Data	References
6-(Ethoxycarbonyl)-5-hydroxy-4-(methylamino)-2-[2-(5-nitro-2-furanyl)ethenyl]-	>300		348
6-(Ethoxycarbonyl)-5-hydroxy-4-(4-morpholinyl)-2-[2-(5-nitro-2-furanyl)ethenyl]-	278–280		348
6-(Ethoxycarbonyl)-5-hydroxy-2-[2-(5-nitro-2-furanyl)ethenyl]-4-(1-pyrrolidinyl)-	241–242		348
6-(Ethoxycarbonyl)-5-hydroxy-2-[2-(5-nitro-2-furanyl)ethenyl]-4-(1-piperidinyl)-	285		348
4-(Ethylamino)-2-phenyl-			300
4-Hydrazinyl- (acetone hydrazone)	204		225
4-Hydrazinyl- (benzaldehyde hydrazone)	254		225
4-Hydrazinyl- (2-butanone hydrazone)	166		225
4-Hydrazinyl- (2-pentanone hydrazone)	151		225
4-Hydrazinyl- (3-pentanone hydrazone)	167		225
4-Hydrazinyl- [(1-phenyl-2-propanone) hydrazone]	150		225
4-Hydrazinyl- [(1-phenyl-1-propanone) hydrazone]	195		225
4-[(Hydroxyimino)methylenylamino]-	164–166	NMR	194
4-Hydroxylamino-2-phenyl-	212–214	NMR	158
2-Methyl-4(3H)-oxo- (acetyloxime)	210–212	NMR	194
4-(Methylamino)-	231		170
4-(Methylamino)-2-phenyl-			300
4-(4-Morpholinyl)-2-phenyl-			300
4-(Naphthylamino)-2-phenyl-5,6,7,8-tetrahydro-	145–150		132
7(8H)-Oxo-4-(4-morpholinyl)-2-phenyl-			238
4(3H)-Oxo- (oxime)	226–227	NMR	194
4(3H)-Oxo- (oxime hydrochloride)	237–242		194
7(8H)-Oxo-2-phenyl-4-(1-piperidinyl)-			238
2-Phenyl-4-[di-(2-propyl)amino]-			300
2-Phenyl-4-(phenylamino)-5,6,7,8-tetrahydro-	146–148		132
2-Phenyl-4-(1-propylamino)-			300
2-Phenyl-4-(2-propylamino)-			300
4-(1-Piperidinyl)-2-phenyl-			300
4-(4-Methyl-1-piperazinyl)-2-phenyl-			300
2-(3-Pyridinyl)-4-(1-pyrrolidinyl)-			300
4-(1-Pyrrolidinyl)-2-phenyl-			300

TABLE 8. DERIVATIVES OF 2,4-DIHYDROXYPYRIDO[2,3-d]PYRIMIDINES

Substituents	mp	Other Data	References
6-(Acetoxymethyl)-1,3-di(methoxymethyl)-2,4(1H,3H)-dioxo-5-methyl-	128–129	NMR, UV	111
6-(Acetoxymethyl)-2,4(1H,3H)-dioxo-	>340	NMR, UV	111
6-(Acetoxymethyl)-2,4(1H,3H)-dioxo-5-methyl-	294–295	NMR, UV	111
6-Acetyl-1,3-diethyl-2,4,7(1H,3H,8H)-trioxo-	183–184	NMR, UV	113
6-Acetyl-1,3-dimethyl-2,4,7(1H,3H,8H)-trioxo-	242–243	NMR, UV	113
6-Acetyl-2,4(1H,3H)-dioxo-1,3,7-trimethyl-	151	NMR	96
5-Acetyl-2,4(1H,3H)-dioxo-1,3,7-trimethyl-	203–204	IR, NMR	61, 63

TABLE 8. (Continued)

Substituents	mp	Other Data	References
6-[N-Acetyl(N-nitrosoamino)]methyl-1,3-di(methoxymethyl)-2,4(1H,3H)-dioxo-	143–144	NMR, UV	111
6-(Acetylamino)methyl-1,3-di(methoxymethyl)-2,4(1H,3H)-dioxo-	207–208	NMR, UV	111
6-(N-Acetylamino)methyl-1,3-di(methoxymethyl)-2,4(1H,3H)-dioxo-5-methyl-	209–210	NMR, UV	111
6-[N-Acetyl-(N-nitrosoamino)]methyl-1,3-di(methoxymethyl)2,4(1H,3H)-dioxo-5-methyl-	149–150	NMR, UV	111
6-(Acetyloxy)methyl-1,3-di(methoxymethyl)-2,4(1H,3H)-dioxo-	159–160	NMR, UV	111
7-[1-(5-Acetyloxy-3-carbomethoxy-1H-pyrazolo)]-1,3-dimethyl-2,4(1H,3H)-dioxo-			371
7-[1-(5-Acetyloxy-3-carbomethoxy-1H-pyrazolo)]-1,3-dimethyl-2,4(1H,3H)-dioxo-			371
6-(Acetyloxy)-1,3-dimethyl-2,4(1H,3H)-dioxo-	198–199	NMR, UV	201
7-Amino-6-carbamoyl-1,3-dimethyl-2,4(1H,3H)-dioxo- (8-oxide)		IR, NMR	103
7-Amino-6-carbamoyl-2,4(1H,3H)-dioxo-1,3-dimethyl-	>300	NMR	96
7-Amino-6-carboxy-1,3-diethyl-2,4(1H,3H)-dioxo-	332		94
7-Amino-6-carboxy-1,3-dimethyl-2,4(1H,3H)-dioxo-	310–311	IR, NMR	98
7-Amino-6-cyano-1,3-di(methoxymethyl)-2,4(1H,3H)-dioxo-	274–275	IR, NMR, UV	111
7-Amino-6-cyano-1,3-di(methoxymethyl)-2,4(1H,3H)-dioxo-5-methyl-	228–229	IR, NMR, UV	111
6-Cyano-1,3-di(methoxymethyl)-5-methyl-2,4,7(1H,3H,8H)-trioxo-	>345	NMR, UV	111
7-Amino-6-cyano-1,3-dimethyl-5-(dimethylamino)-2,4(1H,3H)-dioxo-	232–234	IR	105
7-Amino-6-cyano-1,3-dimethyl-2,4(1H,3H)-dioxo-	354–356	IR, NMR	75, 96–98, 108, 110, 350
7-Amino-6-cyano-1,3-dimethyl-2,4(1H,3H)-dioxo-5-(4-methoxyphenyl)-	315–316	IR, NMR	74
7-Amino-6-cyano-1,3-dimethyl-2,4(1H,3H)-dioxo-5-(4-methylphenyl)-	308–310	IR, NMR	74
7-Amino-6-cyano-1,3-dimethyl-2,4(1H,3H)-dioxo-5-(methylthio)-	267	IR, NMR, UV	68
5-Amino-6-cyano-1,3-dimethyl-2,4(1H,3H)-dioxo-7-(methylthio)-	232	IR, NMR, UV	68
7-Amino-6-cyano-1,3-dimethyl-2,4(1H,3H)-dioxo-5-(4-nitrophenyl)-	305–307	IR, NMR	74
7-Amino-6-cyano-1,3-dimethyl-2,4(1H,3H)-dioxo- (8-oxide)		IR, NMR	103
7-Amino-6-cyano-1,3-dimethyl-2,4(1H,3H)-dioxo-5-phenyl-	308–312	IR, NMR	74

TABLE 8. (Continued)

Substituents	mp	Other Data	References
7-Amino-6-cyano-2,4(1H,3H)-dioxo-5-(4-methoxyphenyl)-3-methyl-	319–320	IR, NMR	74
7-Amino-6-cyano-2,4(1H,3H)-dioxo-3-methyl-5-(4-nitrophenyl)-	319–320	IR, NMR	74
7-Amino-6-cyano-2,4(1H,3H)-dioxo-3-methyl-5-phenyl-	320–321	IR, NMR	74
5-Amino-6-cyano-2,4(1H,3H)-dioxo-7-(methylthio)-1-phenyl-	335	IR, NMR, UV	68
7-Amino-1,3-diethyl-2,4(1H,3H)-dioxo-	201		94
7-Amino-1,3-diethyl-2,4(1H,3H)-dioxo-6-(ethoxycarbonyl)-	207		94
7-Amino-1,3-diethyl-2,4(1H,3H)-dioxo-6-nitro-	224		94
5-Amino-1,3-dimethyl-2,4(1H,3H)-dioxo-	223	IR, NMR, UV	68
7-Amino-1,3-dimethyl-2,4(1H,3H)-dioxo-6-(ethoxycarbonyl)-	220	NMR	96–98, 108, 110
7-Amino-1,3-dimethyl-2,4(1H,3H)-dioxo-6-(ethoxycarbonyl)- (8-oxide)		IR, NMR	103
5-Amino-1,3-dimethyl-2,4(1H,3H)-dioxo-6-(methoxycarbonyl)-7-(methylthio)-	232	IR, NMR, UV	68
5-Amino-1,3-dimethyl-2,4(1H,3H)-dioxo-7-(methylthio)-	268	IR, NMR, UV	68
5-Amino-1,3-dimethyl-2,4(1H,3H)-dioxo-7-(methylthio)-6-(phenylsulfonyl)-	231	IR, NMR, UV	68
6-Amino-1,3-dimethyl-2,4(1H,3H)-dioxo-7-phenyl-	236–237	IR	122
7-Amino-2,4(1H,3H)-dioxo-6-(ethoxycarbonyl)-3-methyl-	214–215	IR, NMR	98
7-Amino-2,4(1H,3H)-dioxo-6-(ethoxycarbonyl)-1-methyl-	>300	IR, NMR	98
7-Amino-2,4(1H,3H)-dioxo-6-(ethoxycarbonyl)-3-methyl-1-phenyl-	>330	IR, NMR	98
5-Amino-2,4(1H,3H)-dioxo-6-(methoxycarbonyl)-7-(methylthio)-1-phenyl-	281	IR, NMR, UV	68
7-Azido-1,3-dimethyl-2,4(1H,3H)-dioxo-	128–129	IR, NMR	197
5-Benzoyl-1,3-dimethyl-2,4(1H,3H)-dioxo-7-phenyl-	288–290	IR, NMR	61, 63
6-Benzoyl-1,3-dimethyl-2,4,7(1H,3H,8H)-trioxo-	215–216.5	IR, NMR	197
7-(Benzoyloxy)-1,3-dimethyl-2,4(1H,3H)-dioxo-	222–223	IR, NMR	197
3-Benzyl-1-(2,4-dimethylphenyl)-2,4(1H,3H)-dioxo-	182	IR, NMR	169
3-Benzyl-2,4(1H,3H)-dioxo-1-propyl-	97	IR, NMR	169
7-(4-Bromophenyl)-1,3-dimethyl-2,4(1H,3H)-dioxo-	218	IR, NMR	69
5-(4-Bromophenyl)-1,3-dimethyl-2,4(1H,3H)-dioxo-	206	IR, NMR	69
7-(4-Bromophenyl)-1,3-dimethyl-2,4(1H,3H)-dioxo-5-(methylthio)-	282	IR, NMR, UV	68
3-(4-Bromophenyl)-2,4(1H,3H)-dioxo-			332
7-(4-Bromophenyl)-2,4(1H,3H)-dioxo-5-phenyl-	243		148
3-(2-Butenyl)-1-(2,4-dimethylphenyl)-2,4(1H,3H)-dioxo-	116	IR, NMR	169

TABLE 8. (Continued)

Substituents	mp	Other Data	References
1-(2-Butenyl)-2,4(1H,3H)-dioxo-	191	IR, NMR	169
3-(2-Butenyl)-2,4(1H,3H)-dioxo-1-propyl-	52	IR, NMR	169
1-Butyl-6-cyano-2,4,7(1H,3H,8H)-trioxo-	221–223	NMR, UV	113
7-(t-Butyl)-1,3-dimethyl-2,4(1H,3H)-dioxo-	83–85	NMR	60
7-(t-Butyl)-1,3-dimethyl-2,4(1H,3H)-dioxo-5-methoxycarbonyl-	109.5–111	IR, NMR	62
7-(t-Butyl)-1,3-dimethyl-2,4(1H,3H)-dioxo-5-phenyl-	139–142	IR, NMR	64
1-Butyl-2,4(1H,3H)-dioxo-	92	IR, NMR	169
1-Butyl-2,4(1H,3H)-dioxo-7-methyl-6-(N-morpholinylcarbonyl)-3-phenyl-			336
1-Butyl-2,4(1H,3H)-dioxo-7-methyl-3-phenyl-6-(N-piperidinylcarbonyl)-			336
1-Butyl-2,4(1H,3H)-dioxo-7-methyl-3-phenyl-6-(N-pyrrolindinylcarbonyl)-			336
1-Butyl-2,4(1H,3H)-dioxo-7-methyl-3-phenyl-6-[N-(2-propenyl)carboxamido]-			336
1-Butyl-6-[N-(cyclohexyl)carboxamido]-2,4(1H,3H)-dioxo-7-methyl-3-phenyl-			336
7-(t-Butyl)amino-2,4(1H,3H)-dioxo-1,3,5-trimethyl-	354–356	NMR	60
7-(Butyloxy)-1,3-dimethyl-2,4(1H,3H)-dioxo-	91–92	IR, NMR	106, 197
7-[1-(3-Carbomethoxy-5-hydroxy-1H-pyrazolo)]-1,3-dimethyl-2,4(1H,3H)-dioxo-			371
7-[1-(3-Carbomethoxy-5-hydroxy-1H-pyrazolo)]-1,3-dimethyl-2,4(1H,3H)-dioxo- (DBU salt)			371
6-Carboxamido-3,7-dimethyl-2,4(1H,3H)-dioxo-1-(phenylmethyl)-			336
6-Carboxamido-1,3-dimethyl-2,4,7(1H,3H,8H)-trioxo-	242–243	NMR, UV	113
6-Carboxy-1,3-dimethyl-2,4(1H,3H)-dioxo-7-phenyl-	229–231	IR, NMR	58
5-Carboxy-1,3-dimethyl-2,4,7(1H,3H,8H)-trioxo-	320	NMR, UV	87
6-Carboxy-1,3-dimethyl-2,4,7(1H,3H,8H)-trioxo-	>320	NMR	87
7-Chloro-6-cyano-1,3-di(methoxymethyl)-2,4(1H,3H)-dioxo-	178–179	IR, NMR, UV	111
7-Chloro-6-cyano-1,3-di(methoxymethyl)-2,4(1H,3H)-dioxo-5-methyl-	128–129	NMR, UV	111
7-Chloro-1,3-dimethyl-2,4(1H,3H)-dioxo-5-(methoxycarbonyl)-		NMR	87
7-Chloro-2,4(1H,3H)-dioxo-5-methoxycarbonyl-	310–313	NMR, UV	91
6-(5-Chloro-2-hydroxybenzoyl)-2,4(1H,3H)-dioxo-	>300	IR, NMR	59
6-(4-Chloro-2-hydroxybenzoyl)-1,3-dimethyl-2,4(1H,3H)-dioxo-	246	IR, NMR	59
7-(4-Chlorophenyl)-1,3-dimethyl-2,4(1H,3H)-dioxo-	139–140		65
7-(4-Chlorophenyl)-1,3-dimethyl-2,4(1H,3H)-dioxo-5-(methylthio)-	283	IR, NMR, UV	68
3-(4-Chlorophenyl)-2,4(1H,3H)-dioxo-			332

TABLE 8. (Continued)

Substituents	mp	Other Data	References
5-(4-Chlorophenyl)-2,4(1H,3H)-dioxo-	>300		329, 346
7-(4-Chlorophenyl)-2,4(1H,3H)-dioxo-6-methyl-1-(2-propenyl)-	215–216		65
7-(4-Chlorophenyl)-2,4(1H,3H)-dioxo-1-(2-propenyl)-	215–216		65
6-Cyano-1,3-diethyl-2,4,7(1H,3H,8H)-trioxo-	294–295	NMR, UV	113
6-Cyano-1,3-di(methoxymethyl)-2,4(1H,3H)-dioxo-	185–186	IR, NMR, UV	111
6-Cyano-1,3-di(methoxymethyl)-2,4(1H,3H)-dioxo-5-methyl-	144–145	NMR, UV	111
6-Cyano-1,3-di(methoxymethyl)-2,4,7(1H,3H,8H)-trioxo-	>350	IR, NMR, UV	111
6-Cyano-1,3-dimethyl-2,4(1H,3H)-dioxo-7-phenyl-	232–233	IR, NMR	197
6-Cyano-1,3-dimethyl-2,4,7(1H,3H,8H)-trioxo-	>300	NMR, UV	96, 113
6-Cyano-2,4(1H,3H)-dioxo-7-methyl-5-phenyl-	316–319	IR, UV	67
6-Cyano-1,3-dipropyl-2,4,7(1H,3H,8H)-trioxo-	264–265	NMR, UV	113
6-[N-(Cyclohexyl)carboxamido]-3,7-dimethyl-2,4(1H,3H)-dioxo-1-(phenylmethyl)-			336
6,7-Diamino-1,3-diethyl-2,4(1H,3H)-dioxo-	240		94
7-(2,4-Dichlorophenyl)-1,3-dimethyl-2,4(1H,3H)-dioxo-	223	NMR	97
7-{[Di-(ethoxycarbonyl)methyl]hydrazino}-1,3-dimethyl-2,4(1H,3H)-dioxo-	134–135	IR, NMR	197
1,3-Diethyl-2,4(1H,3H)-dioxo-	210–211	NMR	80, 311
1,3-Diethyl-2,4(1H,3H)-dioxo-5-methyl-	96–97	NMR	80, 311
1,3-Diethyl-2,4(1H,3H)-dioxo-6-methyl-	210–210.5	NMR	80, 311
1,3-Diethyl-2,4(1H,3H)-dioxo-7-methyl-	96–97	NMR	80, 311
6,7-Dimethyl-2,4(1H,3H)-dioxo-		NMR	353
5,6-Dimethyl-2,4(1H,3H)-dioxo-	>310	NMR, UV	339, 353
1,3-Dimethyl-2,4(1H,3H)-dioxo-	164–164.5	MS, NMR	80, 108, 234, 310, 311
1,3-Dimethyl-2,4(1H,3H)-dioxo-5,6-diphenyl-		UV	305, 306
1,3-Dimethyl-2,4(1H,3H)-dioxo-6,7-diphenyl-	204–205		65
1,3-Dimethyl-2,4(1H,3H)-dioxo-5,7-diphenyl-	243	IR, NMR	64, 309
1,7-Dimethyl-2,4(1H,3H)-dioxo-6-(ethoxycarbonyl)-	221–223	IR, NMR	98
1,3-Dimethyl-2,4(1H,3H)-dioxo-6-(ethoxycarbonyl)-7-hydroxy- (8-oxide)		IR, NMR	103
1,3-Dimethyl-2,4(1H,3H)-dioxo-6-(ethoxycarbonyl)-7-phenyl-	155–157	IR, NMR	58
1,3-Dimethyl-2,4(1H,3H)-dioxo-7-(2-ethoxycarbonyl)hydrazinyl-	221–222	IR, NMR	197
(E)-1,3-Dimethyl-2,4(1H,3H)-dioxo-7-(2-ethoxymethylene)hydrazinyl-	213–214	IR, NMR	197
(Z)-1,3-Dimethyl-2,4(1H,3H)-dioxo-7-(2-ethoxymethylene)hydrazinyl-	213–214	IR, NMR	197
1,3-Dimethyl-2,4(1H,3H)-dioxo-6-ethyl-			92
1,3-Dimethyl-2,4(1H,3H)-dioxo-7-ethyl-	83–84	NMR	108, 110

TABLE 8. (Continued)

Substituents	mp	Other Data	References
1,3-Dimethyl-2,4(1H,3H)-dioxo-6-ethyl-7-(methylthio)-			92
1,3-Dimethyl-2,4(1H,3H)-dioxo-6-ethyl-7-phenyl-	164–165		65
1,3-Dimethyl-2,4(1H,3H)-dioxo-6-ethyl-7-(p-tolyl)-			92
1,3-Dimethyl-2,4(1H,3H)-dioxo-7-(2-furanyl)-5-(methylthio)-	230	IR, NMR, UV	68
1,3-Dimethyl-2,4(1H,3H)-dioxo-7-hydrazino-(2-oxobutanedioic acid dimethyl ester hydrazone)			371
1,3-Dimethyl-2,4(1H,3H)-dioxo-7-hydrazinyl-	273–274	IR, NMR	197, 371
1,3-Dimethyl-2,4(1H,3H)-dioxo-6-hydroxy-	265	NMR, UV	201
1,3-Dimethyl-2,4(1H,3H)-dioxo-5-hydroxy-6-(methoxycarbonyl)-7-(methylthio)-	222	IR, NMR, UV	68
1,3-Dimethyl-2,4(1H,3H)-dioxo-5-hydroxy-7-(methylthio)-	162	IR, NMR, UV	68
1,3-Dimethyl-2,4(1H,3H)-dioxo-6-hydroxy-7-phenyl-	311–312	IR, UV	122
1,3-Dimethyl-2,4(1H,3H)-dioxo-6-(2-hydroxybenzoyl)-	>300	IR, NMR	59
5,6-Dimethyl-2,4(1H,3H)-dioxo-8-(2-hydroxyethyl)-5,6,7,8-tetrahydro-	317–319		208
1,3-Dimethyl-2,4-(1H,3H)-dioxo-7-(4-hydroxyphenyl)-	350	IR, NMR	69
1,3-Dimethyl-2,4(1H,3H)-dioxo-7-methoxy-5-(methoxycarbonyl)-	154–155	NMR, UV	87
1,3-Dimethyl-2,4(1H,3H)-dioxo-6-methoxy-7-phenyl-	190–194	IR, UV	122
1,3-Dimethyl-2,4(1H,3H)-dioxo-5-(methoxycarbonyl)-	153–155	NMR, UV	87
1,3-Dimethyl-2,4(1H,3H)-dioxo-7-(4-methoxyphenyl)-	164		65
1,3-Dimethyl-2,4(1H,3H)-dioxo-7-methylamino-6-(methylaminocarbonyl)-			357
1,3-Dimethyl-2,4(1H,3H)-dioxo-5-(4-methylphenyl)-	170	IR, NMR	69
1,3-Dimethyl-2,4(1H,3H)-dioxo-7-(4-methylphenyl)-	173–174	IR, NMR	65, 69
1,3-Dimethyl-2,4(1H,3H)-dioxo-7-(4-methylphenyl)-5-(methylthio)-	284	IR, NMR, UV	68
1,3-Dimethyl-2,4(1H,3H)-dioxo-5-(methylthio)-7-phenyl-	249	IR, NMR, UV	68
3,7-Dimethyl-2,4(1H,3H)-dioxo-6-(N-morpholinylcarbonyl)-1-(phenylmethyl)-			336
3,7-Dimethyl-2,4(1H,3H)-dioxo-1-(phenylmethyl)-6-(N-pyrrolidinylcarbonyl)-			336
1,3-Dimethyl-2,4(1H,3H)-dioxo-7-(2-naphthalenyl)-	210–211		65
1,3-Dimethyl-2,4(1H,3H)-dioxo-7-(4-nitrophenyl)-			69

TABLE 8. (Continued)

Substituents	mp	Other Data	References
1,3-Dimethyl-2,4(1H,3H)-dioxo-5-(4-nitrophenyl)-			69
1,3-Dimethyl-2,4(1H,3H)-dioxo- (8-oxide)	174–175	NMR, UV	201
1,3-Dimethyl-2,4(1H,3H)-dioxo-5-phenyl-	184–186	IR, NMR	64, 69
1,3-Dimethyl-2,4(1H,3H)-dioxo-6-phenyl-	157–159	IR, NMR	71
1,3-Dimethyl-2,4(1H,3H)-dioxo-7-phenyl-	186–187.5	IR, NMR	64, 65, 68, 69, 97, 350
1,3-Dimethyl-2,4(1H,3H)-dioxo-7-phenyl-6-(N-phenylmethyl)carboxamido-	190–192	IR, NMR	58
1,3-Dimethyl-2,4(1H,3H)-dioxo-7-(2-phenylethenyl)-	185–186		65
3,7-Dimethyl-2,4(1H,3H)-dioxo-1-(phenylmethyl)-6-(N-piperidinylcarbonyl)-			336
3,7-Dimethyl-2,4(1H,3H)-dioxo-1-(phenylmethyl)-6-[N-(phenylmethyl)carboxamido]-			336
3,7-Dimethyl-2,4(1H,3H)-dioxo-1-(phenylmethyl)-6-[N(2-propenyl)carboxamido]-			336
1,3-Dimethyl-2,4(1H,3H)-dioxo-7(8H)-thioxo-	191–193	NMR, UV	113
1,3-Dimethyl-6-(ethoxycarbonyl)-2,4,7(1H,3H,8H)-trioxo-		NMR	56, 87, 108
1,3-Dimethyl-5-(methoxycarbonyl)-2,4,7(1H,3H,8H)-trioxo-	239–240	NMR, UV	86, 87, 90
1,3-Dimethyl-6-nitro-2,4,7(1H,3H,8H)-trioxo-	239–240	NMR, UV	113
1,3-Dimethyl-2,4,7(1H,3H,8H)-trioxo-	288–289	NMR, UV	106, 113, 197, 325, 364, 365
1,3-Dimethyl-2,4,7(1H,3H,8H)-trioxo-6-{[(4-nitrophenyl)hydrazono]phenylmethyl}-	>300	IR, NMR	197
3-(2,4-Dimethylphenyl)-2,4(1H,3H)-dioxo-	275–276	IR, NMR	153
3-(3,5-Dimethylphenyl)-2,4(1H,3H)-dioxo-	>300	IR, NMR	153
1-(2,4-Dimethylphenyl)-2,4(1H,3H)-dioxo-	230	IR, NMR	169
1-(2,4-Dimethylphenyl)-2,4(1H,3H)-dioxo-3-ethyl-	160	IR, NMR	169
1-(3,4-Dimethylphenyl)-2,4(1H,3H)-dioxo-3-hydroxy-			369
2,4(1H,3H)-Dioxo-		MS	140, 146, 156, 198, 201, 238, 328
2,4(1H,3H)-Dioxo-3,7-dimethyl-6-(ethoxycarbonyl)-	219–220	IR, NMR	98
2,4(1H,3H)-Dioxo-3-[2,4(1H,3H)-dioxo-5-pyrimidinyl]methyl-6-methyl-	>300	NMR, UV	198
2,4(1H,3H)-Dioxo-6-(ethoxycarbonyl)-1,3,7-trimethyl-	123	NMR	96, 349
2,4(1H,3H)-Dioxo-3-ethyl-1-propyl-	70	IR, NMR	169
2,4(1H,3H)-Dioxo-3-ethyl-1-[3-(trifluoromethyl)phenyl]-			312
2,4(1H,3H)-Dioxo-1-[(4-fluorophenyl)methyl]-3-methyl-			150
2,4(1H,3H)-Dioxo-3-hydroxy-	338.5	IR, NMR	24, 138, 178, 202
2,4(1H,3H)-Dioxo-5-hydroxy-6-(methoxycarbonyl)-7-(methylthio)-1-phenyl-	312	IR, NMR, UV	68

TABLE 8. (Continued)

Substituents	mp	Other Data	References
2,4(1H,3H)-Dioxo-3-hydroxy-1-(3-methoxyphenyl)-			369
2,4(1H,3H)-Dioxo-3-hydroxy-1-phenyl-			369
2,4(1H,3H)-Dioxo-6-(2-hydroxybenzoyl)-	>300	IR, NMR	59
2,4(1H,3H)-Dioxo-8-(2-hydroxyethyl)-7-methyl-5,6,7,8-tetrahydro- (hydrochloride)	295–298	NMR, UV	208
2,4(1H,3H)-Dioxo-8-(2-hydroxyethyl)-5-methyl-5,6,7,8-tetrahydro- (hydrochloride)	314–316	NMR, UV	208
2,4(1H,3H)-Dioxo-8-(2-hydroxyethyl)-6-methyl-5,6,7,8-tetrahydro- (hydrochloride)	311–314	NMR, UV	208
2,4(1H,3H)-Dioxo-6-(hydroxymethyl)-	>300	NMR, UV	111
2,4(1H,3H)-Dioxo-6-hydroxymethyl-5-methyl-	>300	NMR, UV	111
2,4(1H,3H)-Dioxo-5-methoxycarbonyl-	265	NMR, UV	91
2,4(1H,3H)-Dioxo-6-(methoxycarbonyl)-1,3,7-trimethyl-			350
2,4(1H,3H)-Dioxo-7-(4-methoxyphenyl)-	340	NMR	65
2,4(1H,3H)-Dioxo-3-(4-methoxyphenyl)-	>300	IR, NMR	153, 332
2,4(1H,3H)-Dioxo-5-(4-methoxyphenyl)1-	330–333	NMR	328
2,4(1H,3H)-Dioxo-7-(4-methoxyphenyl)-1-(2-propenyl)-	216–217		65
2,4(1H,3H)-Dioxo-6-methyl-		NMR	198, 209
2,4(1H,3H)-Dioxo-5-methyl-	>300	NMR, UV	328, 329
2,4(1H,3H)-Dioxo-3-methyl-	274–275	NMR, UV	21, 156, 157
2,4(1H,3H)-Dioxo-1-methyl-7-amino-6-carboxy-	>330	IR, NMR	98
2,4(1H,3H)-Dioxo-6-methyl-7-phenyl-1-(2-propenyl)-	185–186		65
2,4(1H,3H)-Dioxo-3-(4-methylphenyl)-	>300	IR, NMR	153, 332
2,4(1H,3H)-Dioxo-5-(4-methylphenyl)-	>320	NMR	328
2,4(1H,3H)-Dioxo-6-pentyl-	278	NMR	86
2,4(1H,3H)-Dioxo-3-phenyl-	>300	IR, NMR	91, 153, 332
2,4(1H,3H)-Dioxo-7-phenyl-	340–344		65, 327
2,4(1H,3H)-Dioxo-5-phenyl-	317–319	NMR	328
2,4(1H,3H)-Dioxo-7-phenyl-1-(2-propenyl)-	235–236		65
2,4(1H,3H)-Dioxo-7-phenyl-1,3,5-trimethyl-	193	NMR	309
2,4(1H,3H)-Dioxo-7-phenyl-1,3,6-trimethyl-	162–163		65
2,4(1H,3H)-Dioxo-5-phenyl-1,3,7-trimethyl-	187–189	IR, NMR	64
2,4(1H,3H)-Dioxo-3-[(phenylsulfonyl)oxy]-	254–256	IR, NMR	24, 138, 178, 202
2,4(1H,3H)-Dioxo-1-propyl-	192	IR, NMR	169
2,4(1H,3H)-Dioxo-3-propyl-			332
2,4(1H,3H)-Dioxo-3-(3-pyridinyl)-			314
2,4(1H,3H)-Dioxo-1-β-D-ribofuranosyl-	235	NMR, UV	156
2,4(1H,3H)-Dioxo-5,6,7,8-tetrahydro-			356
2,4(1H,3H)-Dioxo-1,3,6,7-tetramethyl-	147–148	NMR	108, 110
2,4(1H,3H)-Dioxo-1,3,5,7-tetramethyl-	178–180	IR, NMR	64
2,4(1H,3H)-Dioxo-1-(2,3,5-tri-O-benzoyl-β-D-ribofuranosyl-	114		156
2,4(1H,3H)-Dioxo-1,3,6-trimethyl-	159	NMR	80, 311
2,4(1H,3H)-Dioxo-3,5,7-trimethyl-	242–244	IR, NMR, UV	85
2,4(1H,3H)-Dioxo-1,3,7-trimethyl-	155–156	IR, NMR	64, 80, 108, 110, 311

TABLE 8. (Continued)

Substituents	mp	Other Data	References
2,4(1H,3H)-Dioxo-1,3,5-trimethyl-	158–159	IR, NMR	64, 80, 311
5,7-Diphenyl-2,4(1H,3H)-dioxo-	244		148
5-(Methoxycarbonyl)-1-methyl-2,4,7(1H,3H,8H)-trioxo-	289	NMR, UV	87
5-(Methoxycarbonyl)-3-methyl-2,4,7(1H,3H,8H)-trioxo-	317–319	NMR, UV	87
5-(Methoxycarbonyl)-2,4,7(1H,3H,8H)-trioxo-	320	NMR, UV	87, 88, 91

TABLE 9. DERIVATIVES OF 2-HYDROXYPYRIDO[2,3-d]PYRIMIDINES

Substituents	mp	Other Data	References
4-Amino-5-(2-chlorophenyl)-2(1H)-oxo-7-phenyl-			324
4-Amino-5-(4-chlorophenyl)-2(1H)-oxo-7-phenyl-			324
4-Amino-2,7-diethoxy-5-phenyl-6-(thiocyanato)-	>300	IR, NMR	151
4-Amino-2,7(1H,8H)-dioxo-5-phenyl-6-(thiocyanato)-	110	IR, NMR	151
4-Amino-5,7-diphenyl-2(1H)-oxo-	232		148, 324
4-Amino-7-ethoxy-2(1H)-oxo-5-phenyl-6-(thiocyanato)-	65	IR, NMR	151
4-Amino-2-ethoxy-7(8H)-oxo-5-phenyl-6-(thiocyanato)-	>300	IR, NMR	151
4-Amino-5-(4-methoxyphenyl)-2(1H)-oxo-7-phenyl-			324
4-Amino-5-(naphthalenyl)-2(1H)-oxo-7-phenyl-			324
7-(4-Chlorophenyl)-4-methyl-2(1H)-oxo-5-phenyl-	>300		135
1-Cyclopropyl-3,4-dihydro-2(1H)-oxo-4-phenyl-	179–181		165
3,4-Dihydro-1,3-dimethyl-4-(2-hydroxyphenyl)-2(1H)-oxo-	219–221	IR, NMR, UV	139
3,4-Dihydro-4,6-diphenyl-1-(1-methylethyl)-2(1H)-oxo-	151–161		165
3,4-Dihydro-4-(2-hydroxyphenyl)-2(1H)-oxo-1,3,4-trimethyl-	250–252	IR, NMR, UV	139
3,4-Dihydro-1-(1-methylethyl)-2(1H)-oxo-4-phenyl-	149–153		165
5,7-Diphenyl-2(1H)-oxo-	269–271	NMR	154
7-Methyl-2(1H)-oxo-4-phenyl-	232–234	NMR	154
8-Methyl-2(1H)-oxo-5,6,7,8-tetrahydro-	264–265		173
2(1H)-Oxo-4-phenyl-			154, 165
2(1H)-Oxo-5,6,7,8-tetrahydro-			358

TABLE 10. DERIVATIVES OF 4-HYDROXYPYRIDO[2,3-d]PYRIMIDINES

Substituents	mp	Other Data	References
7-Amino-6-(2,6-dichlorophenyl)-4-ethoxy-2-methyl-	237–238		99
2-(4-Aminophenyl)-1,2-dihydro-4(3H)-oxo-	249–250		164
2-(3-Aminosulfonyl-4-chlorophenyl)-4(3H)-oxo-			299, 302
2-(5-Bromo-2-furanyl)-1,2-dihydro-4(3H)-oxo-	242–243		164

TABLE 10. (Continued)

Substituents	mp	Other Data	References
6-Carboxy-5-hydroxy-2-[2-(5-nitro-2-furanyl)ethenyl]-4(3H)-oxo-	>320		348
2-(4-Chlorophenyl)-4(3H)-oxo-			299, 302
2-(3-Chlorophenyl)-4(3H)-oxo-			299, 302
2-[2-(4-Chlorophenyl)ethenyl]-4-ethoxy-6-(ethoxycarbonyl)-5-hydroxy-	255		348
2-[2-(4-Chlorophenyl)ethenyl]-4(3H)-oxo-			341
1,2-Dihydro-5,7-dimethyl-4(3H)-oxo-1-phenyl-	219		163
5,6-Dihydro-4,7(3H,8H)-dioxo-2-phenyl-	>400	NMR, UV	116
1,2-Dihydro-2-(2-furanyl)-3-methyl-4(3H)-oxo-	178–179		164
1,2-Dihydro-2-(2-furanyl)-4(3H)-oxo-	241–243	NMR	164
1,2-Dihydro-3-methyl-4(3H)-oxo-2-(3-pyridinyl)-	157–158		164
1,2-Dihydro-2-[4-(1-methylethyl)phenyl]-4(3H)-oxo-	256–257		164
1,2-Dihydro-2-(1-methyl-1H-pyrrol-2-yl)-4(3H)-oxo-	228–229		164
1,2-Dihydro-2-(4-nitrophenyl)-4(3H)-oxo-	295–296		164
1,2-Dihydro-4(3H)-oxo-2-phenyl-	263–265		164
1,2-Dihydro-4(3H)-oxo-2-(3-pyridinyl)-	251–252		164
1,2-Dihydro-4(3H)-oxo-2-[4-(trifluoromethyl)phenyl]-	308–310		164
5,7-Diphenyl-2-methyl-2,4(1H,3H)-dioxo-	318–320		148
2-Ethenyl-4(3H)-oxo-			341
4-Ethoxy-6-(ethoxycarbonyl)-5-hydroxy-2-[2-(5-nitro-2-furanyl)ethenyl]-	254–256		348
4-Ethoxy-6-(ethoxycarbonyl)-5-hydroxy-2-[2-(4-nitrophenyl)ethenyl]-	265		348
4-Ethoxy-2-phenyl-			340
6-(Ethoxycarbonyl)-5-hydroxy-4-methoxy-2-[2-(5-nitro-2-furanyl)ethenyl]-	282–286		348
6-(Ethoxycarbonyl)-5-hydroxy-2-[2-(5-nitro-2-furanyl)ethenyl]-4(3H)-oxo-	>320		348
6-(Ethoxycarbonyl)-5-hydroxy-2-[2-(5-nitro-2-furanyl)ethenyl]-4-phenoxy-	274–278		348
6-(Ethoxycarbonyl)-5-methyl-4(3H)-oxo-7-(trichloromethyl)-	>360	NMR	160
2-(Ethoxylcarbonyl)-4(3H)-oxo-			313
2-(2-Furanyl)-4(3H)-oxo-	234–235		164
3-Hydroxy-4(3H)-oxo-2-phenyl-	213–215	NMR	158
7-(1H-Indol-3-yl)-4(3H)-oxo-	350–351	IR, NMR	147
4-Methoxy-	119–120	IR, MS, NMR, UV	203, 278
4-Methoxy-2-phenyl-			340
4-Methoxy-2-(3-pyridinyl)-			340
2-(4-Methoxyphenyl)-4(3H)-oxo-			299, 302
2-(3-Methoxyphenyl)-4(3H)-oxo-			299, 302
2-Methyl-4(3H)-oxo-	261		341, 342
1-Methyl-4(3H)-oxo-5,6,7,8-tetrahydro-			356
2-(3-Nitrophenyl)-4(3H)-oxo-			299, 302
4(3H)-Oxo-	262–263	NMR	14, 156, 161, 194, 198, 273, 277, 278

TABLE 10. (Continued)

Substituents	mp	Other Data	References
4(3D)-Oxo-		MS	234
4(3H)-Oxo-6-methyl-	>270	NMR, UV	198
4(3H)-Oxo-2-phenyl-	287–289	NMR	158, 245, 299, 300, 302
4(3H)-Oxo-2-phenyl-5,6,7,8-tetrahydro-	262–263	UV	155
4(3H)-Oxo-2-(2-phenylethenyl)-			341
4(3H)-Oxo-2-(phenylmethyl)-5,6,7,8-tetrahydro-	288–289	UV	155
4(3H)-Oxo-5-[(phenylmethyl)amino]-	264–266	NMR	162
4(3H)-Oxo-2-(3-pyridinyl)-	238–239		164, 299–302
4(3H)-Oxo-2-(4-pyridinyl)-			299, 302
4(3H)-Oxo-2-(2-pyridinyl)-			299, 302
4(3H)-Oxo-2-(3-sulfonamidophenyl)-			299, 302
4(3H)-Oxo-5,6,7,8-tetrahydro-	243–245 264–266	UV	155, 319
4(3H)-Oxo-2-[2-(3,4,5-trimethoxyphenyl)ethenyl]-			341

TABLE 11. DERIVATIVES OF 4-AMINO-2-MERCAPTOPYRIDO[2,3-d]PYRIMIDINES

Substituents	mp	Other Data	References
4-[(4-Acetylphenyl)amino]-2-(methylthio)-	233–237	UV	352
4-[(3-Acetylphenyl)amino]-2-(methylthio)-	220–223	UV	352
4-Amino-3-(4-bromophenyl)-7-(4-methoxyphenyl)-5-phenyl-2(3H)-thioxo-	297	IR	142
4-Amino-3-(4-bromophenyl)-7-(4-methylphenyl)-5-phenyl-2(3H)-thioxo-	300	IR	142
4-Amino-5-carboxamido-2-(methylthio)-7(1H)-oxo-			91
4-Amino-5-carboxamido-2-(methylthio)-7-(phenylmethoxy)-	264–266	NMR, UV	91
4-Amino-5-carboxy-2-(methylthio)-5(8H)-oxo-	>300	NMR, UV	57
4-Amino-6-(carboxyethyl)-2-(methylthio)-5(8H)-oxo-			57
4-Amino-5-(carboxyethyl)-2-(methylthio)-7(8H)-oxo-	>300	NMR, UV	57
4-Amino-3-(4-chlorophenyl)-7-(4-methoxyphenyl)-5-phenyl-2(3H)-thioxo-	287	IR	142
4-Amino-3-(4-chlorophenyl)-7-(4-methylphenyl)-5-phenyl-2(3H)-thioxo-	318	IR	142
4-Amino-5-(2-chlorophenyl)-7-phenyl-2(1H)-thioxo-			324
4-Amino-5-(4-chlorophenyl)-7-phenyl-2(1H)-thioxo-			324
4-Amino-3,7-di(4-methylphenyl)-5-phenyl-2(3H)-thioxo-	285	IR	142
4-Amino-3,5-diphenyl-7-(4-methoxyphenyl)-2(3H)-thioxo-	293	IR	142
4-Amino-3,5-diphenyl-7-(4-methylphenyl)-2(3H)-thioxo-	276	IR	142
4-Amino-5,7-diphenyl-2(1H)-thioxo-			324
4-Amino-7-(4-methoxyphenyl)-3-(2-methylphenyl)-5-phenyl-2(3H)-thioxo-	278	IR	142
4-Amino-7-(4-methoxyphenyl)-3-(3-methylphenyl)-5-phenyl-2(3H)-thioxo-	274	IR	142
4-Amino-7-(4-methoxyphenyl)-3-(4-methylphenyl)-5-phenyl-2(3H)-thioxo-	290	IR	142

TABLE 11. (Continued)

Substituents	mp	Other Data	References
4-Amino-5-(4-methoxyphenyl)-7-phenyl-2(1H)-thioxo-			324
4-Amino-3-(3-methylphenyl)-7-(4-methylphenyl)-5-phenyl-2(3H)-thioxo-	283	IR	142
4-Amino-3-(2-methylphenyl)-7-(4-methylphenyl)-5-phenyl-2(3H)-thioxo-	286	IR	142
4-Amino-2-(methylthio)-7(8H)-oxo-	333	NMR, UV	57
4-Amino-2-(methylthio)-5(8H)-oxo-	>360	NMR, UV	57
4-Amino-5-(naphthalenyl)-7-phenyl-2(1H)-thioxo-			324
4-[(4-Bromophenyl)amino]-2-(methylthio)-	273–275	UV	352
4-[(3-Bromophenyl)amino]-2-(methylthio)-	223–225	UV	352
4-(Butylamino)-2-(methylthio)-			351, 352
4-[(3-Carboxyphenyl)amino]-2-(methylthio)-	292	UV	352
4-[(4-Carboxyphenyl)amino]-2-(methylthio)-	>300	UV	352
4-[(4-Chlorophenyl)amino]-2-(methylthio)-	267–269	UV	352
4-[(2-Chlorophenyl)amino]-2-(methylthio)-	125–128	UV	352
4-[(4-Cyanophenyl)amino]-2-(methylthio)-	242–244	UV	352
4-[(3-Cyanophenyl)amino]-2-(methylthio)-	227–228	UV	352
4-(Cyclobutylamino)-2-(methylthio)-			352
4-(Cyclohexylamino)-2-(methylthio)-			352
6-(N-Cyclohexylcarboxamido)-4,7-diamino-2-(methylthio)-	>360		102
4-(Cyclopentylamino)-2-(methylthio)-			352
4,7-Diamino-6-[N-(2-dimethylamino)ethyl]carboxamido)-2-(methylthio)-	297–300		102
4-[(3,5-Dichlorophenyl)amino]-2-(methylthio)-	224–228	UV	352
4-[(2,4-Dichlorophenyl)amino]-2-(methylthio)-	233–235	UV	352
3,4-Dihydro-4-imino-1,3-dimethyl-2(1H)-thioxo-	192–195	IR, NMR	307
4-(Dimethylamino)-7-methyl-5,6,7,8-tetrahydro-2(1H)-thioxo-	205–206	NMR	149
4-[(3,5-Dimethylphenyl)amino]-2-(methylthio)-	229–232	UV	352
4-[(2,5-Dimethylphenyl)amino]-2-(methylthio)-	173–176	UV	352
4-[(3,4-Dimethylphenyl)amino]-2-(methylthio)-	234–235	UV	352
4-[(2-Ethoxyethyl)amino]-2-(methylthio)-	135–138	UV	352
4-[(4-Ethoxyphenyl)amino]-2-(methylthio)-	212–215	UV	352
4-[(2-Ethylhexyl)amino]-2-(methylthio)-			352
4-[(2-Ethylhexyl)amino]-2-(methylthio)- (2,4,6-trinitrophenolate)			321
4-[(4-Ethylphenyl)amino]-2-(methylthio)-	219–244	UV	352
4-[(3-Ethylphenyl)amino]-2-(methylthio)-	211–213	UV	352
4-[(1-Ethylpropyl)amino]-2-(methylthio)-	189–191	UV	352
4-[(4-Fluorophenyl)amino]-2-(methylthio)-	215–218	UV	352
4-[(3-Fluorophenyl)amino]-2-(methylthio)-	243–245	UV	352
4-(Heptylamino)-2-(methylthio)-	155–158	UV	352
4-(Hexylamino)-2-(methylthio)-	146–148	UV	352
4-[(3-Hydroxyphenyl)amino]-2-(methylthio)-	234	UV	352
4-[(3-Iodophenyl)amino]-2-(methylthio)-	262–263	UV	352
4-[(4-Iodophenyl)amino]-2-(methylthio)-	280–282	UV	352
4-[(2-Methoxyethyl)amino]-2-(methylthio)-	135–138	UV	352
4-[(4-Methoxyphenyl)amino]-2-(methylthio)-	221–224	UV	352
4-(Methylamino)-2-(methylthio)-	230	UV	352

TABLE 11. (Continued)

Substituents	mp	Other Data	References
4-[(3-Methylphenyl)amino]-2-(methylthio)-	220	UV	352
4-[(2-Methylphenyl)amino]-2-(methylthio)-(2,4,6-trinitrophenolate)	178–180	UV	352
4-[(2-Methylpropyl)amino]-2-(methylthio)-			352
4-[(1-Methylpropyl)amino]-2-(methylthio)-			352
2-(Methylthio)-4-(octylamino)-	92–93	UV	352
2-(Methylthio)-4-(pentylamino)-			352
2-(Methylthio)-4-(phenylamino)-			352
2-(Methylthio)-4-(phenylamino)-(2,4,6-trinitrophenolate)			352
2-(Methylthio)-4-[(phenylmethyl)amino]-			352
2-(Methylthio)-4-[(phenylmethyl)amino]-(2,4,6-trinitrophenolate)			321
2-(Methylthio)-4-[(2-propenyl)amino]-	193–194	UV	352
2-(Methylthio)-4-(propylamino)-	178–179	UV	352
2-(Methylthio)-4-[(3-nitrophenyl)amino]-	259–260	UV	352
2-(Methylthio)-4-[(4-nitrophenyl)amino]-	223–224	UV	352

TABLE 12. DERIVATIVES OF 4-HYDROXY-2-MERCAPTOPYRIDO[2,3-d]PYRIMIDINES

Substituents	mp	Other Data	References
6-Acetyl-5-(1,3-benzodioxol-5-yl)-5,6-dihydro-4,7(3H,8H)-dioxo-2(1H)-thioxo-			317
6-Acetyl-5,6-dihydro-4,7(3H,8H)-dioxo-5-(4-nitrophenyl)-2(1H)-thioxo-			317
6-Acetyl-5,6-dihydro-4,7(3H,8H)-dioxo-5-phenyl-2(1H)-thioxo-			317
7-Amino-5-(1,3-benzodioxol-5-yl)-6-carboxamido-5,6-dihydro-4(3H)-oxo-2(1H)-thioxo-			317
7-Amino-5-(1,3-benzodioxol-5-yl)-6-cyano-5,6-dihydro-4(3H)-oxo-2(1H)-thioxo-			317
7-Amino-6-carboxamido-5,6-dihydro-5-(4-nitrophenyl)-4(3H)-oxo-2(1H)-thioxo-			317
7-Amino-6-carboxamido-5,6-dihydro-4(3H)-oxo-5-phenyl-2(1H)-thioxo-			317
7-Amino-6-cyano-5,6-dihydro-5-(4-nitrophenyl)-4(3H)-oxo-2(1H)-thioxo-			317
7-Amino-6-cyano-5,6-dihydro-4(3H)-oxo-5-phenyl-2(1H)-thioxo-			317
5-Amino-6-cyano-2,7(1H,8H)-dithioxo-4(3H)-oxo-	210–212	IR, NMR	172
3-Benzoyl-4(3H)-oxo-2(1H)-thioxo-	196–197		18, 143
3-Benzyl-6-bromo-5,7-dimethyl-4(3H)-oxo-2(1H)-thioxo-			285, 316
1-Benzyl-6-carboxy-3,7-dimethyl-4(3H)-oxo-2(1H)-thioxo-			297, 336
1-Benzyl-3,7-dimethyl-6-(ethoxycarbonyl)-4(3H)-oxo-2(1H)-thioxo-			297

TABLE 12. (Continued)

Substituents	mp	Other Data	References
3-Benzyl-5,7-dimethyl-4(3H)-oxo-2(1H)-thioxo-	216–217		144
3-Benzyl-4(3H)-oxo-7-phenyl-2(1H)-thioxo-	>300		144
1-Benzyl-4(3H)-oxo-2(1H)-thioxo-	214	IR, NMR, UV	136
6-Bromo-3-butyl-5,7-dimethyl-4(3H)-oxo-2(1H)-thioxo-			285
6-Bromo-3-(3-chlorophenyl)-5,7-dimethyl-4(3H)-oxo-2(1H)-thioxo-			285, 316
6-Bromo-3-cyclohexyl-5,7-dimethyl-4(3H)-oxo-2(1H)-thioxo-			285
6-Bromo-5,7-dimethyl-3-(4-methoxyphenyl)-4(3H)-oxo-2(1H)-thioxo-			285, 316
6-Bromo-5,7-dimethyl-(2-methylphenyl)-4(3H)-oxo-2(1H)-thioxo-			285, 316
6-Bromo-5,7-dimethyl-(3-methylphenyl)-4(3H)-oxo-2(1H)-thioxo-			285
6-Bromo-5,7-dimethyl-(4-methylphenyl)-4(3H)-oxo-2(1H)-thioxo-			285, 316
6-Bromo-5,7-dimethyl-4(3H)-oxo-3-phenyl-2(1H)-thioxo-			285, 316
1-(4-Bromophenyl)-4(3H)-oxo-2(1H)-thioxo-	270	IR, NMR, UV	136
3-Butyl-6-carboxy-1,7-dimethyl-4(3H)-oxo-2(1H)-thioxo-			298
1-Butyl-6-carboxy-7-methyl-4(3H)-oxo-3-phenyl-2(1H)-thioxo-			297, 336
1-Butyl-5-carboxy-7-methyl-4(3H)-oxo-3-phenyl-2(1H)-thioxo-			296
1-Butyl-6-chlorocarbonyl-7-methyl-4(3H)-oxo-3-phenyl-2(1H)-thioxo-			336
3-Butyl-1,7-dimethyl-6-(ethoxycarbonyl)-4(3H)-oxo-2(1H)-thioxo-			298
3-Butyl-5,7-dimethyl-4(3H)-oxo-2(1H)-thioxo-	>300		144
1-Butyl-6-(ethoxycarbonyl)-7-methyl-4(3H)-oxo-3-phenyl-2(1H)-thioxo-			297
1-Butyl-5-(methoxycarbonyl)-7-methyl-4(3H)-oxo-3-phenyl-2(1H)-thioxo-			296
3-Butyl-4(3H)-oxo-7-phenyl-2(1H)-thioxo-	160–162		144
6-Butyl-4(3H)-oxo-2(1H)-thioxo-	274	NMR	86
6-Carboethoxy-1-[2-(diethylamino)ethyl]-3,7-dimethyl-4(3H)-oxo-2(1H)-thioxo-			347
6-Carboethoxy-1-[2-(diethylamino)ethyl]-3,7-dimethyl-4(3H)-oxo-2(1H)-thioxo- (hydrochloride)			347
6-Carboethoxy-1-[2-(diethylamino)ethyl]-7-methyl-4(3H)-oxo-3-phenyl-2(1H)-thioxo-			347
6-Carboethoxy-1-[2-(diethylamino)ethyl]-7-methyl-4(3H)-oxo-3-phenyl-2(1H)-thioxo-(hydrochloride)			347
6-Carboxamido-3,7-dimethyl-4(3H)-oxo-1-(phenylmethyl)-2(1H)-thioxo-			336
6-Carboxy-1,3-diethyl-7-methyl-4(3H)-oxo-2(1H)-thioxo-			298

TABLE 12. (Continued)

Substituents	mp	Other Data	References
6-Carboxy-1-[2-(diethylamino)ethyl]-3,7-dimethyl-4(3H)-oxo-2(1H)-thioxo-(hydrochloride)			347
6-Carboxy-1-[2-(diethylamino)ethyl]-7-methyl-4(3H)-oxo-3-phenyl-2(1H)-thioxo-(hydrochloride)			347
5-Carboxy-4,7(3H,8H)-dioxo-2-(methylthio)-	>320	NMR, UV	91
6-Carboxy-7-methyl-4(3H)-oxo-1-phenyl-2(1H)-thioxo-			297
5-Carboxy-7-methyl-4(3H)-oxo-1-phenyl-2(1H)-thioxo-			296
6-Carboxy-4(3H)-oxo-2(1H)-thioxo-1,3,7-trimethyl-			298
6-Chlorocarbonyl-3,7-dimethyl-4(3H)-oxo-1-(phenylmethyl)-2(1H)-thioxo-			336
3-(3-Chlorophenyl)-5,7-dimethyl-4(3H)-oxo-2(1H)-thioxo-	251–253		144, 316
1-(4-Chlorophenyl)-6-(ethoxycarbonyl)-7-methyl-4(3H)-oxo-2(1H)-thioxo-			297
5-(4-Chlorophenyl)-4(3H)-oxo-2(1H)-thioxo-1,3,7-triphenyl-	150		95
3-Cyclohexyl-5,7-dimethyl-4(3H)-oxo-2(1H)-thioxo-	>300		144
3-(Cyclohexyl)-4(3H)-oxo-7-phenyl-2(1H)-thioxo-	239–241		144
1-Cyclohexyl-4(3H)-oxo-2(1H)-thioxo-	201	IR, NMR, UV	136
6-[N-(Cyclohexyl)carboxamido]-3,7-dimethyl-4(3H)-oxo-1-(phenylmethyl)-2(1H)-thioxo-			336
1,3-Diethyl-6-(ethoxycarbonyl)-7-methyl-4(3H)-oxo-2(1H)-thioxo-			298
1,7-Dimethyl-6-(ethoxycarbonyl)-4(3H)-oxo-3-(2-propenyl)-2(1H)-thioxo-			298
1,7-Dimethyl-6-(ethoxycarbonyl)-4(3H)-oxo-2(1H)-thioxo-			298
3,7-Dimethyl-5-(methoxycarbonyl)-4(3H)-oxo-1-phenyl-2(1H)-thioxo-			296
1,7-Dimethyl-5-(methoxycarbonyl)-4(3H)-oxo-3-phenyl-2(1H)-thioxo-			296
5,7-Dimethyl-3-(4-methoxyphenyl)-4(3H)-oxo-2(1H)-thioxo-	267		144
5,7-Dimethyl-3-(2-methylphenyl)-4(3H)-oxo-2(1H)-thioxo-	210–211		144, 316
5,7-Dimethyl-3-(3-methylphenyl)-4(3H)-oxo-2(1H)-thioxo-	204–205		144, 316
5,7-Dimethyl-3-(4-methylphenyl)-4(3H)-oxo-2(1H)-thioxo-	162–164		144, 316
3,7-Dimethyl-6-(N-morpholinylcarbonyl)-4(3H)-oxo-1-(phenylmethyl)-2(1H)-thioxo-			336
3,7-Dimethyl-4(3H)-oxo-1-(phenylmethyl)-6-(N-pyrrolidinylcarbonyl)-2(1H)-thioxo-			336

TABLE 12. (Continued)

Substituents	mp	Other Data	References
5,7-Dimethyl-4(3H)-oxo-3-phenyl-2(1H)-thioxo-	259–260		144, 316
3,7-Dimethyl-4(3H)-oxo-1-(phenylmethyl)-6-(N-piperidinylcarbonyl)-2(1H)-thioxo-			336
3,7-Dimethyl-4(3H)-oxo-1-(phenylmethyl)-6-[N-(phenylmethyl)carboxamido]-2(1H)-thioxo-			336
3,7-Dimethyl-4(3H)-oxo-1-(phenylmethyl)-6-[N-(2-propenyl)carboxamido]-2(1H)-thioxo-			336
3,7-Dimethyl-4(3H)-oxo-1-(phenylmethyl)-6-[N-(2-pyrimidinyl)carboxamido]-2(1H)-thioxo-			336
5,7-Dimethyl-4(3H)-oxo-2(1H)-thioxo-	260		329, 346
1-[4-(Dimethylamino)phenyl]-4(3H)-oxo-2(1H)-thioxo-	286	IR, NMR, UV	136
5-[4-(Dimethylamino)phenyl]-4(3H)-oxo-2(1H)-thioxo-1,3,7-triphenyl-	250		95
3-(2,4-Dimethylphenyl)-4(3H)-oxo-2(1H)-thioxo-	270–272	IR, NMR	153
3-(3,5-Dimethylphenyl)-4(3H)-oxo-2(1H)-thioxo-	>300	IR, NMR	153
4,7(3H,8H)-Dioxo-5-methoxycarbonyl-2-(methylthio)-	313	NMR, UV	91
3,7-Diphenyl-4(3H)-oxo-2(1H)-thioxo-	258–259		144
6-(Ethoxycarbonyl)-7-methyl-4(3H)-oxo-1-phenyl-2(1H)-thioxo-			297
6-(Ethoxycarbonyl)-7-methyl-4(3H)-oxo-1-(2-propenyl)-2(1H)-thioxo-			298
6-(Ethoxycarbonyl)-4(3H)-oxo-2(1H)-thioxo-1,3,7-trimethyl-			298
8-Ethyl-4(3H)-oxo-5,6,7,8-tetrahydro-2(1H)-thioxo-			354
1-Ethyl-4(3H)-oxo-2(1H)-thioxo-	209	IR, NMR, UV	136
6-(2-Hydroxybenzoyl)-4(3H)-oxo-2(1H)-thioxo-	>300	IR, NMR	59
4-Methoxy-6-methyl-2-(methylthio)-		NMR, UV	198
5-(Methoxycarbonyl)-7-methyl-4(3H)-oxo-1-phenyl-2(1H)-thioxo-			296
3-(4-Methoxyphenyl)-4(3H)-oxo-2(1H)-thioxo-	>300	IR, NMR	153
1-(4-Methoxyphenyl)-4(3H)-oxo-2(1H)-thioxo-	246	IR, NMR, UV	136
5-(4-Methoxyphenyl)-4(3H)-oxo-2(1H)-thioxo-1,3,7-triphenyl-	150		95
6-Methyl-2-(methylthio)-4(3H)-oxo-	255–257	NMR, UV	198
8-Methyl-4(3H)-oxo-5,6,7,8-tetrahydro-2(1H)-thioxo-			355
1-Methyl-4(3H)-oxo-2(1H)-thioxo-	276–278	IR, NMR, UV	136
3-Methyl-4(3H)-oxo-2(1H)-thioxo-	310		20, 146
3-(2-Methylphenyl)-4(3H)-oxo-7-phenyl-2(1H)-thioxo-	>300		144
3-(3-Methylphenyl)-4(3H)-oxo-7-phenyl-2(1H)-thioxo-	>300		144
3-(4-Methylphenyl)-4(3H)-oxo-7-phenyl-2(1H)-thioxo-	>300		144
3-(4-Methylphenyl)-4(3H)-oxo-2(1H)-thioxo-	>300	IR, NMR	153
1-(4-Methylphenyl)-4(3H)-oxo-2(1H)-thioxo-	267	IR, NMR, UV	136

TABLE 12. (Continued)

Substituents	mp	Other Data	References
1-(2-Methylphenyl)-4(3H)-oxo-2(1H)-thioxo-	210	IR, NMR, UV	136
5-(4-Methylphenyl)-4(3H)-oxo-2(1H)-thioxo-1,3,7-triphenyl-	150		95
2-(Methylthio)-4(3H)-oxo-			321
1-(2-Naphthalenyl)-4(3H)-oxo-2(1H)-thioxo-	316	IR, NMR, UV	136
1-(3-Nitrophenyl)-4(3H)-oxo-2(1H)-thioxo-	347	IR, NMR, UV	136
5-(4-Nitrophenyl)-4(3H)-oxo-2(1H)-thioxo-1,3,7-triphenyl-	205		95
5-(3-Nitrophenyl)-4(3H)-oxo-2(1H)-thioxo-1,3,7-triphenyl-	85		95
4(3H)-Oxo-6-methyl-2(1H)-thioxo-	>300	NMR	198, 209
4(3H)-Oxo-2-[(2-oxo-2-phenylethyl)thio]-	219–221	NMR	166
4(3H)-Oxo-6-pentyl-2(1H)-thioxo-	258	NMR	86
4(3H)-Oxo-1-phenyl-2(1H)-thioxo-	210–212	IR, NMR, UV	136
4(3H)-Oxo-5-phenyl-2(1H)-thioxo-	260		329, 346
4(3H)-Oxo-3-phenyl-2(1H)-thioxo-	>300	IR, NMR	153, 366
4(3H)-Oxo-3-(2-propenyl)-2(1H)-thioxo-			368
4(3H)-Oxo-6-propyl-2(1H)-thioxo-	>300	NMR	86
4(3H)-Oxo-2(1H)-thioxo-	>300		19, 136, 145, 166

TABLE 13. DERIVATIVES OF 2-MERCAPTO- AND 4-MERCAPTOPYRIDO[2,3-d]PYRIMIDINES

Substituents	mp	Other Data	References
5-Amino-6-cyano-2,7(1H,3H)-dithioxo-4-phenyl-	283–285	IR, NMR	171
6-Carboxy-5-hydroxy-2-(methylthio)-			315
4-Chloro-6-methyl-2-(methylthio)-	126–127	NMR, UV	198
4-Chloro-2-(methylthio)-	230	UV	352
7-(4-Chlorophenyl)-4-ethyl-5-phenyl-2(1H)-thioxo-	290		135
7-(4-Chlorophenyl)-4-methyl-5-phenyl-2(1H)-thioxo-	>300		135
6-Cyano-6,7-dihydro-8-ethyl-2-(methylthio)-5(8H)-oxo-	215		119
1,4-Dihydro-2-{[(5-methyl-1H-imidazol-4-yl)methyl]thio}-			237, 276
3,4-Dihydro-2(1H)-thioxo-	230		331
7-(Dimethylamino)-5-hydroxy-2-(methylthio)-	149–150		107
7-(3,4-Dimethylphenyl)-5-phenyl-2(1H)-thioxo-			275
5,7-Diphenyl-2,4(1H,3H)-dithioxo-			370
5,6-Diphenyl-2,4(1H,3H)-dithioxo-7-methyl-			370
2,4(1H,3H)-Dithioxo-5-(4-methoxyphenyl)-7-methyl-			370
2,4(1H,3H)-Dithioxo-5-(4-methoxyphenyl)-7-methyl-6-phenyl-			370
2,4(1H,3H)-Dithioxo-5-(4-methoxyphenyl)-7-phenyl-			370
2,4(1H,3H)-Dithioxo-7-methyl-5-phenyl-			370
4-(Methylthio)-5,6,7,8-tetrahydro-			319
2-Phenyl-4(3H)-thioxo-			340
5,6,7,8-Tetrahydro-4(3H)-thioxo-			319
4(3H)-Thioxo-			308

TABLE 14. DERIVATIVES OF PYRIDO[2,3-d]PYRIMIDINES

Substituents	mp	Other Data	References
None			76, 78, 211, 270, 271
7-(Acetylamino)-6-(2-bromophenyl)-	181–182		196
7-(Acetylamino)-2-cyclopropyl-6-(2,6-dichlorophenyl)-	189–191		196
7-(Acetylamino)-6-(2,6-dichlorophenyl)-	215–217		196
7-(Acetylamino)-6-(2,6-dichlorophenyl)-2,4-dimethyl-	201–203		196
7-Acetylamino-6-(2,6-dichlorophenyl)-2-methyl-	202–203		196
7-(Acetylamino)-2,4-dimethyl-6-(2-methylphenyl)-	138–140		196
7-(Acetylamino)-2-methyl-6-(2-methylphenyl)-	145–148.5		196
7-(Acetylamino)-6-(2-methylphenyl)-	152–154		196
4-(Acetylmethyl)-			203
7-[(N-Acetyl)methylamino]-6-(2,6-dichlorophenyl)-2-methyl-	196–199		196
7-Amino-6-(6-bromo-2-chlorophenyl)-	326–330		99
7-Amino-6-(6-bromo-2-chlorophenyl)-2-methyl-	272–274		99
7-Amino-6-(3-bromo-2-methylphenyl)-2-methyl-	253–257		99
7-Amino-6-(6-bromo-2-methylphenyl)-2-methyl-	257–259		99
7-Amino-6-(2-bromophenyl)-	265–267		99
7-Amino-6-(2-bromophenyl)-2-cyclopropyl-	227–229		99
7-Amino-6-(2-bromophenyl)-2-methyl-	228–230		99
7-Amino-6-(2-chloro-6-methylphenyl)-	300–302		99
7-Amino-6-(2-chloro-6-methylphenyl)-2-methyl-	267–271		99
7-Amino-6-(2-chlorophenyl)-	269–270		99
7-Amino-6-(2-chlorophenyl)-2-ethyl-	186–188		99
7-Amino-6-(2-chlorophenyl)-2-methyl-	259–260		99
7-Amino-6-(4-chlorophenyl)-2-methyl-	262–264		99
7-Amino-2-cyclopropyl-6-(2,6-dichlorophenyl)-	261–262		99
7-Amino-2-cyclopropyl-6-(2-methylphenyl)-	211–212		99
7-Amino-6-(2,6-dibromophenyl)-2-methyl-	260–264		99
7-Amino-6-(2,6-dichlorophenyl)-	328–330		99
7-Amino-6-(2,6-dichlorophenyl)-2,4-dimethyl-	239–240		99
7-Amino-6-(2,6-dichlorophenyl)-2-ethyl-	269–270		99
7-Amino-6-(2,6-dichlorophenyl)-2-(hydroxymethyl)-	244–246		99
7-Amino-6-(2,6-dichlorophenyl)-2-(methoxymethyl)-	208–209		99
7-Amino-6-(2,6-dichlorophenyl)-4-methyl-	280–282		99
7-Amino-6-(2,3-dichlorophenyl)-2-methyl-	270–272		99
7-Amino-6-(2,4-dichlorophenyl)-2-methyl-	259–261		99
7-Amino-6-(3,4-dichlorophenyl)-2-methyl-	267–268		99
7-Amino-6-(2,6-dichlorophenyl)-2-methyl-	288–290		99

TABLE 14. (Continued)

Substituents	mp	Other Data	References
7-Amino-6-(2,6-dichlorophenyl)-2-(2-phenylethyl)-	269–271		99
7-Amino-6-(2,6-dichlorophenyl)-2-(trifluoromethyl)-	288–289		99
7-Amino-5,6-dihydro-6-(dimethoxymethyl)-6-(methoxymethyl)-2-methyl-	195–196	UV	114, 115
7-Amino-2,4-dimethyl-6-(2-methylphenyl)-	234–236		99
7-Amino-6-(2,3-dimethylphenyl)-	317–319		99
7-Amino-6-(2,6-dimethylphenyl)-	285–287		99
7-Amino-6-(2,3-dimethylphenyl)-2-methyl-	259–261		99
7-Amino-6-(2,6-dimethylphenyl)-2-methyl-	273–275		99
7-Amino-2-ethyl-6-(2-methylphenyl)-	192–193		99
7-Amino-6-(2-ethylphenyl)-	235–236		99
7-Amino-6-(2-fluorophenyl)-2-methyl-	278–279		99
7-Amino-6-(2-furanyl)-2-methyl-	232–233		99
7-Amino-6-(2-iodophenyl)-	262–264		99
7-Amino-6-(2-iodophenyl)-2-methyl-	255–258		99
7-Amino-2-methyl-6-(2-ethylphenyl)-	211–213		99
7-Amino-2-methyl-6-(2-methylphenyl)-	234–235		99
7-Amino-2-methyl-6-(4-nitrophenyl)-	299–301		99
7-Amino-2-methyl-6-phenyl-	229–230		99
7-Amino-2-methyl-6-[2-(trifluoromethyl)phenyl]-	244–245		99
7-Amino-6-(2-methylphenyl)-	253–255		99
7-Amino-6-phenyl-	289–290		99
7-Amino-6-(3-pyridinyl)-	295–297		99
7-Amino-6-(3-pyridinyl)-2-methyl	296–298		99
7-Amino-6-[2-(trifluoromethyl)phenyl]-	291–292		99
7-Amino-6-(2,4,6-trimethylphenyl)-2-methyl-	254–255		99
7-{Amino[carbonyl(amino)]}-6-(2,6-dichlorophenyl)-2-methyl-	196–198		196
7-(Benzoylamino)-6-(2,6-dichlorophenyl)-2-methyl-	185–187		196
2-(Benzoylmethyl)-	151	IR, UV	193
4-(Benzoylmethyl)-	248		203, 280
4-(Benzoylmethyl)-3,4-dihydro-	146–147	IR, MS, NMR, UV	203, 278
4-Benzyl-3,4-dihydro-			203
4-Benzyl- (monopicrate)			203
7-{[(Benzylcarbamoyl)amino]acetyl}amino-6-(2,6-dichlorophenyl)-2-methyl-	113–120		196
4-(Butyroylmethyl)-			203
7-{(t-Butyl)amino[carbonyl(amino)]}-6(2,6-dichlorophenyl)-2-methyl-	204–207		196
6-Carboxy-6,7-dihydro-8-ethyl-5(8H)-oxo-			337
6-Carboxy-5-hydroxy-2-[2-(5-nitro-2-furanyl)ethyl]-	>320		348
4-Chloro-	137	IR, NMR, UV	184, 203, 206, 225, 231, 278–280

TABLE 14. (Continued)

Substituents	mp	Other Data	References
2-Chloro-6,7-dihydro-6-(methoxycarbonyl)-8-(2-methoxyethyl)-5(8H)-oxo-			338
2-Chloro-6,7-dihydro-6-(ethoxycarbonyl)-5(8H)-oxo-8{2-[(tetrahydro-2H-pyran-2-yl)oxy]ethyl}-			338
5-Chloro-7-(dimethylamino)-	177–180		107
2-Chloro-4,7-diphenyl-	203–204	NMR	154
4-Chloro-2-phenyl-			300
4-Chloro-2-(3-pyridinyl)-			300
7-[(2-Chloroacetyl)amino]-6-(2,6-dichlorophenyl)-2-methyl-	170		196
7-(4-Chlorophenyl)-4-phenyl-	202–204		154
8-[(4-Chlorophenyl)methyl]-6-cyano-6,7-dihydro-5(8H)-oxo-2-phenyl-	225–227		118
4-Cyano-	119–120	IR, MS, NMR, UV	203, 278
4-Cyano-3,4-dihydro-			203
6-Cyano-6,7-dihydro-8-(2-methoxyethyl)-5(8H)-oxo-2-phenyl-	172–174		118
6-Cyano-6,7-dihydro-8-methyl-5(8H)-oxo-2-phenyl-	218–220	IR	118
6-Cyano-6,7-dihydro-8-[2-(4-morpholinyl)ethyl]-5(8H)-oxo-2-phenyl-	107–109		118
6-Cyano-6,7-dihydro-5(8H)-oxo-2-phenyl-8-(2-phenylethyl)-	199–202		118
4-(1-Cyano-1-phenylmethyl)-	206		280
6-(2,6-Dichlorophenyl)-7-{[(2,6-dichlorophenyl)acetyl]amino}-2-methyl-	160		196
6-(2,6-Dichlorophenyl)-7-[(3,4-dimethoxybenzoyl)amino]-2-methyl-	175–177		196
6-(2,6-Dichlorophenyl)-7-{[(3,4-dimethoxyphenyl)acetyl]amino}-2-methyl-	128–130		196
6-(2,6-Dichlorophenyl)-7-[3-(dimethylamino)benzoyl]amino-2-methyl-	207–208.5		196
6-(2,6-Dichlorophenyl)-7-[(dimethylaminocarbonyl)amino]-2-methyl-	177–181		196
6-(2,6-Dichlorophenyl)-7-[(dimethylamino)methylenyl}amino-2-methyl-	236–238		196
6-(2,6-Dichlorophenyl)-7-[(N,N-dimethyl)guanidinyl]-2-methyl-	279–283		196
6-(2,6-Dichlorophenyl)-7-{ethylamino[carbonyl(amino)]}-2-methyl-	189–191		196
6-(2,6-Dichlorophenyl)-7-[(2-fluorobenzoyl)amino]-2-methyl-	115–125		196
6-(2,6-Dichlorophenyl)-7-formylamino-2-methyl-	257–259		196
6-(2,6-Dichlorophenyl)-7-[(3-furylcarbonyl)amino]-2-methyl-	228–230.5		196

TABLE 14. (Continued)

Substituents	mp	Other Data	References
6-(2,6-Dichlorophenyl)-7-[(2-furylcarbonyl)amino]-2-methyl-	219–221		196
6-(2,6-Dichlorophenyl)-7-(methanesulfonamido)-2-methyl-	212–213		196
6-(2,6-Dichlorophenyl)-7-[(2-methoxyacetyl)amino]-2-methyl-	185–189		196
6-(2,6-Dichlorophenyl)-7-[(2-methoxybenzoyl)amino]-2-methyl-	219–225		196
6-(2,6-Dichlorophenyl)-7-[(2-methoxycarbonyl)amino]-2-methyl-	136–139		196
6-(2,6-Dichlorophenyl)-2-methyl-7-[(dimethylamino)(methylmethylenyl)]amino-	219–221		196
6-(2,6-Dichlorophenyl)-2-methyl-7-(ethoxy)(methylaminomethylenyl)amino-	110–112		196
6-(2,6-Dichlorophenyl)-2-methyl-7-(methylamino)-	230–231		196
6-(2,6-Dichlorophenyl)-2-methyl-7-[(methylamino)(methylthio)methylenyl]amino-	163–165		196
6-(2,6-Dichlorophenyl)-2-methyl-7-[(methylamino)thiocarbonyl]amino-	207–208		196
6-(2,6-Dichlorophenyl)-2-methyl-7-(N-methylguanidinyl)-	250–251		196
6-(2,6-Dichlorophenyl)-2-methyl-7(8H)-oxo-	265–267.5		196
6-(2,6-Dichlorophenyl)-2-methyl-7-[(phenylacetyl)amino]-	158–161		196
6-(2,6-Dichlorophenyl)-2-methyl-7-{phenylamino[carbonyl(amino)]}-	211–215		196
6-(2,6-Dichlorophenyl)-2-methyl-7-(propionylamino)-	192–193		196
6-(2,6-Dichlorophenyl)-2-methyl-7-(trifluoroacetylamino)-	195		196
6-(2,6-Dichlorophenyl)-7-[(methylaminocarbonyl)amino]-2-methyl-	168–171		196
6-(2,6-Dichlorophenyl)-7-[(2-methylbenzoyl)amino]2-methyl-	199–200		196
6-(2,6-Dichlorophenyl)-7-[(4-nitrobenzoyl)amino]-2-methyl-	227–229		196
6-(2,6-Dichlorophenyl)-7-{[(2-propyloxy)carbonyl]amino}-2-methyl-	170		196
6-(2,6-Dichlorophenyl)-7-[(2-pyrazinylcarbonyl)amino]-2-methyl-	258–260.5		196
6-(2,6-Dichlorophenyl)-7-[(4-pyridylcarbonyl)amino]-2-methyl-	201–204		196
6-(2,6-Dichlorophenyl)-7-[(2-pyridylcarbonyl)amino]-2-methyl-	260–262		196
6-(2,6-Dichlorophenyl)-7-[(3-pyridylcarbonyl)amino]-2-methyl-	174.5–176		196
2,4-Di-(2-furanyl)-5,6,7,8-tetrahydro-	167–170		175

TABLE 14. (Continued)

Substituents	mp	Other Data	References
5,6-Dihydro-6-(dimethoxymethyl)-6-(methoxymethyl)-2-methyl-7(8H)-oxo-	125–125.3	UV, NMR, IR	114, 115
5,6-Dihydro-6-(ethoxycarbonyl)-2-methyl-7(8H)-oxo-	200–200.5	UV, NMR, IR	114, 115
5,6-Dihydro-4-iodo-5-methyl-7(8H)-oxo-	177–178	IR, NMR	168
5,6-Dihydro-6-(methoxymethyl)-2-methyl-7(8H)-oxo-	185–186	NMR	114, 115
3,4-Dihydro-4-methyl-			203
5,6-Dihydro-6-methyl-7(8H)-oxo-	229–230	NMR	13, 82
3,4-Dihydro-4-phenyl-	195	IR, MS, NMR, UV	203, 278
4,6-Dimethyl-2-(1-methylethyl)-7(8H)-oxo-	138–139	IR, NMR	28, 81
4,5-Dimethyl-2-(1-methylethyl)-7(8H)-oxo-	180	IR, NMR	28, 81
2,4-Dimethyl-7(8H)-oxo-	221–222	IR, NMR	28, 81
4,6-Dimethyl-7(8H)-oxo-	142–143	IR, NMR	28, 81
4,6-Dimethyl-7(8H)-oxo-2-phenyl-	239–240	IR, NMR	28, 81
4,5-Dimethyl-7(8H)-oxo-2-phenyl-	265–270	IR, NMR	28, 81
7-(Dimethylamino)-5-[2-(dimethylamino)propoxy]-	135–138		107
7-(Dimethylamino)-5-[2-(dimethylamino)propoxy]- (dihydrochloride)	218–220		107
7-(Dimethylamino)-5-hydroxy-	241–243		107
7-(Dimethylamino)-5-methoxy-			107
4,7-Diphenyl-	128–130	IR, NMR	154
6,7-Diphenyl-	157	IR, NMR	101
2,4-Diphenyl-7-methyl-5,6,7,8-tetrahydro-	118–120		175
2,4-Diphenyl-5,6,7,8-tetrahydro-	176–177	IR, NMR, UV	175
2,4-Di-(2-pyridinyl)-5,6,7,8-tetrahydro-	158–159		175
2,4-Di-(4-pyridinyl)-5,6,7,8-tetrahydro-	188–190		175
2,4-Di-(2-thienyl)-5,6,7,8-tetrahydro-	171–172		175
6-(Ethoxycarbonyl)-1,8-diethyl-6,7-dihydro-5(8H)-oxo-			330
6-(Ethoxycarbonyl)-5-hydroxy-2-[2-(5-nitro-2-furanyl)ethenyl]-	>320		348
6-(Ethoxycarbonyl)-2-methyl-7(8H)-oxo-	230–231.5	UV, NMR, IR	114, 115
4-Ethyl-	100	IR, MS, NMR, UV,	203, 278
7-(4-Fluorophenyl)-4-phenyl-	153–155		154
5-(Methoxycarbonyl)-2,4,7-trichloro-	109–110	NMR, UV	91
4-Methyl-	139	IR, MS, NMR, UV	203, 278
4-Methyl-2-(1-methylethyl)-7(8H)-oxo-	136–137	IR, NMR	28, 81
4-Methyl-7(8H)-oxo-	265–270	IR, NMR	28, 81
6-Methyl-7(8H)-oxo-	302–303	NMR	13, 82
4-Methyl-7(8H)-oxo-2-phenyl-	240–241	IR, NMR	28, 81
6-Methyl-7-phenyl-	169	IR, NMR	101
7-Methyl-6-phenyl-	203	IR, NMR	101
7-(2-Naphthalenyl)-	272	IR, NMR	101
7-(2-Naphthalenyl)-4-phenyl-	203–205		154

TABLE 14. (Continued)

Substituents	mp	Other Data	References
(3-Oxide)	216		192, 193, 280
7(8H)-Oxo-2,4,6-trimethyl-	144–145	IR, NMR	28, 81
2-(2-Oxopropyl)-	166–167	NMR, UV	193
7-Phenyl-	188.5	IR, NMR	101
4-Phenyl-	128–129	IR, MS, NMR, UV	203, 278
4-(1-Phenyl-2-hydroxypropenyl)-			225
4-Propyl-			203
7-(2-Pyridinyl)-	200	IR, NMR	101
7-{2-[6-(7-Pyrido[2,3-d]pyrimidinyl)pyridyl]}-	>360	IR	100
2-(3-Pyridyl)-	224		141
5,6,7,8-Tetrahydro-	106–108	NMR, UV	174, 344

6. REFERENCES

1. W. J. Irwin and D. G. Wibberley, *Adv. Heterocycl. Chem.* **1969** 10, 149.
2. E. Lunt and C. G. Newton, in *Comprehensive Heterocyclic Chemistry*, Vol. 3, A. R. Katritzky (ed.) Pergamon, Oxford, 1984, pp. 199–262.
3. A. Sh. Oganisyan, A. S. Noravyan, and S. A. Vartanyan, *Russ. Chem. Rev.* **1987** 56, 1140.
4. D. C. Palmer, J. S. Skotnicki, and E. C. Taylor, in *Progress in Medicinal Chemistry*, Vol. 25, G. P. Ellis (ed.) Elsevier, Amsterdam, 1988, pp. 85–231.
5. J. I. Degraw, W. T. Colwell, V. H. Brown, M., Sato, R. L. Kisliuk, T. Gaumont, J. Thorndike, and F. M. Sirotnak, *J. Med. Chem.* **1988** 31, 150.
6. J. I. DeGraw and V. H. Brown, *J. Heterocycl. Chem.* **1976** 13, 439.
7. N. Kawahara, T. Nakajima, T. Itoh, and H. Ogura, *Chem. Pharm. Bull.* **1985** 33, 4740.
8. K. Senga, N. Furukaw, and S. Nishigaki, *Synthesis* **1980**, 479.
9. J. L. Kelley and E. W. McLean, *J. Heterocycl. Chem.* **1981** 18, 671.
10. W. J. Irwin and D. G. Wibberley, *J. Chem. Soc. C* **1967**, 1745.
11. A. Srinivasan and A. D. Broom, *J. Org. Chem.* **1979** 44, 435.
12. K. Senga, K. Fukami, H. Kanazawa, and S. Nishigaki, *J. Heterocycl. Chem.* **1982** 19, 805.
13. M. Ogata and H. Matsumoto, *Chem. Pharm. Bull.* **1972** 20, 2264.
14. B. Stanovnik and M. Tisler, *Synthesis* **1974**, 120.
15. N. L. Colbry, E. F. Elslager, and L. M. Werbel, *J. Heterocycl. Chem.* **1984** 21, 1521.
16. N. L. Colbry, E. F. Elslager, and L. M. Werbel, *J. Med. Chem.* **1985** 28, 248.
17. B. Stanovnik, M. Tisler, V. Golob, I. Hvala, and O. Nikolic, *J. Heterocycl. Chem.* **1980** 17, 733.
18. A. S. Narang, A. N. Kaushal, S. Singh, and K. S. Narang, *Indian J. Chem.* **1972** 10, 602.
19. B. Stanovnik and M. Tisler, *Synthesis* **1972**, 308.
20. L. Capuano, W. Ebner, and J. Schrepfer, *Chem. Ber.* **1970** 103, 82.
21. L. Capuano, M. Welter, and R. Zander, *Chem. Ber.* **1969** 102, 3698.
22. D. J. Berry, J. D. Cook, and B. J. Wakefield, *J. Chem. Soc. Perkin Trans. 1* **1972**, 2190.

23. A. F. Fahmy, M. S. K. Youssef, N. S. A. Halim, M. A. Hassan, and J. Sauer, *Heterocycles* **1986** 24, 2201.
24. K.-Y. Tserng and L. Bauer, *J. Heterocycl. Chem.* **1972** 9, 1433.
25. G. Zigeuner, A. Frank, and W. Adam, *Monatsh. Chem.* **1970** 101, 1788.
26. A. G. Ismail and D. G. Wibberley, *J. Chem. Soc. C* **1968**, 2706.
27. A. G. Ismail and D. G. Wibberley, *J. Chem. Soc. C* **1967**, 2613.
28. T. Sakamoto, Y. Kondo, and H. Yamanaka, *Chem. Pharm. Bull.* **1982** 30, 2410.
29. M. H. Elnagdi, H. A. Elfahham, S. A. S. Ghozlan, and G. E. H. Elgemie, *J. Chem. Soc. Perkin Trans. 1* **1982**, 2667.
30. T. Lorand, J. Deli, D. Szabo, A. Foldesi, and A. Zschunke, *Pharmazie* **1985** 40, 536.
31. J. Deli, T. Lorand, D. Szabo, and A. Foldesi, *Pharmazie* **1984** 39, 681.
32. G. B. Bennett, R. B. Mason, L. J. Alden, and J. B. Roach, *J. Med. Chem.* **1978** 21, 623.
33. H. Bredereck, G. Simchen, S. Rebsdat, W. Kantlehner, P. Horn, R. Wahl, H. Hoffman, and R. Grieshaber, *Chem. Ber.* **1968** 101, 41.
34. E. Kretzschmar and G. Dietz, *Pharmazie* **1985** 40, 129.
35. E. C. Taylor, A. McKillop, and S. Vromen, *Tetrahedron* **1967** 23, 885.
36. A. Petric, M. Tisler, and B. Stanovnik, *Monatsh. Chem.* **1985** 116, 1309.
37. R. Albrecht and K. Schumann, *Eur. J. Med. Chem. Chim. Ther.* **1976** 11, 155.
38. E. F. Elslager, J. Clarke, P. Jacob, L. M. Werbel, and J. D. Willis, *J. Heterocycl. Chem.* **1972** 9, 1113.
39. W. Czuba, T. Kowalska, and K. Piotr, *Pol. J. Chem.* **1978** 52, 2369.
40. M. Balogh, I. Hermecz, Z. Mészáros, K. Simon, L. Pusztay, G. Horváth, and P. Dvortsák, *J. Heterocycl. Chem.* **1980** 17, 359.
41. A. Ya. Berlin and I. A. Korbukh, *Khim. Geterotsikl. Soedin.* **1971**, 1280.
42. Z. Ozdowska and B. Szczycinski, *Rocz. Chem.* **1976** 50, 1771.
43. R. G. Glushkov, O. Ya Belyaeva, V. G. Granik, M. K. Polievktova, A. B. Girgor'ev, V. E. Serokhvostova, and T. F. Vlasova, *Khim. Geterotsikl. Soedin.* **1976**, 1640.
44. A. Miyake, Y. Oka, and S. Yurugi, *Takeda Kenkyusho Ho* **1974** 33, 155.
45. I. R. Gelling and D. G. Wibberley, *J. Chem. Soc. C* **1969**, 931.
46. A. L. J. Beckwith, R. J. Hickman, *J. Chem. Soc. C* **1968**, 2756.
47. D. J. Berry, J. D. Cook, and B. J. Wakefield, *J. Chem. Soc. Perk in Trans. 1* **1972**, 2190.
48. D. J. Berry, J. D. Cook, and G. J. Wakefield, *J. Chem. Soc. D* **1969**, 1273.
49. E. Tomitori and T. Okamoto, *Yakugaku Zasshi* **1984** 104, 1122.
50. Z. Kadunc, B. Stanovnik, and M. Tisler, *Vestn. Slov. Kem. Drus.* **1984** 31, 23.
51. J. H. Maguire and R. L. McKee, *J. Heterocycl. Chem.* **1979** 16, 133.
52. J. H. Maguire and R. L. McKee, *J. Org. Chem.* **1974** 39, 3434.
53. W. Ried and J. Valentine, *Justus Liebigs Ann. Chem.* **1967** 707, 250.
54. R. Madhav, *Org. Prep. Proced. Int.* **1982** 14, 403.
55. H. C. van der Plas, M. Wozniak, and A. Van Veldhuizen, *Recl. Trav. Chim. Pays-Bas* **1977** 96, 151.
56. G. L. Anderson, *J. Heterocycl. Chem.* **1985** 22, 1469.
57. G. L. Anderson and S. G. Richardson, *J. Heterocycl. Chem.* **1985** 22, 1735.
58. T. Nagamatsu, M. Koga, and F. Yoneda, *Chem. Pharm. Bull.* **1984** 32, 1699.
59. D. Heber, *Arch. Pharm. (Weinheim, Ger.)* **1983** 316, 55.
60. G. B. Bennett, W. R. J. Simpson, R. B. Mason, R. J. Strohschein, and R. Mansukhani, *J. Org. Chem.* **1977** 42, 221.

61. Y. Tamura, T. Sakaguchi, T. Kawasaki, and Y. Kita, *Heterocycles* **1975** 3, 183.
62. G. B. Bennett and R. B. Mason, *J. Org. Chem.* **1977** 42, 1919.
63. Y. Tamura, T. Sakaguchi, T. Kawasaki, and Y. Kita, *Chem. Pharm. Bull.* **1976** 24, 1160.
64. S. Wawzonek, *J. Org. Chem.* **1976** 41, 3149.
65. R. Troschuetz and H. J. Roth, *Arch. Pharm. (Weinheim, Ger.)* **1978** 311, 406.
66. E. E. Garcia, *Synth. Commun.* **1973** 3, 397.
67. E. Grinsteins, E. Stankevics, and G. Duburs, *Khim. Geterotsikl. Soedin.* **1972**, 422.
68. Y. Tominaga, S. Kohra, H. Okuda, A. Ushirogochi, Y. Matsda, and G. Kobayashi, *Chem. Pharm. Bull.* **1984** 32, 122.
69. B. Brinker and D. Heber, *Arch. Pharm. (Weinheim, Ger.)* **1987** 320, 520.
70. B. S. Hurlbert and B. F. Valenti, *J. Med. Chem.* **1968** 11, 708.
71. B. M. Coppola, G. E. Hardtmann, and B. S. Huegi, *J. Heterocycl. Chem.* **1974** 11, 51.
72. R. J. W. DeWit, R. Bulgoakov, T. Rinke deWit, and T. M. Tobias, *Differentiation (Berlin)* **1986** 32, 192.
73. B. Roth and J. J. Burchall, *Methods in Enzymology*, Vol. 18, Part. B, S. P. Colowick (Ed.), Academic, New York, p. 779.
74. M. Gogoi, P. Bhuyan, J. S. Sandhu, and J. N. Baruah, *J. Chem. Soc., Chem. Commun.* **1984**, 1549.
75. K. Nagahara and A. Yakada, *Heterocycles* **1978** 9, 197.
76. E. C. Taylor, D. C. Palmer, T. J. George, S. R. Fletcher, C. P. Tseng, P. J. Harrington, and G. P. Beardsley, *J. Org. Chem.* **1983** 48, 4852.
77. E. C. Taylor, C. P. Tseng, P. J. Harrington, G. P. Beardsley, A. Rosowsky, and M. Wick, *Chem. Biol. Pteridines, Proc. Int. Symp. Pteridines Folic Acid Deriv.: Chem. Biol. Clin. Aspects*, 7th, Meeting Data 1982, J. Blair (Ed.) de Gruyter, Berlin, 1983, p. 115.
78. C. Temple Jr., R. D. Elliott, and J. A. Montgomery, *J. Org. Chem.* **1982** 47, 761.
79. T.-C. Lee and G. Salemnick, *J. Org. Chem.* **1975** 40, 3608.
80. T. Itoh, T. Imini, H. Ogura, N. Kawahara, T. Nakajima, and K. A. Watanabe, *Heterocycles* **1983** 20, 2177.
81. K. Tanji, T. Sakamoto and H. Yamanaka, *Chem. Pharm. Bull.* **1982** 30, 1865.
82. M. Ogata, H. Matsumoto and H. Kano, *Chem. Pharm. Bull.* **1970** 18, 964.
83. E. M. Grivsky, S. Lee, C. W. Sigel, D. S. Duch, and C. A. Nichol. *J. Med. Chem.* **1980** 23, 327.
84. B. S. Hurlbert, K. W. Ledig, P. Stenbuck, B. F. Valenti, and G. H. Hitchings, *J. Med. Chem.* **1968** 11, 703.
85. B. K. Billings, J. A. Wagner, P. D. Cook, and R. N. Castle, *J. Heterocycl. Chem.* **1975** 12, 1221.
86. E. Stark and E. Breitmaier, *Tetrahedron* **1973** 29, 2209. (Some of the structural assignments in this publication have been declared erroneous, see text for further information.).
87. A. D. Broom, J. L. Shim, and G. L. Anderson, *J. Org. Chem.* **1976** 41, 1095.
88. S. S. Al-Hassan, R. J. Kulick, D. B. Livingstone, C. J. Suckling, H. C. S. Wood, R. Wrigglesworth, and R. Ferone, *J. Chem. Soc. Perkin Trans.* 1 **1980**, 2645.
89. H. Ogura and M. Sakaguchi, *Chem. Pharm. Bull.* **1973** 21, 2014.
90. H. Ogura and M. Sakaguchi, *Chem. Lett.* **1972**, 657.
91. G. L. Anderson, J. L. Shim, and A. D. Broom, *J. Org. Chem.* **1977** 42, 993.
92. E. C. Taylor, K. F. McDaniel, and J. C. Warner, *Tetrahedron Lett.* **1987** 28, 1977.
93. E. C. Taylor, P. M. Harrington, and J. C. Warner, *Heterocycles* **1988** 27, 1925.
94. G. R. Rodgers and W. J. P. Neish, *Monatsh. Chem.* **1986** 117, 879.
95. A. Das, S. K. Miss, B. K. Mishra, and G. B. Behera, *Indian J. Chem. B* **1985** 24B, 310.
96. K. Hirota, Y. Kitade, and S. Senda, *J. Heterocycl. Chem.* **1985** 22, 345.

6. References

97. A. Sivaprasad, J. S. Sandhu, and J. N. Baruah, *India J. Chem. B* **1985** 24B, 305.
98. N. M. Cherdantsva, V. M. Nesterov, and T. S. Safonova, *Khim. Geterosikl. Soedin.* **1983**, 834.
99. L. R. Bennett, C. J. Blankley, R. W. Fleming, R. D. Smith, and D. K. Tessman, *J. Med. Chem.* **1981** 24, 382.
100. G. Evens and P. Caluwe, *Macromolecules* **1979** 12, 803.
101. G. Evens and P. Caluwe, *J. Org. Chem.* **1975** 40, 1438.
102. A. A. Santilli and D. H. Kim, *J. Med. Chem.* **1972** 15, 442.
103. A. S. Prasad, J. S. Sandhu, and J. N. Baruah, *Heterocycles* **1983** 20, 787.
104. A. Albert and W. Pendergast, *J. Chem. Soc. Perkin Trans.* 1 **1973**, 1794.
105. B. Kokel, C. Lespagnol, and H. G. Viehe, *Bull. Soc. Chim. Belg.* **1980** 89, 651.
106. P. Matyus, P. Sohar, and H. Wamhoff, *Heterocycles* **1984** 22, 513.
107. V. G. Granik, N. B. Marchenko, and R. G. Glushkov, *Khim. Geterotsikl. Soedin.* **1978**, 1549.
108. T. L. Su and K. A. Watanabe, *J. Heterocycl. Chem.* **1984** 21, 1543.
109. K. A. Watanabe, T. L. Su, K. W. Pankiewicz, and K. Harada, *Heterocycles* **1984** 21, 289.
110. T. L. Su and K. A. Watanabe, *J. Heterocycl. Chem.* **1982** 19, 1261.
111. T. L. Su, J. T. Huang, J. H. Burchenal, K. A. Watanabe, and J. J. Fox, *J. Med. Chem.* **1986** 29, 709.
112. T. L. Su, K. Harada, and K. A. Watanabe, *Nucleosides Nucleotides* **1984** 3, 513.
113. K. Hirota, Y. Kitade, S. Senda, M. J. Halat, K. A. Watanabe, and J. J. Fox, *J. Org. Chem.* **1981** 46, 846.
114. T. Nishino, M. Kiyokawa, Y. Miichi, and K. Tokuyama, *Bull. Chem. Soc. Jpn.* **1972** 45, 1127.
115. T. Nishino, M. Kiyokawa, and K. Tokuyama, *Tetrahedron Lett.* **1969**, 1825.
116. A. M. Schoffstall, *J. Org. Chem.* **1971** 36, 2385.
117. V. A. Chuiguk and N. N. Vlasova, *Khim. Geterotsikl. Soedin.* **1977**, 1484.
118. A. A. Santilli, S. V. Wanser, D. H, Kim, and A. C. Scotese, *J. Heterocycl. Chem.* **1975** 12, 311.
119. M. Pesson and S. Chabassier, *C. R. Hebd. Seances Acad. Sci. Ser. C* **1974** 279, 413.
120. M. Pesson, P. DeLajudie, M. Antoine, M. S. Chabassier, D. Richer, and P. Girard, *C. R. Acad. Sci. Ser. C.* **1974** 278, 1169.
121. M. Pesson, M. Antoine, M. S. Chabassier, P. Girard, and D. Richer, *C. R. Acad. Sci. Ser. C.* **1974** 278, 717.
122. K. E. Schulte, V. Von Weissenborn, and G. L. Tittel, *Chem. Ber.* **1970** 103, 1250.
123. T. L. Hullar and W. C. French, *J. Med. Chem.* **1969** 12, 424.
124. E. C. Taylor, G. S. K. Wong, S. R. Fletcher, P. J. Harrington, G. P. Beardsley, and C. J. Shih, *Chem. Biol. Pteridines, Pteridines Folic Acid Deriv., Proc. International Symp. Pteridines Folic Acid Deriv.: Chem. Biol. Clin. Aspects, 8th*, Meeting Date 1986. B. A. Cooper and V. M. Whitehead (Eds.) de Gruyter, Berlin, 1986, p. 61.
125. J. I. DeGraw, H. Tagawa, P. H. Christie, J. A. Lawson, E. G. Brown, R. L. Kisliuk, and Y. Gaumont, *J. Heterocycl. Chem.* **1986** 23, 1.
126. J. R. Piper, G. S. McCaleb, J. A. Montgomery, and F. M. Sirotnak, *Chem. Biol. Pteridines, Pteridines Folic Acid Deriv., Proc. Int. Symp. Pteridines Folic Acid Deriv.: Chem. Biol. Clin. Aspects, 8th* Meeting Date 1986. B. A. Cooper and V. M. Whitehead (Eds.), de Gruyter: Berlin, 1986, p. 1001.
127. J. R. Piper, G. S. McCaleb, J. A. Montgomery, R. L. Kisliuk, Y. Gaumont, and F. M. Sirotnak, *J. Med. Chem.* **1986** 29, 1080.
128. E. C. Taylor, P. J. Harrington, S. R. Fletcher, G. P. Beardsley, and R. G. Moran, *J. Med. Chem.* **1985** 28, 914.
129. E. C. Taylor and D. J. Dumas, *J. Org. Chem.* **1981** 46, 1394.

130. J. Davoll, J Clarke and E. F. Elslager, *J. Med. Chem.* **1972** 15, 837.
131. H. Takahata, T. Nakajima, and T. Yamazaki, *Synthesis* **1983**, 226.
132. H. Takahata, T. Suzuki, and T. Yamazaki, *Heterocycles* **1985** 23, 2213.
133. P. Victory and M. Garriga, *Heterocycles* **1985** 23, 1947.
134. P. Victory, R. Nomen, O. Colomina, M. Garriga, and A. Crespo, *Heterocycles* **1985** 23, 1135.
135. M. Abdalla, A. Essawy, and A. Deeb, *India J. Chem. B* **1978** 16B, 332.
136. D. Koscik, P. Kristian, J. Gonda, and E. Dandarova, *Collect. Czech. Chem. Commun.* **1938** 48, 3315.
137. Z. Eckstein, E. Lipczynska-Kochany, and J. Krzeminski, *Heterocycles* **1983** 20, 1899.
138. R. K. Robbins and G. H. Hitchings, *J. Am. Chem. Soc.* **1955** 77, 2256.
139. J. A. Bristol and R. G. Lovey, *J. Org. Chem.* **1980** 45, 1918.
140. B. Acott, A. L. J. Beckwith, and A. Hassanali, *Aust. J. Chem.* **1968** 21, 197.
141. J. P. Osselaere, J. V. Dejardin, and M. Dejardin-Duchene, *Bull. Soc. Chim. Belg.* **1969** 78, 289.
142. S. S. Verma, P. Taneja, R. L. Mital, and L. Prakash, *J. Heterocycl. Chem.* **1987** 24, 1169.
143. J. C. Howard and G. Klein, *J. Org. Chem.* **1962** 27, 3701.
144. C. G. Dave, P. R. Shah, V. B. Desai, and S. Srinivasan, *Indian J. Chem., B* **1982** 21B, 750.
145. H. M. Blatter and H. Lukaszewski, *Tetrahedron Lett.* **1964**, 1087.
146. L. Capuano and W. Ebner, *Chem. Ber.* **1969** 102, 1480.
147. T. V. Stupnikova, T. V. Nuzhnaya, N. A. Klyuev, and A. Yu. Chervinskii, *Khim. Geterotsikl. Soedin.* **1983**, 115.
148. H. Jahine, H. A. Zaher, O. Sherif, and M. M. Fawzy, *Indian J. Chem., B* **1978** 16B, 889.
149. I. Bitter, B. Pete, G. Toth, I. Hermecz, and Z. Meszaros, *Heterocycles* **1985** 23, 1167.
150. G. M. Coppola, J. D. Fraser, G. E. Hardtmann, and M. J. Shapiro, *J. Heterocycl. Chem.* **1985** 22, 193.
151. F. M. Abdelrazek, N. S. Ibrahim, Z. E. S. Zaghloul, and M. H. Elnagdi, *Synthesis* **1984**, 970.
152. D. Korbonits, P. Kiss, K. Simon, and P. Kolonits, *Chem. Ber.* **1984** 117, 3183.
153. J. Garin, E. Melendez, F. L. Merchan, and T. Tejero, *Synthesis* **1984**, 586.
154. M. Soellhuber-Kretzer and R. Troschuetz, *Arch. Pharm. (Weinheim, Ger.)* **1983** 316, 346.
155. H. Wamhoff and L. Lichtenthaeler, *Chem. Ber.* **1978** 111, 2297.
156. B. H. Rizkalla, A. D. Broom, M. G. Stout, and R. K. Roland, *J. Org. Chem.* **1972** 37, 3975.
157. K. Gewald and G. Neumann, *Chem. Ber.* **1968** 101, 1933.
158. M. Kocevar, J. Koller, B. Stanovnik, and M. Tisler, *Monatsh. Chem.* **1987** 118, 399.
159. M. G. Kassem and F. S. G. Soliman, *Monatsh. Chem.* **1983** 114, 1197.
160. K. Gewald, U. Hain, and M. Gruner, *Chem. Ber.* **1985** 118, 2198.
161. B. Stanovnik and M. Tisler, *Croat. Chem. Acta* **1972** 44, 243.
162. V. G. Granik, S. I. Grizik, S. S. Kiselev, V. V. Christyakov, O. S. Anisimova, and N. P. Solov'eva, *Khim. Geterotsikl. Soedin.* **1984**, 532.
163. H. Jahine, H. A. Zaher, M. Seada, and M. F. Ishak, *Indian J. Chem., B* **1979** 17B, 134.
164. H. A. Parish Jr., R. D. Gilliom, W. P. Purcell, R. K. Browne, R. F. Spirk, and H. D. White, *J. Med. Chem.* **1982** 25, 98.
165. G. E. Hardtmann, B. Huegi, G. Koletar, S. Kronin, H. Ott, J. W. Perrine, and E. I. Takesue, *J. Med. Chem.* **1974** 17, 636.
166. B. Koren, B. Stanovnik, and M. Tisler, *Heterocycles* **1987** 26, 689.
167. J. L. Brianso, J. F. Piniella, G. Germain, M. Garriga, and P. Victory, *Z. Kristallogr.* **1986** 177, 171.
168. P. Victory and M. Garriga, *Heterocycles* **1985** 23, 2853.

169. S. Brunel, C. Montginoul, E. Torreilles, and L. Giral, *J. Heterocycl. Chem.* **1980** 17, 235.
170. D. J. Brown and K. Ienaga, *J. Chem. Soc. Perkin Trans.* 1 **1975**, 2182.
171. S. M. Fahmy and R. M. Mohareb, *Tetrahedron* **1986** 42, 687.
172. R. M. Mohareb and S. M. Fahmy, *Z. Naturforsch. B Anorg. Chem., Org. Chem.* **1986** 41B, 105.
173. E. F. Kaimanakova, E. F. Kuleshova, N. P. Solov'eva, and V. G. Granik, *Khim. Geterotsikl. Soedin.* **1982**, 1553.
174. K. Morita, S. Kobayashi, S. Shigeru, O. Hiroshi, and M. Ochiai, *Tetrahedron Lett.* **1970**, 861.
175. R. T. LaLonde, A. El-Kafrawy, N. Muhammad, and J. E. Oatis Jr., *J. Org. Chem.* **1977** 42, 1808.
176. A. Srinivasan, V. Amarnath, A. D. Broom, F. C. Fou, and Y. C. Cheng, *J. Med. Chem.* **1984** 27, 1710.
177. H. M. Eisa, S. M. Bayomi, A. K. M. Ismaiel, and M. M. El-Kerdawy, *Heterocycles* **1987** 26, 457.
178. K.-Y. Tsern and L. Bauer, *J. Heterocycl. Chem.* **1974** 11, 163.
179. J. Almog and E. D. Bergmann, *Isr. J. Chem.* **1973** 11, 723.
180. J. Almog and E. D. Bergmann, *Tetrahedron* **1974** 30, 549.
181. C. Temple Jr., A. G. Laseter, and J. A. Montgomery, *J. Heterocycl. Chem.* **1970** 7, 1219.
182. L. Godefroy, G. Quequiner, and P. Pastour, *J. Heterocycl. Chem.* **1973** 10, 1077.
183. A. Albert and W. Pendergast, *J. Chem. Soc. Perkin Trans.* 1 **1973**, 1620.
184. A. Petric, M. Tisler, and B. Stanovnik, *Monatsh. Chem.* **1983** 114, 615.
185. A. Srinivasan and A. D. Broom, *Tetrahedron Lett.* **1982** 23, 1431.
186. C. Temple Jr., C. L. Kussner, J. D. Rose, D. L. Smithers, L. L. Bennet, and J. A. Montgomery, *J. Med. Chem.* **1981** 24, 1254.
187. A. Srinivasan and A. D. Broom, *J. Org. Chem.* **1981** 46, 1777.
188. B. Duchesnay, A. Decormeille, G. Queguiner, and P. Pastour, *C. R. Acad. Sci. Ser. C* **1974** 278, 427.
189. D. G. Wibberley and I. R. Gelling, *J. Chem. Soc. C* **1971**, 780.
190. S. Nishikawa, Z. Kumazawa, N. Kashimura, S. Maki, and Y. Nishikimi, *Agric. Biol. Chem.* **1986** 50, 495.
191. A. Decormeille, G. Queguiner, and P. Pastour, *Bull. Soc. Chem. Fr.* **1975**, 2757.
192. T. Higashino, K. Suzuki and E. Hayashi, *Chem. Pharm. Bull.* **1975** 23, 2939.
193. T. Higashino and E. Hayashi, *Chem. Pharm. Bull.* **1973** 21, 2643.
194. B. Vercek, I. Leban, B. Stanovnik, and M. Tisler, *J. Org. Chem.* **1979** 44, 1695.
195. A. Petric, B. Stanovnik, and M. Tisler, *J. Org. Chem.* **1983** 48, 4132.
196. C. J. Blankley, L. R. Bennett, R. W. Fleming, R. D. Smith, D. K. Tessman, and H. R. Kaplan, *J. Med. Chem.* **1983** 26, 403.
197. P. Matyus, P. Sohar, and H. Wamhoff, *Justus Leibigs Ann. Chem.* **1984**, 1653.
198. A. Srinivasan, P. E. Fagerness, and A. D. Broom, *J. Org. Chem.* **1978** 43, 828.
199. G. Moad, C. L. Luthy, P. A. Benkovic, and S. J. Benkovic, *J. Am. Chem. Soc.* **1979** 101, 6068.
200. G. L. Anderson and A. D. Broom, *J. Org. Chem.* **1977** 42, 997.
201. A. D. Broom and D. G. Bartholomew, *J. Org. Chem.* **1976** 41, 3027.
202. K. T. Potts and H. R. Burton, *J. Org. Chem.* **1966** 31, 251.
203. T. Higashino and E. Hayashi, *Chem. Pharm. Bull.* **1970** 18, 1457.
204. A. Petric, M. Tisler, and B. Stanovnik, *Monatsh. Chem.* **1985** 116, 1309.
205. W. L. F. Armarego, *J. Chem. Soc.* **1962** 4, 4094.
206. M. Kocevar, B. Stanovnik, and M. Tisler, *Heterocycles* **1981** 15, 293.
207. G. Moad, C. L. Luthy, and S. J. Benkovic, *Tetrahedron Lett.* **1978**, 2271.
208. T. Paterson and H. C. S. Wood, *J. Chem. Soc. Perkin Trans. 1* **1972**, 1041.

209. F. Bergmann, L. Levene, and I. Tamir, *Chem. Biol. Pteridines, Proc. Int. Symp., 5th*, W. Pfleiderer (Ed.) de Gruyter, Berlin, 1975, p. 603.
210. J. E. Gready, *Int. J. Quantum Chem.* **1987** 31, 369.
211. N. K. Dasgupta, A. Dasgupta, and F. W. Birss, *Indian J. Chem. B* **1982** 21B, 334.
212. F. W. Birss and N. K. Dasgupta, *Indian J. Chem. B* **1979** 17B, 610.
213. P. Singh and S. P. Gupta, *Indian J. Med. Res.* **1979** 69, 804.
214. P. J. Chappell and I. G. Ross, *J. Mol. Spectrosc.* **1977** 66, 192.
215. R. C. Rastogi and N. K. Ray, *Chem. Phys. Lett.* **1975** 31, 524.
216. A. R. Lepley, M. R. Chakrabarty, and E. S. Hanrahan, *J. Chem. Soc. A* **1967**, 1626.
217. J. W. Bunting and D. D. Perrin, *J. Chem. Soc. B* **1967**, 950.
218. D. I. Brixner, T. Ueda, Y. C. Cheng, J. B. Hyners, and A. D. Boom, *J. Med. Chem.* **1987** 30, 675.
219. J. Pomorski and H. J. Den Hertog, *Rocz. Chem.* **1973** 47, 549.
220. W. Czuba and T. Kowalska, *Rocz. Chem.* **1975** 49, 193.
221. J. Pomorski, H. J. Den Hertog, D. J. Buurman, and N. H. Bakker, *Recl. Trav. Chim. Pays-Bas* **1973** 92, 970.
222. A. Srinivasan and A. D. Broom, *J. Org. Chem.* **1982** 47, 4391.
223. R. A. Lazarus, R. F. Dietrich, D. E. Wallick, and S. J. Benkovic, *Biochemistry* **1981** 20, 6834.
224. H. M. Eisa, S. M. Bayomi, A. K. M. Ismaiel, and M. M. El-Kerdawy, *Heterocycles* **1987** 26, 457.
225. L. Godefroy, G. Quequiner, and P. Pastour, *C. R. Acad. Sci. Ser. C* **1973** 277, 703.
226. L. Berezowski and W. Dymek, *Acta Pol. Pharm.* **1970** 27, 11.
227. J. I. DeGraw, P. H. Christie, E. G. Brown, L. F. Kelly, R. L. Kisliuk, Y. Gaumont, and F. M. Sirotnak, *J. Med. Chem.* **1984** 27, 376.
228. J. I. DeGraw, L. F. Kelly, R. L. Kisliuk, Y. Gaumont, and F. M. Sirotnak, *Chem. Biol. Pteridines, Pteridines Folic Acid Deriv., Proc. Int. Symp. Pteridines Folid Acid Deriv.: Chem., Biol. Clin. Aspects, 7th*, Meeting Date 1982, J. A. Blair (Ed.), de Gruyter, Berlin, 1983, p. 457.
229. J. I. DeGraw, L. F. Kelly, R. L. Kisliuk, Y. Gaumont, and F. M. Sirotnak, *J. Heterocycl. Chem.* **1982** 19, 1587.
230. A. Petric, M. Tisler, and B. Stanovnik, *Monatsh. Chem.* **1985** 116, 1309.
231. L. Godefroy, A. Decormeille, G. Quequiner, and P. Pastour, *C. R. Acad. Sci. Ser. C* **1974** 278, 1421.
232. J. Almog, A. Y. Meyer, and H. Shanan-Atidi, *J. Chem. Soc. Perkin Trans. 2* **1972**, 451.
233. J. Almog, A. Y. Meyer, and E. D. Bergmann, *J. Chem. Soc. D* **1970**, 1011.
234. I. R. Gelling, W. J. Irwin, and D. G. Wibberley, *J. Chem. Soc. B* **1969**, 513.
235. W. T. Colwell, V. H. Brown, J. I. DeGraw, and N. E. Morrison, *Dev. Biochem.*, **1979** 4, 215.
236. H. Rapoport and A. D. Batcho, *J. Org. Chem.* **1963** 28, 1753.
237. D. E. Beattie, R. Crossley, K. H. Dickinson, and G. M. Dover, *Eur. J. Med. Chem. Chim. Ther.* **1983** 18, 277.
238. K. Nishikawa, H. Shimakawa, Y. Inada, Y. Shibouta, S. Kikuchi, S. Yurugi, and Y. Oka, *Chem. Pharm. Bull.* **1976** 24, 2057.
239. R. L. Miller, G. A. Ramsey, T. A. Krenitsky, and G. B. Eiion, *Biochemistry* **1972** 11, 4723.
240. T. A. Krenitsky, S. M. Neil, G. B. Elion, and G. H. Hitchings, *Arch. Biochem. Biophys.* **1972** 150, 585.
241. K.-Y. Tserng, C. L. Bell, and L. Bauer, *J. Heterocycl. Chem.* **1975** 12, 79.
242. A. Arnold, *Collect. Czech. Chem. Commun.* **1961** 26, 3051.
243. Y. Oka and S. Yurugi, *Takeda Kenkyusho Ho* **1974** 33, 155.
244. B. Jennes, W. Wagner, R. Meridies, G. Kollias, E. Jacobi, and F. Huth, *Res. Exp. Med.* **1975** 165, 67.

245. W. Ried and J. Valentin, *Justus Liebigs Ann. Chem.* **1967** 707, 250.
246. Z. Kadunc, B. Stanovnik, and M. Tisler, *Vestn. Slov. Kem. Drus.* **1984** 31, 23.
247. C. G. Neri Serneri, G. Masotti, L. Poggesi, G. Galanti, and A. Morettini, *Eur. J. Clin. Pharmacol.* **1981** 21, 9.
248. S. Villa and G. De Gaetano, *Thromb. Res.* **1979** 15, 727.
249. R. Kadatz, *Platelet Aggregation Pathog. Cerebrovasc. Disord., Proc. Round Table Conf.*, Meeting Date 1974, A. Agnoli and C. Fazio (Eds.) Springer, Berlin, 1977, p. 216.
250. W. Haarmann and R. Kadatz, *Strukt. Funkt. Fibrinogens, Blutgerinnung Mikrozik., Verhandlungsber. Dtsch. Arbeitsgem. Blutgerinnungsforsch. Tag., 17th,* Meeting Date 1973, H. Schroeer, G. Hauck, E. Zimmermann (Eds.) Schattauer: Stuttgart, Germany, p. 251.
251. I. B. Holmes, G. M. Smith, and F. Freuler, *Thromb. Haemostasis* **1977** 37, 36.
252. H. Lukasiewicz, S. Niewiarowski, and N. Nath, *Excerpta Med. Int. Congr. Ser.* **1975** 357, 388.
253. S. Niewiarowski, H. Lukasiewicz, N. Nath, and A. T. Sha, *J. Lab. Clin. Med.* **1975** 86, 64.
254. A. Miyake, Y. Oka, and S. Yurugi, *Takeda Kenkyusho Ho* **1974** 33, 155.
255. C. Hansch, J. Y. Fukunaga, T. C. Jow, and J. B. Hynes, *J. Med. Chem.* **1977** 20, 96.
256. A. Aviram and S. Vromen, *Chem. Ind. (London)* **1967**, 1452.
257. I. Yasumasa, M. Shingo, and S. Shoichi, *Shitsuryo Bunseki* **1984** 32, 449R.
258. E. F. Elslager, A. Curry, and L. M. Werbel, *J. Heterocycl. Chem.* **1972** 9, 1123.
259. E. Mizuta, K. Nishikawa, K. Omura, and Y. Oka, *Chem. Pharm. Bull.* **1976** 24, 2078.
260. K. Burger, U. Wassmuth, F. Hein, and S. Rottegger, *Justus Liebigs Ann. Chem.* **1984**, 991.
261. K. Burger, F. Hein, U. Wassmuth, and H. Krist, *Synthesis* **1981**, 904.
262. R. C. Rastogi and N. K. Ray, *Chem. Phys. Lett.* **1974** 28, 285.
263. Y. Inoue and D. D. Perrin, *J. Chem. Soc.* **1963**, 5166.
264. Z. Ozdowska and B. Szczycinski, *Rocz. Chem.* **1976** 50, 1777.
265. S. Nishikawa, Z. Kumazawa, N. Kashimura, Y. Nishikimi, and S. Uemura, *Agric. Biol. Chem.* **1986** 50, 2243.
266. W. Guo and T. C. Wong, *Magn. Reson. Chem.* **1986** 24, 75.
267. C. R. M. Gonzalez Campos, G. Crovetto Montoya, and L. Crovetto Montoya, *Ars Pharm.* **1986** 27, 255.
268. J. Maillard, M. Bernard, M. Vincent, Vo-Van-Tri, R. Jolly, R. Morin, M. Benharkate, and C. Menillet, *Chim. Ther.* **1967** 2, 231.
269. F. Pochat, F. Laveele, C. Fizames, and A. Zerial, *Eur. J. Med. Chem.* **1987** 22, 135.
270. E. C. Taylor, D. C. Palmer, T. J. George, S. R. Fletcher, C. P. Tseng, P. J. Harrington, G. P. Beardsley, D. J. Dumas, A. Rosowsky, and M. Wick, *J. Org. Chem.* **1983** 48, 4852.
271. A. K. Ghose and G. M. Crippen, *J. Med. Chem.* **1984** 27, 901.
272. W. E. Richter Jr., and J. J. McCormack, *J. Med. Chem.* **1974** 17, 943.
273. J. V. Tuttle and T. A. Krenitsky, *J. Biol. Chem.* **1980** 255, 909.
274. R. L. Miller, G. A. Ramsey, T. A. Krenitsky, and G. B. Elion, *Biochemistry* **1972** 11, 4723.
275. G. H. Sayed, S. El-Nagdy, and M. El-Mobayad, *J. Chem. Soc. Pak.* **1983** 5, 195.
276. R. Crossley, K. H. Dickinson, and G. M. Dover, *Eur. J. Med. Chem. Chim. Ther.* **1983** 18, 277.
277. J. Soloducho, A. Mrozikiewicz, and T. Bobkiewicz-Kozlowska, *Pol J. Pharmacol. Pharm.* **1983** 35, 131.
278. T. Higashino, M. Uchida, and E. Hayashi, *Chem. Pharm. Bull.* **1972** 20, 772.
279. C. Chen, X. Zheng, P. Zhu, and H. Guo, *Yaoxue Xuebao* **1982** 17, 112.
280. E. Hayashi, T. Higashino, C. Iijima, E. Oishi, H. Makino, T. Irie, F. Yamamoto, Y. Yokoyama, and Y. Iwai, *Yakugaku Zasshi* **1977** 97, 1022.
281. R. Lazarus, S. J. Benkovic, and S. Kaufman *J. Biol. Chem.* **1983** 258, 10960.

282. B. Vercek, I. Leban, B. Stanovnik, and M. Tisler, *Heterocycles* **1978** 9, 1327.
283. A. Gangjee, K. A. Ohmeng, F. T. Lin, and A. A. Katoh, *J. Heterocycl. Chem.* **1986** 23, 523.
284. J. I. DeGraw and H. Tagawa, *J. Heterocycl. Chem.* **1982** 19, 1461.
285. C. G. Dave, P. R. Shah, V. B. Desai, and S. Srinivasan, *Indian J. Pharm. Sci.* **1982** 44, 83.
286. D. S. Duch, M. P. Edelstein, S. W. Bowers, and C. A. Nichol, *Cancer Res.* **1982** 42, 3987.
287. D. Preslar, M. E. Grace, and C. W. Sigel, *Curr. Chemother. Infect. Dis., Proc. Int. Congr. Chemother., 11th*, Vol. 1, Meeting Date 1979, J. D. Nelson and C. Grassi (Eds.) American Society of Microbiologists, Washington, DC, 1980, p. 428.
288. D. S. Duch, C. W. Sigel, S. W. Bowers, M. P. Edelstein, J. C. Cavallito, R. G. Foss, and C. A. Nichol, *Curr. Chemother. Infect. Dis., Proc. Int. Congr. Chemother., 11th*, Vol. 2, Meeting Date 1979, J. D. Nelson and C. Grassi (Eds.) American Society of Microbiologists, Washington, DC, 1980, p. 1597.
289. B. S. Hurlbert, R. Ferone, T. A. Herrmann, G. H. Hitchings, M. Barnett, and S. R. M. Bushby, *J. Med. Chem.* **1968** 11, 711.
290. A. C. Stevenson, Mutagen-Induced Chromosome Damage Man, (Proc. Meet.), Meeting Date 1977, H. J. Evans and D. C. Lloyd (Eds.) Edingburgh University Press, Edinburgh, 1978, p. 227.
291. C. C. Hoffman, Y. K. Ho, R. L. Blakley, and J. S. Thompson, *Biochem. Pharmacol.* **1976** 25, 1947.
292. J. J. Burchall, *Ann. N. Y. Acad. Sci.* **1971** 186, 143.
293. R. L. Blakley, M. Schrock, K. Sommer, and P. F. Nixon, *Ann. N. Y. Acad. Sci.* **1971** 186, 119.
294. H. Tobiki, H. Yamada, N. Tanno, K. Shimago, Y. Eda, H. Noguchi, T. Komatsu, and T. Nakagome, *Yakugaku Zasshi* **1980** 100, 133.
295. P. Victory, J. M. Jover, and R. Nomen, *Afinidad* **1981** 38, 497.
296. T. Zawisza, B. Siwinska, H. Sladowska, and T. Jakobiec, *Farmaco Ed. Sci.* **1982** 37, 266.
297. H. Sladowska and T. Zawisza, *Farmaco Ed. Sci.* **1982** 37, 259.
298. H. Sladowska and T. Zawisza, *Farmaco Ed. Sci.* **1982** 37, 247.
299. J. Fossion and J. P. Osselaere, *J. Pharm. Belg.* **1976** 31, 51.
300. J. P. Osselaere and C. L. Lapiere, *Ann. Pharm. Fr.* **1974** 32, 575.
301. J. P. Osselaere, *Eur. J. Med. Chem. Chim. Ther.* **1974** 9, 310.
302. J. P. Osselaere and C. L. Lapiere, *Eur. J. Med. Chem Chim. Ther.* **1974** 9, 305.
303. R. A. Lazarus, R. F. Dietrich, D. E. Wallick, and S. J. Benkovic, *Biochemistry* **1981** 20, 6834.
304. G. Moad, C. L. Luthy, and S. J. Benkovic, *Dev. Biochem.*, **1979** 4, 55.
305. G. Kaupp and H. W. Grueter, *Chem. Ber.* **1981** 114, 2844.
306. G. Kaupp and H. W. Grueter, *Angew. Chem.* **1980** 92, 735.
307. G. M. Coppola and M. J. Shapiro, *J. Heterocycl. Chem.* **1981** 18, 495.
308. M. Tisler, B. Stanovnik, Z. Zrimsek, and C. Stropnik, *Synthesis* **1981**, 299.
309. A. S. Rao and R. B. Mitra, *Indian J. Chem. Sect. B* **1981** 20B, 159.
310. N. Kawahara, T. Nakajima, T. Itoh, and H. Ogura, *Chem. Pharm. Bull.* **1985** 33, 4740.
311. T. Itoh, T. Imini, H. Ogura, N. Kawahara, T. Nakajima, and K. A. Watanabe, *Chem. Pharm. Bull.* **1985** 33, 1375.
312. M. Tsuji, M. Saita, Y. Soejima, M. Takamori, K. Noda, S. Ueki, and M. Fujiwara, *Nippon Yakurigaku Zasshi* **1980** 76, 675.
313. S. Nakanishi and S. S. Massett, *Org. Prep. Proced. Int.* **1980** 12, 219.
314. B. Stanovnik, M. Tisler, V. Golob, I. Hvala, and D. Nikolic, *J. Heterocycl. Chem.* **1980** 17, 733.
315. H. Tobiki, H. Yamada, I. Nakatsuka, K. Shimago, Y. Eda, H. Noguchi, T. Komatsu, and T. Nakagome, *Yakugaku Zasshi* **1980** 100, 38.

6. References

316. C. G. Dave and P. R. Shah, *J. Inst. Chem. (India)* **1985** 57, 156.
317. M. El-Hashash, M. Mahmoud, and H. El-Fiky, *Rev. Roum. Chim.* **1979** 24, 1191.
318. D. P. Baccanari, D. Averett, C. Briggs, and J. Burchall, *Biochemistry* **1977** 16, 3566.
319. L. V. Ektova, V. N. Tolkachev, N. L. Radyukina, T. P. Ivanova, Ya, V. Dobrynin, and M. N. Preobrazhenskaya, *Bioorg. Khim.* **1979** 5, 1369.
320. S. M. Dunn and R. W. King, *Biochemistry* **1980** 19, 766.
321. H. Iwamura, S. Murakami, J. Koga, S. Matsubara, and K. Koshimizu, *Phytochemistry* **1979** 18, 1265.
322. W. T. Colwell, V. H. Brown, J. I. DeGraw, and N. E. Morrison, *Dev. Biochem.*, **1979** 4, 215.
323. B. R. Baker, *J. Med. Chem.* **1967** 10, 912.
324. C. G. Dave, P. R. Shah, G. K. Shah, P. S. Pandya, K. C. Dave, and V. J. Patel, *Indian J. Pharm. Sci.* **1986** 48, 75.
325. R. Kwok, *J. Heterocycl. Chem.* **1978** 15, 877.
326. L. Fuentes, A. Lorente and J. L. Soto, *An Quim.* **1977** 73, 1359.
327. A. Miyake, Y. Oka, and Y. Shojiro, *Takeda Kenkyusho Ho* **1974** 33, 155.
328. H. Junek and I. Wrtilek, *Monatsh. Chem.* **1970** 101, 1130.
329. W. Remp and H. Junek, *Monatsh. Chem.* **1973** 104, 1101.
330. C. Rufer and K. Schwarz, *Eur. J. Med. Chem. Chim. Ther.* **1977** 12, 236.
331. D. E. Beattie, R. Crossley, A. C. Adrian, D. G. Hill, and A. E. Lawrence, *J. Med. Chem.* **1977** 20, 718.
332. A. I. Mikhalev, Yu. V. Kozhevnikov, and M. E. Konshin, *Tr. Permsk. S. kh. Inst.* **1976**, 57. (*Chem. Abstr.* **1976** 86, 121288j).
333. C. Hansch, *Adv. Pharm. Chemother.*, **1975** 13, 45.
334. B. Roth and J. Z. Strelitz, *J. Org. Chem.* **1969** 34, 821.
335. E. Deutsch, *Excerpta Med. Int. Congr. Ser.* **1975** 357, 319.
336. H. Sladowska and T. Zawisza, *Farmaco Ed. Sci.* **1986** 41, 954.
337. S. Xi, Q. Chen and G. Zhao, *Shenyang Yaoxueyuan Xuebao* **1984** 1, 244.
338. M. Pesson, M. Antoine, S. Chabassier, S. Geiger, P. Girard, D. Richer, P. DeLajudie, E. Horvath, B. Leriche, and S. Patte, *Eur. J. Med. Chem. Chim. Ther.* **1974** 9, 591.
339. H. C. S. Wood, R. Wrigglesworth, D. Yeowell, F. W. Gurney, and B. S. Hurlbert, *J. Chem. Soc. Perkin Trans. 1* **1974**, 1225.
340. J. P. Osselaere, *J. Pharm. Belg.* **1974** 29, 145.
341. J. Soloducha, A. Mrozikiewicz, T. Bobkiewicz-Kozlowska, A. Olejnik, and A. Pieczynska, *Pol. J. Pharmacol. Pharm.* **1985** 37, 541.
342. F. Herold, *Acta. Pol. Pharm.* **1983** 40, 681.
343. R. I. Dzhibuti and H. M. Sallam, *Yad. Fiz.* **1974** 19, 75.
344. S. Kobayashi, *Bull. Chem. Soc. Jpn.* **1973** 46, 2835.
345. H. Sternglanz and C. E. Bugg, *Acta Crystallogr., Ser. B* **1973** 29, 2191.
346. H. Junek and G. Schmidt, *Monatsh. Chem.* **1968** 99, 635.
347. H. Sladowska, A. Bartoszko-Malik, and T. Zawisza, *Farmaco Ed. Sci.* **1986** 41, 899.
348. S. Nishigaki, K. Ogiwara, S. Fukazawa, M. Ichiba, N. Mizushima, and F. Yoneda, *J. Med. Chem.* **1972** 15, 731.
349. S. R. Stone, J. A. Montgomery, and J. F. Morrison, *Biochem. Pharmacol.* **1984** 33, 175.
350. H. Bredereck, G. Simchen, R. Wahl, and F. Effenberger, *Chem. Ber.* **1968** 101, 512.
351. N. Hamaguchi, H. Iwamura, and T. Fujita, *Eur. J. Biochem.* **1985** 153, 565.
352. H. Iwamura, S. Murakami, K. Koshimizu, and S. Matsubara, *J. Med. Chem.* **1985** 28, 577.

353. R. Stewart and S. J. Gumbley, *Can. J. Chem.* **1985** 63, 3290.
354. B. M. Pyatin and R. G. Glushkov, *Khim. Farm. Zh.* **1969** 3, 10.
355. B. M. Paytin and R. G. Glushkov, *Khim. Farm. Zh.* **1968** 2, 11.
356. B. M. Paytin and R. G. Glushkov, *Khim. Farm. Zh.* **1968** 2, 17.
357. R. C. Elderfield and M. Wharmby, *J. Org. Chem.* **1967** 32, 1638.
358. E. N. Dozorova, S. I. Grizik, I. V. Persianova, R. D. Syubaev, G. Ya. Shvarts, and V. G. Granik, *Khim. Farm. Zh.* **1985** 19, 154.
359. J. M. Quintela and J. L. Soto, *An. Quim. Ser. C* **1984** 80, 268.
360. S. O. Pember, S. J. Benkovic, J. J. Villafranca, M. Pasenkiewicz-Gierula, and W. E. Antholine, *Biochemistry* **1987** 26, 4477.
361. D. M. Kuhn and W. Lovenberg, *Biochem. Biophys. Res. Commun.* **1983** 117, 894.
362. W. P. Bullard and T. L. Capson, *Mol. Pharmacol.* **1983** 23, 104.
363. T. A. Dix, G. E. Bollag, P. Domanico, and S. J. Benkovic, *Biochemistry* **1985** 24, 2955.
364. K. Hirota, Y. Kitade, and S. Senda, *Heterocycles* **1980** 14, 407.
365. S. Robev, *Dokl. Bolg. Akad. Nauk* **1979** 32, 903.
366. A. P. Bhaduri and N. M. Khanna, *Indian J. Chem.* **1966** 4, 447.
367. P. R. Andrews, D. J. Craik, and J. L. Martin, *J. Med. Chem.* **1984** 27, 1648.
368. Z. Kadunc, B. Stanovnik, and M. Tisler, *Vestn. Slov. Kem. Drus.* **1984** 31, 23.
369. K. M. Ghoneim, M. M. Badran, S. Bostros, and M. Abdel Gawad, *Egypt. J. Pharm. Sci.* **1987** 28, 9.
370. N. H. Eshba, A. A. B. Hazzaa, A. Mohsen, and M. E. Omar, *Egypt. J. Pharm. Sci.* **1986** 27, 261.
371. P. Matyus, P. Sohar, and H. Wamhoff, *Acta Chim. Sci. Hung.* **1986** 122, 211.
372. Y. G. Assaraf and R. T. Schimke, *Proc. Natl. Acad. Sci. USA* **1987** 84, 7154.
373. C. S. Schold Jr., H. S. Friedman, and D. D. Bigner, *Cancer Treat. Rep.* **1987** 71, 849.
374. S. F. Queener, M. S. Bartlett, M. A. Jay, M. M. Durkin, and J. W. Smith, *Antimicrob. Agents Chemother.* **1987** 31, 1323.
375. D. S. Roos and R. T. Schimke, *Proc. Natl. Acad. Sci. USA* **1987** 84, 4860.
376. S. Ratnam, T. J. Delcamp, J. B. Hynes, and J. H. Freisheim, *Arch. Biochem. Biophys.* **1987**, 255, 279.
377. D. W. Fry and R. C. Jackson, *Cancer Metastasis Rev.* **1987** 5, 251.
378. H. S. Friedman, S. H. Bigner, S. C. Schold Jr., and D. D. Bigner, *Biol. Brain Tumour, Proc. Int. Symp., 2nd*, Meeting Date 1984, M. D. Walker, and D. G. T. Thomas (Eds.) Nijhoff, Boston, 1986, p. 405.
379. R. G. Randall, O. E. Brown, M. L. Gillison, and W. David Sedwick, *Mol. Pharmacol.* **1986** 30, 651.
380. W. D. Klohs, R. W. Steinkampf, J. A. Besserer, and D. W. Fry, *Cancer Lett. (Shannon, Irel.)* **1986** 31, 253.
381. J. Laszlo, H. J. Iland, and W. David Sedwick, *Adv. Enzyme Regul.* **1985** 24, 357.
382. J. J. Jaffe, J. J. McCormack, and E. Meymarian, *Biochem. Pharmacol.* **1972** 21, 719.
383. J. J. Jaffe, *Ann. N. Y. Acad. Sci.* **1971** 186, 113.
384. W. E. Gutteridge, B. M. Ogilvie, and S. J. Dunnett, *Int. J. Biochem.* **1970** 1, 230.
385. R. Ferone, J. J. Burchall, and G. H. Hitchings, *Mol. Pharmacol.* **1969** 5, 48.
386. J. J. Burchall, *Mol. Pharmacol.* **1968** 4, 238.
387. J. J. Jaffe and J. J. McCormack Jr., *Mol. Phys.* **1967** 3, 359.
388. H. Yamada, et al. Ger Patent DE 2539664, 1976; *Chem. Abstr.* **1976** 85, 94378j.
389. H. Tobiki, H. Yamada, I. Nakatsuka, S. Okano, T. Nakagome, K. Shimago, T. Komatsu, A. Izawa, H. Noguchi, and Y. Eda, Ger. Patent DE 2362279, 1974; *Chem. Abstr.* **1974** 81, 105493p.

390. (a) H. Yamada, T. Nakagome and T. Komatsu Jpn. Patent 52/25791 [77/25791], 1977; *Chem. Abstr.* **1977** 87, 53341q. (b) H. Tobiki, K. Shimago, S. Okano, T. Komatsu, T. Katsura, Y. Taira, and Y. Eda, S. African Patent 72/5865, 1973; *Chem Abstr.* **1974** 80, 3512f.
391. A. Beckwith, U. S. Patent US 3947416, 1976; *Chem. Abstr.* **1976** 85, 33073j.
392. N. Kihara, H. Tan, M. Takei, and T. Ishihara, Jpn. Patent 62/221686 A2[87/221686], 1987; *Chem. Abstr.* **1987** 108, 167514f.
393. J. Nickl, E. Mueller, B. Narr, and J. Roch, Ger. Patent DE 2202367, 1973; *Chem. Abstr.* **1973** 79, 115621b.
394. K. Noda, A. Nakagawa, S. Miyata, and H. Ide, Jpn. Patent 51/108093 [76/108093], 1976; *Chem. Abstr.* **1976** 86, 155680w.
395. N. Kihara, I. Tomino, and M. Takei, Jpn. Patent 61/76488 A2 [86/76488], 1986; *Chem. Abstr.* **1986** 105, 208915w.
396. K. Yokoyama, K. Kato, T. Kitahara, H. Ono, T. Nishina, K. Takashi, A. Mikio, N. Akira and T. Nakano, Jpn. Patent 61/140568 A2 [86/140568], 1986; *Chem. Abstr.* **1986** 106, 18629d.
397. K. Noda, A. Nakagawa, T. Motomura, S. Miyata, and H. Ide, Jpn. Patent 50/82094[75/82094], 1975; *Chem. Abstr.* **1975** 83, 193376x.
398. K. Noda, A. Nakagawa, Y. Nakashima, and H. Ide, Ger. Patent DE 2446323, 1975; *Chem. Abstr.* **1975** 83, 43375g.
399. K. Noda, A. Nakagawa, T. Motomura, K. Yamagata, S. Yamasaki, S. Miyata, and H. Ide, Jpn. Patent 50/140490 [75/140490], 1975; *Chem. Abstr.* **1976** 85, 21425n.
400. K. Noda, et al. Jpn. Patent 50/157394 [75/157394], 1975; *Chem. Abstr.* **1976** 85, 5674n.
401. J. Davoll, Br. Patent GB 1171218, 1969; *Chem. Abstr.* **1969** 72, 66973n.

CHAPTER II

Pyrano- and Thiopyranopyrimidines

1. NOMENCLATURE

There are four possible isomeric structures for pyrano- or thiopyranopyrimidines that are the subject for this chapter. These are shown in the figure below. Structure **1** is used to illustrate the naming and numbering for each of the isomers. The outer numbers show how the ring substituents should be assigned. The inner numbers and letters describe how each isomer is defined. Structures **2–4** are classified in a similar manner.

Each of the isomeric structures is capable of existing in several tautomeric forms in which the hydrogen may be located at positions 2, 4, 5, 6, or 7. Because of the valency of the oxygen and sulfur atoms only one double bond may exist in the ring containing the oxygen or sulfur atom and still maintain a molecule in a neutral form.

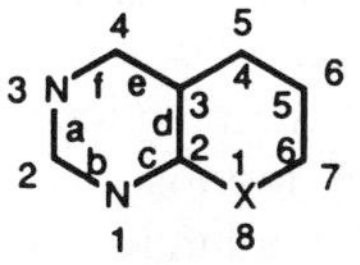

1
PYRANO- or THIOPYRANO-
[2,3-d]PYRIMIDINE

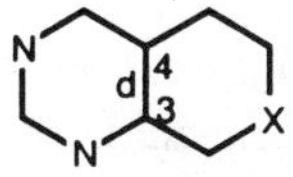

2
PYRANO- or THIOPYRANO-
[3,4-d]PYRIMIDINE

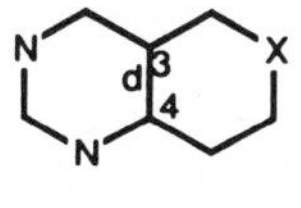

3
PYRANO- or THIOPYRANO-
[4,3-d]PYRIMIDINE

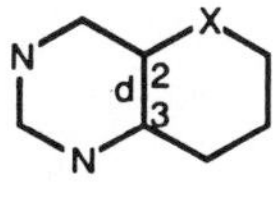

4
PYRANO- or THIOPYRANO-
[3,2-d]PYRIMIDINE

a: X = O
b: X = S

2. METHODS OF SYNTHESIS OF THE RING SYSTEM

There are two major pathways leading to the synthesis of the isomeric pyrano- or thiopyranopyrimidines. These involve either commencing with a pyrimidine ring and adding the oxygen- or sulfur-containing ring or commencing with the oxygen- or sulfur-containing ring and adding the nitrogen ring. Both pathways have been used although the former approach has received, by far, the most attention.

All of the four possible position isomers of pyranopyrimidines have been reported, although most of the literature covers the pyrano[2,3-d]pyrimidines, **1a**.

Of the four possible isomers for thiopyranopyrimidines three have been described. And, like the oxygen analog, by far the greatest amount of work has been reported for **1b** with only two references to **2b**.[1,2]

For the convenience of the reader the discussion that follows will be divided into syntheses based on the starting ring system as well as separate accounts of the oxygen and sulfur fused pyrimidines.

A. Syntheses of Pyrano[2,3-d]pyrimidines

(1) *From Pyrimidines*

The synthesis of this ring system is unusual in that most of the pyrimidines used as starting materials are barbituric acid derivatives.

The first reported example[3] illustrates many of the reactions that have been employed. Barbituric acid, 2-thiobarbituric acid, N-monosubstituted and N,N'-disubstituted barbituric acids, **5**, and a variety of combinations of these simple systems serve as the basic building blocks for this isomer. Thus, Ridi et al.[3,4] uses β-keto esters, **6**, to form part of the oxygen-containing ring. Although not isolated, the intermediate is likely the product resulting from condensation of the active methylene group at position 5 of the barbituric acid and the keto carbonyl. Subsequent cyclization to form the lactone product is rapid. In the second report[4] malonylurea precursors of barbituric acids are used in lieu of the

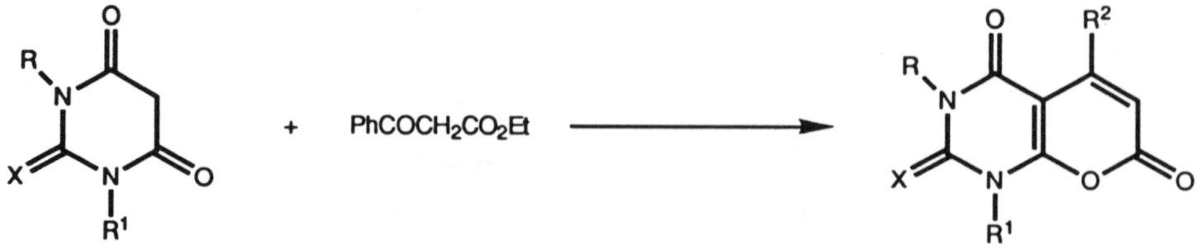

5   +   PhCOCH$_2$CO$_2$Et   ⟶   **7**

6

2. Methods of Synthesis of the Ring System

nitrogen heterocycle but the presumption is that the barbituric acid ring system is formed *in situ*. These initial studies are summarized in the reaction leading to the formation of trioxo- or dioxothio-pyrano[2,3-*d*]pyrimidines, **7**.

Compound **7** ($R = R^1 = H$; $R^2 = Me$; $X = O$) was unexpectedly obtained from the reaction of ethyl acetoacetate and 6-(2-hydroxyethylamino)uracil in hot phosphoric acid.[5] It is suggested that hydrolysis of the amino moiety to give a barbituric acid derivative accounts for the formation of a pyranopyrimidine instead of the desired pyridopyrimidine.

2-Thiobarbituric acid reacts with carbon suboxide to form the 7-hydroxy-2-thio analog (**7**: $R = R^1 = H$; $X = S$; $R^2 = OH$).[6]

Treatment of 1,3-dimethylbarbituric acid, **8** ($X = O$), with dimethyl acetylenedicarboxylate, **9**, in the presence of triethylamine leads to the Michael addition product. The adduct, presumed to be in the trans formation, is heated to 170 °C and gives the corresponding 5-carboalkoxy esters of 1,3-dimethyl-1,3,4,7-tetrahydro-2,4,7-trioxo-2*H*-pyrano[2,3-*d*]pyrimidine, **10** ($R = Me$ or Et).[7] Overall yields in the two-step reaction are 50% or less.

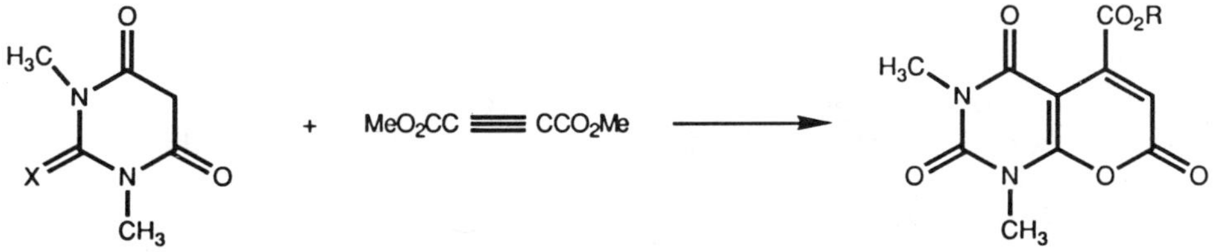

Schiff bases, **11**, are formed from 1,3-dimethylbarbituric acid or its 2-thio analog, **8** ($X = O$ or S), with ethyl orthoformate and anilines. These Schiff bases react further with alkylcyanoacetates or malononitrile in the presence of KOH to give 6-substituted 7*H*-pyrano[2,3-*d*]pyrimidines, **12**.[8]

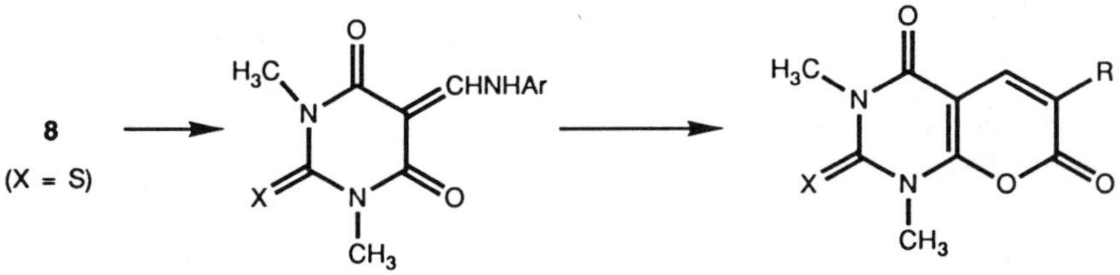

compound	X	R
a	O	CO_2Et
b	O	$CONH_2$
c	S	$COMe$
d	S	$CONH_2$

Carbon analogs of the 7-oxo compounds previously described have also been obtained. 4-Pyrones fused to other rings serve as the functional group required to form the requisite pyran ring. 1,3-Dimethylbarbituric acid, **8** (X = O), and 1,3-diphenyl-4-pyrono[2,3-*b*]pyrrole, **13**, afford 1,3-dimethyl-2,4-dioxo-7-(1,3-diphenyl-5-oxo-pyrrolinylidenyl)-1,2,3,4-tetrahydro-7*H*-pyrano[2,3-*d*]pyrimidine, **14**.[9]

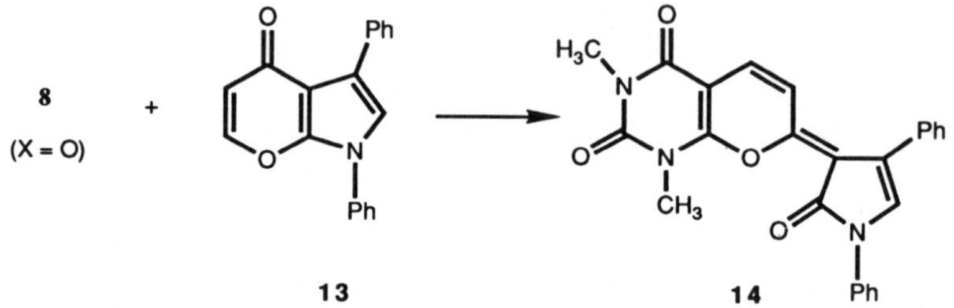

A similar reaction with 4,5-dihydro-4-oxo-indeno[1,2-*b*]pyran, **15**, leads to 1,3-dimethyl-2,4-dioxo-7-(1-oxo-2-indanylidenyl)-1,2,3,4-tetrahydro-7*H*-pyrano[2,3-*d*]pyrimidine, **16**.[10] Extensive use of NMR facilitated the structural assignment. The pathway of these latter two reactions[9,10] is not clear but the products arose, inadvertently, while attempting to condense the barbituric acid with the intact pyrone compounds.

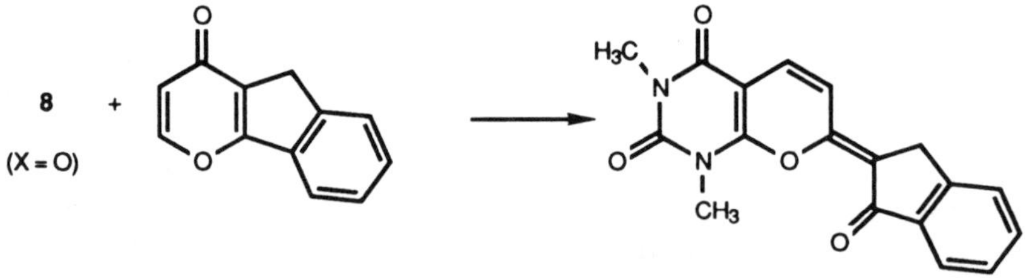

Condensation of 1,3-diphenyl-2-thiobarbituric acid, **5d**, with malonyl chloride provides 1,3-diphenyl-4,6-dioxo-7-hydroxy-2-thio-1,2,3,4-tetrahydro-5*H*-pyrano[2,3-*d*]pyrimidine, **17** (R = H), in poor yield.[11] Methylation at the 7-OH function fixes the structure as shown, **17** (R = Me).

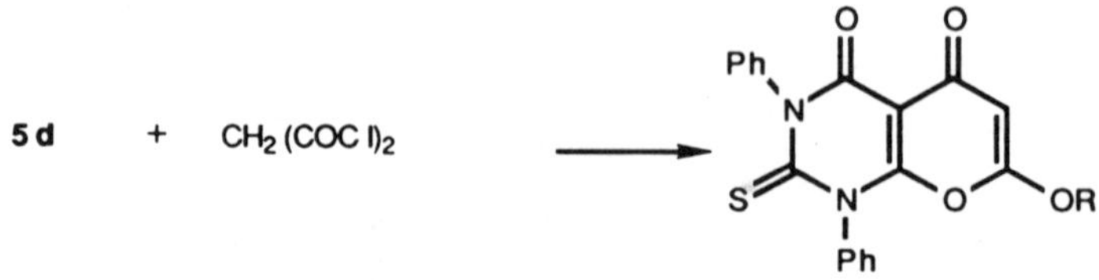

2. Methods of Synthesis of the Ring System   123

The 1,3,7-trimethyl derivative, **19**, arises from the acid catalyzed cyclization of the 5-acetoacetyl compound, **18**,[12] in exceptional yield (99%). The intermediate, **18**, was obtained in the reaction of dimethylbarbituric acid (**8**, X = O) and ketene in the presence of triethylamine.

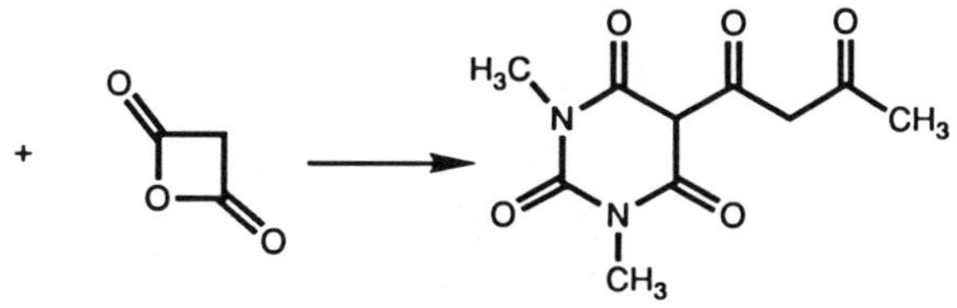

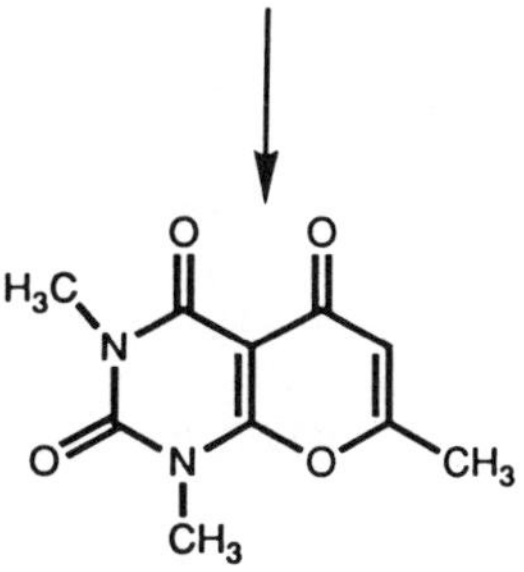

A carbocyclic analog of the 5-oxo derivatives, **21**, is reported to result from the condensation of 1,3-dimethylbarbituric acid, **8** (X = O), and 4-pyrone, **20**, in refluxing acetic anhydride and acetic acid.[13]

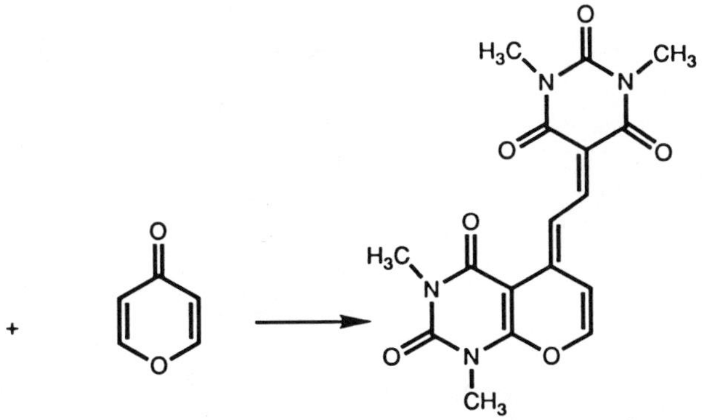

Quite a few examples of this class of compound in which position 5 is not oxidized have been reported. Many of these have resulted from reactions involving a phenylacetylenic moiety. Whether the side chain is previously attached to the pyrimidine[14] or results from reaction of aldehydes and substituted phenylacetylenes[15] with the pyrimidine the general structure of the resulting products is **22**.

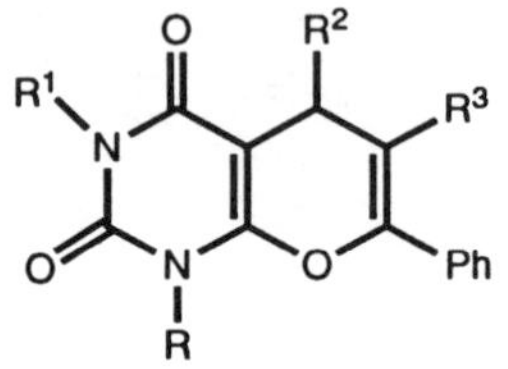

22

R = H, CH$_3$, Ph

R^1 = H, CH$_3$, Ph, 4-NO$_2$Ph

R^2 = H, CH$_3$, Ph, x-NO$_2$Ph, x-ClPh, x-CH$_3$OPh, OH

R^3 = H, Br

The reaction of tetracyanoethylene with barbituric acids yields tricyano derivatives, **23** (R^1 = R^2 = R^3 = CN).[16] Under very similar conditions dipyrimidinylmalonodinitriles are the isolated products. The reason for these variable results is unclear. Monoaryl dicyanoethylenes afford the monocyano derivatives, **23** (R^1 = H; R^2 = Ar; R^3 = CN), in very good yields.[17,18]

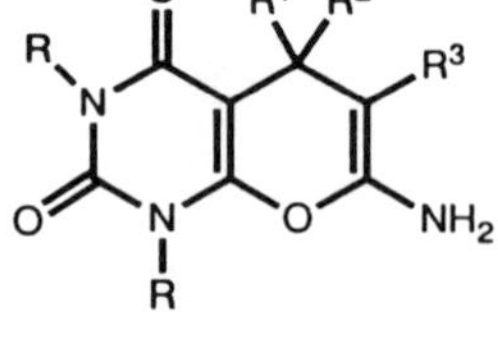

23

(R = H or CH$_3$)

Ester substituents can be obtained, **23** (R^1 = H; R^2 = Ar; R^3 = CO$_2$Et), in an analogous way by using the appropriately substituted ethylene derivatives.[18]

Barbituric acids treated initially with benzalacetophenone in the presence of triethylamine form the Michael addition products that, when heated with

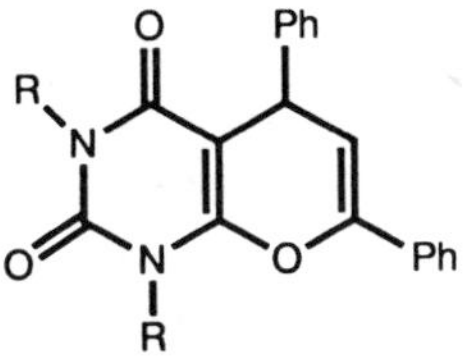

2. Methods of Synthesis of the Ring System

24

phosphorus pentoxide in glacial acetic acid, lead to the 5,7-diphenyl derivatives, **24** (R = H or Me).[7]

Condensation of malonic acid or methylmalonic acid with 1,3-dimethylbarbituric acid in acetic anhydride–acetic acid medium affords the corresponding 6H-pyrano[2,3-d]pyrimidines, **25** (R = H or Me).[19] The compounds exhibit properties of only the keto form although the enol form can be postulated.

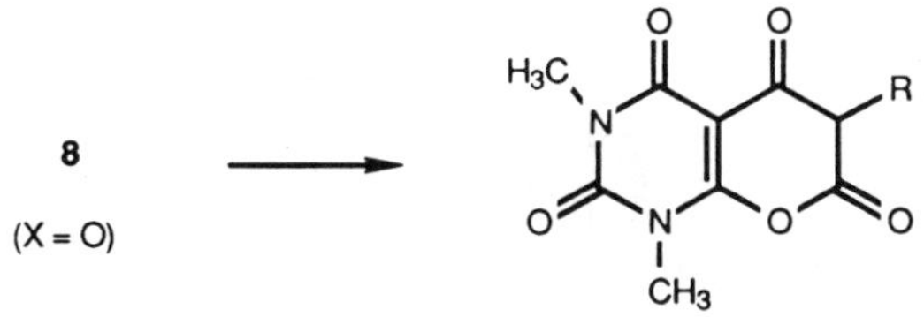

8
(X = O)

25

A series of 5-(3-hydroxybutyl)-barbituric acids, **26**, were cyclized in acid media to form 7-methyl derivatives, **27**,[20] in yields ranging from 31–88%. Ultraviolet spectra figured prominently in characterization of the structure.

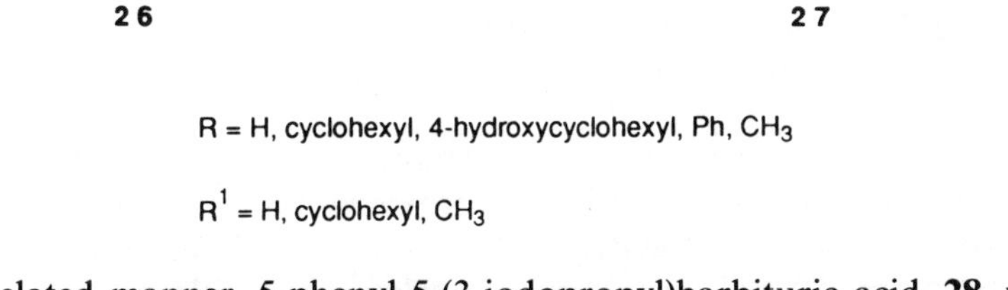

26

27

R = H, cyclohexyl, 4-hydroxycyclohexyl, Ph, CH₃

R¹ = H, cyclohexyl, CH₃

In a related manner, 5-phenyl-5-(3-iodopropyl)barbituric acid, **28**, was cyclized to give a bridgehead substituent, **29**.[21] This compound was used as an intermediate in the production of barbituric acids with other functionalities in place of iodine. For example, ring opening of **29** occurs readily in water or methanol with traces of trifluoroacetic acid present.

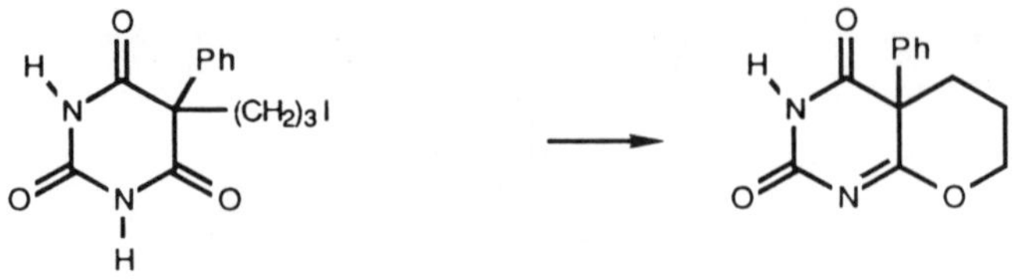

The reaction of barbituric acids, aldehydes, and unsaturated compounds provides a general approach to the synthesis of multisubstituted derivatives, **31**.[22-24]

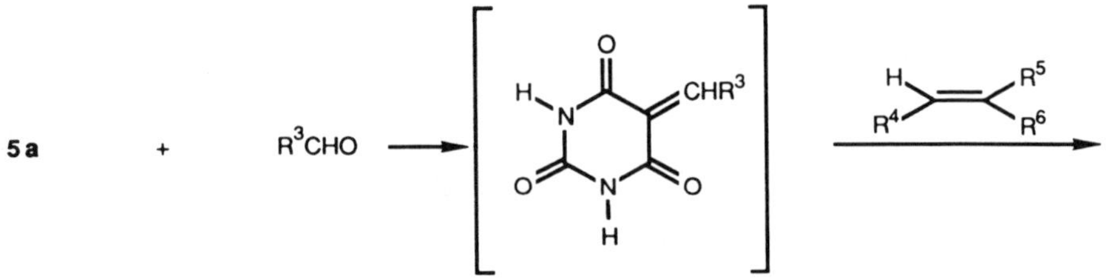

Finally, treatment of a series of barbituric acids with ethyl orthoacetate results in a condensation of two equivalents of the barbituric acid to form an extended conjugated system, **32** (R = Me or Et; X = O or S).[25] Although the yields of these products were generally poor, chemical studies confirmed their usefulness as dyes.

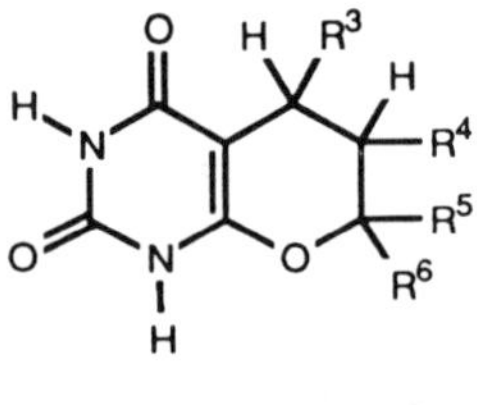

Products analogous to the previous examples are obtained from 4,6-dioxopyrimidines. Thus, the reaction of 6-hydroxypyrimidin-4(3H)-ones, **33**, with bis-2,4,6-trichlorophenyl malonates or diethyl malonates produced the corresponding 4H-pyrano[2,3-d]pyrimidines, **34** (where R^3 = OH).[26]

Two-Substituted 4,6-dihydroxypyrimidines readily react with the Vilsmeier reagent to give the methyleneimonium salt at position 5. While this species is

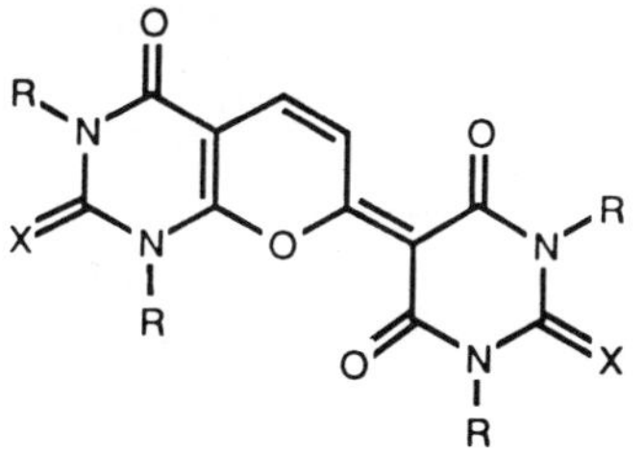

2. Methods of Synthesis of the Ring System

32

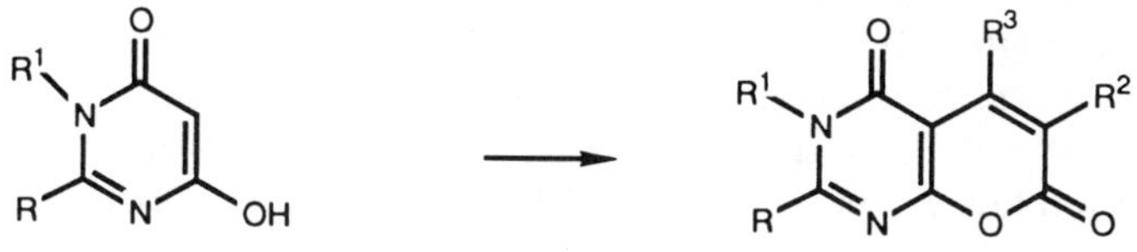

33 → **34**

most often converted to the 5-formyl compound, reaction with diethyl malonate in base affords 6(1H)-4-hydroxy-5-(β,β-bisethoxycarbonyl-ethylene)pyrimidine, which is not isolated. Ring closure with either acetic acid or hydrochloric acid provides the corresponding pyrano[2,3-d]pyrimidine, **34** (R = H, Me or Ph; R^1 = H; R^2 = CO_2Et; R^3 = H), in moderate yields.[27,28]

Condensation of barbituric acids with β-dicarbonyl compounds leads to a series of charged aromatic species, **35**,[29,30] isolated as salts of the acid used in catalyzing the reaction. These reports appear to be the only references associated with pyrylium derivatives.

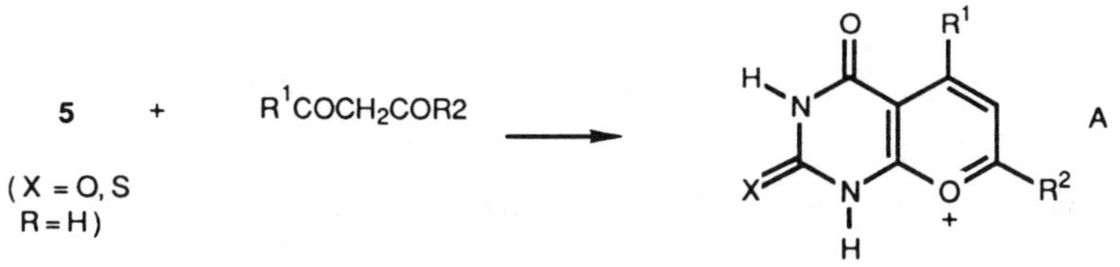

5 + $R^1COCH_2COR^2$ → **35**

(X = O, S
R = H)

(2) From Pyrans

Few examples of syntheses of pyranopyrimidines from pyran derivatives have been reported. One approach involves a carbonyl function located on the pyran ring.

In the first case a β-dicarbonyl structure, **36**, is allowed to condense with cyclohexylurea to form a substituted pyrano[2,3-d]pyrimidine, **37**.[20] This compound has previously been prepared starting from the corresponding pyrimidine. Although only this compound is described in the present work,[20] the method appears to be general.

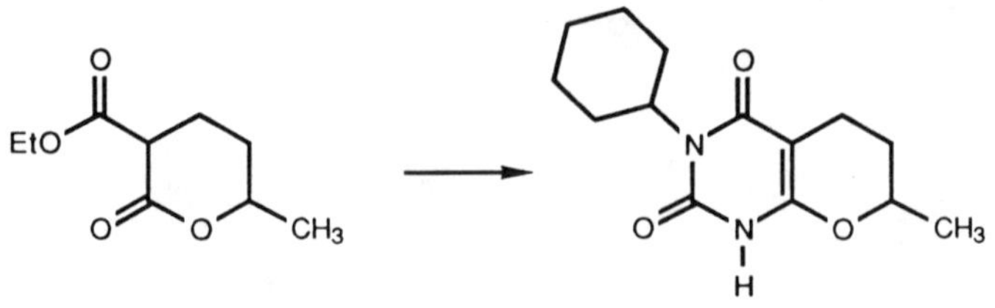

Monosubstituted derivatives of this isomer, **39** (R = NH_2 or NHCN), are obtained in modest yields through the Mannich base of 2-pyrone, **38**.[31]

The condensation of substituted 2-amino-3-cyano-4H-pyrans with either acetic anhydride or triethoxymethane, followed by primary amines afforded a wide range of pyrano[2,3-d]pyrimidines.[32,33] Substantial use of spectral data ruled out other plausible reaction products.

More recently, similar enaminonitriles reacting with trichloroacetonitrile, 3-amino-2-cyano-4-trichlorocrotonate or benzoylisothiocyanate resulted in further examples of pyrano[2,3-d]pyrimidines.[34]

(3) *From Nonheteroaromatic Precursors*

The 7-oxo derivatives formed in the preceding reaction can be obtained in alternative ways. For example, amide oxime ethers, **40**, react with malonyl chloride to give the 7-OH derivatives, **41**, presumably through the intermediate formation of a pyrimidine.[35] This is one of the few cases in which a true barbituric acid derivative is not involved.

B. Synthesis of Pyrano[4,3-d]pyrimidines

(1) *From Pyrimidines*

The conversion of the o-styrylpyrimidinecarboxylic acids, **42**, into 7-phenyl derivatives, **43** (R = Ph or OH), by boiling acetic acid and bromine was

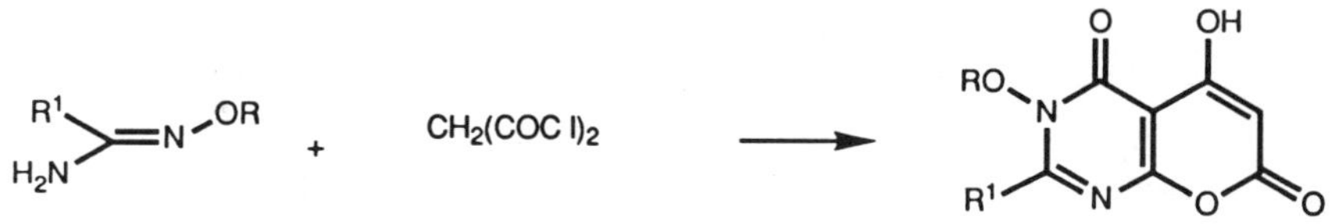

compound	R	R^1
a	PhCH$_2$	CH$_3$
b	PhCH$_2$	CH$_3$CH$_2$
c	PhCH$_2$	Ph
d	CH$_3$CH$_2$	Ph

accomplished.[36] The products, **43**, were used as precursors to pyrido[4,3-d]pyrimidines by treatment with nitrogen nucleophiles.

In an isolated example, the adduct from 6-dimethylamino-1,3-dimethylbarbituric acid and phosphorus oxychloride reacts further with malononitrile and ethyl cyanoacetate to give 4-dimethylamino-2,5,7-trioxo-(1H,3H)-1,3-dimethyl-8-cyano-7H-pyrano[4,3-d]pyrimidine.[37]

In a more general approach, 5-formyl-1,3,6-trimethyluracil, **44**, reacts with a variety of aldehydes in the presence of lithium diisopropylamide to give 7-substituted pyrano[4,3-d]pyrimidines, **45** (R = H, Et, Ph, or benzyl).[38,39] The reaction appears to proceed via a Diels–Alder pathway in which the aldehyde functions as the dienophile. The diene results from abstraction of a proton from the 6-methyl group and also involves the 5-formyl group. The reaction proceeds with high regio- and stereoselectivity.

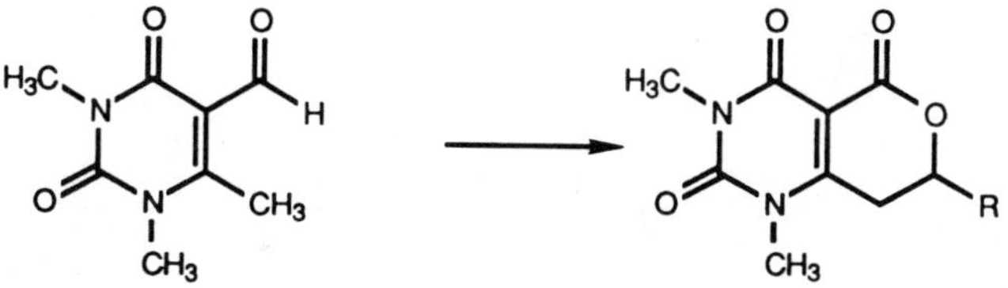

(2) From Pyrans

The 5,6-dihydro-2*H*-pyran-3-carboxaldehydes, **46**, react with urea in aqueous ethanolic hydrogen chloride solution to give 4-ureido-octahydropyrano[4,3-*d*]pyrimidines, **47** (R = H or Me).[40]

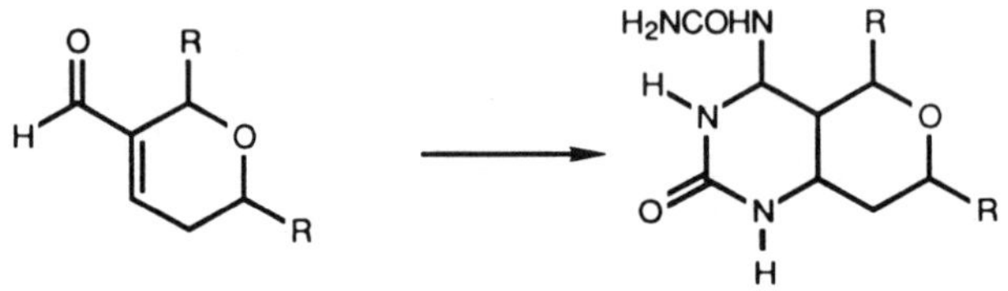

C. Synthesis of Pyrano[3,2-*d*]pyrimidines

(1) From Pyrimidines

The only reported syntheses of this isomer, **49**, from a pyrimidine precursor are derived from the Claisen rearrangement of 5-propynyloxypyrimidines, **48** (R = R^1 = Me).[41] The course of the reaction is very dependent on solvent with toluene affording the best yield of **49**. Other solvents gave varying quantities of furo[3,2-*d*]pyrimidines. Uracil and uridine derivatives, **48** (R = R^1 = H and R = H, R^1 = triacetylribose), where the latter compound is the first nucleoside to be involved in any of the pyranopyrimidines, also serve as the precursors in this reaction.

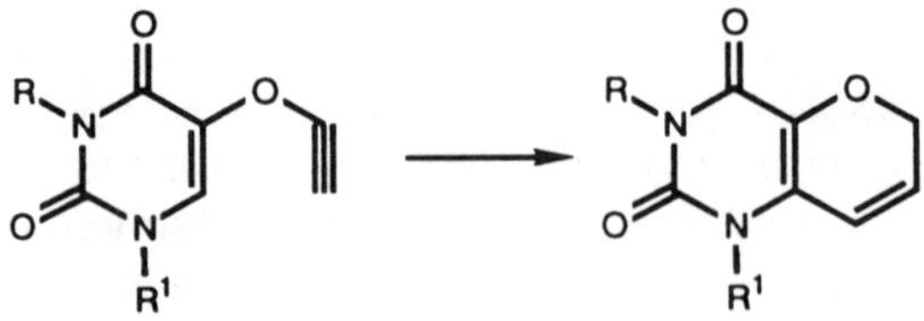

(2) From Pyrans

The diphenyl pyrano[3,2-*d*]pyrimidine, **51**, has been prepared, in poor yield, from the benzoyl pyran, **50**, and benzamidine.[42] Fused pyrimidines, however, were not the major objective of this study.

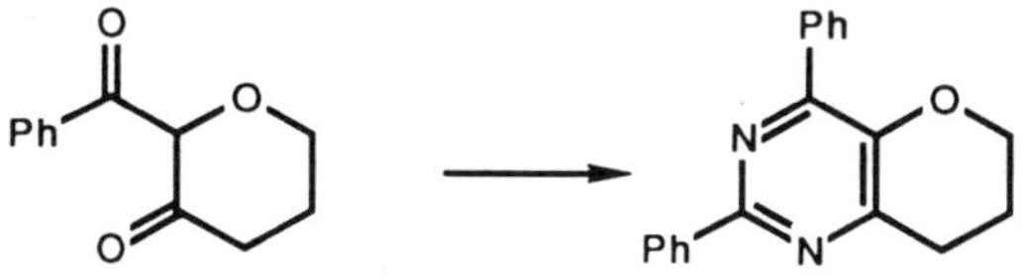

2. Methods of Synthesis of the Ring System

50 → **51**

D. Synthesis of Thiopyrano[2,3-d]pyrimidines

(1) *From Pyrimidines*

B. R. Baker[43] in his continuing quest for antifolate compounds first described a series of derivatives of thiopyrano[2,3-d]pyrimidines in 1963. The first example resulted from an acid-catalyzed alcoholysis of a side chain acetal, **52**, that unexpectedly formed the cyclic acetal, **53** (R = OEt).

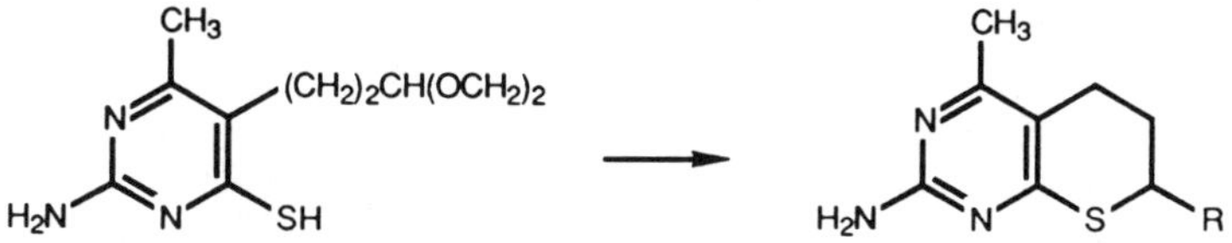

52 → **53**

Acid-catalyzed hydrolysis of **53** (R = OEt) led to the open chain aldehyde of **52** that, in turn, could react with aniline to give the corresponding 7-anilino derivative, **53** (R = PhNH). Later extension of this reaction using 4-dimethylamino- and 4-chloroanilines was reported by Baker.[44]

In similar fashion the corresponding 4-methyl derivative was formed from 6-chloro-5-[2-(1,3-dioxolan-2-yl)ethyl]-4-methylpyrimidine by treatment with thiourea.[45]

If the analogous carboxylic acid derivative, **54**, is used instead of the aldehyde the 7-oxo derivative, **55**, is obtained upon treatment with acetic anhydride.[46]

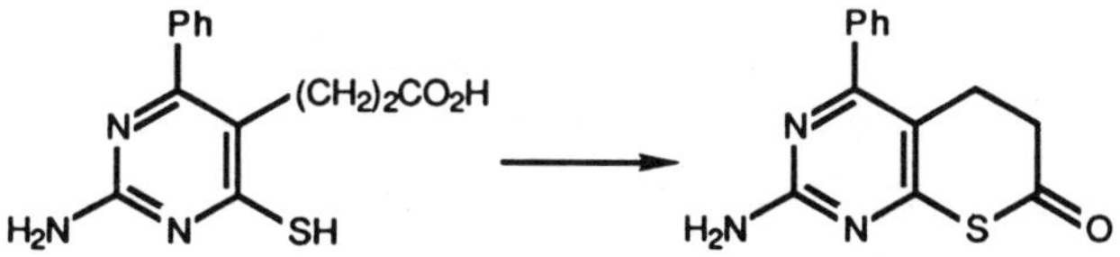

54 → **55**

A slightly different approach was taken by Wamhoff and Korte.[47] Thus treatment of 5-mercaptopropyl-6-oxo derivatives, **56** (R = OH, SH, or NH_2; R^1 = Me, Ph, or NH_2), with polyphosphoric acid at 90 °C leads to reduced thiopyranopyrimidines, **57**.

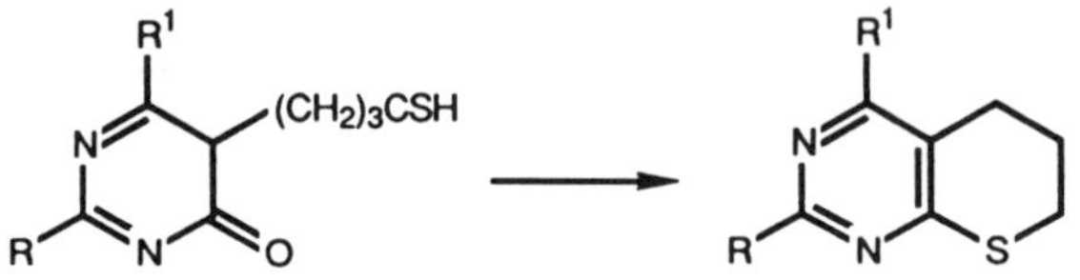

Another reaction that occurs by introducing the sulfur atom to the pyrimidine moiety via an aliphatic reagent is described by Santilli and Scotese.[48] The reaction of ethyl mercaptosuccinate with 4-chloro-5-cyano-2- methylthiopyrimidine, **58**, leads to diethyl 5-amino-2-(methylthio)-7H-thiopyrano[2,3-d]pyrimidine-6,7-dicarboxylate, **59**, instead of the isomeric thieno[2,3-d]pyrimidine, **60**. The structural assignment is supported by IR and NMR data.

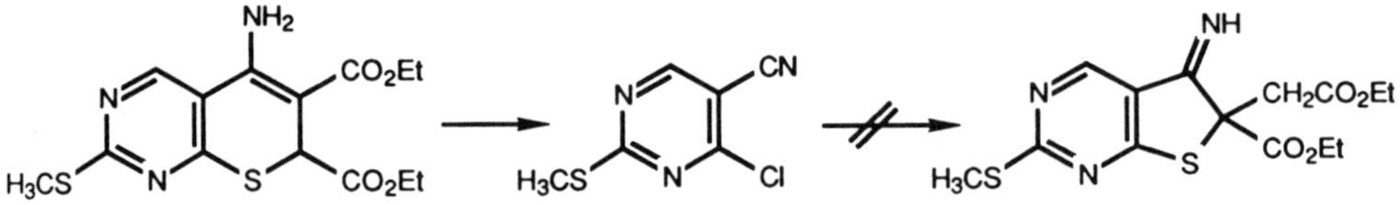

The initial report of the synthesis of a thiopyrano[2,3-d]pyrimidine from a pyrimidine with no substituent at position 5 proved to be unsubstantiated.[49] In subsequent studies Ogura and his co-workers[50] demonstrated that it was necessary to have the functional group used as the electrophilic agent in a cis configuration. The reaction of 1,3-dimethyl-6-mercaptouracil, **61**, with diethyl ethoxymethylenemalonate, either at room temperature or in refluxing chloroform, led to the cyclized product, **62** (R = CO_2Et). Acid hydrolysis leads ultimately to the 6-unsubstituted derivative, **62** (R = H).

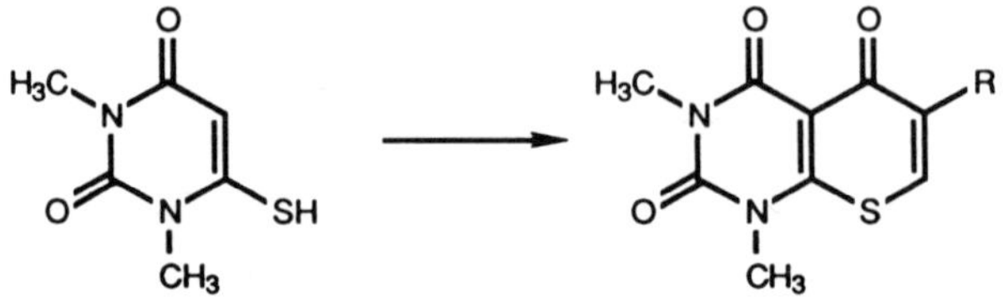

2. Methods of Synthesis of the Ring System

(2) *From Thiopyrans*

Wamhoff[51] constructed a few relatively simple uracil derivatives beginning with the 2-amino-3-carboxylic ester of dihydrothiopyran, **63**. In this manner substituents could be introduced at either the 2- or 3-positions of the pyrimidine ring, leading to **64** and **65**, respectively.

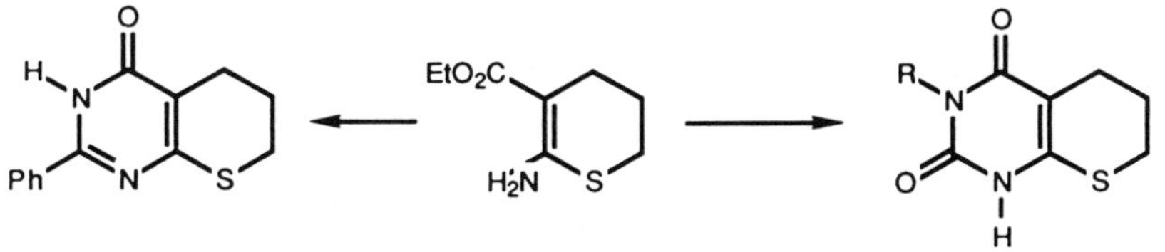

64   **63**   **65**

In a related reaction in which it is not clear that either ring is formed first treatment of *N*-phenylbenzamidine with C_3S_2 at room temperature leads to 5-mercapto-2,3-diphenyl-3,4-dihydro-7*H*-thiopyrano[2,3-*d*]pyrimidin-4,7-dithione.[52] Although extensive spectral data is provided the elemental analysis of this product was not consistent with the proposed structure.

E. Synthesis of Thiopyrano[3,4-*d*]pyrimidines

The first example of a thiopyrano[3,4-*d*]pyrimidine, **67**, has been described by Berlin and Korbukh.[1] This reaction involves neither thiopyran nor pyrimidine as the actual starting material, and is prepared by heating the imidazole precursor, **66**, in aqueous KOH.

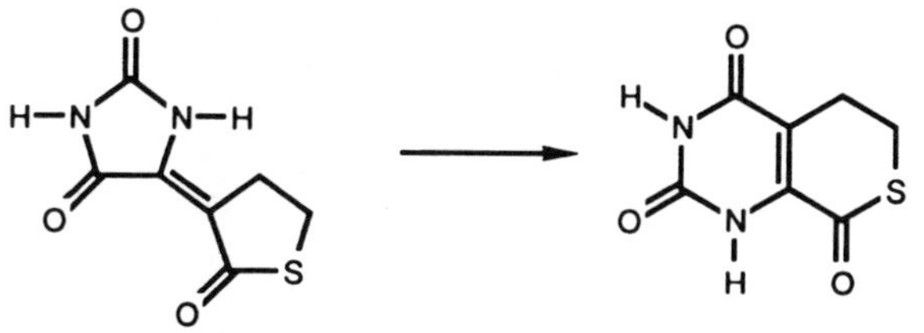

66   **67**

Some 10 years later a second report of the synthesis of thiopyrano[3,4-*d*]pyrimidines appeared.[2] The precursor, **68**, was easily prepared from 2*H*-thiopyran-3,5(4*H*,6*H*)-dione and DMF–DMA. The 2-substituted derivatives, **69** (R = Me, Ph, NH_2, or NMe_2) were readily prepared by refluxing **68** and amidines or guanidines in ethanol. Formamidine did not give the fused ring system.

F. Synthesis of Thiopyrano[4,3-d]pyrimidines

An unusual thiopyran derivative serves as the precursor for the only thiopyrano[4,3-d]pyrimidine reported thus far. Diphenyldiarylidenethiapyrones, **70**, upon condensation with thiourea in the presence of KOH afford the thiapyranopyrimidinethiones, **71**.[53]

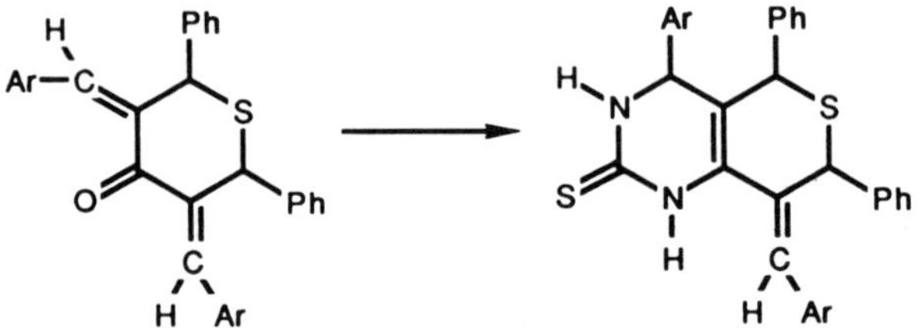

3. REACTIONS

A. With Nucleophilic Reagents

There are few examples of nucleophilic reactions occurring on either the thiopyran or pyrimidine rings.

Acid-catalyzed hydrolysis of 2-amino-5,6-dihydro-7-ethoxy-4-methyl-7H-thiopyrano[2,3-d]pyrimidine, **53** (R = OEt), or its 2-acetamido derivative leads to the 2-amino-7-hydroxy derivative, probably via the open chain aldehyde form of **52**.[43] Similarly the 7-anilino derivative, **53** (R = PhNH), is formed by reaction of the 2-amino compound, **53** (R = OEt), with aniline. However, treatment of the 2-acetamido-7-oxo compound with aniline derivatives leads not to the 7-substituted ring system but rather to opening of the thiopyran ring.[46]

Nitrogen nucleophiles have been shown to replace the 2-methylthio group in the pyrimidine ring.[48]

B. Other Reactions

The 2-hydrazino moiety has been shown to react with methanesulfonyl chloride and with anilines to form the sulfonamide and Schiff bases, respectively.[48]

One example of conversion to a new ring system is reported.[1] Reaction of the thiolactone with ammonia at 200 °C leads to the corresponding lactam.

4. PATENT LITERATURE

Although not all patents are cited here, some indication of the major synthetic efforts reported through patents are described. The interested reader is encouraged to conduct a more thorough search of the patent literature for comprehensive coverage.

A major contribution to the pyrano[2,3-d]pyrimidine literature has been made in the area of nucleoside derivatives, **72**.[54,55] A series of more than 50 compounds is described in which a variety of arabinofuranosyl-, arabinopyranosyl-, ribofuranosyl-, ribopyranosyl-, xylofuranosyl-, xylopyranosyl-, and the corresponding acetylated derivatives have been introduced at position 1 (R). Other modifications have included oxo- or thioxo- derivatives (X = O or S) and halogens at position 6 (R^1 = H, Br, or Cl). Enantiomeric carbohydrate moieties were also introduced.

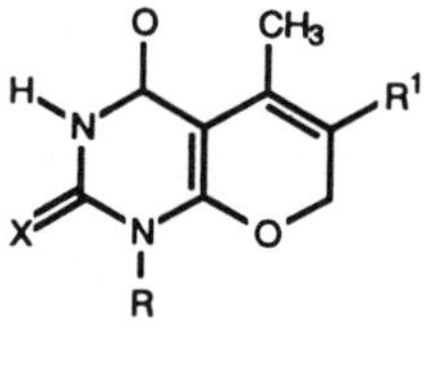

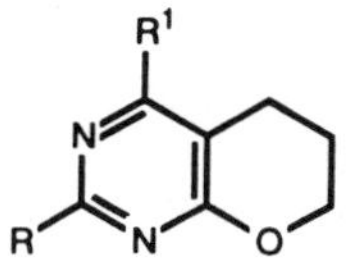

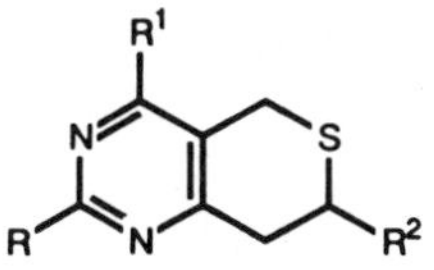

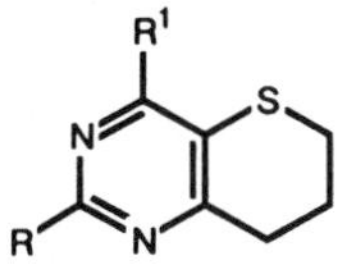

A few dihydro derivatives of the same ring system, **73**, have been prepared as potential herbicides.[56] The groups at position 2 are substituted sulfonylurea moieties (R) while $R^1 = H$ or Me.

Well over 100 compounds are reported for the thiopyrano[4,3-*d*]pyrimidines, **74**.[57,58] Numerous variations on the substitution pattern are presented where R is unsubstituted, amino-, substituted-amino-, alkyl-, phenyl-, or mercapto- while R^1 is alkoxy-, amino-, substituted-amino-, chloro-, or hydroxy-. In 23 cases, R^2 is a methyl group.

A series of 2,4-disubstituted-7,8-dihydro-thiopyrano[3,2-*d*]pyrimidines, **75**, is reported.[59] In this case R may be amino-, substituted amino-, chloro-, hydroxy-, mercapto-, or aralkyl- while R^1 varies among the amino-, substituted amino-, chloro-, and hydroxy- moieties. In a separate patent, some *S*-oxide derivatives of this ring system with many of the same substituents at R and R^1 have been described.[60]

5. TABLES

TABLE 1. THE PYRANO[2,3-*d*]PYRIMIDINES

Substituents	mp	Other Data	References
A. The 2H-Isomers			
7-Amino-5-(4-bromophenyl)-6-cyano-1,3,4,5-tetrahydro-2,4-dioxo-	226–227	IR	17, 18
7-Amino-5-(2-chlorophenyl)-6-cyano-1,3,4,5-tetrahydro-2,4-dioxo-	214–215	IR	18
7-Amino-5-(4-chlorophenyl)-6-cyano-1,3,4,5-tetrahydro-2,4-dioxo-	240–241	IR	18
7-Amino-5-(4-chlorophenyl)-6-ethoxycarbonyl-1,3,4,5-tetrahydro-2,4-dioxo-	240–241	IR	18
7-Amino-6-cyano-5-(3-fluorophenyl)-1,3,4,5-tetrahydro-2,4-dioxo-	230	IR	18
7-Amino-6-cyano-5-(4-fluorophenyl)-1,3,4,5-tetrahydro-2,4-dioxo-	157–158	IR	18
7-Amino-6-cyano-1,3,4,5-tetrahydro-5-(2-nitrophenyl)-2,4-dioxo-	225–226	IR	18
7-Amino-6-cyano-1,3,4,5-tetrahydro-5-(3-nitrophenyl)-2,4-dioxo-	273–274	IR	18
7-Amino-6-cyano-1,3,4,5-tetrahydro-5-(4-nitrophenyl)-2,4-dioxo-	237–238	IR	18
7-Amino-6-cyano-1,3,4,5-tetrahydro-2,4-dioxo-	210–211	IR	18
7-Amino-6-ethoxycarbonyl-5-(4-fluorophenyl)-1,3,4,5-tetrahydro-2,4-dioxo-	157–158	IR	18
7-Amino-6-ethoxycarbonyl-1,3,4,5-tetrahydro-2,4-dioxo-5-phenyl-	194–195	IR	18
7-(1,3-Benzodioxol-5-ylmethyl)-1,5,6,7-tetrahydro-2,4(3*H*)-dioxo-	267–270		22

TABLE 1. (Continued)

Substituents	mp	Other Data	References
6-Bromo-1,5-dihydro-1-methyl-3-(4-nitrophenyl)-2,4(3H)-dioxo-7-phenyl-	255–256	IR	15
6-Bromo-1,5-dihydro-3-methyl-2,4(3H)-dioxo-7-phenyl-	236	IR	15
6-Bromo-1,5-dihydro-1,3-dimethyl-2,4(3H)-dioxo-7-phenyl-	160–162	IR	15
6-Bromo-1,5-dihydro-3-(4-nitrophenyl)-2,4(3H)-dioxo-7-phenyl-	275–285	IR	15
6-Bromo-1,5-dihydro-2,4(3H)-dioxo-7-phenyl-	272–274	IR	15
6-Carbamoyl-1,3,4,7-tetrahydro-1,3-dimethyl-2,4,7-trioxo-	295–297	IR, NMR	8
6-Carbamoyl-1,3,4,7-tetrahydro-1,3-dimethyl-4,7-dioxo-2-thioxo-	230	IR	8
6-Carboxy-1-cyclohexyl-1,3,4,5,6,7-hexahydro-7-methyl-2,4-thioxo-	228(d)		23
6-Carboxy-3-cyclohexyl-1,3,4,5,6,7-hexahydro-7-methyl-2,4-dioxo-	252(d)		23
6-Carboxy-1,3,4,5,6,7-hexahydro-7-methyl-2,4-dioxo-	289–291(d)		23
6-Carboxy-1,3,4,5,6,7-hexahydro-2,4-dioxo-7-phenyl-	228–231		23
7-(3-Chlorophenyl)-6-ethoxycarbonyl-1,3,4,5,6,7-hexahydro-2,4-dioxo-	202		23
7-(4-Chlorophenyl)-6-ethoxycarbonyl-1,3,4,5,6,7-hexahydro-2,4-dioxo-	149		23
5-(4-Chlorophenyl)-7-ethoxy-1,5,6,7-tetrahydro-1,3,7-trimethyl-2,4(3H)-dioxo-	200–201	IR, MS, NMR	24
5-(4-Chlorophenyl)-1,5,6,7-tetrahydro-7-hydroxy-7-methyl-2,4(3H)-dioxo-1,3-diphenyl-		NMR	24
5-(4-Chlorophenyl)-1,5,6,7-tetrahydro-1,3,7-trimethyl-7-(1-methylethoxy)-2,4(3H)-dioxo-	181–183	IR, MS, NMR	24
7-(4-Chlorophenyl)-1,5,6,7-tetrahydro-2,4(3H)-dioxo-	262–264		22
5-(2-Chlorophenyl)-1,5-dihydro-2,4(3H)-dioxo-7-phenyl- (monoacetate)	218–220		15
5-(3-Chlorophenyl)-1,5-dihydro-2,4(3H)-dioxo-7-phenyl- (monoacetate)	283–285		15
5-(4-Chlorophenyl)-1,5-dihydro-2,4(3H)-dioxo-7-phenyl- (monoacetate)	281–283		15
7-(4-Chlorophenyl)-1,5,6,7-tetrahydro-2,4(3H)-dioxo-5-phenyl-	260–263		22
5-(4-Chlorophenyl)-1,5,6,7-tetrahydro-2,4(3H)-dioxo-7-phenyl-	165–170		15
1-Cyclohexyl-6-ethoxycarbonyl-1,3,4,5,6,7-hexahydro-7-methyl-2,4-dioxo-	187		23
3-Cyclohexyl-6-ethoxycarbonyl-1,3,4,5,6,7-hexahydro-7-methyl-2,4-dioxo-	214–216		23
3-Cyclohexyl-6-ethoxycarbonyl-1,3,4,5,6,7-hexahydro-1,7-dimethyl-2,4-dioxo-	102–105	NMR	23

TABLE 1. (Continued)

Substituents	mp	Other Data	References
1-Cyclohexyl-6-ethoxycarbonyl-1,3,4,5,6,7-hexahydro-3,7-dimethyl-2,4-dioxo-	82–84		23
3-Cyclohexyl-6-ethoxycarbonyl-1,3,4,5,6,7-hexahydro-1-methyl-2,4-dioxo-7-phenyl-	123–125	NMR	23
1-Cyclohexyl-6-ethoxycarbonyl-1,3,4,5,6,7-hexahydro-3-methyl-2,4-dioxo-7-phenyl-	121–123	NMR	23
1-Cyclohexyl-6-ethoxycarbonyl-1,3,4,5,6,7-hexahydro-2,4-dioxo-7-phenyl-	174–177		23
3-Cyclohexyl-6-ethoxycarbonyl-1,3,4,5,6,7-hexahydro-2,4-dioxo-7-phenyl-	220–222		23
3-Cyclohexyl-1,5,6,7-tetrahydro-7-methyl-2,4(3H)-dioxo-	287	IR, UV	20, 61
1,3-Dicyclohexyl-1,5,6,7-tetrahydro-7-methyl-2,4(3H)-dioxo-	131		20
3-Cyclohexyl-1,5,6,7-tetrahydro-2,4(3H)-dioxo-	304		20
6-Ethoxycarbonyl-1,3,4,5,6,7-hexahydro-7-(3-methoxyphenyl)-2,4-dioxo-	165(d)		23
6-Ethoxycarbonyl-1,3,4,5,6,7-hexahydro-7-(4-methoxyphenyl)-2,4-dioxo-	186		23
6-Ethoxycarbonyl-1,3,4,5,6,7-hexahydro-7-methyl-2,4-dioxo-	202–207		23
5-Ethoxycarbonyl-1,3,4,7-tetrahydro-1,3-dimethyl-2,4,7-trioxo-	162	MS, NMR	7
6-Ethoxycarbonyl-1,3,4,7-tetrahydro-1,3-dimethyl-2,4,7-trioxo-	122	IR, NMR	8
6-Ethoxycarbonyl-1,3,4,5,6,7-hexahydro-7-methyl-2,4-dioxo-7-phenyl-	244–246		23
6-Ethoxycarbonyl-1,3,4,5,6,7-hexahydro-1,3-dimethyl-2,4-dioxo-7-phenyl-	162–163		23
6-Ethoxycarbonyl-1,3,4,5,6,7-hexahydro-7-(3-nitrophenyl)-2,4-dioxo-	212		23
6-Ethoxycarbonyl-1,3,4,5,6,7-hexahydro-7-(4-nitrophenyl)-2,4-dioxo-	214–215		23
6-Ethoxycarbonyl-1,3,4,5,6,7-hexahydro-2,4-dioxo-7-phenyl-	202–204		22
7-Ethoxycarbonyl-1,3,4,5,6,7-hexahydro-2,4-dioxo-7-phenyl-	220–222		23
6-Ethoxycarbonyl-1,3,4,5,6,7-hexahydro-4-oxo-7-phenyl-2-thioxo-	118–121		23
1,3-Diethyl-7-[1,3-diethyl-2,4,6(1H,3H,5H)-trioxo-pyrimidin-5-yl]-1,3,4,7-tetrahydro-5-methyl-2,4-dioxo-	195	MS, UV	25
5-Ethyl-1,5,6,7-tetrahydro-2,4(3H)-dioxo-7-phenyl-	185–200		15
7-(4-Fluorophenyl)-1,5,6,7-tetrahydro-2,4(3H)-dioxo-	250–252		22
7-(1,3-Dihydro-1-oxo-2H-inden-2-ylidene)-1,7-dihydro-1,3-dimethyl-2,4(3H)-dioxo-	297–299	IR, NMR, UV	10

TABLE 1. (Continued)

Substituents	mp	Other Data	References
7-(1,2-Dihydro-2-oxo-1,4-diphenyl-3H-pyrrol-3-ylidene)-1,7-dihydro-1,3-dimethyl-2,4(3H)-dioxo-	294–296(d)	IR, NMR, UV	9
1,5,6,7-Tetrahydro-3-(4-hydroxycyclohexyl)-7-methyl-2,4(3H)-dioxo-	> 300		20
1,5-Dihydro-5-(2-hydroxyphenyl)-2,4(3H)-dioxo-7-phenyl-	340		15
1,5-Dihydro-5-(4-acetyloxyphenyl)-2,4(3H)-dioxo-7-phenyl-	250–260	IR	15
1,3,4,7-Tetrahydro-5-methoxycarbonyl-1,3-dimethyl-2,4,7-trioxo-	98–100	NMR	7
1,3,4,7-Tetrahydro-6-methoxycarbonyl-1,3-dimethyl-4,7-dioxo-2-thioxo-	188–190	IR, NMR	8
1,5,6,7-Tetrahydro-7-(4-methoxyphenyl)-2,4(3H)-dioxo-	218–220		22
1,5,6,7-Tetrahydro-7-(4-methoxyphenyl)-6-methyl-2,4(3H)-dioxo-5-phenyl-	250(d)		22
1,5,6,7-Tetrahydro-7-(4-methoxyphenyl)-6-methyl-2,4(3H)-dioxo-	216–220		22
1,5-Dihydro-5-(3-methoxyphenyl)-2,4(3H)-dioxo-7-phenyl- (monoacetate)	258–260		15
1,5,6,7-Tetrahydro-5-(3-methoxyphenyl)-2,4(3H)-dioxo-7-phenyl- (monoacetate)	232–234		15
1,5-Dihydro-1-methyl-3-(4-nitrophenyl)-2,4(3H)-dioxo-7-phenyl-	265–267	IR	15
1,5,6,7-Tetrahydro-7-methyl-2,4(3H)-dioxo-	> 300		20
1,5,6,7-Tetrahydro-3,7-dimethyl-2,4(3H)-dioxo-	> 300		20
1,5,6,7-Tetrahydro-1,3,7-trimethyl-2,4(3H)-dioxo-	143		20
1,3,4,7-Tetrahydro-1,3-dimethyl-2,4-dioxo-7-(tetrahydro-1,3-dimethyl-2,4,6-trioxo-5(2H)-pyrimidinylidene)-5-sulfomethyl-		NMR, UV	25
1,5,6,7-Tetrahydro-7-methyl-2,4(3H)-dioxo-3-phenyl-	> 300		20
1,5-Dihydro-3-methyl-2,4(3H)-dioxo-7-phenyl-	236–237	IR	15
1,5-Dihydro-5-methyl-2,4(3H)-dioxo-7-phenyl-	255–260	IR	15
1,5,6,7-Tetrahydro-7-methyl-2,4(3H)-dioxo-7-phenyl-	225–227		22
1,5,6,7-Tetrahydro-7-methyl-2,4(3H)-dioxo-5,7-diphenyl-	238–240		22
1,5-Dihydro-1,3-dimethyl-2,4(3H)-dioxo-7-phenyl-	208–210	IR	15
1,5,6,7-Tetrahydro-1,3-dimethyl-2,4(3H)-dioxo-7-phenyl-	118	IR	15
1,5-Dihydro-1,3-dimethyl-2,4(3H)-dioxo-5,7-dimethyl-	276–278	NMR	7
1,5,6,7-Tetrahydro-1,3-dimethyl-2,4-(3H)-dioxo-6,7-diphenyl-	220–222		22
1,5,6,7-Tetrahydro-6-nitro-2,4(3H)-dioxo-7-phenyl-	190–225(d)		22

TABLE 1. (Continued)

Substituents	mp	Other Data	References
1,5-Dihydro-3-(4-nitrophenyl)-2,4-(3H)-dioxo-7-phenyl-	273–275	IR	15
1,5,6,7-Tetrahydro-5-(4-nitrophenyl)-2,4(3H)-dioxo-7-phenyl- (diacetate)	137		15
1,5-Dihydro-5-(4-nitrophenyl)-2,4(3H)-dioxo-7-phenyl- (monoacetate)	270–273		15
1,5-Dihydro-5-(3-nitrophenyl)-2,4(3H)-dioxo-7-phenyl- (monoacetate)	284–286		15
1,5,6,7-Tetrahydro-2,4(3H)-dioxo-	> 300		20
4a,5,6,7-Tetrahydro-2,4(3H)-dioxo-4a-phenyl-	208–211	IR, MS, NMR	21
1,5-Dihydro-2,4(3H)-dioxo-7-phenyl-	275–277	IR	15
1,5,6,7-Tetrahydro-2,4(3H)-dioxo-7-phenyl- (monoacetate)	248–250		15
1,5-Dihydro-2,4(3H)-dioxo-5,7-diphenyl-	275–276		7
1,5-Dihydro-2,4(3H)-dioxo-5,7-diphenyl- (monoacetate)	275–276		15
1,5,6,7-Tetrahydro-2,4(3H)-dioxo-5,7-diphenyl- (monoacetate)	250–252		15
1,5,6,7-Tetrahydro-2,4(3H)-dioxo-6,7-diphenyl-	220(d)		22
1,5-Dihydro-2,4(3H)-dioxo-1,3,7-triphenyl-	250	IR	15
1,5-Dihydro-4(3H)-oxo-1,3,7-triphenyl-2-thio-	232		15
5-Hydroxy-4,7(1H,3H)-dioxo-2-thioxo-	270(d)	IR, MS, UV	6
5-Methyl-2,4,7(1H,3H)-trioxo-	> 300		3–5
5,7-Dimethyl-2,4(3H)-dioxo-	197–198	NMR	30
5,7-Dimethyl-2,4(3H)-dioxo- (monoperchlorate)	249		29, 30
5,7-Dimethyl-2,4(3H)-dioxo- (phosphate)	153		29
1,3,7-Trimethyl-2,4,5(1H,3H)-trioxo-	155(d)	MS, NMR, UV	12
5-{2-[4-(Dimethylamino)phenyl]ethenyl}-7-methyl-2,4(3H)-dioxo- (monoperchlorate)			29
5-Methyl-2,4(3H)-dioxo-7-phenyl- (monoperchlorate)	> 320		29
1,3-Dimethyl-5-[(1,3-dimethyl-2,4,6-trioxopyrimidin)-ethylidene]-2,4-dioxo-	325(d)	IR, MS, UV	13
2,4(3H)-Dioxo-5,7-diphenyl- (monoperchlorate)	295		29

B. The 4H-Isomers

2-Amino-5,7-dimethyl-4-oxo- (monoperchlorate)	226		29
2-Amino-5,7-dimethyl-4-oxo- (monotrifluoroacetate)	> 300		29
2-Amino-5-methyl-4-oxo-7-phenyl- (monoperchlorate)	274		29
2-Amino-5-methyl-4-oxo-7-phenyl- (monotrifluoroacetate)	> 300		29
2-Amino-4-oxo-5,7-diphenyl- (monotrifluoroacetate)	> 300		29
3-(Benzyloxy)-2-ethyl-5-hydroxy-4,7(3H)-dioxo-	177–179		35
3-(Benzyloxy)-5-hydroxy-2-methyl-4,7(3H)-dioxo-	199–201		35, 62
3-(Benzyloxy)-5-hydroxy-4,7(3H)-dioxo-2-phenyl-	195–198		35

TABLE 1. (Continued)

Substituents	mp	Other Data	References
6-Butyl-5-hydroxy-4,7(1H)-dioxo-2-phenyl-	262	IR, NMR	26
6-Butyl-5-hydroxy-4,7(3H)-dioxo-2,3-diphenyl-	86	IR, NMR	26
6-Butyl-2-methyl-4,7(1H)-dioxo-	228	IR, NMR	26
6-Cyano-1,5-dihydro-2-methyl-4-oxo-5,7-diphenyl-	285	IR, NMR	32
6-Cyano-3,5-dihydro-2,3-dimethyl-4-oxo-5,7-diphenyl-	238	IR	32
3-Ethoxy-5-hydroxy-4,7(3H)-dioxo-2-phenyl-	172–175		35, 62
2-Ethyl-4a,8a-dihydro-5-hydroxy-4,7(3H)-dioxo-3-(phenylmethoxy)-	177–179		35, 62
2-(Ethylthio)-1,5,6,7-tetrahydro-4,5,7-trioxo-1,3-diphenyl- (hydroxide, inner salt)			63
4a,8a-Dihydro-4,7(3H)-dioxo-2-phenyl-3-(phenylmethoxy)-	195–198	NMR	35, 62
2,3-Dihydro-5-methyl-4-oxo-7-phenyl-2-thioxo-(monoperchlorate)	270		29
2,3-Dihydro-5,7-dimethyl-4-oxo-2-thioxo-(monoperchlorate)	235		29
1,5,6,7-Tetrahydro-4,5,7-trioxo-1,3-diphenyl-2-(phenylamino)- (hydroxide, inner salt)			63
2,3-Dihydro-4-oxo-5,7-diphenyl-2-thioxo-(monoperchlorate)	229		29
5-Hydroxy-2,6-dimethyl-4,7(1H)-dioxo-	300	IR, NMR	26
5-Hydroxy-2-methyl-4,7(1H)-dioxo-6-phenyl-	280	IR, NMR	26
5-Hydroxy-6-methyl-4,7(1H)-dioxo-2-phenyl-	290	IR, NMR	26
5-Hydroxy-6-methyl-4,7(3H)-dioxo-2,3-diphenyl-	208	IR, NMR	26
5-Hydroxy-2-methyl-4,7(1H)-dioxo-6-(phenylmethyl)-	226	IR, NMR	26
5-Hydroxy-4,7-(1H)-dioxo-2,6-diphenyl-	330	IR, NMR	26
5-Hydroxy-4,7(3H)-dioxo-2,3,6-triphenyl-	130	IR, NMR	26
5-Hydroxy-4,7(1H)-dioxo-2-phenyl-6-(phenylmethyl)-	330	IR, NMR	26
5-Hydroxy-4,7(3H)-dioxo-2,3-diphenyl-6-(phenylmethyl)-	150	IR, NMR	26
5,7-Dimethyl-2-(methylthio)-4-oxo-(monoperchlorate)	232		29
5-Methyl-2-(methylthio)-4-oxo-7-phenyl-(monoperchlorate)	232		29
2,5-Dimethyl-4,7(1H)-dioxo-	296	IR, NMR	26
5-Methyl-4,7(1H)-dioxo-2-phenyl-	354	IR, NMR	26
5-Methyl-4,7(3H)-dioxo-2,3-diphenyl-	260	IR, NMR	26
2-(Methylthio)-4-oxo-5,7-diphenyl-(monoperchlorate)	262		29
4,7(1H)-Dioxo-2,5-diphenyl-	302	IR, NMR	26

C. *The 5H-Isomers*

Substituents	mp	Other Data	References
7-Amino-5,5,6-tricyano-1,2,3,4-tetrahydro-1,3-dimethyl-2,4-dioxo-	220(d)	IR	16

TABLE 1. (Continued)

Substituents	mp	Other Data	References
7-Amino-5,5,6-tricyano-1,2,3,4-tetrahydro-2,4-dioxo-	200(d)	IR	16
4-Amino-6-cyano-7-[1,1'-biphenyl]-4-yl-5-phenyl-	269–271(d)	IR, NMR, UV	33
2-Amino-6,7-dihydro-	> 200	IR, MS	31
2-Cyanamidyl-	> 320	IR, MS	31
6-Cyano-7-[1,1'-biphenyl]-4-yl-4-(butylamino)-5-phenyl-	185–187	IR, NMR, UV	33
6-Cyano-7-[1,1'-biphenyl]-4-yl-(ethylamino)-5-phenyl-	256–258	IR, NMR, UV	33
6-Cyano-7-[1,1'-biphenyl]-4-yl-4-hydrazino-5-phenyl-	204–206(d)	IR, NMR, UV	33
6-Cyano-7-[1,1'-biphenyl]-4-yl-4-(methylamino)-5-phenyl-	275–277	IR, NMR, UV	33
6-Cyano-7-[1,1'-biphenyl]-4-yl-5-phenyl-4-(propylamino)-	191–193	IR, NMR, UV	33
6-Cyano-7-[1,1'-biphenyl]-4-yl-5-phenyl-[(phenylmethyl)amino]-	205–207	IR, NMR, UV	33

D. *The 7H-Isomers*

Substituents	mp	Other Data	References
5-Bromomethyl-7-(1,2,3,4,5,6-hexahydro-1,3-dimethyl-2,4,6-trioxopyrimidin-5-ylidene)-1,7-dihydro-1,3-dimethyl-2,4(3H)-dioxo-	240–241	MS, NMR, UV	25
5-Dibromomethyl-7-(1,2,3,4,5,6-hexahydro-1,3-dimethyl-2,4,6-trioxopyrimidin-5-ylidene)-1,7-dihydro-1,3-dimethyl-2,4(3H)-dioxo-	260	MS, NMR, UV	25
6-Ethoxycarbonyl-4-hydroxy-2-methyl-7-oxo-	215–218		27, 28
6-Ethoxycarbonyl-4-hydroxy-7-oxo-	214–215		27, 28
6-Ethoxycarbonyl-4-hydroxy-7-oxo-2-phenyl-	287–290		27, 28
7-(1,3-Diethyl-1,2,3,4,5,6-hexahydro-2,4,6-trioxopyrimidin-5-ylidene)-1,3-diethyl-1,7-dihydro-5-methyl-2,4(3H)-dioxo-	195	MS, UV	25
1,3-Diethyl-5-[(3-ethyl-2(3H)-benzoxazolylidene)-1,3-pentadienyl]-7-(1,3-diethyl-1,2,3,4,5,6-hexahydro-2,4,6-trioxopyrimidin-5-ylidene)-1,7-dihydro-2,4(3H)-dioxo-	178	MS, UV	25
1,3-Diethyl-5-{3-[3-ethyl-2(3H)-benzoxazolylidene]-1-propenyl}-7-(1,3-diethyl-1,2,3,4,5,6-hexahydro-2,4,6-trioxopyrimidin-5-ylidene)-1,7-dihydro-2,4(3H)-dioxo-	267	MS, UV	25
1,3-Diethyl-5-{[3-ethyl-2(3H)-benzothiazolylidene]methyl}-7-(1,3-diethyl-1,2,3,4,5,6-hexahydro-2,4,6-trioxopyrimidin-5-ylidene)-1,7-dihydro-2,4(3H)-dioxo-	319	UV	25
1,3-Diethyl-5-{[1-ethyl-2(1H)-quinolinylidene]methyl}-7-(1,3-diethyl-1,2,3,4,5,6-hexahydro-2,4,6-trioxopyrimidin-5-ylidene)-1,7-dihydro-2,4(3H)-dioxo-	263	MS, UV	25

TABLE 1. (Continued)

Substituents	mp	Other Data	References
1,3-Diethyl-5-{[3-ethyl-2(3H)-benzothiazolylidene]methyl}-7-(1,3-diethyl-1,2,3,4,5,6-hexahydro-4,6-dioxo-2-thioxopyrimidin-5-ylidene)-1,2,3,4-tetrahydro-4-oxo-2-thioxo-	333	UV	25
1,3-Diethyl-5-{[1-ethyl-2(1H)-quinolinylidene]methyl}-7-(1,3-diethyl-1,2,3,4,5,6-hexahydro-4,6-dioxo-2-thioxopyrimidin-5-ylidene)-1,2,3,4-tetrahydro-4-oxo-2-thioxo-	277	UV	25
7-(1,2,3,4,5,6-Hexahydro-1,3-dimethyl-2,4,6-trioxopyrimidin-5-ylidene)-1,7-dihydro-1,3,5-trimethyl-2,4(3H)-dioxo-	277	MS, NMR, UV	25
1,2,3,4-Tetrahydro-7-(1,2,3,4,5,6-hexahydro-1,3-dimethyl-2,4,6-trioxopyrimidin-5-ylidene)-1,3-dimethyl-2,4-dioxo-5-[2-(phenylamino)ethenyl]-	296–297	MS, UV	25
1,2,3,4-Tetrahydro-7-(1,2,3,4,5,6-hexahydro-1,3-dimethyl-2,4,6-trioxopyrimidin-5-ylidene)-1,3-dimethyl-2,4-dioxo-5-[(N-phenyl-N-acetylamino)-2-ethenyl]-	330	UV	25

TABLE 2. THE PYRANO[4,3-d]PYRIMIDINES

Substituents	mp	Other Data	References
A. *The 2H-Isomers*			
8-Cyano-4-(dimethylamino)-1,3,5,7-tetrahydro-1,3-dimethyl-2,5,7-trioxo-	270–274		37
7-Ethyl-1,5,7,8-tetrahydro-5-hydroxy-1,3-dimethyl-2,4(3H)-dioxo-	204–206		38,39
7-(2-Furanyl)-1,5,7,8-tetrahydro-5-hydroxy-1,3-dimethyl-2,4(3H)-dioxo-	184–186		39
7-(2-Furanylmethyl)-1,5,7,8-tetrahydro-5-hydroxy-1,3-dimethyl-2,4(3H)-dioxo-	184–186		38
1,5,7,8-Tetrahydro-5-hydroxy-1,3-dimethyl-2,4(3H)-dioxo-	189–191(d)		38, 39
1,5,7,8-Tetrahydro-5-hydroxy-1,3-dimethyl-2,4(3H)-dioxo-7-phenyl-	169–172		38, 29
1,5,7,8-Tetrahydro-5-hydroxy-1,3-dimethyl-2,4-(3H)-dioxo-7-(phenylmethyl)-	181–183		38, 39
1,3,4,4a,5,6,8,8a-Octahydro-4-(2-hydroxy-3,5-xylyl)-2-oxo-	231(d)		40
1,3,4,4a,5,6,8,8a-Octahydro-4-(4-hydroxy-3,5-xylyl)-2-oxo-	250(d)		40
1,3,4,4a,5,6,8,8a-Octahydro-4-(2-hydroxy-3,5-xylyl)-5,7-dimethyl-2-oxo-	275(d)		40
1,5,7,8-Tetrahydro-5-methoxy-1,3-dimethyl-2,4(3H)-dioxo-7-phenyl-	150–152		39

TABLE 2. (Continued)

Substituents	mp	Other Data	References
1,5,7,8-Tetrahydro-7,7-dimethyl-2-thioxo-			64, 65
1,5,7,8-Tetrahydro-5-hydroxy-1,3-dimethyl-7-(1,2,3,4-tetrahydro-1,3,6-trimethyl-2,4-dioxo-5-pyrimidinyl)-2,4(3H)dioxo-	200–203(d)		38, 39
1,3,4,4a,5,6,8,8a-Octahydro-5,7-dimethyl-2-oxo-4-ureidyl-	251(d)		40
1,3,4,4a,5,6,8,8a-Octahydro-2-oxo-4-ureidyl-	258		40
1,3,4,4a,5,6,8,8a-Octahydro-4-(4-hydroxy-3-coumarinyl)-1,3,4,4a,5,6,8,8a-octahydro-2-oxo-	227(d)		40
2,5(1H)-Dioxo-7-phenyl-	> 360	IR, NMR	36

TABLE 3. MISCELLANEOUS PYRANOPYRIMIDINES

Substituents	mp	Other Data	References
1-(2,3,5-Tri-O-acetyl-β-D-ribofuranosyl-1H-pyrano[3,2-d]pyrimidine-2,4(3H,6H)-dione		NMR, UV	41
5,6-Dihydro-1H-pyrano[3,4-d]pyrimidine-2,4,8(3H)-trione			66
7,8-Dihydro-7,7-dimethyl-5H-pyrano[4,3-d]pyrimidin-2-amine			64, 65
5,8-Dihydro-2,4-diphenyl-6H-pyrano[3,4-d]pyrimidine	119–120	IR, MS, NMR	42
7,8-Dihydro-2,4-diphenyl-6H-pyrano[3,2-d]pyrimidine	144–147	IR, MS, NMR	42
4-[(5,8-Dihydro-2-phenyl-6H-pyrano[3,4-d]pyrimidin-4-yl)methoxy]-1-phenyl-1-butanone	70–72	IR, MS, NMR	42
1,3-Dimethyl-1H-pyrano[3,2-d]pyrimidine-2,4(3H,6H)-dione	202–204	NMR, UV	41
4,7-Dimethyl-5-oxo-2-phenyl-5H-pyrano[4,3-d]pyrimidine-8-carboxylic acid (ethyl ester)			67
2,7-Diphenyl-5H-pyrano[4,3-d]pyrimidin-5-one	216–218	IR, NMR	36

TABLE 4. THE THIOPYRANO[2,3-d]PYRIMIDINES

Substituent	mp	Other Data	References
A. The 2H-Isomers			
3-Cyclohexyl-1,5,6,7-tetrahydro-2,4(3H)-dioxo-	304–306	IR, NMR, UV	51
6-Ethoxycarbonyl-1,3,4,5-tetrahydro-1,3-dimethyl-2,4,5-trioxo-	202–205	MS, NMR, UV	50
1,5,6,7-Tetrahydro-3-methyl-2,4(3H)-dioxo-	282–284	IR, NMR, UV	51
1,5,6,7-Tetrahydro-2,4(3H)-dioxo-	312(d)	IR, NMR	68
1,5,6,7-Tetrahydro-2,4(3H)-dioxo-3-phenyl-	279–282	IR, NMR, UV	51
1,3-Dimethyl-2,4,5(1H,3H)-trioxo-	160	MS, NMR, UV	50
1,3,7-Trimethyl-2,4,5(1H,3H)-trioxo-		NMR	49

TABLE 4. (Continued)

Substituent	mp	Other Data	References
B. The 4H-Isomers			
3,5,6,7-Tetrahydro-4-oxo-	241–243	IR, NMR, UV	51
3,5,6,7-Tetrahydro-4-oxo-2-phenyl-	247–250	IR, NMR, UV	51
5-Mercapto-2,3-diphenyl-4,7(3H)-dithioxo-	196	MS	52
C. The 5H-Isomers			
5-Acetyloxy-6,7-diethoxycarbonyl-6,7-dihydro-6-hydroxy-2-(methylthio)-	164–167	IR, NMR	48
2-Acetamido-7-ethoxy-6,7-dihydro-4-methyl-	129–130	IR, UV	43
2-Acetamido-6,7-dihydro-7-oxo-4-phenyl-	188–189	IR, UV	46
2-Amino-7-anilino-6,7-dihydro-4-methyl-	177–178	IR, UV	43
2-Amino-7-(4-chloroanilino)-6,7-dihydro-4-methyl-	190–192		44
2-Amino-7-[4-dimethylamino)anilino]-6,7-dihydro-4-methyl-	175–177	IR, UV	44
2-Amino-7-(dimethylamino)-6,7-dihydro-4-methyl-	184–185	IR, UV	44
2-Amino-7-ethoxy-6,7-dihydro-4-methyl-	181–182	IR, UV	43
2-Amino-7-[4-(glutamylcarbonyl)-phenylamino]-6,7-dihydro-4-methyl-			
2-Amino-6,7-dihydro-7-hydroxy-4-methyl-	> 280(d)	IR, UV	43
2-Amino-6,7-dihydro-4-methyl-	254	UV	47
4-Amino-6,7-dihydro-2(3H)-oxo-	335(d)	UV	47
2-Amino-6,7-dihydro-4-phenyl-	172	UV	47
4-Amino-6,7-dihydro-2(3H)-thioxo-	275–280(d)	UV	47
6,7-Dihydro-4-methyl-2(3H)-oxo-	254–256(d)	UV	47
7-Ethoxy-6,7-dihydro-4-methyl-	87–88	IR, UV	45
6,7-Dihydro-4-methyl-2(3H)-thioxo-	205–208	UV	47
7,7′-Iminobis(6,7-dihydro-4-methyl)-	215–216	IR, UV	45
D. The 7H-Isomers			
5-(Diacetylamino)-6,7-diethoxycarbonyl-2-(methylthio)-	118–120	IR	48
5,-Amino-7-carboxy-6-ethoxycarbonyl-2-(methylthio)-	197–200	IR, NMR	48
5-Amino-6,7-diethoxycarbonyl-2-hydrazino-	130		48
5-Amino-2-{[(2,6-dichlorophenyl)methylene]hydrazino}-6,7-diethoxycarbonyl-	153–155		48
5-Amino-6,7-diethoxycarbonyl-2-[2-(methylsulfonyl)hydrazino]-	210–212	IR	48
5-Amino-6,7-diethoxycarbonyl-2-[(phenylmethylene)hydrazino]-	220–222		48
5-Amino-6,7-diethoxycarbonyl-2-(4-morpholinyl)-	145–148		48
5-Amino-6,7-diethoxycarbonyl-2-(1-pyrrolidinyl)-	113–115		48
5-Amino-6,7-diethoxycarbonyl-2-(methylthio)-	115–117	IR, NMR	48

TABLE 5. THE THIOPYRANO[3,4-d]PYRIMIDINES

Substituents	mp	Other Data	Reference
A. The 6H-Isomers			
2-Amino-5(8H)-oxo-	257(d)	IR, NMR, UV	2
2-(Dimethylamino)-5(8H)-oxo-	143	IR, NMR, UV	2
5,6-Dihydro-2,4,8(3H)-trioxo-	300–302(d)		1
2-Methyl-5(8H)-oxo-	70	IR, NMR, UV	2
5(8H)-Oxo-2-phenyl-	176	IR, NMR, UV	2

6. REFERENCES

1. A. Ya. Berlin and I. A. Korbukh, *Khim. Geterotsikl. Soedin.* **1971** 7, 1280.
2. G. Menozzi, L. Mosti, and P. Schenone, *J. Heterocycl. Chem.* **1984** 21, 1437.
3. M. Ridi and G. Feroci, *Gazz. Chim. Ital.* **1950** 80, 121.
4. M. Ridi and G. Aldo, *Gazz, Chim. Ital.* **1952** 82, 23.
5. T. Paterson and H. C. S. Wood, *J. Chem. Soc. Perkin Trans. 1* **1972**, 1041.
6. Th. Kappe, G. Lang, and E. Ziegler, *Z. Naturforsch. Teil B* **1974** 29, 258.
7. A. S. Rao and R. B. Mitra, *Indian J. Chem.* **1974** 12, 1028.
8. H. Wipfler, E. Ziegler, and O. S. Wolfbeis, *Z. Naturforsch. B Anorg. Chem. Org. Chem.* **1978** 33B, 1016.
9. F. Eiden and H. Dobinsky, *Arch. Pharm. (Weinheim, Ger.)* **1975** 308, 598.
10. K. Goerlitzer and E. Engler, *Arch. Pharm. (Weinheim, Ger.)* **1980** 313, 557.
11. H. Schulte, *Chem. Ber.* **1954** 87, 820.
12. N. Shoji, Y. Kondo, and T. Takemoto, *Chem. Pharm. Bull.* **1973** 21, 2639.
13. F. Eiden and H. Fenner, *Chem. Ber.* **1968** 101, 3403.
14. K. E. Schulte, J. Reisch, A. Mock, and K. H. Kauder, *Arch. Pharm. (Weinheim, Ger.)* **1963** 296, 235.
15. K. E. Schulte, V. Von Weissenborn, and G. L. Tittel, *Chem. Ber.* **1970** 103, 1250.
16. H. Junek and H. Aigner, *Chem. Ber.* **1973** 106, 914.
17. Y. A. Sharanin and G. V. Klokol, *Khim. Geterotsikl. Soedin.* **1983**, 277.
18. Y. A. Sharanin and G. V. Klokol, *Zh. Org. Khim.* **1984** 20, 2448.
19. H. Scarborough, *J. Org. Chem.* **1964**, 29, 219.
20. S. Senda and H. Izumi, *Yakugaku Zasshi* **1969** 89, 266.
21. E. E. Smissman, R. A. Robinson, and A. J. Matuszak, *J. Org. Chem.* **1970** 35, 3823.
22. K. E. Schulte and V. Von Weissenborn, *Arch Pharm. (Weinheim, Ger.)* **1972** 305, 354.
23. V. Von Weissenborn, *Arch. Pharm. (Weinheim, Ger.)* **1978** 311, 1019.
24. K. Rehse and W.-D. Kapp, *Arch. Pharm. (Weinheim, Ger.)* **1982** 315, 502.
25. J. Bailey and J. A. Elvidge, *J. Chem. Soc. Perkin Trans. 1* **1973**, 823.
26. N. S. Habib and T. Kappe, *Monatsh. Chem.* **1984** 115, 1459.
27. H. Bredereck, G. Simchen, and A. A. Santos, *Chem. Ber.* **1967** 100, 1344.
28. H. Bredereck, G. Simchen, H. Wagner, and A. A. Santos, *Justus Leibigs Ann. Chem.* **1972** 766, 73.

29. V. A. Chuiguk and N. N. Vlasova, *Khim. Geterotsikl. Soedin.* **1977**, 1484.
30. V. A. Chuiguk and N. A. Pinchuk, *Ukr. Khim. Zh.* (*Russ. Ed.*) **1982** 48, 1112.
31. N. B. Marchenko and V. G. Granik, *Khim. Geterotsikl. Soedin.* **1983**, 1321.
32. E. M. Zayed, M. A. E. Khalifa, S. A. Ghozlan, and M. H. Elnagdi, *Rev. Port. Quim.* **1982** 24, 133.
33. S. Marchalin and J. Kuthan, *Coll. Czech. Chem. Commun.* **1984** 49, 2309.
34. N. M. Abed, N. S. Ibrahim, and M. H. Elnagdi, *Z. Naturforsch.* **1986** 41B, 925.
35. E. Ziegler, A. Argyrides, and W. Steiger, *Monatsh. Chem.* **1971** 102, 301.
36. A. G. Ismail and D. G. Wibberly, *J. Chem. Soc. C* **1968** 2706.
37. K. Bredereck and S. Humburger, *Chem. Ber.* **1966** 99, 3227.
38. S. Senda, K. Hirato, T. Asao, and I. Sugiyama, *Fukusokan Kagaku Toronkai Koen Yoshishu, 12th,* **1979**, 261.
39. K. Hirota, T. Asao, I. Sugiyama, and S. Senda, *Heterocycles* **1981** 15, 289.
40. G. Zigeuner, E. A. Gardziella, and W. Wendelin, *Monatsh. Chem.* **1969** 100, 1140.
41. B. A. Otter, S. S. Saluja, and J. J. Fox, *J. Org. Chem.* **1972** 37, 2858.
42. F. Eiden and K. T. Wanner, *Justus Liebigs Ann. Chem.* **1984**, 1759.
43. B. R. Baker, C. E. Morreal, and B-T. Ho, *J. Med. Chem.* **1963** 6, 658.
44. B. R. Baker, B-T. Ho, and G. B. Chheda, *J. Heterocycl. Chem.* **1964** 1, 88.
45. B. R. Baker, B-T. Ho, and T. Neilson, *J. Heterocycl. Chem.* **1964** 1, 79.
46. B. R. Baker and P. I. Almaula, *J. Heterocycl. Chem.* **1964** 1, 263.
47. H. Wamhoff and F. Korte, *Chem. Ber.* **1966** 99, 872.
48. A. Santilli and A. C. Scotese, *J. Heterocycl. Chem.* **1977** 14, 361.
49. H. Ogura and M. Sakuguchi, *Chem. Lett.* **1972**, 657.
50. T. Itoh, M. Honma, and H. Ogura, *Chem. Pharm. Bull.* **1976** 24, 1390.
51. H. Wamhoff, *Chem. Ber.* **1968** 101, 3377.
52. W. Stadlbauer, T. Kappe, and E. Ziegler, *Z. Naturforsch. B. Anorg. Chem. Org. Chem.* **1978** 33B, 89.
53. A. A. El-Barbary, *Proc. Pak. Acad. Sci.* **1985** 22, 55; *Chem. Abstr.* **1986** 105, 97412h.
54. A. Esanu, Belg. Patent 902232 A1, 1985; *Chem. Abstr.* **1986** 104, 130223b.
55. A. Esanu, Fr. Patent 2563223 Al, 1985; *Chem. Abstr.* **1986** 105, 172994e.
56. G. Levitt, U. S. Patent 4339267 A, 1982; *Chem. Abstr.* **1983** 98, 215602g.
57. Dr. Karl Thomae, G. m. b. h., Fr. Patent M 3773, 1966; *Chem. Abstr.* **1966** 66, 115723t.
58. G. Ohnacker, U. S. Patent 3316257, 1967; *Chem. Abstr.* **1967** 67, 64429n.
59. S. Ohno, K. Mizukoshi, O. Komatsu, H. Yamamoto, and Y. Kunou, Belg. Patent 895995, 1983; *Chem. Abstr.* **1983** 99, 158455f.
60. Dr. Karl Thomae, G. m. b. h., Fr. Patent 1593867, 1970; *Chem. Abstr.* **1971** 75, 5927r.
61. T. Yashiki, T. Kondo, Y. Uda, and H. Mima, *Chem. Pharm. Bull.* **1971** 19, 478.
62. E. Ziegler, A. Argyrides, and W. Steiger, *Z. Naturforsch. B* **1972** 27, 1169.
63. E. Ziegler, W. Steiger, and C. Strangas, *Z. Naturforsch. B: Anorg. Chem. Org. Chem.* **1977** 32B, 1204.
64. A. S. Noravyan, Sh. P. Mambreyan, and S. A. Vartanyan, *Tezisy Dokl. Vses. Konf. Khim. Atsetilena, 5th,* Meeting Date 1975, 300; *Chem. Abstr.* **1978** 89, 6309s.
65. A. S. Noravyan, Sh. P. Mambreyan, and S. A. Vartanyan, *Arm. Khim. Zh.* **1977** 30, 184; *Chem. Abstr.* **1977** 87, 68308h.
66. A. Ya. Berlin and I. A. Korbukh, *Khim. Geterotsikl. Soedin.* **1971** 7, 1280.
67. F. Eiden and E. G. Teupe, *Arch. Pharm.* (*Weinheim, Ger.*) **1979** 312, 591.
68. H. Wamhoff and M. Ertsas, *Synthesis* **1985** 190

CHAPTER III

Pyrimidopyrimidines

1. NOMENCLATURE

This bicyclic system contains four nitrogen atoms, two in each ring. In order to arrange the nitrogens into a pyrimidine ring only two possibilities exist. These are the pyrimido[4,5-*d*]pyrimidine, **1**, and pyrimido[5,4-*d*]pyrimidine, **2**, isomers illustrated in the figure below. The numbering system used in each case is shown on the structures.

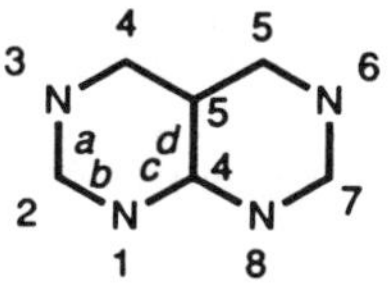

PYRIMIDO[4,5-*d*]PYRIMIDINE   PYRIMIDO[5,4-*d*]PYRIMIDINE

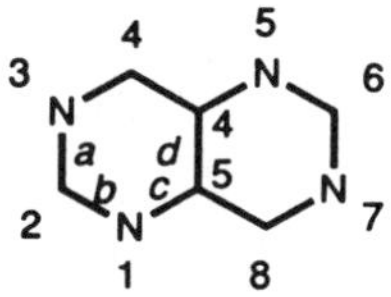

2. METHODS OF SYNTHESIS OF THE RING SYSTEM

A. Synthesis of Pyrimido[4,5-*d*]pyrimidines

(1) *From Pyrimidines with Amino Groups Adjacent to Hydrogen*

The overwhelming majority of examples of syntheses of pyrimido[4,5-*d*]pyrimidines from precursor pyrimidines in which an amino group is adjacent to hydrogen in the 5 position involve a uracil derivative. Hence, the reaction of the 6-aminouracil, **3** (R = H or Me) with either formamide at 140 °C or trisformaminomethane leads to the 2,4-dioxopyrimido[4,5-*d*]pyrimidine.[1] No experimental details are reported for this reaction. In a subsequent report[2] this observation was expanded to include additional examples of substituted uracils

Pyrimidopyrimidines

	R	R¹	Y
a	H	H	O
b	Me	Me	O
c	Me	H	O
d	H	Me	O
e	PhCH₂	PhCH₂	O
f	H	H	S

as starting materials, as well as a suggested pathway for this reaction. The results of both of these investigations are summarized below.

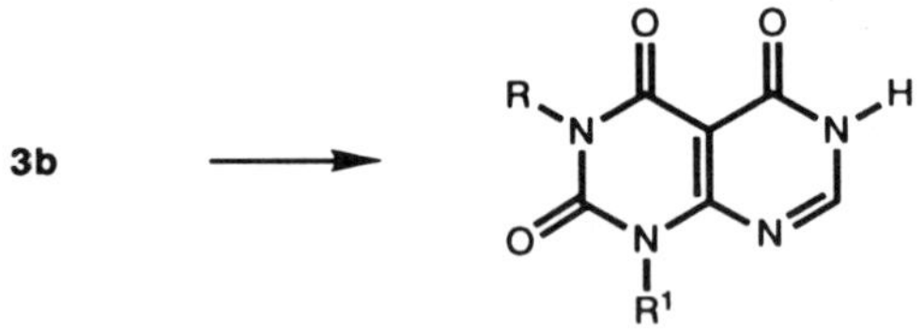

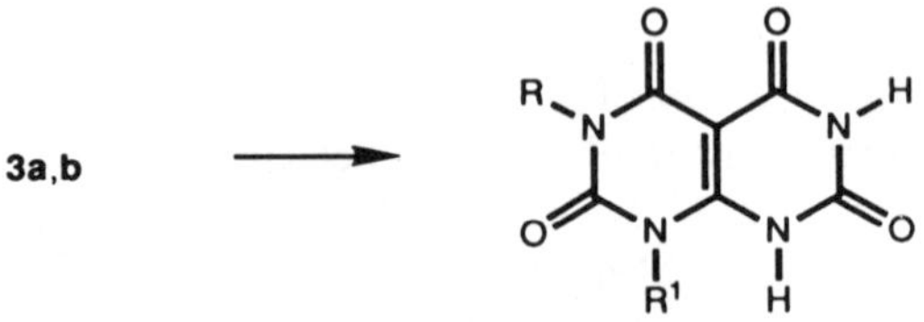

Other reagents have been applied to uracil derivatives with similar results. In all cases new substituents were added to the newly formed pyrimidine ring. Ethoxymethyleneurethane reacts with **3b** to give the 5-oxo compound, **5**.[3] The 5,7-dioxo analog, **6** (R = R¹ = H or Me), is prepared from either **3a** or **3b** upon treatment with ethylisocyanatoformate in DMF, followed by high temperature to eliminate ethanol.[4] In a related reaction, **3b** forms the 2,4,7-trioxo derivative when treated with 1,3-dimethyl-2,4-dioxo-s-triazine.[5]

In another study, treatment of a series of N-substituted-6-aminouracils with aroylisothiocyanates, followed by thermal cyclization of an intermediate urea, produces the partially reduced 5-thio-7-aryl derivatives, **7**.[6]

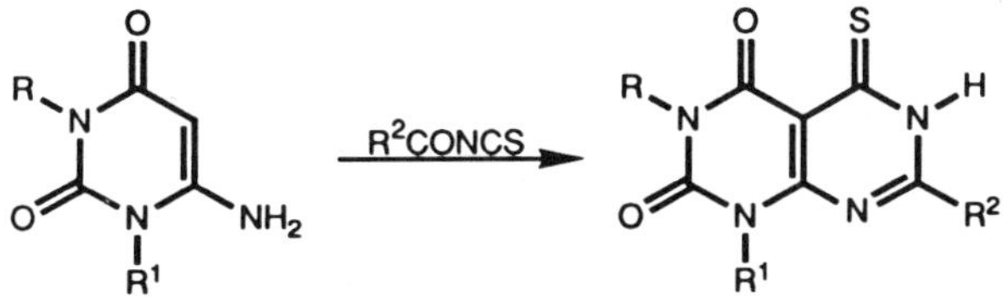

R	R^1	R^2
PhCH$_2$	PhCH$_2$	4-NO$_2$Ph
Me	Me	4-NO$_2$Ph
Me	Me	Ph
n-Pr	n-Pr	4-NO$_2$Ph
n-Bu	n-Bu	4-NO$_2$Ph
PhCH$_2$	PhCH$_2$	4-NO$_2$Ph
PhCH$_2$	PhCH$_2$	4-ClPh

Other pyrimido[4,5-d]pyrimidines bearing functional groups that may serve as precursors to additional analogs have been prepared from standard aminouracil derivatives. The use of (perchloroalkylidene)-(perchloroalkyl)amines and pentachloroethylisocyanate leads to a series of compounds, **8**, that can undergo nucleophilic substitution.[7]

Direct introduction of an amine function into the newly formed ring, **9**, has been accomplished by treatment of 6-aminouracils, **3** (R = Me or H; R^1 = Me or Ph), with dimethyl cyanoimidodithiocarbonate.[8,9]

The reaction of 6-amino-1,3-dimethyluracil with benzoyl chloride to give the corresponding 5-keto derivative, followed by treatment with benzamidine, afforded the diphenyl derivative **10**.[10]

Although this next example formally shows a bromine in position 5, it is not clear that this substituent is really necessary. Consequently, it will be treated as an example with no substituent in position 5. The reaction of 6-amino-5-bromo-1,3-disubstituted uracils, **11**, with formamide at approximately 150°C

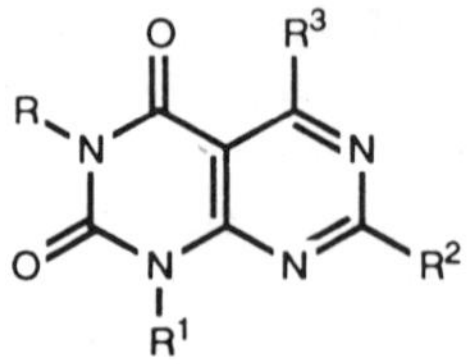

8

R	R¹	R²	R³
Me	Me	Cl	Cl
Me	Ph	Cl	Cl
PhCH$_2$CH$_2$	PhCH$_2$CH$_2$	Cl	Cl
CH$_2$CH=CH$_2$	CH$_2$CH=CH$_2$	Cl	Cl
H	Ph	Cl	Cl
Me	Me	CCl$_3$	Cl
Me	Me	Cl	Ph
Me	Me	Ph	Cl
Me	Me	CCl$_3$	OH

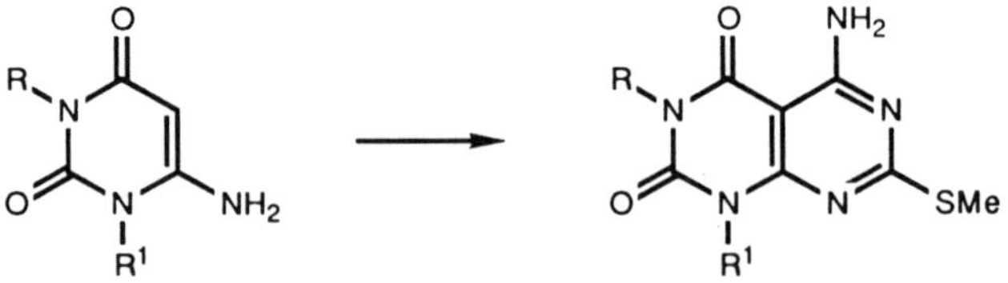

3 → **9**

3b → **10**

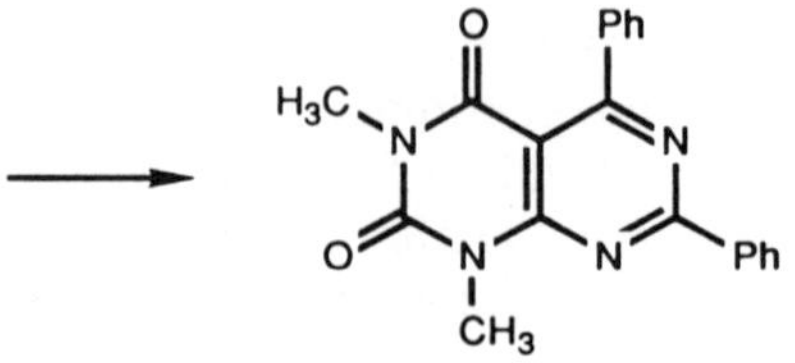

2. Methods of Synthesis of the Ring System

leads to the corresponding cyclization product, **12** (R = H or Me).[11] Also 5-bromo-2,4-diamino-6(1H)-oxopyrimidine behaves similarly.[11] Subsequently, 6-amino-2,4(1H,3H)-dioxopyrimidine, 2,4-diamino-6(1H)-oxopyrimidine, and 2,4,6-triaminopyrimidine were heated to ca. 150 °C with formamide to give the corresponding 2,4-disubstituted pyrimido[4,5-d]pyrimidines.[12]

11   **12**

Two reports of the use of 5,6-dihydrouracils, **13**, to form pyrimido[4,5-d]pyrimidines are of interest.[13,14] In both cases the amine function has been converted into a urea derivative prior to cyclization. Aldehydes were used as the cyclizing agents.

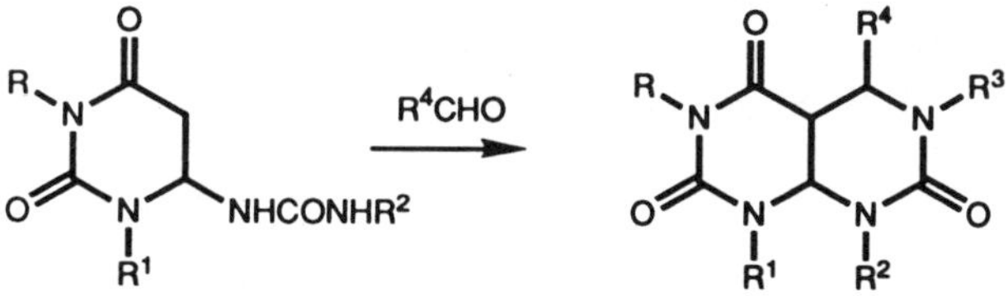

13   **14**

The use of the Mannich reaction has also been employed to generate pyrimido[4,5-d]pyrimidines. These reactions lead directly to tetrahydro derivatives in which a new substituent is introduced into the N-6 position. Treatment of **3b** with two equivalents of aqueous formaldehyde and one equivalent of amine in ethanol afforded **15** (R = Me, Et, allyl, Ph, or PhCH$_2$) in moderate to good yields.[15,16]

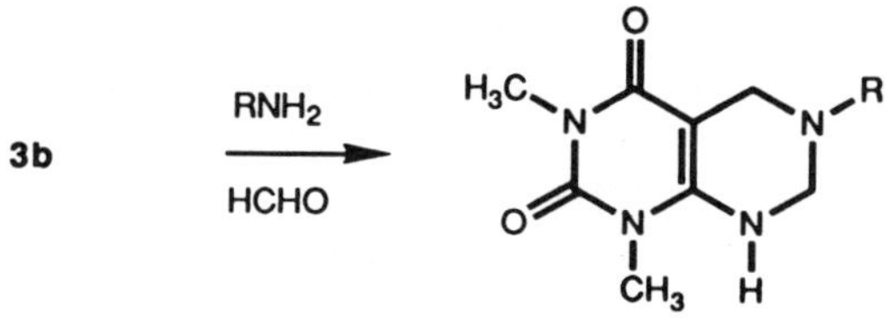

15

Commencing with 2,4,6-triaminopyrimidine, **16**, a similar reaction occurs with a variety of benzylamines, phenethylamines, and O-substituted hydroxylamines to give the corresponding tetrahydropyrimido[4,5-d]pyrimidines, **17**.[17,18]

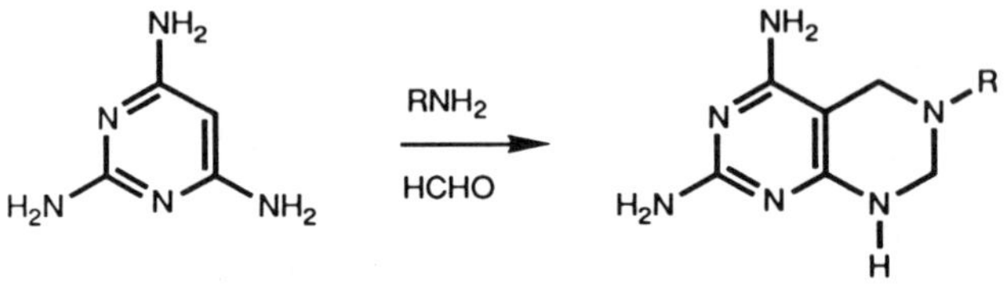

(2) *From Pyrimidines with Amino Groups Adjacent to Nitriles*

In the course of a broader study on o-aminonitriles, Taylor et al.[19] described the dimerization of 4-amino-5-cyanopyrimidines, **18** (R = R^1 = H and R = Me; R^1 = H), in ethanolic sodium ethoxide. The resulting pyrimido[4,5-d]pyrimidines, **19**, were obtained in very good yields. The corresponding 6-methyl analog, **18** (R = H; R^1 = Me), did not react under these conditions.

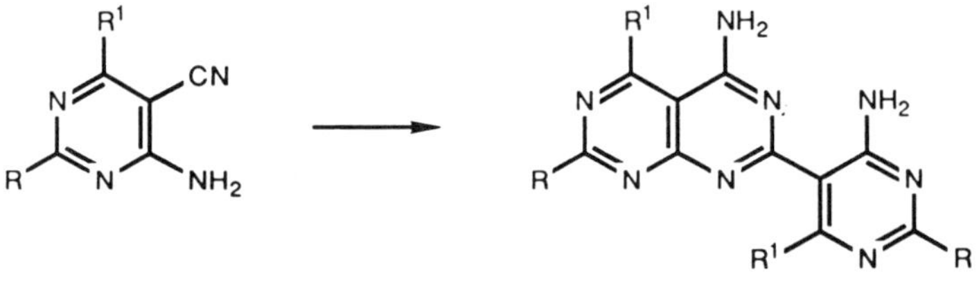

The majority of the reactions with 4-amino-5-cyanopyrimidines involves condensation with small molecules leading to the formation of a second pyrimidine ring. Treatment of unsubstituted or monosubstituted aminonitriles, **18** (R = H, Me, NH$_2$, or OH; R^1 = H),[20] or diaryl aminonitriles, **18** (R = R^1 = Ph, 4-ClPh),[21] with formamide at reflux temperatures yields the corresponding pyrimido[4,5-d]pyrimidines, **20**.

More recent examples of this type of cyclization have involved the conversion of the amino group of **18** by means of DMF–DMA into dimethylaminomethyleneamino intermediates.[22] Subsequent treatment with hydrazine hydrate afforded the 3-amino-4-imino derivative which, through diazotization, gave the previously reported 4-amino-7-methylthiopyrimido[4,5-d]pyrimidine, **20**

2. Methods of Synthesis of the Ring System

18 → **20**

(R = SMe; R^1 = H).[23] If the corresponding oxime is used the bicyclic product is the 3-N-oxide analog of **20**.

Simple sulfur-containing pyrimido[4,5-d]pyrimidines can also be obtained from heterocyclic aminonitriles. Reaction of **18** (R = R^1 = H) with CS$_2$ in pyridine provides the 2,4-dithio derivative, **21**.[24,25] In a related reaction ethyl orthoformate, followed by NaHS, converts the same pyrimidine to the 4-thio derivative, **22**.[26,27]

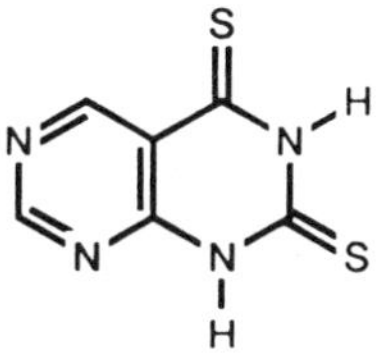

21 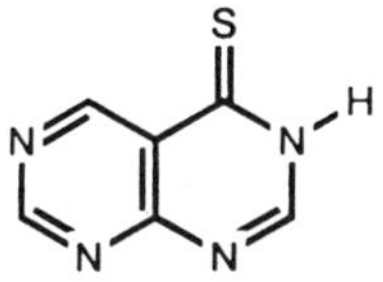   **22**

Potassium xanthogenate has also been used to provide more complex products, **23**.[28,29]

23

R	R^1
O(CH$_2$CH$_2$)$_2$N	H
Me$_2$NC(=NPh)S	SMe
(CH$_2$)$_5$NC(=NPH)S	SMe

The introduction of two amino groups into the newly formed ring has been accomplished by the reaction of suitably substituted aminonitriles, **18** (R = H, Ph or NH$_2$; R^1 = Me, Et, or Ph), with guanidine. The expected diamino derivatives, **24**, are obtained in good yield.[30] A related example involves the treatment of 2-amino-5-cyano-4-methoxy-6-phenylpyrimidine with guanidine to give **24** (R = NH$_2$; R^1 = Ph).[31]

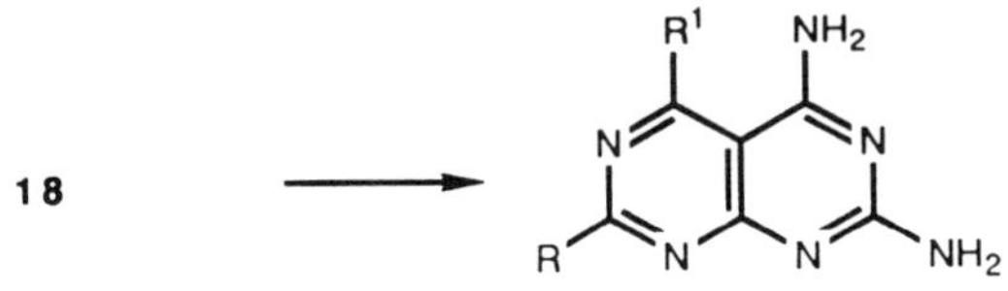

(3) *From Pyrimidines with Amino Groups Adjacent to Amides*

A large number of fairly simple pyrimidine-5-carboxamides have been prepared and converted into the corresponding pyrimido[4,5-*d*]pyrimidines using a variety of reagents.[20,23,32–36] The general scheme for these reactions is illustrated by the conversion of **25** to **26**. In a very closely related example 4-amino-2-phenyl-7-propylpyrimido[4,5-*d*]pyrimidine has been derived from 4-amino-*N*-benzoyl-2-propyl-5-pyrimidinecarboxamidine.[37] The precursor to the carboxamidine is a 1,2,4-oxadiazole.

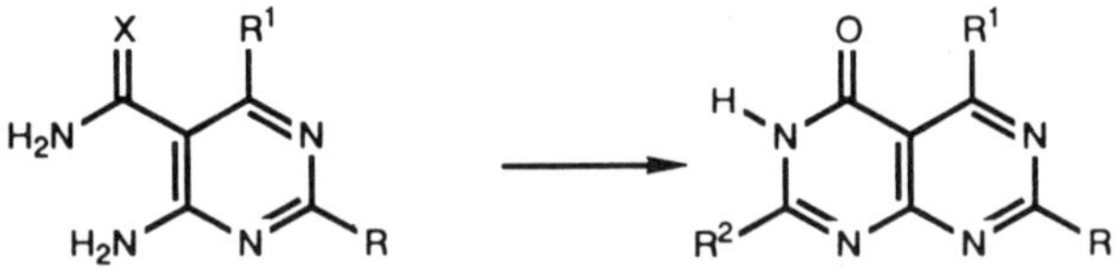

Only a few examples involve thioamides **25** (X = S).[19,32] Meanwhile a varied group of substituents has been incorporated, including alkyl, aryl, amino, and hydroxy moieties, at the available ring carbon sites. The primary reagents used to effect ring cyclization include triethyl orthoformate, diethyl carbonate, and formamide.

In a related reaction, 2-hydroxypyrimidine-4,5-dicarboxamide was treated with hypobromite. The amine, produced *in situ*, cyclized to 2,4,7-trihydroxypyrimido[4,5-*d*]pyrimidine.[38]

If one begins with an *N*-substituted amide or thioamide in position 5 of 6-amino-1,3-dimethyluracil, **27**, the corresponding *N*-substituted pyrimido[4,5-

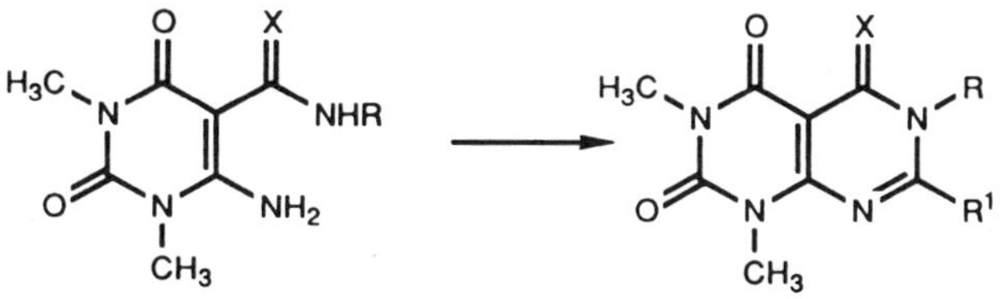

2. Methods of Synthesis of the Ring System

27 → **28**

R	R¹	X
2-MePh	H	O
2-ClPh	H	O
2-ClPh	H	O
Me	H	O
Et	H	O
Ph	OH	O
2-MePh	OH	O
2-ClPh	OH	O
Me	OH	O
H	Me	S
Me	Me	S

d]pyrimidines, **28**, may be obtained.[39–41] The reagents in these examples are acid chlorides, acid anhydrides, DMF–DMA, or N,N'-carbonyldiimidazole.

One further example involves the cyclization of N-(5-carbamoyl-4-pyrimidinyl)-5-nitro-2-furamide upon heating for a short time in Dowtherm®.[42]

(4) *From Pyrimidines with Amino Groups Adjacent to Esters*

There are few examples of reactions involving esters adjacent to amino groups. Two simple examples involve the conversion of either an oxo[32] or thioxo[43] derivative, **29** (X = O or S), into the corresponding pyrimido[4,5-d]pyrimidine, **30**, upon heating in formamide.

In the latter case, heating with phenyl isocyanate produces the corresponding N-phenyl derivative.[43]

There is one example of cyclization of a uracil derivative in which the ester contains two sulfur atoms. Heating compound **31** with formamide leads to the corresponding amino derivative, **32**.[40]

29 → **30**

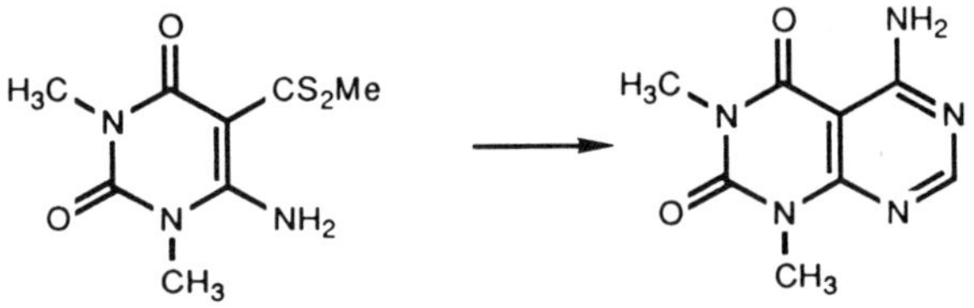

31 → **32**

(5) From Pyrimidines with Amino Groups Adjacent to Aldehyde or Ketone Groups (or Their Derivatives)

Only one research group seems to have made a serious effort to examine the reaction of adjacent amino and aldehyde functionalities.[44,45] Treatment of the appropriately substituted dimethyl acetals, **33**, with s-triazine leads to generally poor yields of the corresponding pyrimido[4,5-d]pyrimidines, **34**. One reason for the poor yields is the instability of the product; covalent addition of solvent to the initially formed product leads to ring-opened products, which are isolated.

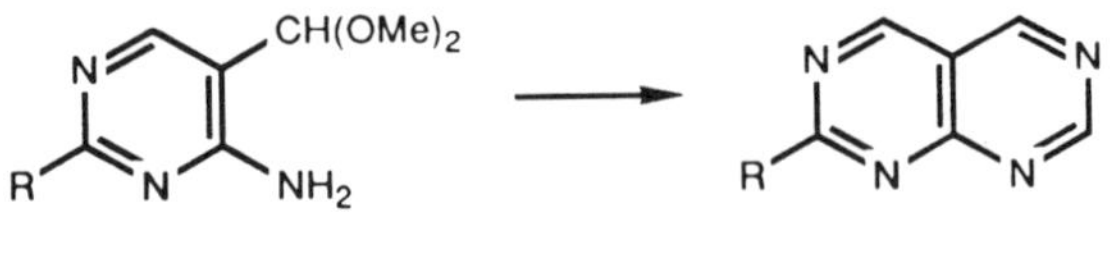

33 → **34**

In a separate effort, 2,7-diphenyl-5,6-dihydropyrimido[4,5-d]pyrimidine was reported to have been produced from the reaction of 2-phenyl-4-amino-5-dimethoxymethyl-5,6-dihydropyrimidine and benzamidine.[46]

Another aldehyde derivative that has been successfully employed in the preparation of pyrimido[4,5-d]pyrimidines is the Schiff base. The uracil derivative, **35**, can be converted to **36** in moderate yields.[47]

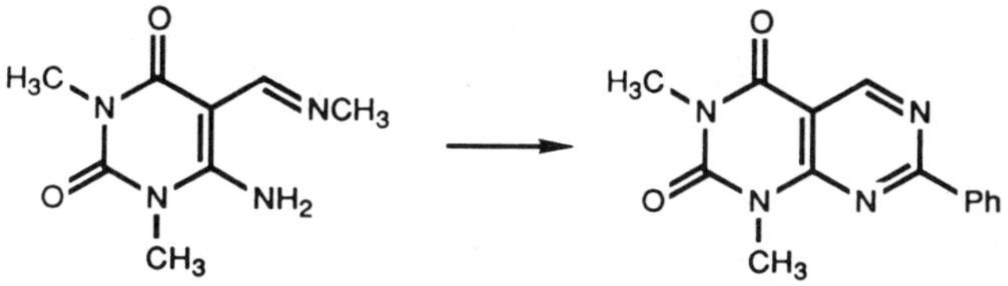

2. Methods of Synthesis of the Ring System

35 → **36**

The formation of 7-amino-1,3-dimethyl-5-*N*,*N*-dimethylaminopyrimido[4,5-*d*]pyrimidine-2,4(1*H*,3*H*)dione has been reported to proceed along similar lines.[48] More recently, 6-amino-5-formyl-1,3-dimethyluracil provided the corresponding 7-substituted-1,3-dimethyl-2,4-dioxopyrimido[4,5-*d*]pyrimidine when heated at 180 °C with simple amides.[49]

Finally, a single report on the use of ketones has appeared.[50] Although the starting material is actually a chloro derivative it is possible that the intermediate bears an amino group. Thus, treatment of **37** with acetamidine, benzamidine, or phenylguanidine provides the corresponding pyrimido[4,5-*d*]pyrimidines, **38**.

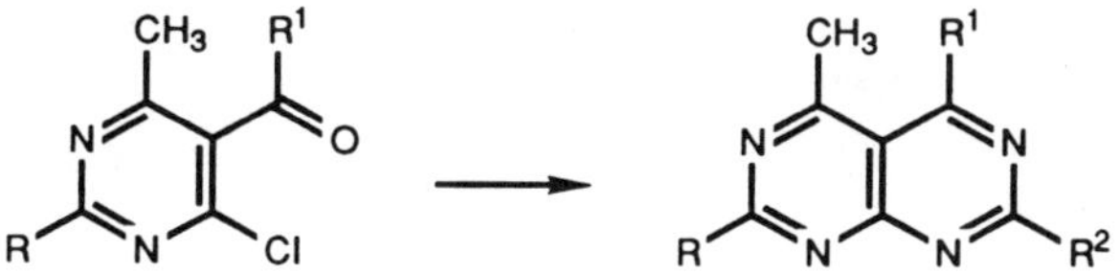

37 → **38**

R	R¹	R²
Ph	Ph	Ph
Me	Ph	Ph
Ph	Me	Ph
Ph	Ph	Me
Me	Ph	Me
Me	Me	Ph
Ph	Ph	NHPh
Me	Me	NHPh

(6) *From Pyrimidines with Amino Groups Adjacent to Substituted Methyl Groups*

Some of the earliest examples of this ring system were reported by Todd and co-workers[51] who had been studying the chemistry of aneurin (vitamin B_1). Some of the products were isolated quite by accident while others were clearly the target compounds. The usual structural feature of the original pyrimidine was an aminomethyl substituent at position 5. Thus, the conversion of **39** to **40** is typical of these syntheses.

39 → **40**

Treatment of **39** (R = MeC=S; R^1 = Me) with methyl α-bromo-γ-acetoxy-propyl ketone affords **40** (R^2 = Me).[51] Alternatively, **39** (R = H; R^1 = Me) leads to **40** (R^1 = Me; R^2 = SH) when treated with thiourea (poor yield), potassium thiocyanate (moderate yield),[52,53] or carbon disulfide.[53] Other simple derivatives of this type, as well as additional methods of preparing the same derivatives, have been reported.[20,54,55]

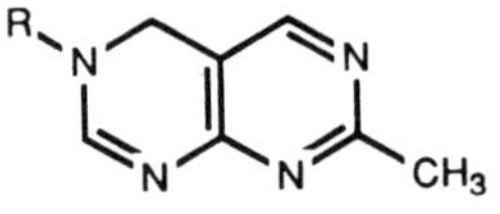

41

Several examples of ring *N*-substituted derivatives have been reported. The accidental preparation of **41** [R = HOCH$_2$CH$_2$(SNa)C=C(Me)] from aneurin by means of base hydrolysis is one example.[56] Starting with a 5-bromomethyl derivative, treatment with DMF provides the quaternary salt of **41** (R = Me$_2$).[57] Another *N*-substituted derivative, **43**, is obtained by the diazotization of **42**.[58]

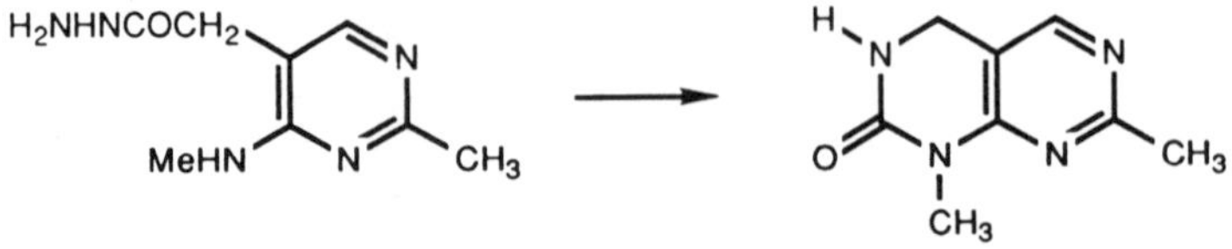

42 → **43**

The reaction of **39** (R = Me or Ph) with aromatic aldehydes can lead to tetrahydro products, **44** or **45**, depending on the nature of the substituent on the aromatic ring.[59]

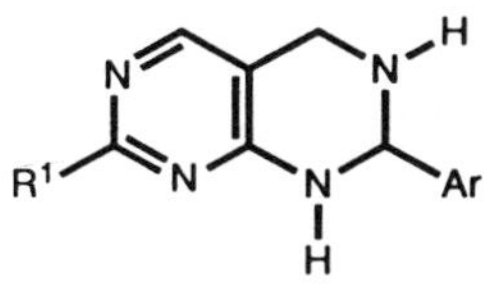

44

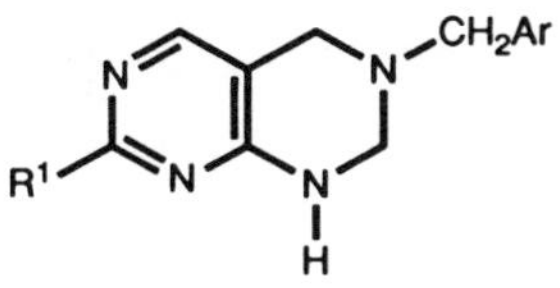

45

An unusual *N*-formyl compound has also been reported, **46**.[60]

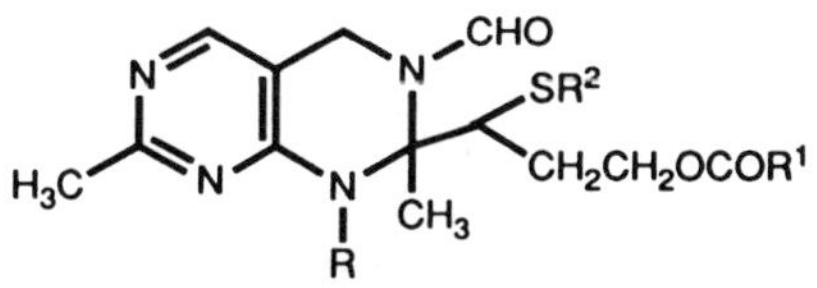

46

(7) *From Pyrimidines with Miscellaneous Groups Adjacent to Each Other*

The original synthesis of the pyrimido[4,5-*d*]pyrimidine ring system was reported by T. B. Johnson and Chi.[61] 5-Carbethoxy-2-ethylmercapto-6-thiocyanopyrimidine was converted to the corresponding thiourea and cyclized to **47** (R = H). Likewise the intermediate phenylthiourea provided **47** (R = Ph).

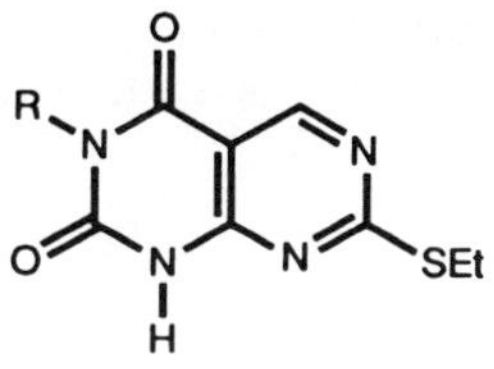

47

The only nucleoside, **48**, of this ring system to have been reported thus far was prepared from D-gluconyl isothiocyanate and a 6-aminouracil in 96% yield.[62] Note that this is a *C*-nucleoside derivative rather than the more usual *N*-nucleoside.

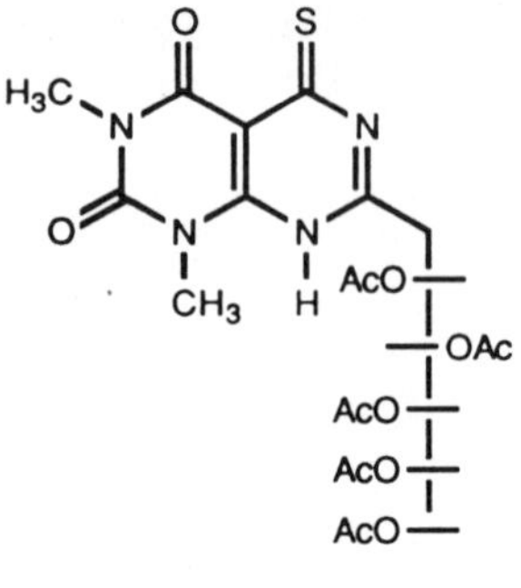

(8) From Pyrimidines Fused to Other Rings

One example of a pyrimidine fused to a pyran ring has been reported to lead to a substantially reduced pyrimido[4,5-d]pyrimidine, **49 → 50**.[63]

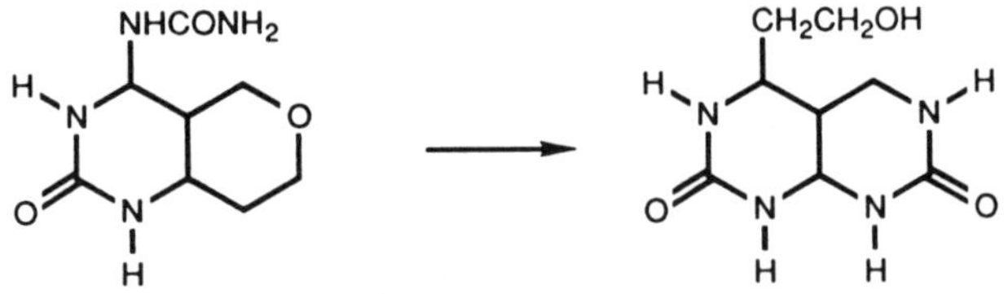

Ring expansion of pyrrolopyrimidines, **51** (R = NH_2 or NO), by treatment with lead tetraacetate, potassium pyrosulfite, or triphenylphosphine produces **52** (R^2 = OH).[64–66] If dry ammonia is used instead, **52** (R^2 = NH_2) is obtained.[65]

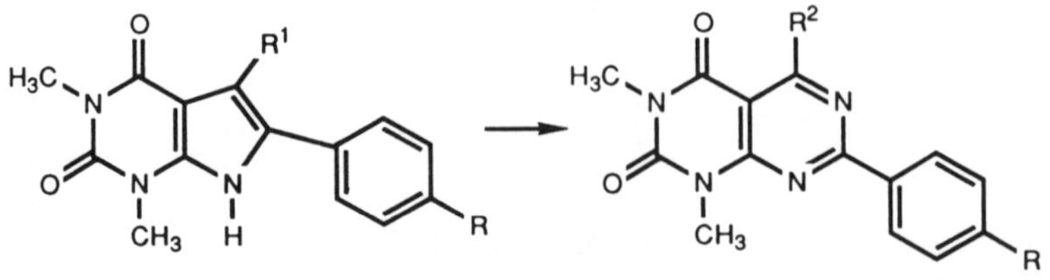

The reaction of thiamine with diethyl pyrocarbonate affords a mixture from which **53** can be isolated.[67]

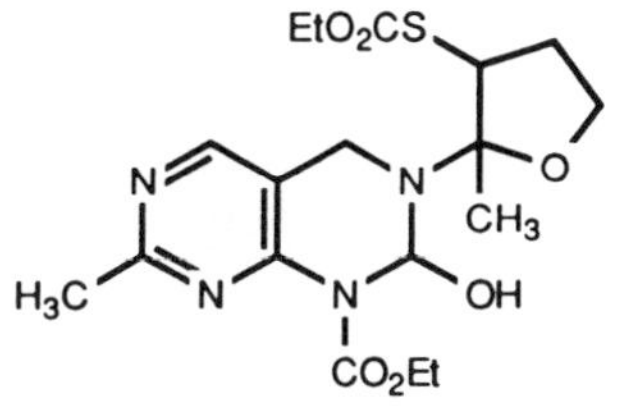

53

(9) *From Nonheteroaromatic Precursors*

There are several examples of pyrimido[4,5-*d*]pyrimidine derivatives that arise from acyclic precursors. It is probable, however, that pyrimidine intermediates are formed *in situ*. For example, benzamidine and N-(2,2-dicyano-1-ethoxyvinyl)-acetamidoyl chloride in ethanol affords a poor yield of 5-amino-4-ethoxy-2-methyl-7-phenylpyrimido[4,5-*d*]pyrimidine.[68]

In a study of the reaction between acetone and urea a compound was isolated that was identified as 2,7-dioxo-4,4,5,5,8a-pentamethyldecahydropyrimido[4,5-*d*]pyrimidine.[69]

Finally, 2,4-diaminopyrimido[4,5-*d*]pyrimidine (previously made in another manner) was prepared by condensation of guanidine in ethanolic base.[70]

B. Synthesis of Pyrimido[5,4-*d*]pyrimidines

(1) *From Pyrimidines with Amino Groups Adjacent to Carboxylic Acids*

In contrast to the pyrimido[4,5-*d*]pyrimidines the majority of the pyrimido[5,4-*d*]pyrimidines have been synthesized from existing derivatives via ring substitution. These reactions will be described in Section 3.

The original ring system synthesis was developed by F. G. Fischer, however.[71,72] In a series of reactions, beginning with a 5-amino-6-carboxyuracil derivative, **54**, treatment with urea or methyl substituted ureas provided the corresponding tetra-oxo-pyrimido[5,4-*d*]pyrimidines, **55**.

In similar fashion, treatment of **54** with formamide led to the corresponding trioxo derivatives, **56a–c**.[71,72] The use of N,N'-dimethylformamidine allowed for the formation of substituents in the second ring, **56d and e**, while N,N'-diphenylformamidine afforded **56f**.[72]

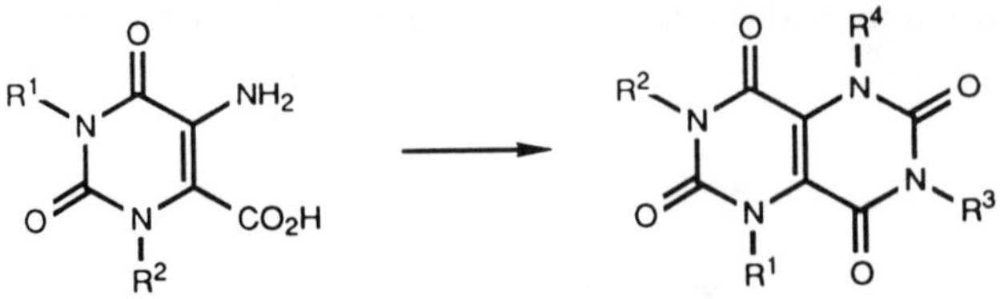

54 → 55

	R^1	R^2	R^3	R^4
a	H	H	H	H
b	Me	H	H	H
c	Me	Me	H	H
d	Me	H	H	Me

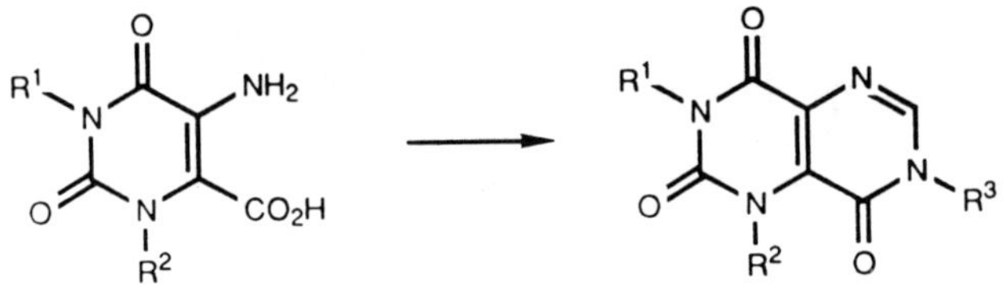

54 → 56

	R^1	R^2	R^3
a	H	H	H
b	Me	H	H
c	Me	Me	H
d	H	H	Me
e	Me	H	Me
f	H	H	Ph

Analogous reactions were used to prepare other C-substituted derivatives. Thus, the unusual guanidine derivative, **57**, when heated in sulfuric acid, led to the amino derivative, **58** (R = NH_2).[73] In what may be a reaction with a similar pathway, **54** ($R^1 = R^2 = H$) affords **58** (R = Ph) when treated with benzamidine.[74]

Finally, 5-amino-4-hydroxy-2-methylthiopyrimidine-6-carboxylic acid served as the precursor to **58** (R = SMe or SH).[75]

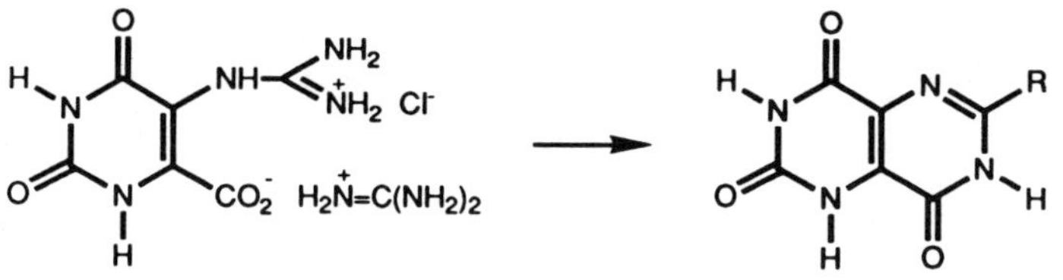

57 → **58**

(2) *From Pyrimidines with Amino Groups Adjacent to Carboxylic Acid Derivatives*

Only two types of acid derivatives, esters and amides, have been employed in the synthesis of pyrimido[5,4-*d*]pyrimidines.

The conversion of the methyl ester **59** (R = Me; $R^1 = R^2 = NH_2$) into the corresponding pyrimido[5,4-*d*]pyrimidine **60** through condensation with benzamidine is typical of this process.[76] In similar fashion, **59** (R = Et; $R^1 = R^2 = OH$) affords the analogous **60**.[74]

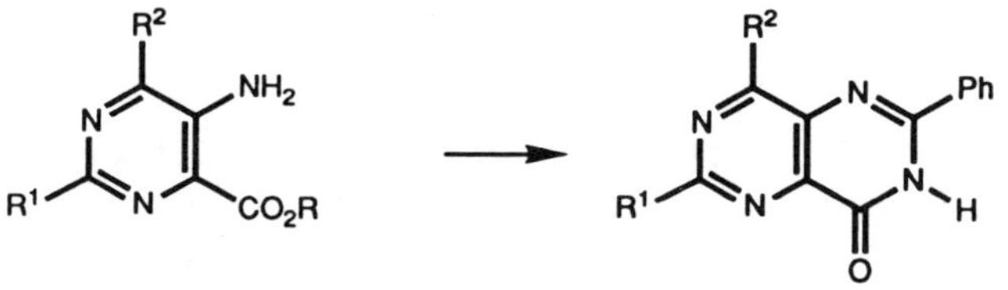

59 → **60**

When the amide, **61**, was treated with potassium ethylxanthogenate, compound **62** was obtained in yields of 74–98%, depending on reaction solvent.[77]

The same reaction, carried out with potassium dithioformate or diethylammonium *N,N*-diethyldithiocarbamate, gives poorer yields of the product.[77]

61 → **62**

The trioxo compounds, **64** (R = alkyl groups), are obtained from the acetylated amine, **63**.[78]

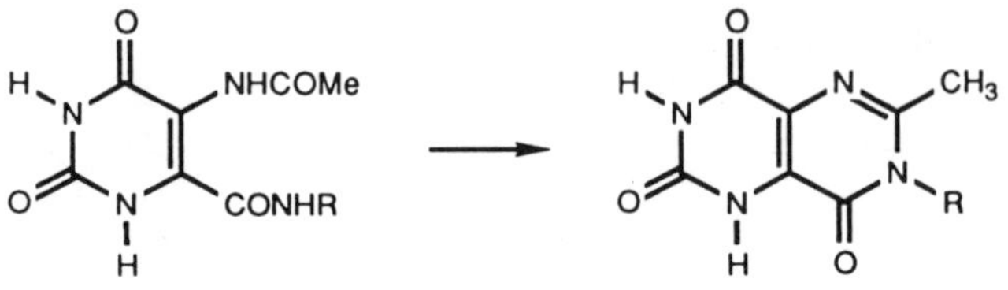

63 **64**

A very recent example employs as starting materials ethyl 5-aminoorotate. In this instance the 5-amino group is first converted to the ethoxymethyleneamino derivative, by means of diethoxymethylacetate, and then refluxed with a variety of amines. In this way a series of trioxo compounds, **56** ($R^1 = R^2 = H$; $R^3 = H$ and a variety of substituted alkyl groups), are formed, possibly through an amide intermediate formed *in situ*.[79]

(3) *From Pyrimidines with Miscellaneous Groups Adjacent to Each Other*

In an unusual reaction, the diamide **65** undergoes a Hofmann rearrangement to form a mixture of **66** and the isomeric pyrimido[4,5-*d*]pyrimidine.[74] Obviously, both amide functional groups can be attacked by the hypobromite reagent.

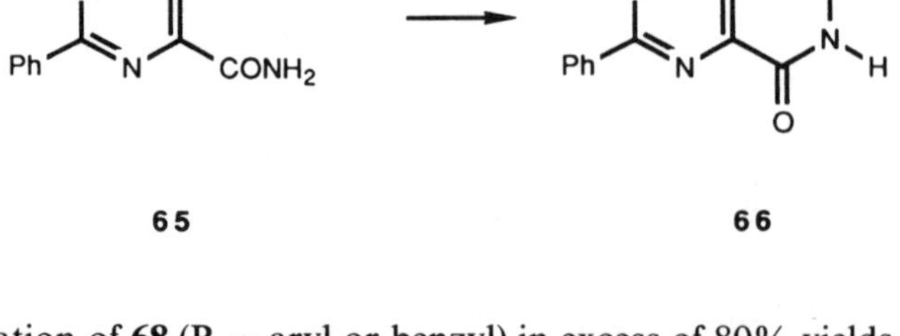

65 **66**

The formation of **68** (R = aryl or benzyl) in excess of 80% yields results from heating **64** with triethyl orthoformate.[80] Alternatively, **67** formed the corresponding Schiff base when treated with DMF–DMA, which could be cyclized to **68** by heating in toluene.[80]

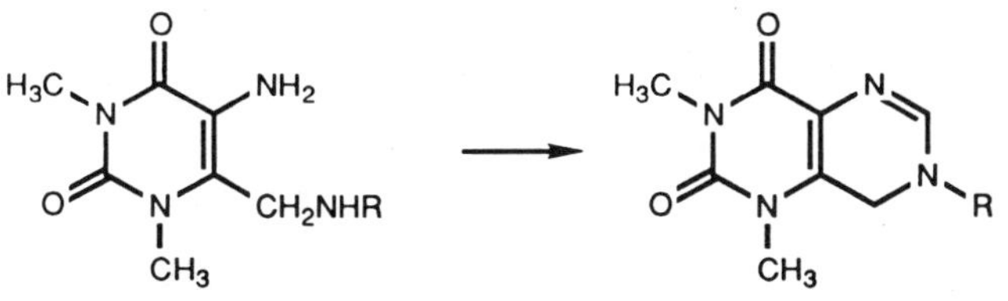

2. Methods of Synthesis of the Ring System   167

67 → **68**

(4) *By Rearrangement of Other Heterocyclic Systems*

Two examples of this type of synthesis have been reported. In both cases the process involves expansion of a five-membered ring. In the first example, Robins and his co-workers[81,82] treated acetylated purine nucleosides, **69**, with ammonia and obtained the pyrimido[5,4-*d*]pyrimidines, **70**. It seems probable that opening of the five-membered imidazole ring, followed by cyclization at the cyano moiety, is the pathway undertaken.

69 → **70**

R	R¹
2,3,5-Tri-*O*-acetyl-β-D-ribofuranosyl-	β-D-Ribofuranosyl-
2,3,5-Tri-*O*-acetyl-β-D-arabinofuranosyl-	β-D-Arabinofuranosyl-
2-Deoxy-3,5-di-*O*-acetyl-β-D-erythro-pentofuranosyl-	2-Deoxy-β-D-erythro-pentofuranosyl-

In the second case, it is a fused pyrazole-*N*-oxide that undergoes ring opening and recyclization to the six-membered ring. Hence, **71**, when treated with base, undergoes the transformation to the corresponding pyrimido[5,4-*d*]pyrimidine, **72**.[83,84] It should be pointed out, however, that the *N*-substituent must contain a methylene group that becomes the sixth atom in the new ring.

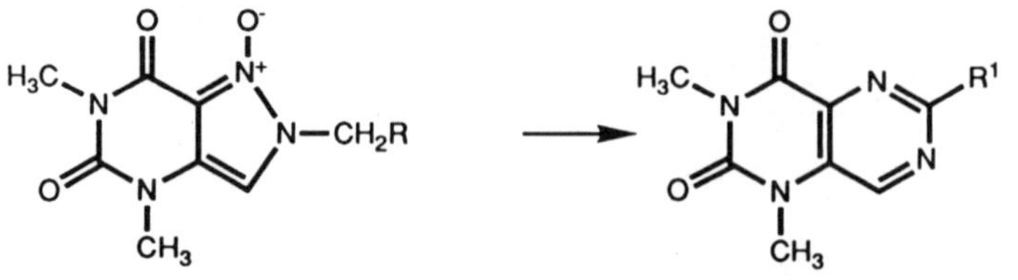

71 → **72**

(5) From Nonheteroaromatic Precursors

An interesting method of preparing this ring system from aliphatic compounds is illustrated by the reaction of the urea derivatives, **73**, with a variety of aldehydes. A series of imino derivatives, **74**, is obtained.[85]

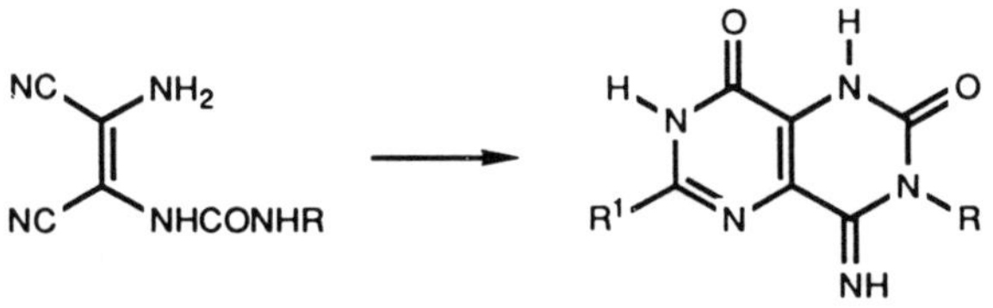

73   **74**

In a simple, but limited, process completely reduced pyrimido[5,4-d]pyrimidines, **75**, are prepared from 1,2,3,4-tetraminobutanes.[86]

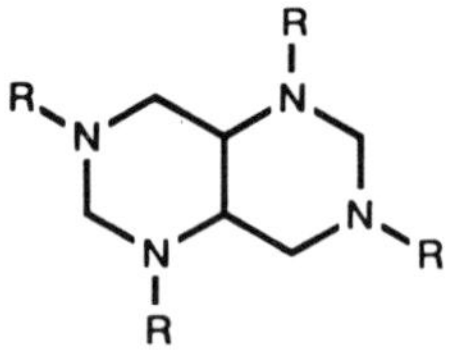

75

3. REACTIONS

A. Of Pyrimido[4,5-d]pyrimidines with Nucleophiles

The majority of reactions on preformed pyrimido[4,5-d]pyrimidines are substitutions by nucleophiles. In a typical case, **76** (R = SEt) upon treatment with NH_3 affords the corresponding amine derivative, **76** (R = NH_2).[32] In similar fashion, the 2-oxo derivative of **76** leads to the corresponding amine. In contrast, treatment of both of these ethylmercapto compounds with concentrated HCl provides different results. In the dioxo molecule hydrolysis of the mercapto group occurs and the corresponding trioxo analog is obtained. However, **76** (R = SEt) affords a ring-opened product, **77**.[32]

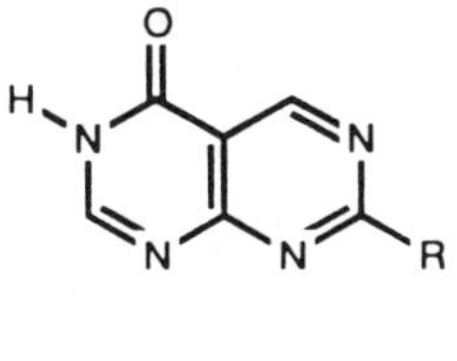

76 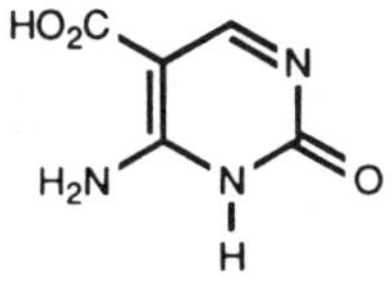   **77**

B. Other Reactions of Pyrimido[4,5-d]pyrimidines

One further type of reaction worth mentioning here is covalent hydration. This type of reaction, thoroughly reviewed by Albert,[87] involves addition of water across a carbon–nitrogen double bond. In an effort to prepare the unsubstituted pyrimido[4,5-d]pyrimidine simple covalent hydration occurs in moist air to give 4-hydroxy-1,2-dihydro-pyrimido[4,5-d]pyrimidine.[45] Opening of the unsubstituted ring of pyrimido[4,5-d]pyrimidines subsequent to covalent hydration can also occur. In this way o-aminopyrimidine-5-carboxaldehydes can be prepared.[88,89]

C. Of Pyrimido[5,4-d]pyrimidines with Nucleophiles

The pioneering work of Fischer again provides the basis for a large number of pyrimido[5,4-d]pyrimidines. Treatment of the oxygenated compounds, **55** and **56**, with POCl₃ and PCl₅ affords the corresponding chloro compounds, **78** and **79**, where all of the R groups are chlorine.[90]

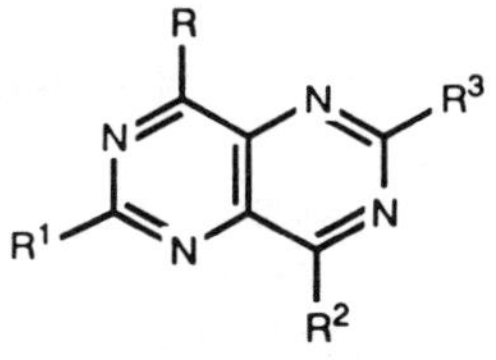

78 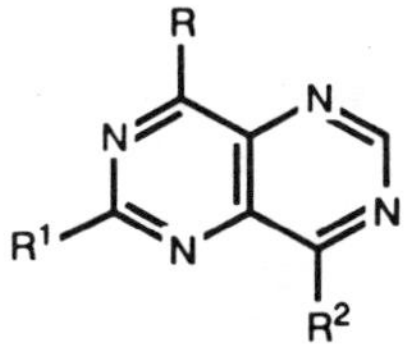   **79**

These two compounds serve as the basis for many nucleophilic reactions leading to a large number of pyrimido[5,4-d]pyrimidine derivatives. Thus, the nucleophilic displacement of chlorine with ammonia,[90] alkoxide ions,[90,91] iodide ion,[90] ethanolamine,[92] piperidines,[75,76,92–98] aniline derivatives,[91,92,99] azide ion,[93] piperazines,[94,98] benzylamines,[100] morpholine,[74,75] diethanolamine,[75] and alkylamines[78] have all been reported.

Some nucleophilic reactions on sulfur-containing moieties have also been reported. Thus, **78a** ($R = R^2 = Cl$; $R^1 = R^3 = SCl$), upon treatment with piperidine, provides **78b** ($R = R^2 =$ piperidinyl; $R^1 = R^3 = S$-piperidinyl)[95] or, with other nucleophiles, **78c** ($R = R^2 = Cl$; $R^1 = R^3 = SOMe$, S-morpholino, or S-diethylamine).[97] Hydrogen sulfide replaces the methylmercapto group also.[77]

The foregoing discussion focused on substitution at carbon. However, alkylation at the ring nitrogen positions has also been achieved. Direct methylation of **55** and **56** by means of dimethyl sulfate or diazomethane to give mono-, tri-, and tetramethyl derivatives has been accomplished.[72] Compound **55** leads to the tetrabenzyl derivative when treated with benzyl chloride.[72]

D. Other Reactions of Pyrimido[5,4-d]pyrimidines

Very little chemistry of this ring system, which is not a variation of the reactions discussed above, has been explored. One notable example is the reduction of the aromatic ring. Hydriodic acid and phosphorus iodide can remove the chloro group from the ring and produce the unsubstituted 3,4-dihydropyrimido[5,4-d]pyrimidine and the unsubstituted 3,4,7,8-tetrahydropyrimido[5,4-d]pyrimidine.[90]

4. PATENT LITERATURE

Of all the miscellaneous fused pyrimidines the most extensive patent coverage is found in the pyrimidopyrimidine series. Space does not permit adequate citation of this body of literature here. Several major patent reports must be mentioned, however.

Several dozen patents have been granted for work in the pyrimido[4,5-d]pyrimidine series. The greatest number of compounds are found in a small number of these patents. A patent awarded to Boehringer Ingelheim G. m. b. h.[101] describes more than 120 examples of 2,4,7-trisubstituted pyrimido[4,5-d]pyrimidines of the general structure **80**. In this series R and R^2 are found to be a variety of cyclic secondary amines, such as the morpholinyl, piperazinyl, and pyrrolidinyl groups. Considerable variation of group types are introduced at R^1. Here, secondary amines, both cyclic and acyclic, primary alkyl amines, alkoxides, and oxo groups predominate.

Some 20 examples of similar structure were synthesized as potential diuretic agents.[102] For **80** (where $R^2 = H$) a limited number of dialkylamino groups were located at R^1. Substituents at R included the chloro, alkoxy, thioalkoxy, secondary amino, alkyl, and oxo moieties.

Nearly 50 derivatives of **81** have been described in which R = phenyl or substituted phenyl and $R^1 = H$ or a large variety of alkyl groups.[103,104] Many of the compounds reported in other patents appear to be variations on the three series described above.

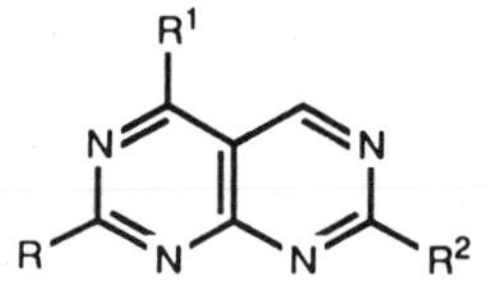

80 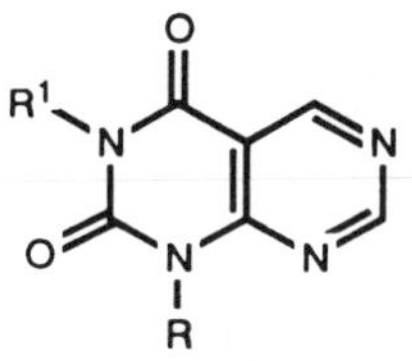   **81**

It can be truly said that the synthesis of pyrimido[5,4-*d*]pyrimidine derivatives by industrial chemists has been dominated by those at Dr. Karl Thomae, G. m. b. h.[105-107] Moreover, the majority of these compounds are described only in the patent literature, and the focal point of the syntheses is always the same.

Literally hundreds of trisubstituted pyrimido[5,4-*d*]pyrimidines (**78**) have been prepared[105,106] in which either R^1 or R^3 remains unsubstituted. The three substituents, located either at R, R^1, and R^2 or at R, R^2, and R^3, include nearly all imaginable forms of amino, substituted thio, or substituted oxo groups. A significant number of derivatives also contain the chloro group, particularly at R^3.

Several score of additional compounds of the same general structure, **78**, from the same laboratories include many of the same groups with an increased emphasis on chloro substituents at R and/or R^3.[107]

5. TABLES

TABLE 1. THE PYRIMIDO[4,5-*d*]PYRIMIDINES THAT HAVE NO OXO OR THIOXO GROUPS

Substituents	mp	Other Data	References
None	193(d)	UV	44, 45, 108
1-Acetyl-2-[1-(acetylthio)-3-(benzoyloxy)propyl]-3(2*H*)-formyl-1,4-dihydro-2,7-dimethyl-	174–175	IR, NMR, UV	60

TABLE 1. (Continued)

Substituents	mp	Other Data	References
1-Acetyl-2-[3-(benzoyloxy)-3(2H)-formyl-1,4-dihydro-2,7-dimethyl-	158–159	IR, NMR, UV	60
2-[1-(Acetylthio)-3-(benzoyloxy)propyl]-3(2H)-formyl-1,4-dihydro-2,7-dimethyl-	170–171	IR, NMR, UV	60
4-Amino-	> 340(d)		20, 23, 109, 110
2,4-Diamino- (monohydrochloride)	> 300	NMR	23, 70, 88
2,4,7-Triamino-	> 300		23
5-Amino-2,4-bis(4-chlorophenyl)-	305–315		21
2,4-Diamino-6-[2-(4-chlorophenyl)ethoxy]-5,6,7,8-tetrahydro-	187–189	MS, NMR	18
2,4-Diamino-6-[2-(2,4-dichlorophenoxy)ethoxy]-5,6,7,8-tetrahydro-	180.0–182.5	MS, NMR	18
2,4-Diamino-6-[2-(2-chlorophenyl)ethyl]-5,6,7,8-tetrahydro-	186–188	NMR	17
2,4-Diamino-6-[2-(3-chlorophenyl)ethyl]-5,6,7,8-tetrahydro-	104.0–105.5	NMR	17
2,4-Diamino-6-[2-(4-chlorophenyl)ethyl]-5,6,7,8-tetrahydro-	187–193	NMR	17
2,4-Diamino-6-[2-(2,4-dichlorophenyl)ethyl]-5,6,7,8-tetrahydro-	186–188	NMR	17
2,4-Diamino-6-[2-(2,6-dichlorophenyl)ethyl]-5,6,7,8-tetrahydro-	200–202	NMR	17
2,4-Diamino-6-[(4-chlorophenyl)methoxy]-5,6,7,8-tetrahydro-	205.0–206.5	MS, NMR	18
2,4-Diamino-6-[(2,4-dichlorophenyl)methoxy]-5,6,7,8-tetrahydro-	208.5–209.5	MS, NMR	18
2,4-Diamino-6-[(2,6-dichlorophenyl)methoxy]-5,6,7,8-tetrahydro-	230.0–231.5	MS, NMR	18
2,4-Diamino-6-[(4-chlorophenyl)methyl]-5,6,7,8-tetrahydro-	240–241	NMR	17
2,4-Diamino-6-[(2,4-dichlorophenyl)methyl]-5,6,7,8-tetrahydro-	155–157	NMR	17
2,4-Diamino-6-[(3,4-dichlorophenyl)methyl]-5,6,7,8-tetrahydro-	194–196	NMR	17
2,4,7-Triamino-5-ethyl-	> 300	UV	30
2-Amino-5,6-dihydro-	228–229		20
4-Amino-1,2-dihydro-	> 300		43
2,4-Diamino-5,6,7,8-tetrahydro-6-hydroxy-	> 219(d)	NMR	18
2,4-Diamino-5,6,7,8-tetrahydro-6-{2-[3-(trifluoromethyl)phenyl]ethyl}-	112–114	NMR	17
2,4-Diamino-5,6,7,8-tetrahydro-6-{[3-(trifluoromethyl)phenyl]methoxy}-	200–202	MS, NMR	18
2,4-Diamino-5,6,7,8-tetrahydro-6-{[3-(trifluoromethyl)phenyl]methyl}-(monohydrochloride)	213–215		17
2,4-Diamino-7-methyl-	> 300		23
2,4,7-Triamino-5-methyl- (monohydrochloride)	> 300	UV	30
4-Amino-2-methyl-7-phenyl-	> 300		34
5-Amino-2,4-diphenyl-	242		21

TABLE 1. (Continued)

Substituents	mp	Other Data	References
4-Amino-2,5,7-triphenyl-	275		21
2,4-Diamino-5-phenyl-	> 300	UV	30
2,4-Diamino-7-phenyl-	> 300		23
4,7-Diamino-2-phenyl-	> 300	UV	30
2,4-Diamino-5,7-diphenyl-	> 300	UV	30
2,4,7-Triamino-5-phenyl- (and phosphate)	353–355 (> 300)	IR, MS, NMR, UV	30, 31
2,4,5-Triamino- (phosphate)	> 300	UV	30
4-Amino-2-phenyl-7-propyl-	239–241	IR, NMR	37
2-Anilino-5-methyl-4,7-diphenyl-	183	IR, NMR, UV	50
2-Anilino-5,7-dimethyl-4-phenyl-	265	IR, NMR, UV	50
2-[3-(Benzoyloxy)-1-(benzoylthio)propyl]-3(2H)-formyl-1,4-dihydro-2,7-dimethyl-	218–219	IR, NMR, UV	60
2-[3-(Benzoyloxy)-1-mercaptopropyl]-3(2H)-formyl-1,4-dihydro-2,7-dimethyl-	193–195	IR, NMR, UV	60
2-[3-(Benzoyloxy)-1-(methylthio)propyl]-3(2H)-formyl-1,4-dihydro-2,7-dimethyl-	166–168	IR, NMR, UV	60
4-Chloro-1,2-dihydro-	> 300		43
3-(4-Chlorobenzyl)-1,2,3,4-tetrahydro-2,7-dimethyl-	146–147	IR, NMR	59
2-(2,4-Dichlorophenyl)-1,2,3,4-tetrahydro-2,7-methyl-	179–180	NMR	59
2-(3,4-Dichlorophenyl)-1,2,3,4-tetrahydro-7-methyl-	163–165	NMR	59
4-Chloro-2-(5-nitro-2-furanyl)-	210		42
1(2H)-Cyano-3-{3-[(4,5-dihydro-2-methyl-3-furanyl)dithio]tetrahydro-2-methyl-2-furanyl}-3,4-dihydro-2-methoxy-7-methyl-	180–183	IR, NMR, UV	111
4-Dimethylamino-2-methyl-7-phenyl-	174		34
2,2'-{Dithiobis[3-(benzoyloxy)propylidene]}bis[1,4-dihydro-2,7-dimethyl]-3(2H)-formyl-	154–168	IR, NMR, UV	60
1(2H)-Ethoxycarbonyl-3-{3-[(ethoxycarbonyl)thio]tetrahydro-2-methyl-2-furanyl}-3,4-dihydro-2-hydroxy-7-methyl-	160–163	IR, NMR, UV	67, 112
2-(4-Fluorophenyl)-1,2,3,4-tetrahydro-7-methyl- (mixture with open chain form)	163–170	NMR	59
3,4-Dihydro-	172–173		20, 90
3,4-Dihydro-4-hydroxy-	210–213(d)	NMR, UV	45
3,4-Dihydro-4-methoxy-	190–195(d)	NMR, UV	45
3,4-Dihydro-4-methoxy-7-methyl-	104–106		45
1,2,3,4-Tetrahydro-2-(4-methoxyphenyl)-7-methyl-	142–143	NMR	59
1,2,3,4-Tetrahydro-2-(4-methoxyphenyl)-7-phenyl-	132.5–133.0	NMR	59
1,2,3,4-Tetrahydro-7-methyl-2-(4-nitrophenyl)-	189–190	NMR	59
3,4-Dihydro-2,7-diphenyl-	210.5–211.5	IR, UV	46, 113
3,4-Dihydro-2,7-dipropyl-	96	UV	114
4-(2-Methoxyethyl)amino-2-(5-nitro-2-furanyl)-	275		42

TABLE 1. (Continued)

Substituents	mp	Other Data	References
2,4,7-Trimethyl-5-(methylthio)-	178		34
4-Methyl-2,5,7-triphenyl-	229	IR, NMR, UV	50
2,4-Dimethyl-5,7-diphenyl-	164	IR, NMR, UV	50
2,5-Dimethyl-4,7-diphenyl-	160	IR, NMR, UV	50
4,5-Dimethyl-2,7-diphenyl-	270	IR, NMR, UV	50
2,4,7-Trimethyl-5-phenyl-	165	IR, NMR, UV	50
2,4,5-Trimethyl-7-phenyl-	189	IR, NMR, UV	50
2-(5-Nitro-2-furanyl)-4-(1-pyrrolidinyl)-	279–280		42
2-Phenyl-	236–237	NMR, UV	45

TABLE 2. THE PYRIMIDO[4,5-d]PYRIMIDINES WITH ONE OXO OR THIOXO GROUP

Substituents	mp	Other Data	References
2-Amino-4(3H)-oxo- (picrate)	256(d) (230–231)	NMR	11, 20, 32, 88
2-Amino-5(1H)-oxo-	> 300	MS, NMR	35, 115
2-Amino-5(1H)-oxo-4-phenyl-	> 300		30
2-Butyl-4(1H)-oxo-7-phenyl-	272–273		34
2-Butyl-7-phenyl-4(1H)-thioxo-	262		34
2-Dimethylamino-5(6H)-oxo-	> 300	UV	23
2-Dimethylamino-5(6H)-thioxo-	305(d)		20
2-(Ethylthio)-5(6H)-oxo-	238	UV	23, 32
2-(Ethylthio)-5(6H)-thioxo-	276		20, 23
3,4-Dihydro-7-methyl-2(1H)-thioxo-	245(d)		20
1,2-Dihydro-4(3H)-oxo- (hydrate)	252–254		43
3,7-Dihydro-5(6H)-oxo-2(1H)-thioxo-	> 350		43
3,4-Dihydro-2(1H)-thioxo-	> 240(d)		20
1,2-Dihydro-4(3H)-thioxo-	240(d)		43
3,7-Dihydro-2,5(1H,6H)-dithioxo-	> 290		43
2,5,7-Trimethyl-4(1H)-oxo-	> 300		34
2-Methyl-4(1H)-oxo-7-phenyl-	> 300		34
5,7-Dimethyl-4(1H)-oxo-2-phenyl-	> 300		34
2,5-Dimethyl-4(1H)-oxo-7-phenyl-	> 300		34
2-Methyl-5(6H)-thioxo-	> 320		20
2,5,7-Trimethyl-4(1H)-thioxo-	275–277		34
2-(Methylthio)-5(6H)-oxo-	225–229	UV	23, 116
2-(5-Nitro-2-furanyl)-4(1H)-oxo-	334–335		42
4(3H)-Oxo-	220–250(d) 258	UV	33
4(3H)-Oxo-5-phenyl-	> 300	UV	30
4(3H)-Oxo-5-(trifluoromethyl)-	264–266		117
4(3H)-Thioxo-	260–275(d) > 360	UV	27, 33

TABLE 3. THE PYRIMIDO[4,5-d]PYRIMIDINES WITH TWO OXO AND/OR THIOXO GROUPS

Substituents	mp	Other Data	References
7-Amino-5-(dimethylamino)-1,3-dimethyl-2,4(1H,3H)-dioxo-	174–176	IR, MS	48
5-Amino-1,3-dimethyl-7-(methylamino)-2,4(1H,3H)-dioxo-	236	IR, NMR, UV	8, 9
5-Amino-3-methyl-7-(methylthio)-2,4(1H,3H)-dioxo-1-phenyl-	257	IR, NMR, UV	8, 9
5-Amino-1,3-dimethyl-2,4-(1H,3H)-dioxo-	268	IR, NMR, UV	8, 9, 40
7-Amino-1,3-dimethyl-2,4(1H,3H)-dioxo-	> 300	NMR	49
5,7-Diamino-1,3-dimethyl-2,4(1H,3H)-dioxo-	> 350		7
5-Amino-1,3-dimethyl-2,4(1H,3H)-dioxo-7-phenyl-	260		65, 118
5-Amino-7-(methylthio)-2,4(1H,3H)-dioxo-1-phenyl-	329	IR, NMR, UV	8, 9
5-Amino-2,4(1H,3H)-dioxo-7-phenyl-	> 320		30
5-(1,3-Benzodioxol-5-yl)-1,3-dimethyl-2,4(1H,3H)-dioxo-7-phenyl-	272		10
1,3-Dibenzyl-2,4(1H,3H)-dioxo-	84–85		2
5-(4-Bromophenyl)-hexahydro-1,4,6-trimethyl-2,7(1H,3H)-dioxo-	275.0–276.5	IR	14
5,7-Bis(butylamino)-1,3-dimethyl-2,4(1H,3H)-dioxo-	120–121		7
7-Chloro-5-(ethylamino)-1,3-dimethyl-2,4(1H,3H)-dioxo-	149		7
5,7-Dichloro-1,3-dimethyl-2,4(1H,3H)-dioxo-	186		7
5,7-Dichloro-3-methyl-2,4(1H,3H)-dioxo-1-phenyl-	192		7
5-(4-Chlorophenyl)-1,3-dimethyl-2,4(1H,3H)-dioxo-7-phenyl-	256		10
7-(4-Chlorophenyl)-1,3-dimethyl-2,4(1H,3H)-dioxo-5-phenyl-	245		10
5-(3,4-Dichlorophenyl)-1,3-dimethyl-2,4(1H,3H)-dioxo-7-phenyl-	258		10
5,7-Dichloro-2,4(1H,3H)-dioxo-1-phenyl-	> 320		7
5,7-Dichloro-2,4(1H,3H)-dioxo-1,3-bis(2-phenylethyl)-	147		7
5,7-Dichloro-2,4(1H,3H)-dioxo-1,3-di-2-propenyl-			7
5,7-Bis(dodecylamino)-1,3-dimethyl-2,4(1H,3H)-dioxo-	116–117		7
5,7-Bis(ethylamino)-1,3-dimethyl-2,4(1H,3H)-dioxo-	175–176		7
5,7-Bis(ethylamino)-2,4(1H,3H)-dioxo-1-phenyl-	261–263		7
5,7-Bis(ethylamino)-2,4(1H,3H)-dioxo-1,3-di-2-propenyl-	108–109		7
6-Ethyl-5,6,7,8-tetrahydro-1,3-dimethyl-2,4(1H,3H)-dioxo-	156		15
1,6-Diethyl-hexahydro-3,4,5,8-tetramethyl-2,7(1H,3H)-dioxo-	132–135	IR, NMR	119
7-(Ethylthio)-2,4(1H,3H)-dioxo-	241–242	UV	32
4,5-Bis(4-fluorophenyl)-hexahydro-2,7(1H,3H)-dioxo-8a-phenyl-	309–312		120

TABLE 3. (Continued)

Substituents	mp	Other Data	References
5-(2-Furanyl)-hexahydro-1,4,6-trimethyl-2,7(1H,3H)-dioxo-	310–312	IR	14
Hexahydro-5-(4-hydroxy-3-methoxyphenyl)-1,4,6-trimethyl-2,7(1H,3H)-dioxo-	279–280	IR	14
Hexahydro-4-(2-hydroxyethyl)-2,7(1H,3H)-dioxo-	310; 225(d)	NMR	63
Hexahydro-5-(2-hydroxyphenyl)-1,4,6-trimethyl-2,7(1H,3H)-dioxo-	298–299	IR	14
Hexahydro-5-(3-hydroxyphenyl)-1,4,6-trimethyl-2,7(1H,3H)-dioxo-	254–255	IR	14
Hexahydro-8a-(4-methoxyphenyl)-2,7(1H,3H)-dioxo-4,5-diphenyl-	270–272		120
Hexahydro-5-(4-methoxyphenyl)-1,4,6-trimethyl-2,7(1H,3H)-dioxo-	277–278	IR	14
Hexahydro-5-(3,4-dimethoxyphenyl)-1,4,6-trimethyl-2,7(1H,3H)-dioxo-	272–273	IR	14
Hexahydro-4-methyl-1,6-bis(1-methylethyl)-2,7(1H,3H)-dioxo-5-phenyl-	241–242	IR	14
Hexahydro-1,4,6-trimethyl-5-(3-nitrophenyl)-2,7(1H,3H)-dioxo-	272–273	IR	14
Hexahydro-1,4,6-trimethyl-5-(4-nitrophenyl)-2,7(1H,3H)-dioxo-	242–243	IR	14
Hexahydro-8a-methyl-2,7(1H,3H)-dioxo-	275		121
Hexahydro-4,5-dimethyl-2,7(1H,3H)-dioxo- (mixture of isomers)	142–144 and 167–168	IR, NMR	119, 122
Hexahydro-3,6,8a-trimethyl-2,7(1H,3H)-dioxo-	191		121
Hexahydro-4,4,5,5,8a-pentamethyl-2,7(1H,3H)-dioxo- (and sulfate)	260–262(d) 171–172(d)	IR, NMR	69
Hexahydro-1,3,4,5,6,8-hexamethyl-2,7(1H,3H)-dioxo-	142–144	IR, NMR	119
5,6,7,8-Tetrahydro-1,3,6-trimethyl-2,4(1H,3H)-dioxo-	185		15
5,6,7,8-Tetrahydro-1,3-dimethyl-2,4(1H,3H)-dioxo-6-phenyl-	226		15
Hexahydro-1,4,6-trimethyl-2,7-(1H,3H)-dioxo-5-phenyl-	306–307	IR	14
Hexahydro-1,3,4,6,8-pentamethyl-2,7(1H,3H)-dioxo-5-phenyl-	190–196	IR, NMR	119
Hexahydro-1,4,6-trimethyl-2,7(1H,3H)-dioxo-5-(2-phenylethenyl)-	273–275	IR	14
Hexahydro-1,3,4,6,8-pentamethyl-2,7(1H,3H)-dioxo-5-(2-phenylethenyl)-	184–186	IR, NMR	119
5,6,7,8-Tetrahydro-1,3-dimethyl-2,4(1H,3H)-dioxo-6-(phenylmethyl)-	160	IR, NMR	16
5,6,7,8-Tetrahydro-1,3-dimethyl-2,4(1H,3H)-dioxo-6-(2-propenyl)-	178		15
Hexahydro-1,4,6-trimethyl-2,7(1H,3H)-dioxo-5-propyl-	292.0–292.5	IR	14

5. Tables

TABLE 3. (Continued)

Substituents	mp	Other Data	References
Hexahydro-2,7(1H,3H)-dioxo-4,5-diphenyl-8a-(4-tolyl)-	301–303		120
Hexahydro-2,7(1H,3H)-dioxo-8a-phenyl-4,5-di-(4-tolyl)-	309–314		120
Hexahydro-2,7(1H,3H)-dioxo-4,5,8a-triphenyl-	305–308		120
1,3-Dimethyl-7-(methylamino)-2,4(1H,3H)-dioxo-	260.5	NMR	49
1,3-Dimethyl-5,7-bis[(1-methylethyl)amino]-2,4(1H,3H)-dioxo-	189–190		7
1,3-Dimethyl-5,7-di-4-morpholinyl-2,4(1H,3H)-dioxo-	282–283		7
1-Methyl-2,4(1H,3H)-dioxo-	251–252		2
3-Methyl-2,4(1H,3H)-dioxo-	242–244		2
1,3-Dimethyl-2,4(1H,3H)-dioxo- (and picrate)	140–141 (148–149)	NMR	1, 2, 49
1,3,7-Trimethyl-2,4(1H,3H)-dioxo-	113–115	NMR	49
1,3-Dimethyl-2,4(1H,3H)-dioxo-7-phenyl-	266–268 279–281	NMR	49, 123
1,3-Dimethyl-2,4(1H,3H)-dioxo-5,7-diphenyl-	230		10, 124
1,3-Dimethyl-2,4(1H,3H)-dioxo-7-phenyl-5-(phenylamino)-	> 320		65, 118
1,3-Dimethyl-2,4(1H,3H)-dioxo-7-phenyl-5-[(phenylmethyl)amino]-			65, 118
1,3-Dimethyl-2,4(1H,3H)-dioxo-5,7-bis[(phenylmethyl)amino]-	152–154		7
1,3-Dimethyl-2,4(1H,3H)-dioxo-5,7-di-1-piperidinyl-	156–157		7
1,3-Dimethyl-2,4(1H,3H)-dioxo-5-phenyl-7-(3-pyridinyl)-	233		10
3-Methyl-2,4(1H,3H)-dioxo-1-phenyl-5,7-di-1-pyrrolidinyl-	132–133		7
1,3-Dimethyl-2,4(1H,3H)-dioxo-5,7-di-1-pyrrolidinyl-	205–206		7
1,3-Dimethyl-2,4(1H,3H)-dioxo-7-(trifluoromethyl)-	135–139	NMR	49
7-(4-Morpholinyl)-2,4-(1H,3H)-dithioxo-	350		28
2,4(1H,3H)-Dioxo- (and monohydrochloride)	> 350	NMR	1, 11, 88
2,4(1H,3H)-Dioxo-1,3-bis(2-phenylethyl)-5,7-di-1-pyrrolidinyl-	146–147		7
4(3H)-Oxo-2(1H)-thioxo-	> 350		2
2,4(1H,3H)-Dithioxo-	> 360		24, 25

TABLE 4. THE PYRIMIDO[4,5-d]PYRIMIDINES WITH THREE OR FOUR OXO AND/OR THIOXO GROUPS

Substituents	mp	Other Data	References
7-(4-Bromophenyl)-1,3-dimethyl-2,4,5(1H,3H,6H)-trioxo-	> 320		64, 66, 118
1,3-Dibutyl-5,6-dihydro-7-(4-nitrophenyl)-2,4(1H,3H)-dioxo-5-thioxo-	156–160		6

TABLE 4. (Continued)

Substituents	mp	Other Data	References
1-Butyl-2,4,7(1H,3H,6H)-trioxo-	260–262(d)	IR, NMR	5
7-(4-Chlorophenyl)-5,6-dihydro-2,4(1H,3H)-dioxo-1,3-bis(phenylmethyl)-5-thioxo-	360–362		6
6-(2-Chlorophenyl)-1,3-dimethyl-2,4,5,7(1H,3H,6H,8H)-tetroxo-	> 270		39
7-(4-Chlorophenyl)-1,3-dimethyl-2,4,5(1H,3H,6H)-trioxo-	> 320		64, 66, 118
6-(2-Chlorophenyl)-1,3,7-trimethyl-2,4,5(1H,3H,6H)-trioxo-	> 270		39
5-(Ethylamino)-1,3-dimethyl-2,4,7(1H,3H,6H)-trioxo- (7-hydrazone)	204–205		7
1,3-Diethyl-2,4,7(1H,3H,6H)-trioxo-	232–237	IR, NMR	5
6-Ethyl-1,3,7-trimethyl-2,4,5(1H,3H,6H)-trioxo-	178		39
6-(2-Fluorophenyl)-1,3,7-trimethyl-2,4,5(1H,3H,6H)-trioxo-	258		39
5,6-Dihydro-1,3-dimethyl-7-(4-nitrophenyl)2,4(1H,3H)-dioxo-5-thioxo-	> 360		6
Tetrahydro-5-methyl-2,4,7(1H,3H,4aH)-trioxo- (4a-α, 5-α, 8a-α)	292–293	NMR, UV	125
6,8a-Dihydro-1,3-dimethyl-2,4,5(1H,3H,4aH)-trioxo-			3
5,6-Dihydro-1,3-dimethyl-2,4(1H,3H)-dioxo-7-phenyl-5-thioxo-	> 320		6
5,6-Dihydro-1,3,7-trimethyl-2,4(1H,3H)-dioxo-5-thioxo-	306–307	IR, UV	40
5,6-Dihydro-1,3,6,7-tetramethyl-2,4(1H,3H)-dioxo-5-thioxo-	262	IR, UV	40
5,6,7,8-Tetrahydro-7-(4-nitrophenyl)-2,4(1H,3H)-dioxo-1-(phenylmethyl)-5-thioxo-	> 320		6
5,6-Dihydro-7-(4-nitrophenyl)-2,4(1H,3H)-dioxo-1,3-bis(phenylmethyl)-5-thioxo-	208–210		6
5,6-Dihydro-7-(4-nitrophenyl)-2,4(1H,3H)-dioxo-1,3-dipropyl-5-thioxo-	180–183		6
1,3-Dimethyl-6-(2-methylphenyl)-2,4,5,7(1H,3H,6H,8H)-tetroxo-	> 270		39
1,3,7-Trimethyl-6-(2-methylphenyl)-2,4,5(1H,3H,6H)-trioxo-	> 270		39
1,3-Dimethyl-2,4,7(1H,3H,6H)-trioxo-	291–293(d)	IR, NMR	5
1,3,6,7-Tetramethyl-2,4,5(1H,3H,6H)-trioxo-	256		39
1,3-Dimethyl-2,4,5,7(1H,3H,6H,8H)-tetroxo-		UV	4
1,3,6-Trimethyl-2,4,5,7(1H,3H,6H,8H)-tetroxo-	> 270		39
1,3-Dimethyl-2,4,7(1H,3H,6H)-trioxo-6-phenyl-	308		123
1,3-Dimethyl-2,4,5(1H,3H,6H)-trioxo-7-phenyl-	> 320		64, 66, 118
1,3-Dimethyl-2,4,5,7(1H,3H,6H,8H)-tetroxo-6-phenyl-	> 270		39
1,3,7-Trimethyl-2,4,5(1H,3H,6H)-trioxo-6-(phenylmethyl)-	263	IR, NMR, UV	40
1,3-Dimethyl-2,4,7(1H,3H,6H)-trioxo-6-phenyl-7-thioxo-	303		123
1,3-Dimethyl-2,4,5(1H,3H,6H)-trioxo-7-(trichloromethyl)-	244–245		7
2,4,5,7(1H,3H,6H,8H)-Tetroxo-			4
2,4(1H,3H)Dioxo-3-phenyl-7-thioxo-	> 350		43

5. Tables

TABLE 5. MISCELLANEOUS PYRIMIDO[4,5-d]PYRIMIDINES

Name	mp	Other Data	Reference
Acetic acid, 2,2′-[(5,6,7,8-tetrahydro-6,8-dimethyl-5,7-dioxopyrimido[4,5-d]pyrimidine-2,4-diyl)bis(thio)]bis-dimethyl ester	129–130		7
D-Arabinitol, 1-C-(1,4,5,6,7,8-hexahydro-6,8-dimethyl-5,7-dioxo-4-thioxopyrimido[4,5-d]pyrimidin-2-yl)-,1,2,3,4,5-pentaacetate, (S)-	160–161	IR, MS, NMR	62
4-Bromobenzoic acid, 3-(benzoylthio)-3-(3-formyl-1,2,3,4-tetrahydro-2,7-dimethylpyrimido[4,5-d]pyrimidin-2-yl)propyl ester		IR, NMR, UV	60
4-Bromobenzoic acid, 3-(3-formyl-1,2,3,4-tetrahydro-2,7-dimethylpyrimido[4,5-d]pyrimidin-2-yl)-3-mercaptopropyl ester	162–164	IR, NMR, UV	60
4-Bromobenzoic acid, 3-(3-formyl-1,2,3,4-tetrahydro-2,7-dimethylpyrimido[4,5-d]pyrimidin-2-yl)-3-(methylthio)propyl ester	98–110	IR, NMR, UV	60
4-Chlorobenzoic acid, 3-(benzoylthio)-3-(3-formyl-1,2,3,4-tetrahydro-2,7-dimethylpyrimido[4,5-d]pyrimidin-2-yl)propyl ester	143–148	IR, NMR, UV	60
4-Chlorobenzoic acid, 3-(3-formyl-1,2,3,4-tetrahydro-2,7-dimethylpyrimido[4,5-d]pyrimidin-2-yl)-3-mercaptopropyl ester	164–166	IR, NMR, UV	60
4-Chlorobenzoic acid, 3-(3-formyl-1,2,3,4-tetrahydro-2,7-dimethylpyrimido[4,5-d]pyrimidin-2-yl]-3-(methylthio)propyl ester	171–174	IR, NMR, UV	60
Ethanimidic acid, N-(5,6-dihydro-7-methyl-5-oxopyrimido[4,5-d]pyrimidin-2-yl)-ethyl ester	241–244	MS, NMR	35
Ethyl carbamothioic acid, S-[tetrahydro-2-methyl-2-(7-methylpyrimido[4,5-d]pyrimidin-3(4H)-yl)]-3-furanyl ester	160–163	IR, NMR, UV	67
N′-(1,5-Dihydro-5-oxopyrimido[4,5-d]pyrimidin-2-yl)-N,N-dimethyl-methanimidamide	> 300		116
N,N-Dimethyl-N′-phenyl-carbamimidothioic acid, 1,5,6,7-tetrahydro-4-(methylthio)-5,7-dithioxopyrimido[4,5-d]pyrimidin-2-yl ester	288–294(d)		29
2-{Methyl[2-(5-nitro-2-furanyl)pyrimido[4,5-d]pyrimidin-4-yl]amino}-ethanol	206–207		42
2-{[2-(5-Nitro-2-furanyl)pyrimido[4,5-d]pyrimidin-4-yl]amino}-ethanol	278–279		42
1-{[2-(5-Nitro-2-furanyl)pyrimido[4,5-d]pyrimidin-4-yl]amino}-2-propanol	276–277		42
1,1′-{[2-(5-Nitro-2-furanyl)pyrimido[4,5-d]-pyrimidin-4-yl]imino}-bis-2-propanol	215.5–216.5		42
5-Nitro-2-furancarboxaldehyde,[4-(ethylamino)-5,6,7,8-tetrahydro-6,8-dimethyl-5,7-dioxopyrimido[4,5-d]pyrimidin-2-yl]hydrazone	271–273(d)		7
N-Phenyl-1-pyrrolidinecarboximidothioic acid, 1,5,6,7-tetrahydro-4-(methylthio)-5,7-dithioxopyrimido[4,5-d]pyrimidin-2-yl ester	207(d)		29
3,3′-Dithiobis[4-(7-methylpyrimido[4,5-d]pyrimidin-3(4H)-yl)]-3-penten-1-ol	168–170		126

TABLE 6. THE PYRIMIDO[5,4-d]PYRIMIDINES WITH NO OXO, THIOXO, OR HALOGEN GROUPS

Substituents	mp	Other Data	References
4,8-Diamino-			90
2,4,8-Triamino-6-phenyl-	354–356	UV	76
2,4-Diamino-6-phenyl-8-piperidino-	215		76
2,6-Diamino-4,8-di-1-piperidinyl-N,N'-bis(2-pyridinylmethyl)- (with 2,4,6-trinitrophenol)	141–142		100
2,6-Diamino-4,8-di-1-piperidinyl-N,N'-bis(3-pyridinylmethyl)- (with 2,4,6-trinitrophenol and [hydrochloride])	126–128 (267–268)		100
2,6-Diamino-4,8-di-1-piperidinyl-N,N'-bis(4-pyridinylmethyl)- (with 2,4,6-trinitrophenol)	126–131		100
2,4,6,8-Tetraanilino-	> 310	UV	99
4,8-Dianilino-2,6-dibutoxy-	122.0–122.5	UV	99
4,8-Dianilino-2,6-diethoxy-	208–210	MS, UV	99
4,8-Dianilino-2,6-dimethoxy-	228–229	UV	99
2,4,6,8-Tetra-o-anisidino-	> 300	UV	99
2,4,6,8-Tetra-m-anisidino-	228–230	UV	99
2,4,6,8-Tetra-p-anisidino-	264–266	UV	99
4,8-Di-m-anisidino-2,6-diethoxy-	170–172	MS, UV	99, 127
2,4,6,8-Tetraazido-		IR	93
2,6-Diazido-4,8-dipiperidino-	155–156	IR	93
4,8-Bis(2,5-dimethoxyanilino)-2,5-dipiperidino-			92
6-[Bis(2-hydroxyethyl)amino]-2-[N,N'-bis(2-hydroxyethyl)sulfonamido]-4,8-di-1-piperidinyl-	140.0–141.5	IR, MS, NMR	97
6-[Bis(2-hydroxyethyl)amino]-2-[N,N-dibutylsulfonamido]-4,8-di-4-morpholinyl-	125–127		75
6-[Bis(2-hydroxyethyl)amino]-2-[N-butylsulfonamido]-4,8-di-1-piperidinyl-	165–167		75
6-[Bis(2-hydroxyethyl)amino]-2-[N,N-dibutylsulfonamido]-4,8-di-1-piperidinyl-	108–110		75
6-[Bis(2-hydroxyethyl)amino]-2-[N,N-diethylsulfonamido-4,8-di-1-piperidinyl-	118–120		75
6-[Bis(2-hydroxyethyl)amino]-2-[N-cyclohexylsulfonamido]-4,8-di-1-piperidinyl-	185–187		75
6-[Bis(2-hydroxyethyl)amino]-2-[N,N-diethylsulfonamido-4,8-di-4-morpholinyl-	99–100		75
6-[Bis(2-hydroxyethyl)amino]-2-{N-[2-(diethylamino)ethyl]sulfonamido}-4,8-di-1-piperidinyl-	99.5–101.5		75
6-[Bis(2-hydroxyethyl)amino]-2-[N-ethylsulfonamido]-4,8-di-1-piperidinyl-	164–165		75
6-[Bis(2-hydroxyethyl)amino]-2-[N,N-bis(2-hydroxyethyl)sulfonamido]-4,8-di-4-morpholinyl-	125–167		75
2-[N,N-Bis(2-hydroxyethyl)sulfonamido]-6-{2-[(2-hydroxyethyl)amino]ethoxy}-4,8-di-1-piperidinyl-		NMR	75

TABLE 6. (Continued)

Substituents	mp	Other Data	References
6-[Bis(2-hydroxyethyl)amino]-2-[N-(2-hydroxyethyl)-N-methylsulfonamido]-4,8-di-1-piperidinyl-	109–110		75
2-[Bis(2-hydroxyethyl)amino]-6-methoxy-4,8-di-1-piperidinyl-	131–133		96
6-[Bis(2-hydroxyethyl)amino]-2-[N-methylsulfonamido]-4,8-di-1-piperidinyl-	153–155		75
6-[Bis(2-hydroxyethyl)amino]-2-[N,N-dimethylsulfonamido)-4,8-di-1-piperidinyl-	142–143		75
6-[Bis(2-hydroxyethyl)amino]-4,8-di-piperidinyl-2-sulfonamido-	201–203		75
6-[Bis(2-hydroxyethyl)amino]-2-[N-(2-phenylethyl)sulfonamido]-4,8-di-1-piperidinyl-	88.0–91.5		75
6-[Bis(2-hydroxyethyl)amino]-4,8-di-1-piperidinyl-2-(N-propylsulfonamido)-	186.5–187.5		75
6-[Bis(2-hydroxyethyl)amino]-4,8-di-1-piperidinyl-2-(N.N-dipropylsulfonamido)-	122–124		75
2-[N,N-Bis(2-hydroxyethyl)sulfonamido]-6-(methylsulfonyl)-4,8-di-1-piperidinyl-	152–153	NMR	96
2,6-Bis-[N-(2-hydroxyethyl)amino-N'-methyl]sulfonamido-4,8-di-1-piperidinyl-	111–113		97
2,6-Bis-[N-(2-hydroxyethyl)amino]sulfonamido-4,8-di-1-piperidinyl-	192–194		97
4,8-Bis(4-methyl-1-piperazinyl)-2,6-dimorpholino-	239–241		94
4,8-Bis(4-methyl-1-piperazinyl)-2,6-dipiperidino-	158–159		94
6-Chloro-2-{2-[(2-hydroxyethyl)amino]ethoxy}-4,8-di-1-piperidinyl-	113.0–115.5		96
2,4,6,8-Tetrakis(o-chloroanilino)-	> 300	UV	99
2,4,6,8-Tetrakis(m-chloroanilino)-	295–298	MS, UV	99
2,4,6,8-Tetrakis(p-chloroanilino)-	> 300	UV	99
2-(Chlorosulfonyl)-6-(methylsulfonyl)-4,8-di-1-piperidinyl-	165–167(d)		96
2,6-Di-(chlorosulfonyl)-4,8-di-1-piperidinyl-	196–198(d)	NMR	97
2,6-Di-(N,N-diethylsulfenamido)-4,8-di-1-piperidinyl-	175–177		97
2-(N,N-Diethylsulfonamido)-6-(methylsulfonyl)-4,8-di-1-piperidinyl-	133.0–135.5		96
6-(Dimethylamino)-2-(N,N-dimethylsulfonamido)-4,8-di-1-piperidinyl-	160–161		75
2,2'-Dithiobis[6-(methylthio)-4,8-di-1-piperidinyl]-	195–197		97
2,4,6,8-Tetraethoxy-	198–201		90
2,6-Diethoxy-4,8-di-2,4-xylidino-	239–244	UV	99
3,4-Dihydro- (picrate)	155–157(d)		20, 90
3,4,7,8-Tetrahydro- (picrate)	242–245(d)		90
cis-(+ / −)-Decahydro-1,3,5,7-tetranitro-	234–235	NMR	86
trans-Decahydro-1,3,5,7-tetranitro-	252–254	NMR	86, 128
6-[(2-Hydroxyethyl)methylamino]-2-[N-(2-hydroxyethyl)N-methyl]sulfonamido-4,8-di-1-piperidinyl-	114–115		75

TABLE 6. (Continued)

Substituents	mp	Other Data	References
2,6-Di-[(2-hydroxyethyl)amino]-4,8-di-1-piperidinyl-	147–150	NMR	97
2-[2-(Hydroxyethyl)amino]-6-(methylsulfonyl)-4,8-di-1-piperidinyl-	127.5–129.0		96
2-[(2-Hydroxyethyl)methylamino]-6-(methylsulfonyl)-4,8-di-1-piperidinyl-	133–135		96
2-{2-[(2-Hydroxyethyl)amino]ethoxy]-6-methoxy-4,8-di-1-piperidinyl-	84–86		96
2-{2-[(2-Hydroxyethyl)amino]ethoxy}-6-(methylsulfonyl)-4,8-di-1-piperidinyl-	50–63 (amor)		96
2[N-(2-Hydroxyethyl)-N-methylsulfonamido]-6-(methylsulfonyl)-4,8-di-1-piperidinyl-	142.0–143.5		96
2,4,8-Trimethoxy-	225–226 (subl 200)		90
2-[N-(2-Hydroxyethyl)sulfonamido]-6-(methylsulfonyl)-4,8-di-1-piperidinyl-	111.0–113.5		96
2,6-Di-[N,N-(2-hydroxyethyl)sulfonamido]-4,8-di-1-piperidinyl-	153.0–154.5	NMR	97
2-[N,N-(2-Hydroxyethyl)amino]-6-{2-[(2-hydroxyethyl)amino]ethoxy}-4,8-di-1-piperidinyl-	160.0–162.5		95
2-[N-(2,3-Dihydroxypropyl)sulfonamido]-6-(methylsulfonyl)-4,8-di-1-piperidinyl-	142.5–145.0		96
2-[N-(3-Hydroxypropyl)sulfonamido]-6-(methylsulfonyl)-4,8-di-1-piperidinyl-	148.0–150.5		96
2,4,6,8-Tetrakis(2,5-dimethoxyanilino)-			92
2-(4-Methyl-1-piperazinyl)-4,6,8-tri-1-piperidinyl-	141–143		94
2-(N-Methylsulfonamido)-6-(methylamino)-4,8-di-1-piperidinyl-	193–194		75
2-[N-Methyl-N-(phenylmethyl)sulfonamido]-6-(methylsulfonyl)-4,8-di-1-piperidinyl-	109–112		96
2-[2-(Methylamino)ethoxy]-6-(methylsulfonyl)-4,8-di-1-piperidinyl-	93–95		96
2,4,6,8-Tetrakis (N-methylanilino)-	235–237	UV	99
2,4,6,8-Tetrakis (4-methyl-1-piperazinyl)-	153–155		94
2,6-Di-(methylsulfenyl)-4,8-di-1-piperidinyl-	173–175	NMR	97
2-(Methylsulfonyl)-4,6,8-tri-4-morpholinyl-	240–242		75
2-(Methylsulfonyl)-6-(4-morpholinyl)-4,8-di-1-piperidinyl-	186–188		75
2-(Methylsulfonyl)-4,8-di-4-morpholinyl-6-(1-piperidinyl)-	179–181		75
2-(Methylsulfonyl)-4,6,8-tri-1-piperidinyl-	126–128		75
6-(Methylsulfonyl)-2-(1-piperidinylsulfonamido)-4,8-di-1-piperidinyl-	143–147		96
6-(Methylsulfonyl)-4,8-di-1-piperidinyl-2-sulfonamido-	> 250		96
6-(Methylthio)-2-(1-piperidinylthio)4,8-di-1-piperidinyl-	138–140	MS, NMR	97
2,4-Di-4-morpholinyl-6-phenyl-	210–212	NMR	74, 129

TABLE 6. (Continued)

Substituents	mp	Other Data	References
2,4,8-Tri-4-morpholinyl-6-phenyl-	236–238		129
2,6-Di-(4-morpholinylthio)-4,8-di-1-piperidinyl-	226–228		97
2,6-Di-(1-piperidinylsulfonyl)-4,8-di-1-piperidinyl-	233–234		97
2,6-Di-(1-piperidinylthio)-4,8-di-1-piperidinyl-	165–167	MS, NMR	97
2,4,6,8-Tetra-o-toluidino-	264–267	MS, UV	99
2,4,6,8-Tetra-m-toluidino-	241.0–244.5	MS, UV	99
2,4,6,8-Tetra-p-toluidino-	> 300		99

TABLE 7. THE PYRIMIDO[5,4-d]PYRIMIDINES WITH NO OXO OR THIOXO GROUPS BUT WITH HALOGEN GROUPS

Substituents	mp	Other Data	References
4,8-Diamino-2-chloro-	250(d)		90
2,4,8-Triamino-6-chloro-	> 360		90
4,8-Diazido-2,6-dichloro-		IR	93
6-[Bis(2-hydroxyethyl)amino]-2-chloro-4,8-di-1-piperidinyl-	155–157		96
2-(N-Butylsulfonamido)-6-chloro-4,8-di-1-piperidinyl-	131–132		75
2-(N,N-Dibutylsulfonamido)-6-chloro-4,8-di-4-morpholinyl-	148–149		75
2,4,6,8-Tetrachloro-	265		100
4,8-Dichloro-2,6-dichlorosulfenyl-	198–199		97
4,8-Dichloro-2-chlorosulfenyl-6-(methylthio)-	177–178		97
6-Chloro-2-(N-cyclohexylsulfonamido)-4,8-di-1-piperidinyl-	208–210		75
2,6-Dichloro-4,8-diethoxy-	186–188 (subl)		90
4,8-Dichloro-2,6-(N,N-diethylsulfenyl)-	109–111		97
6-Chloro-2-{N-[2-(diethylamino)ethyl]sulfonamido}-4,8-di-1-piperidinyl-	112–115		75
6-Chloro-2-(N,N-diethylsulfonamido)-4,8-di-1-piperidinyl-	152–154		75
6-Chloro-2-{[N-(2-hydroxyethyl)-N-methyl]sulfonamido}-4,8-di-1-piperidinyl-	109.0–110.5		75
6-Chloro-2-[N,N-bis(2-hydroxyethyl)sulfonamido]-4,8-di-4-morpholinyl-	198.0–198.5		75
6-Chloro-2-[N,N-bis(2-hydroxyethyl)sulfonamido]-4,8-di-1-piperidinyl-	166–168		75, 96
2,6-Dichloro-4,8-di-1-(4-hydroxypiperidinyl)-	237–239		94
2,6-Dichloro-4,8-bis(2,5-dimethoxyanilino)-	338–340		92
2,6-Dichloro-4,8-bis(4-methyl-1-piperazinyl)-	208–210		94
4,8-Dichloro-2,6-dimethoxysulfenyl-	146		97
6-Chloro-2-(N-methylsulfonamido)-4,8-di-1-piperidinyl-	203–205		75
2,4,8-Trichloro-6-(methylsulfonyl)-	232–233		75
2-Chloro-6-(methylsulfonyl)-4,8-di-4-morpholinyl-	193–195		75
2-Chloro-6-(methylthio)-4,8-di-1-piperidinyl-	159–161		75
2-Chloro-6-(methylsulfonyl)-4,8-di-1-piperidinyl-	176–178	IR	75

TABLE 7. (Continued)

Substituents	mp	Other Data	References
4,8-Dichloro-2,6-(4-morpholinylthio)-	184–186		97
6-Chloro-2-(4-morpholinylsulfonyl)-4,8-di-1-piperidinyl-	152.0–153.5		75
6-Chloro-2-[N-(2-phenylethyl)sulfonamido]-4,8-di-1-piperidinyl-	109–111		75
6-Chloro-4,8-di-1-piperidinyl-2-sulfonamido-	230–233		75
6-Chloro-4,8-di-1-piperidinyl-2-(1-piperidinylsulfonyl)-	169–171		75
6-Chloro-4,8-di-1-piperidinyl-2-(N-propylsulfonamido)-	159–161		75
6-Chloro-4,8-di-1-piperidinyl-2-(N,N-dipropylsulfonamido)-	161–164		75
2,2'-Dithiobis[4,8-dichloro-6-(methylthio)]-	238–241		96, 97

TABLE 8. THE PYRIMIDO[5,4-d]PYRIMIDINES WITH OXO AND/OR THIOXO GROUPS

Substituents	mp	Other Data	References
A. Derivatives with One Oxo Group			
8-Amino-3-butyl-6-chloro-2-methyl-4(3H)-oxo-	233–235		78
8-Amino-3-butyl-6-methoxy-2-methyl-4(3H)-oxo-	181–182		78
8-Amino-3-butyl-2-methyl-6-(methylthio)-4(3H)-oxo-	190–192		78
8-Amino-4(1H)-oxo-			20, 32, 90
4,8-Diamino-2(1H)-oxo-			90
6,8-Diamino-4(1H)-oxo-2-phenyl-	272–273	UV	76
6-[Bis(2-hydroxyethyl)amino]-3-butyl-2-methyl-4(3H)-oxo-8-(1-piperidinyl)-	238		78
3-Butyl-6,8-bis(butylamino)-2-methyl-4(3H)-oxo-	194–196		78
3-Butyl-6-chloro-8-{[2-(1-cyclohexen-1-yl)ethyl]amino}-2-methyl-4(3H)-oxo-	109–111		78
3-Butyl-6-chloro-8-(diethylamino)-2-methyl-4(3H)-oxo-	127–129		78
3-Butyl-6,8-dichloro-2-methyl-4(3H)-oxo-	117–119		78
3-Butyl-6-chloro-2-methyl-8-[(1-methylethyl)amino]-4(3H)-oxo-	121		78
3-Butyl-8-chloro-2-methyl-6-(methylthio)-4(3H)-oxo-	119–121		78
3-Butyl-6-chloro-2-methyl-4(3H)-oxo-8-[(phenylmethyl)amino]-	180–181		78
3-Butyl-6-chloro-2-methyl-4(3H)-oxo-8-(1-piperidinyl)-	146–149		78
3-Butyl-2-methyl-6,8-bis(methylthio)-4(3H)-oxo-	145–147		78
2-(N,N-Diethylsulfonamido)-5,6-dihydro-6-oxo-4,8-di-1-piperidinyl-	189–191		96
2,6,8-Triethoxy-4(1H)-oxo-	230–232		90
5,6-Dihydro-2-[N-(3-hydroxypropyl)sulfonamido]-6-oxo-4,8-di-1-piperidinyl-	164–167		96
6(5H)-Oxo-4,8-di-1-piperidinyl-2-(1-piperidinylsulfonyl)-	203–205		96
6(5H)-Oxo-4,8-di-1-piperidinyl-2-sulfonamido-	> 250		96

TABLE 8. (Continued)

Substituents	mp	Other Data	References
B. Derivatives with Two Oxo Groups			
3-Butyl-1,3,4,7-tetrahydro-4-imino-6-methyl-2,8-dioxo-	260–261		85
3-Butyl-1,3,4,7-tetrahydro-4-imino-2,8-dioxo-6-phenyl-	296–298		85
3-Butyl-3,7-dihydro-2-methyl-6-(methylthio)-4,8-dioxo-	233–235		78
2-Chloro-1,5-dihydro-4,8-dioxo-	> 300		90
3-Cyclohexyl-6-(2-furanyl)-1,3,4,7-tetrahydro-4-imino-2,8-dioxo-	> 300		85
2-Ethoxycarbonyl-5,6,7,8-tetrahydro-5,7-dimethyl-6,8-dioxo-	202–203		83, 84
6-(2-Furanyl)-1,3-dimethyl-2,4(1H,3H)-dioxo-	298–299		83, 84
1,3,4,7-Tetrahydro-4-imino-3,6-dimethyl-2,8-dioxo-	294–295		85
1,3,4,7-Tetrahydro-4-imino-6-methyl-2,8-dioxo-3-phenyl-	> 300		85
1,3,4,7-Tetrahydro-4-imino-6-(4-nitrophenyl)-2,8-dioxo-3-phenyl-	> 300		85
1,3,4,7-Tetrahydro-4-imino-2,8-dioxo-3-phenyl-	> 300		85
1,3,4,7-Tetrahydro-4-imino-2,8-dioxo-3,6-diphenyl-	> 300		85
7,8-Dihydro-7-(4-methoxyphenyl)-1,3-dimethyl-2,4(1H,3H)-dioxo-	177–179 (d)		80
7,8-Dihydro-1,3-dimethyl-7-(4-methylphenyl)-2,4(1H,3H)-dioxo-	187–189 (d)		80
7,8-Dihydro-1,3-dimethyl-2,4(1H,3H)-dioxo-7-phenyl-	208–210 (d)		80
7,8-Dihydro-1,3-dimethyl-2,4(1H,3H)-dioxo-7-(phenylmethyl)-	198(d)		80
1,5-Dihydro-4,8-dioxo-			90
6-(4-Methoxyphenyl)-1,3-dimethyl-2,4(1H,3H)-dioxo-	259–260		83, 84
1,3-Dimethyl-2,4(1H,3H)-dioxo-6-phenyl-	263–264		83, 84
C. Derivatives with Three or Four Oxo (or Thioxo) Groups			
6-Amino-2,4,8(1H,3H,5H)-trioxo- [mono(ammonium hydrogen sulfate)]	217–218 (d)		73
7-Butyl-1,7-dihydro-6-methyl-2,4,8(3H)-trioxo-	300–302		78
3-Butyl-5,6,7,8-tetrahydro-2-methyl-4(3H)-oxo-6,8-dithioxo-	> 340		78
1,7-Dihydro-7-(2-hydroxyethyl)-6-methyl-2,4,8(3H)-trioxo-	320		78
1,5-Dihydro-3-methyl-2,4,6,8(3H,7H)-tetroxo-	270 (subl)		72, 130
1,5-Dihydro-3,7-dimethyl-2,4,6,8(3H,7H)-tetroxo-	280 (subl)		72
1,5-Dihydro-1,3-dimethyl-2,4,6,8(3H,7H)-tetroxo-	250 (subl)		72
1,5-Dihydro-1,3,7-trimethyl-2,4,6,8(3H,7H)-tetroxo-	320–324	UV	131
1,7-Dihydro-3-methyl-2,4,8(3H)-trioxo-	> 300 (d) 200 (subl)		72
1,7-Dihydro-7-methyl-2,4,8(3H)-trioxo-	> 360		72
1,7-Dihydro-3,7-dimethyl-2,4,8(3H)-trioxo-	> 360	UV	72
1,7-Dihydro-6,7-dimethyl-2,4,8(3H)-trioxo-	> 300		78

TABLE 8. (Continued)

Substituents	mp	Other Data	References
1,7-Dihydro-1,3-dimethyl-2,4,8(3H)-trioxo-	328–330 (d) 230(subl)	UV	72, 131
1,7-Dihydro-1,3,7-trimethyl-2,4,8(3H)-trioxo-	185 (subl)		72
1,5-Dihydro-1,3,5,7-tetramethyl-2,4,6,8(3H,7H)-tetroxo-	170 (subl)		131
1,2,3,5-Tetrahydro-6-(methylthio)-4,8-dioxo-2-thioxo-	> 300	MS	77, 96
1,5-Dihydro-2,4,6,8(3H,7H)-tetroxo- (and dipotassium salt)			71, 100
1,5-Dihydro-2,4,8(3H)-trioxo-6-phenyl-	277 (d)		74
2,3,6,8-Tetrahydro-4,8-dioxo-2,6-dithioxo-	> 300	MS	77
6,7-Dihydro-2,4,8(1H,3H,5H)-trioxo-6-thioxo-	250	IR	75, 77
6-(Methylsulfonyl)-2,4,8(1H,3H,7H)-trioxo-	350		75
6-(Methylthio)-2,4,8(1H,3H,7H)-trioxo-	350		75
2,4,6,8(1H,3H,5H,7H)-Tetroxo- (disodium tetrahydrate)			71

TABLE 9. MISCELLANEOUS PYRIMIDO[5,4-d]PYRIMIDINES

Name	mp	Other Data	References
5-(Acetylamino)-3-[{4-(2,6-dichloro-5,8-dihydro-8-oxopyrimido[5,4-d]pyrimidin-4-yl)amino]-2-sulfophenyl}azo]-4-hydroxy-2,7-naphthalenedisulfonic acid, trisodium salt			91
1-Amino-4-[{4-[(2,6-dichloro-8-hydroxypyrimido[5,4-d]pyrimidin-4-yl)amino]-3-sulfophenyl}amino]-9,10-dihydro-9,10-dioxo-anthracenesulfonic acid, disodium salt			91
4-{[(6-Amino-7,8-dihydro-8-oxopyrimido[5,4-d]pyrimidin-2-yl)methyl]amino}-benzoic acid	> 360	IR	132
N-(8-Aminopyrimido[5,4-d]pyrimidin-4-yl)-β-D-arabinofuranosylamine	192–193	NMR, UV	81
N-(8-Aminopyrimido[5,4-d]pyrimidin-4-yl)-2-deoxy-β-D-erythro-pentofuranosylamine	165–166	NMR, UV	81
N-(8-Aminopyrimido[5,4-d]pyrimidin-4-yl)-β-D-ribofuranosylamine	214–216	NMR, UV	81, 82
4-[{2-[Bis(2-hydroxyethyl)amino]-4,8-di-1-piperidinylpyrimido[5,4-d]pyrimidin-6-yl}sulfonyl]-morpholine	160–162		75
1-[{-2-[Bis(2-hydroxyethyl)amino]-4,8-di-1-piperidinylpyrimido[5,4-d]-pyrimidin-6-yl}-sulfonyl]-piperidine	141–143		75
7,7'-{[4,8-Bis(2-hydroxyethyl)-1-piperazinyl]pyrimido-[5,4-d]pyrimidine-2,6-diyl]bis{[(2-hydroxyethyl)imino]-2,1-ethanediyl}-bis(3,7-dihydro-1,3-dimethyl)-1H-purine-2,6-dione	180 (d)		98

TABLE 9. (Continued)

Name	mp	Other Data	References
1,1'-{4,8-Bis[4-(2-hydroxyethyl)-1-piperazinylpyrimido-[5,4-d]pyrimidine-2,6-diyl}-bis{[(2-hydroxyethyl)imino]-2,1-ethanediyl}bis(3,7-dihydro-3,7-dimethyl)-1H-purine-2,6-dione	200 (d)		98
2,2',2'',2'''-{[4,8-Bis(2,5-dimethoxyanilino)pyrimido-[5,4-d]pyrimidine-2,6-diyl]dinitrilo}-tetraethanol	257–260		92
2,2',2'',2'''-{[2,6-Bis[(2-pyridinylmethyl)amino]pyrimido[5,4-d]pyrimidine-4,8-diyl]dinitrilo}-tetrakisethanol, hydrochloride (and picrate)	258–268 (195–196)		100
2,2',2'',2'''-{[2,6-Bis[(3-pyridinylmethyl)-amino]pyrimido[5,4-d]pyrimidine-4,8-diyl]dinitrilo} tetrakisethanol, hydrochloride (and picrate)	130 (135–138)		100
2,2',2'',2'''-{[2,6-Bis[(4-pyridinylmethyl)-amino]pyrimido[5,4-d]pyrimidine-4,8-diyl]dinitrilo} tetrakisethanol, hydrochloride (and picrate)	(189–192)		100
(7-Butyl-2-chloro-7,8-dihydro-6-methyl-8-oxopyrimido-[5,4-d]pyrimidin-4-yl)-propanedioic acid, (diethyl ester)	107–108		78
5-[(2,6-Dichloro-5,8-dihydro-8-oxopyrimido[5,4-d]-pyrimidin-4-yl)amino]-4-hydroxy-3-[(2-sulfophenyl)-azo]-2,7-naphthalenedisulfonic acid, (trisodium salt)			91
3-[{-4-[(2,6-Dichloro-8-hydroxypyrimido[5,4-d]-pyrimidin-4-yl)amino]-3-methylphenyl}azo]-1,5-naphthalenedisulfonic acid, (disodium salt)			91
4-[{4-[(2,6-Dichloro-8-hydroxypyrimido[5,4-d]-pyrimidin-4-yl)amino]-2-sulfophenyl}azo]-4,5-dihydro-5-oxo-1-(4-sulfophenyl)-1H-pyrazole-3-carboxylic acid, (disodium salt)			91
2,2',2'',2'''-{[2-Chloro-6(methylsulfonyl)pyrimido-[5,4-d]pyrimidine-4,8-diyl]diimino}-tetrakisethanol	168–170		75
4-{[(7,8-Dihydro-8-oxo-6-sulfo-2-pyrimido[5,4-d]-pyrimidinyl)methyl]amino}-benzoic acid, (monopotassium salt)	> 360	IR	132
4-{[(3,4-Dihydro-2-hydroxy-4-oxo-6-pyrimido[5,4-d]-pyrimidinyl)methyl]amino}-benzoic acid	> 360	IR, UV	132
4-{[(7,8-Dihydro-6-mercapto-8-oxo-2-pyrimido[5,4-d]-pyrimidinyl)methyl]amino}-benzoic acid	> 360	IR	132
2,2'-[{6[(2-Hydroxyethyl)methylamino]-4,8-di-1-piperidinylpyrimido[5,4-d]-pyrimidin-2-yl}imino] bisethanol	97.0–8.5	MS, NMR	75
2,2',2'',2'''-[{4-[(2-Hydroxyethyl)amino]-8-(1-piperidinyl)pyrimido[5,4-d]pyrimidine-2,6-diyl} dinitrilo]tetrakisethanol	161–163	IR, NMR	97
2,2',2'',2'''-{[2-(Methylsulfonyl)-6-(4-morpholinyl) pyrimido[5,4-d]pyrimidine-4,8-diyl]dinitrilo} tetrakisethanol	155–157		75
2,2'-{[6-(Methylsulfonyl)-4,8-di-4-morpholinylpyrimido-[5,4-d]pyrimidin-2-yl]imino}bisethanol	186–188		75

TABLE 9. (Continued)

Name	mp	Other Data	References
2-{[6-(Methylsulfonyl)-4,8-di-1-piperidinylpyrimido[5,4-d]pyrimidin-2-yl]oxy}ethanemine	142.0–145.5		96
2,2'-{[6-(Methylsulfonyl)-4,8-di-1-piperidinylpyrimido-[5,4-d]pyrimidin-2-yl]imino}bisethanol	138–141		75, 96
2,2',2'',2'''-{[2-(Methylsulfonyl)-6-(1-piperidinyl)-pyrimido[5,4-d]pyrimidine-4,8-diyl]dinitrilo}tetrakisethanol	172–174		75
2,2',2'',2''',2'''',2'''''-{[6-(Methylsulfonyl)pyrimido[5,4-d]-pyrimidine-2,4,8-triyl]triimino}hexakisethanol	164–166		75
7,7',7''-{(4,8-Di-1-piperidinylpyrimido[5,4-d]pyrimidine-2,6-diyl)bis[[(2-hydroxyethyl)imino]2,1-ethanediyl]}-bis(3,7-dihydro-1,3-dimethyl)-1H-purine-2,6-dione	262–264		98
1,1'-[(4,8-Di-1-piperidinylpyrimido[5,4-d]pyrimidine-2,6-diyl)bis[[(2-hydroxethyl)imino]-2,1-ethanediyl]bis(3,7-dihydro-,37-dimethyl)-1H-purine-2,6-dione	> 300		98

6. REFERENCES

1. H. Bredereck, F. Effenberger, and R. Sauter, *Angew. Chem.* **1960** 72, 77.
2. H. Bredereck, F. Effenberger, and R. Sauter, *Chem. Ber.* **1962** 95, 2049.
3. R. Gompper, H. E. Noppel, and H. Schaefer, *Angew. Chem.* **1963** 75, 918.
4. R. Niess and R. K. Robins, *J. Heterocycl. Chem.* **1970** 7, 243.
5. W.-K. Chung, S.-K. Kim, M.-W. Chun, and D. Kim, *J. Pharm. Soc. Korea* **1984** 28, 97.
6. R. Niess and H. Ellingsfeld, *Justus Liebigs Ann. Chem.* **1974**, 2019.
7. K. Grohe and H. Heitzer, *Justus Liebigs Ann. Chem.* **1974**, 2066.
8. Y. Tominaga, H. Okuda, Y. Mitsutomi, Y. Matsuda, G. Kobayashi, and K. Sakemi, *Heterocycles* **1979** 12, 503.
9. Y. Tominaga, S. Kohra, H. Okuda, A. Ushirogochi, Y. Matsuda, and G. Kobayashi, *Chem. Pharm. Bull.* **1984** 32, 122.
10. F. Yoneda, T. Yano, M. Higuchi, and A. Koshiro, *Chem. Lett.* **1979**, 155.
11. R. Granados, F. Marquez, and M. Melgarejo, *An. Fis. Quim.* **1962**, 479.
12. T. J. Delia, *J. Heterocycl. Chem.* **1987** 24, 1421.
13. G. Zigeuner, M. Wilhemi, and B. Bonath, *Monatsh. Chem.* **1961** 92, 31.
14. V. A. Eres'ko, L. A. Epishina, O. V. Lebedev, L. I. Khemel'nitskii, S. S. Novikov, and E. A. Yakubovskii, *Izv. Akad. Nauk SSSR, Ser. Khim.* **1980**, 1597.
15. J.-L. Bernier, A. Lefebvre, C. Lespagnol, J. Navarro, A. Perio, and E. Vallee, *Eur. J. Med. Chem.* **1977** 12, 239.
16. J.-L. Bernier, J. P. Henichart, V. Warin, and F. Baert, *J. Pharm. Sci.* **1980** 69, 1343.
17. T. J. Delia and S. M. Sami, *J. Heterocycl. Chem.* **1981** 18, 929.
18. T. J. Delia, D. D. Kirt, and S. M. Sami, *J. Heterocycl. Chem.* **1983** 20, 145.
19. E. C. Taylor, A. J. Crovetti, and R. J. Knopf, *J. Am. Chem. Soc.* **1958** 80, 427.

6. References

20. S. K. Chatterji and N. Anand, *J. Sci. Ind. Res.* **1959** 18B, 272.
21. R. R. Schmidt, *Chem. Ber.* **1965** 98, 347.
22. U. Urleb, B. Stanovnik, and M. Tisler, *Croat. Chem. Acta* **1986** 59, 79.
23. E. C. Taylor, R. J. Knopf, R. F. Meyer, A. Holmes, and M. L. Hoefle, *J. Am. Chem. Soc.* **1960** 82, 5711.
24. E. C. Taylor, R. N. Warrener, and A. McKillop, *Angew. Chem.* **1966** 78, 333.
25. E. C. Taylor, A. McKillop, and R. N. Warrener, *Tetrahedron* **1967** 23, 891.
26. E. C. Taylor, S. Vromen, R. V. Ravindranathan, and A. McKillop, *Angew. Chem.* **1966** 78, 332.
27. E. C. Taylor, A. McKillop, and S. Vromen, *Tetrahedron* **1967** 23, 885.
28. H.-J. Kabbe, *Synthesis* **1972**, 268.
29. R. Evers and E. Fischer, *Z. Chem.* **1980** 20, 412.
30. H. Graboyes, G. E. Jaffe, I. J. Pachter, J. P. Rosenbloom, A. J. Villani, J. W. Wilson, and J. Weinstock, *J. Med. Chem.* **1968** 11, 568.
31. M. A. Perez and J. L. Soto, *Synthesis* **1981**, 955.
32. S. K. Chatterji and N. Anand, *J. Sci. Ind. Res.* **1958** 17B, 63.
33. H. G. Mautner, *J. Org. Chem.* **1958** 23, 1450.
34. S. P. Gupta, R. K. Robins, and R. A. Long, *J. Heterocycl. Chem.* **1975** 12, 1311.
35. B. Stanovnik, B. Koren, M. Steblaj, M. Tisler, and J. Zmitek, *Vestn. Slov. Kem. Drus.* **1982** 29, 129.
36. U. Urleb, B. Stanovnik, V. Stibilj, and M. Tisler, *Heterocycles* **1986** 24, 1899.
37. D. Korbonits, P. Kiss, K. Simon, and P. Kolonits, *Chem. Ber.* **1984** 117, 3183.
38. R. G. Jones, *J. Org. Chem.* **1960** 25, 956.
39. J.-L. Bernier, A. Lefebvre, C. Lespagnol, J. Navarro, and A. Perio, *Eur. J. Med. Chem.* **1977** 12, 341.
40. Y. Tominaga, T. Machida, H. Okuda, Y. Matsuda, and G. Kobayashi, *Yakugaku Zasshi* **1979** 99, 515.
41. K. Hirota, J. Huang, H. Sajiki, and Y. Maki, *Heterocycles* **1986** 24, 2293.
42. H. A. Burch, L. E. Benjamin, H. E. Russell, and R. Freedman, *J. Med. Chem.* **1974** 17, 451.
43. M. Dymicky and W. T. Caldwell, *J. Org. Chem.* **1962** 27, 4211.
44. H. Bredereck, G. Simchen, and M. Kramer, *Angew. Chem. Int. Ed. Engl.* **1969** 8, 383.
45. H. Bredereck, G. Simchen, and M. Kramer, *Chem. Ber.* **1973** 106, 3743.
46. T. Nishino, M. Kiyokawa, and K. Takuyama, *Tetrahedron Lett.* **1968**, 4321.
47. H. Bredereck, G. Simchen, R. Wahl, and F. Effenberger, *Chem. Ber.* **1968** 101, 512.
48. B. Kokel, C. Lespagnol, and H. G. Viehe, *Bull. Soc. Chim. Belg.* **1980** 89, 651.
49. K. Hirota, Y. Kitade, H. Sajiki, and Y. Maki, *Synthesis* **1984**, 589.
50. A. Attar, H. Wamhoff, and F. Korte, *Chem. Ber.* **1973** 106, 3524.
51. F. Bergel and A. R. Todd, *J. Chem. Soc.* **1937**, 1504.
52. F. Bergel and A. R. Todd, *J. Chem. Soc.* **1938**, 26.
53. M. Tomita, S. Uyeo, H. Inouye, H. Sakurai, and S. Moriguchi, *J. Pharm. Soc. Jpn.* **1948** 68, 154.
54. T. Matsukawa and T. Iwatsu, *Science* **1952** 115, 212.
55. T. Iwatsu, *J. Pharm. Soc. Jpn.* **1952** 72, 354.
56. O. Zima and R. R. Williams, *Chem. Ber.* **1940** 73B, 941.
57. P. Sykes and A. R. Todd, *J. Chem. Soc.* **1951**, 534.
58. P. Nesbitt and P. Sykes, *J. Chem. Soc.* **1954**, 3057.
59. R. E. Harmon, J. L. Parsons, and S. K. Gupta, *J. Org. Chem.* **1969** 34, 2760.
60. A. Takamizawa and I. Makino, *Chem. Pharm. Bull.* **1974** 22, 1765.

61. T. B. Johnson and Y. F. Chi, *Recl. Trav. Chim. Phys-Bas* **1930** 49, 197.
62. H. Ogura, H. Takahashi, and K. Takeda, *Chem. Pharm. Bull.* **1981** 29, 1832.
63. G. Zigeuner, E. A. Gardziella, and W. Wendelin, *Montsh. Chem.* **1969** 100, 1140.
64. F. Yoneda and M. Higuchi, *J. Chem. Soc. Chem. Commun.* **1972**, 402.
65. F. Yoneda and M. Higuchi, *Chem. Pharm. Bull.* **1972** 20, 2076.
66. F. Yoneda, M. Higuchi, K. Senga, M. Kanahori, and S. Nishigaki, *Chem. Pharm. Bull.* **1973** 21, 473.
67. A. Takamizawa and I. Makino, *Bitamin (Kyoto)* **1978** 52, 127.
68. H. F. Mower and C. L. Dickinson, *J. Am. Chem. Soc.* **1959** 81, 4011.
69. T. Inoi, T. Okamoto, and Y. Koizumi, *J. Org. Chem.* **1966** 31, 2700.
70. H. Bredereck, G. Simchen, and H. Traut, *Chem. Ber.* **1967** 100, 3664.
71. F. G. Fischer and J. Roch, *Justus Liebigs Ann. Chem.* **1951** 572, 217.
72. F. G. Fischer, W. P. Neumann, and J. Roch., *Justus Liebigs Ann. Chem.* **1960** 633, 158.
73. K. Okui and M. M. Oguchi, *Yakugaku Zasshi* **1972** 92, 785.
74. S. Yurugi, A. Miyake, and N. Tada, *J. Takeda Res. Lab.* **1973** 32, 251.
75. K. Imai, T. Ishida, H. Horiguchi, T. Ozasa, M. Ohono, S. Kawahara, and M. Murakami, *Yakugaku Zasshi* **1976** 96, 578.
76. H. Graboyes, G. E. Jaffe, I. J. Pachter, J. P. Rosenbloom, A. J. Villani, J. W. Wilson, and J. Weinstock, *J. Med. Chem.* **1968** 11, 568.
77. N. Inukai, K. Katuno, Y. Ishii, M. Uda, and M. Murakami, *Chem. Pharm. Bull.* **1976** 24, 1506.
78. N. E. Britikova and A. S. Elina, *Khim. Geterotsikl. Soedin.* **1977**, 517.
79. W. Pendergast and W. R. Hall, *J. Heterocycl. Chem.* **1986**, 23, 1411.
80. K. Hirota, Y. Yamada, T. Asao, Y. Kitade, and S. Senda, *Chem. Pharm. Bull.* **1981** 29, 3060.
81. P. C. Srivastava, G. R. Revankar, R. K. Robins, and R. J. Rousseau, *J. Med. Chem.* **1981** 24, 393.
82. J. D. Westover, G. R. Revankar, R. K. Robins, R. D. Madsen, J. R. Ogden, J. A. North, R. W. Mancuso, R. J. Rousseau, and E. L. Stephen, *J. Med. Chem.* **1981** 24, 941.
83. S. Senda, K. Hirota, T. Asao, and Y. Yamada, *Tetrahedron Lett.* **1978**, 2295.
84. K. Hirota, Y. Yamada, T. Asao, and S. Senda, *J. Chem. Soc. Perkin 1* **1982**, 277.
85. Y. Ohtsuka, *J. Org. Chem.* **1978** 43, 3231.
86. R. L. Willer, *J. Org. Chem.* **1984** 49, 5150.
87. A. Albert, in *Advances in Heterocyclic Chemistry*, Vol. 20, A. R. Katritzky and A. J. Boulton (Eds.), Academic, New York, 1976.
88. T. J. Delia, *J. Org. Chem.* **1984** 49, 2065.
89. E. C. Taylor, W. A. Ehrhart, C. O. S. Tomlin, and J. B. Rampal, *Heterocycles* **1987** 25, 343.
90. F. G. Fischer, J. Roch, and W. P. Neumann, *Justus Liebigs Ann. Chem.* **1960** 631, 147.
91. H. Iida, M. Tsukada, and H. Iida, *Kogyo Kagaku Zasshi* **1968** 71, 2033.
92. M. Giannini and C. Bacciarelli, *Boll. Chim. Farm.* **1962** 101, 721.
93. N. B. Smirnova and I. Y. Postowskii, *Biol. Akt. Soedin. Akad. Nauk SSSR* **1965**, 102.
94. D. Kaminsky, W. B. Lutz, and S. Lazarus, *J. Med. Chem.* **1966** 9, 610.
95. K. Imai, T. Kojima, K. Tamazawa, K. Takahashi, S. Kawahara, and M. Murakami, *Yakugaku Zasshi* **1976** 96, 600.
96. K. Imai, T. Ishida, T. Ozasa, S. Kawahara, and M. Murakami, *Yakugaku Zasshi* **1976** 96, 586.
97. K. Imai, N. Inukai, T. Ishida, T. Ozasa, S. Kawahara, and M. Murakami, *Yakugaku Zasshi* **1976** 96, 593.
98. Ph. L. H. Dong, C. Coquelet, and D. Sincholle, *Trav. Soc. Pharm. Montpellier* **1980** 40, 129.
99. H. Iida, M. Endo, and T. Taniuchi, *Kogyo Kagaku Zasshi* **1967** 70, 2308.

6. References

100. T. Gostea, G. Gidea, and A. Maza, *Rev. Chim. (Bucharest)* **1971** 22, 468.
101. G. Ohnacker and E. Woitun, U. S. Patent 3242173, 1966; *Chem. Abstr.* **1966** 64, 19639h.
102. F. Kluge and R. Muschaweck, Ger. Patent 1907113, 1970; *Chem. Abstr.* **1970** 73, 98965y.
103. K. Noda, A. Nakagawa, S. Yamasaki, K. Noguchi, and H. Ide, Japan Kokai 77 27796, 1977; *Chem. Abstr.* **1977** 87, 201572h.
104. K. Noda, A. Nakagawa, S. Yamasaki, K. Noguchi, T. Yoshitake, and H. Ide, Japan Kokai 76 136695, 1976; *Chem. Abstr.* **1977** 87, 68404m.
105. J. Roch, E. Mueller, B. Narr, J. Nickl, W. Haarmann, and J. M. Weisenberger, Eur. Pat. Appl. 23559, 1981; *Chem. Abstr.* **1981** 95, 187289c.
106. J. Roch, E. Mueller, B. Narr, J. Nickl, W. Haarmann, and J. M. Weisenberger, Eur. Pat. Appl. EP 55444, 1982; *Chem. Abstr.* **1982** 97, 216208z.
107. J. Roch, A. Heckel, J. Nickl, E. Mueller, B. Narr, R. Zimmermann, and J. Weisenberger, Ger. Patent DE 3423092, 1986; *Chem. Abstr.* **1986** 104, 186450r.
108. N. K. Dasgupta, A. Dasgupta, and F. W. Birss, *Ind. J. Chem.* **1982** 21B, 334.
109. E. C. Taylor and W. A. Ehrhart, *J. Am. Chem. Soc.* **1960** 82, 3138.
110. A. Albert and W. E. Pendergast, *J. Chem. Soc. Perkin 1* **1973**, 1794.
111. A. Takamizawa, Y. Ishiguro, I. Makino, and M. Shiro, *Bitamin* **1983** 57, 23.
112. A. Takamizawa, I. Makino, and S. Yonezawa, *Chem. Pharm. Bull.* **1973** 21, 785.
113. T. Nishino, M. Kiyokawa, Y. Miichi, and K. Tokuyama, *Bull. Chem. Soc. Jpn.* **1973** 46, 253.
114. A. Takamizawa and K. Hirai, *Chem. Pharm. Bull.* **1964** 12, 393.
115. O. Ya. Belyaeva, V. G. Granik, R. G. Glushkov, T. F. Vlasova, and O. S. Anisimova, *Khim. Geterotsikl. Soedin.* **1978**, 798.
116. P. Schmidt, K. Eichenberger, and M. Wilhelm, *Angew. Chem.* **1961** 73, 15.
117. J. A. Barone, *J. Med. Chem.* **1963** 6, 39.
118. F. Yoneda and M. Higuchi, *Bull. Chem. Soc. Jpn.* **1973** 46, 3849.
119. L. I. Suvorova, V. A. Eres'ko, L. V. Epishina, O. V. Lebedev, L. I. Khmel'nitskii, S. S. Novikov, M. B. Povstyanoi, V. D. Krylov, G. V. Korotkova, L. V. Lapshina, and A. F. Kulik, *Izv. Akad. Nauk SSSR Ser. Khim.* **1979**, 1306.
120. V. F. Sedova and V. P. Mamaev, *Khim. Geterotsikl. Soedin.* **1970**, 691.
121. G. Zigeuner and W. Immel, *Monatsh. Chem.* **1969** 100, 703.
122. E. Ninagawa, A. Abe, M. Takemoto, R. Kaneko, and Y. Saiki, *Kogyo Kagaku Zasshi* **1968** 71, 1297.
123. H. Bredereck, G. Simchen, R. Wahl, and F. Effenberger, *Chem. Ber.* **1968** 101, 512.
124. F. Yoneda, T. Tachibana, J. Tanoue, T. Yano, and Y. Sakuma, *Heterocycles* **1981** 15, 341.
125. R. L. Lipnick and J. D. Fissekis, *J. Org. Chem.* **1979** 44, 4867.
126. G. E. Risinger, P. N. Parker, and H. H. Hsieh, *Experientia* **1965** 21, 434.
127. K. Yamada, K. Hayashida, and H. Iida, *Kogyo Kagaku Zasshi* **1971** 74, 952.
128. T. B. Brill and Y. Oyumi, *J. Phys. Chem.* **1986** 90, 6848.
129. K. Nishikawa, H. Shimakawa, Y. Inada, Y. Shibouta, S. Kikuchi, S. Yurugi, and Y. Oka, *Chem. Pharm. Bull.* **1976** 24, 2057.
130. F. G. Fischer and W. P. Neumann, *Justus Liebigs Ann. Chem.* **1962** 651, 112.
131. F. G. Fischer and W. P. Neumann, *Justus Liebigs Ann. Chem.* **1962** 651, 120.
132. D. H. Kim and R. L. McKee, *J. Org. Chem.* **1970** 35, 455.

CHAPTER IV

Pyrimidopyridazines

1. NOMENCLATURE

Only three isomeric structures are possible for the pyrimidopyridazines and all have been reported in the chemical literature. The figure below illustrates the structure of each, including the *Chemical Abstracts* accepted numbering system. The numbers and letters on the inside of the structure indicate the method of obtaining the name of the ring system.

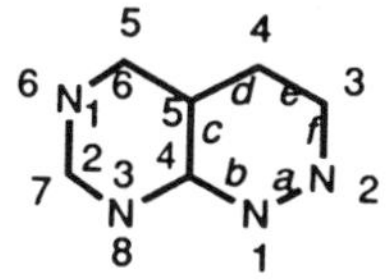

PYRIMIDO[4,5-d]PYRIDAZINE PYRIMIDO[4,5-d]PYRIDAZINE PYRIMIDO[5,4-c]PYRIDAZINE

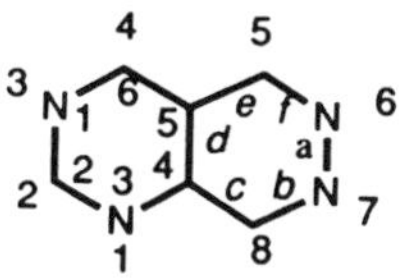

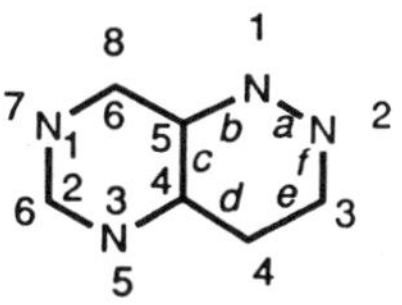

       1   **2**   **3**

2. METHODS OF SYNTHESIS OF THE RING SYSTEM

Chemical syntheses of these isomers have followed fairly traditional approaches, as will be described below. After an initial interest in these compounds, many investigators have abandoned their efforts in the field. Undoubtedly, this can be attributed to a general lack of biological activity.

Each of the pyrimidopyridazine isomers can be prepared starting either from a pyrimidine precursor or a pyridazine precursor. As is true for many of the fused pyrimidine derivatives, however, the majority of syntheses originate with a suitably substituted pyrimidine. Of the three isomers, **3** appears to have been investigated the least. Descriptions of the syntheses will be divided according to the precursor ring, as well as the specific isomer.

A. Syntheses of Pyrimido[4,5-c]pyridazines

(1) From Pyrimidines

The syntheses of derivatives of **1** fall distinctly into two categories. One involves the hydrazine moiety as a substituent of the pyrimidine ring at position 4. The other method begins with a 4-chloropyrimidine, which can be converted to the bicyclic ring system via an intermediate hydrazine derivative.

The first example of the synthesis of pyrimido[4,5-c]pyridazines was reported by Pfleiderer and Ferch.[1] Treatment of the hydrazino uracil **4** (R = Me) with 1,2-diketones gave the corresponding pyrimido[4,5-c]pyridazine, **5** (R = Me; $R^1 = R^2$ = Me, or Ph).[1,2] Similar reactions with α-keto esters gave expected products, **5** (R = Me; R^1 = H, or CO_2Et; R^2 = OH).[1,3]

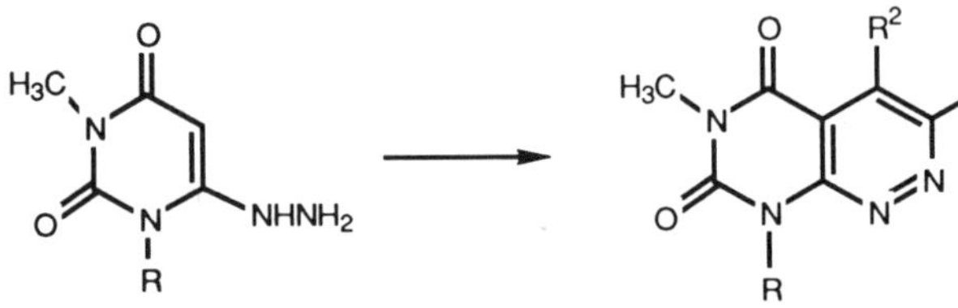

The use of α-halomethyl ketones leads initially to dihydro derivatives. Substituted phenacyl bromides react with **4** (R = Me) in refluxing ethanol to afford the dihydro product, **6** (R = Ph, 4-BrPh, 4-ClPh, 4-MePh), in yields up to 50%. Subsequent oxidation with diethyl azodicarboxylate led to the aromatic products, **5** (R = Me; R^1 = Ph, 4-BrPh, 4-ClPh, or 4-MePh; R^2 = H), in poor yield.[4] Refluxing **4** (R = Me) with the same phenacyl bromides in DMF provided the aromatic compounds directly in variable yields.[5] If the benzylidene derivatives [from **4** (R = Me) and the corresponding benzaldehydes] are heated with DMF-DMA at 160 °C only **6** is obtained in poor yield.[4,5]

The reaction of aldoses, ketoses, and D-glucuronolactone with **4** (R = Me) gave, initially, hydrazones. These hydrazones were converted by cyclodehydr-

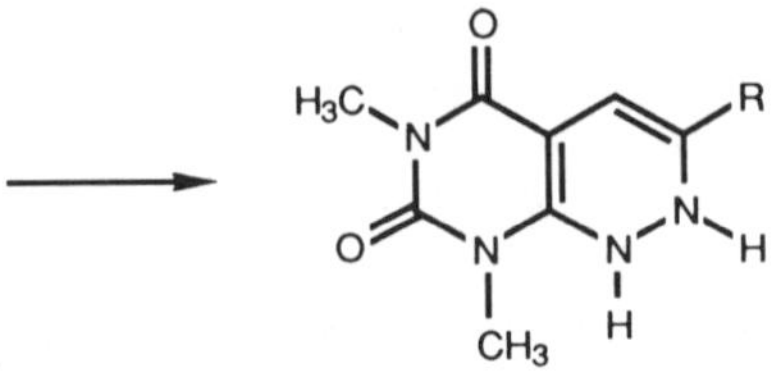

2. Methods of Synthesis of the Ring System

ation with acetic anhydride to pyrimido[4,5-c]pyridazines, which were essentially C-nucleosides.[6,7]

Pyrimidines other than uracil derivatives may also participate in similar reactions. 6-Hydrazinoisocytosine, **7** (R = NH_2), reacted with bromoacetone in aqueous medium to give a poor yield of **8** (R = NH_2; R^1 = Me).[8]

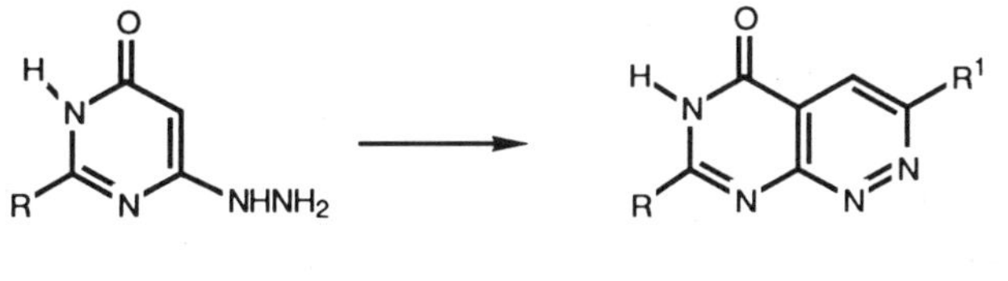

Equally poor yields resulted when **7** (R = H) was heated with the glyoxal sodium bisulfite addition compound in aqueous solution to form **8** (R = R^1 = H).[9] Somewhat better results were obtained when **7** (R = NH_2) was treated with benzil to give the 3,4-diphenyl derivative of **8**.[2]

The presence of a substituent on the hydrazine moiety dictates that the resulting product will not be completely aromatic.

In a reaction similar to one described above the N-methyl hydrazine compound, **9** (R = R^2 = Me; R^1 = H), afforded variable yields of **10** (R^3 = substituted phenyl; R^4 = H) upon treatment with phenacyl bromides in boiling ethanol.[10,11] Refluxing **9** (R = R^1 = H; R^2 = Me) with phenacyl bromides in 2-methoxyethanol did not significantly improve the yield of the corresponding product.[12] In an alternate pathway, the corresponding benzylidenes (from the hydrazone and 4-substituted benzaldehydes) were heated with excess triethylorthoformate in DMF.[10,12] Again the yields were below 50%.

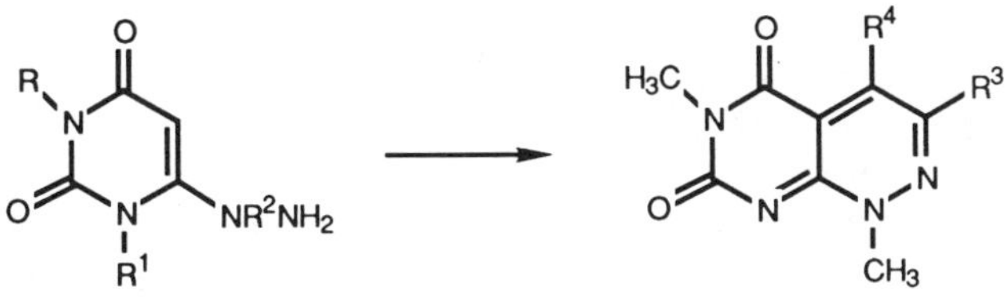

Treatment of hydrazine-substituted pyrimidines with a variety of 1,2-dicarbonyl compounds has been successful. It is quite likely that the preferred pathway in these examples is initial formation of the corresponding hydrazone, followed by cyclization. Thus, when **9** (R = R^2 = Me; R^1 = H) was allowed to react with glyoxal, 2,3-butanedione, or benzil, respectively, good yields were obtained for **10** (R^4 = H) and **10** (R^3 = R^4 = Me) but a poor yield was obtained for **10** (R^3 = R^4 = Ph).[13-15] Both **9** (R = Me; R^1 = H; R^2 = CH_2Ph) and **9**

($R = Me$; $R^1 = R^2 = H$) behaved similarly with glyoxal and 2,3-butanedione, respectively.[13]

Several *N*-alkylated hydrazinoisocytosines, **11** ($X = OH$; $R = Me$, Et, *n*-Bu, CH_2Ph, or CH_2CH_2OH), were heated to reflux in either methanol or water with a variety of α-keto esters. The products, **12**, were obtained in quite variable yields.[16] A study of the cyclization behavior of **11** ($X = NH_2$, SH, OMe, Cl, or H; $R = Me$) suggested that the more activating the substituent the more likely that formation of compound **12** would occur.[16]

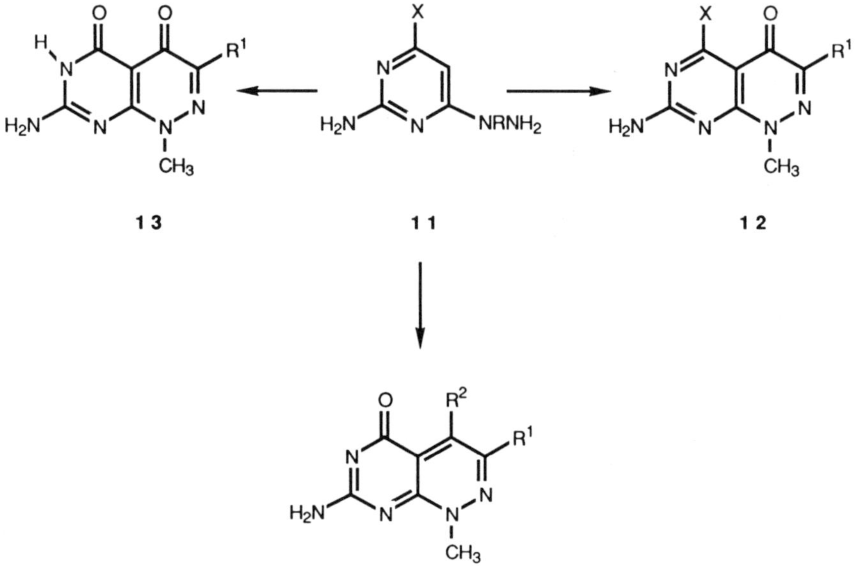

In contrast to the previous report of Pfleiderer and Ferch[1] about the poor reactivity of free acids, pyruvic acid and phenylglyoxylic acid behave in a manner similar to their esters.[17] Thus, **11** ($X = OH$, $R = Me$) and these two acids in refluxing water give **13** ($R^1 = Me$, or Ph) in ca. 50% yield.

Similar reactions of **11** ($X = OH$; $R = Me$) with both symmetrical and unsymmetrical 1,2-diketones has been investigated.[18] In some cases only single isomers were formed, **14** ($R^1 = H$; $R^2 = Ph$), while in others, mixtures of isomers resulted, **14** ($R^1 = Me$; $R^2 = H$) and **14** ($R^1 = H$; $R^2 = Me$).[18]

The reaction of **11** ($X = OH$; $R = Me$) with α,γ-diketo esters in refluxing methanol leads to a mixture containing **12** ($X = OH$, $R^1 = 3,4,5$-trimethoxyphenacyl) and the isomer in which the two substituents at positions 3 and 4 are interchanged.[19] Changes in reaction conditions altered the proportion of the isomers formed.

Hydrazino pyrimidines with substituents on the second nitrogen have recently been employed in the formation of pyrimido[4,5-*c*]pyridazine. Thus,

2. Methods of Synthesis of the Ring System

treatment of arylidenehydrazinouracils, **15** (R = Ph, or substituted Ph), with *N*-bromosuccinimide (NBS) in acetic acid produces poor yields of **16** (R = Ph, or substituted Ph).[20]

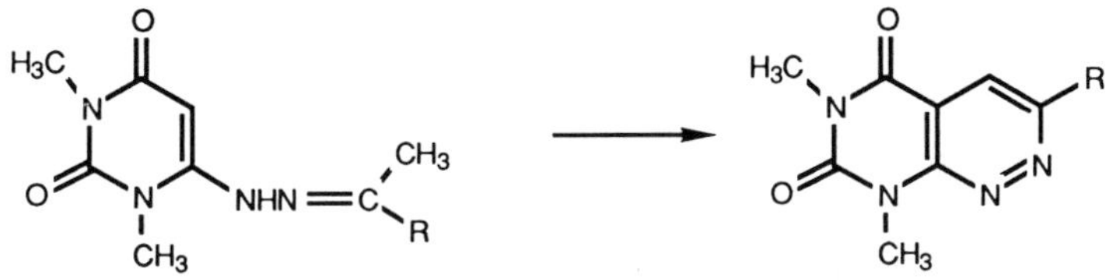

Some 4-chloropyrimidines serve as the immediate precursor to pyrimido[4,5-*c*]pyridazines. In all cases, however, there exists a carbonyl containing moiety in position 5. Thus, initial displacement of the chloro group by a hydrazine derivative is followed immediately by condensation between the carbonyl group and the hydrazine functionality to afford the pyridazine ring.

The first report of this method illustrates the process quite well. The chloro derivatives, **17** [R = H or Me; R^1 = Cl, NHC(Me)$_2$CH$_2$OH, OH, or Me], gave the corresponding pyrimido[4,5-*c*]pyridazines, **18** (R^2 = H), directly upon treatment with hydrazine hydrate in yields ranging from 42–98%.[21] Treatment of **17** (R = Ph; R^1 = Et) with hydrazine, methyl hydrazine, or phenylhydrazine led to the formation of **18** (R^2 = H, Me, or Ph).[22]

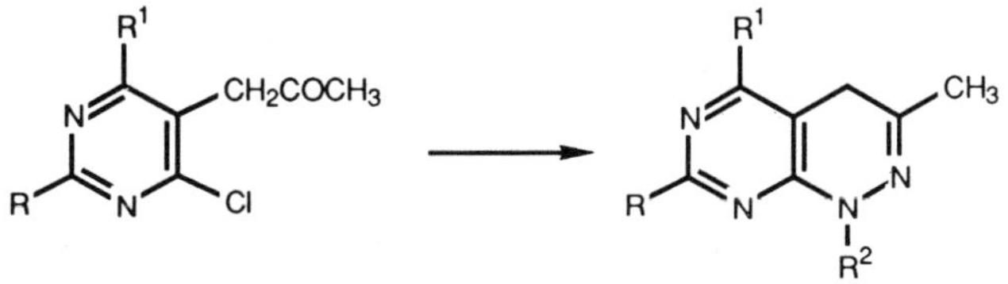

The reaction of α-diazo-β-oxo-5-(4-chloropyrimidine)propionate, **19** (R = MeS), with a fourfold excess of hydrazine in ethanol at 8–20 °C was reported to give a nearly quantitative yield of **20** (R = MeS; R^1 = NH$_2$).[23] However, a 1.5-fold molar amount of hydrazine in a mixture of benzene and ethanol at 0–5 °C formed **20** (R = MeS; R^1 = NH$_2$) in a poor yield of 24%.[24]

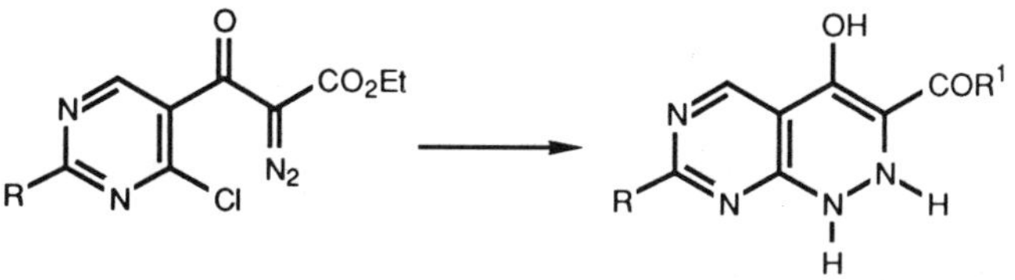

In an alternative pathway, **19** (R = MeS, Ph, or Cl) was allowed to react with triphenylphosphine in diisopropyl ether at room temperature. The products, **20** (R = MeS, Ph, or Cl; R^1 = OEt), were obtained in yields of 76, 80, and 37% respectively.[25]

(2) From Pyridazines

Two major approaches to the synthesis of pyrimido[4,5-c]pyridazines from pyridazines have been developed. One involves the use of pyridazines with an amino group adjacent to another functional group that could be used to complete the pyrimidine ring. The second is a limited process involving the Hofmann rearrangement of 1,2-disubstituted carboxamides.

Druey[26] reported, without experimental detail, an example of the first type, in which the o-aminocarboxamide **21** (R = R^1 = Me) was converted into the corresponding pyrimido[4,5-c]pyridazine, **22** (R = R^1 = Me).

Subsequently, Castle and his co-workers[27] provided another example of this approach. The monomethyl pyridazine **21** (R = H; R^1 = Me) with ethyl orthoformate gave **22** (R = H; R^1 = Me) in 78% yield. The use of several other substituted pyridazines of this type have been utilized in an analogous reaction to form the corresponding pyrimido[4,5-c]pyridazines.[28]

Pyrimido[4,5-c]pyridazines were also obtained from appropriate 1,2-dicarboxamides by reaction with alkaline hypobromite. 3-Methyl-5,6-pyridazine dicarboxamide, **23**, afforded a poor yield of **24**.[29]

Further investigation of this reaction by Castle and his co-workers[27] reaffirmed the structure of this product while improving the yield somewhat.

Because either of the carboxamide groups could undergo Hofmann rearrangement, the pyrimido[5,4-c]pyridazine isomer was also obtained. However, pyridazine-3,4-dicarboxamide gave the dioxo pyrimido[4,5-c]pyridazine as the principal product.[27]

One example of a pyrimido[4,5-c]pyridazine formed from an o-aminocyanopyridazine has been reported. Heating 3-amino-4-cyano-5-phenylpyridazine with formamide and acetic anhydride gave 1-amino-8-phenylpyrimido[4,5-c]pyridazine in 32% yield.[30]

B. Synthesis of Pyrimido[4,5-d]pyridazines

(1) From Pyrimidines

The overwhelming approach to the synthesis of derivatives of this isomer has been to condense hydrazine (or its derivatives) with ortho disubstituted pyrimidines possessing suitable functional groups. These groups are typical moieties that might be expected to interact with nucleophilic hydrazine and include esters, aldehydes, ketones, and halomethyl functionalities.

The first report of this approach involved treatment of dimethyl 2-aminopyrimidine-4,5-dicarboxylate, **25** (R = NH_2), with hydrazine to afford an excellent yield of the dioxygenated pyrimido[4,5-d]pyridazine, **26** (R = NH_2).[31]

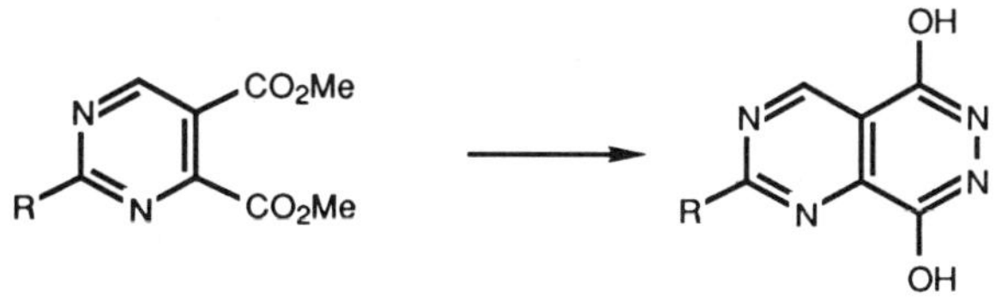

25 **26**

A series of analogous compounds in which R is alkyl, aryl, substituted aryl, or heteroaryl has also been reported following the same procedure.[32] By a similar process the introduction of ^{14}C at C-2 has been accomplished leading to **26** (R = Ph).[33]

The use of a reactive bromomethyl substituent in lieu of a carboxylic ester has been demonstrated. Hydrazine and methyl hydrazine were allowed to react with **27** (R = 2,6-Cl_2–Ph). The resulting derivatives, **28** (R = 2,6-Cl_2Ph; R^1 = H or Me), were obtained in ca. 50% yield.[34]

Aldehydes or ketones adjacent to a carboxylic ester also serve as suitable functional groups in the synthesis of pyrimido[4,5-d]pyridazines. Pyrimidines **29** (R = H, Me, NH_2, Ph, SH, or OH; R^1 = H or Me) undergo cyclization with hydrazine or phenylhydrazine to the corresponding pyrimido[4,5-d]pyridazine, **30** (R^2 = H or Ph).[35]

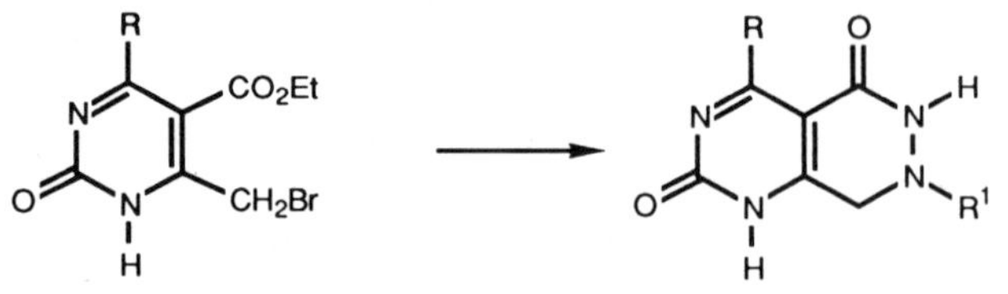

27 → **28**

29 → **30**

It is not necessary to utilize a carboxylic ester as one substituent in this process. 6-Bromomethyl-1,3-dimethyl-5-formyluracil, **31**, treated with hydrazine or an arylhydrazine afforded pyrimido[4,5-d]pyridazine, **32** (R = H, Ph, 4-BrPh, or Me), in modest to poor yields.[36,37]

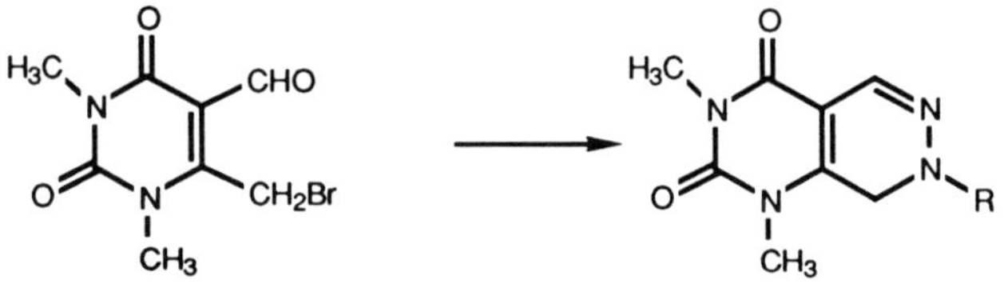

31 → **32**

Using a slightly different approach, the complex pyrimidine structure, **33** (R = CN or CO_2Et), was first treated with benzenediazonium chloride to yield an arylhydrazone derivative and then cyclized to the corresponding pyrimido[4,5-d]pyridazine, **34** (R^1 = H or COMe; X = O or NCOMe), by heating in acetic acid.[38,39]

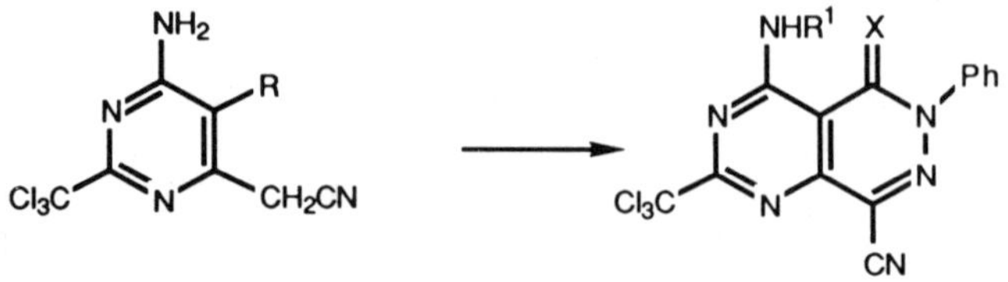

33 → **34**

(2) From Pyridazines

A small number of pyrimido[4,5-d]pyridazines have been prepared from appropriately substituted pyridazines. A single example utilizes the hypobromite rearrangement of pyridazine-4,5-dicarboxamide, **35** (R = R^1 = CONH$_2$), to afford an 87% yield of 2,4-dihydroxypyrimido[4,5-d]pyridazine, **36** (R^2 = R^3 = OH).[40]

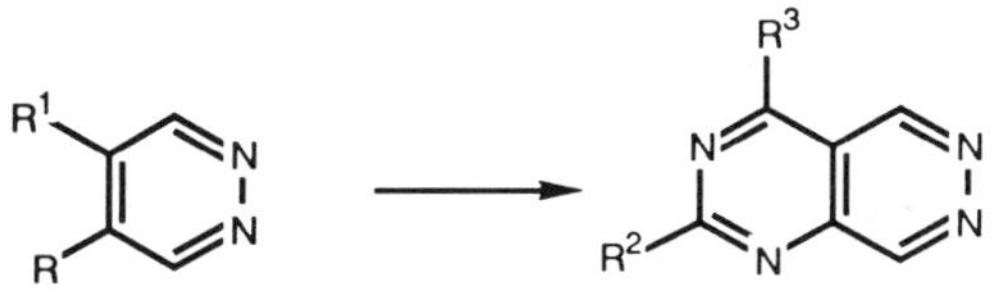

35   **36**

Using more traditional methods of preparing the pyrimidine ring, ethyl 5-aminopyridazine-4-carboxylate, **35** (R = NH$_2$; R^1 = CO$_2$Et), gave 2-amino-4-hydroxy pyrimido[4,5-d]pyridazine, **36** (R^2 = NH$_2$; R^3 = OH), when treated with guanidine;[41] and the 2-anilino derivative, **36** (R^2 = NHPh; R^3 = OH), when treated with 1,3-diphenylguanidine in refluxing tetrahydrofuran (THF).[42] The N-acetyl derivative, **35** (R = NHCOMe; R^1 = CO$_2$Et), was cyclized in ethanolic ammonia to **36** (R^2 = Me; R^3 = OH).[41] Similarly, 5-aminopyridazine-7-carboxamide, **35** (R = NH$_2$; R^1 = CONH$_2$), with ethyl orthoformate afforded the 4-OH derivative, **36** (R^2 = H; R^3 = OH).[41]

C. Synthesis of Pyrimido[5,4-c]pyridazines

(1) From Pyrimidines

Two different approaches have been taken in the synthesis of pyrimido[5,4-c]pyridazine derivatives from pyrimidines. Treatment of uracil-6-acetic hydrazide, **37**, with potassium cyanate, followed by alkali at 100 °C gave a modest yield of the dihydro derivative, **38**.[43]

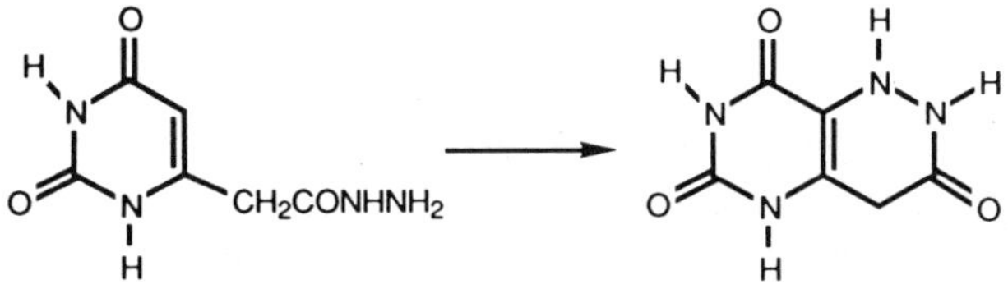

37   **38**

In a method similar to that used for pyrimido[4,5-c]pyridazine derivatives, 6-methyl-4(3H)-oxo-5-phenylazo-2-thio-pyrimidine, **39** (R = SH), unexpectedly formed 6-dimethylamino-8-oxo-2-phenylpyrimido[5,4-c]pyridazine, **40** (R = Me$_2$N), as the major product when heated with *tert*-butoxybis(dimethylamino)methane in dry DMF.[44] The dioxo precursor, **39** (R = OH), led to the corresponding pyrimido[5,4-c]pyridazine derivative, **40** (R = OH), as did the amino pyrimidine, **39** (R = NH$_2$).[44]

39 → **40**

(2) From Pyridazines

Only two reports describe the preparation of pyrimido[5,4-c]pyridazine derivatives from a pyridazine precursor. 4-Aminopyridazine-3-carboxamide, **41**, gave the 6,8-dioxo pyrimido[5,4-c]pyridazine, **42** (R = OH), upon treatment with ethyl orthoformate.[27]

41 → **42**

The pyrimido[5,4-c]pyridazine derivative, **40** (R = NH$_2$), could also be obtained by heating 2-ethoxycarbonyl-4-oxo-1-phenylpyridazine with *tert*-butoxybis(dimethylamino)methane in DMF.[44]

3. REACTIONS

Each of the three ring systems described in this chapter undergo reactions that may lead to other derivatives of the starting pyrimidopyridazine or are converted to different heterocyclic ring structures. For the convenience of the reader this section will cover each isomer separately and will follow the same order as was used for syntheses.

A. Of Pyrimido[4,5-c]pyridazines

Arylation of the heterocyclic ring has been described by a group from Nagasaki University. 3-Chloro-5-hydroxypyrimido[4,5-c]pyridazine, when treated with phosphorus oxychloride and N,N-dimethylaniline gave **43**.[28]

Both chlorines could be removed from **43** by 5% Pd–C while treatment with amines led to the replacement of the 5-chloro substituent in the pyrimidine ring.[28]

The similarly situated chlorine atom in 1,4-dihydro-3-methyl-5-chloropyrimido[4,5-c]pyridazine is replaced by dimethylamine and hydrazine.[21]

Conversion of the 3-chloro substituent to a hydroxy group (with formic acid), methoxy group (with sodium methylate), and hydrazine (with hydrazine hydrate) has been described.[45]

With certain 5,7-dioxo-pyrimido[4,5-c]pyridazines alkylation of one nitrogen of the pyrimidine ring has been accomplished. If N-6 already possesses an alkyl group, N-8 is the site of the alkylation process.[5] Otherwise, the preferred position for alkylation is at N-6.[12,15]

Oxidation of 1,2-dihydro derivatives by means of diethylazodicarboxylate[5] and of the aromatic pyridazine ring with performic acid to form the 2-N-oxide[45] has been reported. Treatment with m-chloroperbenzoic acid, on the other hand, leads to epoxidation as in 3,4-disubstituted-4,4a-epoxy-4-deazatoxoflavins, **44**.[15] This type of reaction occurs with similar compounds.[12]

Reduction of the pyridazine ring to give dihydro derivatives results with zinc and alkali treatment[9,18] and with sodium dithionite in aqueous ammonia.[15]

Diazotization of amino groups in the pyrimidine ring by nitrous acid, with concomitant formation of a hydroxy derivative, has also been demonstrated.[16]

Hydrolysis of the amide function to the carboxylic acid with dilute aqueous acid[23] and ring N-acetylation by means of acetic anhydride are also reported.[23]

Ring opening of the pyrimido[4,5-c]pyridazine ring system has been accomplished by heating an aqueous alkaline solution of the heterocycle in a sealed vessel at temperatures above 150 °C. The products are the corresponding o-aminopyridazine carboxylic acids, **45** (R = H or Me).[27]

B. Of Pyrimido[4,5-d]pyridazines

The 2-amino-4-oxo derivative of pyrimido[4,5-d]pyridazine is transformed by phosphorus pentasulfide and pyridine into the corresponding 4-thio analog.[46] The resulting sulfur atom is displaced by ammonia in ethanol at high temperature in an autoclave. In addition, 2-phenyl-5,6,7,8-tetrahydro-5,7-dithiopyrimido[4,5-d]pyridazine is prepared in the same way.[47]

However, attempted chlorination of oxygenated pyrimido[4,5-d]pyridazine is not always a straightforward reaction. Thus, for chlorination of derivatives of **46** with phosphorus oxychloride and phosphorus pentachloride to be successful the 2-substituent must be aromatic. An explanation based on the chemistry of other condensed pyridazine diones is presented.[32]

46   **47**

The reaction of 2-phenyl-5,8-dithiopyrimido[4,5-d]pyridazine with primary and secondary amines afforded the corresponding monosubstitued compounds, which were mixtures of two isomers. The mixture consisted of 5-substituted and 8-substituted derivatives and some conclusions about the reactivity of the two positions are offered.[48]

Both chlorines can be satisfactorily replaced, however, by heating in an excess of an aliphatic amine above 100°C. Thus, in a typical example 2-(3-methylphenyl)-5,8-dichloropyrimido[4,5-d]pyridazine is heated with isopropylamine leading to the diamine product in 66% yield.[47] This method has been used to incorporate ^{14}C into the pyrimidine ring.[33]

Both aqueous alkaline and aqueous acidic solutions of 5,8-dichloro or 5,8-disubstituted pyrimido[4,5-d]pyridazine lead, initially, to hydrolysis of the groups at those positions and, ultimately, to ring-opened products. It is the pyrimidine ring that is affected. In the case of acidic solutions covalent hydration appears to be the initial reaction in the ring-opening process.[49]

Reduction of a number of 2-aryl-5,8-diaminopyrimido[4,5-d]pyridazines to the corresponding 3,4-dihydro compounds has been effected with sodium borohydride, lithium aluminum hydride, or sodium isopentoxide. Selected examples of these products have been reported to undergo acylation or alkylation at N-3 of the pyrimidine ring.[50]

A later report,[51] however, suggests that equimolar amounts of benzyl bromide and sodium hydride lead to a mixture of 1- and 3- benzyl derivatives. When two equivalents of benzyl bromide and sodium hydride are used a 1,4-dibenzyl compound is obtained. Alkylation at C-4 has been confirmed.

An alternative route to this C-4 substitution is accomplished by treating 2-phenyl-5,8-dimorpholinopyrimido[4,5-d]pyridazine with organolithium reagents. Both Grignard reagents and organolithium compounds add selectively to the C-4 double bond affording 4-alkyl-3,4-dihydro products.[52] Large excess of organometallic agents can lead to displacement of the morpholino moieties in the pyridazine ring.

Alkylation of 8-morpholino-5(6H)-oxo-2-phenylpyrimido[4,5-d]pyridazine with a variety of alkyl halides and sodium hydride proceeds normally to give N-alkyl substituents at position 6.[53]

Oxidation of these 3,4-dihydro compounds to the aromatic derivatives can be achieved by the use of 2,3-dichloro-5,6-dicyanoquinone. However, treatment with other oxidizing agents such as potassium ferricyanide, bromine, or nitrobenzene lead to the expected aromatic compound or aromatization with concomitant loss of the C-4 alkyl group. This latter behavior is dependent on the nature of the C-4 alkyl group.[54]

The photochemical behavior of 2-phenyl-5,8-dimorpholinopyrimido[4,5-d]pyridazine in a variety of solvents has been investigated. In methanol the product is the 4-hydroxymethyl-3,4-dihydro compound. When the medium was made acidic an additional compound was formed. This was the 3,4-dihydro derivative of the initial pyrimido[4,5-d]pyridazine.[55]

Cyclic ether solvents also gave rise to 4-substituted derivatives while diethyl ether promoted polymerization.[55]

Ring contraction accompanied the treatment of 5,8-dioxo-2,4-diphenyl-5,6,7,8-tetrahydropyrimido[4,5-d]pyridazine, **47**, with dilute hydrochloric acid. The pyridazine ring was opened and recycled to form 2-amino-1,3-dihydro-1,2-dioxo-4,6-diphenylpyrrolo[3,4-d]pyrimidine, **48**.[32]

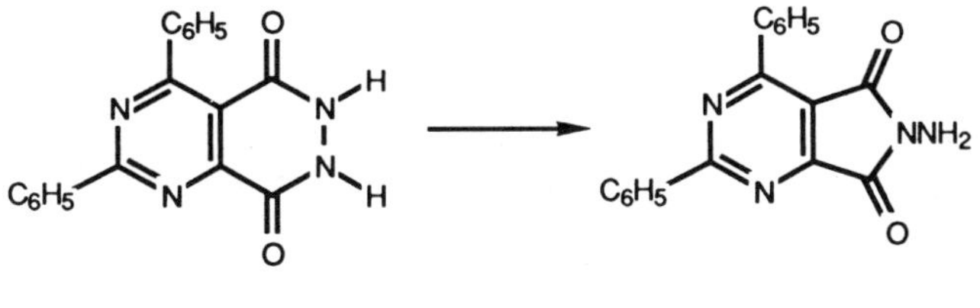

47   **48**

C. Of Pyrimido[5,4-c]pyridazines

8-Oxo-pyrimido[5,4-c]pyridazine was converted to the 8-thio analog by reaction with phosphorus pentasulfide in refluxing pyridine.[27]

4. PATENT LITERATURE

Although not all patents are cited here, some indication of the major synthetic efforts reported through patents are described. The interested reader is encouraged to conduct a more thorough search of the patent literature for comprehensive coverage.

Nearly 100 specific compounds of the pyrimido[4,5-c]pyridazine class are described solely in the patent literature. The overwhelming majority of this effort is divided between two laboratories, namely, Dainippon Pharmaceutical Co., Ltd. of Japan and the Welcome Foundation, Ltd. of Great Britain.

The Japanese laboratory has developed a focused series of derivatives, **49** (R = SH, SMe, or NR^1R^2; R^3 = H, Et; R^4 = H, alkyl, or ester).[56-58] Subsequently, the British laboratory described a series of folate-like compounds, **50** (R = OH, alkyl, or aryl; R^1 = H, CH_2OR^2, alkyl, CO_2R^3, or CH_2COAr; R^4 = Me or Et).[59,60]

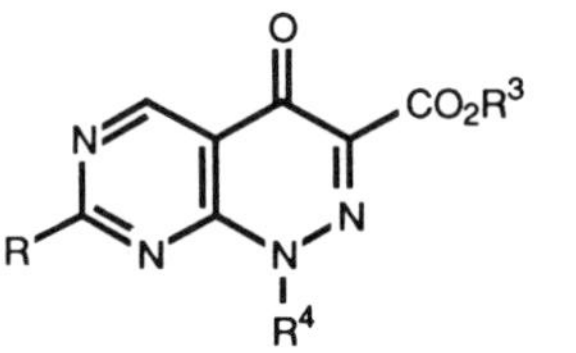

49 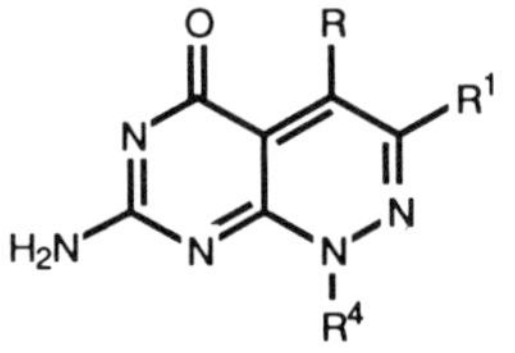   **50**

Very few pyrimido[4,5-d]pyridazines have been the target of industrial research as evidenced from the paucity of patent applications. The limited examples feature aryl or heteroaryl groups at C-2[61] and a variety of amino moieties at C-5 and C-8.[62-64]

5. TABLES

TABLE 1. THE PYRIMIDO[4-5-c]PYRIDAZINES

Substituents	mp	Other Data	References
1-Acetyl-3-[(acetyloxy)methyl]4,8-dihydro-6,8-dimethyl-5,7(1H,6H)-dioxo-4-[1,2,3-tris(acetyloxy)propyl]-	141	IR, MS, NMR, UV	7
1-Acetyl-4,8-dihydro-6,8-dimethyl-(1,2,3,4-tetrahydroxybutyl)-5,7(1H,6H)-dioxo-	201	IR, MS, NMR, UV	7
3-[(Acetyloxy)methyl]-7-amino-1-methyl-4,5(1H,6H)-dioxo-	> 280		16
7-Amino-1-butyl-3-methyl-4,5(1H,6H)-dioxo-	> 280		16
7-Amino-1-butyl-4,5(1H,6H)-dioxo-	> 280		16

TABLE 1. (Continued)

Substituents	mp	Other Data	References
7-Amino-1,4,5,6-tetrahydro-1-methyl-4,5-dioxo- (disodium salt)	> 300		16
7-Amino-1,4,5,6-tetrahydro-1-methyl-4,5-dioxo-	> 300	NMR, UV	16
7-Amino-1,2,3,5-tetrahydro-1-methyl-3,5-dioxo- (disodium salt)	> 300	NMR, UV	16
5-Amino-3-chloro-4-[4-(diethylamino)phenyl]-1,4-dihydro-	260–261	UV	28
5-Amino-3-chloro-4-[4-(dimethylamino)phenyl]-1,4-dihydro-	285 (d)		28
7-Amino-3-chloro-5-hydroxy-	> 300		28
7-Amino-3-[(3,4-dimethoxyphenyl)methyl]-1-methyl-4,5(1H,6H)-dioxo-	> 280		16
7-Amino-4-ethoxycarbonyl-1,2,3,5-tetrahydro-1-methyl-3,5-dioxo-	> 300	IR, MS, NMR	16, 18
7-Amino-3-[2-(ethoxycarbonyl)ethyl]-1,4,5,6-tetrahydro-1-methyl-4,5-dioxo-	> 280		16
5,7-Diamino-3-ethoxycarbonyl-1,4-dihydro-1-methyl-4-oxo-	238.5–239.5		16
7-Amino-3-[1-(ethoxycarbonyl)ethyl]-1,4,5,6-tetrahydro-1-methyl-4,5-dioxo- (disodium salt)	> 280		16
7-Amino-3-[1-(ethoxycarbonyl)-1-(methoxy)methyl]-1,4,5,6-tetrahydro-1-methyl-4,5-dioxo-	> 280		16
7-Amino-3-[1-carboxy-1-(methoxy)methyl]-1,4,5,6-tetrahydro-1-methyl-4,5-dioxo- (disodium salt)	> 280		16
7-Amino-3-ethoxycarbonylmethyl-2,4,5,6-tetrahydro-1-methyl-4,5-dioxo-	> 280		16
7-Amino-1-ethyl-3-methyl-4,5(1H,6H)-dioxo-	> 280		16
7-Amino-3-hexyl-1-methyl-4,5(1H,6H)-dioxo-	> 280		16
7-Amino-1-(2-hydroxyethyl)-3-methyl-4,5(1H,6H)-dioxo-	> 280		16
7-Amino-3-(hydroxymethyl)-1-methyl-4,5(1H,6H)-dioxo- (monosodium salt)	> 280		16
7-Amino-4-(3-hydroxyphenyl)-1-methyl-5(1H)-oxo-	> 300	NMR	18
5,7-Diamino-1,4-dihydro-3-methoxycarbonyl-1-methyl-4-oxo-	274–276	IR, MS, NMR, UV	16
5-Amino-1,5,7,8-tetrahydro-3-methoxycarbonyl-1-methyl-4,7-dioxo-	> 300	MS, NMR, UV	16
7-Amino-1,4,5,6-tetrahydro-3-[1-(methoxycarbonyl)-2-phenylethyl]-1-methyl-4,5-dioxo-	> 280		16
7-Amino-1,2-dihydro-1,4-dimethyl-3,5-dioxo-	> 300	MS, NMR, UV	18, 19
7-Amino-1,2,4,6-tetrahydro-1-methyl-3,5-dioxo-	> 300	NMR	18
7-Amino-1,2,4,6-tetrahydro-1,4-dimethyl-3,5-dioxo-	> 300	NMR	18
7-Amino-1,2-dihydro-1-methyl-3,5-dioxo-	> 300		18
7-Amino-4,6-dihydro-1,3-dimethyl-5(1H)-oxo-	> 300	NMR	18

TABLE 1. (Continued)

Substituents	mp	Other Data	References
7-Amino-4,6-dihydro-3-methyl-5-(1H)-oxo-	> 300	NMR	18
7-Amino-2,3-dihydro-1,3-dimethyl-4,5(1H,6H)-dioxo-	> 300	MS, NMR, UV	18
7-Amino-1,2-dihydro-1-methyl-4-[2-oxo-2-(3,4,5-trimethoxyphenyl)ethyl]-3,5-dioxo-	300	MS, NMR, UV	19
7-Amino-2,3,4,6-tetrahydro-1-methyl-5(1H)-oxo-4-phenyl-	> 260	NMR, UV	18
7-Amino-4,6-dihydro-1-methyl-5(1H)-oxo-4-phenyl-	> 300	NMR	18
7-Amino-4,6-dihydro-1-methyl-5-(1H)-oxo-3-phenyl-	> 300	NMR	18
7-Amino-5,6-dihydro-1,3-dimethyl-4(1H)-oxo-5-thioxo-	> 300		16
7-Amino-4,6-dihydro-5(1H)-oxo-	> 300	NMR	18
7-Amino-3-(1H-indol-3-ylmethyl)-1-methyl-4,5(1H,6H)-dioxo-	> 280		16
7-Amino-3-(1H-indol-3-yl)-1-methyl-4,5(1H,6H)-dioxo-	> 280		16
7-Amino-5-methoxy-1,3-dimethyl-4(1H)-oxo-	> 275		16
7-Amino-1-methyl-3-(2-methylpropyl)-4,5(1H,6H)-dioxo-	> 280		16
7-Amino-1-methyl-3-[(2-nitrophenyl)methyl]-4,5(1H,6H)-dioxo-	> 280		16
5,7-Diamino-1,3-dimethyl-4(1H)-oxo-	> 275	MS, NMR, UV	16
7-Amino-1,3-dimethyl-4,5(1H,6H)-dioxo-{5-[(2-amino-6-chloro-4-pyrimidinyl)methylhydrazone)}	> 300		16
5-Amino-1,3-dimethyl-4,7(1H,8H)-dioxo-	> 300	NMR	16
7-Amino-1,3-dimethyl-4,5(1H,6H)-dioxo-	> 300	MS, NMR, UV	16–18
7-Amino-3-methyl-5(6H)-oxo-	> 300	MS, NMR, UV	8, 18
7-Amino-1,3,4-trimethyl-5(1H)-oxo-	> 300	NMR	18
7-Amino-1-methyl-4,5(1H,6H)-dioxo-3-[2-oxo-2-(3,4,5-trimethoxyphenyl)ethyl]-	> 300	MS, NMR, UV	19
7-Amino-1-methyl-4,5(1H,6H)-dioxo-3-phenyl-	> 280		16, 17
7-Amino-1-methyl-5(1H)-oxo-3-phenyl-	> 300	NMR	18
7-Amino-1-methyl-5(1H)-oxo-4-phenyl-	262.5–264.0 (d)	NMR	18
7-Amino-1-methyl-5(1H)-oxo-3,4-diphenyl-	> 300	NMR	18
7-Amino-3-methyl-4,5(1H,6H)-dioxo-1-(phenylmethyl)-	> 280		16
7-Amino-1-methyl-4,5(1H,6H)-dioxo-3-(phenylmethyl)-	> 280		16
7-Amino-1-methyl-4,5(1H,6H)-dioxo-3-propyl-	> 280		16
7-Amino-5(1H)-oxo-	> 300	NMR	18
7-Amino-5(1H)-oxo-3-phenyl- (and hydrochloride)	> 300	NMR	18
7-Amino-5(1H)-oxo-3,4-diphenyl-	> 300	MS	2
7-Amino-4,5(1H,6H)-dioxo-3-phenyl-1-(phenylmethyl)-	> 280		16
5-Amino-4-phenyl-	229–232		30

TABLE 1. (Continued)

Substituents	mp	Other Data	References
3-(1,3-Benzodioxol-5-yl)-1,6-dimethyl-5,7(1H,6H)-dioxo-	287	NMR	11, 10, 65
3-(4-Bromophenyl)-4,8-dihydro-1,6-dimethyl-5,7(1H,6H)-dioxo-	256	NMR, UV	11, 12
3-(4-Bromophenyl)-2,8-dihydro-6,8-dimethyl-5,7(1H,6H)-dioxo-	Thermal oxidation		4, 5
3-(4-Bromophenyl)-1-methyl-5,7(1H,6H)-dioxo-	> 300	NMR, UV	12
3-(4-Bromophenyl)-1,6-dimethyl-5,7(1H,6H)-dioxo-	256	NMR, UV	10–12, 65
3-(4-Bromophenyl)-6,8-dimethyl-5,7(6H,8H)-dioxo-	297–298		4, 5
3-(4-Bromophenyl)-1,6-dimethyl-4,5,7(1H,6H,8H)-trioxo-	> 300		12
3-Carboxamido-1,2-diacetyl-1,2-dihydro-4-hydroxy-7-(methylthio)-	291–292	IR, MS, NMR, UV	23, 24
3-Carboxamido-1,2-dihydro-4-hydroxy-7-(methylthio)-	260–265 (d)	IR, MS, NMR, UV	23, 24
3-Carboxy-1,2-dihydro-4-hydroxy-7-(methylthio)-	250–252 (d)	IR, MS, NMR, UV	23, 24
3-Carboxy-1,4-dihydro-7-(methylthio)-4-oxo-	278.5–279.5 (d)	IR	23, 24
3,5-Dichloro-4-[4-(diethylamino)phenyl]-1,4-dihydro-	163–165	MS, NMR, UV	28
3,5-Dichloro-4-[4-(dimethylamino)phenyl]-1,4-dihydro-	229–230	UV	28
3-Chloro-4-[4-(diethylamino)phenyl]-1,4-dihydro-5-(methylamino)-	208–209	MS, NMR, UV	28
3-Chloro-4-[4-(dimethylamino)phenyl]-1,4-dihydro-5-(methylamino)-	231–232	NMR, UV	28
7-Chloro-3-ethoxycarbonyl-1,4-dihydro-4-oxo-	209–210	IR, NMR	25
3,4-Bis(4-chlorophenyl)-6-ethyl-4,8-dihydro-1-methyl-5,7(1H,6H)-dioxo-	297 (subl)	NMR	15
5-Chloro-1,4-dihydro-3-methyl-	200	IR, NMR	21
3-(4-Chlorophenyl)-4,8-dihydro-1,6-dimethyl-5,7(1H,6H)-dioxo-	248	NMR, UV	11, 12
3-(4-Chlorophenyl)-2,8-dihydro-6,8-dimethyl-5,7(1H,6H)-dioxo-	Thermal oxidation		4, 5
3-Chloro-5-hydroxy-	250–251	IR, UV	28
3-Chloro-6,8-dimethyl-5,7(6H,8H)-dioxo-	178–180		45
3-(4-Chlorophenyl)-1-methyl-5,7(1H,6H)-dioxo-	> 300	NMR, UV	12
3-(4-Chlorophenyl)-6-methyl-5,7(1H,6H)-dioxo-	> 300		5
3,4-Bis(4-chlorophenyl)-1-methyl-5,7(1H,6H)-dioxo-	337	NMR	14, 15
3,4-Bis(4-chlorophenyl)-1,6-dimethyl-5,7(1H,6H)-dioxo-	> 226 (subl)	NMR	14, 15
3-(2,4-Dichlorophenyl)-1,6-dimethyl-5,7-(1H,6H)-dioxo-	254	NMR	11, 65

TABLE 1. (Continued)

Substituents	mp	Other Data	References
3-(4-Chlorophenyl)-1,6-dimethyl-5,7(1H,6H)-dioxo-	248	NMR, UV	10–12, 65
3-(4-Chlorophenyl)-6,8-dimethyl-5,7(6H,8H)-dioxo-	264–265		4, 5, 20
3-(3,4-Dichlorophenyl)-1,6-dimethyl-5,7(1H,6H)-dioxo-	240	NMR	11
3-(4-Chlorophenyl)-1,6-dimethyl-4,5,7(1H,6H,8H)-trioxo-	> 300		12
4-[4-(Diethylamino)phenyl]-1,4-dihydro-	134–135	MS, NMR	28
4-[4-(Diethylamino)phenyl]-1,4-dihydro-5-(methylamino)-	192–193	UV	28
4-[4-(Dimethylamino)phenyl]-1,4-dihydro-	235 (d)		28
5-Dimethylamino-1,4-dihydro-3-methyl-	260	IR, NMR	21
3-Ethoxycarbonyl-1,4-dihydro-7-(methylthio)-4-oxo-	269–270	IR, MS, NMR, UV	23–25
3-Ethoxycarbonyl-1,4-dihydro-oxo-7-phenyl-	256–257	NMR	25
3-Ethoxycarbonyl-4-hydroxy-6,8-dimethyl-5,7(6H,8H)-dioxo-	263–266	UV	1
5-Ethyl-1,4-dihydro-3-methyl-7-phenyl-	154	IR, NMR	22
5-Ethyl-1,4-dihydro-3-methyl-1,7-diphenyl-	137	IR, NMR	22
5-Ethyl-1,4-dihydro-1,3-dimethyl-7-phenyl-	110	IR, NMR	22
8-Ethyl-6-methyl-5,7(6H,8H)-dioxo-3-phenyl-	173–175		5
3-(4-Fluorophenyl)-1,6-dimethyl-5,7(1H,6H)-dioxo-	258	NMR	11, 65
5-Hydrazino-1,4-dihydro-3-methyl-	215	IR, NMR	21
1,4-Dihydro-3-methyl-5-{[(2-hydroxy-1,1-dimethyl)ethyl]-amino}-	210–212	IR, NMR	21
1,4-Dihydro-3-methyl-5{[(2-hydroxy-1-hydroxymethyl-1-methyl)ethyl]-amino}-	213	IR, NMR	21
1,4-Dihydro-3,5,7-trimethyl-	198–200	IR, NMR	21
1,4-Dihydro-3-methyl-5-(4-morpholinyl)-	180–181	IR, NMR	21
2,8-Dihydro-3-(4-methoxyphenyl)-6,8-dimethyl-5,7(1H,6H)-dioxo-	Thermal oxidation		4, 5
4,5-Dihydro-3-methyl-5(1H)-oxo-	> 350	IR, NMR	21
4,5-Dihydro-3,7-dimethyl-5(1H)-oxo-	> 350	IR, NMR	21
4,6-Dihydro-1,3-dimethyl-4-methylene-5(1H)-oxo-	217–219 (d)	MS, NMR, UV	9
2,8-Dihydro-6,8-dimethyl-3-(4-methylphenyl)-5,7(1H,6H)-dioxo-	Thermal oxidation		4, 5
4,8-Dihydro-1,3,4-trimethyl-5,7(1H,6H)-dioxo-	270 (d)	NMR	15
4,8-Dihydro-1,3,4,6-tetramethyl-5,7(1H,6H)-dioxo-	239	NMR	15
2,8-Dihydro-6-methyl-5,7(1H,6H)-dioxo-3-phenyl-	Thermal oxidation		5
2,8-Dihydro-6,8-dimethyl-5,7(1H,6H)-dioxo-3-phenyl-	Thermal oxidation	IR, MS, NMR, UV	4, 5
4,8-Dihydro-1-methyl-5,7(1H,6H)-dioxo-3,4-diphenyl-	300	NMR	15
4,8-Dihydro-1-methyl-5,7(1H,6H)-dioxo-3,4,6-triphenyl-	300	NMR	15

TABLE 1. (Continued)

Substituents	mp	Other Data	References
1,4-Dihydro-1,6-dimethyl-5,7(1H,6H)dioxo-3-phenyl-	256	NMR	10–12
4,8-Dihydro-1,3-dimethyl-5,7(1H,6H)-dioxo-4-phenyl-	290 (d)	NMR	15
4,8-Dihydro-1,6-dimethyl-5,7(1H,6H)-dioxo-3,4-diphenyl-	300	NMR	15
4,8-Dihydro-1,3,6-trimethyl-5,7(1H,6H)-dioxo-4-phenyl-	262	NMR	15
1,4-Dihydro-3-methyl-5-(1-piperidinyl)-	125–130	IR, NMR	21
4,6-Dihydro-5(1H)-oxo-	285 (d)	NMR, UV	9
1,4,5,6-Tetrahydro-5-oxo-4-sulfonyl- (monosodium salt)	> 300	NMR, UV	9
4-Hydroxy-6,8-dimethyl-5,7(6H,8H)-dioxo-	229–232	UV	1
3-Methoxy-6,8-dimethyl-5,7(6H,8H)-dioxo-	190–192	UV	45
3-(4-Methoxyphenyl)-6-methyl-5,7(1H,6H)-dioxo-	280 (d)		5
3-(4-Methoxyphenyl)-6,8-dimethyl-5,7-(6H,8H)-dioxo-	244–245		4, 5, 20
3-(3,4-Dimethoxyphenyl)-1,6-dimethyl-5,7(1H,6H)-dioxo-	303	NMR	10, 11, 65
3-Methyl-5(6H)-oxo-	> 300	IR, UV	27
3-Methyl-5,7(6H,8H)-dioxo-	> 350	IR, UV	27
1,6-Dimethyl-5,7(1H,6H)-dioxo-	235–237	NMR, UV	13
6,8-Dimethyl-5,7(6H,8H)-dioxo-			45
6,8-Dimethyl-5,7(6H,8H)-dioxo- (2-N-oxide)	167–168		45
1,3,4-Trimethyl-5,7(1H,6H)-dioxo-	> 295 (subl)	NMR	14, 15
3,4,6-Trimethyl-5,7(6H,8H)-dioxo-	261–263	IR, NMR, UV	13
1,3,4,6-Tetramethyl-5,7(1H,6H)-dioxo-	235–237 (d)	IR, NMR, UV	13–15
3,4,6,8-Tetramethyl-5,7(6H,8H)-dioxo-	146–147	UV	1
1,3-Dimethyl-4,5,7(1H,6H,8H)-trioxo-	> 300	MS, NMR	16
6,8-Dimethyl-3-(4-methylphenyl)-5,7(6H,8H)-dioxo-	257–260		4, 5
6,8-Dimethyl-4,5,7(1H,6H,8H)-trioxo-	240–241		3
6,8-Dimethyl-3,5,7(2H,6H,8H)-trioxo- (also the hydrazone)	248–249 (221–223)		45
2,6,8-Trimethyl-3,5,7(2H,6H,8H)-trioxo-	190–193	UV	45
6-Methyl-5,7(6H,8H)-dioxo-3-phenyl-8-propyl-	164–165		5
1-Methyl-5,7(1H,6H)-dioxo-3-phenyl-	> 300	NMR, UV	12
6-Methyl-5,7(1H,6H)-dioxo-3-phenyl-	> 300		5
6-Methyl-5,7(1H,6H)-dioxo-1- (phenylmethyl)-	302–304	IR, NMR	13
1-Methyl-5,7(1H,6H)-dioxo-3,4-diphenyl-	347	NMR	14, 15
1-Methyl-5,7(1H,6H)-dioxo-3,4,6-triphenyl-	> 272 (subl)	NMR	14, 15
1,6-Dimethyl-5,7(1H,6H)-dioxo-3-phenyl-	250	NMR, UV	10–12, 65
1,3-Dimethyl-5,7(1H,6H)-dioxo-4-phenyl-	> 260 (subl)	NMR	14, 15
6,8-Dimethyl-5,7(6H,8H)-dioxo-3-phenyl-	255–256	IR, MS, NMR, UV	4, 5, 20
1,6-Dimethyl-5,7(1H,6H)-dioxo-3,4-diphenyl-	308–310	IR, NMR, UV	13–15
6,8-Dimethyl-5,7(6H,8H)-dioxo-3,4-diphenyl-	200–202 (208–209)	MS	1, 2

TABLE 1. (Continued)

Substituents	mp	Other Data	References
1,3,6-Trimethyl-5,7(1H,6H)-dioxo-4-phenyl-	> 278 (subl)	NMR	14, 15
1,6-Dimethyl-4,5,7(1H,6H,8H)-trioxo-3-phenyl-	> 300	IR, MS, NMR,	12
5(1H)-Oxo-	> 300	UV	9, 28
5,7(6H,8H)-Dioxo-	356	IR, UV	27

TABLE 2. THE PYRIMIDO[4,5-d]PYRIDAZINES

Substituents	mp	Other Data	References
3-Acetyl-3,4-dihydro-5,8-di-4-morpholinyl-2-phenyl-	243–245	IR, NMR	50, 66
8-(Acetyloxy)-5(6H)-oxo-2,4-diphenyl-	225–226	IR, NMR	32
5,8-Diacetyloxy-2-phenyl-	205–207	IR	32, 67
4-Amino-8-cyano-2-ethoxy-5,6-dihydro-5-oxo-6-phenyl-	95	IR, NMR	39
4-Amino-8-cyano-5,6-dihydro-5-oxo-6-phenyl-2-(trichloromethyl)-	123	IR, NMR	39
2-Amino-8-methyl-5(6H)-oxo-	> 380	NMR	35
2-Amino-8-methyl-5(6H)-oxo-6-phenyl-	207	NMR	35
2-Amino-4(3H)-oxo-	> 350 (d)	IR, UV	41
4-Amino-2(1H)-oxo-	> 360	IR	46
4-Amino-2(1H)-thioxo-	> 360	IR, UV	41
2-Amino-4(3H)-thioxo-	> 360	IR	46
8-Anilino-5-chloro-2-phenyl-	209–210		48
5-Anilino-8-(4-morpholinyl)-2-phenyl-	234–235	NMR	48
8-Anilino-5-(4-morpholinyl)-2-phenyl-	262–263	NMR	48
5,8-Dianilino-2-phenyl-	273		47, 50, 66, 67
5,8-Diazido-2-(3-methylphenyl)-	214–216		47
5,8-Diazido-2-phenyl-	214–216		47
4-(1,3-Benzodioxol-5-ylmethyl)-1,4-dihydro-5,8-di-4-morpholinyl-2-phenyl-	222–224		52, 66
3-Benzoyl-3,4-dihydro-5,8-di-4-morpholinyl-2-phenyl-	240–241	IR, NMR	50, 66
5-Benzylamino-8-chloro-2-phenyl-	245–247		48
8-Benzylamino-5-chloro-2-phenyl-	169	NMR, UV	48
5,8-Dibenzylamino-3,4-dihydro-2-phenyl-	104–105	NMR	50
5,8-Bis(benzylamino)-2-phenyl-	85–87		47, 50, 66
5,8-Bis(2,6-dimethyl-4-morpholinyl)-1,4-dihydro-2-phenyl-4-(phenylmethyl)-	171–173		51
3-(4-Bromobutyl)-3,4-dihydro-5,8-di-4-morpholinyl-2-phenyl-	137–141		51, 66
3-(5-Bromophenyl)-3,4-dihydro-5,8-di-4-morpholinyl-2-phenyl-	145–150		51
7-(4-Bromophenyl)-7,8-dihydro-1,3-dimethyl-2,4(1H,3H)-dioxo-	197–199 (d)	NMR	36, 37
5-Butylamino-8-chloro-2-phenyl-	248–250	NMR, UV	48, 49

TABLE 2. (Continued)

Substituents	mp	Other Data	References
5-*t*-Butylamino-8-chloro-2-phenyl-	266–267	NMR, UV	48
8-Butylamino-4-chloro-2-phenyl-	141–142	NMR, UV	48, 49
8-*t*-Butylamino-5-chloro-2-phenyl-	252–255	NMR, UV	48
3-Butyl-3,4-dihydro-5,8-di-4-morpholinyl-2-phenyl-	178–181		51, 66
1,4-Dibutyl-1,4-dihydro-5,8-di-4-morpholinyl-2-phenyl-	156–158		51, 66
4-Butyl-1,4-dihydro-5,8-di-4-morpholinyl-2-phenyl-	193–195		52, 54, 66
4,8-Dibutyl-1,4-dihydro-5-(4-morpholinyl)-2-phenyl-	210–212		52, 54, 66
4-Butyl-1,4-dihydro-5-(4-morpholinyl)-2-phenyl-8-(1-propylpentyl)-	203–204		52
4,8-Dibutyl-5-(4-morpholinyl)-2-phenyl-	70–73		54
4-Butyl-5,8-di-4-morpholinyl-2-phenyl-	128–129		54, 66
8-Butylamino-5(6H)-oxo-2-phenyl-	245–246		49
8-Butylamino-2-phenyl-	235–236	IR, NMR	48
8-Butylamino-2-phenyl-5(6H)-thioxo-	283–286	IR	48
5-Butylamino-2-phenyl- (monohydrochloride)	215–218	NMR	48
5-Butylamino-2-phenyl-8(7H)-thioxo-	235–236	IR	48
5,8-Dichloro-2(5-chloro-2-furanyl)-	159		32
5,8-Dichloro-2-(4-chlorophenyl)-	245–246		32
4-(4-Chlorophenyl)-	214–215	NMR	68
5,8-Bis(3-chloroanilino)-2-phenyl-	127–128		47, 66
8-Chloro-5-(2-hydroxyethyl)amino-2-phenyl-	238–240		48
8-Chloro-5-isopropylamino-2-phenyl-	249–250	NMR, UV	48, 66
6-(2-Chloroethyl)-8-(4-morpholinyl)-5(6H)-oxo-2-phenyl-	170–172	IR	53
4-(4-Chlorophenyl)-2-ethyl-	192–193	NMR	68
4-(2,6-Dichlorophenyl)-4,6,7,8-tetrahydro-7-methyl-2,5(1H,3H)-dioxo-	> 300		34
4-(2,6-Dichlorophenyl)-4,6,7,8-tetrahydro-2,5(1H,3H)-dioxo-	> 310		34
2-(4-Chlorophenyl)-6,7-dihydro-5,8-dioxo-	> 300		32
4-[(4-Chlorophenyl)methyl]-1,4-dihydro-5,8-di-4-morpholinyl-2-phenyl-	212–214		51, 66
5,8-Dichloro-2-(3-methylphenyl)-	175–177		32
4-(4-Chlorophenyl)-2-methyl-	254–256	NMR	68
4-(4-Chlorophenyl)-1-methyl-2(1H)-oxo-	277–280		68
3,4-Bis[(4-chlorophenyl)methyl]-3,4-dihydro-5,8-di-4-morpholinyl-2-phenyl-	248–251		51
2-(4-Chlorophenyl)-5,8-di-4-morpholinyl-	216–217		47, 66
5,8-Dichloro-2-(4-nitrophenyl)-	240–242		32
4-(4-Chlorophenyl)-2(1H)-oxo-	> 300 (d)	NMR	68
2-(4-Chlorophenyl)-5,8-di-1-piperidinyl-	180–181		47, 50, 66
6-{2-[4-(3-Chlorophenyl)-1-piperazinyl]ethyl}-8-(4-morpholinyl-5(6H)oxo-2-phenyl-	197–198		53, 66
6-(3-Chloropropyl)-8-(4-morpholinyl)-5(6H)-oxo-2-phenyl-	177	IR	53
5-Chloro-8-(2-hydroxyethyl)amino-2-phenyl-	212–215	NMR, UV	48

TABLE 2. (Continued)

Substituents	mp	Other Data	References
5-Chloro-8-isopropylamino-2-phenyl-	184–186	NMR, UV	48, 49, 66
3-(3-Chloropropyl)-3,4-dihydro-5,8-di-4-morpholinyl-2-phenyl-	121–125		51, 66
5-Chloro-8-(4-morpholinyl)-2-phenyl-	198–200	NMR, UV	48, 66, 67
8-Chloro-5-(4-morpholinyl)-2-phenyl-	211–213	NMR, UV	48, 67
5,8-Dichloro-2-(2-naphthyl)-	> 300		32
5-Chloro-8(7H)-oxo-2-phenyl-	262–265		49
8-Chloro-5(6H)-oxo-2-phenyl-	300		49
5,8-Dichloro-2-phenyl-	212–214		32, 47, 49, 67
5,8-Dichloro-2-(2-pyridyl)-	180–185		32
5,8-Dichloro-2-(2-thienyl)-	180		32
4-Cyclohexyl-1,4-dihydro-5,8-di-4-morpholinyl-2-phenyl-	251–254		52, 54, 66
4,8-Dicyclohexyl-1,4-dihydro-5-(4-morpholinyl)-2-phenyl-	236–237		52, 54
5,8-Dicyclohexylamino-3,4-dihydro-2-phenyl-	135–140	NMR	50
4,8-Dicyclohexyl-5-(4-morpholinyl)-2-phenyl-	197–200		54
4-Cyclohexyl-5,8-di-4-morpholinyl-2-phenyl-	221–227		54
5,8-Dicyclohexylamino-2-phenyl-	223–226		47, 50, 66
4-(1,4-Dioxan-2-yl)-1,4-dihydro-5,8-di-4-morpholinyl-2-phenyl-	227–229		54, 55, 66
4-(1,4-Dioxan-2-yl)-5,8-di-4-morpholinyl-2-phenyl-	202–204		54
3(4H)-Ethoxycarbonyl-5,8-di-4-morpholinyl-2-phenyl-	132–136	IR, NMR	50, 66
6(5H)-Ethoxycarbonylmethyl-8-(4-morpholinyl)-5-oxo-2-phenyl-	160–162		53, 66
5,8-Bis[(2-ethoxyethyl)amino]-2-phenyl-	125–127		47, 66
8-Ethoxy-5-(4-morpholinyl)-2-phenyl-	143–144		47
5-Ethoxy-8-(4-morpholinyl)-2-phenyl-	156–157		47
6-[2-(Diethylamino)ethyl]-8-(4-morpholinyl)-2-phenyl-	67–70		53
8-(1-Ethylbutyl)-1,4-dihydro-5-(4-morpholinyl)-2-phenyl-4-propyl-	233–235		52
4-Ethyl-1,4-dihydro-8-(1-methylpropyl)-5-(4-morpholinyl)-2-phenyl-	204–207		52
4,8-Diethyl-1,4-dihydro-5-(4-morpholinyl)-2-phenyl-	198–200		52, 66
3-Ethyl-3,4-dihydro-5,8-di-4-morpholinyl-2-phenyl-	221–223		50, 66
1,4-Diethyl-1,4-dihydro-5,8-di-4-morpholinyl-2-phenyl-	185–187		51
4-Ethyl-1,4-dihydro-5,8-di-4-morpholinyl-2-phenyl-	159–161		52, 54, 66
2-Ethyl-6,7-dihydro-5,8-dioxo- (with one equivalent of hydrazine)	> 300		32
4-Ethyl-5,8-di-4-morpholinyl-2-phenyl-	178–180		54
2-(2-Furanyl)-6,7-dihydro-5,8-dioxo-	> 300		32
4-Hexyl-1,4-dihydro-5-(4-morpholinyl)-8-(1-pentylheptyl)-2-phenyl-	128–130		52

TABLE 2. (Continued)

Substituents	mp	Other Data	References
4-Hexyl-1,4-dihydro-5,8-di-4-morpholinyl-2-phenyl-	173–176		52, 54, 66
4,8-Dihexyl-1,4-dihydro-5-(4-morpholinyl)-2-phenyl-	137–139		52, 66
4,8-Dihexyl-3,4-dihydro-5-(4-morpholinyl)-2-phenyl- (monohydrochloride)	137–139		52, 54
4,8-Dihexyl-5-(4-morpholinyl)-2-phenyl- (monohydrochloride)	118–119		54
4-Hexyl-5,8-di-4-morpholinyl-2-phenyl-	118–119		54
6,7-Dihydro-2-(hydroxymethyl)-5,8-dioxo- (with one equivalent of hydrazine)	> 300		32
3,4-Dihydro-4-(1-hydroxy-1-methylethyl)-5,8-di-morpholinyl-2-phenyl-	100–102		55
3,4-Dihydro-4-(1-hydroxyethyl)-5-8-di-4-morpholinyl-2-phenyl-	250–252		55, 66
1,4-Dihydro-4-hydroxymethyl-5,8-di-4-morpholinyl-2-phenyl-	251–253		54, 55, 66
3,4-Dihydro-4-(1-hydroxy-1-phenylmethyl)-5,8-di-4-morpholinyl-2-phenyl-	Amorphous		55, 66
3,4-Dihydro-5,8-di-isopropylamino-2-(3-methylphenyl)-	104–109		50, 66
1,4-Dihydro-4-[(4-methoxyphenyl)methyl]-5,8-di-4-morpholinyl-2-phenyl-	159–163		51, 52, 66
3,4-Dihydro-3-[(4-methoxyphenyl)methyl]-5,8-di-4-morpholinyl-2-phenyl-	170–173		51
1,4-Dihydro-1,4-bis[(4-methoxyphenyl)methyl]-5,8-di-4-morpholinyl-2-phenyl-	85–90		51
6,7-Dihydro-2-(4-methoxyphenyl)-5,8-dioxo-	> 300		32
7,8-Dihydro-1,3-dimethyl-7-[(4-methylphenyl)sulfonyl]-2,4(1H,3H)-dioxo-	152–153	IR, NMR, UV	37
1,4-Dihydro-4,8-dimethyl-5-(4-morpholinyl)-2-phenyl-	243–246		52
1,4-Dihydro-4,8-bis(3-methylbutyl)-5-(4-morpholinyl)-2-phenyl- (monohydrochloride)	139–142		52, 54
1,4-Dihydro-4,8-bis(1-methylethyl)-5-(4-morpholinyl)-2-phenyl-	252–255		52, 54, 66
1,4-Dihydro-4,8-bis(2-methylpropyl)-5-(4-morpholinyl)-2-phenyl-	264–266		52
1,4-Dihydro-4,8-bis(3-methylbutyl)-5-(4-morpholinyl)-2-phenyl-	139–142		52
1,4-Dihydro-4-[(4-methylphenyl)methyl]-5,8-di-4-morpholinyl-2-phenyl-	220–223		51, 52, 66
3,4-Dihydro-3-[(4-methylphenyl)methyl]-5,8-di-4-morpholinyl-2-phenyl-			51
1,4-Dihydro-5,8-bis(2-methyl-4-morpholinyl)-2-phenyl-4-(phenylmethyl)-			66
1,4-Dihydro-4-methyl-5,8-di-4-morpholinyl-2-phenyl-	275–277		52, 54, 66
1,4-Dihydro-4-(1-methylethyl)-5,8-di-4-morpholinyl-2-phenyl-	132–136		52, 54, 66

TABLE 2. (Continued)

Substituents	mp	Other Data	References
1,4-Dihydro-4-(2-methylpropyl)-5,8-di-4-morpholinyl-2-phenyl-	297–302		52, 54
1,4-Dihydro-4-(3-methylbutyl)-5,8-di-4-morpholinyl-2-phenyl-	206–208		52, 54, 66
1,4-Dihydro-1,4-dimethyl-5,8-di-4-morpholinyl-2-phenyl-	175–177		51
3,4-Dihydro-3-methyl-5,8-di-4-morpholinyl-2-phenyl-	196–198		50, 66
3,4-Dihydro-3-(2-methyl-1-oxopropyl)-5,8-di-4-morpholinyl-2-phenyl-	189–191	IR, NMR	50, 66
3,4-Dihydro-3,4-bis[(4-methylphenyl)methyl]-5,8-di-4-morpholinyl-2-phenyl-			51
7,8-Dihydro-1,3,7-trimethyl-2,4(1H,3H)-dioxo-	142–144	NMR	36, 37
6,7-Dihydro-2-methyl-5,8-dioxo- (with one equivalent of hydrazine)	> 300		32
6,7-Dihydro-2-(3-methylphenyl)-5,8-dioxo-	> 300		32
7,8-Dihydro-1,3-dimethyl-2,4(1H,3H)-dioxo-7-phenyl-	192–193	NMR	36, 37
3,4-Dihydro-5,8-di-4-morpholinyl-2-[5-(4-morpholinyl)-2-furanyl]-	145–146	NMR	50
3,4-Dihydro-5,8-di-4-morpholinyl-2-phenyl-	245–247	NMR	50, 51, 66
1,4-Dihydro-5,8-di-4-morpholinyl-2,4-diphenyl-	225–227		52, 54, 66
1,4-Dihydro-5-(4-morpholinyl)-2,4,8-triphenyl-	222–224		52
3,4-Dihydro-5,8-di-4-morpholinyl-2-phenyl-4-(tetrahydro-2-furanyl)-	245–247		55
1,4-Dihydro-5-(4-morpholinyl)-2-phenyl-4,8-dipropyl-	217–218		52, 54
1,4-Dihydro-5,8-di-4-morpholinyl-2-phenyl-4-(2-phenylethyl)-	208–211		52, 54, 66
1,4-Dihydro-5-(4-morpholinyl)-2-phenyl-4,8-bis(2-phenylethyl)-	93–99		52, 54
1,4-Dihydro-5,8-di-4-morpholinyl-2-phenyl-1-(phenylmethyl)-	151–153	IR, NMR, UV	51, 66
3,4-Dihydro-5,8-di-4-morpholinyl-2-phenyl-3-(phenylmethyl)-	206–207	NMR, UV	51, 66
3,4-Dihydro-5,8-di-4-morpholinyl-2-phenyl-3,4-bis(phenylmethyl)-	173–175		51, 66
1,4-Dihydro-5,8-di-4-morpholinyl-2-phenyl-4-(phenylmethyl)-	223–224 (221–223)		51, 52, 54, 66
1,4-Dihydro-5,8-di-4-morpholinyl-2-phenyl-1,4-bis(phenylmethyl)-			66
1,4-Dihydro-5-(4-morpholinyl)-2-phenyl-4,8-bis(phenylmethyl)-	116–120		66
1,4-Dihydro-5,8-di-4-morpholinyl-2-phenyl-1,4-di-2-propenyl-	176–180		51, 66
3,4-Dihydro-5,8-di-4-morpholinyl-2-phenyl-3-(2-propenyl)-	218–221		50, 66
1,4-Dihydro-5,8-di-4-morpholinyl-2-phenyl-4-(2-propenyl)-	218–222		51, 66

TABLE 2. (Continued)

Substituents	mp	Other Data	References
1,4-Dihydro-5,8-di-4-morpholinyl-2-phenyl-4-propyl-	228–230		52, 54
3,4-Dihydro-5,8-di-4-morpholinyl-2-phenyl-3-propyl-	201–204		50, 66
1,4-Dihydro-5,8-di-4-morpholinyl-2-phenyl-1,4-dipropyl-	75–80		51, 66
1,4-Dihydro-5,8-di-morpholinyl-2-phenyl-4-(3-pyridinyl)-	164–166		52, 54, 66
1,4-Dihydro-5,8-di-4-morpholinyl-2-phenyl-4-(3-pyridinylmethyl)-	195–196		52, 66
3,4-Dihydro-5,8-di-4-morpholinyl-2-(2-thienyl)-	238–240	NMR	50, 66
1,4-Dihydro-5,8-di-4-morpholinyl-2-phenyl-4-(2-thienyl)-	162–164		52, 54, 66
6,7-Dihydro-2-(2-naphthalenyl)-5,8-dioxo-	> 300		32
6,7-Dihydro-2-(4-nitrophenyl)-5,8-dioxo-	> 300		32
6,7-Dihydro-5,8-dioxo-	> 300		32
6,7-Dihydro-5,8-dioxo-2-pentyl-	> 300		32
6,7-Dihydro-5,8-dioxo-2-phenyl-	> 300		32, 50, 66
6,7-Dihydro-5,8-dioxo-2,4-diphenyl- (with one equivalent of hydrazine)	236–238 (d)		32
6,7-Dihydro-5,8-dioxo-2-(2-pyridinyl)-	> 300		32
6,7-Dihydro-5,8-dioxo-2-(2-thienyl)-	> 300		32
3,4-Dihydro-5,8-diphenylamino-	133–137	NMR	50, 66
1,4-Dihydro-2-phenyl-1,4-bis(phenylmethyl)-5,8-di-1-piperidinyl-	221–224		51
1,4-Dihydro-2-phenyl-4-(phenylmethyl)-5,8-di-1-piperidinyl-	238–243		51, 66
3,4-Dihydro-2-phenyl-5,8-di-1-piperidinyl-	118–121	NMR	50
6,7-Dihydro-2-phenyl-5,8-dithioxo-	269–272		47, 50
3,4-Dihydro-5,8-di-1-piperidinyl-2-(2-thienyl)-	130–133	NMR	50, 66
5,8-Bis(3,4-dihydro-1(2H)-quinolinyl)-2-phenyl-	219–221		47, 66
4-Hydroxymethyl-5,8-di-4-morpholinyl-2-phenyl-	190–192		54
5,8-Bis(isopropylamino)-2-(3-methylphenyl)-	273–274		47, 50, 66
5,8-Bis(isopropylamino)-2-phenyl-	265		47, 66
5,8-Bis[(2-methoxyethyl)amino]-2-phenyl-	116–117		47, 66
5,8-Dimethoxy-2-phenyl-	204–206		47, 50, 66
4-(1,1-Dimethylethyl)-1,4-dihydro-5,8-di-4-morpholinyl-2-phenyl-	297 (d)		52, 66
5,8-Di-[(N-methyl-2-hydroxyethyl)amino]-2-phenyl-	119–121		47, 66
6-[2-(2-Methyl-4-morpholinyl)ethyl]-8-(4-morpholinyl)-5-(6H)-oxo-2-phenyl-	168–169		53, 66
6-(1-Methylethyl)-8-(4-morpholinyl)-5-(6H)-oxo-2-phenyl-	169–171		53, 66
7-[2-(2-Methyl-4-morpholinyl)ethyl]-8-(4-morpholinyl)-5(6H)-oxo-	168–169		53
5,8-Bis(2,6-dimethyl-4-morpholinyl)-2-methyl-	209–212		47, 50, 66
5,8-Bis(2-methyl-4-morpholinyl)-2-phenyl-	165–167		47, 66

TABLE 2. (Continued)

Substituents	mp	Other Data	References
5,8-Bis(2,6-dimethyl-4-morpholinyl)-1,4-dihydro-2-phenyl-	114–119		50
5,8-Bis(2,6-dimethyl-4-morpholinyl)-1,4-dihydro-2-phenyl-1,4-bis(phenylmethyl)-	182–183		51
5,8-Bis(2,3-dimethyl-4-morpholinyl)-2-phenyl-	149–153		47, 66
2-(3-Methylphenyl)-5,8-di-4-morpholinyl-	160–162		47, 66
4-(3-Methylbutyl)-5,8-di-4-morpholinyl-2-phenyl-	157–159		54
4-(2-Methylpropyl)-5,8-di-4-morpholinyl-2-phenyl-	167–169		54
4,8-Bis(3-methylbutyl)-5-(4-morpholinyl)-2-phenyl- (monohydrochloride)	155–158		54
4,8-Bis(1-methylethyl)-5-(4-morpholinyl)-2-phenyl-	143–144		54
4-(1-Methylethyl)-5,8-di-4-morpholinyl-2-phenyl-	191–192		54
4-Methyl-5,8-di-4-morpholinyl-2-phenyl-	188–190		54, 66
2-Methyl-4(3H)-oxo-	235 (d)	IR, UV	41
2-Methyl-5(6H)-oxo-	219	NMR	35
8-Methyl-5(6H)-oxo-	210	NMR	35
2,8-Dimethyl-5(6H)-oxo-	216	NMR	35
8-Methyl-5(6H)-oxo-2-phenyl-	339	NMR	35
2,8-Dimethyl-5(6H)-oxo-6-phenyl-	185	NMR	35
8-[(1-Methylethyl)amino]-5(6H)-oxo-2-phenyl	293–296		49
5,8-Bis(4-methyl-1-piperazinyl)-2-phenyl-	152–154		47, 66
5,8-Bis(methylthio)-2-phenyl-	174–176		47, 50, 66
2-(3-Methylphenyl)-5,8-di-1-piperidinyl-(monohydrochloride)	226–228		47
2-(3-Methylphenyl)-5,8-di-1-piperidinyl-	226–228		47, 66
5,8-Di-4-morpholinyl-2-[5-(4-morpholinyl)-2-furanyl]-	222		50, 66
5,8-Di-4-morpholinyl-2-(2-naphthalenyl)-	216–218		47
5,8-Di-4-morpholinyl-2-(4-nitrophenyl)-	269–270		47, 66
5-(4-Morpholinyl)-8(7H)-oxo-2-phenyl-	303–305		47
8-(4-Morpholinyl)-5(6H)-oxo-2-phenyl-	> 305		47, 53, 66
8-(4-Morpholinyl)-6-[3-(4-morpholinyl)propyl]-5(6H)-oxo-2-phenyl-	145–146		53, 66
8-(4-Morpholinyl)-6-[2-(4-morpholinyl)ethyl]-5(6H)-oxo-2-phenyl-	183–184		53, 66
8-(4-Morpholinyl)-5(6H)-oxo-2-phenyl-6-(phenylmethyl)-	166–168		53, 66
8-(4-Morpholinyl)-5(6H)-oxo-2-phenyl-6-(2-phenylethyl)-	161–162		53, 66
8-(4-Morpholinyl)-5(6H)-oxo-2-phenyl-6-(3,3-diphenylpropyl)-	116–117		53, 66
8-(4-Morpholinyl)-5(6H)-oxo-2-phenyl-6-{2-[4-(3,3-diphenylpropyl)-1-piperazinyl]ethyl}-	155–156		53, 66
8-(4-Morpholinyl)-2-phenyl-	183–185	NMR	52
5,8-Di-4-morpholinyl-2,4-diphenyl-	229–230		54, 66

TABLE 2. (Continued)

Substituents	mp	Other Data	References
5-(4-Morpholinyl)-2-phenyl-4,8-bis(phenylmethyl)-	170–172		54
5,8-Di-4-morpholinyl-2-phenyl-4-(phenylmethyl)-	163–164		54, 66
5,8-Di-4-morpholinyl-2-phenyl-4-(2-phenylethyl)-	189–191		54
5-(4-Morpholinyl)-2-phenyl-4,8-bis(2-phenylethyl)-	202–204		54
5-(4-Morpholinyl)-2-phenyl-8-(1-piperidinyl)-	159–161		47
8-(4-Morpholinyl)-2-phenyl-5-(1-piperidinyl)-	156–158		47
5,8-Di-4-morpholinyl-2-phenyl-4-propyl-	158–161		54
5-(4-Morpholinyl)-2-phenyl-4,8-dipropyl-	207–210		54
5,8-Di-4-morpholinyl-2-phenyl-4-(3-pyridinyl)-	254–256		54
5,8-Di-4-morpholinyl-2-phenyl-4-(2-thienyl)-	224–226		54
5,8-Di-4-morpholinyl-2-(2-pyridinyl)-	197		47, 66
5,8-Di-2-morpholinyl-2-(2-thienyl)-	200–203		47, 50, 66
2-(4-Nitrophenyl)-5,8-di-1-piperidinyl-	221–223		47, 66
4(3H)-Oxo-	330 (d)	IR, UV	41
2,4-(1H,3H)-Dioxo-	> 360	IR, NMR, UV	40
4(1H)-Oxo-2-(phenylamino)-	> 330	IR, NMR, UV	42
5(6H)-Oxo-6-phenyl-	158	NMR	35
2,4(1H,3H)-Dioxo-4-thio-	310 (d)	IR, NMR, UV	41
2-Phenyl-5,8-bis(phenylthio)-	209–212		47
2-Phenyl-5,8-bis[(phenylmethyl)thio]-	189–192		47
2-Phenyl-5,8-di-1-piperidinyl-	144		47, 50, 66, 67
2-Phenyl-5,8-bis[4-(phenylmethyl)-1-piperazinyl]-	181–182		47, 67
2-Phenyl-5,8-dipropylamino-	227–229		47
2-Phenyl-5,8-di-1-pyrrolidinyl-	141–142		47, 66, 67
2-Phenyl-5,8-di-4-thiomorpholinyl-	198–200		47, 66
4,8-Di-piperidinyl-2-[5-(1-piperidinyl)-2-furanyl]-	185		47, 66
5,8-Di-1-piperidinyl-2-(2-thienyl)-	158–159		47, 50, 66
5,8-Bis(propylthio)-2-phenyl-	103–105		47
2,4(1H,3H)-Dithioxo-	> 360 (d)	IR, NMR	41

TABLE 3. THE PYRIMIDO[5,4-c]PYRIDAZINES

Substituents	mp	Other Data	Reference
8-Amino-	295 (d)	IR, UV	27
6-Amino-8(2H)-oxo-2-phenyl- (monohydrochloride)	245 (d)	NMR	44
6-(Dimethylamino)-8(2H)-oxo-2-phenyl-	> 300	NMR, UV	44
1,5-Dihydro-3,6,8(2H,4H,7H)-trioxo-	> 300	IR, UV	43
3-Methyl-6,8(5H,7H)-dioxo-	> 300	IR, UV	27
8(7H)-Oxo-	> 300	IR, UV	27
6,8(5H,7H)-Dioxo-	> 380	IR, UV	27
6,8(2H,7H)-Dioxo-2-phenyl-	> 300	NMR, UV	44
8(7H)-Thioxo-	> 400	IR, UV	27

TABLE 4. MISCELLANEOUS PYRIMIDOPYRIDAZINES

Name	mp	Other Data	Reference
Acetamide, N-[4-(acetylamino)-8-cyano-6-phenyl-2-(trichloromethyl)pyrimido[4,5-d]pyridazin-5(6H)-ylidene]-	> 300	IR, NMR	38
Benzaldehyde, (1,4-dihydro-3-methylpyrimido[4,5-c]pyridazin-5-yl)-(hydrazone)	250–251	IR, NMR	21

6. REFERENCES

1. W. Pfleiderer and H. Ferch, *Justus Liebigs Ann. Chem.* **1958** 615, 48.
2. V. J. Ram, H. K. Pandey and A. J. Vlietinck, *J. Heterocycl. Chem.* **1980** 17, 1305.
3. Y. A. Azev, N. N. Vereshchagina, E. L. Pidemskii, A. F. Goleneva, and G. A. Aleksandrova, *Khim. Pharm. Zh.* **1984** 18, 573.
4. S. Nishigaki, M. Ichiba, J. Sato, K. Senga, M. Noguchi, and F. Yoneda, *Heterocycles* **1978** 9, 11.
5. K. Senga, J. Sato, Y. Kanamori, M. Ichiba, S. Nishigaki, M. Noguchi, and F. Yoneda, *J. Heterocycl. Chem.* **1978** 15, 781.
6. H. Ogura, H. Takahashi, and M. Sakaguchi, *Nucleic Acids Res. Spec. Publ.*, 5(*Symp. Nucleic Acids Chem.*, 6th) **1978**, 251.
7. H. Ogura, M. Sakaguchi, K. Nakata, N. Hida, and H. Takeuchi, *Chem. Pharm. Bull.* **1981** 29, 629.
8. W. R. Mallory and R. W. Morrison, Jr., *J. Org. Chem.* **1980** 45, 3919.
9. V. L. Styles and R. W. Morrison, Jr., *J. Org. Chem.* **1985** 50, 346.
10. F. Yoneda, M. Higuchi, M. Kawamura, and Y. Nitta, *Heterocycles* **1978** 9, 1571.
11. F. Yoneda, K. Nakagawa, M. Noguchi, and M. Higuchi, *Chem. Pharm. Bull.* **1981** 29, 379.
12. F. Yoneda, K. Nakagawa, A. Koshiro, T. Fujita, and Y. Harima, *Chem. Pharm. Bull.* **1982** 30, 172.
13. B. K. Billings, J. A. Wagner, P. D. Cook, and R. N. Castle, *J. Heterocycl. Chem.* **1975** 12, 1221.
14. T. Nagamatsu, Y. Hashiguchi, Y. Sakuma, and F. Yoneda, *Chem. Lett.* **1982**, 1309.
15. Y. Sakuma, T. Nagamatsu, Y. Hashiguchi, and F. Yoneda, *Chem. Pharm. Bull.* **1984** 32, 851.
16. R. W. Morrison, Jr., W. R. Mallory, and V. L. Styles, *J. Org. Chem.* **1978** 43, 4844.
17. V. L. Styles and R. W. Morrison, Jr., *J. Org. Chem.* **1982** 47, 585.
18. R. W. Morrison, Jr., and V. L. Styles, *J. Org. Chem.* **1982** 47, 674.
19. W. R. Mallory, R. W. Morrison, Jr., and V. L. Styles, *J. Org. Chem.* **1982** 47, 667.
20. H. Kanazawa, S. Nishigaki, and K. Senga, *J. Heterocycl. Chem.* **1984** 21, 969.
21. E. Bisagni, J-P. Marquet, and J. Andre-Louisfert, *Bull. Soc. Chim. Fr.* **1972**, 1483.
22. H. Wolfers, U. Kraatz, and F. Korte, *Heterocycles* **1975** 3, 187.
23. S. Minami, Y. Kimura, T. Miyamoto, and J. Matsumoto, *Tetrahedron Lett.* **1974**, 3893.
24. Y. Kimura, T. Miyamoto, J. Matsumoto, and S. Minami, *Chem. Pharm. Bull.* **1976** 24, 2637.
25. T. Miyamoto, Y. Kimura, J. Matsumoto, and S. Minami, *Chem. Pharm. Bull.* **1978** 26, 14.
26. J. Druey, *Angew. Chem.* **1958** 70, 5.

6. References

27. T. Nakagome, R. N. Castle, and H. Murakami, *J. Heterocycl. Chem.* **1968** 5, 523.
28. M. Yanai, T. Kinoshita, H. Watanabe, and S. Iwasaki, *Chem. Pharm. Bull.* **1971** 19, 1849.
29. R. G. Jones, *J. Org. Chem.* **1960** 25, 956.
30. K. Gewald and J. Oelsner, *J. Prakt. Chem.* **1979** 321, 71.
31. R. G. Jones, *J. Am. Chem. Soc.* **1956** 78, 159.
32. S. Yurugi, M. Hieda, T. Fushimi, Y. Kawamatsu, H. Sugihara, and M. Tomimoto, *Chem. Pharm. Bull.* **1972** 20, 1513.
33. S. Yurugi, M. Tomimoto, and T. Toga, *Takeda Kenkyusho Ho* **1972** 31, 429.
34. T. George, R. Tahilramani, and D. V. Mehta, *Synthesis* **1975**, 405.
35. P. Battesti, O. Battesti, and M. Selim, *Bull. Soc. Chim. Fr.* **1976**, 1549.
36. S. Senda, K. Hirota, T. Asao, and Y. Yamada, *Synthesis* **1978**, 463.
37. K. Hirota, Y. Yamada, T. Asao, and S. Senda, *Chem. Pharm. Bull.* **1981** 29, 1525.
38. M. H. Elnagdi, H. A. Elfahham, S. A. S. Ghozlan, and G. E. H. Elgemeie, *J. Chem. Soc. Perkin Trans. 1* **1982**, 2667.
39. K. U. Sadek, S. M. Fahmy, R. M. Mohareb, and M. H. Elnagdi, *J. Chem. Eng. Data* **1984** 29, 101.
40. L. DiStefano and R. N. Castle, *J. Heterocycl. Chem.* **1968** 5, 53.
41. T. Kinoshita and R. N. Castle, *J. Heterocycl. Chem.* **1968** 5, 845.
42. G. Adembri, S. Chimichi, R. Nesi, and M. Scotton, *J. Chem. Soc. Perkin Trans. 1* **1977**, 1020.
43. T. Sasaki and M. Ando, *Yuki Gosei Kagaku Kyokai Shi* **1969** 27, 169.
44. R. S. Klein, M-I. Lim, S. Y-K. Tam, and J. J. Fox, *J. Org. Chem.* **1978** 43, 2536.
45. S. Nishigaki, M. Ichiba, and K. Senga, *J. Org. Chem.* **1983** 48, 1628.
46. T. Nakashima and R. N. Castle, *J. Heterocycl. Chem.* **1970** 7, 209.
47. S. Yurugi, M. Hieda, T. Fushimi, Y. Kawamatsu, H. Sugihara, and M. Tomimoto, *Chem. Pharm. Bull.* **1972** 20, 1528.
48. S. Yurugi and M. Hieda, *Chem. Pharm. Bull.* **1972** 20, 1522.
49. M. Hieda and S. Yurugi, *Yakugaku Zasshi* **1972** 92, 1312.
50. S. Yurugi, T. Fushimi, and M. Hieda, *Yakugaku Zasshi* **1972** 92, 1316.
51. S. Yurugi, K. Itoh, A. Miyake, and K. Omura, *Yakugaku Zasshi* **1973** 93, 1043.
52. A. Miyake, K. Itoh, N. Tada, Y. Oka, and S. Yurugi, *Chem. Pharm. Bull.* **1975** 23, 1488.
53. M. Tomimoto and S. Yurugi, *Takeda Kenkyusho Ho* **1974** 33, 151.
54. A. Miyake, K. Itoh, N. Tada, Y. Oka, and S. Yurugi, *Chem. Pharm. Bull.* **1975** 23, 1505.
55. A. Miyake, Y. Oka, and S. Yurugi, *Chem. Pharm. Bull.* **1975** 23, 1500.
56. S. Minami, J. Matsumoto, Y. Kimura, and T. Miyamoyo, Japan. Patent 50/101387 [75/101387], 1975; *Chem. Abstr.* **1976** 84, 59531m.
57. S. Minami, J. Matsumoto, Y. Kimura, and T. Miyamoto, Japan. Patent 50/101389 [75/101389], 1975; *Chem. Abstr.* **1976** 84, 74297h.
58. S. Minami, J. Matsumoto, Y. Kimura, and T. Miyamoto, Japan. Patent 50/101388 [75/101388], 1975; *Chem. Abstr.* **1976** 84, 74298j.
59. Welcome Foundation Ltd., Japan. Patent 54/19995 [79/19995], 1979; *Chem. Abstr.* **1979** 91, 74641k.
60. Welcome Foundation Ltd., Japan. Patent 54/19996 [79/19996], 1979; *Chem. Abstr.* **1979** 91, 74642m.
61. M. Hieda and K. Omura, Japan. Patent 47/25195 [72/25195], 1972; *Chem. Abstr.* **1973** 78, 4282b.
62. S. Yurugi and S. Kikuchi, Ger. Patent DE 2046577, 1971; *Chem. Abstr.* **1971** 75, 76832s.
63. S. Yurugi and S. Kikuchi, Ger. Patent DE 2150927, 1972; *Chem. Abstr.* **1972** 77, 34578z.

64. S. Yurugi and S. Kikuchi, Japan. Patent 48/103597 [73/103597], 1973; *Chem. Abstr.* **1974** 80, 146188r.
65. F. Yoneda and K. Nakagawa, *J. Chem. Soc. Chem. Commun.* **1980**, 878.
66. K. Nishikawa, H. Shimakawa, Y. Inada, Y. Shibouta, S. Kikuchi, S. Yurugi, and Y. Oka, *Chem. Pharm. Bull.* **1976** 24, 2057.
67. S. Yurugi and M. Hieda, *Yakugaku Zasshi* **1972** 92, 1322.
68. N. Haider and G. Heinisch, *Arch. Phar. (Weinheim, Ger.)* **1986** 319, 850.

CHAPTER V

Pyrimidooxazines and Pyrimidothiazines

1. NOMENCLATURE

There are six possible isomers in the pyrimidooxazine and pyrimidothiazine classes of fused pyrimidines. The figure below illustrates each of the isomers, along with their names and appropriate numbering system. The interior numbers and letters indicate how the names are derived while the exterior numbers indicate how substituents on the ring are assigned. Regardless of the position of the oxygen or sulfur atoms the oxazine or thiazine portion of the molecule does not behave very much like an aromatic system. Indeed, many of the known derivatives do not possess a π bond connecting the nitrogen to an adjacent carbon.

As with several other ring systems described in this book, one isomer has been the object of most of the chemical interest. In this case the pyrimido[4,5-*b*][1,4]oxazines, **1a**, and thiazines, **1b**, as the most obvious analogs of the biologically important pteridines, occupy the preeminent position among all of these isomers. Consequently, this isomer will be described first. Both oxygen and sulfur analogs of **2** and **3** are also significant targets of experimental work, although somewhat less so than **1**. The three remaining isomers, curiously, have barely been examined. In fact, only the oxygen analogs, **4a** and **5a**, have received any attention while the sulfur containing isomer **6** is the subject of only limited investigation.

The description of the synthesis of the various derivatives of each isomer that has received significant attention will be covered separately. The oxygen and

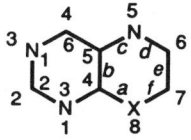

PYRIMIDO[4,5-*b*][1,4]OXAZINE(or THIAZINE)   PYRIMIDO[5,4-*b*][1,4]OXAZINE(or THIAZINE)

1   2

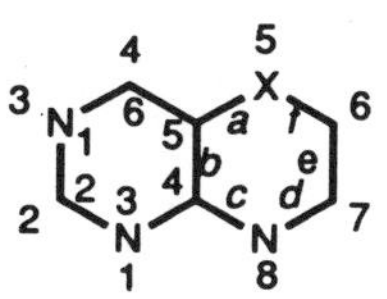

223

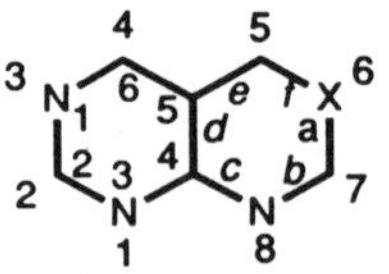

PYRIMIDO[4,5-d][1,3]OXAZINE(or THIAZINE)

3

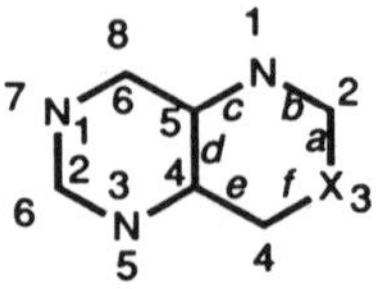

PYRIMIDO[5,4-d][1,3]OXAZINE(or THIAZINE)

4

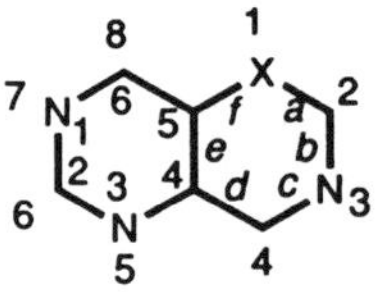

PYRIMIDO[4,5-e][1,3]OXAZINE(or THIAZINE)

5

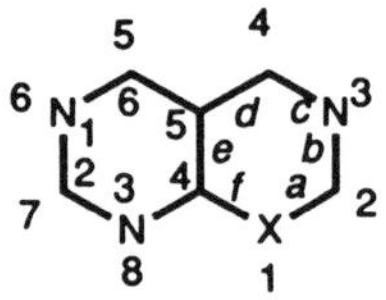

PYRIMIDO[5,4-e][1,3]OXAZINE(or THIAZINE)

6

a = O
b = S

sulfur analogs will also be treated independently. However, the chemical reactions associated with these compounds will be discussed together under the appropriate heading of reactions.

2. Methods of Synthesis of the Ring System

A. Synthesis of Pyrimido[4,5-b] [1,4]oxazines

(1) *From Pyrimidines*

All of the known derivatives of this isomer have been prepared from pyrimidine precursors. Furthermore, the overwhelming majority of precursors are *ortho*-substituted amino- (or substituted amino-) hydroxypyrimidines.

Russell, Hitchings and Elion[1] provided the first example of this series when they treated 5-chloroacetamido-2,6-dihydroxy-4-methylpyrimidine, **7** (R = OH; R^1 = Me), with barium hydroxide. The pyrimidooxazine, **8** (R = OH; R^1 = Me;

2. Methods of Synthesis of the Ring System

$R^2 = H$), obtained in 30% yield, was subjected to spectroscopic investigation to confirm the assigned structure. Other derivatives of **8** ($R = NH_2$, MeNH, Me_2N, OH, or NH_2; $R^1 = Me$; $R^2 = H$ or Me) are also described.[1] It is worth noting that these compounds can be portrayed as enols rather than lactams. However, no attempts were made by early investigators to assign the structure one form or the other. For convenience the lactam structure will be used whenever no evidence to the contrary is presented.

In a subsequent report **7** ($R = R^1 = NH_2$) afforded the corresponding **8** ($R = R^1 = NH_2$; $R^2 = H$) upon treatment with the weaker base, sodium bicarbonate.[2] This result corrects an earlier assignment of the product as a dihydroxanthopterin.[2]

More recently, 5-aminopyrimidines have been treated with monochloroacetic acid, followed by sodium carbonate, to form directly the corresponding pyrimido[4,5-*b*] [1,4]oxazines **8** ($R = Me$ or H; $R^1 = Cl$ or OH; $R^2 = H$).[3]

A single example of a dimethyluracil analog has been described.[4] 1,3-Dimethyl-4,5-diaminouracil, heated to 165 °C with monochloroacetic acid afforded the corresponding 1,3-dimethyl-2,6,8-trioxo-1,2,3,6,8,9-hexahydropyrimido[4,5-*b*] [1,4]oxazine.

Other studies originally designed to prepare pteridine derivatives involved the condensation of 2,4,5-triaminopyrimidin-6(1*H*)-one, **9** ($R = R^1 = NH_2$), with α-bromoisopropyl methyl ketone. The unexpected product was a pyrimido[4,5-*b*] [1,4]oxazine, **10** ($R = R^1 = NH_2$).[5] Spectral and chemical properties of this product supported the assigned structure. Further examples of this reaction were reported involving combinations in which $R = NH_2$, H, or NHAc and $R^1 = NH_2$, Me_2N, MeNH, cyclohexylNH, or AcNH.[5]

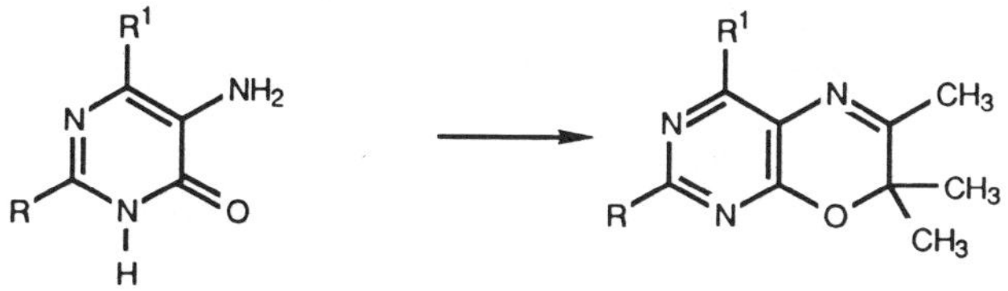

Other α-halogenated ketones were found to give, as the major products, the corresponding pyrimido[4,5-b] [1,4]oxazines, along with lesser amounts of the corresponding pteridines.[5]

An extension of the use of α-halo ketones involved the condensation with 2,5-diamino-4,6-pyrimidinediol, **11**, in the presence of sodium bicarbonate.[6] In this manner a series of products were obtained, **12** (R = Me, n-pentyl, Ph or Ph(CH$_2$)$_{1-4}$; R^1 = Me or Ph) in yields ranging from 50 to 70%.[6-8]

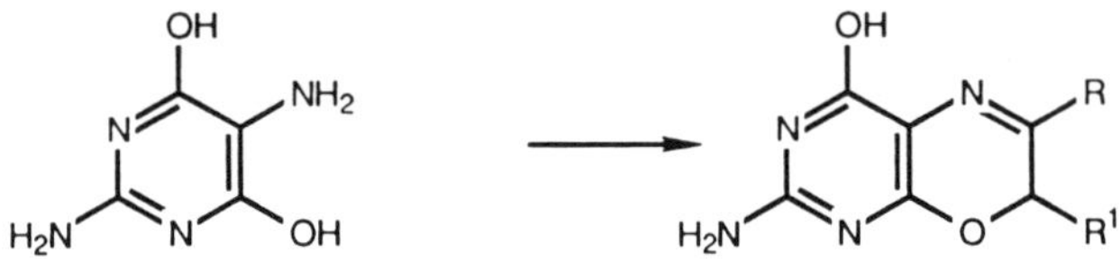

The design of pyrimido[4,5-b] [1,4]oxazines based on biological rationale began approximately 10 years ago. Specifically, the substitution of the oxazine ring for the pyrazine ring of folic acid analogs spurred considerable interest in this fused pyrimidine.

The introduction of functional groups into position 6 was first demonstrated through the condensation of **11** with ethyl 4-chloroacetoacetate.[9] The structure of the resulting 6-ethoxycarbonylmethylene derivative, **13** (R = CHCO$_2$Et), was assigned on the basis of NMR data. The use of ethyl bromopyruvate leads, however, to the 6-ethoxycarbonyl derivative **12** (R = CO$_2$Et; R^1 = H).[9] Elaboration of these derivatives into the more complex folic acid structures has been described.[10]

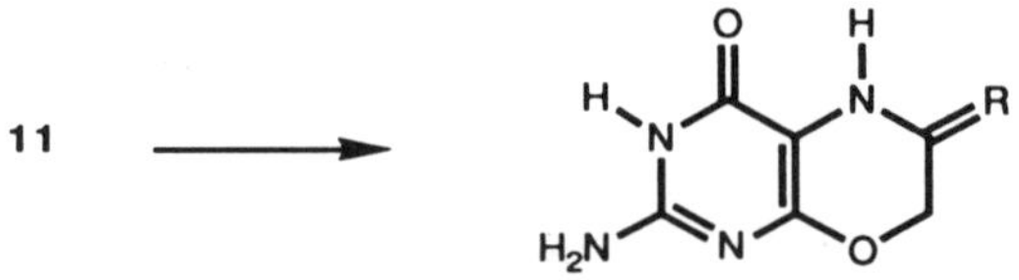

It was, of course, a logical step to construct α-halo ketones containing a greater portion of the desired folate side chain. Thus, 4-carbomethoxyphenacylbromide was prepared and condensed with **11** to give the corresponding fused pyrimidine, **12** (R = 4-MeOCOPh; R^1 = H).[10] Either the methyl ester, through hydrolysis and coupling with diethyl glutamate, or condensation of the newly synthesized diethyl N-[4-(1-bromo-2-oxypropyl)benzoyl]-L-glutamate, **14**, with **11** afforded the target compound, **15** (R = Et).[10]

Through either route, hydrolysis of the ethyl esters gives the corresponding diacid **15** (R^1 = H).

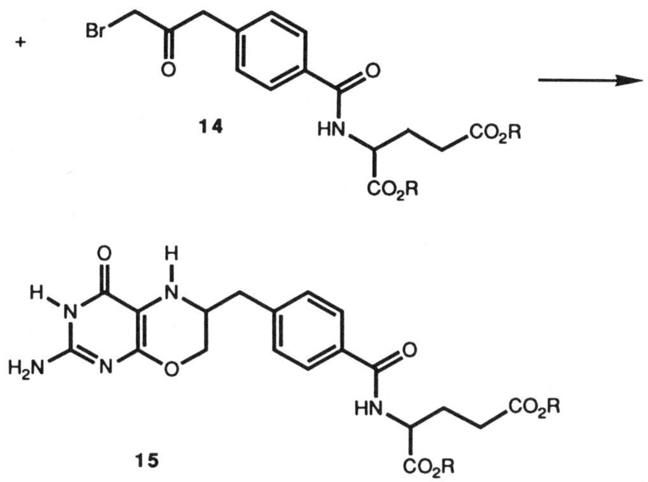

2. Methods of Synthesis of the Ring System

There is only one example describing the preparation of pyrimido[4,5-*b*] [1,4]oxazines in which the pyrimidine precursor does not possess an amino group in position 5. 5-Bromo-4-methyluracil, **16**, is heated to 110 °C with one equivalent of ethanolamine to give the corresponding fused ring product, **17**.[11] Again it is noted that this is the only example of a pyrimido[4,5-*b*] [1,4]oxazine reported in a paper describing a number of pteridine derivatives.

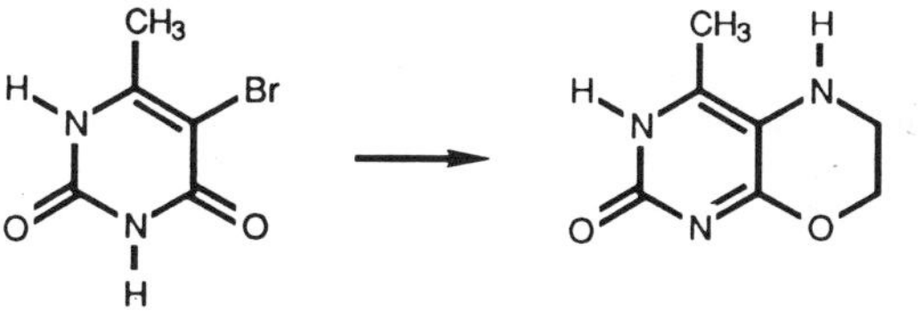

B. Synthesis of Pyrimido[5,4-*b*] [1,4]oxazines

(1) *From Pyrimidines*

All of the members of this class of compound are derived from pyrimidines, and in particular pyrimidines bearing the hydroxy group at position 5 and an adjacent amino group.

A general method for the preparation of 7-oxo derivatives of this ring system was first reported in 1972.[12] The reaction of 5-hydroxy-6-aminopyrimidines, **18**, with α-halo esters or α-halogenated acid halides has been reported to give the corresponding pyrimido[5,4-*b*] [1,4]oxazines **19** by several laboratories.[12-17]

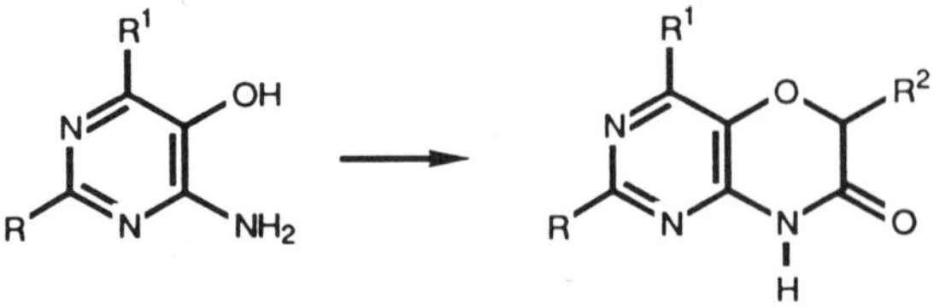

18 → **19**

The types of groups found in the pyrimidine portion of the molecule include alkyl, amino, and chloro while the oxazine portion contains alkyl, amidoalkyl, and esters.

Treatment of **18** (R = NH$_2$; R^1 = Me) with either the dimethyl or diethyl ester of acetylene dicarboxylic acid leads to the *o*-quinoid structure **20** (R = NH$_2$; R^1 = Me; R^2 = Me or Et).

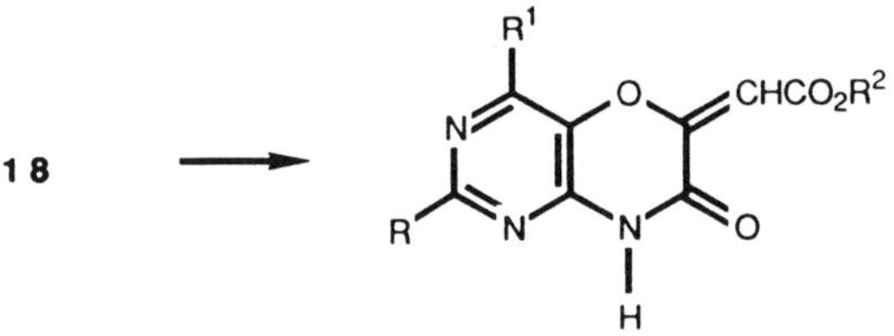

18 → **20**

Finally, the reaction of **18** (R = H or Me; R^1 = Cl) with α-chloroacetoacetic ester in the presence of triethylamine yields the corresponding pyrimidooxazines **21** (R = H, Me; R^1 = Cl).[18]

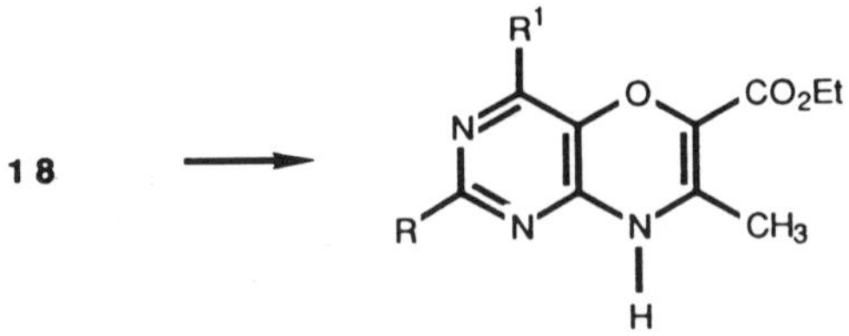

18 → **21**

The structural assignment is based on IR and NMR spectral data.

C. Synthesis of Pyrimido[4,5-*e*] [1,3]oxazines

(1) *From Pyrimidines*

Investigations into the synthesis of derivatives of this isomer have been very limited. It is interesting to observe that the first synthesis of a pyrimido[4,5-*e*] [1,3]oxazine began with a 5-hydroxypyrimidine without a suitable adjacent group that could become part of the new ring. Thus, refluxing 2-methyl-4,5-dihydroxypyrimidine, **22** (R = Me), with aqueous formaldehyde and methylamine provided the cyclic structure, **23** (R = Me; R^1 = Me).[19]

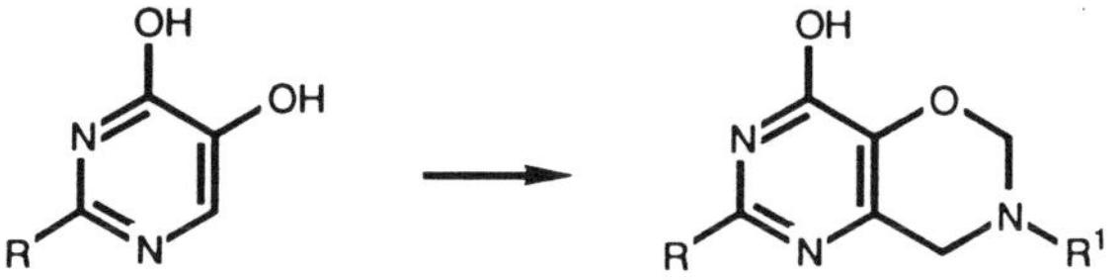

22   **23**

This new application of the Mannich reaction appears to have general applicability and has already been extended to incorporate hydroxy and phenyl groups at R and benzyl and cyclohexyl groups at R^1.[19,20]

D. Synthesis of Pyrimido[4,5-*d*] [1,3]oxazines

(1) *From Pyrimidines*

6-Methyl-2-phenyl-4-substituted-phenylaminopyrimidine-5-carboxylic acids, **24**, serve as the precursors in the only examples of the synthesis of a pyrimido[4,5-*d*] [1,3]oxazine from a pyrimidine. The acids, treated with ethyl chloroformate, undoubtedly form a mixed anhydride that subsequently reacts with the amine function in the adjacent position to give the unusual structures **25** (R = H, Cl, EtO, or CF_3).[21]

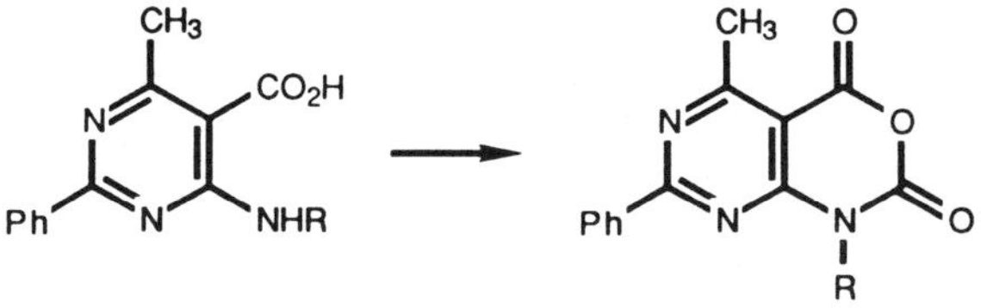

24   **25**

(2) From Other Rings

One example is reported for the synthesis of a pyrimido[4,5-d] [1,3]oxazine from another ring system although it is proposed to result from an unstable intermediate pyrimidine. Treatment of 1,3-dimethyl-5-nitroso-6-phenylpyrrolo[2,3-d]-2,4(1H,3H)-pyrimidinedione, **26**, with tosyl chloride in pyridine leads to the unstable pyrimidine **27**, which cyclizes on workup to the imino product **28** in 90% yield.[22]

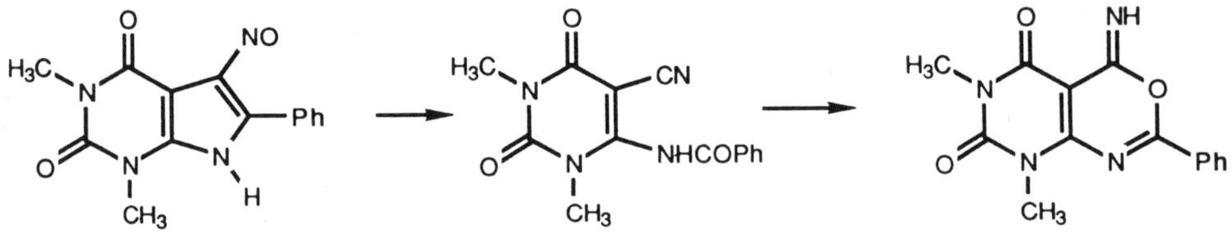

26   **27**   **28**

This product is, itself, capable of undergoing a Dimroth rearrangement to a pyrimido[4,5-d]pyrimidine.

E. Synthesis of Pyrimido[5,4-d] [1,3]oxazines

(1) From Pyrimidines

All of the pyrimidine precursors to the pyrimido[5,4-d] [1,3]oxazines have the same general structure, namely, an o-amino (or amido) carboxylic acid.

Treatment of the pyrimidines, **29** (R = Ph or 3-CF$_3$Ph; R^1 = R^2 = H), with trifluoroacetic anhydride produced the fused pyrimidine products, **30** (R = Ph or 3-CF$_3$Ph; R^1 = H, R^3 = CF$_3$), in excellent yield.[23]

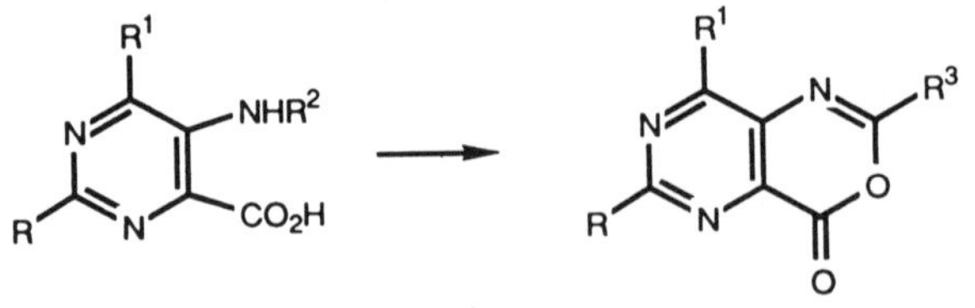

29   **30**

If an amide is used instead, **29** (R = R^1 = OH; R^2 = COPh), refluxing in acetic anhydride gives an excellent yield of the phenyl-substituted product, **30** (R = R^1 = OH; R^3 = Ph).[24]

F. Synthesis of Pyrimido[4,5-*b*] [1,4]thiazines

(1) *From Pyrimidines*

The majority of derivatives prepared originate from pyrimidines bearing an amino function in position 5 and a sulfur containing group in position 6 (4).

In one of the earliest reports the pyrimidylthioacetic acid,[31] **31** ($R = NH_2$; $R^1 = Me$; $R^2 = CH_2CO_2H$), formed the corresponding lactam product, **32** ($R = NH_2$; $R^1 = Me$; $R^3 = H$), upon heating in dilute hydrochloric acid.[25] The compound was characterized only by elemental analysis (as the monohydrochloride monohydrate) and no other comment was made about it in the paper.

31   **32**

If the thiol derivative **31** ($R = R^2 = H$; $R^1 = NH_2$ or SH) is heated briefly with monochloroacetic acid to 140 °C the corresponding products **32** ($R = R^3 = H$; $R^1 = NH_2$ or SCH_2CO_2H) are obtained, presumably through the intermediate pyrimidylthioacetic acid, **31** ($R^2 = CH_2CO_2H$).[26] The IR spectrum supports the carbonyl moiety at position 6 rather than the enol form. Additional examples of this type of derivative using the same methodology have been reported.[27,28]

One further application of this approach is reported by Taylor and Garcia.[29] Compound **31** ($R = H$; $R^1 = MeO$; $R^2 = CH_2CO_2H$) cyclized directly to **32** ($R = R_3 = H$; $R^1 = MeO$) under catalytic hydrogenation conditions used to form **31** from the corresponding 5-nitropyrimidine. This compound with a ^{35}S label has also been described although it was prepared from the appropriate pyrimidylthioacetic ester.[30] Alkyl groups may be introduced in position 7 (R^3) by using α-substituted chloro (or bromo) acetic acids instead of chloroacetic acid, as described above. In this way a series of compounds (**32**: $R = NH_2$ or H; $R^1 = OH$, MeO, or Me; $R^3 = H$, Me, Et, or *i*-Pr) has been prepared.[31]

Treatment of **31** ($R = R^2 = H$; $R^1 = MeO$) with bromomalonic ester affords the corresponding methoxy derivative **32** ($R = H$; $R^1 = MeO$; $R^3 = CO_2Et$) depending on reaction conditions.[32] The methoxy product can also be obtained by condensation of **7** with diethylsuccinate.[32]

The pyrimidothiazine containing no other substituents, other than the 6-oxo moiety, **32** ($R = R^1 = R^3 = H$), is prepared from an *o*-diamino structure rather than a sulfur containing pyrimidine. 4,5-Diaminopyrimidine, when heated with mercaptoacetic acid, affords a 33% yield of 5H-pyrimido[4,5-b] [1,4]-thiazin-6(7H)-one.[33] The course of the reaction most likely proceeds through formation of an amide at position 5 with the carboxylic acid portion of the molecule followed by attack of sulfur at position 4 giving a tetrahedral intermediate. Loss of ammonia completes the reaction. This is the only example of an o-diamine as the precursor and this interesting result has not been explored further.

The use of α-halogenated ketones instead of the α-halo acids leads not to the 6-oxo derivative but rather to the dehydrated product. One Russian laboratory has developed the majority of this chemical methodology. Thus, 4-methoxy-5-amino-6-mercaptopyrimidine, **31** (R = R^2 = H; R^1 = MeO), leads to 4-methoxy-6-phenylpyrimido[4,5-b] [1,4]thiazine, **33** (R = R^2 = R^4 = H; R^1 = MeO; R^3 = Ph), upon treatment with α-bromoacetophenone.[34] Additional pyrimidothiazines have been prepared using the same methodology in which compounds with substituents in the aryl portion of acetophenone and aliphatic bromomethyl ketones have been allowed to react with the same methoxy derivative,[34] as well as 2,5-diamino-4-methyl-6-mercaptopyrimidine[34] and 4-chloro-5-methylamino-6-mercaptopyrimidine, where the product **33** has R^2 = Me.[35]

31 ⟶ **33**

Extending this approach to include the ketoester, MeCOCHClCO$_2$Et, afforded the corresponding derivatives, **33** (R^3 = Me; R^4 = CO$_2$Et), and the aldehydo ester, OHCCHClCO$_2$Et, gave **33** (R^3 = H; R^4 = CO$_2$Et). Treatment of the pyrimidines with α-halo ketoesters, BrCH$_2$COCO$_2$Et and ClCH$_2$COCH$_2$CO$_2$Et, provided the corresponding 6-substituted compounds, **33** (R^3 = CO$_2$Et; R^4 = H and R^3 = CH$_2$CO$_2$Et; R^4 = H), respectively.[36,37] Similar alkylation of mercaptopyrimidines with α-halo α-substituted ketones, followed by cyclization gave the 7-ketones **33** (R^4 = COMe, COEt, or COPh).[38]

Finally, esters of β-halo-α,γ-diketoacids leads to the formation of 6,7-disubstituted compounds of the type **33** (R^3 = CO$_2$Et; R^4 = COMe, COEt, COPr, or COPh).[39]

The previous discussion focused on the preparation of pyrimido[4,5-b] [1,4]thiazines in which a carbon–carbon double bond was assumed to be located between C-6 and C-7. This unsaturation typically arose from a dehydration reaction. In some instances, for example, where nitrogen contained a methyl group, the location of the resulting double bond is certainly correct. It should be pointed out, however, that no reports cited specifically addressed the evidence for the assignment of the location of the double bond. In the following discussion it is again assumed that the location of the double bond is between N-5 and C-6, as the authors have indicated. For some cases, where disubstitution occurs at position 7, for example, it is not possible for the double bond to be located at the C-6–C-7 bond. Again, no definitive arguments have been put forth in those cases where structure does not absolutely prohibit an assignment.

The first case, then, of this type of structure arises from the treatment of 5-amino-6-mercapto-4-methoxy-pyrimidine, **31** (R = R^2 = H; R^1 = MeO), with 1-chloroacetophenone in alkaline solution. The product, **34** (R = R^3 = H; R^1 = MeO; R^2 = Ph), is obtained directly in 62% yield.[29] The extended conjugation between the phenyl substituent and the pyrimidine ring makes this a likely structure.

Additional examples exploring this method of synthesis have been provided in which the structure **34** contains phenyl or substituted phenyl rings at R^2.[40-42] The use of uracil analogs, **31** (R = R^1 = OH; R^2 = H),[43,44] isocytosine analogs, **31** (R = NH$_2$; R^1 = OH; R^2 = H),[45] and the 5-amino-6-mercapto-1,3-dimethyluracil[46] have also been described.

An interesting structure commanding a fair amount of interest is the 6-amino derivative. Sokolova et al.[32,47] report the cyclization of **31** (R = NH$_2$; R^1 = Me; R^2 = CH$_2$CN) to give **34** (R = NH$_2$; R^1 = Me; R^2 = NH$_2$; R^3 = H).[32,47] A phenyl group can be introduced at R^3 by using an α-halo, α-phenylacetonitrile in the initial reaction with the mercaptopyrimidine.[48]

^{35}S-Labeled in the thiazine ring has been accomplished for pyrimido[4,5-*b*][1,4]thiazines, **34** (R = R^3 = H; R^1 = MeS; R^2 = NH$_2$),[49] (R = R^3 = H; R^1 = Me$_2$N; R^2 = NH$_2$),[50] and ^{14}C for the methoxy group in **34** (R = R^3 = H; R^1 = MeO; R^2 = NH$_2$).[51]

Reaction of the triamino pyrimidine, **31** (R = R^1 = NH$_2$; R^2 = H), with α-halo ketones in the presence of sodium acetate yields the corresponding pyrimido[4,5-*b*] [1,4]thiazines **34** (R = R^1 = NH$_2$; R^2 = PH, CO$_2$Et, or (CH$_2$)$_2$NHPh-4-CO$_2$Et; R^3 = H) in fair yield.[52] The ^{1}H NMR evidence is reported to confirm the assignment of the structure as shown.

The synthesis of a 6-hydroxymethyl derivative of **34** (R^2 = CH$_2$OH) was achieved by cyclization of a suitable pyrimidine **31** (R = NH$_2$; R^1 = OH; R^3 = H) with 1-iodo-3-hydroxypropan-2-one in dry methanol and one equivalent of KOH.[53] Spectral data were cited to support the structure. Thirty-eight other derivatives were claimed by the authors but no details were provided.

In what is described as initial studies designed to elaborate folic acid analogs possessing the thiazine ring in lieu of the pyrazine ring, a series of 6-substituted aryl derivatives of **36** have been prepared. Sodium dithionite reduction of the appropriate 5-nitropyrimidines, **35** (R = 4-MePh, 4-ClPh, 3-MeOPh, or 2-MeOPh),[54] led to the products, **36**, upon standing in the cold for 4 days. Yields ranged from 70 to 80%. 6-Phthalimidomethyl- and 6-phthalimidoethyl derivatives were also prepared.[54]

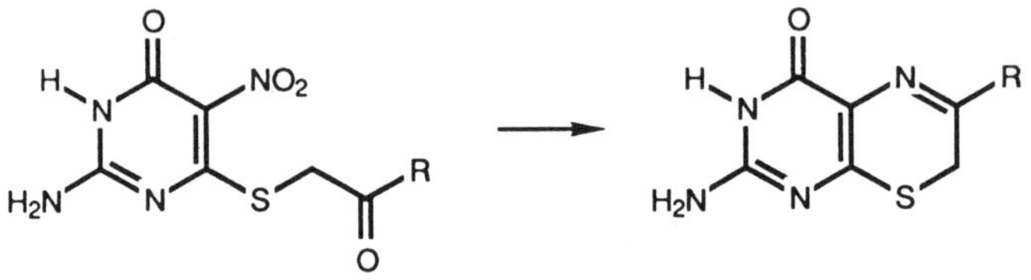

35 → **36**

A large number of derivatives of **34** have been reported of which only two have dimethyl substitution at position 7.[55] The majority of the reported compounds, however, possess a phenyl substituent in position 6. Finally, condensation of 4,5-diaminopyrimidine derivatives with α-bromoisopropyl methyl ketone has been shown to give 7,7-dimethylpyrimido[4,5-b] [1,4]thiazines.[5]

Compounds in which both carbon atoms at positions 6 and 7 are quaternary usually arise upon cyclization to give the intermediate carbinol at position 6. In most cases, the carbinol eliminates water to give a double bond between N-5 and C-6. A series of 6-OH compounds have been prepared from the appropriate 5-methylaminopyrimidine, **37** (R = H), by treatment with α-halo ketones.[56] The products, **38** (R^1 = Me, CH_2Cl, or CH_2CO_2Et), can be isolated and have been examined by spectroscopic methods. An equilibrium between the pyrimido[4,5-b] [1,4]thiazine structures and the open form pyrimidines **37** (R = CH_2COR^2) has been detected.[56, 57]

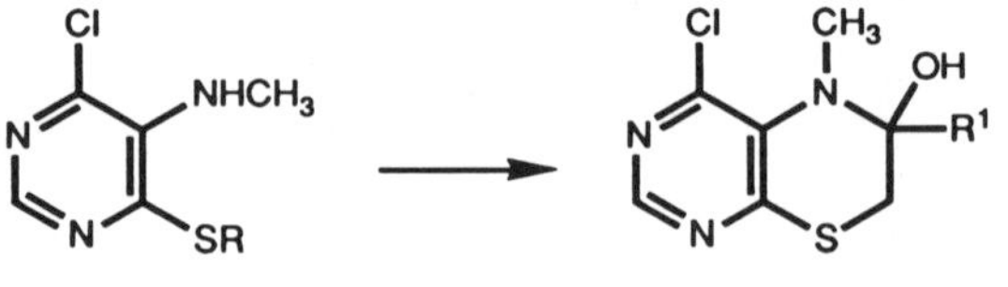

37 → **38**

An interesting and efficient process for the preparation of these reduced pyrimidothiazines begins with a 5-hydroxypyrimidine, **39** (X = O or NH). Treatment of the pyrimidine with N-bromosuccinimide (NBS), followed by heating with cysteamine or cystein ethyl ester, affords the products **40** (X = O, NH; R = H or CO_2Et) in generally good yields.[58] Although it was suggested that the 6-bromopyrimidine was the intermediate, this unstable compound

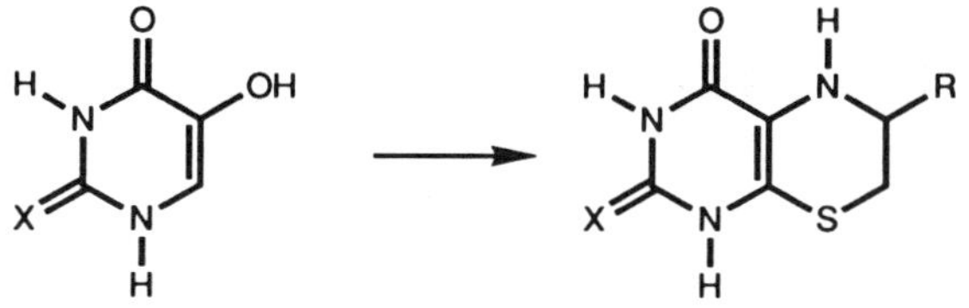

2. Methods of Synthesis of the Ring System

39 → **40**

could not be isolated. However, a pyrimidine in which ethoxy groups were present at positions 6 and 7 was isolated and this pyrimidine was also viewed as an intermediate in the reaction leading to the products.

(2) From Other Rings

Although one might envision the starting material to be 6-chloro-1,3-dimethyl-5-nitrouracil, the thiazolo[5,4-d]pyrimidine 1-oxide, **41**, is isolated from the reaction with methyl thioglycolate.[59] Refluxing **41** with dimethyl acetylenedicarboxylate results in the formation of the pyrimidothiazine, **42**, as well as the expected pyrrolopyrimidine. A 1,3-dipolar cycloaddition of DMAD to the N-oxide is suggested as the initial step in this process.

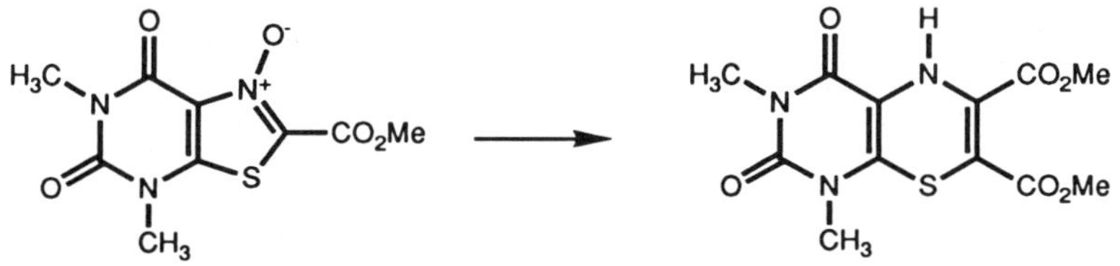

41 → **42**

G. Synthesis of Pyrimido[5,4-b][1,4]thiazines

(1) From Pyrimidines

The precursor to three different types of product is a uracil derivative. In the first case, the pyrimidylmercaptoacetic acids, **43** (R = alkyl; R^1 = alkyl or allyl; R^2 = CH_2CO_2H), formed the derivatives **44** on heating in acetic anhydride.[60]

Compound **43** [R = R^1 = Me; R^2 = $C(NH_3)_2^+$ Cl^-], formed by the reaction of the 5-chloropyrimidine with thiourea, underwent alkylation with α-bromoketones followed immediately by cyclization to the pyrimido[5,4-b] [1,4]thiazines, **45** (R = Me; R^1 = H, Me or Ph).[61]

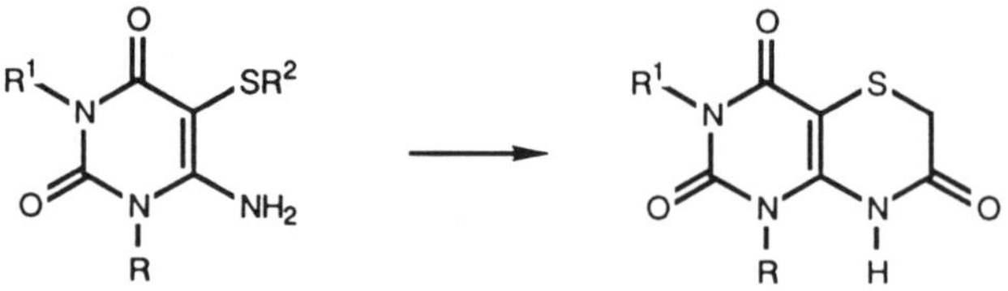

43 → **44**

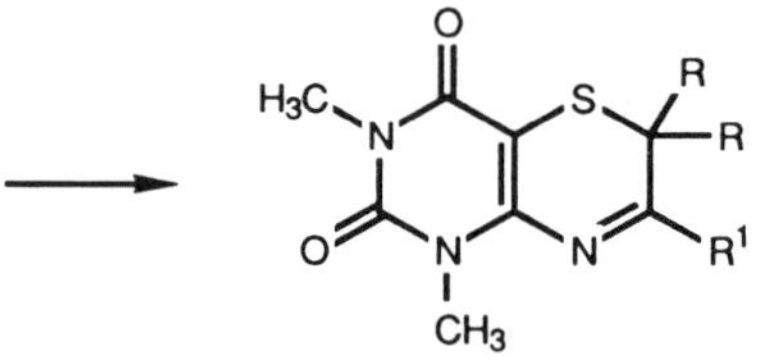

43 → **45**

While the previous two examples are general approaches that have been seen before, the following case is a novel method, which takes advantage of the double-bond character of the C-5–C-6 bond in uracil. The reaction of 1,3-dimethyl-6-N,N-(allylmethylamino)uracil, **46**, with sulfur dichloride at 0 °C gave a good yield of 1,3,8-trimethyl-6-chloromethyl-2,4-dioxo-6,7-dihydropyrimidine[5,4-b] [1,4]thiazine, **47**.[62]

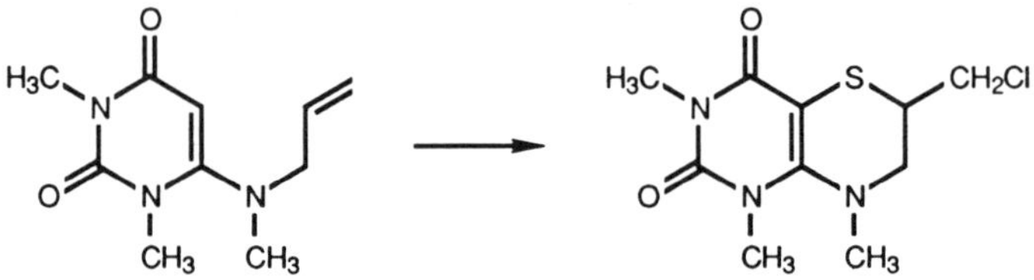

46 → **47**

The reaction appears to proceed via the addition of sulfur dichloride to the allylic double bond followed by cyclodehydrohalogenation at C-5.

(2) From Thiazines

After a failed attempt to prepare 2,4-diamino-6(1H)-oxo-5-mercaptopyrimidine as the required pyrimidine precursor for the pyrimido[5,4-b] [1,4]thiazine of the type **49**, a new strategy employing a thiazine as precursor was adopted. Condensation of diethyl chloromalonate with suitably substituted β-mercapto amines afforded the requisite thiazines **40** (R = H, Me, or Ph).[45] This lactam

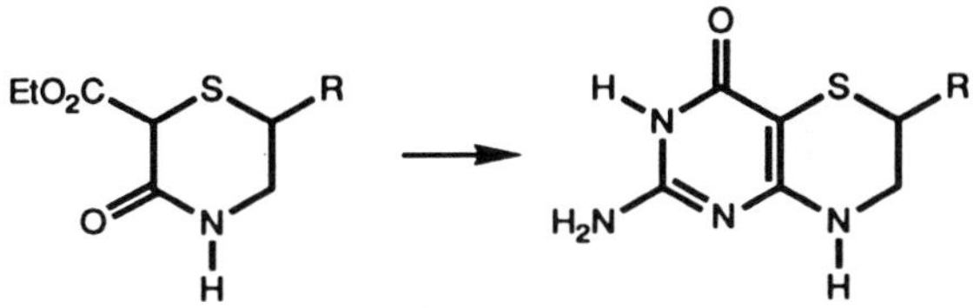

2. Methods of Synthesis of the Ring System   237

48   **49**

could not be directly cyclized to the pyrimidothiazine. Treatment with triethyl-oxoniumtetrafluoroborate, however, gave a lactim ether that did cyclize in the presence of two equivalents of guanidine to give **49** (R = H, Me, or Ph) in moderate yield.[45]

H. Synthesis of Pyrimido[4,5-*d*] [1,4]thiazines

(1) *From Pyrimidines*

Several reports describe the reaction of 4-amino-5-chloromethyl-2-methyl-pyrimidine, **50**, with thiourea to form an isothiuronium salt, which, when heated gave the pyrimido[4,5-*d*] [1,4]thiazine structure, **51**.[63–65]

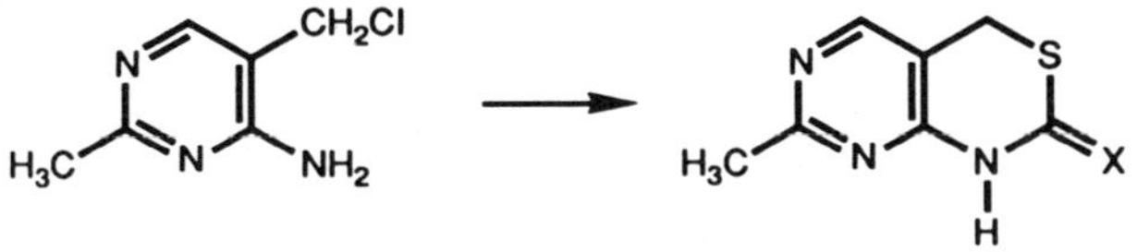

50   **51**

If the isothiuronium salt is heated in neutral aqueous solution the imino derivative, **51** (X = NH), is obtained[63,65] while heating in acid medium affords the oxo derivative, **51** (X = O).[63,64]

A single example has been shown to arise from 6-amino-1,3-dimethyluracil, **52** (R = H). Reaction of **52** (R = H) with dimethyl sulfate and excess carbon disulfide in the presence of sodium hydroxide gives a good yield of the dithio compound, **53**.[66] Presumably the intermediate is a pyrimidine-5-carbodithioate **52** [R = C(S)SMe].

Finally, a vitamin B_1 derivative, 1'-methylthiaminium ion, was refluxed with thiourea to give a moderate yield of 1-amino-7,7-dimethyl-4*H*-pyrimido[4,5-*d*] [1,3]thiazinium perchlorate.[67]

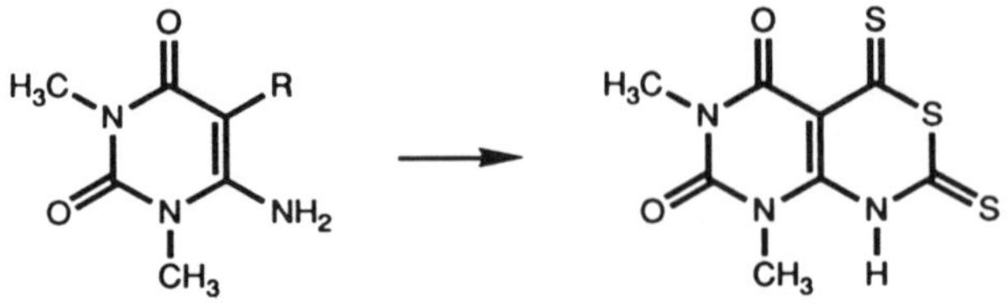

I. Synthesis of Pyrimido[5,4-e] [1,3]thiazine

(1) From Pyrimidines

In 1957[68] a comprehensive study of the reactions of pyrimidine-5-carboxaldehydes accounted for the only example of a pyrimido[5,4-e] [1,3]thiazine prepared to date. Treatment of the chloro-aldehyde, **54**, with thiourea gave the pyrimidothiazine, **55**.

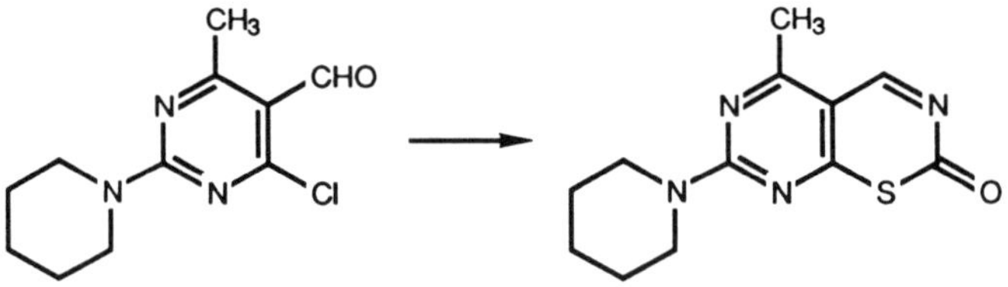

3. REACTIONS

A. With Nucleophilic Reagents

The simple displacement of a ring substituent by a nucleophilic group is one of the most common reactions in heterocyclic compounds. Therefore, it must have been disappointing to Taylor and Garcia[29] when a variety of amines and hydrazine failed to displace the 4-methoxy substituent of the pyrimido[4,5-b] [1,4]thiazine, **56** ($R = R^1 = H$).

Even the methoxy group of the 6-phenyl analog **34** ($R = R^3 = H$; $R^1 = MeO$; $R^2 = Ph$) could not be displaced by ammonia, although treatment of this compound with hydrazine hydrate in refluxing ethanol afforded a good yield of the corresponding 4-hydrazino derivative.[29]

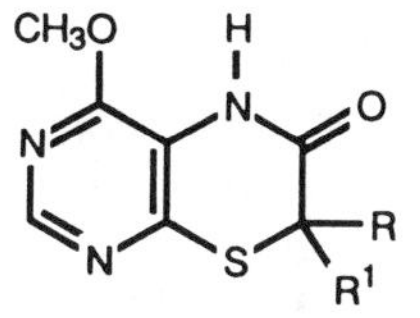

3. Reactions

56

Hydrolysis of the 4-methoxy group, however, was more readily accomplished. Thus, treatment of **56** (R = R^1 = H and/or alkyl) with 2 N HCl, at reflux, led to the 4-oxo-derivatives in modest yields.[27] Hydrolysis of the methoxy group in the 6-amino derivative **57** apparently accompanies the conversion of this compound into **58**. Very little experimental detail is provided, however.[69, 70]

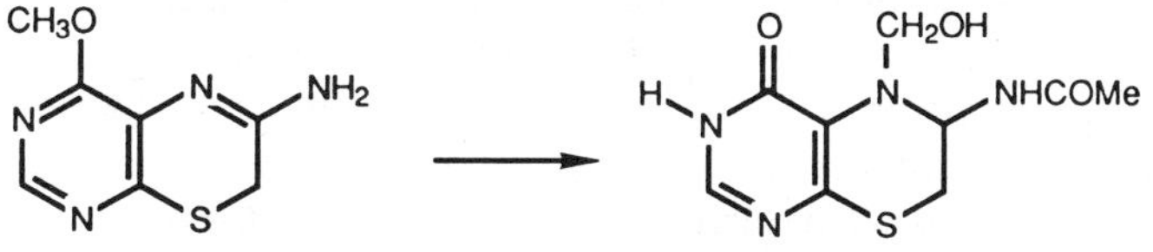

57   **58**

No examples of displacement of a methoxy group in the pyrimidooxazines have been reported. By contrast, conversion of the 4-OH (or the tautomeric oxo) group to a chloro substituent, by means of phosphorus oxychloride, followed by treatment with nucleophiles was more readily accomplished.[3] In this way secondary amines have been introduced to give 4-(substituted amino)-2-methyl-6(7H)-oxo-pyrimido[4,5-b] [1,4]oxazines in yields above 50%.

In the pyrimido[5,4-b] [1,4]oxazine series the same strategy leads to 4-substituted amino derivatives, **21** (R^1 = substituted amino), in excellent yields.[18] Infrared analysis of the products confirmed that reaction occurred at the chloro group and not at the ester functionality where an amide could be expected as the product. The hydrazino group was found to replace the chloro group in a related structure, **19** (R = H; R^1 = Cl; R^2 = Me, Et, or Pr),[14] and the thio group was substituted for the chloro group in a single example, **19** (R = R^2 = H; R^1 = Cl).[14]

While the examples described above have illustrated chemistry that has occurred exclusively in the pyrimidine ring, there are similar cases of this type of chemistry in the thiazine derivatives. Treatment of the 6-oxopyrimido[4,5-b] [1,4]thiazines, **56** (R = H; R^1 = H or CO$_2$Et), with sulfuryl chloride gave the 7-chloro derivatives, **56** (R = Cl). The chloro group, in turn, was replaced by a number of nitrogen nucleophiles to give **56** (R = substituted amino).[71]

A systematic investigation of the introduction of functional groups into the thiazine portion of pyrimido[5,4-b] [1,4]thiazines has been reported.[60] The

59

single compound **59** (R = R¹ = H) has been used as the starting material for a series of functional group interconversions. Treatment of this compound with one equivalent of bromine in chloroform and sodium bicarbonate gave the 6-bromo derivative **59** (R = H; R¹ = Br). The use of one or two equivalents of sulfuryl chloride in glacial acetic acid produced the 6-chloro, **59** (R = H; R¹ = Cl), and 6,6-dichloro, **59** (R = R¹ = Cl), derivatives, respectively.

Heating the 6-bromo compound in absolute ethanol gave the 6-ethoxy derivative, **59** (R = H; R¹ = EtO), in 81% yield. In similar fashion the 6-chloro- and 6,6-dichloro- derivatives were converted into the 6-methoxy- and 6,6-dimethoxy- derivatives upon heating in methanol. The 6-bromo compound, **59** (R = H; R¹ = Br), sodium acetate, and acetic acid, heated on a steam bath for 2 min gave the unstable acetoxy analog **59** (R = H; R¹ = MeCO). This, in turn, readily hydrolyzed to the hydroxy compound **59** (R = H; R¹ = OH). Parallel chemistry was observed for the corresponding 5-oxide of **59**.[60]

Hydrolysis of an amino group to give an oxo group can also be achieved. Aqueous acid converts 6-aminopyrimido[4,5-b] [1,4]thiazines into the corresponding 6-oxo compound.[69,72]

B. Ring-Opening Reactions

A number of chemical processes, primarily oxidation and hydrolysis, cause the oxazine or thiazine rings to open. In some cases the resulting pyrimidine is suitably substituted and, under the original conditions of the ring-opening reaction, recyclizes to give a new ring system. The newly formed pyrimidines, in other cases, are either stable in the reaction medium or lack the appropriate functionality to recyclize. These pyrimidines can be isolated. Examples of both types of reaction are covered in this section.

The first example of a ring-opening reaction, followed by a recyclization, was reported by Russell, Elion, and Hitchings[1] and confirmed later by Pfleiderer and his co-workers.[5] The reaction involves the conversion of a pyrimido[4,5-b][1,4]oxazine, **60**, into a pteridine, **61**, by heating with ammonia in an autoclave at 120 °C. The major product was the 6-phenyl isomer with only traces of the 7-phenyl isomer being reported.[5]

A second method for converting pyrimidooxazines into pteridines was accomplished by refluxing the pyrimidooxazine with 1,2-dicarbonyl compounds.

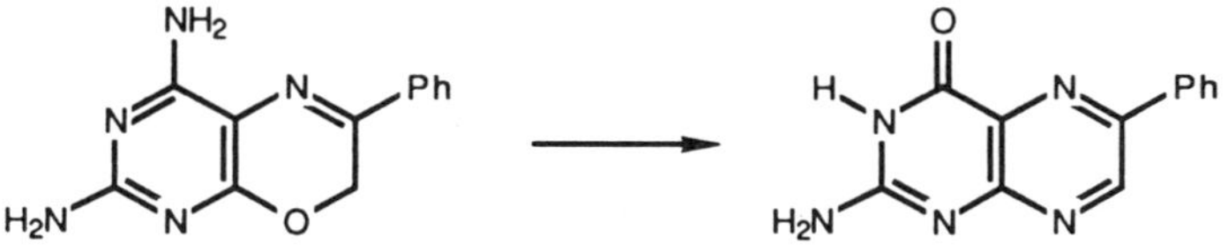

Three 6,7,7-trimethylpyrimido[4,5-b] [1,4]oxazines, when treated with either biacetyl, ethyl pyruvate, or methyl glyoxal, were transformed into the corresponding 6,7-dimethylpteridines.[5]

No pteridines appear to have been formed directly from pyrimidothiazines. However, a 9-deazapurine, **63**, can be formed by heating 6-aryl-pyrimido[4,5-b] [1,4]thiazines, **62**, in DMF at 130 °C.[43]

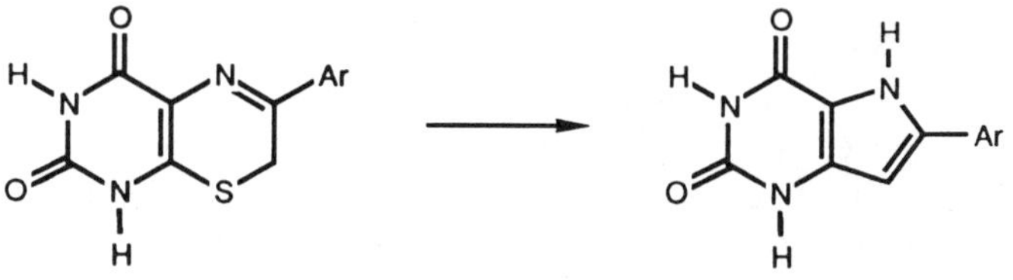

A similar type of ring contraction results when the 6,6-diethoxy-pyrimido[5,4-b] [1,4]thiazine, **59** ($R = R^1 = EtO$), is heated in acid or the 6-ethoxy-5-oxide derivative is heated in ammonium hydroxide. A thiazolo[4,5-d]pyrimidine is confirmed to be the product.[60]

One final example of ring opening followed by a recyclization to a new ring is illustrated in the conversion of **64** to **65** under thermal conditions.[73]

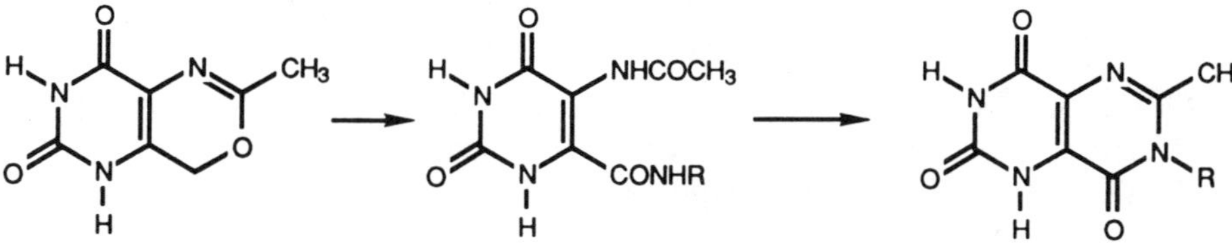

Not surprisingly, ring opening by means of reductive removal of a sulfur atom has been reported. What is surprising, however, is that only one report for such a process has appeared. Treatment of several 6-aminopyrimido[4,5-b] [1,4]thiazines, **66**, with Raney nickel gives a ring-opened Schiff's base, **67**.[72]

66 → 67

Nucleophiles play a major role in ring-opening reactions. In the [pyrimido[4,5-d] [1,3]oxazine series, treatment of **25** (R = Ar) with alcoholic sodium hydroxide provides the *o*-amino carboxylic acid, **24**.[21] The reverse direction has been described previously as a method for the synthesis of this pyrimidooxazine.[21] Similar treatment with amines afforded the corresponding carboxamides. The reaction with aromatic amines and primary aliphatic amines is reported to proceed readily, while secondary aliphatic amines required prolonged heating.[21] It should be noted, however, that the yields from treatment with aromatic amines are uniformly poor.

Treatment of the pyrimido[5,4-b] [1,4]thiazines, **59** (R = R^1 = H), with ammonium hydroxide, methylamine, or *n*-propylamine resulted in its conversion to the corresponding 6-amino-5-(carbamoylmethylthio)-uracil.[60] It is possible to recycle these pyrimidines to the original compound by gently heating with one equivalent of aqueous sodium hydroxide.[60]

Two equivalents of aqueous sodium hydroxide causes ring opening of **51** (X = O), which results in the formation of 4-amino-2-methyl-5-thiomethyl-pyrimidine.[74] Again, this is similar to the reverse pathway for the synthesis of this pyrimidothiazine.

Oxidative conditions also provide facile ring opening. Compound **51** (X = O) affords the sulfonic acid analog of the thiomethylpyrimidine upon heating with hydrogen peroxide in acetic acid at 70–80 °C.[74]

Similarly, peracetic acid treatment of 4-methoxy-6(5H)-oxo-7(H)-pyrimido[4,5-b] [1,4]thiazine gave 5-amino-4(3H)-oxo-pyrimidine-6-sulfonic acid.[75]

C. Other Reactions

Alkylation has been demonstrated to occur in the thiazine portion of pyrimidothiazines. Monoalkyl derivatives could be prepared by alkylating position 7 of **56** (R = R^1 = H) with one equivalent of an alkyl halide, stirred in 1 N aqueous sodium hydroxide for 24–48 h. The resulting alkylated product, **56** (R = H; R^1 = alkyl), could be further alkylated at position 7 to give a dialkyl derivative, **56** (R = R^1 = alkyl), by essentially the same procedure used for monoalkylation. Two different alkyl substituents can be introduced in this way.[27]

With the same compound, methylation is reported to occur at N-5. In this case, methyl iodide was added to a solution of the pyrimidothiazine in ethanol containing potassium hydroxide, and the mixture heated to 70–75 °C for 5 h.[75]

Reduction of the carbonyl group in the 1,3-thiazine ring has been described. Lithium aluminum hydride in THF reduces the carbonyl group in 1,2-dihydro-7-methyl-2(4H)-oxo-2H-pyrimido[4,5-d] [1,3]thiazine to a methylene moiety.[74]

Reduction of the ring has also been reported. Thus, hydrogen and platinum oxide reduces the N-5 to C-6 double bond in pyrimido[4,5-b] [1,4]oxazines.[5,6]

Nondestructive oxidation is limited to reaction at the sulfur atom in pyrimidothiazines. Peracid oxidation of pyrimidothiazines, under mild conditions, affords the corresponding 5-oxide derivatives. This behavior has been observed in the pyrimido[5,4-b] [1,4]thiazines[60] and pyrimido[4,5-b] [1,4]thiazines.[69]

The usual derivatives can be made from functional groups already existing in these heterocyclic systems. Acetylation of amino groups[5,12] and Schiff bases of hydrazines[72] are reported. One example of the nitrosation of a ring nitrogen is also described.[5]

4. PATENT LITERATURE

Very few of the pyrimidooxazines have been the subject of patent activity. Some 10 derivatives of the 2H-pyrimido[4,5-d] [1,3]oxazine-2,4(1H)-dione class, **68**, in which changes at N-1 and C-7 were made have been described in the most extensive patent report.[76] Several sporadic and limited reports of patented compounds have appeared.

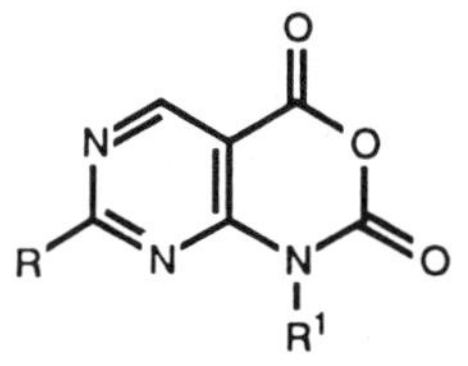

68 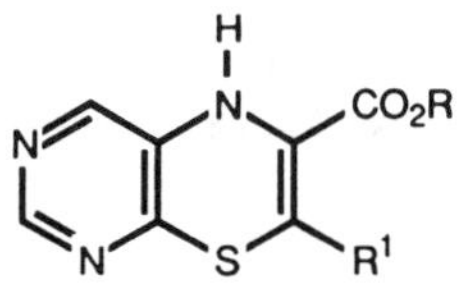   **69**

The patent literature for the sulfur analogs is also sparse. Only one systematic collection of derivatives of pyrimido[4,5-b] [1,4]thiazine, **69**, is worthy of mention. In this patent the pyrimidine portion of the molecule remains unsubstituted while position 6 bears a series of alkoxycarbonyl groups and position 7 is substituted with a few acyl or aroyl groups.[77]

5. TABLES

TABLE 1. THE PYRIMIDO[4,5-b] [1,4]OXAZINES

Substituents	mp	Other Data	References
A. The 2H-Isomers			
4-Amino-3,7-dihydro-6,7-dimethyl-2-oxo-	246–247 (d)	UV	5
4-Amino-1,7-dihydro-1,6,7,7-tetramethyl-2-oxo-	196	UV	5
4-Amino-3,7-dihydro-3,6,7,7-tetramethyl-2-oxo-	330 (d)	UV	5
4-Amino-3,7-dihydro-6,7,7-trimethyl-2-oxo-	253–255 (d)	UV	5
4-Amino-3,7-dihydro-3,6,7-trimethyl-2-oxo-	234–236	UV	5
4-Amino-3,7-dihydro-3-methyl-2-oxo-6,7-diphenyl-	230–232 (d)	UV	5
4-Amino-3,7-dihydro-2-oxo-6-phenyl-	327–330 (d)	UV	5
5-(2-Chloroethyl)-3,5,6,7-tetrahydro-3-(2-hydroxyethyl)-2-oxo-			16
1,5,6,7-Tetrahydro-4-methyl-2-oxo-(monohydrobromide)	267	IR, NMR, UV	11
B. The 4H-Isomers			
2-Amino-6-carboxy-1,7-dihydro-4-oxo-		IR, NMR, UV	9, 78
2-Amino-6-carboxymethylene-3,5-dihydro-4-oxo-		IR, UV	9, 78
2-Amino-6-{[(4-carboxyphenyl)amino]carbonyl}-1,7-dihydro-4-oxo-		IR, NMR, UV	78
2-Amino-6-[(4-carboxyphenyl)methyl]-1,7-dihydro-4-oxo-	> 300	NMR, UV	10
2-Amino-6-(4-carboxyphenyl)-1,7-dihydro-4-oxo-	> 300	NMR, UV	10
2-Amino-6-[(ethoxycarbonyl)-(bromo)-methinyl]-1,5-dihydro-4-oxo-		IR, NMR	9
2-Amino-6-[(ethoxycarbonyl)-(4-ethoxycarbonylphenylamino)-methinyl]-1,5-dihydro-4-oxo-	212–216 (d)	IR, NMR	9
2-Amino-6-ethoxycarbonyl-1,7-dihydro-4-oxo-	257–260 (d)	IR, NMR, UV	9
2-Amino-6-[(ethoxycarbonyl)-methinyl]-1,5-dihydro-4-oxo-	> 305 (d)	IR, NMR, UV	9
2-Amino-1,7-dihydro-6-[4-(methoxycarbonyl)phenyl]-4-oxo-	289–290 (d)	NMR, UV	10
2-Amino-1,7-dihydro-6-[4-(methoxycarbonyl)phenylmethyl]-4-oxo-		NMR	10
2-Amino-1,7-dihydro-6,7-dimethyl-4-oxo-	> 320	NMR, UV	6, 7
2-Amino-1,7-dihydro-6-methyl-4-oxo-	> 320	NMR, UV	6, 7, 9
2-Amino-1,7-dihydro-6,7,7-trimethyl-4-oxo-	> 260 (d)	NMR, UV	8
2-Amino-1,7-dihydro-7-methyl-4-oxo-6-phenyl-	> 298–299 (d)	NMR, UV	6, 7
2-Amino-1,7-dihydro-6-methyl-4-oxo-7-phenyl-	314–316 (d)	NMR, UV	6, 7
2-Amino-1,7-dihydro-4-oxo-6,7-diphenyl-	294–296 (d)	NMR, UV	6, 7
2-Amino-1,7-dihydro-4-oxo-6-phenyl-	303–305 (d)	NMR, UV	6, 7
2-Amino-4-oxo-6-pentyl-	272–275	NMR, UV	7
2-Amino-4-oxo-6-(4-phenylbutyl)-	259–263	NMR, UV	7
2-Amino-4-oxo-6-(2-phenylethyl)-	280–284	NMR, UV	7
2-Amino-4-oxo-6-(phenylmethyl)-	239–242	NMR, UV	7
2-Amino-4-oxo-6-(3-phenylpropyl)-	250–253	NMR, UV	7

TABLE 1. (Continued)

Substituents	mp	Other Data	References
1,5-Dihydro-2-methyl-4,6(7H)-dioxo-	295–296		3
1,5-Dihydro-4,6(7H)-dioxo-	> 300		3

C. *The 5H-Isomers*

Substituents	mp	Other Data	References
2,4-Diacetylamino-6,7-dihydro-6,7,7-trimethyl-	170–174	UV	5
2-Amino-5-formyl-1,4,6,7-tetrahydro-6,7-dimethyl-4-oxo-	272–274 (d)	NMR, UV	6
2-Amino-5-formyl-1,4,6,7-tetrahydro-6-methyl-4-oxo-	286–288 (d)	NMR, UV	6
2-Amino-5-formyl-1,4,6,7-tetrahydro-6-methyl-4-oxo-7-phenyl-	> 320		6
2-Amino-5-formyl-1,4,6,7-tetrahydro-7-methyl-4-oxo-6-phenyl-	310–313 (d)	NMR, UV	6
2-Amino-5-formyl-1,4,6,7-tetrahydro-4-oxo-6,7-diphenyl-	315–318 (d)	NMR, UV	6
2-Amino-5-formyl-1,4,6,7-tetrahydro-4-oxo-6-phenyl-	273–274 (d)	NMR, UV	6
2-4-Diamino-6,7-dihydro-6,7,7-trimethyl- (free base) (monohydrochloride)	218–220 [239–240 (d)]	UV	5
2,4-Diamino-6,7-dihydro-6,7,7-trimethyl-5-nitroso-	255 (d)	UV	5
2-Amino-6-hydroxy-4-methyl-	290 (d)		1, 79
2-Amino-6-hydroxy-4,7-dimethyl-	299 (d)		1
2-Amino-4,6(3H,7H)-dioxo-		UV	2
2,4-Diamino-6(7H)-oxo-		UV	2
4-Chloro-2-methyl-6(7H)-oxo-	235–236		3
4-(Diethylamino)-2-methyl-6(7H)-oxo-	179–180		3
2-(Dimethylamino)-6-hydroxy-4-methyl-	311–312 (d) 220–250 (subl)		1
4-(Dimethylamino)-2-methyl-6(7H)-oxo-	195–196		3
6,7-Dihydro-6-methyl-2-propyloxy-			80
6-Hydroxy-2-methylamino-4-methyl-	340–350 (d)		1
2,6-Dihydroxy-4-methyl-	348–349 (d)	UV	1
2,6-Dihydroxy-4,7-dimethyl-	338–340 (d)		1
2-Methyl-4-(4-morpholinyl)-6(7H)-oxo-	238–239		3
1,3-Dimethyl-2,4,6(1H,3H,7H)-trioxo-	261–263		4
2-Methyl-6(7H)-oxo-4-(1-piperidinyl)-	187–189		3

D. *The 7H-Isomers*

Substituents	mp	Other Data	References
2,4-Diacetylamino-6,7,7-trimethyl-	165–167	UV	5
2-Amino-4-(cyclohexylamino)-6,7,7-trimethyl-	212 (d)	UV	5
2-Amino-4-(dimethylamino)-6,7,7-trimethyl-	192–193	UV	5
2,4-Diamino-6,7-dimethyl- (monohydrochloride)	271–273 (d)	UV	5, 7
4-Amino-6,7,7-trimethyl-	228–230	UV	5
2,4-Diamino-6,7,7-trimethyl-	250–251 (d)	UV	5
2-Amino-6,7,7-trimethyl-4-(methylamino)-	217–219 (d)	UV	5
2,4-Diamino-6-phenyl-	> 360	UV	5, 7
2,4-Diamino-6,7-diphenyl-	282 (d)	UV	5, 7

TABLE 2. THE PYRIMIDO[5,4-b] [1,4]OXAZINES

Substituents	mp	Other Data	References
A. *The 1H-Isomers*			
2-Acetylamino-6,7-dihydro-4-methyl-7-oxo-	245–246		12
2-Acetylamino-6,7-dihydro-4,6-dimethyl-7-oxo-	225–227		12
2-Amino-6-carbamoylmethyl-6,7-dihydro-4-methyl-7-oxo-	> 300	IR, NMR	15
2-Amino-6-[N-(4-chlorophenyl)carbamoylmethyl]-6,7-dihydro-4-methyl-7-oxo-	> 300		15
2-Amino-6-[N-(ethylamino)carbamoylmethyl]-6,7-dihydro-4-methyl-7-oxo-	> 300		15
2-Amino-6-ethyl-4-methyl-7(6H)-oxo-	> 300		12
2-Amino-6,7-dihydro-6-[N-(4-methoxyphenyl)carbamoylmethyl]-4-methyl-7-oxo-	> 300		15
2-Amino-6,7-dihydro-4-methyl-6-[N-(4-methylphenyl)carbamoylmethyl]-7-oxo-	> 300		15
2-Amino-6,7-dihydro-4-methyl-6-[N-(2-napthalenyl)carbamoylmethyl]-7-oxo-	> 300		15
2-Amino-6,7-dihydro-4-methyl-6-[N-(4-nitrophenyl)carbamoylmethyl]-7-oxo-	> 300		15
2-Amino-4-methyl-7(6H)-oxo-	> 345	IR	12, 13
2-Amino-4,6-dimethyl-7(6H)-oxo-	> 300	IR	12, 13
4-Azido-6-ethyl-7(6H)-oxo-	190–191(d)		14
4-Azido-6-methyl-7(6H)-oxo-	200–201(d)		14
4-Azido-7(6H)-oxo-6-propyl-	151–152		14
6-Butoxycarbonyl-6,7-dihydro-2-methyl-4-(4-morpholinyl)-7-oxo-	185–187	IR	17
4-Chloro-6-ethoxycarbonyl-6,7-dihydro-2-methyl-7-oxo-	172–174	IR, NMR	17
4-Chloro-6-ethoxycarbonyl-6,7-dihydro-7-oxo-	138–139	IR	17
4-Chloro-6-ethoxycarbonyl-7-methyl-	260 (d)	IR, NMR, UV	18
4-Chloro-6-ethoxycarbonyl-2,7-dimethyl-	229–230	IR, NMR, UV	18
4-Chloro-6-ethyl-2-methyl-7(6H)-oxo-	155.0–155.5		12, 14, 17, 81
4-Chloro-6-ethyl-7(6H)-oxo-	171.5–172.0		14
4-Chloro-2-methyl-7(6H)-oxo-	175.5–176.0		12, 14, 81
4-Chloro-6-methyl-7(6H)-oxo-	177.5–178.0		14
4-Chloro-2,6-dimethyl-7(6H)-oxo-	169.5–170.5		12, 14, 84
4-Chloro-6,6-dimethyl-7(6H)-oxo-	181–182		14
4-Chloro-2,6,6-trimethyl-7(6H)-oxo-	155.5–156.0		14
4-Chloro-2-methyl-7(6H)-oxo-6-propyl-	151–152		14
4-Chloro-7(6H)-oxo-	222–224		12, 14
4-Chloro-7(6H)-oxo-6-propyl-	164–165		14
4-(Diethylamino)-6-ethoxycarbonyl-7-methyl-	177–179	IR, UV	18
6-Ethoxycarbonyl-4-{4-[(diethylamino)carbonyl]-1-piperazinyl}-7-methyl-	156–158	IR, UV	18
6-Ethoxycarbonyl-7-methyl-4-(4-morpholinyl)-	227–229	IR, UV	18
6-Ethoxycarbonyl-2,7-dimethyl-4-(4-morpholinyl)-	210–211	IR, UV	18
6-Ethoxycarbonyl-7-methyl-4-[(phenylmethyl)amino]-	187–188	IR, UV	18

TABLE 2. (Continued)

Substituents	mp	Other Data	References
6-Ethoxycarbonyl-7-methyl-4-(1-piperidinyl)-	200–202	IR, UV	18
6-Ethoxycarbonyl-2,7-dimethyl-4-(1-piperidinyl)-	153–157	IR, UV	18
6-Ethyl-2-methyl-4,7(6H,8H)-dioxo-	> 300		12, 14
6-Ethyl-4,7(6H,8H)-dioxo- (hydrazone)	219–220 (d)		14
4-Hydroxy-2-methyl-7(6H)-oxo-	> 300 (d)		12, 14
6-Methyl-4,7(6H,8H)-dioxo- (hydrazone)	250–251 (d)		14
2,6-Dimethyl-4,7(6H,8H)-dioxo-	> 300		12, 14
2,6,6-Trimethyl-4,7(6H,8H)-dioxo-	> 300		14
7(6H)-Oxo-	219.5–220.5		14
4,7(6H,8H)-Dioxo-6-propyl- (hydrazone)	212–214 (d)		14

B. The 6H-Isomers

Substituents	mp	Other Data	References
2-Acetamido-8-acetyl-7,8-dihydro-4,6-dimethyl-7-oxo-	238–239	NMR	15
2-Amino-6-ethoxycarbonyl-7,8-dihydro-4-methyl-7-oxo-	> 300	IR, NMR, UV	16
2-Amino-6-ethoxycarbonyl-1,7-dihydro-4-methyl-7-oxo-	> 300	IR, NMR	15
2-Amino-8-ethyl-7,8-dihydro-4-methyl-6-oxo-	280		15
2-Amino-8-ethyl-7,8-dihydro-4,7-dimethyl-6-oxo-	245		15
2-Amino-8-ethyl-4-methyl-7(8H)-oxo-	193	NMR, UV	13
2-Amino-8-ethyl-4,6-dimethyl-7(8H)-oxo-	162–163	NMR, UV	13
2-Amino-1,7-dihydro-6-methoxycarbonylmethylene-4-methyl-7-oxo-	> 300	IR, NMR	15
2-Amino-1,7-dihydro-4-methyl-6-oxo-	> 300	IR, NMR	15
2-Amino-1,7-dihydro-4,7-dimethyl-6-oxo-	> 300	NMR	15
2-Amino-7,8-dihydro-4,8-dimethyl-6-oxo-	235.5		15
2-Amino-7,8-dihydro-4,7,8-trimethyl-6-oxo-	199–200		15
4-Azido-6-ethyl-8-methyl-7(8H)-oxo-	97–98		14
4-Chloro-2,8-dimethyl-7(8H)-oxo-	145.5–146.0		81
4-Chloro-2-methyl-7(8H)-oxo-8-(phenylmethyl)-	87–88		81
6-Ethyl-3,4-dihydro-2-methyl-7(8H)-oxo-4-thioxo-	> 300		81
6-Ethyl-2,8-dimethyl-4-(methylthio)-7(8H)-oxo-	98–100		81
3,4-Dihydro-2-methyl-7(8H)-oxo-4-thioxo-	> 300		81
3,4-Dihydro-2,6-dimethyl-7(8H)-oxo-4-thioxo-	> 300		81
3,4-Dihydro-2,8-dimethyl-7(8H)-oxo-4-thioxo-	281 (d)		81
3,4-Dihydro-7(8H)-oxo-4-thioxo-	> 300		14, 81
4-Methoxy-2-methyl-7(8H)-oxo-	227–228		81
2-Methyl-4-(methylthio)-7(8H)-oxo-	228–229		81
2,8-Dimethyl-4-(methylthio)-7(8H)-oxo-	127.5–128.5		81
2-Methyl-4-(4-morpholinyl)-7(8H)-oxo-	243–245		81
2,8-Dimethyl-4-(4-morpholinyl)-7(8H)-oxo-	121–122		81
2-Methyl-7(8H)-oxo-	267–286		81
4-(Methylthio)-7(8H)-oxo-	270–271		81
2-Methyl-7(8H)-oxo-4-(1-piperidinyl)-	177.5–178.5		81
4-(4-Morpholinyl)-7(8H)-oxo-	242–243		81
7-(8H)-Oxo-4-(1-piperidinyl)-	179–180		81

TABLE 3. THE 2H-PYRIMIDO[4,5-e] [1,3]OXAZINES

Substituents	mp	Other Data	References
3-Benzyl-3,4-dihydro-8-hydroxy-5-methyl-6(5H)-oxo-	195–197 (d)	UV	20
3-Cyclohexyl-3,4-dihydro-8-hydroxy-6-methyl-	166–167		20
3,4-Dihydro-8-hydroxy-3,5-dimethyl-6(5H)-oxo-	208–210 (d)	UV	20
3,4-Dihydro-3-methyl-6,8(5H,7H)-dioxo-	218–219 (d)	NMR, UV	19, 20
3,4-Dihydro-3,6-dimethyl-8(5H)-oxo-	200–202	NMR, UV	19, 20
3,4-Dihydro-6-methyl-8(5H)-oxo-6-phenyl-	197–199	UV	20
3,4-Dihydro-6-methyl-8(5H)-3-(phenylmethyl)-	199–200	UV	20
3,4-Dihydro-6,8(5H,7H)-dioxo-3-(phenylmethyl)-	211–213		20
3,4-Dihydro-8(5H)-oxo-6-phenyl-3-(phenylmethyl)-	187–189	UV	20

TABLE 4. THE PYRIMIDO[4,5-d] [1,3]OXAZINES

Substituents	mp	Other Data	Reference
A. The 2H-Isomers			
1-(2-Chlorophenyl)-5-methyl-2,4(1H)-dioxo-7-phenyl-	210–212		21
1-(3-Chlorophenyl)-5-methyl-2,4(1H)-dioxo-7-phenyl-	257–260		21
1-(4-Chlorophenyl)-5-methyl-2,4(1H)-dioxo-7-phenyl-	262–264		21
1-(3,4-Dichlorophenyl)-5-methyl-2,4(1H)-dioxo-7-phenyl-	238–240		21
1-[4-Chloro-3-(trifluoromethyl)phenyl]-5-methyl-2,4(1H)-dioxo-7-phenyl-	220–222		21
1-(4-Ethoxyphenyl)-5-methyl-2,4(1H)-dioxo-7-phenyl-	244–246		21
5-Methyl-2,4(1H)-dioxo-1,7-diphenyl-	257–259		21
5-Methyl-2,4(1H)-dioxo-7-phenyl-1-[3-(trifluoromethyl)phenyl]-	256–258		21
B. The 4H-Isomers			
4-Imino-6,8-dimethyl-5,7(6H,8H)-dioxo-2-phenyl-	> 285 (subl)	MS	22

TABLE 5. THE 4H-PYRIMIDO[5,4-d] [1,3]OXAZINES

Substituents	mp	Other Data	References
6-(3-Chlorophenyl)-4-oxo-2-(trifluoromethyl)-	176–178		23
2-Methyl-4,6,8(5H,7H)-trioxo-	292 (d)		73, 82
4,6,8(5H,7H)-Trioxo-2-phenyl-	310–311		24
4-Oxo-6-phenyl-2-(trifluoromethyl)-	210–212		23

TABLE 6. MISCELLANEOUS PYRIMIDOOXAZINES

Name	mp	Other Data	Reference
N-[4-(2-Amino-1,7-dihydro-4-oxo-4H-pyrimido[4,5-b] [1,4]oxazin-6-yl)benzoyl]-L-glutamic acid	> 300	NMR, UV	10
N-{4-[(2-Amino-1,7-dihydro-4-oxo-4H-pyrimido[4,5-b] [1,4]oxazin-6-yl)methyl]benzoyl}-L-glutamic acid		NMR, UV	10

TABLE 7. THE PYRIMIDO[4,5-b] [1,4]THIAZINES

Substituents	mp	Other Data	References
A. The 2H-Isomers			
6-Amino-1,7-dihydro-1,3-dimethyl-2,4(3H)-oxo-	235–237		47
7-Benzoyl-7-ethoxycarbonyl-1,3,4,7-tetrahydro-6-methoxycarbonyl-1,3-dimethyl-2,4-dioxo-	175–176	UV	59
6-(4-Bromophenyl)-1,7-dihydro-1,3-dimethyl-2,4-(3H)-dioxo-	217	MS, NMR	46
6-(4-Bromophenyl)-1,7-dihydro-2,4(3H)-dioxo-	310	MS, NMR	46
6-Ethoxycarbonyl-1,3,4,5,6,7-hexahydro-2,4-dioxo-	239		58
1,3-Diethyl-1,7-dihydro-2,4(3H)-dioxo-6,7-diphenyl-	168		44
1,3,4,5-Tetrahydro-6,7-dimethoxycarbonyl-1,3-dimethyl-2,4-dioxo-	158–159	UV	59
1,7-Dihydro-7-methoxy-1,3,7-trimethyl-2,4(3H)-dioxo-6-phenyl-	135	NMR	83
1,7-Dihydro-7-methoxy-1,3-dimethyl-2,4(3H)-dioxo-6,7-diphenyl-	155	NMR	83
1,7-Dihydro-7-methoxy-2,4-(3H)-dioxo-6-phenyl-	255 (d)	NMR	83
1,7-Dihydro-7-methoxy-2,4(3H)-dioxo-6,7-diphenyl-	182	NMR	83
1,7-Dihydro-6-(4-methoxyphenyl)-2,4(3H)-dioxo-1,3-bis(phenylmethyl)-	148		44
1,5-Dihydro-3-methyl-2,4,6(3H,7H)-trioxo-	> 300		27
1,5-Dihydro-1,3-dimethyl-2,4,6(3H,7H)-trioxo-	250		27
1,7-Dihydro-6,7,7-trimethyl-2,4(3H)-dioxo-	258		44
1,7-Dihydro-1,3,6,7-tetramethyl-2,4(3H)-dioxo-	164		44
1,7-Dihydro-1,3,6,7,7-pentamethyl-2,4(3H)-dioxo-	207		44
1,5-Dihydro-1',3-dimethyl-2,4(3H)-dioxo-6-phenyl- [radical ion (1+)]	241	MS, NMR	46, 83
1,5-Dihydro-1,3-dimethyl-2,4(3H)-dioxo-6,7-diphenyl- [radical ion (1+)]	265	NMR	46, 83
1,5-Dihydro-1,3,7-trimethyl-2,4(3H)-dioxo-6-phenyl- [radical ion (1+)]	195	NMR	46, 83
1,7-Dihydro-7-methyl-2,4(3H)-dioxo-6-phenyl-	272	MS, NMR	44, 46

TABLE 7. (Continued)

Substituents	mp	Other Data	References
1,7-Dihydro-1,3-dimethyl-2,4(3H)-dioxo-6-phenyl-	241	MS, NMR	46
1,7-Dihydro-1,3-dimethyl-2,4(3H)-dioxo-6,7-diphenyl-	265	MS, NMR	44, 46, 83
1,7-Dihydro-1,3,7-trimethyl-2,4(3H)-dioxo-6-phenyl-	195	MS, NMR	44, 46, 83
1,5-Dihydro-1,3-dimethyl-2,4,6(3H,7H)-trioxo-5-(phenylmethyl)-	181–182		27
1,7-Dihydro-7-methyl-2,4(3H)-dioxo-6-phenyl-1,3-bis(phenylmethyl)-	173		44
1,7-Dihydro-6-(4-nitrophenyl)-2,4(3H)-dioxo-1,3-bis(phenylmethyl)-	169		44
1,5,6,7-Tetrahydro-2,4(3H)-dioxo-	292		58
1,7-Dihydro-2,4(3H)-dioxo-6-phenyl-	305	MS, NMR	46, 83
1,7-Dihydro-2,4(3H)-dioxo-6,7-diphenyl-	212	MS, NMR	44, 46, 83
B. The 4H-Isomers			
2-Amino-6-(4-bromophenyl)-1,7-dihydro-4-oxo-	> 320	IR, NMR, UV	42
2-Amino-6-(4-chlorophenyl)-1,7-dihydro-4-oxo-	> 300	NMR, UV	54
2-Amino-6-ethoxycarbonyl-1,5,6,7-tetrahydro-4-oxo-	188		58
2-Amino-1,5,6,7-tetrahydro-6-hydroxy-6-(hydroxymethyl)-4-oxo-			53
2-Amino-1,7-dihydro-6-(hydroxymethyl)-4-oxo-			53
2-Amino-1,7-dihydro-6-(2-methoxyphenyl)-4-oxo-	> 300	NMR, UV	54
2-Amino-1,7-dihydro-6-(3-methoxyphenyl)-4-oxo-	> 300	NMR, UV	54
2-Amino-1,7-dihydro-6-(4-methylphenyl)-4-oxo-	> 300	NMR, UV	54
2-Amino-1,7-dihydro-7-methyl-4-oxo-6-phenyl-	191	IR, NMR, UV	42, 54
2-Amino-1,5-dihydro-4,6(7H)-dioxo-	208		47, 48, 84
2-Amino-1,7-dihydro-4-oxo-6-phenyl-	281–283 (d)	NMR, UV	45
2-Amino-1,5,6,7-tetrahydro-4-oxo-6-phenyl-	255 (d)	UV	45
2-Amino-1,7-dihydro-4-oxo-6,7-diphenyl-	198	IR, NMR, UV	42
7-Carboxymethyl-3,5,6,7-tetrahydro-4,6-dioxo-	275–277	NMR	27
7-Ethoxycarbonyl-1,5,6,7-tetrahydro-4,6-dioxo-	186–187		85
3,5-Dihydro-5-methyl-4,6(7H)-dioxo-	225–227	NMR	27, 86
3,5-Dihydro-3,5-dimethyl-4,6(7H)-dioxo-	239–241	NMR	27, 86
3,5-Dihydro-7,7-dimethyl-4,6(7H)-dioxo-	273	NMR	27, 86
3,5-Dihydro-5,7,7-trimethyl-4,6(7H)-dioxo-	197–199	NMR	27, 86
3,5-Dihydro-5,7-dimethyl-4,6(7H)-dioxo-	250–251	NMR	27, 86
3,5-Dihydro-3,5,7-trimethyl-4,6(7H)-dioxo-	180–181	NMR	27, 86
3,5-Dihydro-3-methyl-4,6(7H)-dioxo-5-(2-propenyl)-	128–129	NMR	27, 86
3,5-Dihydro-7-methyl-4,6(7H)-dioxo-5-(2-propenyl)-	203–204	NMR	27, 86

TABLE 7. (Continued)

Substituents	mp	Other Data	References
1,5-Dihydro-4,6(7H)-dioxo-	263–265		31, 47, 85, 86
1,5-Dihydro-4,6(7H)-dioxo- (dihydrazone)	251–253		47, 72
3,5-Dihydro-4,6(7H)-dioxo-5-(2-propenyl)-	146–148	NMR	27, 86
3,5-Dihydro-6(7H)-oxo-4-thioxo-	273–274		27

C. The 5H-Isomers

Substituents	mp	Other Data	References
7-Acetyl-4-chloro-6-ethoxycarbonyl-	196–198	NMR, UV	39
7-Acetyl-4-chloro-5,6-dimethyl-	132–134		38
7-Acetyl-6-ethoxycarbonyl-4-methoxy-	131–132	NMR, UV	39
7-Acetyl-4-methoxy-6-methyl- (oxime)	162–163 (161–162)		38
2-Amino-6-(4-bromophenyl)-4-methyl-	240–242		34
2-Amino-6-ethoxycarbonylmethyl-6,7-dihydro-4-methyl-			36
2-Amino-6-ethoxycarbonyl-4-methyl-	197–199		36
2-Amino-7-ethoxycarbonyl-4,6-dimethyl-	175–177		36
2-Amino-6-ethoxycarbonylmethyl-4-methyl-	198–200		36
2-Amino-7-ethyl-4-methyl-6(7H)-oxo-	226–227		31
2-Amino-7-isopropyl-4-methyl-6(7H)-oxo-	224–225		31
2-Amino-6-methoxycarbonyl-4-methyl-	198–200		36
2-Amino-4,6-dimethyl-	223–224		34
2-Amino-4,6,7-trimethyl-	200.0–202.5		34
2-Amino-4-methyl-6-(4-nitrophenyl)-	> 300		34
2-Amino-4-methyl-6(7H)-oxo- (and hydrazone)	> 300		25, 31, 47, 72, 75
2-Amino-4,7-dimethyl-6(7H)-oxo-	267–268		31
2-Amino-4-methyl-6-phenyl-	281–282		34
4-Amino-6(7H)-oxo- (and hydrazone)	270–300 (d) (281–282)		26, 72
7-Benzoyl-6-ethoxycarbonyl-4-methoxy-	95–97	NMR, UV	39
7-Benzoyl-4-methoxy-	254–255	NMR, UV	39
7-Benzoyl-4-methoxy-6-methyl-	193–195		38
7-Benzoyl-4-methoxy-6-phenyl-	164–165		38
6-(2-Bromophenyl)-4-chloro-	144–145		87
6-(4-Bromophenyl)-4-chloro-6,7-dihydro-6-hydroxy- [crystallized with 1 mol of solvent)	92–93(MeOH) 138–140(EtOH)		40
6-(2-Bromophenyl)-4-chloro-5-methyl-	114–116		87
6-(4-Bromophenyl)-4-chloro-5-methyl-	134–135		40
6-(4-Bromophenyl)-6,7-dihydro-6-hydroxy-4-methoxy-	145–147		55
6-(4-Bromophenyl)-4-methoxy-	175–177		34
6-Carboxy-	223–224	IR, NMR	37
7-Carboxymethyl-6,7-dihydro-4-methoxy-6-oxo-	230–232 (207–209)	IR, NMR	27, 85
4-(Carboxymethylthio)-6,7-dihydro-6-oxo-	215–217 (d) (213–215)		26, 75
7-[4-Carboxyphenyl)amino]-4-methoxy-6-oxo-	234–236		71
4-Chloro-6-(chloromethyl)-6,7-dihydro-6-hydroxy-	89–91	NMR	56

TABLE 7. (Continued)

Substituents	mp	Other Data	References
4-Chloro-6-(chloromethyl)-6,7-dihydro-6-methoxy-5-methyl-	98–100		56
4-Chloro-6-(chloromethyl)-6,7-dihydro-6-hydroxy-5-methyl-	94–96	NMR	56
4-Chloro-6-(2-chlorophenyl)-	130–131		87
4-Chloro-6-(2,5-dichlorophenyl)-	197–199		87
4-Chloro-6-(2,5-dichlorophenyl)-6,7-dihydro-6-hydroxy-	138–139		55
4-Chloro-6-ethoxycarbonyl-	97–99		36
4-Chloro-6-ethoxycarbonylmethyl-	126–128		36
4-Chloro-6-ethoxycarbonylmethyl-6,7-dihydro-6-hydroxy-	115–117 (107–109)		36, 56
4-Chloro-6-ethoxycarbonylmethyl-6,7-dihydro-6-hydroxy-5-methyl-	94–96	NMR	56
7-Chloro-7-ethoxycarbonyl-6,7-dihydro-4-methoxy-6-oxo-	136–138		71
4-Chloro-7-ethoxycarbonyl-6-methyl-	136–137		36
4-Chloro-6-(2-fluorophenyl)-	145–146		87
4-Chloro-6,7-dihydro-6-hydroxy-6-methyl-	104–106		55, 56
4-Chloro-6,7-dihydro-6-hydroxy-5,6-dimethyl-	73–75	NMR	56
4-Chloro-6,7-dihydro-6-hydroxy-6-(3-nitrophenyl)-			40
4-Chloro-6,7-dihydro-6-hydroxy-6-(4-nitrophenyl)-	145–146		40
4-Chloro-6,7-dihydro-6-hydroxy-6-phenyl-	118–120		40
6-(2,5-Dichlorophenyl)-6,7-dihydro-6-hydroxy-4-methoxy-	148–150		55
4-Chloro-6-(2-iodophenyl)-	100–103		87
4-Chloro-5-methyl-6-(3-nitrophenyl)-	180–181		40
4-Chloro-5-methyl-6-(4-nitrophenyl)-	156–158 (179–181)		35, 40
4-Chloro-5-methyl-6-phenyl-	73–75		35, 40
4-Chloro-6-(2-methylphenyl)-	111–113		87
4-Chloro-6(7H)-oxo-	157	NMR	27
4-(Cyclohexylamino)-6(7H)-oxo- (and monohydrochloride)	286 (d) (288 (d))	NMR	27
4-(Dimethylamino)-6(7H)-oxo- (monohydrochloride)	238	NMR	28
4-(Dimethylamino)-6(7H)-oxo- {[4-(dimethylamino)-7H-pyrimido[4,5-b][1,4]thiazin-6-yl]hydrazone}	292–294		72
6-Ethoxycarbonyl-	180–181	IR, NMR, UV	37
7-Ethoxycarbonyl-4-ethoxy-6,7-dihydro-6-oxo-	173		85
6-Ethoxycarbonyl-6,7-dihydro-6-hydroxy-4-methoxy-	100–103		36
7-Ethoxycarbonylmethyl-6,7-dihydro-4-methoxy-6-oxo-	150–152	IR	85
7-Ethoxycarbonyl-6,7-dihydro-4-methoxy-6-oxo-	132–134	IR	71, 85

TABLE 7. (Continued)

Substituents	mp	Other Data	References
7-Ethoxycarbonyl-6,7-dihydro-4-methoxy-7-(4-methyl-1-piperazinyl)-6-oxo-	163–165		71
7-Ethoxycarbonyl-6,7-dihydro-4-(4-morpholinyl)-6-oxo-	213 (d)	NMR	28
7-Ethoxycarbonyl-6,7-dihydro-6-oxo-4-[(phenylmethyl)amino]-	155–157	NMR	28
7-Ethoxycarbonyl-6,7-dihydro-6-oxo-4-(1-piperidinyl)-	197–199	NMR	28
7-Ethoxycarbonyl-6,7-dihydro-6-oxo-4-(1-pyrrolidinyl)-	223 (d)	NMR	28
6-Ethoxycarbonyl-4-methoxy-	105–107		36
7-Ethoxycarbonyl-4-methoxy-	206–207		36
6-Ethoxycarbonylmethyl-4-methoxy-	120–122		36
7-Ethoxycarbonyl-4-methoxy-6-methyl-	141–143		36
6-Ethoxycarbonyl-4-methoxy-7-(1-oxobutyl)-	78–80	NMR, UV	39
6-Ethoxycarbonyl-4-methoxy-7-(1-oxopropyl)-	82–84	NMR, UV	39
7-Ethoxycarbonyl-6-methyl-	216–217	IR, NMR, UV	37
7-Ethoxycarbonyl-6-phenyl-	186–187	IR, NMR, UV	37
4-Ethoxy-5-methyl-6(7H)-oxo-	110–112		75
4-Ethoxy-6(7H)-oxo-	198–200	NMR	27, 75
4-(Ethylamino)-6(7H)-oxo- (and monohydrochloride)	268 (d) (252)	NMR	28
4-(Ethylamino)-7-methyl-6(7H)-oxo-	249–250	NMR	28
7-Ethyl-4-hydroxy-6(7H)-oxo-	230–232		31
7-Ethyl-4-methoxy-6(7H)-oxo-	138–140		31
4-(Ethylphenylamino)-6(7H)-oxo-	157–158		28
6,7-Dihydro-6-hydroxy-4-methoxy-6,7-dimethyl-	97–99		55
6,7-Dihydro-6-hydroxy-4-methoxy-7,7-dimethyl-6-phenyl-	148–150		55
6,7-Dihydro-6-hydroxy-4-methoxy-6-(3-nitrophenyl)-	161–163		55
6,7-Dihydro-6-hydroxy-4-methoxy-6-(4-nitrophenyl)-	> 300		55
6,7-Dihydro-6-hydroxy-4-methoxy-6,7-diphenyl-	155–157		55
4-Hydroxy-7-isopropyl-6(7H)-oxo-	274–276		31
6,7-Dihydro-4-methoxy-6-oxo-7-(1-pyridinium)- (chloride)	> 300		71
4-Hydroxy-7-methyl-6(7H)-oxo-	237–0–239.5		31
7-Methoxycarbonyl-	229–230	IR, NMR, UV	37
4-Methoxy-5-methyl-6(7H)-oxo-	125–126	NMR	27, 75
4-Methoxy-7-methyl-6(7H)-oxo-	175.0–176.5 (173–174)	NMR	27, 31
4-Methoxy-7,7-dimethyl-6(7H)-oxo-	186–187	NMR	27
4-Methoxy-5,7-dimethyl-6(7H)-oxo-	154–156	NMR	27
4-Methoxy-5,7,7-trimethyl-6(7H)-oxo-	123–124	NMR	27
4-Methoxy-7-[(1-methylethyl)amino]-6(7H)-oxo-	170–172		71

TABLE 7. (Continued)

Substituents	mp	Other Data	References
4-Methoxy-7-(4-methyl-1-piperazinyl)-6(7H)-oxo-	194–196		71
4-Methoxy-6-methyl-7-(1-oxopropyl)-	115–117		38
4-Methoxy-7-methyl-6(7H)-oxo-5-(2-propenyl)-	71–72	NMR	27
4-Methoxy-7-(4-morpholinyl)-6(7H)-oxo-	228–230		71
4-Methoxy-6(7H)-oxo- (also ^{35}S labeled compound)	191–193		27, 31, 71, 75
4-Methoxy-6(7H)-oxo-(4-methoxy-7H-pyrimido[4,5-b] [1,4]thiazin-6-yl-(hydrazone)	250–252		72
4-Methoxy-6(7H)-oxo-5-(2-propenyl)-	64–65	NMR	27
4-Methoxy-6-phenyl-	171–173		39
5-Methyl-4-(4-morpholinyl)-6(7H)-oxo-	179–180	NMR	28
4-[(1-Methylethyl)amino]-6(7H)-oxo- (and monohydrochloride)	260 (249 (d))		28
4-(Methylthio)-6(7H)-oxo- (hydrazone)	> 300		47, 72
7-Methyl-5-(phenylmethyl)-4-(1-pyrrolidinyl)-6(7H)-oxo-	174–175	NMR	28
5-Methyl-4-(1-piperidinyl)-6(7H)-oxo-	145–146	NMR	28
7-Methyl-4-(1-piperidinyl)-6(7H)-oxo-	159–160	NMR	28
7-Methyl-6(7H)-oxo-5-(2-propenyl)-4-(1-pyrrolidinyl)-	146–147		28
7-Methyl-6(7H)-oxo-4-(1-pyrrolidinyl)-	217–218	NMR	28
5,7-Dimethyl-6(7H)-oxo-4-(1-pyrrolidinyl)-	119–120	NMR	28
4-(4-Morpholinyl)-6(7H)-oxo-	275–276	NMR	28
4-(4-Morpholinyl)-6(7H)-oxo-5-(phenylmethyl)-	194–195	NMR	28
4-(4-Morpholinyl)-6(7H)-oxo-5-(2-propenyl)-	139	NMR	28
6(7H)-Oxo-	295–300 (d) (295–296 (d))	IR, UV	33, 37
2,4,6(1H,3H,7H)-Trioxo-	> 300		47
6(7H)-Oxo-4-[(phenylmethyl)amino]-(monohydrochloride)	240(d)	NMR	28
6(7H)-Oxo-5-(phenylmethyl)-4-(1-piperidinyl)-	169–170	NMR	28
6(7H)-Oxo-5-(phenylmethyl)-4-(1-pyrrolidinyl)-	168–169	NMR	28
6(7H)-Oxo-4-(1-piperidinyl)-	174–175		28
6(7H)-Oxo-4-(1-piperidinyl)-5-(2-propenyl)-	162–163	NMR	28
6(7H)-Oxo-5-(2-propenyl)-4-(1-pyrrolidinyl)-	165–166	NMR	28
6(7H)-Oxo-4-(1-pyrrolidinyl)- (and monohydrochloride)	215–216 (233 (d))		28

D. *The 7H-Isomers*

Substituents	mp	Other Data	References
4,6-Diamino-	241–242		47, 72
2,4,6-Triamino-	> 300		47
2-Amino-6-(4-aminophenyl)-4-methyl-	262–264		41, 47
2-Amino-6-(4-bromophenyl-4-methyl-	240–242		55
2,4-Diamino-6-carboxy-	258–260	NMR, UV	52

TABLE 7. (Continued)

Substituents	mp	Other Data	References
2,4-Diamino-6-{2-[(4-carboxyphenyl)amino]ethyl}-	219–221	NMR, UV	52
6-Amino-4-chloro-			47
2-Amino-6(2,5-dichlorophenyl)-4-methyl-	204.0–205.5		55
6-Amino-4-dimethylamino-	213–214		47, 72
2,4-Diamino-6-ethoxycarbonyl-	209–211	NMR, UV	52
2,4-Diamino-6-{2-[(4-ethoxycarbonylphenyl)-amino]ethyl}-	210–214	NMR, UV	52
6-Amino-4-methoxy- (also ^{14}C-labeled MeO compound, monohydrochloride, and ^{35}S-labeled compound)	213–214 (210)		47, 48, 51, 72
6-Amino-4-methoxy-7-phenyl-	189–190		48
2-Amino-6-(4-methoxyphenyl)-4-methyl-	296–298		41
6-(4-Aminophenyl)-4-methoxy-	220–222		41, 47
2,6-Diamino-4-methyl-	234–235		47, 48, 72
2-Amino-4,6-dimethyl-	223–224		55
2-Amino-4,6,7-trimethyl-	200.0–202.5		55
4-Amino-6,7,7-trimethyl-	150–154	UV	5
6-Amino-4-methylamino-	185–187		47, 72
2-Amino-4-methyl-6(4-morpholinyl)- (monohydrochloride)			88
2-Amino-4-methyl-6-(3-nitrophenyl)-	> 300		55
2-Amino-4-methyl-6-(4-nitrophenyl)-	> 300		55
2-Amino-7-methyl-4(3H)-oxo-		NMR, UV	54
2-Amino-4-methyl-6-phenyl-	281–283		55
2-Amino-4,7,7-trimethyl-6-phenyl-	179–181		55
6-Amino-4-(methylthio)- (and ^{35}S-labeled compound)	210–212		47–49, 72
2,4-Diamino-6-phenyl-	200–202	NMR, UV	52
6-Amino-4-[(phenylmethyl)thio]-	156–157		48
6-(4-Bromophenyl)-4-chloro-	149–151		55
6-(4-Bromophenyl)-4-methoy-	175–177		55
4-Chloro-6-(4-methoxyphenyl)-	186–187		41
6-(2,5-Dichlorophenyl)-4-methoxy-	219–220		55
4-Chloro-6-(3-nitrophenyl)-	180–181		40
4-Chloro-6-(4-nitrophenyl)-	179–181		40
4-Chloro-6-phenyl-	138–139		55
4-Hydrazino-6-phenyl-	198–200	UV	29
4-Methoxy-6-(4-methoxyphenyl)-	135–137		41
4-Methoxy-7,7-dimethyl-6-phenyl-	141–142		55
4-Methoxy-6-(3-nitrophenyl)-	> 300		55
4-Methoxy-6-(4-nitrophenyl)-	> 300		55
4-Methoxy-6(7H)-oxo-	190–191	UV	27, 29
4-Methoxy-6-phenyl-	177–179 (171–173)	UV	29, 34, 55

TABLE 8. THE PYRIMIDO[5,4-b] [1,4]THIAZINES

Substituents	mp	Other Data	Reference
A. The 1H-Isomers			
6-Acetyloxy-3-ethyl-6-hydroxy-1-propyl-2,4,7(3H,6H,8H)-trioxo-	159–160	IR, UV	60
1-Allyl-3-ethyl-2,4,7(3H,6H,8H)-trioxo-	231–233	IR, UV	60
2-Amino-7,8-dihydro-6-methyl-4(6H)-oxo-	265–269(d)	UV	45
2-Amino-7,8-dihydro-6-methyl-4(6H)-oxo- (5-oxide)	220–230(d)	UV	45
2-Amino-7,8-dihydro-4(6H)-oxo-	288–293(d)	UV	45
2-Amino-7,8-dihydro-4(6H)-oxo- (5-oxide)	> 300	UV	45
2-Amino-7,8-dihydro-4(6H)-oxo-6-phenyl-	270–280(d)	UV	45
2-Amino-7,8-dihydro-4(6H)-oxo-6-phenyl- (5-oxide)	246–250(d)	UV	45
6-Bromo-3-ethyl-2,4,7(3H,6H,8H)-trioxo-1-propyl-	197–199	IR, UV	60
1,3-Dibutyl-2,4,7(3H,6H,8H)-trioxo-	213–214	IR, UV	60
6-Chloro-3-ethyl-2,4,7(3H,6H,8H)-trioxo-1-propyl-	203–205(d)	IR, UV	60
6,6-Dichloro-3-ethyl-2,4,7(3H,6H,8H)-trioxo-1-propyl-	145–147(d)	IR, UV	60
6-Chloromethyl-1,3,8-trimethyl-2,4(3H)-dioxo-	203–205	MS, NMR	62
6-Ethoxy-3-ethyl-2,4,7(3H,6H,8H)-trioxo-1-propyl-	164–165	IR, UV	60
6-Ethoxy-3-ethyl-2,4,7(3H,6H,8H)-trioxo-1-propyl- (5-oxide)	186–187	IR, UV	60
6,6-Diethoxy-3-ethyl-2,4(3H,8H)-dioxo-1-propyl-	165–167	IR, UV	60
3-Ethyl-1-(2-hydroxyethyl)-2,4,7(3H,6H,8H)-trioxo-	225–226	IR, UV	60
3-Ethyl-6-hydroxy-2,4,7(3H,6H,8H)-trioxo-1-propyl-	205–207(d)	IR, UV	60
3-Ethyl-6-methoxy-2,4,7(3H,6H,8H)-trioxo-1-propyl-	199–200(d)	IR, UV	60
3-Ethyl-6,6-dimethoxy-2,4,7(3H,8H)-trioxo-1-propyl-	162–163	IR, UV	60
3-Ethyl-2,4,7(3H,6H,8H)-trioxo-1-propyl-	186–188	IR, UV	60
3-Ethyl-2,4,7(3H,6H,8H)-trioxo-1-propyl- (5-oxide)	165–167	IR, UV	60
3-Ethyl-2,4,7(3H,6H,8H)-trioxo-1-propyl- (5,5-dioxide)	248–294	IR, UV	60
3-Ethyl-2,4,6,7(3H,8H)-tetroxo-1-propyl-	236–238	IR, UV	60
1,3-Dimethyl-2,4,7(3H,6H,8H)-trioxo-	270–272	IR, UV	60
1,3,6,6,7-Pentamethyl-2,4(3H,6H)-dioxo-	162–164	NMR	61
1,3,6-Trimethyl-2,4(3H,6H)-dioxo-7-phenyl-	181–183	NMR	61

TABLE 9. MISCELLANEOUS PYRIMIDOTHIAZINES

Name	mp	Other Data	References
2-[2-(2-Amino-1,7-dihydro-4-oxo-4H-pyrimido[4,5-b] [1,4]thiazin-yl)ethyl]-1H-isoindole-1,3(2H)-dione	214–216	NMR, UV	54
2-[(2-Amino-1,7-dihydro-4-oxo-4H-pyrimido[4,5-b] [1,4]thiazin-6-yl)methyl]-1H-isoindole-1,3(2H)-dione	228	NMR, UV	54
2-Amino-7-methyl-4H-pyrimido[4,5-d] [1,3]thiazine	258–259(d) (256–258)		63, 65
2-Amino-6,7-dimethyl-4H-pyrimido[4,5-d] [1,3]thiazinium perchlorate	290–293(d)	NMR, UV	67
(2-Amino-4-methyl-7H-pyrimido[4,5-b] [1,4]thiazin-6-yl) (hydrazone of benzaldehyde)	226–227		72
(2-Amino-4-methyl-7H-pyrimido[4,5-b] [1,4]thiazin-6-yl) (hydrazone of 4-nitrobenzaldehyde)	272–273		72

TABLE 9. (Continued)

Substituents	mp	Other Data	References
7-Cyclohexylamino-3,4-dihydro-5-methyl-2-oxo-2H-pyrimido[5,4-e] [1,3]thiazine	228–230(d)		68
1,2-Dihydro-7-methyl-2(4H)-oxo-2H-pyrimido[4,5-d] [1,3]thiazine	247(d)		63, 64, 74
4,8-Dihydro-6,8-dimethyl-2,4-dithioxo-2H-pyrimido[4,5-d] [1,3]thiazine-5,7(1H,6H)-dione	211	IR, UV	66
1,5-Dihydro-4H-pyrimido[4,5-b] [1,4]thiazine-4,6(7H)-dione, bis(β-D-glucopyranosylhydrazone)	157–160		47
N-{4-[(6,7-Dihydro-4-methoxy-6-oxo-5H-pyrimido[4,5-b] [1,4]thiazin-7-yl)methylamino]-benzoyl]-L-glutamic acid [barium salt(1:1)]	> 300		71
N-4-{(6,7-Dihydro-4-methoxy-6-oxo-5H-pyrimido[4,5-b] [1,4]thiazin-7-yl)methylamino]-benzoyl}-L-glutamic acid (diethyl ester)	149–151		71
6,8-Dimethyl-2-(methylthio)-4-thioxo-4H-pyrimido[4,5-d] [1,3]thiazine-5,7(6H,8H)-dione	163	IR, UV	66

6. REFERENCES

1. P. B. Russell, G. B. Elion, and G. H. Hitchings, *J. Am. Chem. Soc.* **1949** 71, 474.
2. G. B. Elion and G. H. Hitchings, *J. Am. Chem. Soc.* **1952** 74, 3877.
3. R. G. Melik-Ogandzhanyan, T. A. Khachaturyan, V. S. Mirzoyan, A. G. Manukyan, and G. M. Stepanyan, *Khim. Geterotsikl. Soedin.* **1985**, 974.
4. A. Kostolansky, J. Mokry, and J. Tamchyna, *Chemick. Zvesti: Chemical Papers* **1956** 10, 96.
5. J. Mirza, W. Pfleiderer, A. D. Brewer, A Stuart, and H. C. S. Wood, *J. Chem. Soc. (C)* **1970**, 437.
6. D. L. Dunn and C. G. Skinner, *J. Org. Chem.* **1975** 40, 3713.
7. S.-C. Lin, G. P. Holmes, D. L. Dunn, and C. G. Skinner, *J. Med. Chem.* **1979** 22, 741.
8. S. S. Al-Hassan, R. Cameron, S. H. Nicholson, D. H. Robinson, C. J. Suckling, and H. C. S. Wood, *J. Chem. Soc. Perkin Trans.* 1 **1985**, 2145.
9. M. J. Winchester, *J. Heterocycl. Chem.* **1979** 16, 1455.
10. M. G. Nair, O. C. Salter, R. L. Kisliuk, Y. Gaumont, and G. North, *J. Med. Chem.* **1983** 26, 1164.
11. W. Ehrenstein, H. Wamhoff, and F. Korte, *Tetrahedron* **1970** 26, 3993.
12. N. V. Sazonov and T. S. Safonova, *Khim. Geterotsikl. Soedin.* **1972**, 1285.
13. N. Oda, Y. Kanie, and I. Ito, *Yakugaku Zasshi* **1973** 93, 817.
14. N. V. Savonov and T. S. Safonova, *Khim. Geterotsikl. Soedin.* **1976**, 681.
15. I. Ito, N. Oda, and T. Kato, *Chem. Pharm. Bull.* **1976** 24, 1189.
16. E. P. Studentsov, T. A. Chumak, A. G. Zmyvalova, and E. G. Sochilin, *Tezisy Dokladov-Vses. Konferen. Khimiotera. Zlokach. Opukholei*, 2nd Meeting Date, 1974, V. I. Astrkhan (Ed.), Akademie Medizinische Nauk SSSR, Moscow, p. 17; *Chem. Abstr.* **1977** 86, 189842r.
17. N. V. Sazonov, N. S. Nersesyan, E. O. Sochneva, E. M. Peresleni, L. F. Linberg, Yu. N. Sheinker, and T. S. Safonova, *Khim. Geterotsikl. Soedin.* **1978**, 391.
18. N. V. Sazonov and T. S. Safonova, *Khim. Geterotsikl. Soedin.* **1972**, 1694.
19. D. E. O'Brien, R. H. Springer, and C. C. Cheng, *J. Heterocycl. Chem.* **1966** 3, 115.

20. D. E. O'Brien, L. T. Weinstock, R. H. Springer, and C. C. Cheng, *J. Heterocycl. Chem.* **1967** 4, 49.
21. Z. Machon and J. Cieplik, *Eur. J. Med. Chem. Chim. Ther.* **1984** 19, 359.
22. F. Yoneda and M. Higuchi, *Bull Chem. Soc. Jpn.* **1973** 46, 3849.
23. D. H. Kim and A. A. Santilli, *J. Org. Chem.* **1970** 35, 1680.
24. Z. Machon and R. Jasztold-Howorko, *Pol. J. Pharmacol. Pharm.* **1981** 33, 545.
25. F. L. Rose, *J. Chem. Soc.* **1952**, 3448.
26. M. Ishidate and H. Yuki, *Chem. Pharm. Bull.* **1960** 8, 131.
27. J. Clark and I. W. Southon, *J. Chem. Soc. Perkin Trans.* 1 **1974**, 1814.
28. J. Clark and I. W. Southon, *J. Chem. Soc. Perkin Trans.* 1 **1974**, 1805.
29. E. C. Taylor and E. E. Garcia, *J. Org. Chem.* **1964** 29, 2121.
30. G. K. Korolev, V. A. Vadrovskaya, M. P. Nemeryuk, A. S. Singin, P. P. Filatov, and T. S. Safonova, *Khim. Farm. Zh.* **1976** 10, 19.
31. T. S. Safonova and M. P. Nemeryuk, *Khim. Geterotsikl. Soedin.* **1966**, 714.
32. T. S. Safonova, M. P. Nemeryuk, V. A. Chernov, N. A. Andreeva, A. S. Sokolova, N. A. Ryabokon, A. F. Keremov, and T. P. Lapshina, *Puti. Sin. Izyskaniya Protivoopukholevykh Prep.* **1968** 91; *Chem. Abstr.* **1971** 75, 35825.
33. J. R. Piper and T. P. Johnston, *J. Org. Chem.* **1965** 30, 1247.
34. T. S. Safonova and M. P. Nemeryuk, *Khim. Geterotsikl. Soedin.* **1965**, 149.
35. M. P. Nemeryuk and T. S. Safonova, *Khim. Geterotsikl. Soedin.* **1966**, 470.
36. T. S. Safonova, M. P. Nemeryuk, and G. P. Syrova, *Khim. Geterotsikl. Soedin.* **1970**, 1423.
37. F. Duro, N. A. Santagati, and G. Scapini, *Farmaco Ed. Sci.* **1978** 33, 954.
38. T. S. Safonova and I. E. Mamaeva, *Khim. Geterotsikl. Soedin.* **1973**, 120.
39. L. G. Levskovskaya, I. E. Mamaeva, L. A. Serochkina, and T. S. Safonova, *Khim. Geterotsikl. Soedin.* **1983**, 772.
40. M. P. Nemeryuk and T. S. Safonova, *Khim. Geterotsikl. Soedin.* **1971**, 73.
41. T. S. Safonova and M. P. Nemeryuk, *Khim. Geterotsikl. Soedin.* **1968**, 735.
42. H. Fenner and W. Oppermann, *Arch. Phar. (Weinheim Ger.)* **1979** 312, 76.
43. H. Fenner and H. Motschall, *Tetrahedron Lett.* **1971**, 4188.
44. H. Fenner and A. Motschall, *Arch. Phar. (Weinheim Ger.)* **1978** 311, 153.
45. R. N. Henrie II, R. A. Lazarus, and S. J. Benkovic, *J. Med. Chem.* **1983** 26, 559.
46. H. Fenner and H. Motschall, *Tetrahedron Lett.* **1971**, 4333.
47. A. S. Sokolova, N. A. Ryabokon, Yu. A. Ershova, N. A. Andreeva, M. P. Nemeryuk, A. F. Keremov, N. I. Traven, V. A. Yadrovskaya, V. A. Chernov, and T. S. Safonova, *Khim. Farm. Zh.* **1977** 11, 49.
48. T. S. Safonova, M. P. Nemeryuk, L. A. Myshkina, and N. I. Traven, *Khim. Geterotsikl. Soedin.* **1972,** 944.
49. V. A. Yadrovskaya, G. K. Korolev, M. P. Nemeryuk, and T. S. Safonova, *Khim. Farm. Zh.* **1975**, 192.
50. V. A. Yadrovskaya, M. P. Nemeryuk, G. K. Korolev, A. S. Singin, and T. S. Safonova, *Khim. Farm. Zh.* **1977** 11, 70.
51. V. A. Yadrovskaya, G. K. Korolev, V. V. Kurchatova, M. P. Nemeryuk, and T. S. Safonova, *Khim. Farm. Zh.* **1978** 12, 12.
52. Y.-H. Kim and H. G. Mautner, *J. Med. Chem.* **1974** 17, 369.
53. K. Visser and J. K. Seydel, *Chem. Biol. Pteridines, Proc. Int. Symp. Pteridines Folic Acid Deriv.: Chem. Biol. Clin. Aspects*, 7th, Meeting Date 1982, J. A. Blair (Ed.), de Gruyter, Berlin, 1983, p. 523.
54. M. G. Nair, L. H. Boyce, and M. A. Berry, *J. Org. Chem.* **1981** 46, 3354.
55. M. P. Nemeryuk and T. S. Safonova, *Khim. Geterotsikl. Soedin.* **1967**, 486.

6. References

56. T. S. Safonova, J. N. Sheinker, M. P. Nemeryuk, E. M. Peresleni, and G. P. Syrova, *Tetrahedron* **1971** 27, 5453.
57. M. P. Nemeryuk, O. L. Mushnikova, L. A. Tolokontseva, K. F. Turchin, O. S. Anisimova, Yu. N. Sheinker, and T. S. Safonova, *Nukleofil'nye Reakts. Karbonil'nykh Soedin.*, V. G. Kharchenko (Ed.), Izd. Saratov University, Saratov, USSR, 1982, p. 23; *Chem. Abstr.* **1984** 101, 71969n.
58. M. Sako, T. Niwa, K. Hirota, and Y. Maki, *Chem. Pharm. Bull.* **1984** 32, 2474.
59. K. Senga, M. Ichiba, H. Kanazawa, and S. Nishigaki, *J. Chem. Soc. Chem. Commun.* **1981**, 278.
60. E. F. Schroeder and R. M. Dodson, *J. Am. Chem. Soc.* **1962** 84, 1904.
61. H. Fenner, H.-J. Meier, and R. Anschutz, *Arch. Pharm. (Weinheim Ger.)* **1981** 314, 729.
62. P. J. Bhuyan, R. C. Boruah, and J. S. Sandhu, *Ind. J. Chem.* **1985** 24B, 1166.
63. Y. Sawa, H. Tanida, and T. Ishida, *Yakugaku Zasshi* **1956** 76, 1103.
64. M. Horiuchi and Y. K. Sawa, *Yakugaku Zasshi* **1957** 77, 493.
65. T. Okuda and C. C. Price, *J. Org. Chem.* **1958** 23, 1738.
66. Y. Tominaga, T. Machida, H. Okuda, Y. Matsuda, and G. Kobayashi, *Yakugaku Zasshi* **1979** 99, 515.
67. J. A. Zoltewicz, T. D. Baugh, S. Paszyc, and B. Marciniak, *J. Org. Chem.* **1983** 48, 2476.
68. R. Hull, *J. Chem. Soc.* **1957**, 4845.
69. L. F. Linberg, *Khim. Farm. Zh.* **1976** 10, 13.
70. L. F. Linberg, Yu. N. Sheinker, and T. S. Safonova, *Khim. Farm. Zh.* **1978** 12, 29.
71. N. I. Traven, Yu. A. Ershova, A. S. Sokolova, V. A. Chernov, and T. S. Safonova, *Khim. Farm. Zh.* **1984** 18, 1180.
72. M. P. Nemeryuk and T. S. Safonova, *Khim. Geterotsikl. Soedin.* **1975**, 192.
73. N. E. Britikova and A. S. Elina, *Khim. Geterotsikl. Soedin.* **1977**, 517.
74. M. Horiuchi and Y. K. Sawa, *Yakugaku Zasshi* **1958** 78, 137.
75. A. F. Keremov, M. P. Nemeryuk, O. L. Aparnikova, and T. S. Safonova, *Khim. Geterotsikl. Soedin.* **1977**, 1332.
76. A. C. Scotese, R. L. Morris, and A. A. Santilli, U. S. Patent 4301281, Nov. 1981; *Chem. Abstr.* **1982** 97, 23815m.
77. T. S. Safonova, L. G. Levkovskaya, I. E. Mamaeva, and L. A. Blokhina, U. S. S. R. Patent SU 592145 A1, 1982; *Chem. Abstr.* **1983** 98, 126133n.
78. M. J. Winchester, L. J. Zappone, and C. G. Skinner, *J. Heterocycl. Chem.* **1981** 18, 455.
79. E. A. Falco, G. B. Elion, E. Burgi, and G. H. Hitchings, *J. Am. Chem. Soc.* **1952** 74, 4897.
80. V. A. Portnyagina and V. K. Karp, *Ukr. Khim. Zh.* **1965** 31, 215; *Chem. Abstr.* **1965** 63, 1785f.
81. N. V. Sazonov and T. S. Safonova, *Khim. Geterotsikl. Soedin.* **1973**, 171.
82. N. E. Britikova, L. Belova, K. A. Chkhikvadze, and O. Yu. Magidson, *Khim. Geterotsikl. Soedin.* **1973**, 270.
83. H. Fenner, H. Motschall, S. Ghisla, and P. Hemmerich, *Justus Liebigs Ann. Chem.* **1974**, 1793.
84. N. A. Ryabokon, N. A. Andreeva, M. P. Nemeryuk, A. F. Keremov, V. A. Chernov, and T. S. Safonova, *Khim. Farm. Zh.* **1975** 9, 15.
85. L. A. Tyurina, V. A. Semenov, M. P. Nemeryuk, A. F. Keremov, N. A. Ryabokon, V. A. Chernov, and T. S. Safonova, *Khim. Farm. Zh.* **1981** 15, 44.
86. J. Clark, M. R. Hughes, and I. Southon, *J. Chem. Soc. Perkin 2* **1974**, 1277.
87. T. S. Safonova, Yu. N. Sheinker, M. P. Nemeryuk, E. M. Peresleni, and T. F. Vlasova, *Dokl. Akad. Nauk SSSR* **1972** 205, 1366.
88. V. A. Chernov, T. S. Safonova, N. A. Ryabokon, N. A. Andreeva, A. S. Sokolova, Yu. A. Ershova, and M. P. Nemeryuk, *Adv. Antimicrob. Antineoplastic Chemother., Proc. Int. Cong. Chemother., 7th*, Meeting Date 1971, Vol. 2, M. Hejzlar (Ed.), University Park Press, Baltimore, 1972, p. 65; *Chem. Abstr.* **1973** 79, 100459.

CHAPTER VI

Pyrimidotriazines

1. NOMENCLATURE

The possible arrangements of the three nitrogen atoms in the triazine ring allows for four different isomers when fused to the pyrimidine ring. Commonly, these isomers are labeled with symmetric and asymmetric designations. In this chapter the more formalized names will be used and their corresponding structures will be shown below. Examples of all four isomers are known, although most of the literature concentrates on the unsymmetrical triazine derivatives.

The major impetus for the development of these isomers lies in the isolation of several antibiotics. Toxoflavin was first isolated from the bacterium *Pseudomonus cocovenenans*[1] and has been characterized as an example of the pyrimido[5,4-*e*]-1,2,4-triazines.[2] The second antibiotic, fervenulin, has been shown to be isomeric with toxoflavin. Its physical and spectral properties indicate that it is a member of the pyrimido[4,5-*e*]-1,2,4-triazines.[3] Finally, a third antibiotic substance, initially known as MSD-92, has been identified as a pyrimido[5,4-*e*]-1,2,4-triazine.[4,5] Although the literature of these compounds uses their common names the more systematic names are preferred throughout this chapter.

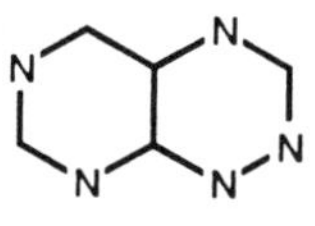

PYRIMIDO[5,4-*e*]-1,2,4-TRIAZINE

1

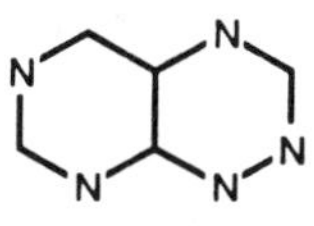

PYRIMIDO[4,5-*e*]-1,2,4-TRIAZINE

2

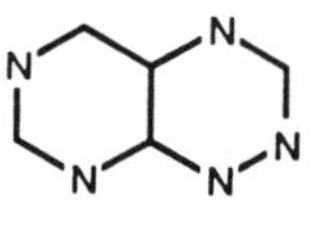

PYRIMIDO[5,4-*d*]-1,2,3-TRIAZINE

3

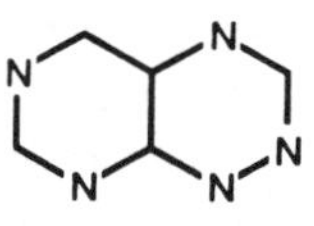

PYRIMIDO[4,5-*d*]-1,2,3-TRIAZINE

4

2. METHODS OF SYNTHESIS OF THE RING SYSTEM

A. Synthesis of Pyrimido[5,4-e]-1,2,4-triazines

As with other members of the miscellaneous fused pyrimidines covered in this volume there is one favored route to the final product. In the case of pyrimido[5,4-e]-1,2,4-triazines, the approach taken is to utilize a suitably substituted pyrimidine. To a very minor degree triazines and other heterocyclic rings have served as precursors to this ring system. Many of the syntheses of pyrimido[5,4-e]-1,2,4-triazines that are derived from pyrimidines incorporate, in one way or another, an amino group adjacent to a hydrazino group on the pyrimidine ring. A few exceptions to this approach are found while the number of variations on either the amino moiety or the hydrazino moiety is significant.

(1) From Pyrimidines with Adjacent Amino and Hydrazino Groups

The earliest and still the most popular route to the pyrimido[5,4-e]-1,2,4-triazine ring system is represented by the conversion of 5-amino-6-hydrazinopyrimidines, **5**, into the corresponding dihydro pyrimido[5,4-e]-1,2,4-triazines, **6**. Thus, the reaction of 4-(alkylhydrazino)-5-amino-pyrimidines (**5**: $R = R^3 = R^4 = H$; $R^1 = H$ or Cl; $R^2 = Me$ or $PhCH_2$) with formic acid at reflux temperature leads to the dihydro product, **6**.[6] The alkyl substituent on hydrazine is reported to be required for this result since purines are the major product when unsubstituted hydrazines are used.

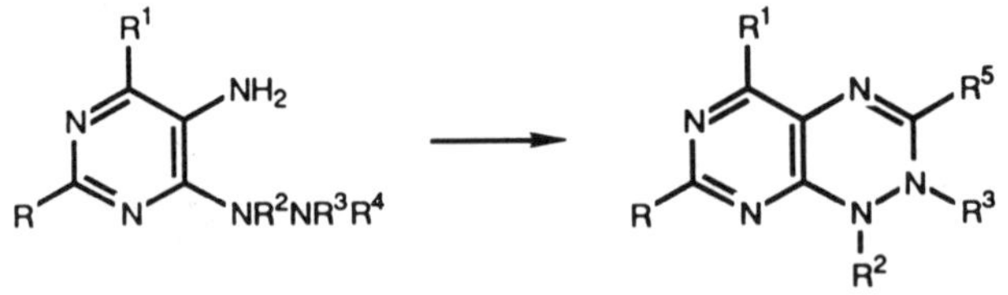

However, when 5-amino-4-hydrazino-6-methylpyrimidine (**5**: $R = R^2 = R^3 = R^4 = H$; $R^1 = Me$) is treated with hot formic acid the dihydro pyrimido-[5,4-e]-1,2,4-triazine, **6** ($R^1 = Me$; $R^5 = H$), is obtained as the major product. In this instance the purine derivative is the minor component.[7] These results are in direct contrast to the earlier report.[6] Hydrolysis reactions support the initial formation of the pyrimido[5,4-e]-1,2,4-triazine derivative which, through ring opening and recyclization, produces the purine ring.

In a straightforward reaction simple 5-amino derivatives, such as **5** ($R = R^1 = R^2 = R^3 = H$; $R^4 = COPh$) were cyclized by methanolic hydrogen chloride to give the dihydro product, **6** ($R^5 = Ph$).[8,9] Oxidation of this dihydro compound to the fully aromatic derivative proved to be very difficult.

The cyclization of the chloropyrimidine, **5** ($R = R^2 = R^3 = H$; $R^1 = Cl$; $R^4 = COMe$), in hot acetic acid gave, as the major component, the corresponding **6** ($R^5 = H$).[10]

Spontaneous cyclization has been demonstrated under catalytic hydrogenation conditions. Thus, if **5** ($R = R^2 = R^3 = H$; $R^1 = Me$ or Pr; $R^4 = CHO$ or $COMe$) is prepared by catalytic hydrogenation of the corresponding nitro compound it cyclizes in the reaction mixture to give the appropriate **6**.[11]

A series of 4-chloropyrimidines with either an amino or acetylamino substituent at position 5 and substituted hydrazino groups at position 6 reacted with excess ethyl orthoformate in the presence of hydrogen chloride at room temperature to give a variety of 1,2-dihydropyrimido[5,4-e]-1,2,4-triazines, **6** ($R^2 = H$, Me, or $PhCH_2$; $R^3 = H$ or Me; $R^5 = H$ or Me).[12] Ethyl orthoformate alone, even at higher temperatures, failed to form the ring compounds.

Under analogous conditions a number of reports have described the preparation of other 1,2-dihydropyrimido[5,4-e]-1,2,4-triazines.[9,13-17] Treatment of 2,5-diamino-4-benzylthio-6-hydrazinopyrimidine with ethyl ortho(ethoxycarbonyl)acetate affords ethyl 7-amino-5-(benzylthio)pyrimido[5,4-e]-1,2,4-triazine-3-acetate.[18]

Isomeric 1,4-dihydropyrimido[5,4-e]-1,2,4-triazines, **8** (R = H or Me), are formed when **7** (R = H or Me) is similarly treated with ethyl orthoformate.[12]

In a very brief report 5-acetamido-4-hydrazinouracil, **9**, was heated above 200 °C in diphenyl ether to afford a poor yield (22%) of the 3-methyl pyrimido[5,4-e]-1,2,4-triazine, **10** (R = Me).[19] Presumably, oxidation of the initially formed 1,2-dihydro derivative occurred readily under these vigorous conditions.

6-Hydrazino-3-methyl-5-nitrouracil is reduced catalytically to the amine which, upon stirring in aqueous solution for several days, cyclized to 6-methyl-5,6,7,8-tetrahydro-5,7-dioxopyrimido[5,4-e]-1,2,4-triazine.[20]

Sodium dithionite reduces the nitroso group in 6-(2-formyl)hydrazino-1,3-dimethyl-5-nitrosopyrimidine to the amine. The amine is then cyclized to the dihydro derivative, which is oxidized to the 6,8-dimethyl- compound.[21]

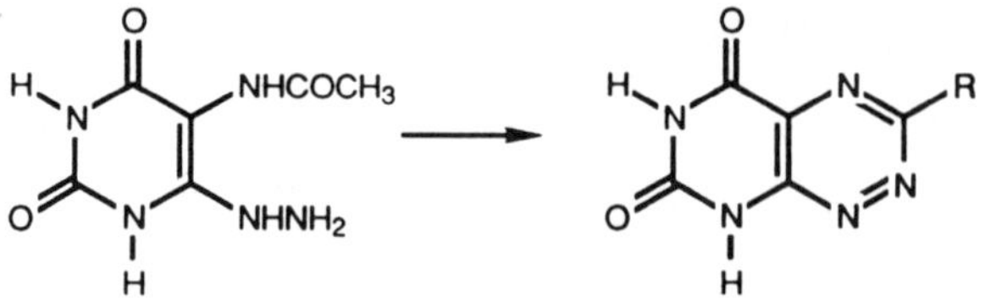

As an extension of the cyclization conditions described above more elaborate reagents have been employed in order to introduce particular side chains onto the heterocyclic ring. Since the pyrimido[5,4-e]-1,2,4-triazine can be viewed as an aza analog of the pteridine ring it is logical to introduce the typical folate side chain into such a ring system. The imino ethers, **12** [R^1 = OEt and NHCH(CO_2Et)$CH_2CH_2CO_2$Et], were prepared *in situ* from the nitrile and condensed with the pyrimidine, **11** (R = $PhCH_2$S) to give the corresponding aromatic products, **13**.[22-24]

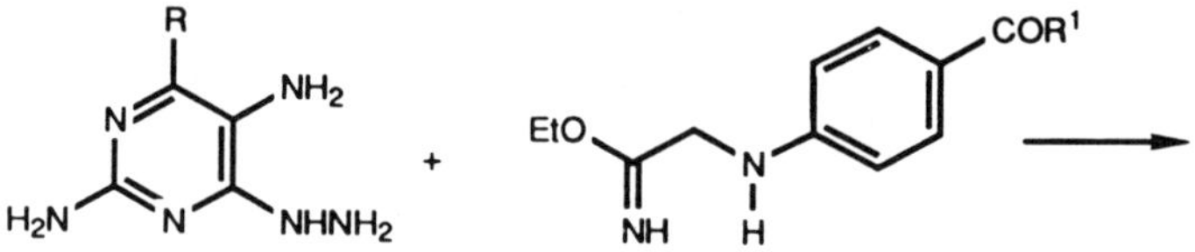

(2) *From Pyrimidines with Adjacent Amino and Chloro Groups*

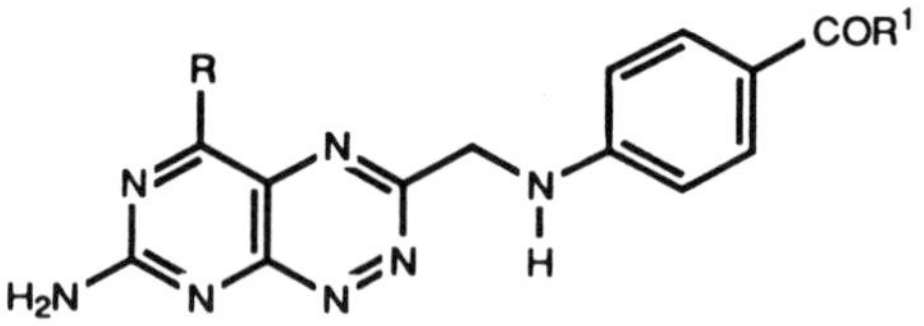

Methyl hydrazine has been used to convert the chloro substituent of **14** (R = CHO or COMe) into the corresponding hydrazino compound which, without isolation, cyclizes and undergoes spontaneous oxidation to the corresponding 1-methylpyrimido[5,4-e]-1,2,4-triazine.[25, 26]

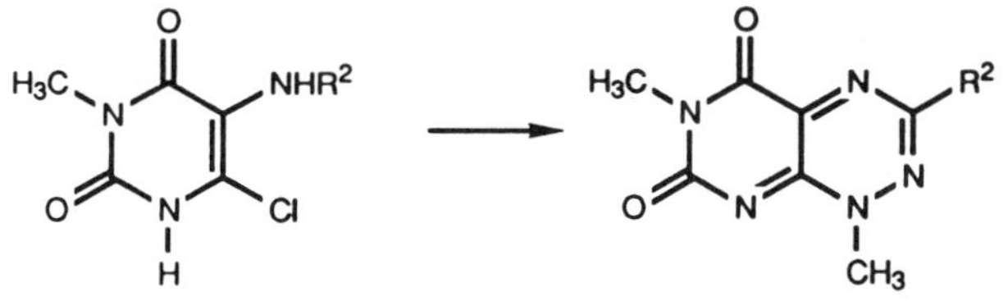

2. Methods of Synthesis of the Ring System

[Structures 14 and 15 shown]

14 → **15**

The semicarbazide, **16**, serves as the precursor to two isomeric structures. Warming **16** in aqueous sodium acetate under aerobic conditions produces the trioxo compound, **17**.[27]

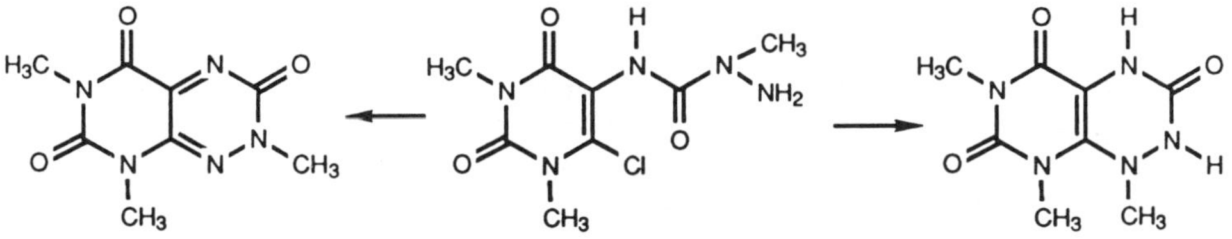

[Structures 17, 16, 18 shown]

17 **16** **18**

Alternatively, heating **16** at 135 °C (0.01 torr) gave a good yield of the 1-methyl compound, **18**.[27]

The imidates, **19** (R = Me or Et), prepared from the corresponding amines react with methanolic hydrazine to give **20**. It is proposed that the hydrazine displaces the ethoxy group of the imidate, then cyclizes to the dihydro derivative, which is spontaneously oxidized.[28] The reaction of **19** fails when R = H.

[Structures 19 and 20 shown]

19 **20**

(3) *From Pyrimidines with 5-Nitroso or 5-Nitro Groups*

Clearly the 5-amino substituent on the pyrimidine ring arises, in the majority of cases, from the reduction of either the nitroso or nitro group. In the previous discussion the amino group was, in fact, presumed to be the precursor, regardless of the actual functionalized pyrimidine used. In the examples that follow, the nitroso or nitro groups are presumed to be involved in a different way.

One of the popular precursors for the synthesis of pyrimido[5,4-*e*]-1,2,4-triazines is 6-hydrazino-1,3-dimethyl-5-nitrosouracil, **21**. Treatment of **21** with acetophenone, for example, gives a poor yield of the phenylpyrimido[5,4-*e*]-1,2,4-triazine, **22** (R = Ph).[29]

Analogous reactions employing either benzyl halides or phenacyl halides lead to similar products, **22** (R = substituted phenyl), in yields ranging from poor to modest.[30] Under the conditions of the reaction it is presumed that oxidation to the corresponding carbonyl compounds occurs with the benzyl and phenacyl halides.

Treatment of **21** with benzylidenetriphenylphosphoranes (Wittig conditions) likewise afforded the corresponding 3-aryl derivatives of **22** in varying yields.[31] Further examples of this approach have appeared more recently.[32,33]

By employing the Vilsmeier reagent (DMF–POCl$_3$) **21** undergoes cyclization to give the 4-oxide of **22** (R = H) in 72% yield.[34,35] Other reagents that have been reported to yield the same product are (a) DMF–dimethyl sulfate at room temperature (43%), (b) refluxing formic acid (54%), and (c) triethyl orthoformate at 90 °C (54%).[36] The reaction is somewhat more general in the latter case because triethyl orthoacetate and triethyl orthopropionate can also be used to give the corresponding 4-oxides of **22** where R = Me and Et, respectively.[36] Finally, treatment of the 5-unsubstituted pyrimidine with sodium nitrite in acetic acid produces first **21**, which immediately cyclizes to **22** (R = H), presumably through the intermediacy of Schiff base formation between the hydrazine moiety and acetic acid, followed by cyclization and oxidation.[32] Other examples that follow this general approach have been reported.[37–45]

The previous examples employ a hydrazinopyrimidine as the immediate precursor with the presumption of a Schiff base intermediate. Preformed hydrazine derivatives, such as **23** (R = H, alkyl, aryl, or heteroaryl; R^1 = NO), readily afford the corresponding aromatic products, **22**, upon hydrogenation and oxidation of the dihydro compound with silver oxide.[46] The same products are obtained by nitrosating the analogous pyrimidine **24** (R^1 = Me) *in situ*, followed by the same hydrogenation and oxidation conditions. The term "nitrosating cyclization" has been used to describe this process and it is catalyzed by hydrochloric acid.[47]

Refluxing **24** (R = substituted phenyl; R^1 = H) in acetic anhydride resulted in cyclization accompanied by dehydration to the demethyl derivative of **22**.[48]

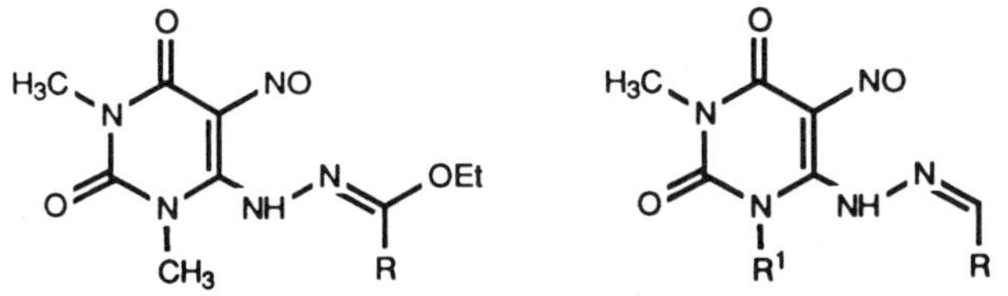

2. Methods of Synthesis of the Ring System

23

24

A variation of the nitrosating cyclization involves the treatment of **24** (R = Me, Ph, or substituted Ph) with sodium nitrite in acetic acid in the presence of diethyl azodiformate. The 4-oxides, **25**, are obtained as the exclusive products.[43,49]

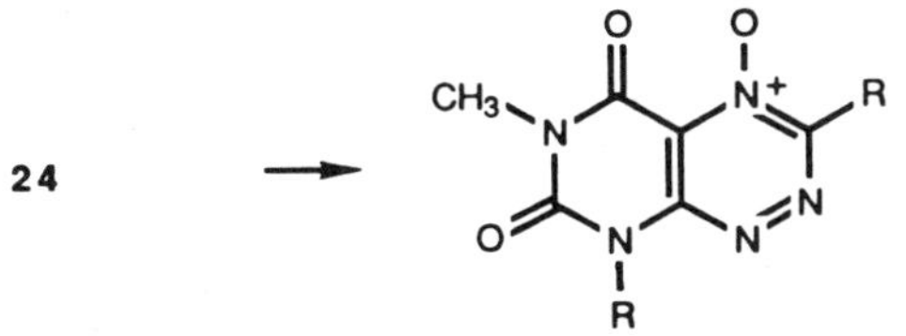

24 → **25**

Similar pathways exist for 5-nitropyrimidines as well as for the nitroso derivatives just described. For example, the nitropyrimidine **26** (R = SH; R^1 = COMe) after treatment with sodium hydrogen sulfide and sodium dithionite was cyclized in methanolic hydrogen chloride to the corresponding dihydro compound, **27**.[9] Other analogs of **27** were obtained by reduction with iron and acetic acid.[9]

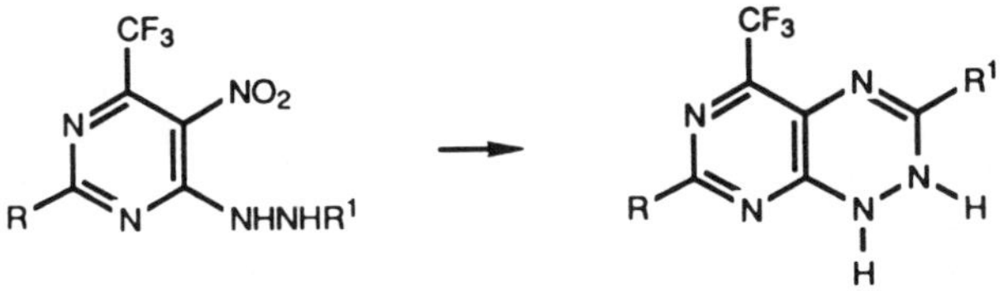

26

27

The hydrazine derivatives, **28** (R = R^1 = H; R^2 = Me, PhCH$_2$, or CH$_2$OH) were cyclized to the dihydro compounds, **29**, which could be oxidized by treatment with oxygen in ethanolic sodium hydroxide.[50] On the other hand the dimethyl pyrimidines, **28** (R = R^1 = Me), afforded very good yields of the corresponding 1,2-dimethyl-1,2-dihydro products.[50]

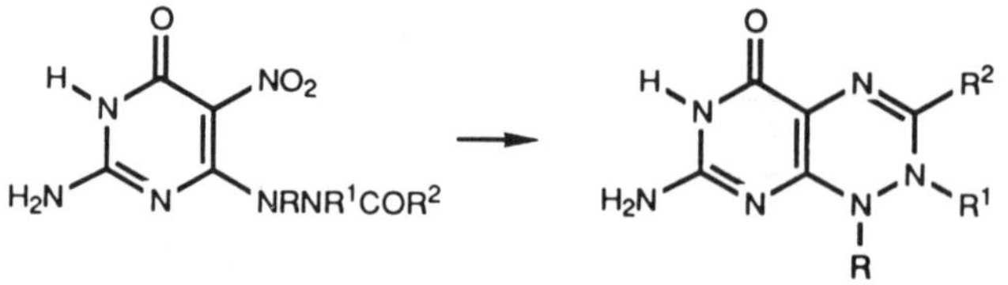

Schiff base derivatives of the hydrazine moiety can also be employed to form pyrimido[5,4-e]-1,2,4-triazines. Thus, derivatives of **30** (R = H or Me; R^1 = H; R^2 = H or Me) were hydrogenated with palladium on carbon resulting in cyclization to the corresponding dihydro derivatives, **31**. Other examples have been reported to give analogous results. Where possible, oxidation with silver oxide in the presence of barium oxide provided the fully aromatic compound.[51-54] The same chemistry has been applied to derivatives of **30** in which R^2 is also an alkoxy group.[55,56]

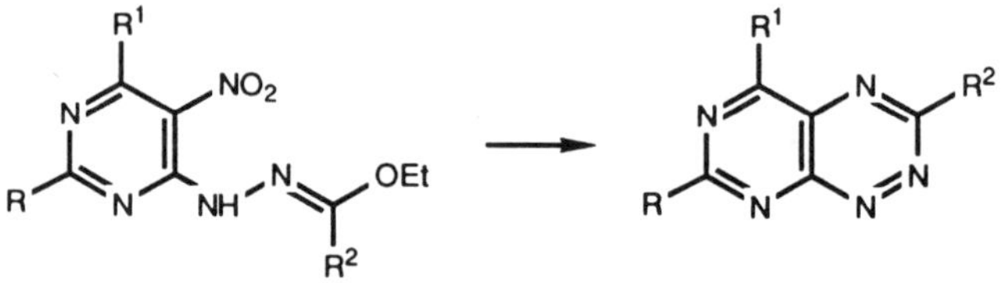

Indirect evidence indicates that the initial product is derived from an intermediate hydrate across the 5–6 bond. In some cases the use of the preformed 5-amino compound with triethyl orthoformate afforded better yields of the desired dihydro compounds.

Hydrogenation of 6-(benzylidene-1'-methylhydrazino)-3-methyl-5-nitrouracil using palladium on carbon affords the expected pyrimido[5,4-e]-1,2,4-triazine, a toxoflavin derivative.[57]

ortho-Nitroso aminopyrimidines have been used as precursors to pyrimido[5,4-e]-1,2,4-triazines. In these examples it is likely that the amino group is lost during the reaction. Thus the uracils, **32** (R = H or Me; R^1 = H or Me), react with both aliphatic and aromatic aldehyde hydrazones to give a series of 3-substituted derivatives **33**.[58,59]

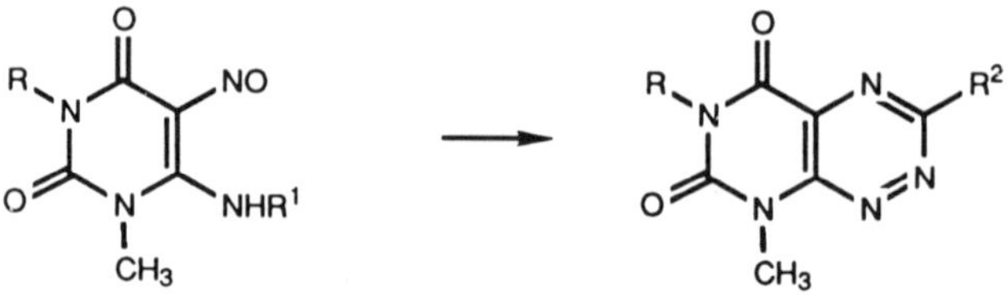

(4) From Pyrimidines with Adjacent Hydrazino Groups

Locating a hydrazine moiety at position 5 has proved to be an effective approach to the synthesis of pyrimido[5,4-*e*]-1,2,4-triazines as long as there is a portion of the hydrazine that can serve as a leaving group. One of the earliest examples of this type of reaction involved the treatment of the hydrazinopyrimidine **34** with phosphorus oxychloride in DMF, which gave **35** (R = H).[60] The 3-OH derivative (R = OH) is prepared from the same pyrimidine by treatment with either sodium ethoxide or ethanolic KOH.[27,60,61]

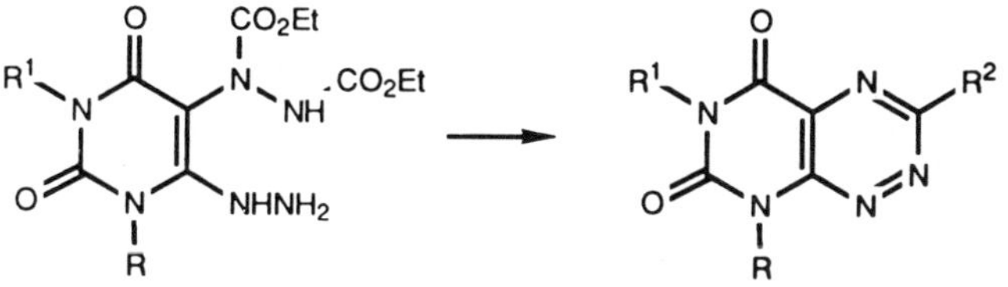

An improved procedure has been developed by formylating **34** to give 5-(1,2-dicarboethoxyhydrazino)-6-(2-formylhydrazino)-1,3-dimethyluracil and cyclizing with sodium ethoxide.[61] The acetyl derivative can be similarly cyclized.[62]

Hydrazino derivatives similar to **34** have been prepared, by treatment of 6-(2-benzylidene-1-methylhydrazino)-3-methyluracils with diethyl azodiformate. The products, **36** (R = R^1 = H or Me; Ar = substituted phenyl), are cyclized into the corresponding pyrimido[5,4-*e*]-1,2,4-triazine, **35** or **37**, by treatment with excess lead tetraacetate or heating in nitrobenzene.[63]

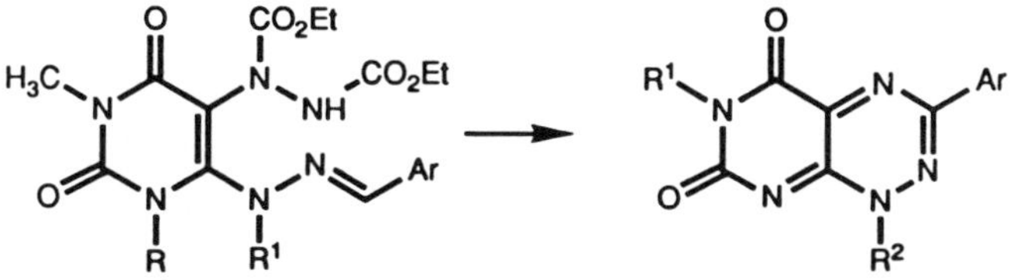

Reaction of 5-arylazo-6-arylidenehydrazino-1,3-dimethyluracils with DMF–DMA also resulted in the formation of **35**.[64,65]

(5) From Pyrimidines with a 6-Azido Group

A relatively recent approach to the synthesis of pyrimido[5,4-*e*]-1,2,4-triazines is the photochemical reaction of 6-azido-1,3-dimethyluracil, **38**. Irradiation of **38** and either formylhydrazine or a variety of acylhydrazines afforded generally good yields of the expected pyrimido[5,4-*e*]-1,2,4-triazine, **35** (R = R^1 = Me).[66–68]

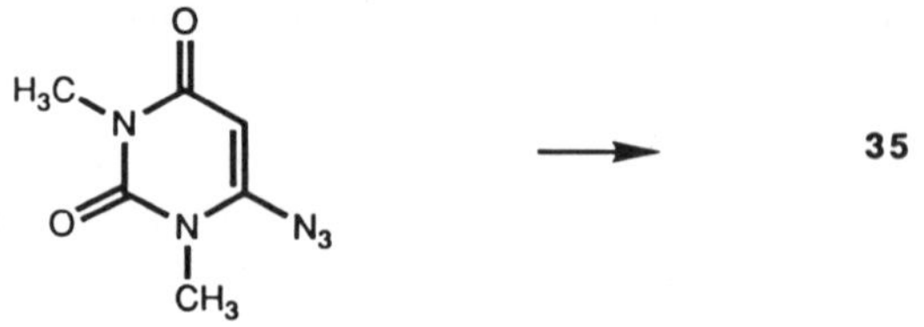

(6) *From Pyrimidines with Adjacent Amino Groups*

Only one report describes a cyclization in which a nitrogen–nitrogen bond is formed. The thioureido compounds, **39** (R = carbohydrate moieties), gave the nucleoside analogs, **40**, upon NBS oxidation.[69]

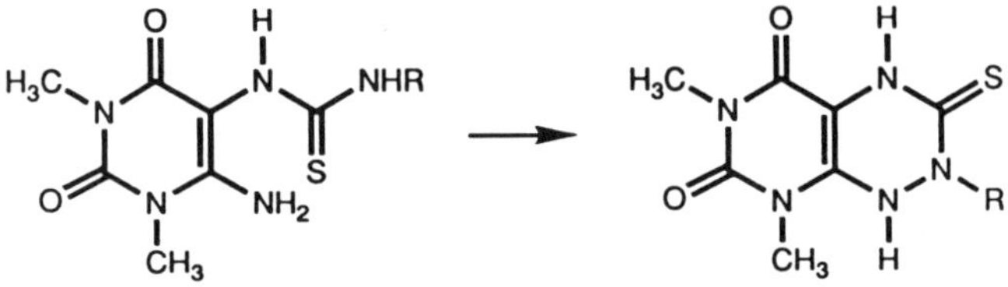

(7) *From Triazines*

Essentially all efforts to prepare pyrimido[5,4-*e*]-1,2,4-triazines from triazines begin with an amino group located adjacent to a carboxamido or substituted carboxamido group.

Although products such as **35** have been prepared from pyrimidines, experimental difficulties suggested that a new approach was needed. The triazine **41**, which happens to originate from a pyrimidine via a pyrimido[5,4-*e*]-1,2,4-

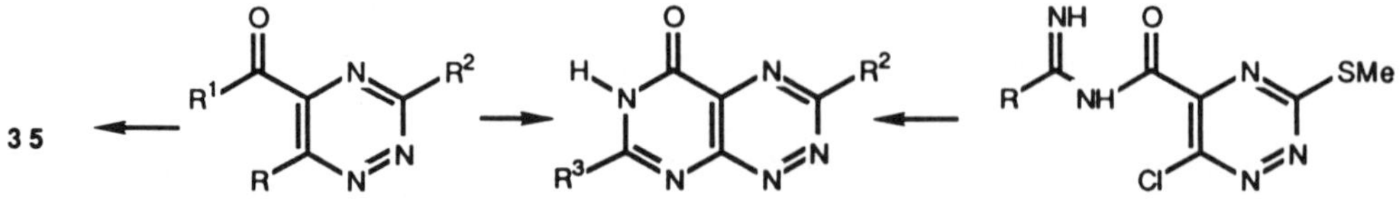

2. Methods of Synthesis of the Ring System

triazine, is treated with a phosgene–pyridine complex in hot dioxane to give a 37% yield of **35** (R = R^1 = H).[70,71]

The related triazine, **41** (R^2 = OEt), is treated with triethyl orthoformate in acetic anhydride to afford the diethoxy compound, **42** ($R^2 = R^3$ = OEt).[50] Other amides have been similarly treated.

The guanidino and benzamidino derivatives, **43** (R = NH_2 and Ph, respectively), were cyclized in hot DMF containing potassium carbonate to **42** ($R^3 = NH_2$ or Ph; R^2 = SMe).[72]

(8) From Other Heterocyclic Rings

The purine, **44**, serves as a source for the synthesis of the pyrimido[5,4-*e*]-1,2,4-triazine, **45**, even though the purine is readily prepared from 5-amino-4-chloro-6-hydrazinopyrimidine. Refluxing the purine in dilute alcoholic hydrogen chloride caused a ring-opening reaction to occur followed by recyclization to the oxo pyrimido[5,4-*e*]-1,2,4-triazine.[73]

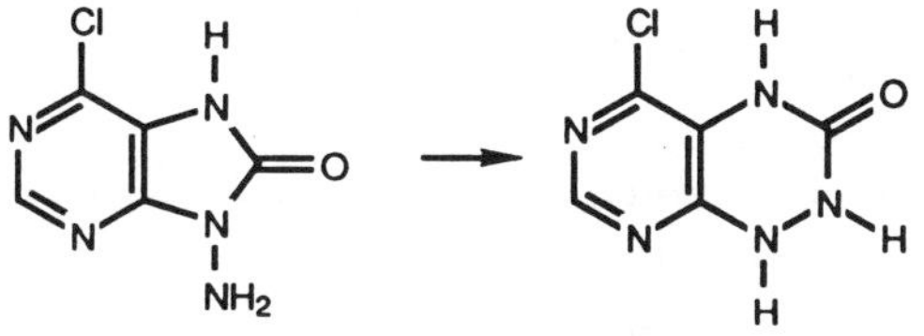

44   **45**

A similar chlorine-containing heterocycle, **46**, undergoes a displacement reaction of the chlorine atom with methylhydrazine. Apparently, the intermediate hydrazino pyrimidine cyclizes at the carbon atom of the five-membered ring, liberating the sulfur, to give the structure **47**.[16]

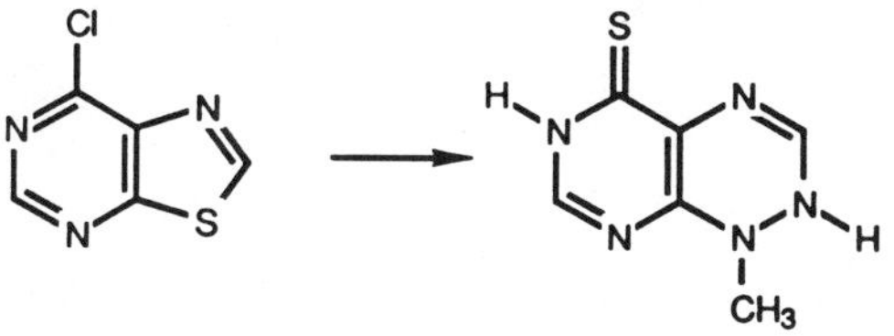

46   **47**

The furazanopyrimidine, **48**, undergoes nucleophilic attack by acylhydrazides at the amino group. This is followed by catalytic hydrogenation during which time recyclization to the appropriate pyrimido[5,4-*e*]-1,2,4-triazine, **49**, occurs.[74]

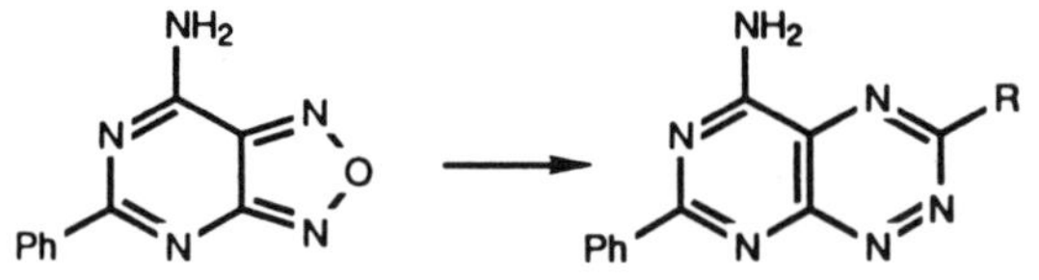

B. Synthesis of Pyrimido[4,5-e]-1,2,4-triazines

Much of the stimulus for the synthesis of pyrimido[4,5-e]-1,2,4-triazine derivatives has been due to the great interest in the antibiotics, fervenulin and toxoflavin. As noted earlier, these antibiotics are members of the pyrimido[5,4-e]-1,2,4-triazine class of heterocyclic ring systems. Hence, it is quite logical to consider moving the nitrogen atom within the triazine portion of the molecule to convert a "7-azapteridine" to a "6-azapteridine".

(1) From Pyrimidines

Alloxan and some of its N-methyl derivatives, **50** (R = H or Me; R^1 = H or Me), have been condensed with nitrogen-containing reagents to produce the corresponding pyrimido[4,5-e]-1,2,4-triazines, **51**. Examples of such reagents are S-alkylisothiosemicarbazides (R^2 = SMe or SEt)[75] and aminoguanidinium hydrogen carbonate derivatives (R^2 = NH_2, NHEt, or $NHCH_2Ph$).[76-79] The biological activity of some of these compounds had been reported earlier but without chemical experimental details.[80,81]

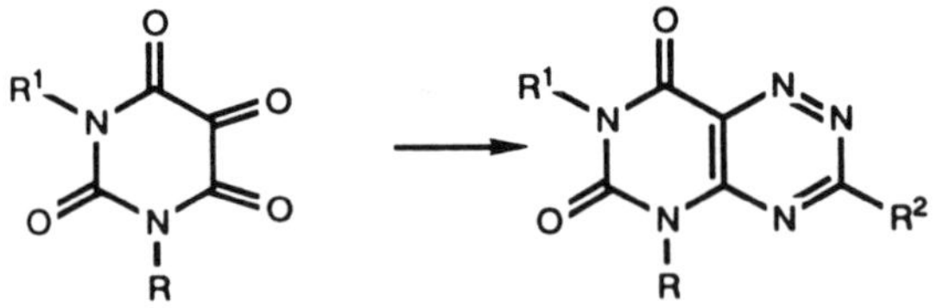

Similar chemistry has resulted from the use of 5,5-dibromobarbituric acid and the 1;3-dimethyl analog. It is likely that the dibromo substituents serve as a synthon for the oxo group found in alloxan.[82] Analogous reactions have been shown to occur with 2-amino- or 2-substituted amino-5,5-dibromo-pyrimidines.[82]

Heating 5-nitrosopyrimidines with suitable nitrogen molecules also provided the expected pyrimido[4,5-e]-1,2,4-triazine. Stoichiometric amounts of formyl-hydrazine react with **52** (R = R^1 = Me) in aprotic solvents to give **51** (R = H).[83]

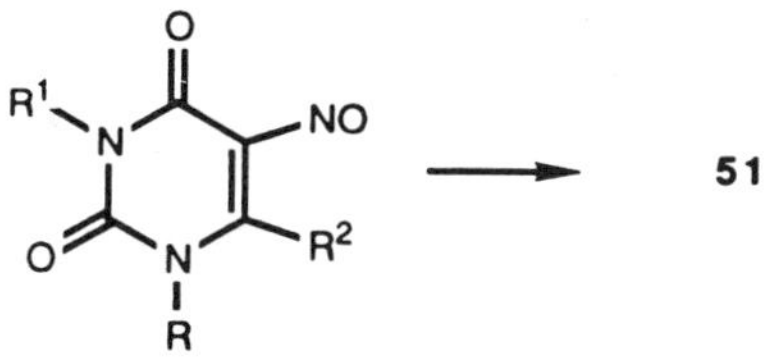

2. Methods of Synthesis of the Ring System

[Structure 52 → 51]

52

Other acid hydrazides gave analogous products in yields of ca. 15–40%. The presumed reactive species is the tautomeric imino–oxime form.

Condensation of the trioxo compound, **52** ($R = R^1 = Me$; $R^2 = OH$), with either 2-amino-1-ethylguanidine or 2-amino-1-methylguanidine in DMF produced the expected pyrimido[4,5-e]-1,2,4-triazine derivatives, **51** ($R^2 = NHEt$ and NHMe).[84] However, under these conditions the nonmethylated compound failed to give the expected product. Success is achieved when this pyrimidine is first treated with aminoguanidines in aqueous hydrochloric acid and the isolated intermediate alloxan guanylhydrazones subsequently cyclized.

A poor yield of **51** ($R = R^1 = Me$; $R^2 = H$) is obtained from the reaction of **52** ($R^2 = NH_2$) with formylhydrazine in DMF.[85]

Under Vilsmeier–Haack conditions 6-amino-5-(1,2-dicarbethoxyhydrazino)-1,3-dimethyluracil, **53**, cyclized to the pyrimido[5,4-e]-1,2,4-triazine. Treatment of this same pyrimidine with lead acetate took a different pathway and cyclized to give the oxo pyrimido[4,5-e]-1,2,4-triazine, **54** ($R = OH$).[60]

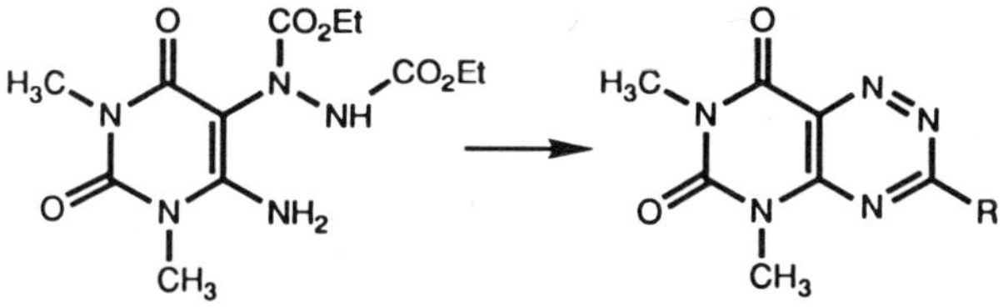

53 → **54**

Under the less vigorous conditions of sodium ethoxide at room temperature cyclization of **53** proceeded to form 2-carboethoxy-1,4-dihydro-5,7-dimethyl-pyrimido[4,5-e]-1,2,4-triazine-3,6,8(2H,5H,7H)-trione.[86]

Similar derivatives of **54** (R = aryl) have been isolated as minor products in the reaction between 6-hydroxylamino-1,3-dimethyluracil and arylhydrazides in refluxing DMF.[87]

The use of 5-azopyrimidine derivatives has also proved to be effective in forming different pyrimido[4,5-e]-1,2,4-triazine compounds. Fusion of **55** (R = Ph, 3-MePh; $R^1 = Me_2N$) above 200 °C in the absence of moisture led to reasonable yields of the corresponding **56**.[88]

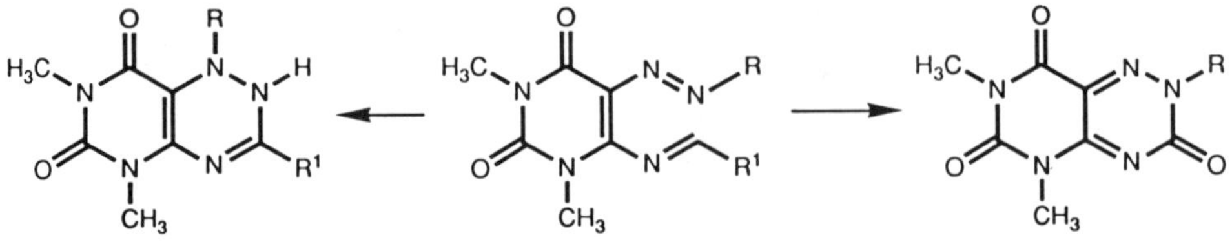

Poorer yields of the analogous derivatives of **56** were isolated, as secondary products, when either benzaldehyde or 4-chlorobenzaldehyde were used to prepare the Schiff base.

Photochemical cyclization of **55** in the presence of oxygen produced the trioxo products, **57** (R = aryl), in moderate yields.[89] In the absence of oxygen the photochemical reaction gave purines. These and similar compounds could be prepared by condensing the 6-aminouracils with urea at 180 °C[89,90] or with N,N'-carbonyldiimidazole.[91] Simple thermal cyclization afforded **56** (R = aryl; $R^1 = Me_2N$).[89]

(2) *From Triazines*

Typical methods for the formation of pyrimidines have been employed. One of the classical systems, an amino group ortho to a carboxamido group, was the first to be explored. Diethyl carbonate, in ethanolic sodium ethoxide, condenses with the diaminotriazine, **58** (R = NH_2), to produce **59** (R^1 = OH).

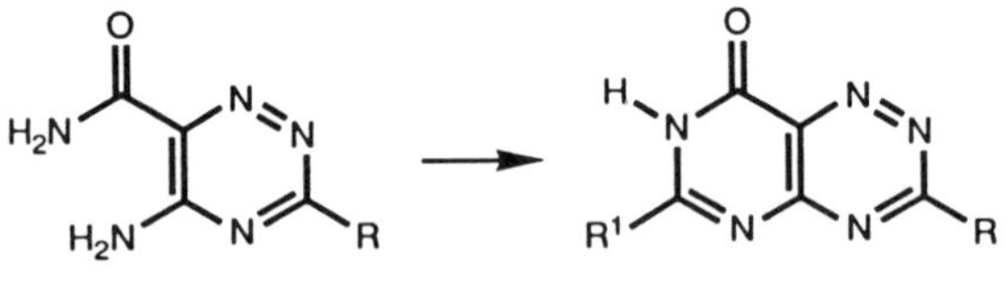

Similar reactions with formamide and acetamide lead to the expected **59** (R^1 = H or Me).[76,77] Analogous chemistry occurs with the ethoxy compound, **58** (R^1 = OEt).[92]

The chlorotriazine, **60** (R = Ph), can react with acetamidine or benzamidine to give the appropriate oxo derivatives **59** (R^1 = Me or Ph)[93] or with dimethylurea to give **61** (R = Ph).[93]

The methylthio derivative **60** (R = MeS) gave, with benzamidine or guanidine, the corresponding products, **59**.[72]

Another functional group that has played a role in forming the pyrimidine ring is the cyano moiety. Thus, the nitriles **62** (R = OEt and aryl) were cyclized

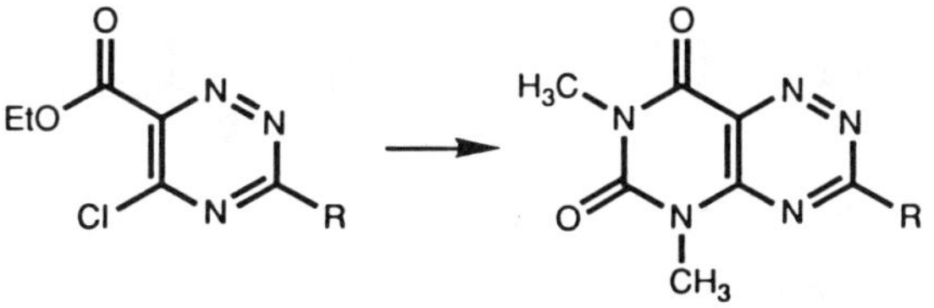

2. Methods of Synthesis of the Ring System

60 → **61**

with guanidine to give the diamino pyrimido[4,5-*e*]-1,2,4-triazine, **63** (R = OEt and aryl; R^1 = NH$_2$),[92,94] while **62** (R = MeS) readily closes with benzamidine to **63** (R = MeS; R^1 = Ph).[78]

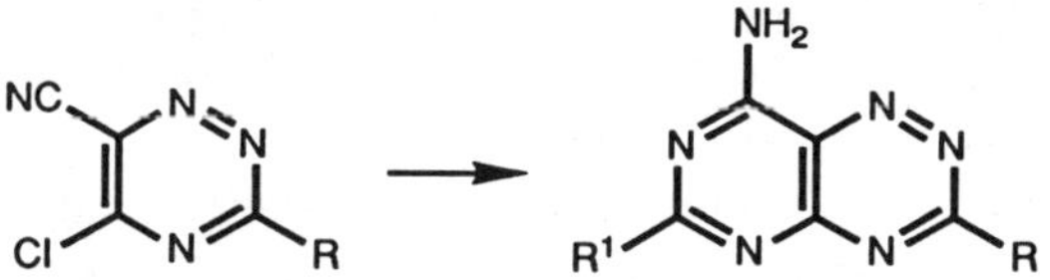

62 → **63**

The elaborate triazine **64** was converted in refluxing ethanol, with base catalysis, first to the imino compound, **65** (X = NH), and then, under acidic conditions, hydrolyzed to the oxo compound (X = O) in 60% overall yield.[95]

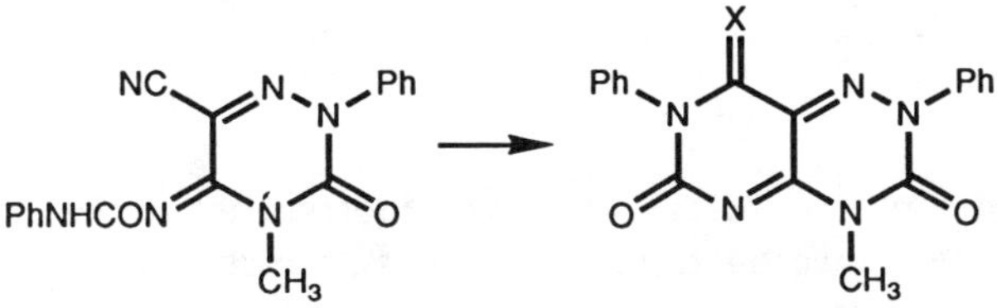

64 → **65**

(3) From Purines

In an unusual ring expansion 7-aminotheophylline (**66**, X = H) and the 8-bromo derivative (X = Br) are oxidized with lead tetraacetate to give the pyrimidotriazines, **67**.[96,97] What makes this reaction unusual is that ring contractions of pyrimidotriazines leading to purines are more commonly observed. This interesting observation does not appear to have been examined further.

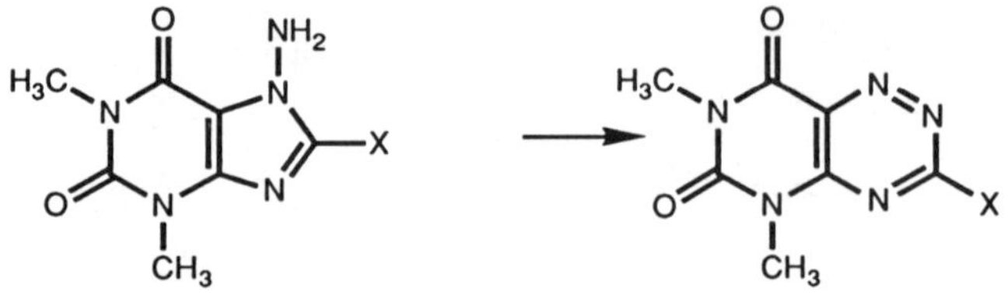

C. Synthesis of Pyrimido[5,4-d]-1,2,3-triazines

There is, practically speaking, only one approach to the synthesis of pyrimido[5,4-d]-1,2,3-triazines. This involves the use of a pyrimidine with an amino group adjacent to a methyl group. The relevant chemistry takes advantage of the acidity of the methyl hydrogens.

In the first instance, 5-amino-1,3,6-trimethyluracil, **68**, was treated with sodium nitrite and concentrated hydrochloric acid. The product was identified as the 3-N-oxide, **69**,[98] which had earlier been prepared by the same reaction but incorrectly identified.[99]

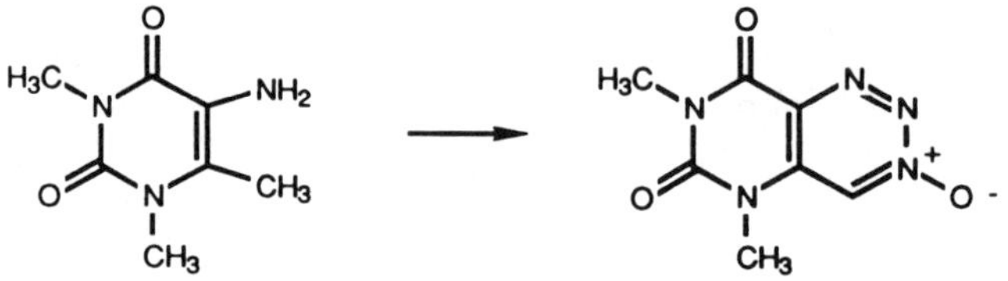

Twenty years passed before this pyrimidotriazine isomer was again the subject of chemical investigation. Nevertheless, the chemistry was the same as that described earlier. Thus, pyrimidines of the type **70** (R = NH_2, MeNH, Me_2N, piperidine, or MeS; R^1 = S-alkyl, Me_2N, or morpholine) were treated either with sodium nitrite or isopentyl nitrite to afford the corresponding N-oxides, **71**.[100-102]

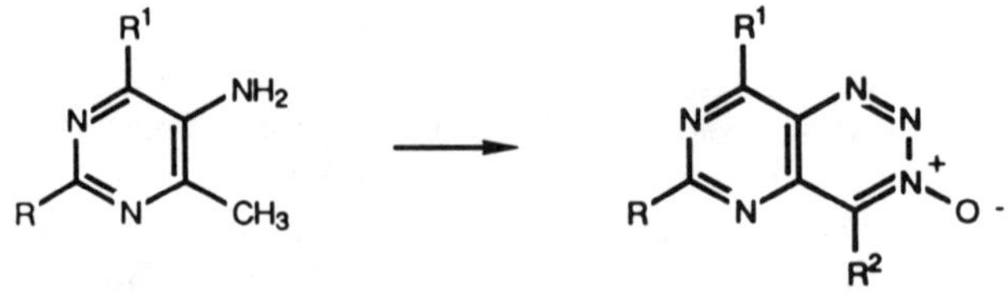

D. Synthesis of Pyrimido[4,5-d]-1,2,3-triazines

The only example of a pyrimido[4,5-d]-1,2,3-triazine was reported in 1983.[103] As a part of a general examination of 6-azidouracil derivatives, 6-azido-5-formyl-1,3-dimethyluracil, **72**, afforded 6,8-dimethylpyrimido[4,5-d]-1,2,3-triazine-5,7(6H,8H)-dione, **73**, upon treatment with triethyl phosphite and triphenylphosphine under mild conditions.

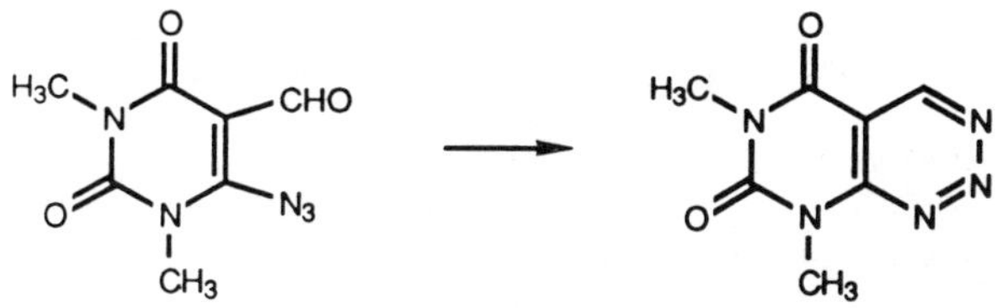

3. REACTIONS

A. Of Pyrimido[5,4-e]-1,2,4-triazines

(1) *Simple Group Transformations*

(a) Oxidation Reactions

The most common oxidation reaction involving this ring system is the conversion of the 1,2-dihydro compounds into the fully aromatic species. The dihydro compounds are usually the immediate product obtained by ring closure. In some cases the oxidation occurs spontaneously in the presence of air,[9,10,16,20,26] while in others a rather vigorous oxidation agent is necessary. Silver oxide is the agent of choice in many examples[14,18,51-53] although other agents such as potassium permanganate,[8] 1-chlorobenzotriazole,[9,17] and 2,3-dichloro-5,6-dicyano-1,4-benzoquinone[27] have been employed occasionally. In the majority of reports the oxidation is described in the experimental procedures for the preparation of the aromatic compounds and the original literature should be consulted for examples other than those described here.

Direct oxidation of the heterocyclic ring to afford an *N*-oxide is also known. An illustration of this process is seen in the oxidation of the dimethyl compounds, **22** (R = H, Me, or 2-pyridyl), into the 1-*N*-oxides, **74**, by treatment with hydrogen peroxide in trifluoroacetic acid.[47] Under similar conditions **22** (R = PhNH) gave the 2-*N*-oxide.[44]

Other examples of *N*-oxides arise chiefly through ring cyclization of nitroso or nitro precursors.

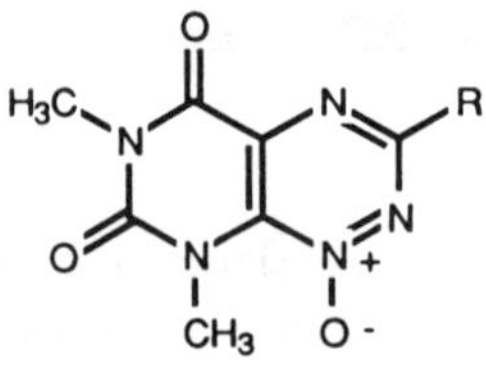

74 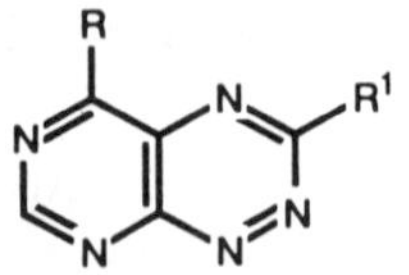   **75**

(b) Functional Group Interconversions

The replacement of one functional group by another represents a significant, although certainly not novel, method for the preparation of desired derivatives of the pyrimido[5,4-e]-1,2,4-triazine ring system.

Conversion of an amino group (**75**, R = NH_2) into a different nitrogen-containing group has been described for hydrazine (R = $NHNH_2$),[28] and benzylamine (R = $PhCH_2NH$),[28] while base-catalyzed hydrolysis affords the corresponding oxo derivatives (R = OH).[14,28] Nitrous acid treatment of the hydrazino group provides the azido substituent.[104]

Treatment with phosphorus oxychloride converts the hydroxy moiety into the chloro group,[60,61] which may undergo simple nucleophilic displacement with a variety of agents such as hydrazine,[60,61] alkoxides,[27,35] azide ion,[14,71] aniline,[44] secondary amines,[17,53,71] sulfhydryl ion,[13] methylthio ion,[53] and the malononitrile anion.[105]

The replacement of alkoxy groups by amines[54,56] or water (hydrolysis)[56] has also been described.

Sulfur-containing groups, such as benzylthio, also figure prominently in functional group interconversions. This group can be displaced by the sulfhydryl ion,[13,16,22] the hydroxide ion,[22] and various amino compounds.[13,16,22,24]

Phosphorus pentasulfide transforms the 5-oxo group of the uracil compound, **22**, into the corresponding 5-thio compound.[106]

Alkylation at one of the ring nitrogen atoms can be achieved, although sometimes accompanied by an unusual demethylation. Hence, treatment of **76** (R = H, substituted aryl, or heteroaryl) with methyl iodide in DMF containing potassium carbonate leads to the appropriate **77**.[59,107] Other alkyl groups can be introduced in this manner.[48,107–110]

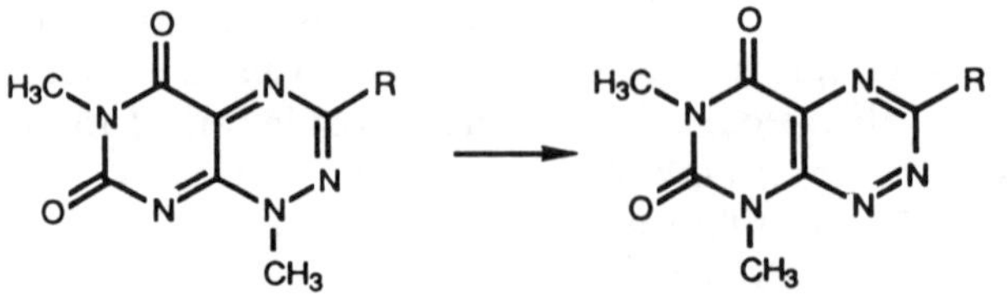

76   **77**

3. Reactions

A special case of the alkylation reaction involves the formation of a nucleoside product. Using standard methodology **78** is transformed into the corresponding isomers, **79** and **80**, in which R can be methyl, ribose, deoxyribose, or glucose.[111]

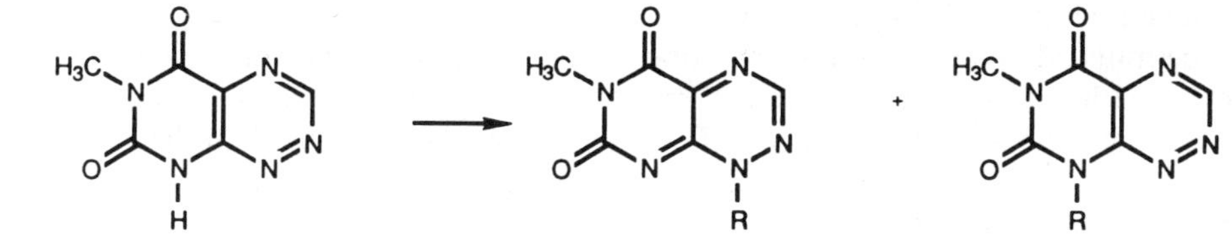

78   **79**   **80**

(c) Covalent Addition

One of the more interesting group transformations involves the initial covalent addition of an alcohol, followed by subsequent oxidation (rearomatization), to provide an alkoxy substituent. The first example of this behavior was reported by Biffen and Brown[51] in which covalent addition of methanol across the 5–6 double bond of **81** was postulated to give **82**. Under the oxidizing conditions of the reaction **83** was isolated. This results in a replacement of the hydrogen at position 5 by a methoxy group.

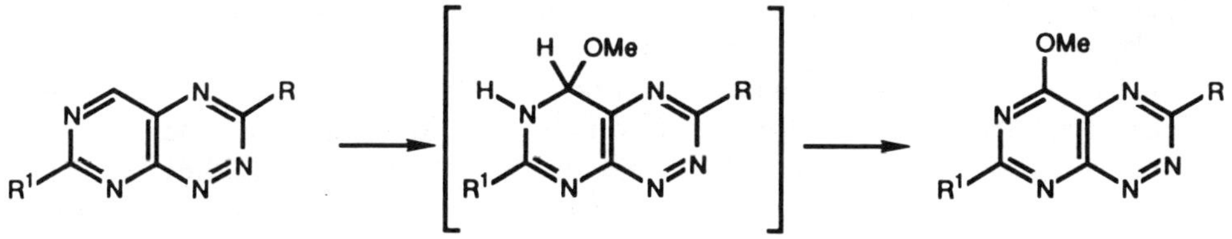

81   **82**   **83**

Other examples of this type of chemistry involving other molecules as adducts have been reported.[11,14,15,53,112–114]

(2) *Ring-Opening Reactions*

(a) With Retention of One of the Heteroaromatic Rings

Depending on the reaction conditions either the triazine or the pyrimidine portions of the pyrimido[5,4-*e*]-1,2,4-triazines can be cleaved resulting in the appropriately substituted pyrimidine or triazine products.

A few simple derivatives have been shown to have labile triazine rings, particularly toward aqueous hydrolysis. Aqueous ethanolic sodium chloride treatment of 5-chloro-1,2-dihydropyrimido[5,4-e]-1,2,4-triazine results in opening of the triazine ring to give 5-amino-4-chloro-6-(2-formylhydrazino)-pyrimidine.[71] The analogous 5-thio dihydropyrimidotriazine is cleaved at room temperature in 4 N HCl to 5-amino-4-hydrazinopyrimidine-6(1H)-thione.[13]

The 5-chloro-1,2-dihydro compound mentioned above (and some of its 3-substituted derivatives) undergoes opening of the pyrimidine ring upon treatment with bromine in methanol to give the o-amino ester triazine.[14] A similar fate befalls the 5-methoxypyrimido[5,4-e]-1,2,4-triazine with methanolic hydrogen chloride. In addition, the same thio analog above cleaves the pyrimidine ring when treated with triethylamine.[14] Similarly, reaction of the fully aromatic 5-aminopyrimido[5,4-e]-1,2,4-triazine with excess ethylamine or hydrazine under vigorous conditions provided the triazine derivatives, **84** (R = Et or NH_2),[71] while the corresponding 5-oxo compound opens with morpholine in ethanol to **84** (R = N-morpholino).[115]

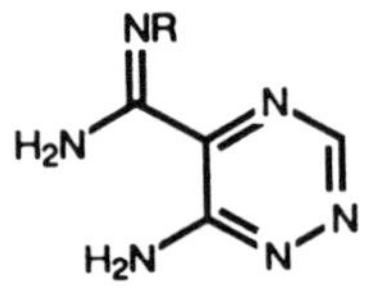

84

As expected the pyrimidine ring that resembles 1,3-dimethyluracil is readily opened by nucleophiles, such as primary amines or hydrazine.[116]

Clearly, the most susceptible type of molecule toward such ring-opening reactions is the N-oxide. As a good example, 6,8-dimethylpyrimido[5,4-e]-1,2,4-triazine-5,7(6H,8H)-dione 4-oxide (fervenulin 4-oxide), **85**, gives the nitroso pyrimidine, **86**, on treatment with acid or the 6-hydroxypyrimidine, **87**, on treatment with acetic acid–acetic anhydride mixture.[35] Other studies report similar chemistry.[33,117–119]

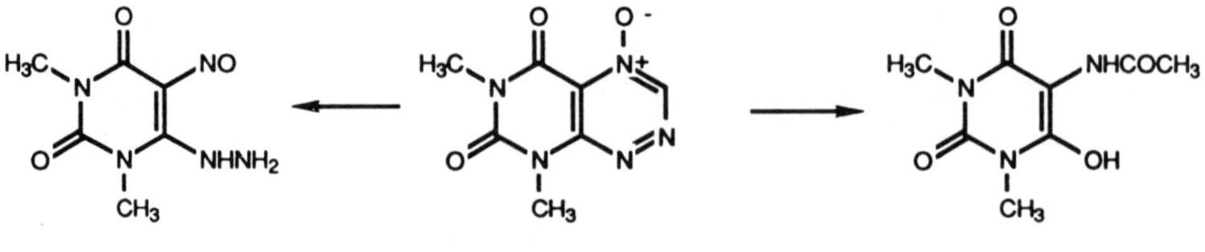

86   **85**   **87**

(b) With Formation of New Heteroaromatic Rings

The lability of the triazine ring under certain conditions has provided a suitable method for the conversion of pyrimido[5,4-e]-1,2,4-triazines into purines. One of the first examples of such a transformation is the reaction of 5-

chloro-1,2-dihydropyrimido[5,4-*e*]-1,2,4-triazine with formic acid to give 4-hydroxy-9-formamidopurine.[12] Presumably, the ring opened intermediate is a 5-formamidopyrimidine, which undergoes slow ring cyclization. Simultaneous displacement of the chloro group occurs.

A more general application of this type of chemistry is shown by the treatment of the 3-substituted-5,7-dioxo compounds, **88** (R = H or alkyl; R^1 = substituted phenyl), with formamide at 190 °C to afford the corresponding 8-substituted purines, **89**.[120]

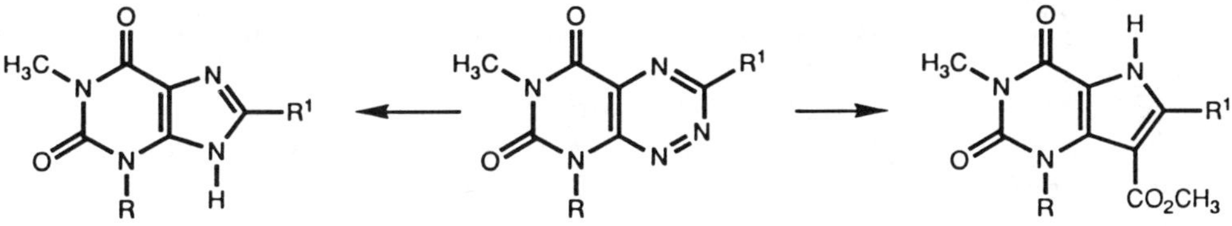

89   **88**   **90**

An interesting feature of the triazine ring that has been exploited is the ability to eliminate the adjacent nitrogen atoms as molecular nitrogen. The triazine ring can serve as a suitable substrate and participate in a 1,3-dipolar cycloaddition reaction. This type of chemistry has been demonstrated with the 4-*N*-oxide of **88** and dimethyl acetylenedicarboxylate resulting in the deazapurines, **90**.[121-123]

As noted earlier the pyrimidine portion of the pyrimido[5,4-*e*]-1,2,4-triazine is also susceptible to ring cleavage. In some cases this, too, can be used to provide different ring systems.

One early case of this is the aqueous base hydrolysis of 6,8-dimethylpyrimido[5,4-*e*]-1,2,4-triazine-5,7(6*H*,8*H*)-dione to afford the five-membered ring, dimethylparabanic acid.[21] Of course this is a destructive process and has no real value in synthesis.

On the other hand a variety of azapurines have been elaborated from such ring systems in which the triazine portion of the molecule is stable but the pyrimidine is opened and reclosed to a five-membered ring. The use of 10% alcoholic sodium hydroxide converts **88** into the azapurine, **91**.[48,124-126] The 4-*N*-oxides of **88** behave similarly to give azapurines.[43]

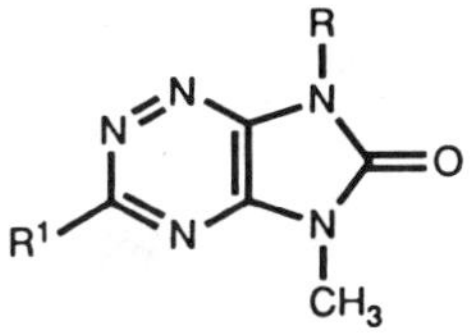

91

B. Of Pyrimido[4,5-e]-1,2,4-triazines

(1) Simple Group Transformations

Many of the standard functional group transformations are possible with this ring system. Replacement of the ethylmercapto moiety at position 2 of the triazine portion of the molecule with a variety of amines[75,79] and the hydroxy group,[79] or the corresponding ethoxy group with ammonia[92] and the hydroxy group[92] has been described. Oxidation of the ethylmercapto group to the sulfone with subsequent replacement by azido, hydroxy, mercapto, or amino groups has also been reported.[127]

Chlorination of an oxo moiety by phosphorus oxychloride and phosphorus pentachloride[75] or phosphorus oxychloride alone[60] has been accomplished. One example, 2-chloro-6,8-dimethylpyrimido[4,5-e]-1,2,4-triazine-5,7(6H,8H)-dione, undergoes further displacement with hydrazine.[60,86]

Alkylation of ring nitrogen atoms[79,86,92] proceeds under usual conditions.

(2) Ring-Opening Reactions

The pyrimidine portion of the pyrimido[4,5-e]-1,2,4-triazines is also reported to undergo cleavage. Both the uracil and dimethyluracil analogs have been subjected to such ring-opening conditions. These uracil compounds (with two, one, or no N-alkyl groups) lead to the corresponding triazines when treated with aqueous base[75,79,128] or alkyl amines.[75]

Ring contraction of the triazine component of pyrimido[4,5-e]-1,2,4-triazines leading to purines is a consequence of the ring cleavage of the triazine ring. For example, the reaction of **92** with sodium dithionite in formic acid gave the 8-substituted theophyllines, **93**.[83,88]

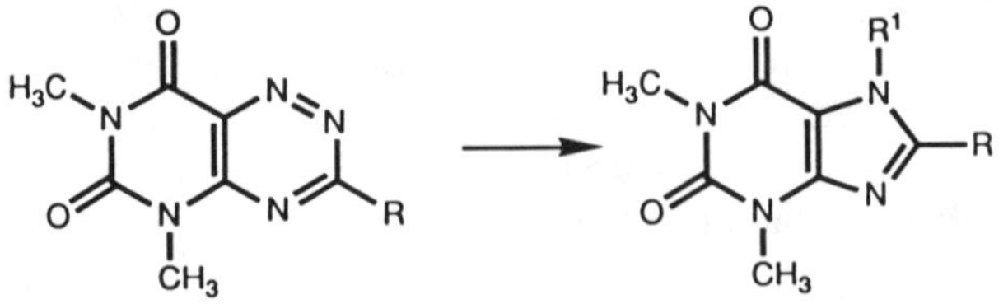

92 → **93**

The assumption made for this transformation is that reductive nitrogen–nitrogen bond cleavage occurs to give a 5-amino-6-amidinouracil. Subsequent cyclization, accompanied by loss of ammonia would produce the purine structure shown.

C. Of Pyrimido[5,4-d]-1,2,3-triazines

Only a few reactions involving this ring system have been described in the literature. As one of the earliest examples, the 3-N-oxide, **69**, upon treatment with thionyl chloride produced the 4-oxo derivative (with loss of the N-oxide) accompanied by 5-diazo-1,3-dimethylbarbituric acid.[98] Both of these compounds were undoubtedly derived from an intermediate 4-chloro compound that could be isolated, although with great difficulty. The 4-oxo compound obtained was methylated with dimethyl sulfate but the position of alkylation was not established unambiguously.

Other 6,8-disubstituted 3-N-oxides were also converted to the corresponding 4-chloro derivatives that were, in turn, transformed into a variety of 4-amino compounds.[101,129]

4. PATENT LITERATURE

Only the pyrimido[5,4-e]-1,2,4-triazines have been the subject of any significant patent coverage. Some 40 examples of **94** have been prepared and examined as antiinflammatory agents.[130,131] Some of the compounds were the 1,2-dihydro derivatives. The major functional groups were R = Cl, NH_2, or a variety of secondary and tertiary amines while R^1 = alkyl or phenyl. The only variations at R^2 were methyl and phenyl.

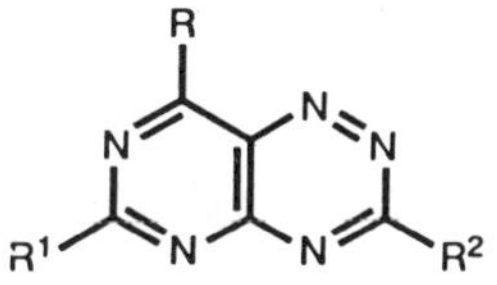

94

A somewhat smaller collection of similar compounds, **94**, were prepared for the purpose of controlling unwanted plants.[132] These compounds were substituted only at R with alkyl or aromatic amines.

A few compounds similar to **92** have also been reported.[133]

5. TABLES

TABLE 1. THE PYRIMIDO[5,4-*e*]-1,2,4-TRIAZINES THAT HAVE NO OXO OR THIOXO GROUPS

Substituents	mp	Other Data	References
5-Amino-	> 264	IR, NMR, UV	71
3,5-Diamino-	> 340	NMR, UV	55
5,7-Diamino-	> 264	IR, NMR, UV	15, 16
5-Amino-3-(azidomethyl)-	179–180 (d)	NMR, UV	14
7-Amino-3-(azidomethyl)-5-[(phenylmethyl)thio]-	210 (d)	IR, MS, NMR, UV	18
5-Amino-3-[(diazido) (carboethoxy)methyl]-	154	IR, NMR, UV	18
5-Amino-3-[(bromo) (carboethoxy)methyl]-(monohydrobromide)	187 (d)	IR, NMR, UV	14
5-Amino-3-[(carboethoxy)methyl]-	175	NMR, UV	14
7-Amino-3-[(carboethoxy)methyl]-5-[(phenylmethyl)thio]-	201	IR, NMR, UV	18
7-Amino-5-[(4-carboethoxyphenyl)amino]-3-(chloromethyl)-	157 (d)	IR, NMR, UV	18
5-Amino-3-{[(4-carboethoxyphenyl)amino]methyl}-	160 (d)	IR, NMR, UV	18
7-Amino-3-{[(4-carboethoxyphenyl)amino]methyl}-5-(phenylmethyl)thio-	> 264	IR, NMR, UV	10, 115
5,7-Diamino-3-{[(4-carboethoxyphenyl)amino]methyl}-	> 264	IR, NMR, UV	10, 115
5-Amino-3-carboxamido-	> 264	IR, UV	14
3,5-Diamino-7-chloro-	> 310 (d)	NMR, UV	56
5-Amino-3-(chloromethyl)-	212–213 (d)	IR, NMR, UV	18
7-Amino-3-(chloromethyl)-1,2-dihydro-5-[(phenylmethyl)thio]- (and hydrochloride)	219 (d) [217 (d)]	IR, NMR, UV	18
7-Amino-3-(chloromethyl)-5-[(phenylmethyl)thio]-	243 (d)	IR, NMR, UV	18
5,7-Diamino-3-[(3,4-dichlorophenyl)amino]methyl-	> 300		24
7-Amino-3-{[(3,4-dichlorophenyl)amino]methyl]-5-[(phenylmethyl)thio]-	255 (d)		24
5,7-Diamino-3-{[(3,4-dichlorophenyl)formylamino]methyl-	282–284 (d)		24
5,7-Diamino-3-{[(3,4-dichlorophenyl)nitrosoamino]methyl}-	> 300		24
5,7-Diamino-3-{[(4-chlorophenyl)sulfinyl]methyl}-	282–285		24
7-Amino-3-{[(4-chlorophenyl)thio]methyl}-5-[(phenylmethyl)thio]-	> 191–193		24
5,7-Diamino-3-{[(4-chlorophenyl)thio]methyl}-	> 280		24
5-Amino-3-ethoxy-	> 242 (d)	NMR, UV	55
3,5-Diamino-7-ethoxy-	> 260	NMR, UV	55
5-Amino-3-ethoxy-7-propoxy-	209–210 (d)	NMR, UV	55
5,7-Diamino-3-ethyl-	> 320	IR, NMR, UV	54
5-Amino-3-ethyl-7-methoxy-	205	IR, NMR	54
5-Amino-7-methoxy-	> 210 (d)	NMR, UV	15

TABLE 1. (Continued)

Substituents	mp	Other Data	References
3,5-Diamino-7-methoxy-	> 275 (d)	NMR, UV	55
3-Amino-5-methoxy-7-methyl-	> 220 (d)	NMR, UV	55
5-Amino-7-methoxy-3-methyl-	200	IR, NMR, UV	54
5-Amino-3-(methoxymethyl)-	178–180	NMR, UV	14
7-Methylamino-5-(trifluoromethyl)-	194	MS, NMR, UV	9, 134
5,7-Diamino-3-methyl-	> 320	IR, NMR, UV	54
3,5-Diamino-7-methyl-	> 315 (d)	NMR, UV	55, 56
5-Amino-3-methyl-7-phenyl-	237 (d)	NMR, UV	74
7-Amino-3-methyl-5-(trifluoromethyl)-	205 (d)	MS, NMR, UV	9, 134
5,7-Diamino-3-phenyl-	> 320	IR, NMR	54
5-Amino-3,7-diphenyl-	> 300	NMR, UV	74
7-Amino-5-[(phenylmethyl)thio]-	226 (d)	IR, NMR, UV	16
3,5-Diamino-7-propoxy-	> 270 (d)	NMR, UV	55
5,7-Bis(butylamino)-	133–134	NMR, UV	15
5,7-Bis(butylamino)-3-methyl-	109–110	NMR, UV	15
5-Carboethoxy-7-chloro-	87	NMR, UV	17
3-(Carboethoxy)methyl-5-chloro-1,2-dihydro-	177 (d)	NMR, UV	14
5-Carboethoxy-7-chloro-	278	NMR	17
5-Carboethoxy-7-(dimethylamino)-	124	NMR, UV	17
5-Carboethoxy-7-(1-piperidinyl)-	102	NMR, UV	17
5-[(4-Carboethoxyphenyl)amino]-3-(chloromethyl)-	245–246 (d)	IR, NMR, UV	18
5-Chloro-3-(chloromethyl)-1,2-dihydro- (monohydrochloride)	180–181 (d)	NMR, UV	14
5-Chloro-3-ethoxy-1,2-dihydro- (monohydrochloride)	> 300	NMR	55
7-Chloro-5-ethoxy-1,2-dihydro-	> 180 (d)	NMR	55, 56
7-Chloro-5-hydroxy-5,6-dihydro-5-(trifluoromethyl)-	107–110	MS, NMR	9
7-Chloro-1,2-dihydro-	> 250 (d)	NMR, UV	15
5-Chloro-1,2-dihydro-3-(methoxymethyl)- (and monohydrochloride)	148–150 [147–149 (d)]	NMR	14
7-Chloro-1,2-dihydro-3-methyl-	> 230	NMR, UV	15
7-Chloro-1,2-dihydro-5-methyl-	> 300	NMR, UV	15
7-Chloro-1,2-dihydro-3-methyl-5-(trifluoromethyl)-	214	MS, NMR	9, 135
7-Chloro-1,2-dihydro-5-(trifluoromethyl)-	212 (d)	MS, NMR	9, 135
3-(Chloromethyl)-5-methoxy-	79–81	NMR, UV	14
7-Chloro-5-(trifluoromethyl)-	157	MS, NMR, UV	9, 134
5-[(Cyanomethyl)thio]-1,2-dihydro-	228 (d)	IR, NMR, UV	13
5-(Diethylamino)-	127	IR, UV	71
5-(Diethylamino)-3-methyl-	97–99	NMR, UV	53
5-(Dimethylamino)-	180–181	NMR, UV	11
5-(Dimethylamino)-7-methoxy-	214–216	NMR, UV	15
5-(Dimethylamino)-7-methoxy-3-methyl-	244–245 (d)	NMR, UV	11
5-(Dimethylamino)-3-methyl-	277–280 (d)	IR, NMR, UV	53
5-(Dimethylamino)-7-methyl-	179–180	NMR, UV	11
5-(Dimethylamino)-3,7-dimethyl-	222–223	NMR, UV	11
7-(Dimethylamino)-3-methyl-5-(trifluoromethyl)-	116	MS, NMR, UV	9, 134

TABLE 1. (Continued)

Substituents	mp	Other Data	References
7-(Dimethylamino)-5-(trifluoromethyl)-	90	MS, NMR, UV	9, 134
5-Ethoxy-	95–96	NMR, UV	53
3,5-Diethoxy-	90–91	NMR, UV	55
5,7-Diethoxy-	141–142	NMR, UV	112
3,5,7-Triethoxy-	145–146	NMR, UV	55, 56
5-Ethoxy-5,6-dihydro-3-methyl-	114 (d)	IR, MS, NMR	51
7-Ethoxy-1,2-dihydro-3-methyl-5-(trifluoromethyl)-	180–182	MS, NMR	9, 135
3-Ethoxy-5-methoxy-	139–140	NMR, UV	55, 56
3-Ethoxy-5,7-dimethoxy-	157	NMR, UV	55
5-Ethoxy-7-methoxy-	145–146	NMR, UV	112
3-Ethoxy-5-methoxy-7-methyl-	169–171	NMR, UV	55
3-Ethoxy-5-methoxy-7-propoxy-	122–123	NMR, UV	55, 56
3-Ethoxy-5-methylamino-	> 247 (d)	NMR, UV	55
3-Ethoxy-5-methylamino-7-methyl-	215 (d)	NMR, UV	55
3-Ethoxy-5-methylamino-7-propoxy-	160–161 (d)	NMR, UV	55
5-Ethoxy-3-methyl-	118–119	NMR, UV	112
5-Ethoxy-3,7-dimethyl-	148–150	NMR, UV	112
5,7-Diethoxy-3-methyl-	140–141	NMR, UV	112
5-Ethylamino-	172	IR, NMR, UV	71
3-Ethyl-5,7-dimethoxy-	142–143	IR, NMR	54
5-Guanidino-	> 264	IR, NMR, UV	13
5-Hydrazino-	> 264	IR, NMR, UV	71
5-(Hydroxyamino)-	> 264	IR, NMR, UV	13
1,2-Dihydro- (and monopicrate)	> 350 (197)	MS, NMR, UV	51, 52
5,6-Dihydro-5-methoxy-	150 (d)		52
1,2-Dihydro-5-methoxy-3-methyl- (and monopicrate)	172 (168–170)		52
5,6-Dihydro-5-methoxy-3-methyl-	214 (d)	IR, MS, NMR, UV	51, 52, 136
5,6-Dihydro-5-methoxy-7-methyl-	> 300	NMR, UV	52
5,6-Dihydro-5-methoxy-3,7-dimethyl-	> 320	IR	52
1,2-Dihydro-7-methoxy-3-methyl-5-(trifluoromethyl)-	196–198	MS, NMR	9, 135
1,2-Dihydro-3-methyl- (and dihydrochloride and monopicrate)	> 350 (> 300;205)	MS, NMR, UV	51, 52, 136
1,2-Dihydro-5-methyl-	190	NMR, UV	52
1,2-Dihydro-7-methyl- (and monopicrate)	> 350 (198–199)	MS, NMR, UV	51, 52
1,2-Dihydro-3,5-dimethyl- (dihydrochloride)	252–253 (d)		52
1,2-Dihydro-3,7-dimethyl- (and picrate)	> 320 (194)	MS, NMR, UV	51, 52
1,2-Dihydro-5,7-dimethyl- (monoformate)	210–211		52
1,2-Dihydro-3,5,7-trimethyl-	189–190	NMR, UV	52
1,2-Dihydro-5-(methylthio)-	208–209	IR, NMR, UV	13
1,2-Dihydro-1-methyl-5-[(phenylmethyl)thio]-	131 (d)	IR, NMR, UV	16
1,2-Dihydro-3-methyl-5-[(phenylmethyl)thio]-	125–126	IR, NMR, UV	10
1,2-Dihydro-3-methyl-5-propyl-(monohydrochloride)	222–224	NMR, UV	11
1,2-Dihydro-5-[(phenylmethyl)thio]-	160	IR, NMR, UV	13

TABLE 1. (Continued)

Substituents	mp	Other Data	References
5,7-Diisopropoxy-	118–120	NMR, UV	112
5-Isopropoxy-3-methyl-	117–119	NMR, UV	112
5-Methoxy-	100	NMR, UV	52
3,5-Dimethoxy-	152–153	NMR, UV	55
5,7-Dimethoxy-	155–156	NMR, UV	112
3,5,7-Trimethoxy-	181 (d)	NMR, UV	55
5-Methoxy-3-(methoxymethyl)-	91	NMR, UV	14
5-Methoxy-3-methylamino-7-methyl-	194	NMR, UV	55
5-Methoxy-3-methyl-	169	IR, MS, NMR, UV	51, 52
5-Methoxy-7-methyl-	110	MS, NMR, UV	51, 52
5-Methoxy-3-7-dimethyl-	189	MS, NMR, UV	51, 52
5,7-Dimethoxy-3-methyl-	160	NMR, UV	112
7-Methoxy-5-(methylthio)-	185–187	NMR, UV	112
5,7-Dimethoxy-3-phenyl-	188 (d)	IR, NMR	54
5-Methoxy-3-propoxy-	67–68	NMR, UV	56
3,5-Di(methylamino)-	267–268	NMR, UV	55
3,5,7-Tri(methylamino)-	> 257 (d)	NMR, UV	55
5-Methylamino-3-methyl-	256 (d)	NMR, UV	11
3,5-Di(methylamino)-7-methyl-	> 245 (d)	NMR, UV	55
3,5-Di(methylamino)-7-propoxy-	200–201	NMR, UV	55
3-Methyl-	81–82	NMR, UV	52, 136
3,7-Dimethyl-	> 300	IR, NMR, UV	52
3,5,7-Trimethyl-	91 (d)	NMR, UV	52
3-Methyl-5-(methylthio)-	190–191	NMR, UV	53
3-Methyl-5-propoxy-	45–46	NMR, UV	112
3-Methyl-5-(propylamino)-	181–182	NMR, UV	11
3,7-Dimethyl-5-(propylamino)-	114–116	NMR, UV	11
5-(Methylthio)-	137–139	IR, NMR, UV	13
5-[(Diphenylmethyl)amino]-	155	IR, NMR, UV	13
5-[(Phenylmethyl)thio]-	113	IR, NMR, UV	13
5,7-Dipropoxy-	87–88	NMR, UV	112
5-(Propylamino)-	143–145	NMR, UV	11
7-(1-Pyrrolidinyl)-5-(trifluoromethyl)-	127	MS, NMR, UV	9, 134

TABLE 2. THE PYRIMIDO[5,4-e]-1,2,4-TRIAZINES WITH ONE OXO OR THIOXO GROUP

Substituents	mp	Other Data	References
7-Amino-3-{[(4-carboethoxyphenyl)-amino]methyl}-5(1H)-oxo-	> 264	IR, NMR, UV	10, 22
7-Amino-3-{[(4-carboethoxyphenyl)-amino]methyl}-5(1H)-thioxo-	> 264	IR, NMR, UV	10, 22
7-Amino-3-(4-chlorophenyl)-5(1H)-oxo-(4-oxide)	262		43

TABLE 2. (Continued)

Substituents	mp	Other Data	References
7-Amino-3-(3,4-dichlorophenyl)-5(1H)-oxo- (4-oxide)	192		43
7-Amino-3-ethyl-5(1H)-oxo-	> 320	IR, NMR, UV	54
7-Amino-2,6-dihydro-5(1H)-thioxo-	> 264	IR, NMR, UV	16
7-Amino-3-(4-methoxyphenyl)-5(1H)-oxo- (4-oxide)	265		43
3-Amino-6-methyl-5(6H)-oxo-	> 340	NMR, UV	56
3-Amino-7-methyl-5(1H)-oxo-	> 320	NMR, UV	56
7-Amino-3-methyl-5(1H)-oxo-	> 320	IR, NMR, UV	54
7-Amino-3-(methylthio)-5(1H)-oxo-	> 300	MS, NMR	72
3-Amino-5(1H)-oxo-	> 340	NMR, UV	56
7-Amino-5(1H)-oxo-	> 264	IR, NMR, UV	15, 16
3,7-Diamino-5(1H)-oxo-	> 340	NMR, UV	56
7-Amino-5(1H)-oxo-3-phenyl-	> 320	IR, NMR, UV	54
7-Amino-5(1H)-oxo-3-phenyl- (4-oxide)	295		43
7-(Butylamino)-3-methyl-5(1H)-oxo-	210–211	NMR, UV	15
7-(Butylamino)-5(1H)-oxo-	213–214	NMR, UV	15
7-(Dimethylamino)-5(1H)-oxo-	299–300	NMR, UV	15
3-Ethoxy-6-methyl-5(6H)-oxo-	211–212 (d)	NMR, UV	56
7-Ethoxy-5(1H)-oxo-	186	NMR, UV	112
3-Ethoxy-5(1H)-oxo-	198 (d)	NMR, UV	56
3,7-Diethoxy-5(1H)-oxo-	191 (d)	NMR, UV	56
3-Ethoxy-5(1H)-oxo-7-propoxy-	170–171	NMR, UV	56
3-Ethyl-7-methoxy-5(1H)-oxo-	154–156 (d)	IR, NMR	54
1,2-Dihydro-3-(methoxymethyl)-5(6H)-oxo-	253–254 (d)	NMR, UV	14
1,2-Dihydro-3-methyl-5(6H)-oxo- (monohydrochloride)	> 300	NMR, UV	53
2,6-Dihydro-1-methyl-5(1H)-thioxo-	> 264	IR, NMR, UV	16
2,6-Dihydro-3-methyl-7(1H)-thioxo-5-(trifluoromethyl)-	230 (d)	MS	9, 135
1,2-Dihydro-3-methyl-5(6H)-thioxo-	> 264	IR, NMR, UV	10
2,6-Dihydro-5(1H)-thioxo-	> 264	IR, NMR, UV	13
6-Hydroxy-5(6H)-oxo-	300 (d)	MS, NMR	115
7-Methoxy-3-methyl-5(1H)-oxo-	176–178 (d)	IR, NMR	54
7-Methoxy-6-methyl-5(6H)-oxo-		NMR, UV	111
3-(Methoxymethyl)-5(1H)-oxo-	175 (d)	IR, UV	14
3-(Methoxymethyl)-5(1H)-thioxo-	160–161 (d)	NMR, UV	14
3-Methoxy-5(1H)-oxo-	150 (d)	NMR, UV	56
7-Methoxy-5(1H)-oxo-	185 (d)	NMR, UV	112
7-Methoxy-5(1H)-oxo-3-phenyl-	216 (d)	IR, NMR	54
3-Methyl-5(1H)-oxo-	213–215, 210–212	IR, NMR, UV	28, 53
3-Methyl-7-(methylamino)-5(1H)-oxo-	> 270 (d)	NMR, UV	15
3-(Methylamino)-5(1H)-oxo-	> 320 (d)	NMR, UV	56
3,7-Bis(methylamino)-5(1H)-oxo-	> 340	NMR, UV	56
3-(Methylthio)-5(1H)-oxo-7-phenyl-	282–283	MS, NMR	72
5(1H)-Oxo-	256 (d)	IR, NMR, UV	71, 115
5(1H)-Thioxo-	> 260	IR, NMR, UV	13

TABLE 3. THE PYRIMIDO[5,4-e]-1,2,4-TRIAZINES WITH TWO OXO OR THIOXO GROUPS

Substituents	mp	Other Data	References
1-Acetyl-2,8-dihydro-6-methyl-5,7(1H,6H)-dioxo-	211	IR, MS, UV	137
2-Acetyl-2,8-dihydro-6-methyl-5,7(1H,6H)-dioxo-	232–233	IR, MS, NMR, UV	137
1,4-Diacetyl-2,3,4,8-tetrahydro-6-methyl-5,7(1H,6H)-dioxo-	202–203	IR, MS, NMR, UV	137
7-Amino-1,2-dihydro-3,5-dioxo-	> 300	IR, UV	62
3-Amino-6-methyl-5,7(1H,6H)-dioxo-	> 230	NMR, UV	56
3-Amino-5,7(1H,6H)-dioxo-	> 340	NMR, UV	56
3-Azido-6,8-dimethyl-5,7(6H,8H)-dioxo-	130–132	IR	104
3-(1,3-Benzodioxol-5-yl)-6-butyl-8-methyl-5,7(6H,8H)-dioxo-	213		125
3-(1,3-Benzodioxol-5-yl)-6-ethyl-8-methyl-5,7(6H,8H)-dioxo-	253		125
3-(1,3-Benzodioxol-5-yl)-8-ethyl-6-methyl-5,7(6H,8H)-dioxo-	238 (230)		48, 108
3-(1,3-Benzodioxol-5-yl)-5,8-dihydro-6,8-dimethyl-6-thioxo-7(6H)-oxo-	290		106
3-(1,3-Benzodioxol-5-yl)-6-methyl-5,7(6H,8H)-dioxo-	> 300		41, 57
3-(1,3-Benzodioxol-5-yl)-8-methyl-5,7(6H,8H)dioxo-	320		125
3-(1,3-Benzodioxol-5-yl)-1,6-dimethyl-5,7(1H,6H)-dioxo-	262–264 (d)		41, 57
3-(1,3-Benzodioxol-5-yl)-1,6-dimethyl-5,7(1H,6H)-dioxo- (4-oxide)	233 (d)		41
3-(1,3-Benzodioxol-5-yl)-6,8-dimethyl-5,7(6H,8H)-dioxo-	274		58, 59
3-(1,3-Benzodioxol-5-yl)-8-methyl-6-(1-methylethyl)-5,7(6H,8H)-dioxo-	208		125
3-(1,3-Benzodioxol-5-yl)-8-methyl-6-propyl-5,7(6H,8H)-dioxo-	251		125
3-[(4-Bromophenyl)amino]-6,8-dimethyl-5,7(6H,8H)-dioxo- (4-oxide)	282–283		44
3-(4-Bromophenyl)-6,8-dimethyl-5,7(6H,8H)-dioxo-	303		58, 59
8-Butyl-3-(4-chlorophenyl)-6-methyl-5,7(6H,8H)-dioxo-	150		125
8-Butyl-3-(3,4-dichlorophenyl)-6-methyl-5,7(6H,8H)-dioxo-	135		125
6-Butyl-8-methyl-3-phenyl-5,7(6H,8H)-dioxo-	177		125
8-Butyl-6-methyl-3-phenyl-5,7(6H,8H)-dioxo-	215		125
3-Chloro-6,8-dimethyl-5,7(6H,8H)-dioxo-	146–147	IR, MS	18, 35
3{4-[Bis(2-chloroethyl)amino]phenyl}-6,8-dimethyl-5,7(6H,8H)-dioxo-	270–272		32
3-[(4-Chlorophenyl)amino]-6,8-dimethyl-5,7(6H,8H)-dioxo- (4-oxide)	287–289		44

TABLE 3. (Continued)

Substituents	mp	Other Data	References
3-(4-Chlorophenyl)-8-ethyl-6-methyl-5,7(6H,8H)-dioxo-	255 (246)		48, 108
3-(3,4-Dichlorophenyl)-8-ethyl-6-methyl-5,7(6H,8H)-dioxo-	258		48
3-(4-Chlorophenyl)-5,8-dihydro-6,8-dimethyl-6-thioxo-7(6H)-oxo-	273		106
3-(4-Chlorophenyl)-6-methyl-5,7(1H,6H)-dioxo-	> 300		41, 57, 107
3-(3,4-Dichlorophenyl)-6-methyl-5,7(1H,6H)-dioxo-	> 300		41, 107
3-(4-Chlorophenyl)-1,6-dimethyl-5,7(1H,6H)-dioxo-	205–207 (227; 280)		41, 57, 59
3-(4-Chlorophenyl)-1,6-dimethyl-5,7(1H,6H)-dioxo- (4-oxide)	207 (d); 221 (d)	UV	37, 41, 49
3-(3,4-Dichlorophenyl)-1,6-dimethyl-5,7(1H,6H)-dioxo-	231		41
3-(3,4-Dichlorophenyl)-1,6-dimethyl-5,7(1H,6H)-dioxo- (4-oxide)	221 (d); 207 (d)	UV	37, 41, 49
3-(4-Chlorophenyl)-6,8-dimethyl-5,7(6H,8H)-dioxo-	280; 251		59, 124
3-(4-Chlorophenyl)-6,8-dimethyl-5,7(6H,8H)-dioxo- (4-oxide)	257		42, 49
3-(3,4-Dichlorophenyl)-6,8-dimethyl-5,7(6H,8H)-dioxo-	249; 259–260		30, 31, 59
3-(3,4-Dichlorophenyl)-6,8-dimethyl-5,7(6H,8H)-dioxo- (4-oxide)	165; 222	UV	38, 42, 49
3-(4-Chlorophenyl)-6-methyl-8-(1-methylethyl)-5,7(6H,8H)-dioxo-	191		125
3-(3,4-Dichlorophenyl)-6-methyl-8-(1-methylethyl)-5,7(6H,8H)-dioxo-	200		125
3-(4-Chlorophenyl)-1-methyl-6-(phenylmethyl)-5,7(1H,6H)-dioxo-	175		39
3-(3,4-Dichlorophenyl)-1-methyl-6-(phenylmethyl)-5,7(1H,6H)-dioxo-	195		39
3-(4-Chlorophenyl)-6-methyl-8-propyl-5,7(6H,8H)-dioxo-	205		125
3-(3,4-Dichlorophenyl)-6-methyl-8-propyl-5,7(6H,8H)-dioxo-	180		125
3-(4-Chlorophenyl)-6-(phenylmethyl)-5,7(1H,6H)-dioxo-	> 300		39
3-(3,4-Dichlorophenyl)-6-(phenylmethyl)-5,7(1H,6H)-dioxo-	> 300		39
3-[4-(Dimethylamino)phenyl]-8-ethyl-6-methyl-5,7(6H,8H)-dioxo-	258		108
3-[4-(Dimethylamino)phenyl]-6-methyl-5,7(6H,8H)-dioxo-	> 300		41, 57
3-[4-(Dimethylamino)phenyl]-1,6-dimethyl-5,7(1H,6H)-dioxo-	270 (d)		41, 57
3-[4-(Dimethylamino)phenyl]-1,6-dimethyl-5,7(1H,6H)-dioxo- (4-oxide)	> 315		49

5. Tables

TABLE 3. (Continued)

Substituents	mp	Other Data	References
3-[4-(Dimethylamino)phenyl]-6,8-dimethyl-5,7(6H,8H)-dioxo-	340	UV	46, 47
3-[4-(Dimethylamino)phenyl]-6,8-dimethyl-5,7(6H,8H)-dioxo- (4-oxide)	305 (d)		49
3-Ethoxy-6-methyl-5,7(1H,6H)-dioxo-	217	NMR, UV	56
3-Ethoxy-5,7(1H,8H)-dioxo-	263 (d)	NMR, UV	55, 56
8-Ethyl-3-(4-methoxyphenyl)-6-methyl-5,7(6H,8H)-dioxo-	225		48
3-Ethyl-6,8-dimethyl-5,7(6H,8H)-dioxo-	88–89	IR, MS	35
3-Ethyl-6,8-dimethyl-5,7(6H,8H)-dioxo- (4-oxide)	145.5–147.0	IR, MS	35, 36
6-Ethyl-8-methyl-5,7(6H,8H)-dioxo-3-phenyl-	262		125
8-Ethyl-6-methyl-5,7(6H,8H)-dioxo-3-phenyl-	223; 228; 234		48, 59, 107, 108
4-Formyl-1,4-dihydro-1,6-dimethyl-5,7(6H,8H)-dioxo-3-phenyl-	292–294	MS, NMR, UV	41
3-Hydrazino-6,8-dimethyl-5,7(6H,8H)-dioxo-	225–227 (d)		18
8-(2-Hydroxyethyl)-6-methyl-5,7(6H,8H)-dioxo-3-phenyl-	215; 209	MS	59, 107, 108
3-(2-Hydroxyphenyl)-6,8-dimethyl-5,7(6H,8H)-dioxo-	282		58, 59
4,6-Dihydro-3,5-dioxo- (and disodium salt)	> 290 (d)	NMR, UV	56
2,8-Dihydro-1,6-dimethyl-5,7(1H,6H)-dioxo-3-phenyl-	> 219 (d)	MS, NMR, UV	41
5,8-Dihydro-6,8-dimethyl-7(6H)-oxo-3-phenyl-5-thioxo-	269		106
5,8-Dihydro-6,8-dimethyl-7(6H)-oxo-3-(2-pyridinyl)-5-thioxo-	252		106
5,8-Dihydro-6,8-dimethyl-7(6H)-oxo-3-(3-pyridinyl)-5-thioxo-	210		106
5,8-Dihydro-6,8-dimethyl-7(6H)-oxo-3-(4-pyridinyl)-5-thioxo-	250		106
3-(1H-Indol-3-yl)-6,8-dimethyl-5,7(6H,8H)-dioxo-	> 360	UV	46, 47
3-Methoxy-6,8-dimethyl-5,7(6H,8H)-dioxo-	144–145		18, 27
3-[(4-Methoxyphenyl)amino]-6,8-dimethyl-5,7(6H,8H)-dioxo- (4-oxide)	265–266		44
3-(4-Methoxyphenyl)-6-methyl-5,7(6H,8H)-dioxo-	> 300		41, 57
3-(3,4-Dimethoxyphenyl)-6-methyl-5,7(1H,6H)-dioxo-	> 300		41, 107
3-(4-Methoxyphenyl)-1,6-dimethyl-5,7(1H,6H)-dioxo-	243–244 (d)		41, 57, 108
3-(4-Methoxyphenyl)-1,6-dimethyl-5,7(1H,6H)-dioxo- (4-oxide)	230 (d)		41, 49
3-(3,4-Dimethoxyphenyl)-1,6-dimethyl-5,7(1H,6H)-dioxo-	229		37, 41
3-(3,4-Dimethoxyphenyl)-1,6-dimethyl-5,7(1H,6H)-dioxo- (4-oxide)	191 (d)		41

TABLE 3. (Continued)

Substituents	mp	Other Data	References
3-(4-Methoxyphenyl)-6,8-dimethyl-5,7(6H,8H)-dioxo-	243–244 (d); 268; 263–264		30, 57, 59
3-(3,4-Dimethoxyphenyl)-6,8-dimethyl-5,7(6H,8H)-dioxo-	305		58, 59
3-(4-Methoxyphenyl)-6,8-dimethyl-5,7(6H,8H)-dioxo- (4-oxide)	256		49
3-Methyl-5,7(6H,8H)-dioxo-	281–282	NMR, UV	19
6-Methyl-5,7(1H,6H)-dioxo-		NMR, UV	111
8-Methyl-5,7(6H,8H)-dioxo-	> 260 (d)	MS	59
1,6-Dimethyl-5,7(1H,6H)-dioxo-		NMR, UV	111
1,6-Dimethyl-5,7(1H,6H)-dioxo- (4-oxide)	189 (d); 215 (d)	MS. UV	37, 41, 49
3,6-Dimethyl-5,7(1H,6H)-dioxo-	247 (d)		41, 107
6,8-Dimethyl-5,7(6H,8H)-dioxo-		NMR, UV	111
6,8-Dimethyl-5,7(6H,8H)-dioxo- (1-oxide)	166–168	UV	47
6,8-Dimethyl-5,7(6H,8H)-dioxo- (4-oxide)	179–180	IR, MS, NMR, UV	34, 35
1,3,6-Trimethyl-5,7(1H,6H)-dioxo-	181		37, 41
1,3,6-Trimethyl-5,7(1H,6H)-dioxo- (4-oxide)	168		49
3,6,8-Trimethyl-5,7(6H,8H)-dioxo-	127	UV	46, 47
3,6,8-Trimethyl-5,7(6H,8H)-dioxo- (1-oxide)	196–198	NMR, UV	47
3,6,8-Trimethyl-5,7(6H,8H)-dioxo- (4-oxide)	137–138	IR, MS	35, 49
6,8-Dimethyl-3-(1-methylethyl)-5,7(6H,8H)-dioxo-	157	UV	46, 47
6-Methyl-8-(1-methylethyl)-5,7(6H,8H)-dioxo-3-phenyl-	190; 226		59, 107, 125
8-Methyl-6-(1-methylethyl)-5,7(6H,8H)-dioxo-3-phenyl-	261		125
6,8-Dimethyl-3-[(4-methylphenyl)amino]-5,7(6H,8H)-dioxo- (4-oxide)	272–274		44
6-Methyl-3-(4-methylphenyl)-5,7(1H,6H)-dioxo-	> 320		48
6,8-Dimethyl-3-(2-methylphenyl)-5,7(6H,8H)-dioxo-	210	UV	46, 47
6,8-Dimethyl-3-(3-methylphenyl)-5,7(6H,8H)-dioxo-	286–288		68
6,8-Dimethyl-3-(4-methylphenyl)-5,7(6H,8H)-Dioxo-	286–287; 273–275; 263–264		6, 30, 31, 45 30, 31, 63
6,8-Dimethyl-3-(methylthio)-5,7(6H,8H)-dioxo-	157–160		68
6,8-Dimethyl-3-(4-nitrophenyl)-5,7(6H,8H)-dioxo-	325	UV	46, 47
6,8-Dimethyl-3-(4-nitrophenyl)-5,7(6H,8H)-dioxo- (4-oxide)	258		42, 49
6-Methyl-5,7(1H,6H)-dioxo-3-phenyl-	> 300		41, 57, 107
8-Methyl-5,7(6H,8H)-dioxo-3-phenyl-	> 200 (d)	MS	59
1,6-Dimethyl-5,7(1H,6H)-dioxo-3-phenyl-	228 (d); 197		37, 107

TABLE 3. (Continued)

Substituents	mp	Other Data	References
1,6-Dimethyl-5,7(1H,6H)-dioxo-3-phenyl-(4-oxide)	204 (d)		41, 49
6,8-Dimethyl-5,7(6H,8H)-dioxo-3-phenyl-	274–275; 270		30, 59, 65
6,8-Dimethyl-5,7(6H,8H)-dioxo-3-phenyl-(4-oxide)	233; 229	UV	38, 42, 49
6,8-Dimethyl-5,7(6H,8H)-dioxo-3-(phenylamino)-	245–248		44
6,8-Dimethyl-5,7(6H,8H)-dioxo-3-(phenylamino)- (4-oxide)	272–273		44
6-Methyl-5,7(1H,6H)-dioxo-3-(2-phenylethenyl)-	> 300		41, 107
1,6-Dimethyl-5,7(1H,6H)-dioxo-3-(2-phenylethenyl)-	213		37, 41
1,6-Dimethyl-5,7(1H,6H)-dioxo-3-(2-phenylethenyl)- (4-oxide)	209 (d)		41
6,8-Dimethyl-5,7(6H,8H)-dioxo-3-(2-phenylethenyl)-	263		58, 59
1-Methyl-5,7(1H,6H)-dioxo-3-(2-phenylethenyl)-6-(phenylmethyl)-	126		39
6,7-Dimethyl-5,7(6H,8H)-dioxo-3-(phenylmethoxy)-	185–187	IR, MS	35
6,8-Dimethyl-5,7(6H,8H)-dioxo-3-(phenylmethyl)-	196	UV	46, 47
1-Methyl-5,7(1H,6H)-dioxo-6-(phenylmethyl)-3-(3-pyridinyl)-	137		39
1-Methyl-5,7(1H,6H)-dioxo-6-(phenylmethyl)-3-(4-pyridinyl)-	121		39
1-Methyl-5,7(1H,6H)-dioxo-3-phenyl-6-(phenylmethyl)-	223		39
6-Methyl-5,7(6H,8H)-dioxo-3-phenyl-8-(2-propenyl)-	213		59, 107
8-Methyl-5,7(6H,8H)-dioxo-3-phenyl-6-propyl-	201		125
6-Methyl-5,7(6H,8H)-dioxo-3-phenyl-8-propyl-	214		59, 107, 125
5,7-Dimethyl-6,8(5H,7H)-dioxo-2-(3-pyridinyl)- (1-oxide)	178		38
6,8-Dimethyl-5,7(6H,8H)-dioxo-3-(2-pyridinyl)-	280	UV	46, 47
6,8-Dimethyl-5,7(6H,8H)-dioxo-3-(2-pyridinyl)- (1-oxide)	233	NMR, UV	47
6,8-Dimethyl-5,7(6H,8H)-dioxo-3-(3-pyridinyl)-	218	UV	46, 47
6,8-Dimethyl-5,7(6H,8H)-dioxo-3-(4-pyridinyl)-	270		46, 47
6-Methyl-5,7(1H,6H)-dioxo-3-(2-pyridinyl)-	> 300		41, 107
6-Methyl-5,7(1H,6H)-dioxo-3-(3-pyridinyl)-	> 300		41, 107
6-Methyl-5,7(1H,6H)-dioxo-3-(4-pyridinyl)-	> 300		41, 107
1,6-Dimethyl-5,7(1H,6H)-dioxo-3-(2-pyridinyl)-	210		37, 41

TABLE 3. (Continued)

Substituents	mp	Other Data	References
1,6-Dimethyl-5,7(1*H*,6*H*)-dioxo-3-(3-pyridinyl)-	205 (d)		37, 41
1,6-Dimethyl-5,7(1*H*,6*H*)-dioxo-3-(3-pyridinyl)- (4-oxide)	200 (d); 210		41, 49
1,6-Dimethyl-5,7(1*H*,6*H*)-dioxo-3-(4-pyridinyl)-	209 (d)		37, 41
1,6-Dimethyl-5,7(1*H*,6*H*)-dioxo-3-(4-pyridinyl)- (4-oxide)	215 (d)		41
6-Methyl-5,7(1*H*,6*H*)-dioxo-3-(2-thienyl)-	> 300		41, 107
1,6-Dimethyl-5,7(1*H*,6*H*)-dioxo-3-(2-thienyl)-	233		37, 41
6,8-Dimethyl-5,7(6*H*,8*H*)-dioxo-3-(2-thienyl)-	272		58, 59
6,8-Dimethyl-5,7(6*H*,8*H*)-dioxo-3-(trichloromethyl)-	194	UV	46, 47
5,7(1*H*,6*H*)-Dioxo-	> 264	IR, NMR, UV	70, 71
5,7(1*H*,6*H*)-Dioxo-3-(2-phenylethenyl)-6-(phenylmethyl)-	> 300		39
5,7(1*H*,6*H*)-Dioxo-3-phenyl-6-(phenylmethyl)-	> 300		39
5,7(1*H*,6*H*)-Dioxo-6-(phenylmethyl)-3-(3-pyridinyl)-	> 300		39
5,7(1*H*,6*H*)-Dioxo-6-(phenylmethyl)-3-(4-pyridinyl)-	> 300		39

TABLE 4. THE PYRIMIDO[5,4-*e*]-1,2,4-TRIAZINES WITH THREE OXO GROUPS

Substituents	mp	Other Data	References
8a-(3,4-Diamino-5-methylphenyl)-1,2,8,8a-tetrahydro-6,8-dimethyl-3,5,7(6*H*)-trioxo-	297–298	IR, NMR	113
8a-(3,4-Diaminophenyl)-1,2,8,8a-tetrahydro-6,8-dimethyl-3,5,7(6*H*)-trioxo-	270–272	IR, NMR	113
4-(Carboethoxy)amino-6,8-dimethyl-3,5,7(4*H*,6*H*,8*H*)-trioxo-	148–149	NMR	61
8a-Ethoxy-1,2,8,8a-tetrahydro-6,8-dimethyl-3,5,7(6*H*)-trioxo-		IR, NMR	113
1,2,8,8a-Tetrahydro-8a-(1*H*-indol-3-yl)-6,8-dimethyl-3,5,7(6*H*)-trioxo-		IR, NMR	114
1,2,8,8a-Tetrahydro-6,8-dimethyl-8a-(2-methyl-1*H*-indol-3-yl)-3,5,7(6*H*)-trioxo-		IR, NMR	114
2,8-Dihydro-6,8-dimethyl-3,5,7(6*H*)-trioxo-	260–261 (d); 256–258 (d)	MS	35, 61
2,8-Dihydro-2,6,8-trimethyl-3,5,7(6*H*)-trioxo-	181–182	IR, MS, NMR, UV	35, 61
4,8-Dihydro-4,6,8-trimethyl-3,5,7(6*H*)-trioxo-	218–220		27, 61
1,2,4,8-Tetrahydro-6,8-dimethyl-3,5,7(6*H*)-trioxo-	251–252 (d)		27, 61
1,2,4,8-Tetrahydro-1,6,8-trimethyl-3,5,7(6*H*)-trioxo-	241–242		27, 61

TABLE 5. MISCELLANEOUS PYRIMIDO[5,4-e]-1,2,4-TRIAZINES

Name	mp	Other Data	References
N-[4-{[(7-Amino-1,5-dihydro-5-oxopyrimido[5,4-e]-1,2,4-triazin-3-yl)methyl]amino}benzoyl]-L-glutamic acid	> 264	IR, NMR, UV	10, 18, 23
N-[4-{[(7-Amino-1,5-dihydro-5-thioxopyrimido[5,4-e]-1,2,4-triazin-3-yl)methyl]amino}benzoyl]-L-glutamic acid	255 (d)	IR, NMR, UV	10
N-[4-{[(7-Amino-1,5-dihydro-5-thioxopyrimido[5,4-e]-1,2,4-triazin-3-yl)methyl]amino]benzoyl}-L-glutamic acid, diethyl ester (monohydrochloride)	164 (d)	IR, NMR, UV	10
N-[4-[[[7-Amino-5-[(phenylmethyl)thio]pyrimido[5,4-e]-1,2,4-triazin-3-yl]methyl]amino]benzoyl]-L-glutamic acid (monopotassium salt)	203 (d)	IR, NMR, UV	18
N-[4-[[[7-Amino-5-[(phenylmethyl)thio]pyrimido[5,4-e]-1,2,4-triazin-3-yl]methyl]amino]benzoyl]-L-glutamic acid (diethyl ester)	151	IR, NMR, UV	10, 23
N-[4-{[(5,7-Diaminopyrimido[5,4-e]-1,2,4-triazin-3-yl)methyl]amino}benzoyl]-L-glutamic acid	> 270	IR, NMR, UV	18
8-[2-Deoxy-3,5-bis-O-(4-methylbenzoyl)-α-D-erythro-pentofuranosyl]-6-methyl-pyrimido[5,4-e]-1,2,4-triazine-5,7(6H,8H)-dione		IR, NMR, UV	111
8-[2-Deoxy-3,5-bis-O-(4-methylbenzoyl)-β-D-erythro-pentofuranosyl]-6-methyl-pyrimido[5,4-e]-1,2,4-triazine-5,7(6H,8H)-dione		IR, NMR, UV	111
6-Methyl-1-(2,3,4,6-tetra-O-acetyl-β-D-glucopyranosyl)-pyrimido[5,4-e]-1,2,4-triazine-5,7(1H,6H)-dione	179–180	IR, NMR, UV	111
6-Methyl-1-(2,3,5-tri-O-acetyl-β-D-ribofuranosyl)-pyrimido[5,4-e]-1,2,4-triazine-5,7(1H,6H)-dione	186–187	IR, NMR, UV	111
6-Methyl-1-(2,3,5-tri-O-acetyl-α-D-ribofuranosyl)-pyrimido[5,4-e]-1,2,4-triazine-5,7(6H,8H)-dione		IR, NMR, UV	111
6-Methyl-8-β-D-ribofuranosyl-pyrimido[5,4-e]-1,2,4-triazine-5,7(6H,8H)-dione	64–65	IR, NMR, UV	111

TABLE 6. THE PYRIMIDO[4,5-e]-1,2,4-TRIAZINES WITH NO OXO OR THIOXO GROUPS

Substituents	mp	Other Data	Reference
3,6,8-Triamino- (and di-p-toluenesulfonate salt)	> 300 [278–279 (d)]	UV	92
6,8-Diamino-3-(4-chlorophenyl)-	> 300		94
6,8-Diamino-3-ethoxy-	> 300	UV	92
6,8-Diamino-3-(4-methylphenyl)-	> 300		94
8-Amino-3-(methylthio)-6-phenyl-	279–280 (d)	IR, MS, NMR	72
6,8-Diamino-3-phenyl-	> 300		94
6,8-Diamino-3-(2-pyridyl)-	> 300		94
8-Chloro-6-(dimethylamino)-2,6-dihydro-3-(methylthio)-	240–241	IR, MS, NMR, UV	54

TABLE 7. THE PYRIMIDO[4,5-e]-1,2,4-TRIAZINES WITH ONE OXO GROUP

Substituents	mp	Other Data	Reference
6-Amino-3-(dimethylamino)-8(5H)-oxo-	> 300	UV	82
6-Amino-3-(ethylamino)-8(5H)-oxo-	> 300	UV	82
6-Amino-3-(ethylthio)-8(5H)-oxo-	> 300		82
6-Amino-3-(methylamino)-8(5H)-oxo-	> 300		82
6-Amino-3-(methylthio)-8(2H)-oxo-	> 300 (d)	MS, NMR	72
6-Amino-8(5H)-oxo-	> 300	UV	82
6-Amino-8(5H)-oxo-3-[(phenylmethyl)thio]-	> 300		82
6-(Dimethylamino)-3-(methylamino)-8(5H)-oxo-	> 300	UV	82
3-Ethoxy-8(7H)-oxo-	204–205 (d)	NMR, UV	92
6-Methyl-8(2H)-oxo-3-phenyl-	304–306	IR, NMR, UV	93
3-(Methylthio)-8(2H)-oxo-	> 300	IR, NMR	54
3-(Methylthio)-8(2H)-oxo-6-phenyl-	281–283	MS, NMR	72
8(2H)-Oxo-3,6-diphenyl-	346–347	IR, UV	93

TABLE 8. THE PYRIMIDO[4,5-e]-1,2,4-TRIAZINES WITH TWO OXO OR THIOXO GROUPS

Substituents	mp	Other Data	References
3-Amino-6,8(5H,7H)-dioxo-	> 300	UV	82, 84
3-Amino-5,7-dimethyl-6,8(5H,7H)-dioxo-	> 300	UV	82
3-(4-Aminophenyl)-5,7-dimethyl-6,8(5H,7H)-dioxo-	> 300		87
3-Azido-5-methyl-6,8(5H,7H)-dioxo-		MS	138
3-Azido-7-methyl-6,8(5H,7H)-dioxo-		MS	139
3-Azido-5,7-dimethyl-6,8(5H,7H)-dioxo-	178–179	MS	127, 139
3-Azido-6,8(2H,7H)-dioxo-		MS	139
3-(Butylamino)-5-methyl-6,8(5H,7H)-dioxo-	284–285		79
3-(Butylamino)-5,7-dimethyl-6,8(5H,7H)-dioxo-	197–199		79

TABLE 8. (Continued)

Substituents	mp	Other Data	References
3-(Butylamino)-5-methyl-6,8(5H,7H)-dioxo-7-(phenylmethyl)-	225–227		79
3-Chloro-5,7-dimethyl-6,8(5H,7H)-dioxo-	252–253		75, 86
3-(4-Chlorophenyl)-1,5-dihydro-5,7-dimethyl-6,8(2H,7H)-dioxo-1-phenyl-	250		88
3-(Dimethylamino)-1,5-dihydro-5,7-dimethyl-1-(3-methylphenyl)-6,8(2H,7H)-dioxo-	197		88
3-(Dimethylamino)-1,5-dihydro-5,7-dimethyl-6,8(2H,7H)-dioxo-1-phenyl-	251		88
3-Ethoxy-6,8(5H,7H)-dioxo-	247–248	UV	92
3-(Ethylamino)-5,7-dimethyl-6,8(5H,7H)-dioxo-	267–268	UV	84
3-(Ethylamino)-6,8(5H,7H)-dioxo-	> 350		79
3-(Ethylsulfonyl)-5-methyl-6,8(5H,7H)-dioxo-	162–163		127
3-(Ethylsulfonyl)-5,7-dimethyl-6,8(5H,7H)-dioxo-	155–156		105, 127
3-(Ethylsulfonyl)-6,8(2H,7H)-dioxo-	220–221		105, 127
3-(Ethylthio)-5-methyl-6,8(5H,7H)-dioxo-	215–216	UV	79
3-(Ethylthio)-7-methyl-6,8(2H,7H)-dioxo-	247–248	UV	75
3-(Ethylthio)-5,7-dimethyl-6,8(5H,7H)-dioxo-	146.5–147.5	UV	75, 82
3-(Ethylthio)-7-methyl-6,8(5H,7H)-dioxo-5-(phenylmethyl)-	167–168		79
3-(Ethylthio)-5-methyl-6,8(5H,7H)-dioxo-7-(phenylmethyl)-	165–167		79
3-(Ethylthio)-6,8(2H,7H)-dioxo-	> 300	UV	75
3-(Ethylthio)-6,8(5H,7H)-dioxo-7-(phenylmethyl)-	244–246		79
3-(2-Furyl)-5,7-dimethyl-6,8(5H,7H)-dioxo-	275–276		87
3-(3-Furyl)-5,7-dimethyl-6,8(5H,7H)-dioxo-	275–276		85
3-Hydrazino-5,7-dimethyl-6,8(5H,7H)-dioxo-	253–255 (d)		60, 86
7,8-Dihydro-8-imino-4-methyl-3,6(2H,4H)-dioxo-2,7-diphenyl-	230–232	IR, MS, NMR	95
1,5-Dihydro-5,7-dimethyl-6,8(2H,7H)-dioxo-1,3-diphenyl-	248		88
3-Hydroxy-5-methyl-6,8(5H,7H)-dioxo-7-(phenylmethyl)-	232–234		79
3-(2-Hydroxyphenyl)-5,7-dimethyl-6,8(5H,7H)-dioxo-	292		87
3-(Methylamino)-6,8(5H,7H)-dioxo-	> 300		84
5,7-Dimethyl-3-(methylamino)-6,8(5H,7H)-dioxo-	290–291		82, 84
5,7-Dimethyl-3-(methylthio)-6,8(5H,7H)-dioxo-	215		75
5-Methyl-3-(4-morpholinyl)-6,8(5H,7H)-dioxo-	> 350		128
5,7-Dimethyl-3-morpholino-6,8(5H,7H)-dioxo-	264–265		128
5,7-Dimethyl-6,8(5H,7H)-dioxo-	211.5–212.5		60, 86
3-(Methylthio)-6,8(2H,7H)-dioxo-	340–342 (d)		75
5-Methyl-6,8(5H,7H)-dioxo-3-(phenylamino)-	> 300		127
5-Methyl-6,8(5H,7H)-dioxo-3[(phenylmethyl)amino]-	286–288		79
7-Methyl-6,8(5H,7H)-dioxo-5-(phenylmethyl)-3-[(phenylmethyl)oxy]-	207–208		79
5,7-Dimethyl-6,8(5H,7H)-dioxo-3-phenyl-	137–139		85, 87
5,7-Dimethyl-6,8(5H,7H)-dioxo-3-[(phenylmethyl)thio]-	201–202	UV	82

TABLE 8. (Continued)

Substituents	mp	Other Data	References
5-Methyl-6,8(5H,7H)-dioxo-3-piperidino-	275–279		128
5,7-Dimethyl-6,8(5H,7H)-dioxo-3-(propylamino)-	214–215		79
5,7-Dimethyl-6,8(5H,7H)-dioxo-3-(3-pyridinyl)-	245		87
5,7-Dimethyl-6,8(5H,7H)-dioxo-3-(4-pyridinyl)-	292–294		87
5,7-Dimethyl-6,8(5H,7H)-dioxo-3-(2-thienyl)-	249–250		83, 87
5,7-Dimethyl-6,8(5H,7H)-dioxo-3-(3-thienyl)-	249–250		85
6,8(2H,7H)-Dioxo-3-(phenylamino)-	> 300		127

TABLE 9. THE PYRIMIDO[4,5-e]-1,2,4-TRIAZINES WITH THREE OXO OR THIOXO GROUPS

Substituents	mp	Other Data	References
2-(4-Bromophenyl)-5,7-dimethyl-3,6,8(2H,5H,7H)-trioxo-	258		91
2(3H)-Carboethoxy-5,6,7,8-tetrahydro-5,7-dimethyl-3,6,8-trioxo-	228–229 (d)		86
2(1H)-Carboethoxy-3,4,5,6,7-hexahydro-5,7-dimethyl-3,6,8-trioxo-	124–125		86
2(1H)-Carboethoxy-3,4,5,6,7,8-hexahydro-4,5,7-trimethyl-3,6,8-trioxo-	191–192 (d)		86
2-(3-Chlorophenyl)-5,7-dimethyl-3,6,8(2H,5H,7H)-trioxo-	199		90, 91
2-(4-Chlorophenyl)-5,7-dimethyl-3,6,8(2H,5H,7H)-trioxo-	233		91
2-(3,4-Dichlorophenyl)-5,7-dimethyl-3,6,8(2H,5H,7H)-trioxo-	232		91
2-(4-Fluorophenyl)-5,7-dimethyl-3,6,8(2H,5H,7H)-trioxo-	227		91
1,4-Dihydro-5,7-dimethyl-3,6,8(2H,5H,7H)-trioxo-	287–289 (d); 284–285 (d)		75, 86
3,5-Dihydro-5-methyl-6,8(2H,7H)-dioxo-3-thioxo-	269–270		127
3,5-Dihydro-6,8(4H,7H)-dioxo-3-thioxo-	> 300		127
2-(4-Methoxyphenyl)-5,7-dimethyl-3,6,8(2H,5H,7H)-trioxo-	210		91
7-Methyl-3,6,8(2H,5H,8H)-trioxo-	315–317 (d)		75, 128
5-Methyl-3,6,8(2H,5H,7H)-trioxo-	344–346 (d)		79, 128
5,7-Dimethyl-3,6,8(2H,5H,7H)-trioxo-	287–289 (d); 284–285 (d)		75, 86
2,5,7-Trimethyl-3,6,8(2H,5H,7H)-trioxo-	184–185 (d)		86, 92
5,7-Dimethyl-2-(3-methylphenyl)-3,6,8(2H,5H,7H)-trioxo-	221		89, 90, 91
5,7-Dimethyl-2-(4-methylphenyl)-3,6,8(2H,5H,7H)-trioxo-	195		90, 91
2-(3,4-Dimethylphenyl)-5,7-dimethyl-3,6,8(2H,5H,7H)-trioxo-	220		90, 91
4-Methyl-3,6,8(2H,4H,7H)-trioxo-2,7-diphenyl-	242–245	IR, MS, NMR	95

TABLE 9. (Continued)

Substituents	mp	Other Data	References
5,7-Dimethyl-3,6,8(2H,5H,7H)-trioxo-2-phenyl-	219		89–91
7-Methyl-3,6,8(2H,5H,7H)-trioxo-5-(phenylmethyl)-	272–273		79
3,6,8(2H,5H,7H)-Trioxo-	> 360	UV	75, 128

TABLE 10. MISCELLANEOUS PYRIMIDO[4,5-e]-1,2,4-TRIAZINES

Name	mp	Other Data	Reference
α-Cyano-2,6,7,8-tetrahydro-6,8-dioxo-pyrimido[4,5-e]-1,2,4-triazine-3-acetic acid (ethyl ester)			105
(5,6,7,8-Tetrahydro-5,7-dimethyl-6,8-dioxopyrimido[4,5-e]-1,2,4-triazin-3-yl)-propanedinitrile			105
Ethyl-5,6,7,8-tetrahydro-5-methyl-6,8-dioxopyrimido[4,5-e]-1,2,4-triazin-3-yl ester carbonimidic acid	261–262		127
O-Ethyl-S-(5,6,7,8-tetrahydro-5-methyl-6,8-dioxopyrimido[4,5-e]-1,2,4-triazin-3-yl) ester carbonimidothioic acid	217–218		127
O-Ethyl-S-(2,6,7,8-tetrahydro-6,8-dioxopyrimido[4,5-e]-1,2,4-triazin-3-yl) ester carbonimidothioic acid	265–266		127
2-(2,6,7,8-Tetrahydro-6,8-dioxopyrimido[4,5-e]-1,2,4-triazin-3-yl)hydrazino-4-pyridinecarboxylic acid			105
5-Nitro-2-furancarboxaldehyde, (2,6,7,8-tetrahydro-6,8-dioxopyrimido[4,5-e]-1,2,4-triazin-3-yl)hydrazone			105

TABLE 11. THE PYRIMIDO[5,4-d]-1,2,3-TRIAZINES

Substituents	mp	Other Data	References
4-Amino-6,8-dimethylamino-	268–269 (d)	MS	129
6-Amino-8-{[(4-nitrophenyl)methyl]thio}- (3-oxide)	215	IR, MS	100, 102
6-Amino-8-[(phenylmethyl)thio]- (3-oxide)	229–231	IR	100, 102
4-{[(Benzoyl)methyl]thio}-6,8-dimethylamino-	193–195	NMR	101
4-{[(Benzoyl)methyl]thio}-6-methylamino-8-(4-morpholinyl)-	177–179	NMR	101
4-{[(Carboethoxy)methyl]thio}-6-methylamino-8-(4-morpholinyl)-	160–161	NMR	101
4-Chloro-6,8-dimethylamino-	133 (d)		101, 129
4-[(Chloroethyl)amino]-6,8-di-4-morpholinyl-	224–226		129
4-Chloro-6-methylamino-8-(4-morpholinyl)-	143–144 (d)		101
4-Chloro-6,8-bis(methylthio)-	179–180 (d)		101
4-Chloro-6-(methylthio)-8-(4-morpholinyl)-	158–160 (d)		101

TABLE 11. (Continued)

Substituents	mp	Other Data	References
4-Chloro-6,8-di-4-morpholinyl-			129
4-Diethylamino-6,8-bis(methylthio)-	126	NMR	101
6,8-Dimethylamino-4-methyl- (3-oxide)	122–123	NMR	101
4-Dimethylamino-6-methylthio-8-(4-morpholinyl)-	112–113	NMR	101
6,8-Bis(dimethylamino)- (3-oxide)	192 (d)	NMR	101
6,8-Bis(dimethylamino)-4(1H)-oxo- (hydrazone)	201–202	MS	129
6,8-Bis(dimethylamino)-4(1H)-oxo-[(2-hydroxyethyl)hydrazone]	140	NMR	101
6,8-Bis(dimethylamino)-4-[(2-oxopropyl)thio]-	187–188	NMR	101
6,8-Bis(dimethylamino)-4-[(phenylmethyl)amino]-	172–174	NMR	101
6,8-Bis(dimethylamino)-4(1H)-thioxo-	204 (d)	NMR	101
4-[(2-Hydroxyethyl)amino]-6,8-bis(methylthio)-	172–174	NMR	101
4-[(2-Hydroxyethyl)amino]-6-(methylthio)-8-(4-morpholinyl)-	180–182	NMR	101
4-[(2-Hydroxyethyl)amino]-6,8-bis(4-morpholinyl)-	250–252	MS	129
4-[(3-Hydroxypropyl)amino]-6-(methylthio)-8-(4-morpholinyl)-	177–178	NMR	101
4-[(3-Hydroxypropyl)amino]-6,8-bis(methylthio)-	179–181	NMR	101
6-(Methylamino)-8-(4-morpholinyl)- (3-oxide)	190 (d)	MS, NMR	129
4-(Methylamino)-6,8-bis(4-morpholinyl)-	270 (d)		129
6-(Methylamino)-8-(4-morpholinyl)-4[(2-oxopropyl)thio]-	205–206	NMR	101
6-(Methylamino)-8-(4-morpholinyl)-4(1H)-thioxo-	207–208	NMR	101
6,8-Di-4-morpholinyl- (3-oxide)	210–212 (d)	MS, NMR	129
6,8-Bis(methylthio)- (3-oxide)	171–173 (d)	NMR	101
6-(Methylthio)-8-(4-morpholinyl)- (3-oxide)	191 (d)	NMR	101
6-(Methylthio)-8-(4-morpholinyl)-4-[(2-oxopropyl)thio]-	184–185	NMR	101
6-(Methylthio)-8-(4-morpholinyl)-4-(1-pyrrolidinyl)-	119–121	NMR	101
6-(Methylthio)-8-(4-morpholinyl)-4(1H)-thioxo-	193–194 (d)		101
6,8-Bis(methylthio)-4-(1-pyrrolidinyl)-	186–187	NMR	101
6,8-Di-1-piperidinyl- (3-oxide)	183–184	NMR	101

TABLE 12. MISCELLANEOUS PYRIMIDO[5,4-d]-1,2,3-TRIAZINES

Name	mp	Other Data	References
4-{[(6-Aminopyrimido[5,4-d]-1,2,3-triazin-8-yl)thio]methyl}-N-(1-methylethyl)-benzamide (N-oxide)	241–243	IR	100, 102
4-{[(6-Aminopyrimido[5,4-d]-1,2,3-triazin-8-yl)thio]methyl}-benzoic acid (ethyl ester, N-oxide)	221–222	IR, MS	100, 102
2-[6,8-Bis(dimethylamino)pyrimido[5,4-d]-1,2,3-triazin-4-yl] (hydrazide of benzoic acid)	222 (d)	NMR	129
[6,8-Bis(dimethylamino)pyrimido[5,4-d]-1,2,3-triazin-4-yl] (hydrazone of benzaldehyde)	218 (d)	NMR	129
[6,8-Bis(dimethylamino)pyrimido[5,4-d]-1,2,3-triazin-4-yl] (hydrazone of 4-methoxybenzaldehyde)	191–192	NMR	129

6. REFERENCES

1. P. A. Van Damme, A. G. Johannes, H. C. Cox, and W. Berends, *Recl. Trav. Chim. Pays-Bas* **1960** 79, 255.
2. A. S. Hellendoorn, R. M. Ten Cate-Dhont, and A. F. Peerdeman, *Recl. Trav. Chim. Pays-Bas* **1961** 80, 307.
3. E. C. Taylor, J. W. Barton, and W. W. Paudler, *J. Org. Chem.* **1961** 26, 4961.
4. T. W. Miller, L. Chaiet, B. Arison, R. W. Walker, N. R. Trenner, and F. J. Wolf, *Antimicrob. Agents Chemother.* **1963**, 58.
5. S. E. Esifov, M. N. Kolosov, and L. A. Saburova, *J. Antibiot.* **1973** 26, 537.
6. J. A. Montgomery and C. Temple, Jr., *J. Am. Chem. Soc.* **1960** 82, 4592.
7. G. D. Daves, Jr., R. K. Robins, and C. C. Cheng, *J. Org. Chem.* **1961** 26, 5256.
8. J. B. Polya and G. F. Shanks, *J. Chem. Soc.* **1964**, 4986.
9. J. Clark and F. S. Yates, *J. Chem. Soc.* (C) **1971**, 2475.
10. C. Temple, Jr., C. L. Kussner, and J. A. Montgomery, *J. Org. Chem.* **1974** 39, 2866.
11. D. J. Brown and T. Sugimoto, *J. Chem. Soc. Perkin Trans. 1*, **1972**, 237.
12. C. Temple, Jr., R. L. McKee, and J. A. Montgomery, *J. Org. Chem.* **1963** 28, 923.
13. C. Temple, Jr., C. L. Kussner, and J. A. Montgomery, *J. Org. Chem.* **1969** 34, 3161.
14. C. Temple, Jr., C. L. Kussner, and J. A. Montgomery, *J. Org. Chem.* **1971** 36, 2974.
15. D. Brown and T. Sugimoto, *J. Chem. Soc.* (C) **1971**, 2616.
16. C. Temple, Jr., C. L. Kussner, and J. A. Montgomery, *J. Org. Chem.* **1971** 36, 3502.
17. F. S. Yates and I. Blair, *J. Chem. Soc. Perkin Trans. 1*, **1974**, 1565.
18. C. Temple, Jr., C. L. Kussner, and J. A. Montgomery, *J. Org. Chem.* **1975** 40, 2205.
19. K.-Y. Zee-Cheng and C. C. Cheng, *J. Med. Chem.* **1968** 11, 1107.
20. T. K. Liao, F. Baiocchi, and C. C. Cheng, *J. Org. Chem.* **1966** 31, 900.
21. K. Tanabe, Y. Asahi, M. Nishikawa, T. Shima, Y. Kuwada, T. Kanzawa, and K. Ogata, *Takeda Kenkyusho Nempo* **1963** 22, 133.
22. C. Temple, Jr., C. L. Kussner, and J. A. Montgomery, *J. Heterocycl. Chem.* **1971** 8, 1099.
23. C. Temple, Jr., C. L. Kussner, and J. A. Montgomery, *J. Heterocycl. Chem.* **1973** 10, 889.
24. L. M. Werbel, E. F. Elslager, and J. L. Johnson, *J. Heterocycl. Chem.* **1985** 22, 1369.
25. G. D. Daves, Jr., R. K. Robins, and C. C. Cheng, *J. Am. Chem. Soc.* **1961** 83, 3904.
26. G. D. Daves, Jr., R. K. Robins, and C. C. Cheng, *J. Am. Chem. Soc.* **1962** 84, 1724.
27. E. C. Taylor and F. Sowinski, *J. Am. Chem. Soc.* **1969** 91, 2143.
28. C. Temple, Jr. and J. A. Montgomery, *J. Org. Chem.* **1963** 28, 3038.
29. K. Senga, Y. Kanamori, S. Nishigaki, and F. Yoneda, *Chem. Pharm. Bull.* **1976** 24, 1917.
30. M. Ichiba, S. Nishigaki, and K. Senga, *Heterocycles* **1977** 6, 1921.
31. K. Senga, M. Ichiba, Y. Kanamori, and S. Nishigaki, *Heterocycles* **1978** 9, 29.
32. Yu. A. Azev, N. N. Vereshchagina, E. L. Pidemskii, A. F. Goleneva, and G. A. Aleksandrova, *Khim. Farm. Zh.* **1984** 18, 573.
33. Yu. A. Azev and I. I. Mudretsova, *Khim. Geterotsikl. Soedin.* **1985** 7, 998.
34. M. Ichiba, K. Senga, S. Nishigaki, and F. Yoneda, *J. Heterocycl. Chem.* **1977** 14, 175.
35. M. Ichiba, S. Nishigaki, and K. Senga, *J. Org. Chem.* **1978** 43, 469.
36. K. Senga, M. Ichiba, and S. Nishigaki, *Heterocycles* **1977** 6, 273.
37. F. Yoneda, K. Shinomura, and S. Nishigaki, *Tetrahedron Lett.* **1971**, 851.
38. F. Yoneda and Y. Sakuma, *Chem. Pharm. Bull.* **1973** 21, 448.
39. F. Yoneda, T. Nagamatsu, and M. Ichiba, *J. Heterocycl. Chem.* **1974** 11, 83.

40. F. Yoneda and T. Nagamatsu, *Chem. Pharm. Bull.* **1975** 23, 1885.
41. F. Yoneda and T. Nagamatsu, *Chem. Pharm. Bull.* **1975** 23, 2001.
42. Y. Sakuma, S. Matsumoto, T. Nagamatsu, and F. Yoneda, *Chem. Pharm. Bull.* **1976** 24, 338.
43. F. Yoneda, T. Nagamura, and M. Kawamura, *J. Chem. Soc. Chem. Commun.* **1976**, 658.
44. S. Nishigaki, H. Kanazawa, Y. Kanamori, M. Ichiba, and K. Senga, *J. Heterocycl. Chem.* **1982** 19, 1309.
45. H. Kanazawa, S. Nishigaki, and K. Senga, *J. Heterocycl. Chem.* **1984** 21, 969.
46. W. Pfleiderer and G. Blankenhorn, *Tetrahedron Lett.* **1969**, 4699.
47. G. Blankenhorn and W. Pfleiderer, *Chem. Ber.* **1972** 105, 3334.
48. F. Yoneda, M. Noguchi, M. Noda, and Y. Nitta, *Chem. Pharm. Bull.* **1978** 26, 3154.
49. F. Yoneda, T. Nagamatsu, and K. Shinomura, *J. Chem. Soc. Perkin Trans. 1* **1976** 713.
50. S. S. Al-Hassan, I. Sterling, and H. C. S. Wood, *J. Chem. Res. (S)* **1980**, 278.
51. M. E. C. Biffen and D. J. Brown, *Tetrahedron Lett.* **1968**, 2503.
52. M. E. C. Biffen, D. J. Brown, and T. Sugimoto, *J. Chem. Soc. (C)* **1970**, 139.
53. D. J. Brown and T. Sugimoto, *Aust. J. Chem.* **1971** 24, 633.
54. D. J. Brown and J. R. Kershaw, *J. Chem. Soc. Perkin Trans. 1* **1972**, 2316.
55. D. J. Brown and R. K. Lynn, *Aust. J. Chem. Soc.* **1973** 26, 1689.
56. D. J. Brown and R. K. Lynn, *Aust. J. Chem.* **1974** 27, 1781.
57. F. Yoneda and T. Nagamatsu, *Synthesis* **1975**, 177.
58. F. Yoneda, M. Kanahori, K. Ogiwara, and S. Nishigaki, *J. Heterocycl. Chem.* **1970** 7, 1443.
59. F. Yoneda and T. Nagamatsu, *Bull. Chem. Soc. Jpn.* **1975** 48, 2884.
60. E. C. Taylor and F. Sowinski, *J. Am. Chem. Soc.* **1968** 90, 1374.
61. E. C. Taylor and F. Sowinski, *J. Org. Chem.* **1975** 40, 2321.
62. E. C. Taylor and A. J. Cocuzza, *J. Org. Chem.* **1979** 44, 1125.
63. F. Yoneda, Y. Sakuma, T. Nagamatsu, and S. Mizumoto, *J. Chem. Soc. Perkin Trans. 1* **1976**, 2398.
64. K. Senga and S. Nishigaki, *Heterocycles* **1981** 16, 559.
65. S. Nishigaki, M. Ichiba, K. Fukami, and K. Senga, *J. Heterocycl. Chem.* **1982** 19, 769.
66. S. Senda, K. Hirota, T. Asao, and K. Maruhashi, *J. Am. Chem. Soc.* **1977** 99, 7358.
67. S. Senda, K. Hirota, T. Asao, and K. Maruhashi, *J. Am. Chem. Soc.* **1978** 100, 7661.
68. K. Hirota, K. Maruhashi, T. Aaso, and S. Senda, *Heterocycles* **1981** 15, 285.
69. H. Ogura, H. Takahashi, and O. Sato, *Nucleic Acids Res.* **1980**, S1.
70. C. Temple, Jr., C. L. Kussner, and J. A. Montgomery, *J. Heterocycl. Chem.* **1968** 5, 581.
71. C. Temple, Jr., C. L. Kussner, and J. A. Montgomery, *J. Org. Chem.* **1969** 34, 2102.
72. J. J. Huang, *J. Org. Chem.* **1985** 50, 2293.
73. M. H. Krackov and B. E. Christensen, *J. Org. Chem.* **1963** 28, 2677.
74. E. C. Taylor, S. F. Martin, Y. Maki, and G. P. Beardsley, *J. Org. Chem.* **1973** 38, 2238.
75. L. Heinisch, W. Ozegowski, and M. Muhlstadt, *Chem. Ber.* **1964** 97, 5.
76. E. C. Taylor and R. W. Morrison, Jr., *Angew. Chem. Int. Ed. Engl.* **1964** 3, 312.
77. E. C. Taylor and R. W. Morrison, Jr., *J. Am. Chem. Soc.* **1965** 87, 1976.
78. L. Heinisch, W. Ozegowski, and M. Muhlstadt, *Chem. Ber.* **1965** 98, 3095.
79. L. Heinisch, *Chem. Ber.* **1967** 100, 893.
80. E. Jeney and T. Zsolnai, *Zentralbl. Bakteriol. Parasitenkd. Infektionskr. Hyg.* **1960** 177, 220.
81. S. S. Epstein and G. M. Timmis, *J. Protozool.* **1963** 10, 63.
82. T. Sugimoto and S. Matsuura, *Bull. Chem. Soc. Jpn.* **1975** 48, 1679.

6. References

83. F. Yoneda, K. Ogiwara, M. Kanahori, S. Nishigaki, and E. C. Taylor, *Chem. Biol. Pteridines* **1970**, 145.
84. T. Sugimoto and S. Matsuura, *Bull. Chem. Soc. Jpn.* **1975** 48, 725.
85. F. Yoneda, T. Nagamatsu, K. Ogiwara, M. Kanahori, S. Nishigaki, and E. C. Taylor, *Chem. Pharm. Bull.* **1978** 26, 367.
86. E. C. Taylor and F. Sowinski, *J. Org. Chem.* **1975** 40, 2329.
87. F. Yoneda, M. Kanahori, and S. Nishigaki, *J. Heterocycl. Chem.* **1971** 8, 523.
88. F. Yoneda, M. Higuchi, and T. Nagamatsu, *J. Am. Chem. Soc.* **1974** 96, 5607.
89. F. Yoneda and M. Higuchi, *Chem. Pharm. Bull.* **1977** 25, 2794.
90. F. Yoneda, M. Higuchi, and Y. Nitta, *Heterocycles*, **1978** 9, 1387.
91. F. Yoneda and M. Higuchi, *J. Heterocycl. Chem.* **1980** 17, 1365.
92. E. C. Taylor and S. F. Martin, *J. Org. Chem.* **1970** 35, 3792.
93. M. Brugger, H. Wamhoff, and F. Korte, *Justus Liebigs Ann. Chem.* **1972** 758, 173.
94. E. C. Taylor and S. F. Martin, *J. Org. Chem.* **1972** 37, 3958.
95. P. Winternitz, *Helv. Chim. Acta* **1978** 61, 1175.
96. E. M. Karpitschka, G. Smole, and W. Klotzer, *Sci. Pharm.* **1981** 49, 453.
97. A. F. Pozharskii, V. V. Kuz'menko, and I. M. Nanavyan, *Khim. Geterosikl. Soedin.* **1983**, 1564.
98. V. Papesch and R. M. Dodson, *J. Org. Chem.* **1963** 28, 1329.
99. R. Behrend, *Ann.* **1888** 245, 213; F. L. Rose, *J. Chem. Soc.* **1952**, 3448.
100. M. P. Nemeryuk, A. L. Sedov, J. Krepelka, and T. S. Safonova, *Khim. Geterotsikl. Soedin.* **1984**, 268.
101. J. Clark and G. Varvounis, *J. Chem. Soc. Perkin Trans. 1* **1984**, 1475.
102. M. P. Nemeryuk, A. L. Sedov, T. S. Safonova, A. Cerny, and J. Krepelka, *Coll. Czech. Chem. Commun.* **1986** 51, 215.
103. K. Hirota, K. Maruhashi, T. Asao, N. Kitamura, Y. Maki, and S. Senda, *Chem. Pharm. Bull.* **1983** 31, 3959.
104. S. Nishigaki, M. Ichiba, and K. Senga, *J. Org. Chem.* **1983** 48, 1628.
105. Yu. A. Azev, N. N. Vereshchagina, I. Ya. Postovskii, E. L. Pidemskii, and A. F. Goleneva, *Khim. Farm. Zh.* **1981** 15, 50.
106. F. Yoneda, Y. Sakuma, M. Ueno, and S. Nishigaki, *Chem. Pharm. Bull.* **1973** 21, 926.
107. F. Yoneda and T. Nagamatsu, *Tetrahedron Lett.* **1973**, 1577.
108. F. Yoneda and T. Nagamatsu, *J. Heterocycl. Chem.* **1974** 11, 271.
109. S. E. Esipov, *Biokhim. Fiziol. Mikroorg.* **1975**, 77.
110. S. A. Dovzhenko, G. E. Pozmogova, S. E. Esipov, G. G. Aleksandrov, N. A. Klyuev, and A. I. Chernyshev, *Antibiot. Med. Biotekhnol.* **1986** 2, 258.
111. S. Ya. Melnik, A. A. Bakhmedova, Yu. Yu. Volodin, M. N. Preobrazhenskaya, A. I. Chernyshev, S. E. Esipov, and S. M. Navashin, *Biorg. Khim.* **1981** 7, 1723.
112. D. J. Brown and T. Sugimoto, *J. Chem. Soc. (C)* **1970**, 2661.
113. Yu. A. Azev, E. O. Siderov, and I. I. Mudretsova, *Khim. Geterotsikl. Soedin.* **1985**, 1692.
114. Yu. A. Azev, E. O. Siderov, and I. I. Mudretsova, *Khim. Geterotsikl. Soedin.* **1986**, 563.
115. J. Clark and C. Smith, *J. Chem. Soc. Perkin Trans. 1* **1972**, 247.
116. J. Clark and M. S. Morton, *J. Chem. Soc. Perkin Trans. 1* **1974**, 1818.
117. Yu. A. Azev, A. P. Novitkova, and I. I. Mudretsova, *Khim. Geterotsikl. Soedin.* **1984**, 1692.
118. Yu. A. Azev, I. I. Mudretsova, E. L. Pidemskii, A. F. Goleneva, and G. A. Aleksandrova, *Khim. Farm. Zh.* **1985** 19, 1202.
119. Y. A. Azev, I. I. Mudretsova, E. L. Pidemskii, A. F. Goleneva, and G. A. Aleksandrova, *Khim. Farm. Zh.* **1986** 20, 1228.

120. F. Yoneda and T. Nagamatsu, *Heterocycles* **1976** 4, 749.
121. K. Senga, M. Ichiba, and S. Nishigaki, *Heterocycles* **1978** 9, 793.
122. K. Senga, M. Ichiba, and S. Nishigaki, *J. Org. Chem.* **1979** 44, 3830.
123. H. Kanazawa, M. Ichiba, N. Shimizu, Z. Tamura, and K. Senga, *J. Org. Chem.* **1985** 50, 2416.
124. F. Yoneda, M. Kawamura, T. Nagamatsu, K. Kuretani, A. Hoshi, and M. Iigo, *Heterocycles* **1976** 4, 1503.
125. F. Yoneda, M. Higuchi, and Y. Nitta, *J. Heterocycl. Chem.* **1980** 17, 869.
126. A. I. Chernyshev, S. V. Shorshnev, N. I. Yakushina, and S. E. Esipov, *Khim. Geterotsikl. Soedin.* **1985**, 277.
127. Yu. A. Azev, I. Ya. Postovskii, E. L. Pidemskii, and A. F. Goleneva, *Khim. Farm. Zh.* **1980** 14, 39.
128. L. Heinisch, *J. Prakt. Chem.* **1969** 311, 438.
129. J. Clark, G. Varvounis, and M. Bakavoli, *J. Chem. Soc. Perkin Trans. 1* **1986**, 711.
130. K. J. M. Andrews and B. P. Tong, Ger. Offen. DE 2233242, 1973; *Chem. Abstr.* **1973** 78, 97722h.
131. K. J. M. Andrews and B. P. Tong, U.S. US 3813393, 1974; *Chem. Abstr.* **1974** 81, 49706w.
132. T. A. Andrea, W. W. John, and J. J. Steffens, U.S. US 4494981, 1985; *Chem. Abstr.* **1985** 102, 127350u.
133. F. Yoneda and I. Chuma, Japan. JP 48/25200 [73/25200], 1973; *Chem. Abstr.* **1973** 79, 146559s.
134. J. Clark, *Org. Mass Spectrom.* **1972** 6, 467.
135. J. Clark, *Org. Mass Spectrom.* **1973** 7, 225.
136. M. E. C. Biffen, D. J. Brown, and T. Sugimoto, *Chem. Biol. Pteridines, Proc. Int. Symp., 4th*, K. Iwai, (Ed.) International Academic Printing Co., Tokyo, Japan, 1970.
137. S. E. Esipov, N. A. Klyuev, L. A. Saburova, and V. M. Adanin, *Khim. Prir. Soedin.* **1981**, 85; *Chem. Abstr.* **1981** 95, 24999v.
138. N. A. Klyuev, G. G. Aleksandrov, Yu. A. Azev, E. O. Siderov, and S. E. Esipov, *Khim. Geterotsikl. Soedin.* **1986**, 114.
139. N. A. Klyuev, V. M. Adanin, I. Ya. Postovskii, and Yu. A. Azev. *Khim. Geterotsikl. Soedin.* **1983**, 547.

Index

Acetamidine, 14, 32, 159, 274
5-Acetamido-4-hydrazinouracil, 263
Acetophenone(s), in synthesis, 53, 232, 266
Acetylacetone(s), 28, 47, 53
4-Acetylamino-8-alkyl-6-(ethoxycarbonyl)-2-(methylthio)-pyrido-[2,3-d]pyrimidin-5(8H)-ones, 63
2-(Acetylamino)-6-formyl-4-hydroxypyrimidine, 3
2-Acetylaminopyridine-3-carboxylic acid, 41
Acetylene dicarboxylic acid, esters of, 228.
 See also Dimethyl acetylenedicarboxylate (DMAD)
3-Acyl-2-pyrimidones, 35
Addition:
 of carbanions, 53, 58
 of methyl lithium, 53
Aldehydo esters, in synthesis, 232
Aldoses, 194
Alkoxy group:
 replacement by amines, 278
 replacement by hydrazine, 56
8a-Alkoxy-3,4,4a,5,6,7,8,8a-octahydropyrido[4,3-d]pyrimidin-(2H)-thiones, 8
4-Alkyl-3,4-dihydropyrimido[4,5-d]pyridazines, 205
2-Alkylamino-1-benzylpyrido[2,3-d]pyrimidines, 40
Alkylation, 283
 at carbon, 61, 205, 242
 at nitrogen, 37, 48, 51, 53, 59, 171, 203–205, 235, 242, 278, 280, 282
 at oxygen, 60, 122
 at sulfur, 40, 58, 169, 232
4-(Alkylhydrazino)-5-amino-pyrimidines, 262
Alkylthiopseudoureas, 40
Alloxan, 272
Alloxan guanylhydrazones, 273
5-Allylamino-1,3-dimethyluracils, 4
Allyl isothiocyanate, 7, 16
3-Allyl-2(1H)-thioxopyrido[3,4-d]pyrimidine-4-one, 16
Amidines, 10, 11, 14, 36, 44, 134
4-Amidonicotinamides, 12
4-Amidonicotinic acid hydrazides, 12
4-Amidonicotinic hydroxamic acids, 12
β-Aminoacrylonitriles, 20
5-Amino-6-amidinouracil, 282
2-Amino-6-aryl-3-formylpyridine, 57
7-Amino-6-aryl-2-methylpyrido[2,3-d]pyrimidines, 56

4-Amino-N-benzoyl-2-propyl-5-pyrimidinecarboxamidine, 156
2-Amino-3-benzoylpyridines, 39
2-Amino-4-benzoylpyridines, 43
2-Amino-3-benzoylpyridine imines, 42
4-Amino-7-benzyloxy-5-carbamoyl-2-(methylthio)pyrido[2,3-d]-pyrimidine, 54
5-Amino-1-benzylpyrido[4,3-d]-pyrimidin-4(1H)-one, 41
7-Amino-1,3-bis(methoxymethyl)-6-cyanopyrido[2,3-d]pyrimidine, 30
4-Amino-2-bromo-5,6-dihydro-5-methylpyrido[2,3-d]pyrimidin-7(8H)-one 42, 61
6-Amino-5-bromo-1,3-disubstituted uracils, 151
6-Amino-5-(carbamoylmethylthio)-uracil, 242
2-Amino-3-carbamoylpyridines, 41
3-Amino-4-carbamoylpyridine N-oxide, 15
2-Amino-3-(carboxyl)pyridines, 38
5-Amino-6-carboxyuracils, 163
6-Amino-5-(1-chloro-N,N-dimethyliminium)uracil salt, 28
5-Amino-4-chloro-6-(2-formyl-hydrazino)pyrimidine, 280
5-Amino-4-chloro-6-hydrazinopyrimidine, 271
4-Amino-5-chloromethyl-2-methylpyrimidine, 237
3-Amino-2-chloropyridine, 17
4-Amino-5-(2-cyano-2-dimethoxymethyl-3-methoxy)propyl-2-methylpyrimidine, 32
2-Amino-5-cyano-4-methoxy-6-phenylpyrimidine, 156
2-Amino-3-cyano-6-(1-methyl-3-indolyl)pyridine, 37
3-Amino-4-cyano-5-phenylpyridazine, 199
2-Amino-3-cyano-4H-pyrans, 128
o-Aminocyanopyridazine, 199
2-Amino-3-cyanopyridine(s), 35, 37, 54
3-Amino-2-cyanopyridines, 6
3-Amino-4-cyanopyridine N-oxide, 15
4-Amino-5-cyanopyrimidines, 154
6-Amino-5-(1,2-dicarbethoxyhydrazino)-1,3-dimethyluracil, 273
2-Amino-1,3-dihydro-1,2-dioxo-4,6-diphenylpyrrolo[3,4-d]pyrimidine, 205
2-Amino-5,6-dihydro-7-ethoxy-4-methyl-7H-thiopyrano[2,3-d]-pyrimidine, 134

4-Amino-5,6-dihydropyrido[2,3-*d*]pyrimidin-7(8*H*)-ones, 36
5-Amino-2,4-dimethoxypyridine, 6
7-Amino-1,3-dimethyl-5-*N,N*-dimethylaminopyrimido[4,5-*d*]-pyrimidine-2,4(1*H*,3*H*)dione, 159
1-Amino-7,7-dimethyl-4*H*-pyrimido[4,5-*d*][1,3]thiazinium perchlorate from 1'-methylthiaminium ion, 237
5-Amino-1,3-dimethyl-6-(substituted-allyl)-uracils, 4
4-Amino-2,8-di(methylthio)pyrido[3,2-*d*]pyrimidin-6-carboxamide, 45
5-Amino-1,3-dimethyluracil, 6
6-Amino-1,3-dimethyluracil(s), 17, 18, 24, 29, 151, 237
6-Amino-2,4(1*H*,3*H*)-dioxopyrimidine, 153
4-Amino-5-(ethoxycarbonyl)pyrimidine, 29
2-Amino-3-(ethoxycarbonyl)-1,4,5,6-tetrahydropyridine, 38
5-Amino-4-ethoxy-2-methyl-7-phenylpyrimido[4,5-*d*]pyrimidine, 163
2-Amino-1-ethylguanidine, 273
6-Amino-5-formyl-1,3-dimethyluracil, 159
2-Amino-3-formylpyridine oxime, 54
2-Amino-6-formylpyrido[2,3-*d*]pyrimidin-4(3*H*)-one, 24
Amino group:
  replacement by chloro group, 56
  replacement by oxo group, 47, 48, 56, 240
Aminoguanidinium ions, 272
5-Amino-4-hydrazino-6-methylpyrimidine, 262
5-Amino-6-hydrazinopyrimidines, 262
5-Amino-4-hydrazinopyrimidine-6(1*H*)-thione, 280
5-Amino-4-hydroxy-2-methylthiopyrimidine-6-carboxylic acid, 165
4-Amino-2-hydroxypyrido[4,3-*d*]pyrimidine-5,7(6*H*,8*H*)-dione, 51
2-Amino-4-hydroxy pyrimido[4,5-*d*]pyridazine, 201
6-Amino-1-hydroxyuracil, 22
4-Amino-5-iodopyrimidines, 25
5-Amino-6-mercapto-1,3-dimethyluracil, 233
5-Amino-6-mercapto-4-methoxy-pyrimidine, 233
3-Amino-2-methylacrolein, 24
2-Amino-1-methylguanidine, 273
4-Amino-2-methylpyrido[3,4-*d*]pyrimidine, 17
2-Amino-6-methylpyrido[3,2-*d*]pyrimidin-4(3*H*)-one 4, 47
5-Aminomethylpyrimidines, 160
4-Amino-7-methylthiopyrimido[4,5-*d*]pyrimidine, 154
2-Amino-6-methyl-5,6,7,8-tetrahydropyrido[2,3-*d*]pyrimidin-4(3*H*)-one, 62
6-Amino-3-methyluracils, 20

2-Aminonicotinamides, 41
2-Aminonicotinic acid, 38
o-Aminonitriles, 10, 11, 21, 37, 154–156
2-Amino-(3-oxopropyl)pyrimidin-6-ones, 3
5-Amino-4(3*H*)-oxo-pyrimidine-6-sulfonic acid, 242
4-Amino-2-phenyl-7-propylpyrimido[4,5-*d*]pyrimidine, 156
4-Amino-2-phenylpyrido[2,3-*d*]-pyrimidine 3-oxide, 40
6-Amino-7-phenylpyrido[2,3-*d*]pyrimidin-2,4(1*H*,3*H*)-dione, 33
1-Amino-8-phenylpyrimido[4,5-*c*]pyridazine, 199
3-Aminopicolinic acid, 7
4-Aminopiperidines, 10
3-Aminopropionitriles, 34
2-Aminopteridin-4-one, 2
4-Aminopyridazine-3-carboxamide, 202
5-Aminopyridazine-7-carboxamide, 201
o-Aminopyridazine carboxylic acids, from hydrolysis of pyrimido[4,5-*c*]pyridazines, 203
3-Aminopyridines, 6, 7, 16
3-Aminopyridine-2-carboxamide, 6
o-Aminopyridine carboxylic acids, 16, 43
4-Aminopyrido[2,3-*d*]pyrimidines, 37, 39, 62
7-Aminopyrido[2,3-*d*]pyrimidine, 20
4-Aminopyrido[2,3-*d*]pyrimidine 3-oxide, 62
2-Aminopyrido[3,2-*d*]pyrimidin-4(3*H*)-ones, 3
3-(2-Aminopyridyl)-1,2,4-oxadiazoles, 39
4-Aminopyrimidines, 18
5-Aminopyrimidines, 4, 5, 225
6-Aminopyrimidines, 18, 227
Aminopyrimidine-5-carboxaldehydes, from ring opening of pyrimido[4,5-*d*]pyrimidines 169
o-Aminopyrimidine carboxylates, 16
o-Aminopyrimidine carboxylic acid, 230
4-Aminopyrimido[4,5-*d*]pyrimidine, 30
6-Aminopyrimido[4,5-*b*][1,4]thiazines, 240, 241
5-Aminopyrimido[5,4-*e*]-1,2,4-triazine, 280
4-Amino-5,6,7,8-tetrahydropyrido[2,3-*d*]pyrimidine, 63
7-Aminotheophyllines, precursors to pyrimidotriazines, 275
4-Amino-2-trichloromethyl-5-cyano-6-cyanomethylpyrimidine, 9
5-Amino-1,3,6-trimethyluracil, 276
Aminouracils, 22, 225
5-Aminouracil, 5, 6
6-Aminouracils, 18, 21, 22, 32, 49, 149, 151, 161, 274
Ammonium thiocyanate, in synthesis, 7
Analgesic activity, 65
Aneurin, 160
4-Anilinomethyl-3-ethylamino-2,6-dimethylpyridine, 52

Antibiotics:
   fervenulin 261, 272
   MSD-92, 261
   pyrimidotriazine derivatives, 261
   toxoflavin, 261, 272
Antihypertensives, 65
Antiinflammatory agents, 65, 283
Arbuzov reaction, 46
Aroylisothiocyanates, in synthesis, 151
Aroyl ketenethioacetals, 19
Aryl acetaldehydes, in synthesis, 5
Arylamides, 10
Arylation of heterocyclic ring, 203
5-Arylazo-6-arylidenehydrazino-1,3-dimethyluracils, 269
3-Aryl-3-chloro-2-propeniminium salts, 20
5-Aryl-1,2-dihydro-1,3,7-triphenyl-2-thioxopyrido[2,3-d]pyrimidin-4(3H)-ones, 29
Aryl-1,3-dimethylpyrido[2,3-d]pyrimidin-2,4(1H,3H)-diones, 20
6-Aryl-1,3-dimethylpyrido[3,2-d]pyrimidin-2,4(1H,3H)-diones, 5
Arylhydrazides, 273
5-Arylideneamino-1,3-dimethyl-6-(2-dimethylaminovinyl)-uracils, 5
5-Arylideneamino-1,3,6-trimethyluracils, 5
Arylidenehydrazinouracils, 197
Arylidenemalonitriles, 22
Arylisothiocyanates, 37
3-Arylpyrido[2,3-d]pyrimidines, 37
7-Arylpyrido[2,3-d]pyrimidines, 57
3-Arylpyrido[2,3-d]-pyrimidin-2,4(1H,3H)-diones, 38
3-Arylpyrido[3,2-d]pyrimidin-2,4(1H,3H)-diones, 7
6-Aryl-pyrimido[4,5-b][1,4]thiazines, conversion into deazapurines, 241
6-(Arylsulfinyl)-2,4-diaminopyrido[3,2-d]pyrimidines, 49
6-(Arylsulfonyl)-2,4-diaminopyrido[3,2-d]pyrimidines, 49
6-(Arylthio)-2,4-diaminopyrido[3,2-d]pyrimidines, 49
Azaisotoic anhydrides, 40
6-Azido-1,3-dimethyluracil, 269
6-Azido-5-formyl-1,3-dimethyluracil, 277
6-Azidouracils, 277
5-Azopyrimidines, 273

Barbituric acid(s), 120–129, 272, 283
Benzalacetophenone, 19, 124
Benzamidine, in synthesis, 33, 36, 130, 133, 157–159, 163–165, 274, 275
Benzenesulfonyl chloride, 42
3-Benzenesulfonyloxypyrido[2,3-d]pyrimidin-2,4(1H,3H)-dione, 42, 57
3-Benzenesulfonyloxypyrido[3,2-d]pyrimidine, 48
Benzil, 195

Benzopyrano[2,3-b]pyridines, 37
2-Benzoylaminopyridine-3-carboxamide oxime, 40
Benzoylcyanamide, 16
Benzoylisothiocyanate, 44
4-(Benzoylmethyl)pyrido[3,4-d]-pyrimidine, 53
Benzoyl pyran, 130
3-Benzoylpyridopyrimidine, 16
Benzoylthiourea, 16
1-Benzyl-4-amino-3-aminomethyl-piperidine, 10
5-Benzylaminopyrido[2,3-d]pyrimidin-4(3H)-one, 41
1-Benzyl-3-azaisotoic anhydrides, 40
N-Benzyl-4-carbethoxy-3-piperidone, 14
2-Benzyl-3,3-ethylenedioxybutanal, 32
6-(Benzylidene-1'-methylhydrazino)-3-methyl-5-nitrouracil, 268
6-(2-Benzylidene-1-methylhydrazino)-3-methyluracil, 269
Benzylidenetriphenylphosphoranes, Wittig reagent, 266
3-Benzyloxymethyl-2',3'-O-isopropylene-5'-O-trityl-5-cyanouridine, 31
Benzylthio group:
   replacement by amines, 278
   replacement by hydroxy, 278
   replacement by sulfhydryl, 278
Biacetyl, 241
Bis(dimethylamino)ethoxymethane, 44
Bis-electrophiles, 6
1,3-bis-electrophiles, 4, 5
1,3-Bis(methoxymethyl)-5-cyanouracil, 30
Bis-2,4,6-trichlorophenyl malonates, in synthesis, 126
1,3-Bis(trimethylsilyloxy)pyrido[2,3-d]pyrimidine, 59
Bis(triphenylphosphine)palladium(II)-chloride, 13
Blood platelet aggregation inhibitors, 65
Bredereck's reagent, 10
Bromination, 9
   with bromine, 240
Bromine, as oxidizing agent, 205
Bromoacetone, in synthesis, 195
α-Bromoacetophenone, in synthesis, 232
5-Bromo-2,4-diamino-6-oxo(1H)-pyrimidine, 153
5-Bromo-4-(ethoxycarbonyl)-2-methylpyrimidine, 13
Bromo group, replacement by amide ion, 50
α-Bromoisopropyl methyl ketone, in synthesis, 225, 234
Bromomalonic ester, in synthesis, 231
6-Bromomethyl-1,3-dimethyl-5-formyluracil, reaction with hydrazines, 200
Bromomethylpyrimidines, reaction with hydrazines, 199
5-Bromo-4-methyluracil, 227

4-Bromopyrido[4,3-d]pyrimidine, 50
6-Bromopyrimidines, 234
N-Bromosuccinimide (NBS), 197, 234, 270
2,3-Butanedione, 195, 196
tert-Butoxybis(dimethylamino)methane, 202
N-t-Butylacetyl-ketenimine, 19
7-(t-Butyl)-1,3-dimethylpyrido[2,3-d]pyrimidin-2,4(1H,3H)-dione, 18
7-Butyloxy-1,3-dimethylpyrido[2,3-d]pyrimidin-2,4(1H,3H)-dione, 56

3-Carbamoyl-4,6-dimethyl-2-(phenylamino)pyridine, 41
N-(5-Carbamoyl-4-pyrimidinyl)-5-nitro-2-furamide, 157
5-Carbethoxy-2-ethylmercapto-6-thiocyanopyrimidine, 161
2-Carboethoxy-1,4-dihydro-5,7-dimethylpyrimido[4,5-e]-1,2,4-triazine-3,6,8(2H,5H,7H)-trione, 273
4-Carbomethoxyphenacyl bromide, in synthesis, 226
6-(Carbomethoxy)-2,4,8-trichloropyrido[3,2-d]pyrimidine, 46
N,N'-Carbonyldiimidazole, 157, 274
Catalytic hydrogenation, 39, 47–49, 62, 231, 263, 268, 271
Central nervous system-depressing activity, 65
Chlorination:
  of oxo group(s), 48, 169, 204, 282
  with phosphorus osychloride, 51, 278
  using sulfuryl chloride, 240
5-Chloroacetamido-2,6-dihydroxy-4-methylpyrimidine, 224
α-Chloroacetoacetic ester, in synthesis, 228
1-Chloroacetophenone, in synthesis, 233
1-Chlorobenzotriazole, oxidizing agent, 277
7-Chloro-6-cyano-1,3-bis(methoxymethyl)pyrido[2,3-d]pyrimidin-2,4(1H,3H)-diones, 62
4-Chloro-5-cyano-2-methylthiopyrimidine, 132
2-Chloro-3-cyanopyridines, 35
6-Chloro-2,4-diaminopyrido[3,2-d]-pyrimidine, 46
5-Chloro-1,2-dihydropyrimido[5,4-e]-1,2,4-triazine ring opening of, 280
6-Chloro-1,3-dimethyl-5-formyluracil, 29
6-Chloro-1,3-dimethyl-5-nitrouracil, 235
2-Chloro-4-dimethyl-phosphonopyrido[3,2-d]pyrimidine, 46
2-Chloro-6,8-dimethylpyrimido[4,5-e]-1,2,4-triazine, 282
6-Chloro-5-[2-(1,3-dioxolan-2-yl)ethyl]-4-methylpyrimidine, 131
4-Chloro-5-(ethoxycarbonyl)-2-methylpyrimidine, 9
4-Chloro-5-(ethoxycarbonyl)-2-phenylpyrimidine, 34

Chloroformamidine hydrochloride, 6
3-Chloro-2-formyl-2-enoates, 20
Chloro group:
  replacement by alkoxy, 240
  replacement by amines, 29, 46, 51, 52, 56, 203, 204, 283
  replacement by ammonia, 45, 48, 54
  replacement by arylthiols, 46
  replacement by azide, 60
  replacement by benzyloxy, 45, 54
  replacement by carbanion, 58
  replacement by hydrazine, 53, 203
  replacement by hydroxy, 54, 203
  replacement by methoxy, 46, 57, 203
  replacement by methylhydrazine, 271
  replacement by methyl mercapto, 45, 54
  replacement by nitrogen nucleophiles, 239
  replacement by nucleophiles, 171
3-Chloro-5-hydroxypyrimido[4,5-c]pyridazine reaction with phosphorus oxychloride and dimethylaniline, 203
4-Chloro-5-iodopyrimidines, 25
4-Chloro-5-methylamino-6-mercaptopyrimidine, 232
5-(Chloromethyl)uracil, 59
2-Chloronicotinoyl isothiocyanate, 36
m-Chloroperoxybenzoic acid, 48, 63
4-(Chlorophenyl)-dichloroisocyanide, 11
4-Chloropyrido[2,3-d]pyrimidine, 62
4-Chloropyrido[3,4-d]-pyrimidine, 53
6-Chloropyrido[2,3-d]pyrimidin-2,4(1H,3H)-dione, 55
8-Chloropyrido[3,4-d]pyrimidine-4(3H)-one, 17
4-Chloropyrido[2,3-d]pyrimidine, 58
4-Chloropyrimidines, 197
5-Chloropyrimidines, 235
3-(4-Chloro-5-pyrimidyl)propionates, 34
Chromene, 22
Cinnamaldehyde, in synthesis, 4
Claisen rearrangement, 4, 130
Covalent addition, 8, 30, 47, 57, 158, 169, 204, 279
Crotonaldehyde, in synthesis, 4
Cyanoacetamide, 28, 31
3-Cyano-2-cyanoamino-4-5-dihydro-4-methyl-6-pyridone, 42
6-Cyano-4,7-diaminopyrido[2,3-d]pyrimidine, 30
3-Cyano-4,5-dihydro-2-methoxypyridin-6(5H)-ones, 36
Cyanopyrano[2,3-d]pyrimidines, 124
3-Cyanopyridine amidines, 11
5-Cyanouracils, 30
Cycloaddition, 25, 26
  1,3-dipolar, 235, 281
Cyclodehydrohalogenation, 236
Cysteamine, 234
Cystein ethylester, 234

8-Deazafolates, 46
Deazapurines, 22, 281
  from pyrimidothiazines, 241
Decahydropyrido[4,3-*d*]pyrimidines, 10
Desulfurization, with Raney nickel, 48, 169
3′,5′-Di-*O*-acetyl-5-bromomethyl-2′-deoxyuridine, 48
Diacylethylenes, 19
4-Dialkylamino-2-chloropyrido[3,2-*d*]pyrimidines, 46
2,4-Diamino-6-(2-arylethyl)pyrido[2,3-*d*]pyrimidine, 62
2,7-Diamino-6-arylpyrido[2,3-*d*]pyrimidines, 65
2,5-Diamino-4-benzylthio-6-hydrazinopyrimidine, 263
2,4-Diamino-5-cyanopyridin-6(3*H*)-thione, 44
2,4-Diamino-5,6-dihydropyrido[2,3-*d*]pyrimidines, 63
2,4-Diamino-5,6-dihydropyrido[2,3-*d*]pyrimidin-7(8*H*)-ones, 36
2,4-Diamino-6-hydroxymethylpyrido[3,2-*d*]pyrimidine, 46
2,5-Diamino-4-methyl-6-mercaptopyrimidine, 232
2,4-Diamino-5-methylpyrido[2,3-*d*]pyrimidine, 24
2-4-Diamino-6-methylpyrido[3,2-*d*]pyrimidine, 47
2,4-Diamino-6(1*H*)oxo-5-mercaptopyrimidine, 236
2,4-Diamino-6(1*H*)-oxopyrimidine, 153
2,4-Diamino-6-phenylpyrido[3,4-*d*]pyrimidines, 51
2,4-Diaminopyrido[2,3-*d*]pyrimidines, 35
2,4-Diaminopyrido[4,3-*d*]pyrimidines, 10
2,4-Diaminopyrido[3,2-*d*]pyrimidines, 6
2,4-Diaminopyrido[2,3-*d*]pyrimidin-7(8*H*)-ones, 25
2,4-Diaminopyrimido[4,5-*d*]pyrimidine, 163
4,5-Diaminopyrimidine(s), 231, 234
2,5-Diamino-4,6-pyrimidinediol, 226
2,4-Diamino-6-pyrimidone, 24
2,5-Diamino-4-pyrimidinone, 4
Diamino pyrimido[4,5-*e*]-1,2,4-triazines, 275
2,4-Diamino-6-styrylpyrido[2,3-*d*]-pyrimidines, 62
2,4-Diamino-5,6,7,8-tetrahydropyrido[4,3-*d*]pyrimidine, 51
Diaminotriazines, 274
Diaryl aminonitriles, in synthesis, 154
3,5-Diarylidene-1-alkyl-4-piperidones, 9
1,5-Diazabicyclo[4.3.0]non-5-ene, 29
1,4-Diazabicyclo[2.2.2]octane, bromine complex of, 49
5-Diazo-1,3-dimethylbarbituric acid, 285
α-Diazo-β-oxo-5-(4-chloropyrimidine)propionate, reaction with hydrazine, 197

Diazotization, 60, 154, 160, 203
5,5-Dibromobarbituric acid, 272
2,4-Dibromo-1,6-naphthyridine, 12
5-(1,2-Dicarboethoxyhydrazino)-6-(2-formylhydrazino)-1,3-dimethyluracil, 269
2,3-Dichloro-5,6-dicyano-1,4-benzoquinone, oxidizing agent, 277
2,3-Dichloro-5,6-dicyanoquinone, as oxidizing agent, 19, 205
2,4-Dichloropyrido[3,2-*d*]pyrimidines, 46
N-(2,2-Dicyano-1-ethoxyvinyl)-acetamidoyl chloride, 163
Dieckmann reaction, 34
Diels–Alder reaction, 26, 129
Diethoxymethyl acetate, 60, 166
6,6-Diethoxy-pyrimido[5,4-*b*][1,4]thiazine, conversion into thiazolopyrimidines, 241
Diethyl 5-amino-2(methylthio)-7*H*-thiopyrano[2,3-*d*]pyrimidine-6,7-dicarboxylate, 132
Diethylammonium *N,N*-diethyldithiocarbamate, 165
Diethyl azodicarboxylate, as oxidizing agent, 194, 203
Diethyl azodiformate, 267, 269
Diethyl *N*-[4-(1-bromo-2-oxypropyl)benzoyl]-L-glutamate, in synthesis, 226
Diethyl chloromalonate, in synthesis, 236
Diethyl 2-cyanoglutarate, 33
Diethyl 2-cyano-4-methylglutarate, 33
Diethyl ethoxymethylenemalonate, 5, 18
Diethyl ethoxymethylidenemalonate, 132
Diethyl malonate, 6, 28, 55, 126, 127
1,3-Diethyl-5-(methyliminomethylenyl)uracil, 28
Diethyl pyrocarbonate, 163
Diethyl succinate, in synthesis, 231
7,8-Dihydro-7,7-dimethylbenzo[*b*][1,5]-naphthyridin-9(6*H*)-one, 47
3,4-Dihydro-4-(4,4-dimethyl-2-hydroxy-6-oxocyclohex-1-enyl)-pyrido[3,2-*d*]pyrimidine, 47
3,4-Dihydro-1,3-dimethylpyrido[2,3-*d*]pyrimidine, 37
3,4-Dihydro-4-(2-hydroxyphenyl)-1,3,4-trimethylpyrido[2,3-*d*]-pyrimidin-2(1*H*)-one, 37
5,6-Dihydro-6-methoxymethyl-2-methylpyrido[2,3-*d*]pyrimidin-7(8*H*)-one, 32
1,4-Dihydro-3-methyl-5-chloropyrimido[4,5-*c*]pyridazine, 203
1,2-Dihydro-7-methyl-2(4*H*)-oxo-2*H*-pyrimido[4,5-*d*][1,3]thiazine, 243
5,6-Dihydro-6-methylpyrido[2,3-*d*]pyrimidin-7(8*H*)-one, 25, 64
7,8-Dihydro-7-methylpyrido[3,2-*d*]pyrimidin-6(5*H*)-one, 6
4,5-Dihydro-4-oxo-indeno[1,2-*b*]pyran, 122

6,7-Dihydro-2-phenylpyrido[2,3-*d*]pyrimidin, 34
3,4-Dihydro-4-phenylpyrido[2,3-*d*]pyrimidin-2(1*H*)-ones, 63
5,6-Dihydro-2*H*-pyran-3-carboxaldehydes, 130
Dihydropyrano[2,3-*d*]pyrimidines, 125, 126
   from dicarbonyl compounds and cyclohexylurea, 127
   as herbicides, 136
Dihydropyrimido[4,5-*c*]pyridazines, 194, 197
Dihydropyrimido[4,5-*d*]pyridazines, 200
Dihydropyrimido[5,4-*c*]pyridazines, 201
Dihydropyrido[2,3-*d*]pyrimidine(s), 19, 37
5,6-Dihydropyrido[2,3-*d*]pyrimidine, 31
5,8-Dihydropyrido[2,3-*d*]pyrimidines, 20, 22
5,6-Dihydropyrido[2,3-*d*]-pyrimidin-7(8*H*)-ones, 33, 34
5,6-Dihydropyrido[3,4-*d*]pyrimidin-2,4,8(1*H*,3*H*,7*H*)-trione 13
Dihydropyrimido[4,5-*d*]pyrimidines, from 5-aminomethylpyrimidines, 160
3,4-Dihydropyrimido[5,4-*d*]pyrimidine, 171
Dihydropyrimidin-2-thiones, 8
Dihydropyrimido[5,4-*e*]-1,2,4-triazines, 262, 263
1,2-Dihydro-2-substituted pyrido[2,3-*d*]pyrimidin-4(3*H*)-ones, 41
Dihydrothiopyranopyrimidines, 132
Dihydrothiopyrano[2,3-*d*]pyrimidines, from dihydrothiopyrans, 133
1,2-Dihydro-2-thioxo-pyrido[2,3-*d*]pyrimidin-4(3*H*)-ones, 38
5,6-Dihydrouracils, 153
2,4-Dihydroxypyrimido[4,5-*d*]pyridazine, via Hofmann rearrangement, 201
Diketene, 24
Dimedone, 47
2,4-Dimethoxy-6-hydroxymethylpyrido[3,2-*d*]-pyrimidine, 46
Dimethoxymethylacetate, 60
2-Dimethoxymethyl-2-methoxymethyl-4-(methoxymethylene)-glutaronitrile, 32
Dimethylacetamide diethylacetal, 29
Dimethyl acetylenedicarboxylate (DMAD), 5, 18, 121, 235, 281
1,3-Dimethyl-6-*N*,*N*-(allylmethylamino)uracil, 236
β-Dimethylaminoacrylonitrile, 20
9-[(Dimethylamino)chloromethylene]-pyrido[1,2-*a*]pyrimidine, 40
6-Dimethylamino-1,3-dimethylbarbituric acid, 129
4-Dimethylamino-2-ethylamino-7-methyl-5,6,7,8-tetrahydro-pyrido[2,3-*d*]pyrimidine, 40
1-Dimethylaminomethylene-3,3-dimethyl-2-butanone, 18
6-Dimethylamino-8-oxo-2-phenylpyrimido[5,4-*c*]pyridazine, 202

7-(Dimethylamino)pyrido[2,3-*d*]pyrimidin-5(8*H*)-one, 29
Dimethyl 2-aminopyrimidine-4,5-dicarboxylate, 199
4-Dimethylamino-2,5,7-trioxo-(1*H*,3*H*)-1,3-dimethyl-8-cyano-7*H*-pyrano[2,3-*d*]pyrimidine, 129
1,3-Dimethylbarbituric acid(s), 121–123, 125, 129, 283
Dimethyl cyanoimidodithiocarbonate, in synthesis, 151
5,5-Dimethyl-1,3-cyclohexanedione, 55
1,3-Dimethyl-4,5-diaminouracil, 225
1,3-Dimethyl-2,4-dioxo-7-(1,3-diphenyl-5-oxo-pyrrolinylidenyl)-1,2,3,4-tetrahydro-7*H*-pyrano[2,3-*d*]pyrimidine, 122
1,3-Dimethyl-2,4-dioxo-7-(1-oxo-2-indanylidenyl)-1,2,3,4- tetrahydro-7*H*-pyrano[2,3-*d*]pyrimidine, 122
1,3-Dimethyl-2,4-dioxo-*s*-triazine, in synthesis, 151
1,3-Dimethyl-6-(ethoxycarbonyl)pyrido[2,3-*d*]pyrimidin-2,4,7(1*H*,3*H*,8*H*)-trione, 18
Dimethylformamide dimethylacetal (DMF–DMA), 5, 6, 41, 44, 59, 133, 154, 157, 166, 269
1,3-Dimethyl-7-hydrazinopyrido[2,3-*d*]pyrimidin-2,4(1*H*,3*H*)-dione, 56
1,3-Dimethyl-8-hydroxypyrido[3,2-*d*]pyrimidin-2,4,6(1*H*,3*H*,5*H*)-trione, 50
5,7-Dimethylisoxazolo[3,2-*d*]pyrimidin-4,6(1*H*,3*H*)-dione, 28
1,3-Dimethyl-6-mercaptouracil, 132
1,3-Dimethyl-7-(methylthio)pyrido[2,3-*d*]pyrimidin-2,4(1*H*,3*H*)-diones, 21
1,3-Dimethyl-5-nitroso-6-phenylpyrrolo[2,3-*d*]-2,4(1*H*,3*H*)-pyrimidinedione, 230
1,3-Dimethylparabanic acid, 50, 281
1,3-Dimethyl-5-(propargylamino)uracil, 5
6,7-Dimethylpteridines, from pyrimidooxazines, 241
1,3-Dimethylpyrido[2,3-*d*]pyrimidin-2,4(1*H*,3*H*)-dione, 28, 57, 62, 63
1,3-Dimethylpyrido[2,3-*d*]pyrimidin-2,4,7(1*H*,3*H*,8*H*)-triones, 29
7,7-Dimethylpyrimido[4,5-*b*][1,4]thiazines, 234
6,8-Dimethylpyrimido[4,5-*d*]-1,2,3-triazine-5,7(6*H*,8*H*)-dione, 277
6,8-Dimethylpyrimido[5,4-*e*]-1,2,4-triazine-5,7(6*H*,8*H*)-dione, 280, 281
Dimethylsulfate, 59, 237
1,3-Dimethyl-1,3,4,7-tetrahydro-2,4,7-trioxo-2*H*-pyran, from 1,3-dimethylbarbituric acid and dimethyl acetylenedicarboxylate, 121
N,*N*′-Dimethylthiourea, 35
1,3-Dimethyl-2,6,8-trioxo-1,2,3,6,8,9-hexahydropyrimido-[4,5-*b*][1,4]oxazine, 225

Dimethylurea, 274
Dimroth rearrangement, 11, 43, 230
Dioxopyrido[2,3-*d*]pyrimidines, 43
5,8-Dioxo-2,4-diphenyl-5,6,7,8-
  tetrahydropyrimido[4,5-*d*]pyridazine,
  205
2,7-Dioxo-4,4,5,5,8a-pentamethyldeca-
  hydropyrimido[4,5-*d*]pyrimidine, 163
2,4-Dioxopyrimidine, 47
Dioxopyrimido[4,5-*c*]pyridazines, 199
5,7-Dioxopyrimido[4,5-*c*]pyridazines, 203
6,8-Dioxopyrimido[5,4-*c*]pyridazine, 202
2,4-Dioxopyrimido[4,5-*d*]pyrimidines,
  from 6-aminouracils, 149
Dioxygenated pyrido[3,2-*d*]pyrimidines, 6
Diphenyldiarylidenethiapyrones, 134
2,7-Diphenyl-5,6-dihydropyrimido[4,5-
  d]pyrimidine, 158
1,3-Diphenylguanidine, 201
Diphenylpyrano[2,3-*d*]pyrimidines, 125
Diphenylpyrano[3,2-*d*]pyrimidine, 130
Diphenylpyrimido[4,5-*c*]pyridazines, 195
Diphenylpyrimido[4,5-*d*]pyrimidines, 151
1,3-Diphenyl-2-thiobarbituric acid, 122
1,3-Diphenyl-4,6-dioxo-7-hydroxy-2-thio-
  1,2,3,4-tetrahydro-5*H*-pyrano[2,3-
  d]pyrimidine, 122
1,3-Diphenyl-4-pyrono[2,3-*b*]pyrrole, 122
1,3-Diphenylthiobarbituric acid, 28
2,4-Disubstituted-5-aminopyrimidines, 5
2,4-Disubstituted-7,8-dihydro-thiopyrano[3,2-
  d]pyrimidines, 136
3,4-Disubstituted-4,4a-epoxy-4-
  deazatoxoflavins, 203
2,4-Disubstitutedpyrimido[4,5-*d*]pyrimidines,
  153
Dithiopyrimido[4,5-*d*]pyrimidines, 155
Diuretic agents, 65, 173

α-Ethoxalyl-γ-butyrolactone, 13
N-(Ethoxycarbonyl)amidines, 44
Ethoxycarbonyl isothiocyanate, 44
3-(Ethoxycarbonyl)-1-methyl-4-piperidone,
  10
6-(Ethoxycarbonyl)-3-methylpyrido[2,3-
  d]pyrimidin-2,4(3*H*,8*H*)-diones, 56
2-Ethoxycarbonyl-4-oxo-1-phenylpyridazine,
  202
7-Ethoxycarbonylpyrido[3,2-*d*]pyrimidin-
  8(5*H*)-ones, 5
Ethoxy group:
  replacement by ammonia, 282
  replacement by hydrazine, 265
2-(Ethoxymethyleneamino)-3-cyanopyridine,
  43
Ethoxymethylene malononitrile, 21
Ethoxymethyleneurethane, in synthesis, 17,
  150
Ethyl acrylates, 25
Ethyl 7-amino-5-(benzylthio)pyrimido[5,4-*e*]-
  1,2,4-triazine-3-acetate, 263
Ethyl 5-amino-2-methylpyridine-4-
  carboxylate, 16
Ethyl 5-aminoorotate, 166
Ethyl 3-aminopropionate, 34
Ethyl 5-aminopyridazine-4-carboxylate, 201
Ethyl 3-aminopyridine-4-carboxylate, 16
Ethyl bromopyruvate, in synthesis, 226
Ethyl carbamate, 43
Ethyl 4-chloroacetoacetate, in synthesis, 226
Ethyl chloroformate, in synthesis, 229
Ethyl cyanoacetate, 28, 31, 55, 129
Ethylisocyanatoformate, in synthesis, 151
Ethylmercapto group:
  hydrolysis by acid, 169
  oxidation to sulfone, 282
  replacement by amines, 282
  replacement by ammonia, 168
Ethyl mercaptosuccinate, in synthesis, 132
Ethyl ortho(ethoxycarbonyl)acetate, 263
Ethyl orthoformate, *see* Triethyl orthoformate
Ethyl pyruvate, 241

Fervenulin, 261, 272, 274
Folic acid analogs, 2, 48, 234
  pyrimidooxazines, 226
  pyrimidotriazines, 264
Formamidine, 36, 134
5-Formamidopyrimidine, 281
Formylhydrazine, 272, 273
6-(2-Formyl)hydrazino-1,3-dimethyl-5-
  nitrosopyrimidine, 263
5-Formyl-1,3,6-trimethyluracil, 129
Furazanopyrimidines, 271
Furo[3,2-*d*]pyrimidines, 130

D-Gluconyl isothiocyanate, 161
Glyoxal, 195, 196
Guanidine, 9, 10, 14, 16, 33, 35, 36, 134, 156,
  163, 201, 237, 274, 275

2-Halo-3-cyanopyridines, 35
Halogens, removal of, 61
Halo ketoesters, in synthesis, 232
α-Halo ketones, in synthesis, 226, 232, 233,
  234
α-Halo α-phenylacetonitrile, in synthesis, 233
Halopyrido[2,3-*c*]pyridines, 17
Herbicidal activity, 65, 136
Heteroaroylazides, 7
Heteroarylaldehydes, 41
3,4,5,6,7,8-Hexahydropyrido[4,3-
  d]pyrimidines, 51
Hexamethyldisilazane, 52
Hofmann rearrangement, 15, 166, 199
  of pyridazine carboxamides, 198
  of pyridazine dicarboxamides, 201
α-(Hydantoin-5-ylidene)-γ-butyrolactone, 13
6-Hydrazino-1,3-dimethyl-5-nitrosouracil,
  266

Hydrazino group:
  conversion to azido, 278
  reaction with anilines, 135
  reaction with methanesulfonyl chloride, 135
Hydrazinoisocytosines, 195, 196
6-Hydrazino-3-methyl-5-nitrouracil, 263
4-Hydrazinopyrido[2,3-d]pyrimidine, 60
4-Hydrazinopyrido[3,2-d]pyrimidine, 47
4-Hydrazinopyrido[3,4-d]pyrimidine, 53
Hydrazino pyrimidines, 196
Hydrazinouracils, 194, 195
Hydrogenation, 267. See also Catalytic hydrogenation
  removal of chlorine, 46, 62
Hydrolysis:
  accompanied by ring opening, 44, 52, 54, 55, 57, 131, 203, 204, 240, 262, 280, 283
  of alkoxy groups, 134, 278
  of amides, 134, 203
  of amine derivatives, 56, 278
  of amino group, 47, 48, 56, 121, 240
  of aroyl groups, 16, 53
  of chloro groups, 204
  of esters, 60, 132, 226
  of methoxy group, 239
  of thio derivatives, 160, 169
  of triazine ring, 279
5-Hydroxy-6-aminopyrimidines, 227
6(1H)-4-Hydroxy-5-(β,β-bisethoxycarbonylethylene), 127
5-(3-Hydroxybutyl)-barbituric acids, 125
4-Hydroxy-1,2-dihydro-pyrimido[4,5-d]pyrimidine, 169
6-(2-Hydroxyethylamino)uracil, 121
5-(β-Hydroxyethyl)orotic acid, 13
Hydroxy group, conversion to chloro group, 239, 278
6-Hydroxylamino-1,3-dimethyluracil, 273
4-Hydroxylamino-2-phenylpyrido[2,3-d]pyrimidine, 40
4-Hydroxylamino-2-phenylpyrido[2,3-d]pyrimidine, 55
4-Hydroxylaminopyrido[2,3-d]pyrimidine, 54, 62
6-Hydroxylaminouracils, 22
1-Hydroxy-6-nitropyrido[2,3-d]pyrimidin-2,4(1H,3H)-dione, 22
6-Hydroxypyrimidin-4(3H)-ones, 126
3-Hydroxypyrido[2,3-d]pyrimidin-2,4(1H,3H)-dione, 36
5-Hydroxypyrimidines, 229, 234
2-Hydroxypyrimidine-4,5-dicarboxamide, 156

Imidate esters, 16, 38
1-Iodo-3-hydroxypropane-2-one, in synthesis, 233
5-Iodo-4-pyrimidones, 25
2-(Isocyanatoamino)-3-(methoxycarbonyl)pyridine, 57
2-Isocyanatopyridine-3-hydroxamic acid, 36
Isocytosines, in synthesis, 233
Isonicotinic acids, 52
Isothiuronium salts, from thiourea, 237
Isotoic anhydrides, 40

Ketenethioacetals, 21
Ketoesters, in synthesis, 10, 25, 232
Ketophosphonates, 3
5-Ketopyrimidines, 159
Ketoses, 194

Lead tetraacetate 36, 162, 269, 275
Lithium aluminum hydride, 52, 61, 204, 243
Lithium borohydride 46
Lossen rearrangement 8, 36, 42
Lumazine, see Pteridin-2,4-dione

Malondialdehydes, 24
Malononitrile, 28-31, 55, 121, 129, 278
Mannich base, 128
Mannich reaction, 8, 153, 229
Mercaptoacetic acid, in synthesis, 232
5-Mercapto-2,3-diphenyl-3,4-dihydro-7H-thiopyrano[2,3-d]-pyrimidin-4,7-dithione, 133
5-(β-Mercaptoethyl)orotic acid, 13
Mercapto group, replacement by amines, 16
5-Mercaptopropyl-6-oxopyrimidines, 132
2-Mercaptopyridopyrimidines, 16
Mercaptopyrimidines, 233
Mercury(II)oxide, 53
4-Methoxy-5-amino-6-mercaptopyrimidine, 232
4-Methoxy-benzaldehyde, 11
6-(Methoxycarbonyl)pyrido[3,2-d]-pyrimidin-2,4,8(1H,3H,6H)-trione, 5
6-(Methoxycarbonyl)pyrido[3,2-d]pyrimidin-2,4,8(1H,3H,5H)-trione, 46
8-(Methoxycarbonyl)-s-triazolo[4,3-a]pyrazin-3(2H)-one, 57
Methoxy group:
  replacement by amines, 46
  replacement by hydrazine, 46, 238
4-Methoxy-6(5H)-oxo-7(H)-pyrimido[4,5-b][1,4]thiazine, 242
4-Methoxy-6-phenylpyrimido[4,5-b][1,4]thiazine, 232
5-Methoxypyrimido[5,4-e]-1,2,4-triazines, 282
Methyl 6-amino-1,3-dimethyluracil-5-dithiocarboxylate, 29
4-(Methylamino)-pyrido[2,3-d]pyrimidine, 43
5-Methylaminopyrimidines, 234
Methyl N-aryldithiocarbamates, 38
3-Methyl-6-(benzylamino)uracil, 22
Methyl α-bromo-γ-acetoxypropyl ketone, 160
O-Methyl-δ-caprolactim, 44
6-Methyl-1,2-dihydro-2-thioxopyrido[2,3-d]pyrimidin-4(3H)-one, 58
2-Methyl-4,5-dihydroxypyrimidine, 229

Methyl glyoxal, 241
Methyl hydrazine, 197, 199, 264
5-Methyl-8-(2-hydroxyethyl)pyrido[2,3-d]pyrimidin-2,4(3H,8H)-diones, 62
Methyl lithium, 53
Methyl 3-[2-(methoxycarbonyl)hydrazino]pyridin-1-carboxylate, 48
1-Methyl-2-(methylthio)-1,4,5,6-tetrahydropyridine 3-(N-phenylcarbothioamide, 36
6-Methyl-2-(methylthio)pyrido[2,3-d]pyrimidin-4(3H)-one, 59
6-Methyl-4(3H)-oxo-5-phenylazo-2-thiopyrimidine, 202
3-Methyl-6-(phenylamino)uracil, 22
2-(3-Methylphenyl)-5,8-dichloropyrimido[4,5-d]pyridazine, 204
6-Methyl-2-phenyl-4-substitutedphenylaminopyrimidine-5-carboxylic acids, 229
1-Methyl-4-piperidone, 10
3-Methyl-5,6-pyridazine dicarboxamide, 198
4-Methylpyrido[3,4-d]pyrimidine, 53
6-Methylpyrido[3,2-d]pyrimidine-2,4(1H,3H)-dione, 48
3-Methylpyrido[2,3-d]pyrimidin-4(3H)-one, 38
6-Methylpyrido[2,3-d]pyrimidin-7(8H)-one, 64
2-Methylpyrido[3,4-d]pyrimidine-8(7H)-one, 13
6-Methylpyrido[2,3-d]pyrimidin-4(3H)-ones, 64
3-Methylpyrido[2,3-d]pyrimidin-2,4,7(1H,3H,8H)-triones, 56
Methylsulfonyl group, replacement by ammonia, 56
6-Methyl-5,6,7,8-tetrahydro-5,7-dioxopyrimido[5,4-e]-1,2,4-triazine, 263
8-Methyl-5,6,7,8-tetrahydropyrido[2,3-d]-pyrimidin-2(1H)-one, 44
Methyl thioglycolate, in synthesis, 235
Methylthio group:
   oxidation of, 63
   replacement by hydrogen sulfide, 171
   replacement by nitrogen nucleophiles, 135
O-methyl-δ-valerolactim, 44
Michael addition, 5, 121, 124
8-Morpholino-5(6H)-oxo-2-phenylpyrimido[4,5-d]pyridazine, 205
MSD-92 (antibiotic), 261

N-substituted-6-aminouracils, 151
N-substituted barbituric acids, 120
N-substituted pyrimido[4,5-d]pyrimidines from pyrimidine-5-N-carboxamides, 156
Nicotinamide, 36
6-Nitropyrido[2,3-d]pyrimidines, 22
Nitrobenzene, as oxidizing agent, 205
Nitromalonaldehyde, 22
5-Nitropyrimidines, 231, 234, 269
Nitroso aminopyrimidines, 268

5-Nitrosopyrimidines, 263, 272
Nitrosylsulfuric acid, 56
Nucleophilic reaction, 7, 47, 151
   with acyl hydrazides, 271
   with alkoxides, 171, 240, 278
   with amide ion, 50
   with amines, 8, 16, 46, 51, 52, 56, 171, 203, 282, 283
   with ammonia, 45, 48, 54, 168, 204, 240
   with aniline(s), 134, 171, 278
   with arylthiols, 46
   with azide ion, 60, 171, 278
   with carbanions, 58
   with diethanolamine, 171
   with ethanolamine, 171
   with ethoxide, 38
   with hydrazine, 46, 53, 56, 199, 238, 239, 265, 278
   with hydroxide, 54
   with iodide, 171
   with malononitrile ion, 278
   with methoxide, 46, 57
   with methylhydrazine, 271
   with methylthio ion, 278
   with morpholine, 171
   with piperazine, 171
   with piperidine, 171
   with secondary amines, 239, 278
   with sodium benzylate, 45, 54
   with sodium methylmercaptide, 45, 54
   with sulfhydryl ion, 171, 239, 278

Organometallic agents, addition to heterocycles, 205
Oxadiazoles, as precursors to pyridopyrimidines, 39
Oxadiazoyl derivatives, 55
Oxidation, 194
   accompanied by ring opening, 240
   with 1-chlorobenzotriazole, 277
   with 2,3-dichloro-5,6-dicyano-1,4-benzoquinone (DDQ), 19, 277
   with 2,3-dichloro-5,6-dicyanoquinone, 205
   with bromine, 64, 205
   with bromine complex of, 1,4-diazabicyclo[2.2.2]octane, 49
   with diethylazodicarboxylate, 203
   of dihydro compounds, 277
   of dihydropyrimidotriazines, 263
   of ethylmercapto, 282
   with iodine, 19
   with lead tetraacetate, 275
   with m-chloroperoxybenzoic acid, 48, 203
   with mercury(II)oxide, 53
   with NBS, 272
   with nitric acid, 50
   with nitrobenzene, 205
   with oxygen, 19
   with peroxyacetic acid, 49, 243
   with peracids, 53, 63
   with performic acid, 203

Oxidation (*Continued*)
  with peroxytrifluoroacetic acid, 46, 49, 277
  with potassium ferricyanide, 51, 64, 205
  with potassium permanganate, 53, 277
  with selenium dioxide, 64
  with silver oxide, 266, 268, 277
  of sulfur, 243
  of thio group to sulfonyl group, 49
  with thionyl chloride, 64
  with triphenylcarbinol, 63
  with xanthine oxidase, 64
Oxo group, conversion into thio group, 204, 205, 278
Oxopyrido[3,2-*d*]pyrimidines, 7
5-Oxopyrido[4,3-*d*]-pyrimidine, 12
8-Oxo-pyrimido[5,4-*c*]pyridazine, 205
Oxopyrimidothiazines, 231
Oxopyrimido[4,5-*b*][1,4]oxazines, 225

Palladium, in synthesis, 5, 9, 13, 22, 25
Palladium-on-carbon, 46, 47, 62, 268
Pentachloroethylisocyanate, in synthesis, 151
2,3-Pentanedione, 55
2,4-Pentanedione, 22
Peroxyacetic acid, 49, 243
Peroxytrifluoroacetic acid, 46, 49
Phenacyl bromide(s), 59, 194, 195, 226
Phenacyl halides, in synthesis, 266
N-Phenacylpyridinium bromide, 29
Phenylacetylene, 9, 13
2-Phenyl-4-amino-5-dimethoxymethyl-5,6-dihydropyrimidine, 158
N-Phenylbenzamidine, in synthesis, 133
2-Phenyl-5,8-dimorpholinopyrimido[4,5-*d*]pyridazine:
  photochemical behavior of, 205
  reaction with organolithium reagents, 205
2-Phenyl-5,8-dithiopyrimido[4,5-*d*]pyridazine, 204
Phenylglyoxylic acid, in synthesis, 196
Phenylguanidine(s), 159, 201
5-Phenyl-5-(3-iodopropyl)barbituric acid, 125
Phenyl isocyanate, 157
Phenylpyrido[2,3-*d*]pyridinium salts, 33
4-Phenylpyrido[2,3-*d*]pyrimidines, 39
2-Phenylpyrido[2,3-*d*]pyrimidin-4(3*H*)-one, 41
4-Phenylpyrido[2,3-*d*]pyrimidin-2(1*H*)-ones, 43, 63
N-(Phenylsulphonyloxy)quinolinimide, 8
2-Phenyl-5,6,7,8-tetrahydro-5,7-dithiopyrimido[4,5-*d*]pyridazine, 204
1-Phenyl-2,5,7-triaminopyrido[2,3-*d*]pyrimidin-4(1*H*)-one, 41
8-Phenyl-3,5,7-trimethylpyrido[2,3-*d*]pyrimidin-2,4(3*H*,8*H*)-dione, 22
Phenyl vinyl ketones, 19
Phosphorus oxychloride, 44, 46, 51, 55, 56, 129, 203, 204, 239, 269, 278, 282

Phosphorus pentachloride, 55, 56, 204, 282
Phosphorus pentasulfide, 205, 278
Photochemical reaction, 6, 25, 274
  of azidouracils, 269
  of pyrimido[4,5-*d*]pyridazines, 205
2-(1-Piperazinyl)pyrido[4,3-*d*]pyrimidines, 65
Platinum oxide, 3, 48, 49, 62, 243
Potassium 2-aminopyridine-3-carboxylate, 38
Potassium cyanate, 201
Potassium dithioformate, 165
Potassium ethylxanthogenate, 165
Potassium ferricyanide, 51, 64, 205
Potassium permanganate, 53, 277
Potassium pyrosulfite, 162
Potassium xanthogenate, in synthesis, 155
5-Propynyloxypyrimidines, 130
Pteridin-2,4-dione, 2
Pteridines:
  lumazine, 2
  obtained along with pyrimidooxazines, 226
  pterin, 2
Pterin, *see* 2-Aminopteridin-4-one
Purine(s):
  nucleosides, conversion to pyrimido[5,4-*d*]pyrimidines, 167
  as precursors for pyrimidotriazines, 271
4*H*-Pyrano[2,3-*d*]pyrimidines, 126
6*H*-Pyrano[2,3-*d*]pyrimidines, 125
Pyrano[2,3-*d*]pyrimidines:
  from barbituric acids and β-keto esters, 120
  from enaminonitriles, 128
  from ethyl acetoacetate and 6-(2-hydroxyethylamino)uracil, 121
  from keto-1,3-dimethylbarbituric acid derivatives, 123
  from malonylurea derivatives, 121
  nucleosides, 135
  as pyrylium derivatives, 127
  reduced, 125, 126, 128
Pyrano[3,2-*d*]pyrimidines, reduced, 131
Pyrano[4,3-*d*]pyrimidines:
  reduced, 130
  from uracil derivatives, 129
Pyrazole-*N*-oxides, in synthesis, 167
4-(1-Pyrazolyl)pyrido[3,2-*d*]pyrimidines, 47
4-(1-Pyrazolyl)pyrido[3,4-*d*]pyrimidines, 53
Pyridazinecarboxamides, reaction with hypobromite, 198
Pyridazine-1,2-dicarboxamides, reaction with hypobromite, 198
Pyridazine-3,4-dicarboxamides, reaction with hypobromite, 199
Pyridazine-4,5-dicarboxamide, reaction with hypobromite, 201
Pyridine-1,2-bishydroxamic acid, 36
Pyridine-3,4-dicarboxamides, Hofmann rearrangement of, 15
2,3-Pyridinedicarbohydroxamate, 42
Pyrido-[3,2-*d*]pyrimidine, reduced, 47

Pyrido[2,3-d]-pyrimidin-2,7-dithiones, 44
Pyrido[2,3-d]pyrimidine(s):
 N-oxide, 28, 40, 54, 55, 57, 63
 nucleosides, 31, 59
 reduced, 18–20, 25, 31–34, 37, 38, 40, 41, 44, 58, 61, 63, 64
Pyrido[2,3-d]pyrimidin-2,4,7(1H,3H,8H)-triones, 31, 56
Pyrido[2,3-d]pyrimidin-2,4(1H,3H)-dione 8-oxide, 63
Pyrido[2,3-d]pyrimidin-2,4(1H,3H)-dione(s), 19, 39, 59, 63, 65
Pyrido[2,3-d]pyrimidin-2(1H)-ones, 42, 56
Pyrido[2,3-d]pyrimidin-4(3H)-one, 59
Pyrido[2,3-d]pyrimidin-4(3H)-one(s), 57, 59
Pyrido[2,3-d]pyrimidin-5(8H)-ones, 64
Pyrido[2,3-d]pyrimidin-7(8H)-ones, 25
Pyrido[2,3-d]pyrimidine 3-oxide, hydrolysis accompanied by ring opening, 54
Pyrido[3,2-d]-pyrimidines:
 from 5-aminopyrimidines, 1
 cephalosporin derivatives, 64
 nucleoside, 48
 N-oxide, 46, 48, 49
 penicillin derivatives, 64
 reduced, 3, 6
 from thermal cyclization, 4
Pyrido[3,2-d]pyrimidin-2,4(1H,3H)-diones, with herbicidal activity, 65
Pyrido[3,2-d]pyrimidin-4(3H)-one, 6, 45
Pyrido[3,4-d]pyrimidin-2,4(1H,3H)-diones, 15
Pyrido[3,4-d]pyrimidin-4(3H)-ones, 14, 52
Pyrido[3,4-d]pyrimidin-4-one 7-oxides, 15
Pyrido[3,4-d]pyrimidin-8(7H)-ones, 14
Pyrido[3,4-d]pyrimidines:
 N-oxide, 53
 reduced, 14, 53
Pyrido[3,4-d]-s-triazolo[3,4-f]pyrimidine, 53
Pyrido[4,3-d]-pyrimidin-4(3H)-ones, 12
Pyrido[4,3-d]-pyrimidin-5-ones, 9
Pyrido[4,3-d]-pyrimidines:
 imino derivatives, 9
 N-oxides, 11
 oxo derivatives, 9
 from pyrimidine-5-carboxylic acids, 129
 reduced, 8, 10–12, 51
 ring opening, 51
 thioxo derivatives, 9
Pyridyloxadiazoles, 55
2-Pyridylpyrido[2,3-d]pyrimidine, 36
Pyrimidine-5-carbodithioate, 237
Pyrimidinecarboxaldehydes, 28
Pyrimidine-5-carboxaldehydes, 238
Pyrimidinecarboxamides, 165
Pyrimidine-5-carboxamides, 156
Pyrimidinecarboxylic acid esters, 165
Pyrimido[4,5-b][1,4]oxazines:
 conversion into pteridine, 240
 from α-halogenated ketones, 226
 reduced, 227
Pyrimido[5,4-b][1,4]oxazines, dihydro derivatives, 227
Pyrimido[4,5-d][1,3]oxazine-2,4(1H)-dione, patent activity of, 243
Pyrimido[4,5-d]pyrimidine N-oxides, 155
Pyrimido[4,5-c]pyridazines:
 via Hofmann rearrangement, 198
 from hydrazinouracils, 194
 C-nucleosides, 195
 N-oxides, 203
 patent activity of, 206
 reduced, 194, 197
Pyrimido[4,5-d]pyridazines:
 patent activity of, 206
 reduced, 200
Pyrimido[5,4-c]pyridazine:
 via Hofmann rearrangement, 199
 reduced, 201
Pyrimido[4,5-d]pyrimidine(s):
 C-nucleoside, 161
 reduced, 153, 154, 160–163
 N-substituted, from pyrimidine-5-N-carboxamides, 156
Pyrimido[5,4-d]pyrimidines:
 from diamides via Hofmann rearrangement, 166
 from fused pyrazole N-oxides, 167
 nucleosides, 167
 reduced, 167, 168
Pyrimidothiazines, reduced, 234–237, 239
Pyrimido[4,5-b][1,4]thiazines:
 N-oxides, 240
 patent activity of, 243
 phthalimidoalkyl derivatives, 234
5H-Pyrimido[4,5-b][1,4]-thiazin-6(7H)-one, 232
Pyrimidotriazine N-oxides, 266, 267
Pyrimido[4,5-e]-1,2,4-triazines:
 in Diels–Alder reaction, 26
 reduced, 275
 ring contraction of triazine, 282
Pyrimido[5,4-d]-1,2,3-triazines, N-oxides 276, 283
Pyrimido[5,4-e]-1,2,4-triazines:
 antiinflammatory agents, 283
 conversion into purines, 282
 nucleosides, 272, 279
 N-oxides, 277
 patent activity of, 283
 from photochemical reaction, 269
 from purines, 271
 reduced, 262, 263, 265, 267, 268, 270, 271
N-(4-Pyrimidyl)methacrylamide, 25
N-(5-Pyrimidyl)methacrylamide, 6
Pyrimidylmercaptoacetic acids, 235
Pyrimidylpyrimido[4,5-d]pyrimidines, 154
Pyrimidylthioacetic acids, 231
Pyrylium[2,3-d]pyrimidine salts, 33
Pyrrolopyrimidines, ring expansion, 162
Pyrrolo[2,3-d]pyrimidin-2,4(1H,3H)-diones, 19
Pyruvic acid, in synthesis, 196

Raney nickel, use in desulfurization, 45, 48, 62, 169, 241
Reduction, 63
　accompanied by ring closing, 3, 4
　catalytic, 39, 62, 271
　of chloro group, 61, 171, 203
　of ester to hydroxymethyl, 46
　with hydrogen and platinum, 243
　with lithium aluminum hydride, 204, 243
　with lithium borohydride, 46
　of nitro group, 263, 265, 267
　of nitroso group, 263, 265
　with palladium on carbon, 46, 268
　with platinum oxide, 3, 48, 49
　removal of sulfur, 241
　with ring opening of pyrimidines, 52
　with sodium borohydride, 204
　with sodium dithionite, 203, 234, 263, 267
　with sodium isopentoxide, 204
　with zinc and alkali, 203
Ring opening:
　with alcoholic sodium hydroxide, 242
　with amines, 242
　with ammonium hydroxide, 242
　with aqueous sodium hydroxide, 242
　of purines, 271
　of pyrimidines, 47, 48, 52, 54, 57, 60, 280
　of triazine in pyrimidotriazines, 280

S-Alkylisothiosemicarbazides, in synthesis, 272
s-Triazine, see 1,3,5-Triazine
Schiff base, 121, 135, 158, 166, 241, 243, 266, 268, 274
Silver oxide, oxidizing agent, 266, 268, 277
Sodium borohydride, 62, 63, 204
　use in removal of chlorine, 62
Sodium dithionite, 234, 282
4-Styrylpyrimidine-5-carboxylic acids, 9
o-Styrylpyrimidinecarboxylic acids, 128
2-Substitutedamino-5,5-dibromopyrimidines, 274
Substituted amino-hydroxypyrimidines, 224
4-(Substitutedamino)-2-methyl-6(7H)-oxo-pyrimido[4,5-b]-[1,4]oxazines, 239
7-Substituted-1,3-dimethyl-2,4-dioxopyrimido[4,5-d]pyrimidine, 159
2-Substituted-8-methyl-4-phenylamino-5,6,7,8-tetrahydro-pyrido[2,3-d]pyrimidines, 36
8-Substitutedpurines, from pyrimido[5,4-e]-1,2,4-triazines, 281
6-Substituted-7H-pyrano[2,3-d]pyrimidines, 121
2-Substituted-5,6,7,8-tetrahydropyrido[2,3-d]pyrimidin-4(3H)-ones, 38
Substituted-theophyllines, 282
Sulfone:
　replacement by amino, 282
　replacement by azido, 282
　replacement by hydroxy, 282
　replacement by mercapto, 282
Sulfur dichloride, in synthesis, 236
Sulfuryl chloride, as chlorinating agent, 240

Tetrachloro-2-pyridyl lithium, 7
Tetrachloro-4-pyridyl lithium, 15
Tetracyanoethylene, in synthesis, 124
5,6,7,8-Tetrahydro-8-deazahomofolic acid, 49
5,6,7,8-Tetrahydropyrido[2,3-d]pyrimidines, 44
5,6,7,8-Tetrahydropyrido[3,2-d]pyrimidine, 4
5,6,7,8-Tetrahydropyrido[4,3-d]pyrimidines, 10
3,4,7,8-Tetrahydropyrimido[5,4-d]pyrimidine, 171
5,6,7,8-Tetrahydropyrido[4,3-d]pyrimidine-4(3H)-thione, 11
Tetrahydropyrimido[4,5-d]pyrimidines, 153, 154, 161
1,2,3,4-Tetraminobutanes, in synthesis, 168
Tetraoxopyrimido[4,5-d]pyrimidines,
　from aminouracils and ethylisocyanatoformate, 150
Tetra-oxo-pyrimido[5,4-d]pyrimidines, 163
Thiadiazoles, as precursors to pyridopyrimidines, 44
Thiamine, 163
Thiazolo[4,5-d]pyrimidines, from pyrimidothiazines, 242
Thiazolo[5,4-d]pyrimidine 1-oxide, intermediate in synthesis, 235
2-Thiobarbituric acid, 120, 121
Thio group:
　oxidation to sulfinyl, 49
　replacement by ammonia, 204
　replacement by amines, 204
Thionyl chloride, 64, 283
2H-Thiopyran-3,5(4H,6H)-dione, 133
Thiopyrano[2,3-d]pyrimidines:
　from 6-mercaptopyrimidine derivative, 131
　reduced, 131-133
Thiopyrano[3,4-d]pyrimidines:
　from imidazoles, 133
　from thiopyrans, 133
Thiopyrano[4,3-d]pyrimidines:
　subject of patents, 136
　from thiopyrans, 134
Thiourea(s), 7, 9, 14, 16, 35, 36, 131, 134, 160, 161, 235, 237, 238
2-Thioxopyrido[2,3-d]pyrimidin-4(3H)-ones, 36
Thrombolytics, 65
Titanium trichloride, 63
Toxoflavin (antibiotic), 261, 272
3-(1,3,5-Triaminopyridyl)propionaldehyde, 31
2,4,6-Triaminopyrimidine, 24, 153, 154
2,4,5-Triaminopyrimidin-6(1H)-one, 225
2,3a,6a-Triazaphenalene, 40
1,3,5-Triazine, in synthesis, 12, 158

s-Triazolo[4′,3′:1,6]pyrido[2,3-*d*]pyrimidine, 60
2,3,5-Tri-*O*-benzoyl-D-ribofuranosyl bromide, 59
1-(2,3,5-Tri-*O*benzoyl-β-D-ribofuranosyl)-pyrido[2,3-*d*]pyrimidin-2,4(1*H*,3*H*)-dione, 59
Trichloroacetonitrile, 37
5,6,8-Trichloro-2,4-diphenylpyrido[3,4-*d*]pyrimidine, 15
6,7,8-Trichloro-2,4-diphenylpyrido[3,2-*d*]pyrimidine, 7
2-Trichloromethyl group:
  replacement by ethoxide, 38
  replacement by hydroxide, 38
2-(Trichloromethyl)pyrido[2,3-*d*]pyrimidine, 37
2,4,7-Trichloropyrido[2,3-*d*]-pyrimidines, 54
2,4,8-Trichloropyrido[3,2-*d*]pyrimidines, 45
Triethyl orthoacetate, 53, 266
Triethyl orthoformate, 11, 15, 53, 60, 121, 155, 156, 195, 198, 201, 202, 263, 266, 268, 271
Triethyl orthopropionate, 266
Triethyloxonium tetrafluoroborate, 237
Triethyl phosphite, 277
1-[3-(Trifluoromethyl)phenyl]pyrido[4,3-*d*]pyrimidin-2,4(1*H*,3*H*)-diones, 65
2,4,7-Trihydroxypyrimido[4,5-*d*]pyrimidine from pyrimidine dicarboxamides and hypobromite, 156
1,3,8-Trimethyl-6-chloromethyl-2,4-dioxo-6,7-dihydropyrimidine-[5,4-*b*][1,4]thiazine, 236
1,3,6-Trimethyl-5-nitrouracil, 5
Trimethyl orthoformate, 47

2,6,8-Trimethyl-3-phenylpyrido[3,4-*d*]pyrimidin-4(3*H*)-one, 52
Trimethyl phosphite, 46
3,5,7-Trimethylpyrido[2,3-*d*]pyrimidin-2,4(1*H*,3*H*)-dione, 22
1,3,7-Trimethylpyrido[2,3-*d*]pyrimidin-2,4,5(1*H*,3*H*,8*H*)-triones, 24
6,7,7-Trimethylpyrimido[4,5-*b*][1,4]oxazines, conversion into pteridine, 241
Trioxopyrimido[4,5-*d*]pyrimidines, from aminouracils and *s*-triazines, 151
Trioxopyrimido[5,4-*d*]pyrimidines, 163
Trioxopyrimidotriazines, 265
Triphenylphosphine, 162, 198, 277
Trisformyl methane, 24
Trisubstituted pyrimido[5,4-*d*]pyrimidines patent activity of, 173

α,β-Unsaturated ketones, 9, 19
Uracil-6-acetic hydrazide, reaction with potassium cyanate, 201
Uracil derivatives, 130, 233
3-(5-Uracilyl)acrylic acids, 29
Urea, 9, 14, 16, 35, 43, 130, 163, 274
4-Ureido-octahydropyrano[4,3-*d*]pyrimidines, from pyran-3-carboxaldehydes, 130
Uridine derivatives, 130

δ-Valerolactam, 44
Vilsmeier reagent, 28, 126, 266, 269, 273
Vitamin B1, *see also* Aneurin derivative of, 237

Wittig reaction, 29, 266

Xanthine oxidase, 64